Lehrbuch der Hochspannungstechnik

Lehrbuch der Hochspannungstechnik

Von

Dr.-Ing. Guntram Lesch
o. Prof. an der Technischen Hochschule Fridericiana Karlsruhe

Nach dem Tode des Verfassers
herausgegeben von

Dr.-Ing. E. Baumann
Oberingenieur am Hochspannungsinstitut
und Lehrstuhl für Elektrotechnik
der Technischen Hochschule Fridericiana Karlsruhe

Mit 542 Abbildungen

Springer-Verlag
Berlin / Göttingen / Heidelberg
1959

ISBN 978-3-642-50200-2 ISBN 978-3-642-50199-9 (eBook)
DOI 10.1007/978-3-642-50199-9

Softcover reprint of the hardcover 1st edition 1959

Vorwort

Professor LESCH hat von 1946 bis 1956 am Lehrstuhl für Elektrotechnik der Technischen Hochschule Fridericiana zu Karlsruhe zugleich mit Vorlesungen über elektrische Antriebe und Bahnen und elektrische Anlagen, in einer zuletzt dreisemestrigen Vorlesung, die Grundlagen der Hochspannungstechnik gelehrt. Der Stoff dieser Vorlesung „Hochspannungstechnik“ und ein Teil der Vorlesung über „Elektrische Isolierstoffe“ bilden den Grundstock des vorliegenden Buches.

Dieses Lehrbuch der Hochspannungstechnik bietet aber weit mehr als diesen Vorlesungsstoff. Vor allem war es das Ziel von Prof. LESCH, dem Konstrukteur und dem interessierten Ingenieur die notwendigen Unterlagen und Grundlagen in kurzer, moderner Form in die Hand zu geben. Aus, sowohl für den Praktiker wie auch für den Studierenden wichtigen Gründen, wurde der sehr umfangreiche Inhalt so komprimiert wie nur möglich wiedergegeben. Der Text ist sehr knapp gehalten und das gebotene Zahlenmetarial in Form von Diagrammen und Tabellen und das Anschauungsmaterial in Form von Bildern ist äußerst umfangreich und entspricht jeweils dem neuesten Stand der Technik. So konnte trotz des weitreichenden Inhalts ein wirtschaftlicher Umfang des Buches erzielt werden.

Der Inhalt ist in drei Teile (A, B, C) aufgegliedert: Die Grundlagen (Teil A) vermitteln eine kurze Zusammenfassung der elektrostatisch zu behandelnden Feldbeanspruchungen. Sie geben ferner einen Überblick über die im Laboratorium und im Prüffeld verwendeten Hochspannungserzeuger und Meßgeräte (§ 5). Es wird hier also die Frage behandelt, wie die Feldbeanspruchungen zustande kommen.

Die dielektrische Festigkeit (Teil B) der gasförmigen, flüssigen und festen Dielektrika sowie der daraus aufgebauten Hochspannungskonstruktionen wird im zweiten Teil dargelegt. Es wird hier die Frage gestellt „was wird beansprucht“, und ihre Beantwortung anhand der physikalischen Grundlagen einerseits und der praktischen Meßergebnisse andererseits gegeben.

Der dritte Teil C befaßt sich ordnend mit der Frage nach dem Woher der Überbeanspruchungen der Geräte im Netz. Der interessierte Ingenieur findet über die hier behandelten Schaltvorgänge ein umfassendes Werk, bewundernswert systematisch aufgebaut, in dem Buch von Rüdenberg „Elektrische Schaltvorgänge“ (1953) Springer-Verlag und weitere ausführliche Beispiele über die Überspannungen bei Baatz „Überspannungen in Energieversorgungsnetzen“ (1956) Springer-Verlag. In den §§ 12 und 13 (von Teil C) wurden nur die fundamental wichtigen Erscheinungen systematisch nach physikalischen Gesichtspunkten geordnet behandelt. Der § 14 faßt die möglichen Überspannungshöhen zusammen und vergleicht sie mit den beobachteten Werten. Aus der Störungs- und Schadensstatistik (Tab. 14.2) geht die Bedeutung der einzelnen Überspannungen für die Lebensdauer der verschiedenen Hochspannungsgeräte hervor.

Soviel sei dem Praktiker über den Aufbau des Lehrbuches gesagt. Über den Inhalt des Buches und die Ziele des Verfassers möchte ich an dieser Stelle dem wissenschaftlich interessierten Ingenieur einige prinzipielle Ausführungen machen.

Herr Prof. Lesch hat selbst die empirische Entwicklung der Hochspannungstechnik mitgemacht. Der sich heute bereits manchen Orts abzeichnenden systematischen Erforschung der Grundlagen der Hochspannungstechnik galten seine Arbeiten auf diesem Gebiet während seiner gesamten Hochschulzeit. Fußend auf einer über 25jährige praktischen Erfahrung und einer breiten physikalisch-wissenschaftlichen Grundlage verstand er es, die mannigfaltigsten komplexen Phänomene in kürzester Zeit treffend zu meistern und darzustellen.

Dem mehr wissenschaftlich tätigen Ingenieur, sogar dem Physiker oder Chemiker eines elektrotechnischen Labors, dienen die hier kurz dargelegten Grundlagen der Hochspannungstechnik als Gedächtnisstütze oder Repetitorium in der Sprache des Technikers. Unterstützt durch die Ergebnisse an Geräten und an Anordnungen der Praxis und durch die angegebene Literatur mag es ihn dazu bewegen, die eine oder andere spezielle Veröffentlichung eines großen Praktikers eingehender zu studieren. Wenn ihm so die technischen Schwierigkeiten näher gebracht werden, wird er auch die Sorgen des Konstrukteurs verstehen.

Da die Hochspannungstechnik auf den wichtigsten Gebieten derart eng mit Energieversorgung und elektrischer Anlagentechnik verknüpft ist, daß dies gar nicht besonders hervorgehoben zu werden brauchte, ist es der Zweck dieses Buches, dem Konstrukteur und dem Wissenschaftler deren Belange näher zu bringen.

Dem Ingenieur eines Energieversorgungsunternehmens möge das Buch dazu dienen, Probleme, die momentan außerhalb seiner Spezialaufgabe liegen, von der praktischen Erscheinung her und in den grundsätzlichen Zusammenhängen klar zu sehen. Dann wird er sich auch mit den Konstrukteuren und den Labor-Ingenieuren noch besser aussprechen und diesen wertvolle Anregungen geben können.

Durch eine solide Grundausbildung des Studenten auf der hier für das Gebiet der Hochspannungstechnik beschrittenen breiten Basis darf man hoffen, den Bedürfnissen der Praxis und den Wünschen jedens Einzelnen weitgehend gerecht zu werden.

Wir sehen also, daß hier der Versuch unternommen worden ist, auf der einen Seite dem Konstrukteur und auf der anderen Seite dem Wissenschaftler durch eine breitere Basis die Voraussetzungen für ein verständnisvolles Zusammenarbeiten zu geben. Der studierende Ingenieur möge sich seinen goldenen Mittelweg zwischen Theorie und Praxis suchen.

Am 14. Oktober 1956, erlag Prof. Dr.-Ing. G. Lesch (damaliger Rektor der Fridericiana) völlig unerwartet einem Herzschlag. Die Fertigstellung des Buches erfolgte im Sinne des Verfassers und zum großen Teil nach seinen Vorlesungsmanuskripten. Folgende im einzelnen aufgeführten Stellen und Bilder wurden von mir bearbeitet. § 3.5 — Bild 4.4 — § 4.4 — Bild 5.47 — Bild 5.48, 7.21 — Messungen zu Bild 7.51, 7.48 — Bild 7.50— 7.52 — 8.51 — 8.52 — 9.38 (mit Text) — 9.40 — 9.42 — 9.47 — 9.48 — § 10.61 — § 10.62 — § 10.63 — Bild 10.17 — 10.18 — 10.19 — § 11.1 — § 11.2 — § 11.4 (mit Bildern) — § 12.1 bis § 12.7 (insbesondere § 12.62, § 12.63, 12.64, 12.65) — § 13.1 — § 13.2 — § 13.3 — § 13.4 — § 13.5 — § 13.6 — § 13.7 — § 13.8 — § 13.9 (mit Bildern) und § 14.2. Die Ergebnisse der zu Zeiten von Prof. Dr. Lesch begonnenen und sich daran anschließenden Untersuchungen wurden, soweit möglich, verwertet.

Den § 3.5, § 3.6 und Anhang D sowie § 7.3 liegen die Ausarbeitungen von Herrn Dipl.-Ing. E. Merkert zu Grunde. Einem internen Bericht von Herrn Dipl.-Ing. D. Würstlin wurde § 7.8 f und g mit den Bildern 7.56, 7.57, 7.58, 7.59, 7.60, 7.61 und 7.62 entnommen. Herrn Wilimzig danke ich für die Überarbeitung von S. 27.

Fräulein E. Schilling gilt mein besonderer Dank für die Bewältigung der Schreibarbeiten und Fräulein M. Gondrum für die Zeichenarbeiten. Für die Mithilfe beim Lesen der Korrektur danke ich Fräulein Schilling und Fräulein Gondrum vielmals.

Dem Springer-Verlag sei für die Ausstattung des Buches und besonders Herrn Dr.-Ing. Julius Springer für sein Vertrauen gedankt.

Mit der persönlichen Bitte an die Studierenden um Änderungs-Vorschläge, die dem besseren Verständnis dienen, und an die Spezialisten um Hinweise für die Aufnahme von Neuerungen auf ihrem speziellen Gebiet, möchte ich dieses Werk von Herrn Prof. Lesch dem Leser übergeben.

Karlsruhe, den 11. März 59

Eberhard Baumann

Inhaltsverzeichnis

B. Dielektrische Festigkeit

Anhang

§ 1. Einleitung

Bedeutung und Arbeitsgebiete der Hochspannungstechnik

Um in der Energieversorgung große Leistungen erzeugen und auf weite Räume verteilen zu können, muß die Spannung der Betriebsanlagen, der Maschinen, Transformatoren, Leitungen und Schalteinrichtungen hoch genug sein. Auch die Nachrichtentechnik hat die Grenzen der Niederspannung überschritten. In der Röntgentechnik und für die Einrichtungen der Atom- und Kernphysik sind hohe Spannungen erforderlich, und ebenso bei anderen technischen Anwendungen, z. B. bei der elektrischen Gasreinigung, Zerstäubung u. dgl. Schließlich umfaßt die Hochspannungstechnik nicht nur die Arbeitsgebiete mit hoher Spannung; vielmehr gehören alle Erscheinungen dazu, bei denen hohe elektrische Feldstärken auftreten, somit alle isoliertechnischen Fragen. Denn das Streben nach wirtschaftlicher Materialausnützung oder nach geringen Abmessungen bedingt auch bei mäßigen Betriebsspannungen eine hohe Feldbeanspruchung in den isolierenden Schichten.

Die Grundlage der hochspannungstechnischen Untersuchung ist die Kenntnis des bei gegebener Anordnung von Leitern und Nichtleitern bestehenden *elektrischen Feldes*, seiner zeitlichen Ausbildung, seiner räumlichen Form und seiner Stärke. Nur in wenigen Fällen der Praxis führt die Rechnung auf Grund der theoretischen Gesetze allein zum Ziel; sie liefert aber die stilisierten Musterformen des Feldbildes, die dann durch experimentelle Untersuchungen ergänzt werden können. Zumeist interessiert nur das elektrostatische Feld, wie es wirbelfrei, stationär, ohne Beeinflussung durch Ladungsbewegungen besteht. Gewöhnlich ist dabei die Ladungsverteilung durch die Geometrie der leitenden Elektroden gegeben.

Die Frage nach dem Verhalten des Dielektrikums, der Materie im elektrischen Feld, führt auf die *Technologie der isolierenden Medien*, der gasförmigen, festen und flüssigen Isolierstoffe. Die Veränderungen im Dielektrikum, insbesondere die elektrischen Entladungserscheinungen sind hierbei von theoretischem Interesse und von praktischer Bedeutung. Dabei entstehen im Dielektrikum freie Ladungen, die im Feldraum bewegt werden; dann dürfen die Veränderungen nicht mehr außeracht gelassen werden, die das ursprünglich gegebene Elektrodenfeld erfährt.

Die Kenntnis des Feldes und des dielektrischen Verhaltens muß ergänzt werden durch die Erforschung der im Betrieb von elektrischen Anlagen auftretenden Spannungen, die als normale *Beanspruchung* oder im Störungsfall zu erwarten sind. Höhe und zeitlicher Ablauf von Überspannungen bei Schaltvorgängen oder bei äußeren, besonders bei atmosphärischen Beeinflussungen müssen deshalb ermittelt werden.

Die Hochspannungstechnik kommt nicht ohne Entwicklungsversuche und Kontrollproben aus. Darum ist die Hochspannungs-*Prüf*- und -*Meßtechnik* nicht nur für die Forschung, sondern auch für die konstruktive und die technologische Weiterentwicklung wichtig. Insofern ihre Methoden und Einrichtungen von denen der allgemeinen elektrischen Meßtechnik abweichen, werden sie besonders zu behandeln sein.

Die gewonnenen Kenntnisse über Beanspruchung und Verhalten des Isolierstoffes erlauben, für die Bemessung, den Bau und den Betrieb der Hochspannungsanlagen eine *Konstruktionslehre* der Hochspannungstechnik zu entwickeln. (Wir können sie nicht systematisch ausbauen, sondern nur Anwendungsbeispiele an geeigneter Stelle einfügen und dabei moderne Ausführungen und Prinzipien anführen.)

A. Grundlagen

§ 2. Das elektrostatische Feld

Das elektrische Feld ist ein physikalischer Zustand, der als eine Form der Energieerfüllung dem eine elektrische Ladung umgebenden Raum, dem Feldraum, eigen ist. Seine charakteristische Auswirkung ist die mechanische Kraft, die an einer anderen in den Feldraum gebrachten, unbewegten elektrischen Ladung angreift. Der Feldraum kann von Materie frei oder damit besetzt sein (Dielektrikum).

Die Quellen des elektrischen Feldes, die Ladungen, treten infolge der polaren Struktur der Elektrizität nur paarweise, in entgegengesetzt gleicher Größe auf. Sind mehr als zwei Quellen vorhanden, so ist im geschlossenen System ihre Ladungssumme Null. Die Feldwirkungen mehrerer Ladungen superponieren sich ungestört (so lange die Eigenschaften des Dielektrikums dabei gleich bleiben). Darum kann man zur Untersuchung der Gesetzmäßigkeiten des Feldes zunächst eine Ladung mit gegebener Verteilung allein voraussetzen und ihr die Gegenladung in unendlich entfernter Umhüllung gegenüberstellen. Die in gleicher Weise bestimmten Felder der anderen Ladungen oder Elektroden werden dann linear überlagert, so daß in jedem Raumpunkt das tatsächliche Feld aus der Summierung der Teilfelder ermittelt wird.

Die Ladungen sind vorzüglich gebunden an metallische Elektroden mit gegebener geometrischer Gestalt; ihre Oberflächenladungsdichte hängt von der räumlichen Verteilung des Feldes vor der Oberfläche ab. In unserem Beobachtungs- und Wirkungsraum sind aber überall auch elektrodenfreie Ladungen, Raumladungen, vorhanden. Ist ihre Dichte klein genug, so kann ihr Einfluß auf das Feld der elektrodengebundenen Ladungen außer Betracht bleiben. Der elektrostatische Charakter des Feldes, in dem weder eine Änderung noch eine Umwandlung von Energie erfolgt, gilt für das räumlich und zeitlich konstante Gleichspannungsfeld. Bei technischen Wechselspannungen, mit denen die Hochspannungstechnik überwiegend arbeitet, ändern sich Spannungen und Ladungen, somit auch der Feldzustand zeitlich. Ihre Änderungsgeschwindigkeit ist aber im Vergleich zur Ausbreitungsgeschwindigkeit des Feldzustandes, d. i. annähernd die Lichtgeschwindigkeit, so gering, daß man diesen als statisch betrachten kann. Dies gilt auch noch bei den üblichen Stoßspannungen und bei Vorgängen, wo freie Ladungsträger sich in Medien bewegen.

2.1 Dielektrische Feldgrößen

Die zwischen den Ladungen $\pm Q$ zweier Elektroden bestehende Potentialdifferenz, die elektrische Spannung $U = \varphi_1 - \varphi_2$ ist den Ladungen proportional:

$$Q = C \cdot U. \tag{2.1}$$

Der Proportionalitätsfaktor C ist die Kapazität der vorliegenden dielektrischen Anordnung. Auch zwischen der Dichte des dielektrischen Verschiebungsflusses an irgend einem Punkt des Feldes:

$$\mathfrak{D} = \frac{d\Psi}{dS} = \frac{Q}{S} = \frac{Q}{4\pi r^2} \tag{2.2}$$

und der elektrischen Feldstärke

$$\mathfrak{E} = -\frac{d\varphi}{d\mathfrak{s}}\,{}^{1} \tag{2.3}$$

besteht Proportionalität. Diese beiden Größen sind ortsabhängige Vektoren; sie beschreiben das Feld nach Stärke und Richtung.

$$\mathfrak{D} = \mathfrak{E} \cdot \varepsilon^* \tag{2.4}$$

Die dielektrische Verschiebungsfähigkeit ε^* ist im leeren Raum:

$$\varepsilon_0^* = \frac{10^9}{4 \cdot \pi \cdot c^2} \cdot {}^{1} \tag{2.5}$$

Die Materie hat einen höheren Elektrisierungsgrad als das absolute Vakuum. Man pflegt ihn in Vergleich zu setzen mit dem des Vakuums

$$\varepsilon = \varepsilon^* / \varepsilon_0^* \tag{2.5a}$$

und nennt ε die *relative* Dielektrizitätskonstante oder Elektrisierungszahl des betreffenden Stoffes. Luft hat bei 760 Torr und 20° C: $\varepsilon = 1{,}0006 \approx 1{,}0$.

Die Werte von ε für einige wichtige Dielektrika sind ungefähr:

Öl	2,5
trockene Kabelsiolation	1,6···2
Ölkabelisolation	3···4,5
Hartpapier	4···4,5
Glas	5···16
Glimmer	7
Hartporzellan	5···6,5
Spezialkeramische Massen	80···100 und mehr
Wasser	80
Thermoplastische Kunststoffe	2···5
Duroplastische Kunststoffe	5···6

[1] Ψ = Verschiebungsfluß, S = vom Feld senkrecht durchsetzte Fläche, r = Abstand des Feldpunktes von der punktförmigen Ladung Q, φ = Potential des Feldpunktes, $\mathfrak{s}$ = Wegelement in Richtung des Feldes, c = Lichtgeschwindigkeit. (Es gilt: $\varepsilon_0^* \cdot \mu_0^* \cdot c^2 = 1$, wenn $\mu_0 = 4\pi \cdot 10^{-9} \left[\frac{\Omega \cdot \mathrm{s}}{\mathrm{cm}}\right]$ die absolute Permeabilitätskonstante des leeren Raumes bedeutet.)

Für den dielektrischen Verschiebungsfluß kann in Analogie zum Ohmschen Gesetz geschrieben werden:

$$U = \Psi \cdot R_\delta \tag{2.6}$$

mit dem dielektrischen Verschiebungswiderstand: $R_\delta = U/\Psi$. Er ist z. B. bei einem Plattenkondensator: $R_\delta = \varepsilon^* \cdot d/S$, wenn d der Plattenabstand und S deren Oberfläche sind.

Im technischen Meßsystem werden die Einheiten benützt:

$$[Q] = \mathrm{Cb} = \mathrm{As}; \quad [U] = \mathrm{V}; \quad [r] = \mathrm{cm};$$

$$[\mathfrak{D}] = \frac{\mathrm{Cb}}{\mathrm{cm}^2} = \frac{\mathrm{As}}{\mathrm{cm}^2}; \quad [\mathfrak{E}] = \frac{\mathrm{V}}{\mathrm{cm}}; \quad [R_\delta] = \frac{1}{\mathrm{Fd}}.$$

Mit: $c = 2{,}99792 \cdot 10^{10}$ cm/s Lichtgeschwindigkeit wird:

$$\varepsilon^* = 0{,}088542 \cdot 10^{-12} \frac{\mathrm{As}}{\mathrm{V\,cm}} \approx 0{,}1 \cdot 10^{-12} \frac{\mathrm{Fd}}{\mathrm{cm}}.$$

Also gelten die Zahlenwertgleichungen:

$$\frac{\mathfrak{D}}{\mathrm{As/cm^2}} = \varepsilon \cdot \mathfrak{E} \cdot \frac{0{,}088 \cdot 10^{-12}}{\mathrm{V/cm} \cdot \mathrm{Fd/cm}}.$$

$$\frac{\mathfrak{E}}{\mathrm{V/cm}} = 11{,}921 \cdot 10^{12} \cdot \frac{\mathfrak{D}}{\varepsilon} \left[\frac{\mathrm{Fd/cm}}{\mathrm{As/cm^2}}\right].$$

2.2 Das Feldbild

Geht man von einem Flächenstück der einen Elektrode, das mit der Ladungseinheit Q_1 belegt ist, in Richtung der dielektrischen Verschiebung durch den Feldraum bis zur Gegenelektrode, so bildet man eine Einheits-Verschiebungsröhre (Abb. 2.1). Ihr Querschnitt S_1, jeweils normal zur Verschiebungsrichtung gemessen, wird an jeder Stelle vom Einheitsverschiebungsfluß Ψ_1 durchstoßen. Er gibt somit überall ein inverses Maß für die Größe der Verschiebungsdichte $\mathfrak{D}$.

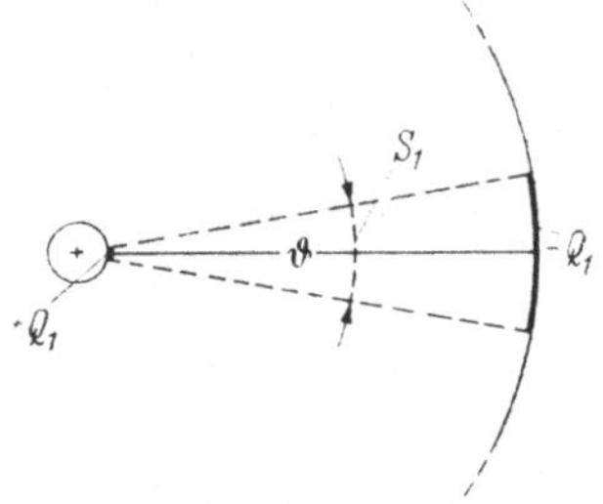

Abb. 2.1. Einheits-Verschiebungsröhre und -Feldlinie der Ladungen $\pm Q_1$

Unter Beachtung des Elektrisierungsgrades kann man ebenso die Feldröhren bilden. Zieht man deren Achsen durch die Dichteschwerpunkte der Einheitsröhren, so entstehen die Feld- oder Kraftlinien. Die geben den Verlauf des Feldes wieder und die Feldstärke ist an jedem Ort dem senkrechten räumlichen Abstand benachbarter Einheitsfeldlinien umgekehrt proportional.

Verlaufen alle Feldlinien parallel zueinander und in gleichen Abständen, so ist die Feldstärke überall gleich groß. (*Homogenes* Feld zwischen ebenen Elektroden, Abb. 2.2). Im *inhomogenen* Feld (Abb. 2.3, 2.4) sind die Querschnitte der Einheitsröhren nicht konstant. Ist eine Verschiebungsröhre an einer Stelle zusammengedrückt, so herrscht dort eine größere Feldstärke, wenn sie aufgeweitet ist, eine niedrigere.

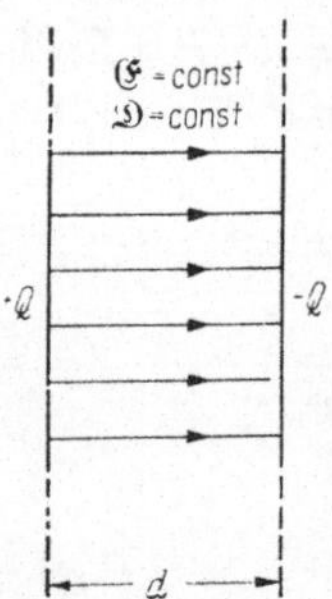

Abb. 2.2. Homogenes Feld zwischen Platten-Elektroden

Längs der Kraftlinien kann man jeweils gleiche Potentialdifferenzen so abgreifen, daß man Punkte bestimmt, die gegenüber den Elektroden dieselbe Potentialdifferenz haben. Sie liegen auf einer *Äquipotential-* oder *Niveaufläche.*

Weder Feldlinien untereinander noch Niveauflächen gegenseitig können sich schneiden oder berühren; ferner stehen beide überall je aufeinander senkrecht. Da die Elektrodenoberflächen Niveauflächen sind, müssen die Feldlinien senkrecht aus ihnen entspringen.

Zeichnet man mehrere Niveauflächen so, daß jeweils zwischen zwei benachbarten gleiche Potentialdifferenzen bestehen (äquidistant), so wird ihr reziproker Abstand ein Maß für die Feldstärke (Abb. 3.1). Aus geometrischen Gründen muß das Feldbild zweier nebeneinander liegender Kugelelektroden (Abb. 3.2) rotationssymmetrisch um die Mittelpunktsverbindung (*1*—*2*) der zwei Kugeln und außerdem flächensymmetrisch um die Mittelebene zwischen den beiden Kugeln sein, wenn diese gleiche Durchmesser haben. Einem Zusammendrängen der Feldlinien entspricht eine Verdichtung der Niveauflächen, so daß durch beide Darstellungen die Orte höherer Feldstärke

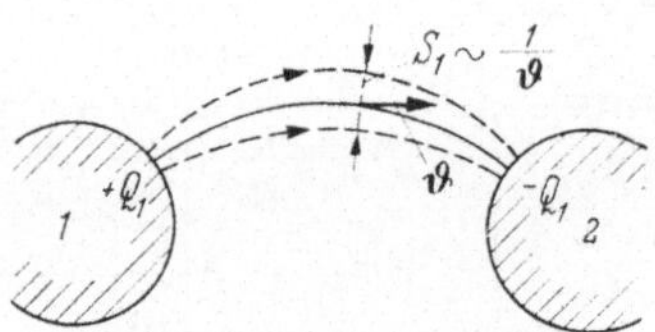

Abb. 2.3. Inhomogenes Feld zwischen zwei Kugelelektroden

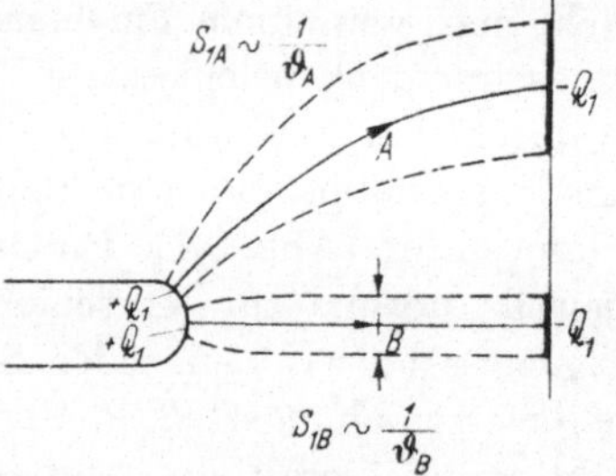

Abb. 2.4. Inhomogenes Feld zwischen Spitze und Platte

herausgehoben werden. Die Feldlinien geben die Richtung der Feldstärke an, die Spuren der Niveauflächen lassen ihre Größe maßstäblich ablesen. Ein Flächenschnitt eines Feldlinienbildes allein ermöglicht bei einem räumlichen Feld, das bei Parallelverschieben zur Schnittebene nicht einfach gleichbleibt, nicht die vollständige Maßdarstellung. Das Niveaulinien-Bild gibt eine vollständigere Aussage.

Ändert man beigegebener Geometrie der Elektroden die Spannung, damit auch die Größe ihrer Ladungen, so ändern sich die Richtungen der Feldlinien nicht, wohl aber proportional der Spannung an jedem Ort die

Feldstärke und die Felddichte. Erst wenn an irgendeiner Stelle eine gewisse kritische Feldstärke überschritten wird, wenn dort die dielektrische Festigkeit des isolierenden Mediums erreicht ist, kann sich das Feldbild grundsätzlich verändern. Mit der einsetzenden Entladung werden Ladungsträger frei, die bei genügender Anzahl und Dichte als Raumladungen selbst feldbildend wirksam werden (raumladungsbehaftetes Feld).

Die kritische Feldstärke, bei der solche Entladungen einsetzen, ist bei verschiedenen Stoffen verschieden und hängt auch von deren jeweiligem physikalischem Zustand ab.

Superposition von Feldern. Befinden sich mehrere Ladungen im Raum, so kann ihr gemeinsames Feld zusammengesetzt werden durch lineare Superposition der Potentialfelder der einzelnen Ladungen. In jedem Punkt addieren sich die Feldstärken geometrisch: $\mathfrak{E} = \sum \mathfrak{E}_i$. Als Beispiel für das Feld zweier Punktladungen siehe Abb. 2.5, für die Zusammensetzung eines homogenen Feldes und das einer Linienladung Abb. 2.6!

Hat in Abb. 2.6 der Leiter *1* z. B. dasselbe Potential wie die untere Flächenelektrode (Erde) des homogenen Feldes, so gibt das Bild die Verhältnisse wieder für ein unter einer Gewitterwolke befindliches Leitungssystem (A, B, C) mit einem Erdseil (*1*). Das resultierende Feldbild läßt die Schirmwirkung erkennen, die das Erdseil für die darunter befindlichen Phasenleiter übernehmen kann.

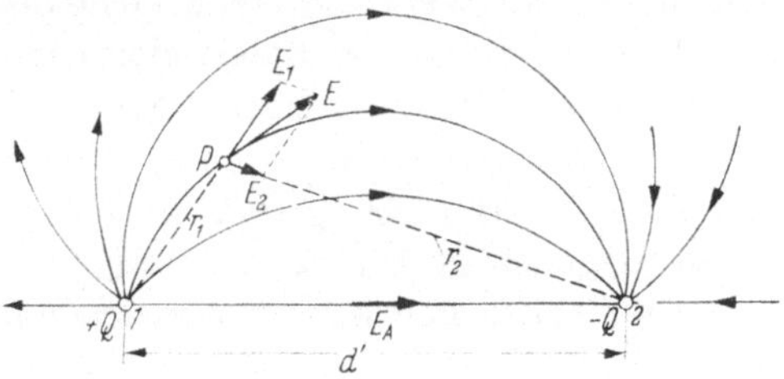

Abb. 2.5. Superposition der Felder zweier Punktladungen $\pm Q$

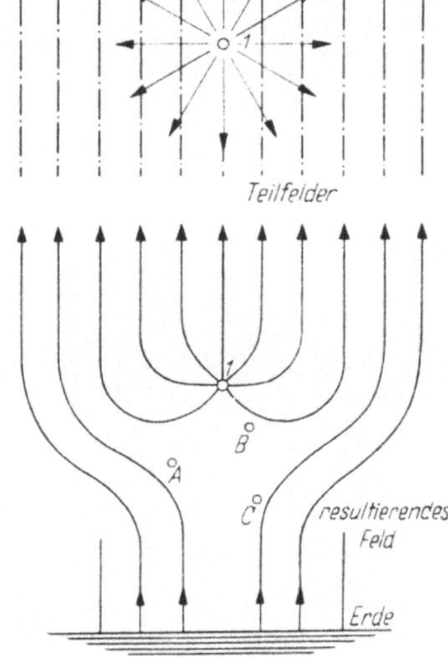

Abb. 2.6. Linien-Ladung im homogenen Feld (Leitung und Erdseil)

2.3 Verschiedene Dielektriken im Feld

Wird bei gleichbleibender Geometrie der Elektroden das dielektrische Medium im ganzen Raume geändert (ε_2 statt ε_1), so ändert sich der Zusammenhang zwischen Spannung und Ladung, zwischen Feldstärke und Verschiebungsdichte.

Bleibt die Gesamtspannung dieselbe, dann ändern sich auch die Feldstärken nicht. Aber es wird z. B. für ein Medium mit höherer Elektrisierungszahl ε_2 eine größere Elektrodenladung Q_2 nötig und ebenso ist dann die Verschiebungsdichte größer:

$$Q_2 = \frac{\varepsilon_2}{\varepsilon_1} Q_1; \quad \mathfrak{D}_2 = \frac{\varepsilon_2}{\varepsilon_1} \mathfrak{D}_1 .$$

$$\mathfrak{E} = \text{const}.$$

$$U = \text{const}.$$

Die Kapazität der Anordnung ist vergrößert worden:

$$C_2 = \frac{Q_2}{U} = \frac{\varepsilon_2}{\varepsilon_1} \cdot \frac{Q_1}{U} = \frac{\varepsilon_2}{\varepsilon_1} \cdot C_1 .$$

$$C_2 = \varepsilon_2 \cdot C_0 ; \quad C_1 = \varepsilon_1 \cdot C_0 ,$$

wobei C_0 die geometrische Kapazität der Elektrodenanordnung im Vakuum bedeutet, die nur von der geometrischen Konstellation bestimmt und unabhängig von den Materialeigenschaften ist.

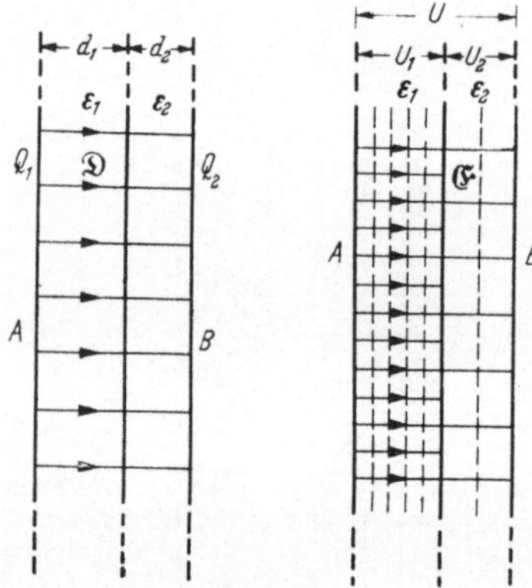

Abb. 2.7. Reihenschaltung zweier Dielektriken

Reihenschaltung verschiedener Dielektriken. Eine praktisch häufig vorkommende Anordnung bietet der Plattenkondensator (Abb. 2.7), der aus zwei oder mehreren verschiedenen Dielektriken geschichtet ist. Wenn die Trennfläche der Medien parallel zu den Elektroden liegt, ist sie selbst eine Äquipotentialfläche. Der Kontinuitätsbedingung entsprechend muß der Verschiebungsfluß in beiden Medien gleich groß sein: $\mathfrak{D}_1 = \mathfrak{D}_2$.

Die Feldstärken werden verschieden:

$$\mathfrak{E}_1 = \frac{\mathfrak{D}_1}{\varepsilon_1^*} \quad \text{und} \quad \mathfrak{E}_2 = \frac{\mathfrak{D}_2}{\varepsilon_2^*} ; \quad \frac{\mathfrak{E}_1}{\mathfrak{E}_2} = \frac{\varepsilon_2}{\varepsilon_1} . \tag{2.7}$$

Bei Hintereinanderschaltung zweier Dielektriken mit verschiedenen Elektrisierungszahlen wird das Dielektrikum mit der niedrigeren Elektrisierungszahl höher beansprucht.

Die äquidistanten Niveauflächen können im Plattenfeld in den beiden Medien nicht mehr dieselben Abstände haben. Sie rücken im Dielektrikum mit kleinerer Elektrisierungszahl näher zusammen. Die gesamte angelegte Spannung U teilt sich nicht mehr entsprechend den Abständen d_1 und d_2 auf, sondern

$$\frac{U_1}{U_2} = \frac{\varepsilon_2}{\varepsilon_1} \cdot \frac{d_1}{d_2} . \tag{2.8}$$

Damit wird

$$\mathfrak{E}_1 = \frac{U}{\varepsilon_1 (d_1/\varepsilon_1 + d_2/\varepsilon_2)} \,. \tag{2.9}$$

Legt man z. B. Luft (*1*) und Glas (*2*) hintereinander geschichtet mit: $d_1 = 0{,}8$ cm, $d_2 = 0{,}2$ cm, $d = 1{,}0$ cm; $\varepsilon_1 = 1$, $\varepsilon_2 = 6{,}5$, an $U = 20$ kV, so ist:

a) wenn Luft allein vorhanden: $E_{1a} = 20$ kV/cm. Dieser Wert ist noch unter dem kritischen Festigkeitswert der Luft (21 kV/cm); die Isolation hält stand.

b) Erst recht gilt dies, wenn der Elektrodenraum durch eine Glasplatte voll erfüllt ist, denn die dielektrische Festigkeit ist für Glas etwa 200 kV/cm.

c) Die Einfügung von Glas zur Luft, in der wohlgemeinten Absicht, die Anordnung dielektrisch zu verbessern, steigert die Feldstärke in Luft auf:

$$E_{1c} = \frac{20}{1 \cdot (0{,}8/1 + 0{,}2/6{,}5)} = 24 \text{ kV/cm} \,.$$

Das Glas wird nur sehr mäßig beansprucht:

$$E_{2c} = E_{1c} \cdot \frac{\varepsilon_1}{\varepsilon_2} = 3{,}7 \text{ kV/cm} \,.$$

Die Folge ist, daß die Luft elektrisch durchbrochen wird. Die Gesamtisolierung ist also verschlechtert worden.

Ein wichtiges Beispiel bietet die Isolierung eines Generator-Stabes in der Nut (Abb. 2.8). Die Gesamtspannung zwischen den Kupferleitern und der Nutwandung sei: $U = 12$ kV.

Die Mica-Isolation (aus Glimmer, Papier und Bindeharz zusammengesetzt) habe die Dicke: $d_1 = 0{,}4$ cm und $\varepsilon_1 = 5$.

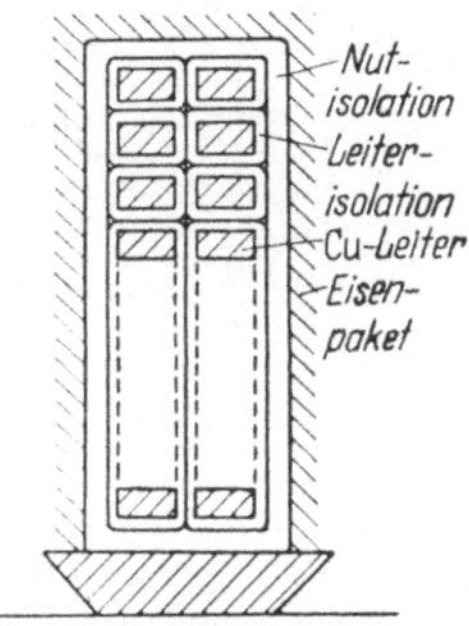

Abb. 2.8. Isolierung eines Generatorstabes

a) $E_{1a} = U/d_1 = 12/0{,}4 = 30$ kV/cm. Dieser Wert ist niedrig, da Mica gut 250 kV/cm aushält.

b) Wenn aber eine dünne Luftschicht (*2*) etwa zwischen der Einzelleiter-Isolation und der Stabumbackung oder in deren Schichtung selbst vorhanden ist, z. B. mit der Dicke: $d_2 = 0{,}01$ cm, dann wird: $E_{2b}/E_{1b} = 5$.

Es tritt in der Luftschicht eine sehr hohe Feldstärke auf:

$$E_{2b} = \frac{12}{1\,(0{,}01/1 + 0{,}4/5)} = 133 \text{ kV/cm} \,.$$

Das bedeutet, daß schon bei mäßiger Betriebsspannung die Luftschicht zu glimmen beginnt. Dies soll verhindert bleiben, da die Bildung von Ozon und Stickoxyd in glimmender Luft zur Schwächung des festen Isoliermaterials durch chemische Zersetzung führt.

Diese Erscheinung ist wichtig für alle geschichteten Isolierstoffe, da sie die Ursache ihres elektrischen Durchbruches werden kann. Ähnliches tritt auf, wenn im Isoliermaterial Inhomogenitäten bestehen mit abweichenden Elektrisierungszahlen.

Brechung. Liegt beim Plattenkondensator mit zwei verschiedenen Dielektriken die Trennfläche nicht auf einer Äquipotentialfläche

(Abb. 2.9), dann wird der dielektrische Verschiebungsfluß gebrochen. Seine Kontinuität fordert für die Komponenten senkrecht zur Trennfläche:

$$D_{n1} = D_1 \cdot \cos\alpha_1 = D_{n2} = D_2 \cdot \cos\alpha_2$$

oder

$$E_1 \cdot \varepsilon_1^* \cdot \cos\alpha_1 = E_2 \cdot \varepsilon_2^* \cos\alpha_2$$

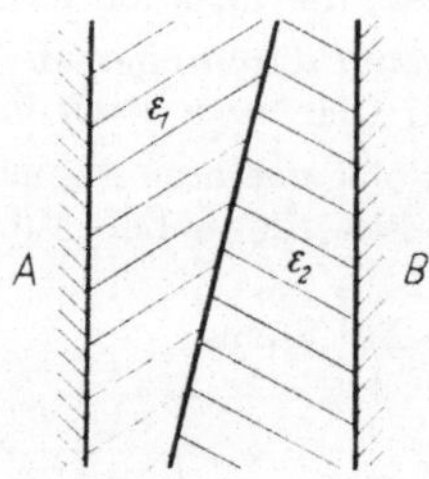

Abb 2.9. Schräggeschichtetes Dielektrikum

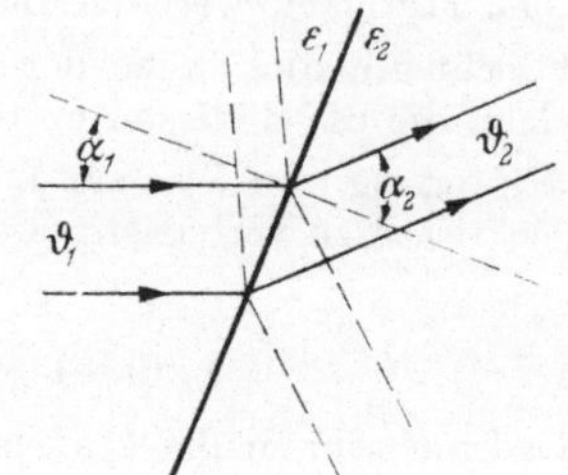

Abb. 2.10. Brechung des Verschiebungsflusses
——— Verschiebungslinien
– – – Niveaulinien ($\varepsilon_1 < \varepsilon_2$)

und

$$E_{n1} = \frac{\varepsilon_2}{\varepsilon_1} \cdot E_{n2}\,.$$

In der Trennschicht muß an beiden anliegenden Medien dieselbe tangentiale Feldstärke herrschen:

$$E_{t1} = E_1 \sin\alpha_1 = E_{t2} = E_2 \sin\alpha_2\,.$$

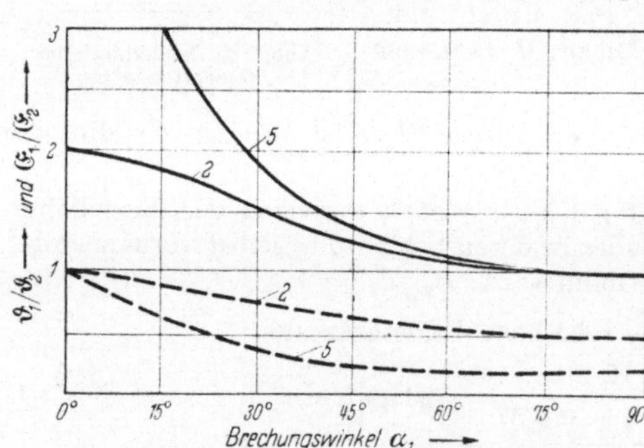

Abb. 2.11. Dielektrisches Brechungsverhältnis der Feldstärken
— $\mathfrak{E}_1/\mathfrak{E}_2$) und der Verschiebungsdichten
– – ϑ_1/ϑ_2) für $\varepsilon_2/\varepsilon_1 = 2$ und 5

Daraus:

$$\frac{\tan\alpha_1}{\tan\alpha_2} = \frac{\varepsilon_1}{\varepsilon_2}\,. \qquad (2.10)$$

Da in Abb. 2.10 $\varepsilon_1/\varepsilon_2 < 1$ gewählt wurde, ist $\alpha_1 < \alpha_2$.

Die Verschiebungsröhren werden unter dem gleichen Winkel gebrochen wie die Feldlinien. Beim Übergang ändert sich sowohl die Verschiebungsdichte als auch die Feldstärke und zwar beide Größen in entgegengesetztem Ausmaß (vgl. Abb. 2.11). Für die Äquipotentiallinien gilt dasselbe Brechungsgesetz; nur müssen die Winkel gegen die Trennfläche gemessen werden.

2.4 Feldkräfte, Feldenergie

Die zuerst beobachtete Wirkung des elektrischen Feldes war die mechanische Kraft, die in ihm auf ein geladenes elektrisches Teilchen ausgeübt wird. Befindet sich eine Ladung q z. B. auf einer kleinen Metallkugel beweglich in einem Punkt *1* des Feldes, in dem das Potential φ_1 und die Feldstärke $\mathfrak{E}_1$ bestehen, so muß bei einer Ortsveränderung der Ladung zu einem Punkt *2* hin, wo das Potential φ_2 herrscht, eine elektrische Arbeit aufgebracht oder freigegeben werden. Sie ist:

$$\varDelta A = q\,(\varphi_2 - \varphi_1).$$

Bei differentieller Verschiebung:

$$dA = q \cdot d\varphi = -q \cdot \mathfrak{E} \cdot d\mathfrak{s}.$$ [1]

Das Energieniveau der Ladung q im elektrischen Feld ist:

$$A = W_e = -q \cdot \int \mathfrak{E}\, d\mathfrak{s}\,.$$

Wenn die betrachtete Ladung nicht fremd hereingebracht ist, sondern durch Induktion des Feldes selbst auf einer gedachten Zwischenelektrode erzeugt wird, wird sie proportional dem Potential am betreffenden Punkt:

$$q = C_1 \cdot \varphi_1\,,$$

wenn φ_1 das induzierte Potential ist. Die Feldenergie ist somit: $dA = C_1 \cdot \varphi_1 \cdot d\varphi$. Für den gesamten durch die Kapazität C beschriebenen Feldraum, an dem die Potentialdifferenz U liegt, wird der Gehalt an potentieller elektrischer Energie:

$$W_e = \frac{C \cdot U^2}{2}\,. \tag{2.12}$$

Für ein Raumelement des Feldraumes gilt:

$$\delta W_e = \frac{\varepsilon^* E^2}{2} = \frac{1}{2} \cdot E \cdot D\,. \tag{2.13}$$

Kraft auf geladene Teile und auf Elektroden

Die mechanische Kraft — bei Bewegung gegen das Potentialgefälle muß sie mechanisch aufgewandt werden, bei Bewegung in Richtung des Potentialgefälles wird Energie gewonnen — beträgt:

$$\mathfrak{F} = -\frac{dW_e'}{d\mathfrak{s}} = -q \cdot \mathfrak{E}\,. \tag{2.14}$$

Z. B. wird die Kraftwirkung auf die Elektroden eines an konstanter Spannung liegenden Plattenkondensators:

$$\left.\begin{aligned} F &= -\frac{dW}{dd} = -\frac{1}{2}\,\frac{d(U^2 \cdot C)}{dd}\,. \qquad \text{Mit: } C = \frac{\varepsilon^* \cdot S}{d}\,. \\ F &= \frac{1}{2} \cdot \frac{\varepsilon^* S}{d^2} \cdot U^2 = 0{,}04427 \cdot 10^{-12} \cdot \frac{\varepsilon \cdot S}{d^2} \cdot U^2 \quad \left[\frac{\mathrm{Ws}}{\mathrm{cm}}\right], \\ \frac{F}{p\,d} &= 4{,}427 \cdot 10^{-10} \cdot \frac{\varepsilon \cdot S}{d^2} \cdot U^2 \quad \left[\frac{\mathrm{Fd}}{\mathrm{V^2\,cm}}\right], \end{aligned}\right\} \tag{2.15}$$

[1] Die elektrische Feldstärke wird positiv gerechnet in der Richtung der Bewegung eines positiven Ladungsteilchens, also vom höheren zum tieferen Potential.

Die Messung dieser Kraft kann als Methode einer absoluten Spannungsmessung dienen, denn es ist:

$$\frac{U}{\mathrm{V}} = 47100 \cdot d \sqrt{\frac{F}{\varepsilon \cdot S}} \left[\frac{\mathrm{cm}}{pd^{1/2} \cdot \mathrm{cm}}\right]. \tag{2.16}$$

Diese elektrostatischen Kräfte sind recht klein. Als elektrostatisches Voltmeter gebaut, hat das Gerät einen quadratischen Gang der Anzeige.

Die Kraftwirkung kann leicht gezeigt und gemessen werden an zwei z. B. kugelförmigen Elektroden, deren obere isoliert an einer Feder aufgehängt ist und gegenüber einer feststehenden Gegenkugel an Spannung gelegt wird (Abb. 2.12).

Als elektrostatisches Voltmeter für hohe Spannungen haben Starke und Schröder die Anordnung nach Abb. 2.13 entwickelt. Zwei Flächenelektroden, in Abmessung und Abstand groß genug für die beabsichtigte höchste Spannung, haben in der Mitte homogenes Feld. Die dort auf einen kreisförmigen Plattenausschnitt (S) wirkende Kraft entspricht Gl. (2.16). Mit den geometrischen Daten und der absoluten Kraftmessung kann also ohne Eichnormal die Spannungsmessung ausge-

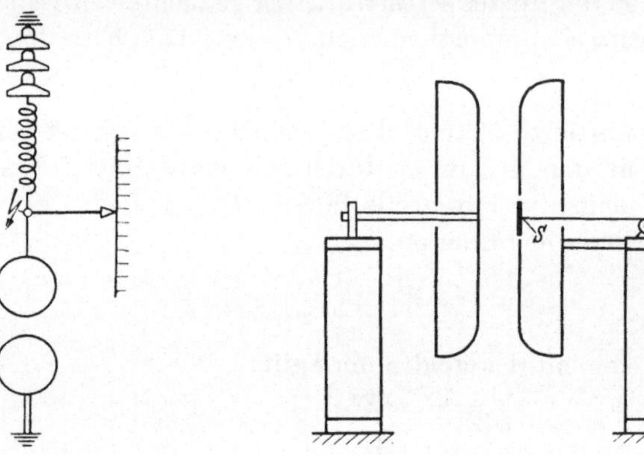

Abb. 2.12. Elektrostatische Anziehungskraft

Abb. 2.13. Starke-Schröder Hochspannungs-Voltmeter

führt werden. Die Ablenkung oder die Verschiebung der Meßplatte wird über einen spiegelabgelenkten Lichtzeiger vergrößert ablesbar gemacht.

Wenn Wechselspannung gemessen wird, sind U und F Effektivwerte. Da bei einer Bewegung der Platte der Abstand d verändert wird, muß die Änderung eingeeicht werden, falls man nicht eine Nullmethode anwendet, wo die räumliche Lage der Meßplatte bestehen bleibt und die Erhöhung der Kraft durch selbsttätig geregelte Steigerung einer Gegenkraft ausgeglichen wird. Die Kraft ist z. B. bei $S = 50\ \mathrm{cm}^2$ und $d = 8$ cm (zur Verwendung bis 100 kV) mit Luftdielektrikum bei 100 kV : 4 pd.

Die elektrischen Feldkräfte zwischen geladenen Teilen können störend werden. Sie treten z. B. auf beim Ablauf von Papierbahnen von Metallwalzen; die Oberflächen nehmen Ladungen verschiedenen Vorzeichens an, die Papierbahn klebt an der Walze. In der Textilindustrie bläht sich das Faserbündel im Garn auf, da die Fasern beim Durchlaufen durch die Rollenführungen u. dgl. gleichsinnig aufgeladen werden und sich abstoßen. Aufgeladene Fasern bleiben an Maschinenteilen hängen: Staub und Luftschwebstoffe werden von geladenem Gewebe angezogen und können Staubmarken im Gewebe bilden.

Mechanische Druck- und Zugspannungen im Feld und an Grenzflächen. Wenn zwischen den Elektroden des Feldes eine konstant gehaltene Spannung angelegt ist, dann wird sich bei einer Änderung der Kapazität der Anordnung die Elektrodenladung und damit der Energieinhalt des Feldraumes ändern. Dies bewirkt Kräfte im Sinne einer weiteren Kapazitätsvergrößerung; die Energievermehrung wird der äußeren Ladungsquelle entnommen. Solche Kräfte treten an Flächen, wo Dielektriken verschiedener Elektrisierungszahl aneinander grenzen, in Erscheinung.

Im formveränderlichen Medium 2 (vgl. Abb. 2.14a) werde an der Grenzfläche, auf die die Feldstärke $|\mathfrak{E}_1| = \sqrt{E_{n1}^2 + E_{t1}^2}$ trifft, ein würfel-

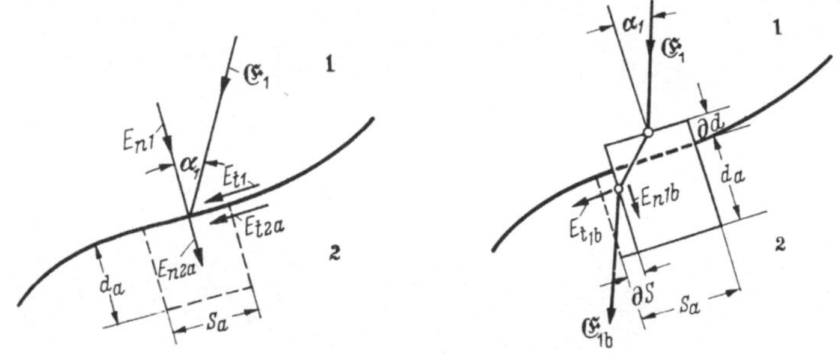

Abb. 2.14a u. b. Felddruck an Grenzflächen

förmiger Raumteil: $S_a \cdot d_a$ herausgegriffen, der klein genug gewählt sei, daß in ihm das homogene Feld $\mathfrak{E}_2$ herrsche. Wir dieser Raumteil nun z. B. senkrecht zur Grenzfläche deformiert zu einem Quader mit dem gleichen Volumen: $(S_a - \partial S) \cdot (d_a + \partial d) = S_a \cdot d_a$, so wird das Medium 1 aus dem Volumen $(S_a - \partial S) \cdot \partial d$ verdrängt und muß ein gleich großes: $\partial S \cdot d_a$ dafür ausfüllen (vgl. Abb. 2.14b). Der Energieinhalt des ganzen an der Deformation beteiligten Volumens ist vor der Deformation

$$W_a = \frac{1}{2} S_a (E_1^2 \cdot \varepsilon_1^* \cdot \partial d + E_2^2 \cdot \varepsilon_2^* \cdot d_a),$$

nach der Deformation:

$$W_b = \frac{1}{2} (d_a + \partial d) [E_{1b}^2 \cdot \varepsilon_1^* \cdot \partial S + E_{2b}^2 \cdot \varepsilon_2^* (S_a + \partial S)],$$

(wenn Index b die Werte nach der Deformation kennzeichnet). Die Energieänderung ist: $dW = W_b - W_a$. Man beachte, daß:

$$\frac{E_{n1}}{E_{n2}} = \frac{\varepsilon_2}{\varepsilon_1} \quad \text{und} \quad E_{t1} = E_{t2},$$

und daß nach der Deformation an der Quaderlängsfläche sein muß:

$$E_{n_{1b}} = E_{n_{2b}} \quad \text{und} \quad \frac{E_{t_{1b}}}{E_{t_{2b}}} = \frac{\varepsilon_2}{\varepsilon_1}.$$

Wenn ferner die Gesamtspannung an $(d_a + \partial d)$ unverändert bleibt, ist:

$$E_{t_{2b}} = E_{t2} = E_{t1} = E_{n1} \cdot \tan \alpha_1$$

$$E_{n_{2b}} = E_{n_{1b}} = E_{n1} \frac{\varepsilon_1/\varepsilon_2 \cdot d_a + \partial d}{d_a + \partial d}.$$

Die Ausrechnung ergibt:

$$dW = \frac{E_{n1}^2}{2} (\varepsilon_2^* - \varepsilon_1^*)\, S_a\, d_a \left\{ \frac{\partial d}{d_a} \left(\frac{\varepsilon_1}{\varepsilon_2} + \tan^2 \alpha_1 \right) - \frac{\partial S}{S_a} \left(\frac{\varepsilon_1{}^2}{\varepsilon_2{}^2} - \frac{\varepsilon_2}{\varepsilon_1} \cdot \tan^2 \alpha_1 \right) \right\}.$$

Die auf die Änderungsstrecke ∂d und auf die Flächeneinheit bezogene Energieänderung:

$$\frac{\partial W}{S_a \cdot \partial d} = \frac{\varepsilon_2^* - \varepsilon_1^*}{2} \left\{ \frac{\varepsilon_1}{\varepsilon_2} E_{n_1}^2 + E_{t1}^2 \right\} = -F' \tag{2.17}$$

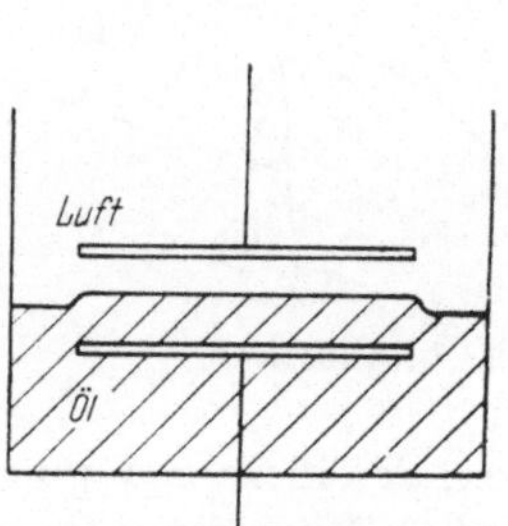

Abb. 2.15. Feldwirkung auf Ölspiegel zwischen Plattenelektroden

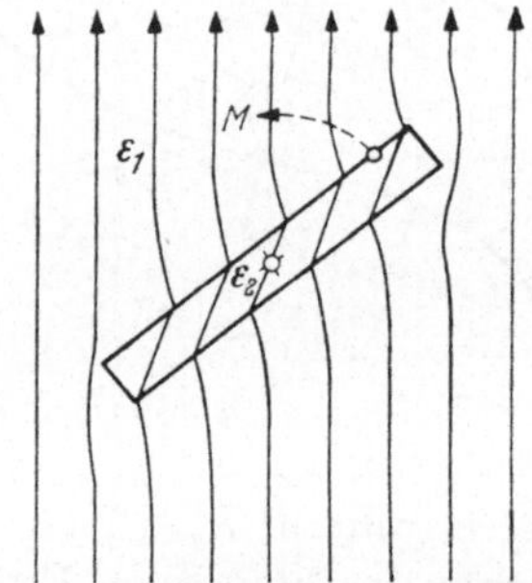

Abb. 2.16. Strohhalm im Feld

ist der an der Grenzfläche wirkenden Oberflächenspannung gleich. Ist $\varepsilon_2 > \varepsilon_1$, so tritt sie als dielektrischer Längszug auf, d. h. das Medium mit höherer Elektrisierungszahl wird in Richtung des Feldes gestreckt. Da Volumenkonstanz vorausgesetzt war, muß im Medium 2 eine Kontraktionskraft auftreten. Diese, wie ein hydrostatischer Druck wirkende mechanische Spannung verursacht z. B., daß sich ein freier Ölspiegel ($\varepsilon_2 = 2{,}5$) in einem Plattenkondensator anhebt (Abb. 2.15). Ein starres längliches Stäbchen mit höherer Elektrisierungszahl, z. B. ein Strohhalm (TOEPLER), das in seinem Schwerpunkt im Feld beliebig drehbar aufgehängt ist (Abb. 2.16), wird in Feldrichtung gedreht. Ein Windrädchen aus Pappe (Abb. 2.17) wird im Feld, das in seiner Achsenrichtung liegt, in Rotation versetzt, da die auf die hochgeklappten Teilflächen wirkenden Kräfte ein Drehmoment ergeben.

Dieselben Kräfte ziehen im inhomogenen Feld ein nichtleitendes Stück höherer Elektrisierungszahl oder ein Metallstück ($\varepsilon \rightarrow \infty$) in das Gebiet höherer Feldstärke hinein. Auf jeden ungeladenen Körper wirkt eine Kraft in Richtung der stärksten Änderung der Feldintensität. Eine zwischen zwei Elektrodenplatten seitwärts hereinragende Glasplatte wird infolge der an ihrer Stirnfläche auftretenden Tangentialfeldstärke parallel hereingezogen; in der Haupt-Feldrichtung heben sich die Kräfte der beiden Elektroden gegenseitig auf.

Wenn $\varepsilon_2 \gg \varepsilon_1$, dann gilt an parallelen Flächen angenähert:

$$F' \approx \frac{1}{2}\, \varepsilon_1^* \cdot E_{n\,1}^2 \tag{2.18}$$

An Isolatorenoberflächen schlägt sich Staub, insbesondere an Stellen hoher Feldstärke, an der Oberfläche nieder. Zum Teil beruht auf dieser Wirkung die elektrische Staubabscheidung.

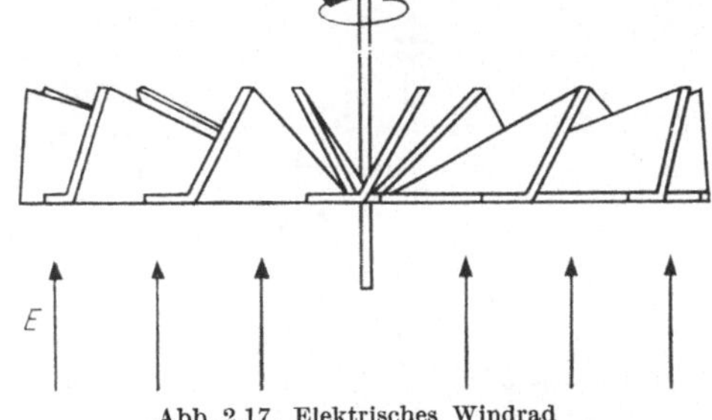

Abb. 2.17. Elektrisches Windrad

Bei Öl, in dem Faserstoffe schweben, bildet sich eine Brücke von Elektrode zu Elektrode, da sich die Faserpartikelchen dank ihrer höheren Elektrisierungszahl aneinanderreihen. Dies ist gefährlich, insbesondere wenn die Fasern etwas feucht sind; dann ist ihre Elektrisierungszahl besonders hoch, aber auch die Durchschlagsfestigkeit sehr niedrig.

Zwischen den Leitern einer zwei- oder mehrphasigen Leitung verursachen die Kräfte des elektrischen Feldes Anziehung. Die Kräfte sind aber klein gegenüber den mechanischen und elektromagnetischen. Bei geringen Abständen, z. B. zwischen den Teilleitern eines Bündels (vgl. S. 45) können sie eine Rolle spielen; wegen der Gleichpoligkeit stoßen sich die Teilleiter ab.

2.5 Ladestrom

Kondensator an Wechselspannung. (Spannungsmessung durch Messung des Ladestroms.) Mit dem Takt der angelegten Wechselspannung schwingt die dielektrische Verschiebung; im äußeren Stromkreis tritt ein Lade-Wechselstrom auf. Sein Augenblickswert ist: $i_c = dq/dt = C\, du/dt$, der Effektivwert bei sinusförmigem Spannungsverlauf:

$$\dot{J}_c = + j\,\omega\, C\, \dot{U}, \tag{2.19}$$

der Spannung um $\pi/2$ voreilend. Durch Messung des Ladestromes eines Hochspannungskondensators bekannter Kapazität kann man also eine Hochspannung messen.

Weicht der Spannungsverlauf von der Sinusform ab, dann entsteht dabei ein Meßfehler. Wenn z. B. der Effektivwert der Spannung: $U = U_1 \sqrt{\sum (\nu_i)^2}$ ist, wobei $\nu_i = U_i/U_1$, mit $i = 1 \ldots n$, den relativen Gehalt an Oberwellen der Ordnung (i) angibt, wird der Effektivwert des Stromes:

$$J_c' = C \cdot \omega_1 \cdot U_1 \sqrt{\sum (i\, \nu_i)^2} = C \cdot \omega_1 \cdot U' .$$

Die errechnete Spannung U' ist somit nach

$$\frac{U - U'}{U} = 1 - \frac{U'}{U} = \varepsilon_r \quad \text{mit} \quad \varepsilon_r = \text{rel. Fehler,}$$

um

$$\frac{U'}{U} = \sqrt{\frac{\sum (i\, \nu_i)^2}{\sum (\nu_i)^2}} \approx \sqrt{\sum (i\, \nu_i)^2}$$

zu hoch. Hat die Spannung etwa eine fünfte Oberharmonische in Höhe von 10% der Grundwelle, was bei leerlaufenden Transformatoren und Leitungen vorkommen kann, so würde die Spannung durch die Ladestrommessung um 12% zu hoch angegeben werden.

Scheitelspannungsmesser. Schaltet man in den Kreis des Ladestromes zwei Gleichrichter mit gegensinniger Durchlaßrichtung so ein, daß der Strommesser nur z. B. die positiven Augenblickswerte des Stromes führt (Abb. 2.18), so wird die Mittelwertsanzeige des Instruments:

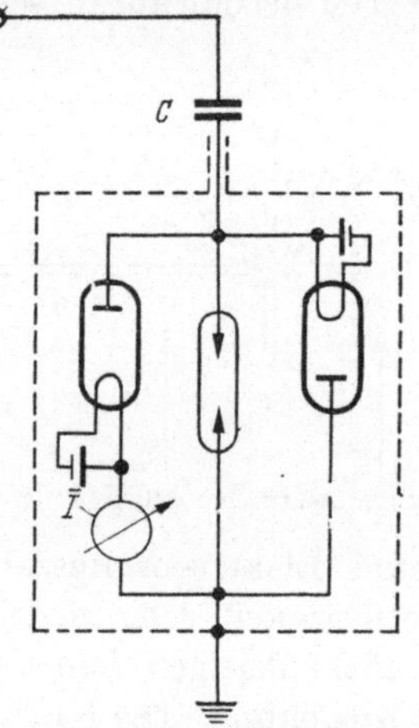

Abb. 2.18. Scheitelspannungsmesser

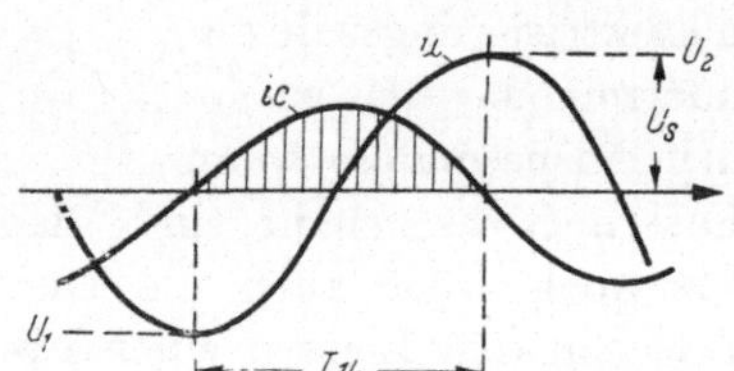

Abb. 2.19.

$$\overline{J} = \frac{1}{T_1} \int_0^{T_{1/2}} i_c \cdot dt = \frac{C}{T_1} \int_{U_1}^{U_2} du = 2 \cdot f \cdot C \cdot U_s \tag{2.20}$$

mit T_1 = Periodendauer und f = Frequenz der Wechselspannung, und man mißt somit auf diese Weise unmittelbar den Spannungsscheitelwert (Abb. 2.19).

Auch hier verursachen Spannungsoberwellen einen Meßfehler: wenn der Augenblickswert:

$$u = U_{1s} \sum \{\nu_i \cdot \cos (i\, \omega_1 t + \psi_i)\}, \qquad (i = 1 \ldots n)$$

$$i_c = U_{1s}\, \omega_1\, C \sum \{ i\, \nu_i \sin (i\, \omega_1 t + \psi_i)\} ; \qquad \text{bei } \psi_i = 0:$$

$$\overline{J} = 2\, U_{1s}\, C \cdot f \sum (i\, \nu_i) = 2\, C \cdot f \cdot U_s'$$

an Stelle des wirklichen Scheitelwertes

$$U_s = U_{1s} \cdot \Sigma(\nu_i)$$

mißt man

$$U_s' = U_s \cdot \frac{\Sigma(i\,\nu_s)}{\Sigma(\nu_i)},$$

also z. B. bei

$$i = 5,\ \nu_5 = 0{,}1,\ \Psi_5 = 0 : \frac{U_s'}{U_s} = 1{,}36;\ \text{der relative Fehler } \varepsilon_r = 36\%$$

Abb. 2.20 läßt erkennen, daß die Anzeige der Scheitelspannung richtig bleibt, solange in der Spannungskurve keine Zwischenmaxima auftreten.

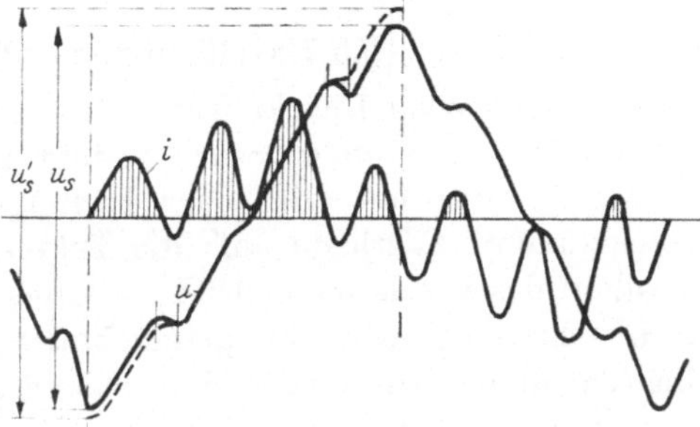

Abb. 2.20.

Ladestrom, Kapazität und Feldstärke. Die Feldstärke an einer bestimmten Stelle des Feldes, z. B. die vorzüglich interessierende an der Oberfläche der Elektroden, kann in einfachen Zusammenhang zur Gesamtkapazität bzw. zum Ladestrom bei bestimmter Gesamtspannung gebracht werden, wenn die Integralform der Kapazität in einfacher Beziehung zur ausgezeichneten Feldstärke steht. Für den am Ort r die Fläche dS senkrecht durchsetzenden dielektrischen Fluß $d\Psi$ gilt:

$$d\Psi = D_r \cdot dS_r = \varepsilon^* E_r \cdot dS_r = U \cdot dC = \frac{dJ_c}{\omega},$$

wenn dC die Kapazität der von der Verschiebungsröhre $d\Delta$ getroffenen Elektrodenflächen ist und dJ_c der Ladestrom, der dazwischen fließt, so bald die Spannung U mit Frequenz $\omega/2\pi$ angelegt ist.

Also:

$$E_r = \frac{dJ_c}{dS_r\,\omega\,\varepsilon^*} = U \cdot \frac{dC}{dS_r \cdot \varepsilon^*}. \tag{2.21}$$

Z. B. koaxialer Zylinder-Leiter mit dem Innenleiterradius R:

$$\left.\begin{aligned} dS_R &= R \cdot d\alpha \cdot dl \\ E_R &= \frac{dJ_c}{R\,d\alpha \cdot dl\,\omega\,\varepsilon^*} = \frac{J_c}{R\,\omega\,\varepsilon^*\,2\pi l} \\ \frac{E_R}{[\text{kV/cm}]} &= \frac{18 \cdot 10^3\,J_c'}{\omega\,R} \left[\frac{\text{s}^{-1} \cdot \text{cm} \cdot \text{F/cm}}{\text{A/km}}\right] \\ E &= U \cdot \frac{C}{R \cdot 2\pi l\,\varepsilon^*} \end{aligned}\right\} \tag{2.22}$$

$$\frac{E_R}{[\text{kV/cm}]} = \frac{U \cdot C}{R}\, 18 \cdot 10^7 \left[\frac{\text{cm}}{\text{kV} \cdot \text{F/km}} \cdot \text{F/cm}\right] \tag{2.23}$$

Wird die geometrische Form (Leiterradien) und damit die Kapazität geändert, so ändert sich bei konstanter Spannung das Produkt ($E_R \cdot R$) in gleichem Maße. Allgemein gilt: Wenn bei Änderung der Elektrodenmaße die Ladungsverteilung auf der Elektrode relativ unverändert bleibt, d. i. wenn das Feldbild ähnlich bleibt, ist $E_r \cdot r/U = 18 \cdot 10^7 \cdot \frac{C}{\text{F/km}}$. Dabei ist r das den Feldpunkt mit der Feldstärke E_r kennzeichnende Abstandsmaß von einem Ladungszentrum.

2.6 Unvollkommenes Dielektrikum

Die materiellen Dielektriken haben keinen unbegrenzt hohen Isolationswiderstand. Infolgedessen besteht neben der dielektrischen Verschiebung auch ein wirklicher Ladungstransport. Im Dielektrikum treten dadurch Verluste auf; die Feldverteilung wird gegenüber dem Idealbild des verlustfreien Dielektrikums verändert.

Gleichspannungsfeld am geschichteten Dielektrikum. Bei stationärer Gleichspannung wird das Feld als elektrisches Strömungsfeld nur durch die Leitfähigkeit und ihre Verteilung im Feldraum bedingt. Bei einer einfachen Hintereinanderschaltung zweier Medien 1 und 2 mit den Elektrisierungszahlen ε_1 und ε_2 und den Leitfähigkeiten $\varkappa_1$ und $\varkappa_2$ mögen diese Werte konstant bleiben. Wird Spannung angelegt, so wird nur im ersten Augenblick die kapazitive Spannungsvteilung

$$\frac{U_{a1}}{U_{a2}} = \frac{\varepsilon_2}{\varepsilon_1} \cdot \frac{d_1}{d_2}.$$

Diese Verteilung geht aber über in den Dauerzustand

$$\frac{U_{e1}}{U_{e2}} = \frac{\varkappa_2}{\varkappa_1} \cdot \frac{d_1}{d_2} \quad \text{mit} \quad \frac{U_{e1}}{d_1} = E_{e1} = U \frac{\varkappa_2}{\varkappa_2 d_1 + \varkappa_1 d_2}.$$

Nur wenn $\varepsilon_1/\varkappa_1 = \varepsilon_2/\varkappa_2$, ist die Anfangs- und die Endverteilung gleich.

Auf der Trennschicht zwischen den beiden Medien legt sich eine reale Ladung an, so daß die Verschiebungsdichte in beiden Medien verschieden wird.

$$D_{e1} = \varepsilon_1^* \cdot E_{e1} = \varepsilon_1^* \frac{U_{e1}}{d_1}; \quad D_{e2} = \varepsilon_2^* \frac{U_{e2}}{d_2}.$$

$$D_{e2} = D_{e1} \cdot \frac{\varepsilon_2}{\varepsilon_1} \frac{\varkappa_1}{\varkappa_2}.$$

Die Differenz: $$D_{e1} - D_{e2} = U \frac{\varepsilon_1^* \varkappa_2 - \varepsilon_2^* \varkappa_1}{d_1 \varkappa_2 + d_2 \varkappa_1}$$

ist die Dichte der wirklichen Ladung auf der Trennschicht.

Die Größen ε und $\varkappa$ sind in Wirklichkeit nicht konstant. Sie ändern sich z. B. mit der Temperatur. Da nun $\varkappa$ gewöhnlich mit steigender Temperatur stärker wächst als ε, wird sich die Spannungsverteilung zweier hintereinander geschalteter Schichten infolge der Verlusterwärmung so verschieben, daß das mit höheren Verlusten behaftete Dielektrikum, das wärmer wird, mit zunehmender Temperatur sich entlastet, und daß das kälter bleibende dann einen höheren Anteil der Gesamtspannung übernehmen muß. Es findet also ein stabilisierender Ausgleich statt.

Wechselspannungsfeld am geschichteten Dielektrikum. Im idealen Dielektrikum eines geschichteten Plattenkondensators werden in den beiden Medien 1 und 2 die Stromdichten gleich:

$$\dot{G}_1 = j \cdot \omega \cdot \dot{E}_1 \cdot \varepsilon_1^* = \dot{G}_2 = j \cdot \omega \cdot \dot{E}_2 \cdot \varepsilon_2^*,$$

mit der Spannungsverteilung $(U_1/U_2)_a = \varepsilon_2\, d_1/\varepsilon_1\, d_2$.

Bei verlustbehafteten Dielektriken wird:

$$\dot{G}_{e1} = \dot{E}_{e1}\,(\varkappa_1 + j\,\omega\,\varepsilon_1^*) = G_{e2} = E_{e2}\,(\varkappa_2 + j\,\omega\,\varepsilon_2^*)\,.$$

Die Teilspannungen liegen im allgemeinen nicht mehr in Phase; ihr Größenverhältnis ist:

$$\left(\frac{|U_1|}{|U_2|}\right)_e = \frac{\varepsilon_2}{\varepsilon_1}\,\frac{d_1}{d_2}\sqrt{\frac{1+\tan^2\delta_2}{1+\tan^2\delta_1}} = \left(\frac{U_1}{U_2}\right)_a \cdot k$$

mit $\tan\delta = \dfrac{\varkappa}{\omega\,\varepsilon^*}$ und $k = \sqrt{\dfrac{1+\tan^2\delta_2}{1+\tan^2\delta_1}}$ = Vergrößerungsfaktor.

Beispiel: Schichtung von Hartpapier (2) und Luft (1) an 50periodiger Spannung:

$$\varepsilon_1 = 1,\quad \varkappa_1 = 1 \cdot 10^{-16};\qquad \varepsilon_2 = 4{,}8,\quad \varkappa_2 = 5 \cdot 10^{-11}\quad \left[\frac{1}{\Omega \cdot \mathrm{cm}}\right];$$

$$\tan\delta_1 = 0{,}36 \cdot 10^{-5};\qquad \tan\delta_2 = 0{,}375.$$

$$k = 1{,}068.$$

Die Abweichung von der kapazitiven Spannungsaufteilung ist also gering.

Wenn aber infolge einer Erwärmung, die auf die Eigenschaften der Luft praktisch keinen Einfluß hat, die Leitfähigkeit des Hartpapieres etwa viermal vergrößert wird: $\varkappa_2' = 20 \cdot 10^{-11}\left[\frac{1}{\Omega\cdot\mathrm{cm}}\right]$ (was zwar bedeutet, daß das Material recht schlecht ist!), dann wird: $\tan\delta_2' = 1{,}5$ und $k' = 1{,}8$! Die Luftstrecke wird also viel höher beansprucht.

Kann die Leitfähigkeit $\varkappa_1$ vernachlässigt, also $\tan\delta_1 \approx 0$ gesetzt werden, so wird:

$$k = \sqrt{1+\tan^2\delta_2} = \sqrt{1 + \left(\frac{\varkappa_2}{\varepsilon_2}\right)^2 \cdot \left(\frac{1}{\varepsilon_0^* \cdot 2\,\pi\,f}\right)^2}\,.$$

Abb. 2.21 stellt den Zusammenhang zwischen dem Vergrößerungsfaktor k und dem Verhältnis $\varkappa_2/\varepsilon_2$ dar für $f = 50$ Hz.

Wenn $\varkappa_2/\varepsilon_2 < 0{,}2 \cdot 10^{-12} \cdot f \left[\frac{1}{\Omega\cdot\mathrm{cm}}\right]$,

bei 50 Hz also: $\varkappa_2/\varepsilon_2 < 10^{-11}\left[\frac{1}{\Omega\cdot\mathrm{cm}}\right]$,

dann ist $k \approx 1{,}0$;

wenn $\varkappa_2/\varepsilon_2 > 2 \cdot 10^{-12} f \left[\frac{1}{\Omega\cdot\mathrm{cm}}\right]$,

bei 50 Hz also: $\varkappa_2/\varepsilon_2 > 10^{-10}\left[\frac{1}{\Omega\cdot\mathrm{cm}}\right]$,

dann wächst k proportional:

$$k \approx \frac{\varkappa_2}{\varepsilon_2} \cdot 3{,}2 \cdot 10^{10}.$$

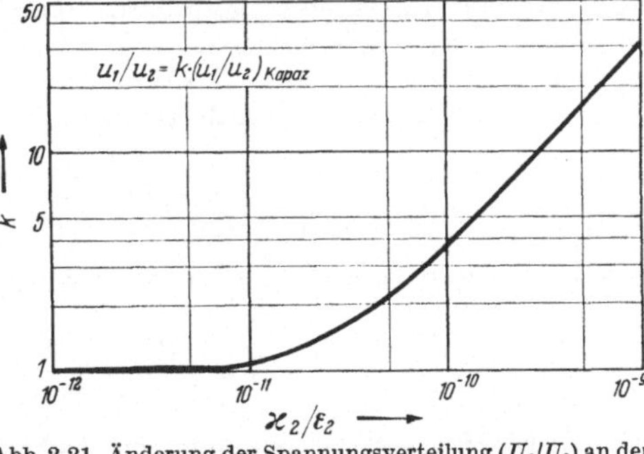

Abb. 2.21. Änderung der Spannungsverteilung (U_1/U_2) an der Reihenschaltung von Luft (*1*) und festem Isolierstoff ($\varkappa_2$, ε_2) gegenüber der rein kapazitiven Spannungsverteilung bei 50 Hz $\left([\varkappa_2/\varepsilon_2] = \frac{1}{\Omega\cdot\mathrm{cm}}\right)$

Die Teilspannungen setzen sich geometrisch zusammen. Darum werden ihre algebraische Summe und auch die Verluste größer als bei kapazitiver Spannungsverteilung; sie werden auch größer als bei Gleichspannung. Der Unterschied der Leitfähigkeiten muß aber schon beträchtlich sein, damit die Abweichung von der kapazitiven Spannungsteilung merklich wird.

Diese Spannungsverschiebung tritt auch auf, wenn im Feldraum nur ein und dasselbe Medium ist, wenn es aber neben dem elektrischen auch einem Temperaturgefälle ausgesetzt ist und dabei sich ε und $\varkappa$ mit der Temperatur ändern. Bei unseren heutigen guten Isolierstoffen wird diese Spannungsverschiebung nicht sehr groß, so lange man nicht an die Grenzen der Spannungsfestigkeit kommt.

2.7 Mischdielektrikum

Die Reihenschaltung verschiedener Dielektriken kann idealisiert das Verhalten von Mischdielektriken beschreiben. Wenn die relativen Volumanteile zweier Stoffe mit v_1 und v_2, $(v_1 + v_2 = 1)$ bezeichnet werden und ihre Konstanten ε_1, ε_2 bzw. $\tan\delta_1$, $\tan\delta_2$ sind, so wird die resultierende Dielektrizitätskonstante der Schichtung:

$$\varepsilon_{12} = \frac{\varepsilon_1 \cdot \varepsilon_2}{v_1 \cdot \varepsilon_2 + v_2 \cdot \varepsilon_1} = \frac{\varepsilon_1 \cdot \varepsilon_2}{\varepsilon_1 - v_1(\varepsilon_1 - \varepsilon_2)}; \tag{2.25}$$

der Gesamtverlustfaktor:

$$\tan\delta_{12} = \frac{v_1\,\varepsilon_2 \tan\delta_1 + v_2\,\varepsilon_1 \tan\delta_2}{v_1 \cdot \varepsilon_2 + v_2 \cdot \varepsilon_1} = \frac{\varepsilon_1 \tan\delta_2 + v_1(\varepsilon_2 \tan\delta_1 - \varepsilon_1 \tan\delta_2)}{\varepsilon_1 - v_1(\varepsilon_1 - \varepsilon_2)}. \tag{2.26}$$

Bei Papier oder Preßspan ist der reine trockene Faserstoff (mit etwa $\varepsilon_1 = 6$, $\tan\delta_1 = 5 \cdot 10^{-3}$ bei 50 Hz und 20° C) als Dielektrikum 1 in mehr oder minder parallelliegenden dünnen, breiten Faserlamellen eingebettet: a) beim ausgetrockneten Material in Luft ($\varepsilon_2 = 1$, $\tan\delta_2 \approx 0$), b) bei feuchtem Material in Luft- und Wasserschichten, c) bei getränktem oder imprägniertem Material (Hartpapier, Ölpapier) in Harzstoffen oder Öl (z. B. Öl mit $\varepsilon_2 \approx 2$, $\tan\delta_2 \approx 10 \cdot 10^{-3}$). Die Eigenschaften des Isolierstoffes Papier können dadurch recht stark verändert werden. Z. B. für a) Papier — Luft trocken:

$$\varepsilon_{12} = \frac{\varepsilon_1}{\varepsilon_1 - v_1(\varepsilon_1 - 1)}; \quad \tan\delta_{12} = \frac{v_1 \tan\delta_1}{\varepsilon_1 - v_1(\varepsilon_1 - 1)} = \frac{\tan\delta_1}{\varepsilon_1} v_1 \cdot \varepsilon_{12}.$$

Wenn das Papier dichter, sein Raumgewicht ($\sim v_1'$) größer ist, wird:

$$\frac{\varepsilon_{12}'}{\varepsilon_{12}} = \frac{v_1}{v_1' - (v_1' - v_1)\,\varepsilon_{12}/\varepsilon_2}; \quad \frac{\tan\delta_{12}'}{\tan\delta_{12}} = \frac{v_1'}{v_1} \cdot \frac{\varepsilon_{12}'}{\varepsilon_{12}}.$$

Die Dielektrizitätskonstante steigt nicht ebenso an wie der Volumanteil oder wie das Raumgewicht. Der Verlustfaktor wächst aber stärker. Er hängt, auch bei Ölimprägnierung, überwiegend von der Qualität des Papieres ab, wegen seiner höheren Dielektrizitätskonstanten (Abb. 2.22).

c) Vergleicht man damit die Imprägnierung mit einem verlustfreien Tränkmittel: ε_2'; $\tan\delta_2' = 0$, so wird:

$$\varepsilon_{12}' = \frac{\varepsilon_1\,\varepsilon_2'}{v_1\,\varepsilon_2' + v_2\,\varepsilon_1} \quad \text{und:} \quad \tan\delta_{12}' = \frac{v_1\,\varepsilon_2' \tan\delta_1}{v_1\,\varepsilon_2' + v_2\,\varepsilon_1}.$$

Somit zeigt die vergleichende Messung des trockenen und des imprägnierten Papieres:

$$\frac{\varepsilon_{12}'}{\varepsilon_{12}} = \varepsilon_2\,\frac{v_1 + v_2\,\varepsilon_1}{v_1\,\varepsilon_2' + v_2\,\varepsilon_1} = \frac{\tan\delta_{12}'}{\tan\delta_{12}}.$$

Das Produkt: $\dfrac{\varepsilon_{12}'}{\varepsilon_{12}} \cdot \dfrac{\tan\delta_{12}}{\tan\delta_{12}} = \xi \leq 1$

ist ein Maß für die Verlustfreiheit des Imprägniermittels.

Da in der Schichtung Papierfaser-Öl die Feldstärke im Medium mit der niedrigeren Dielektrizitätskonstante, also in Öl höher ist, herrscht eine recht ungleichmäßige Beanspruchung. Die Durchbruchfestigkeit der Faser (etwa 400···500 kV/cm) liegt höher als die des Öles, zumal bei betriebswarmer Temperatur. Darum wird der Durchbruch der ölgetränkten Papier- oder Preßspanisolation bevorzugt in den Ölkanälen der Tränkung einsetzen.

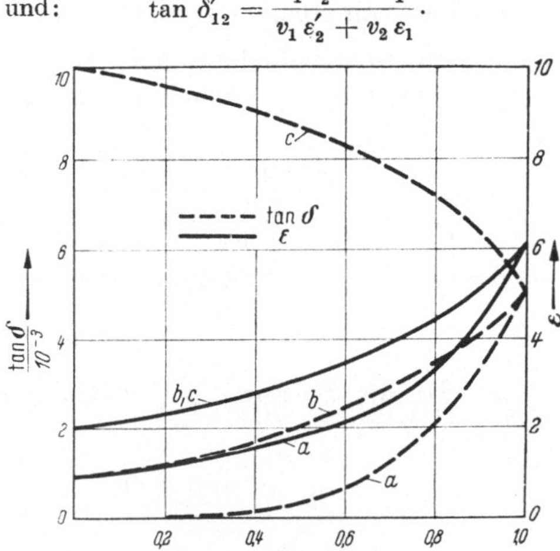

Abb. 2.22. Dielektrizitätskonstante und Verlustfaktor eines Mischdielektrikums

	a	b	c
ε_1 / $\tan\delta_1$	6 / $5\cdot10^{-3}$	6 / $5\cdot10^{-3}$	6 / $5\cdot10^{-3}$
ε_2 / $\tan\delta_2$	1 / 0	2 / $1\cdot10^{-3}$	2 / $10\cdot10^{-3}$

2.8 Verluste im elektrischen Feld

Man kann jedes Volumelement der verlustbehafteten Isolation durch die Zusammenschaltung einer Kapazität und eines Widerstandes ersatzweise erfassen. Dabei sind zwei Ersatzschaltungen möglich (Abb. 2.23), eine Parallel- und eine Reihenschaltung.

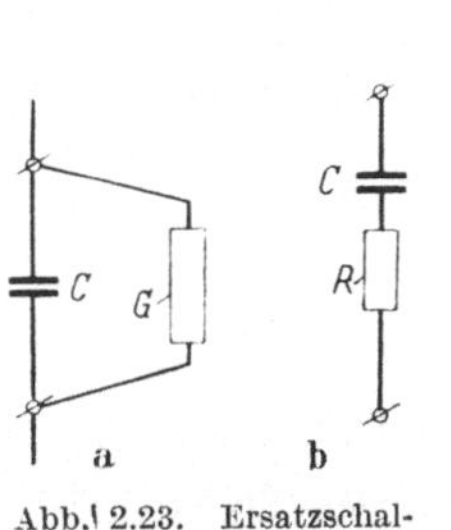

Abb. 2.23. Ersatzschaltungen für verlustbehaftetes Dielektrikum

a) Parallelschaltung
b) Reihenschaltung

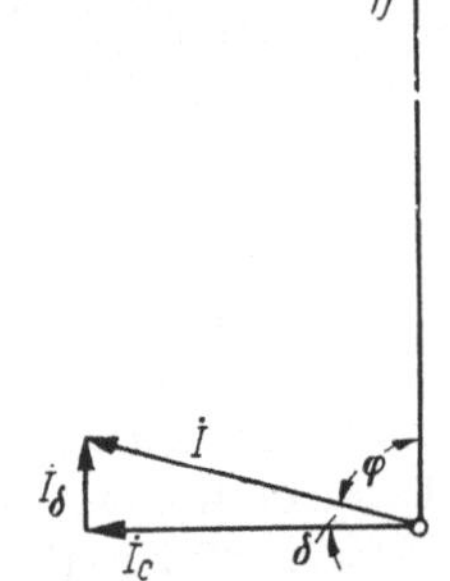

Abb. 2.24. Verluststrom J_δ, kapazitiver Strom J_C, Verlustwinkel δ

Die Parallelschaltung entspricht besser dem Bild der nebeneinander bestehenden dielektrischen Verschiebung und der Verlust-Leitfähigkeit, wobei $1/G = R_{is}$ der „Isolationswiderstand" des Kondensators ist. Auf die physikalischen Grundlagen der elektrischen Leitung im Isolierstoff wird erst später (vgl. S. 240) einzugehen sein. Hier seien C und G als bestimmte, unveränderliche Größen vorausgesetzt.

Wird stationäre Wechselspannung angelegt, so tritt neben dem voreilenden Ladestrom $\dot{J}_c = j\,\omega\, C\, \dot{U}$ noch eine mit der Spannung phasengleiche Wirkkomponente $\dot{J}_\delta = G\,\dot{U}$ auf (Abb. 2.24).

Die Phasenverschiebung φ ist bei guten Isolierstoffen nahe an $\pi/2$; darum rechnet man mit dem Komplementärwinkel: $\delta =$ „Verlustwinkel".

$$\tan\delta = \frac{J_\delta}{J_C} = \frac{G}{\omega\, C} = \text{„}\mathit{Verlustfaktor}\text{"}.$$

Wenn C konstant ist, dann wird bei einer bestimmten Frequenz: $\tan\delta \sim G$. Die im Isolationswiderstand auftretenden Verluste sind:

$$P_\delta = J_\delta\, U = G\, U^2 = U^2 \omega\, C \cdot \tan\delta = Q_c \cdot \tan\delta.\,^1 \qquad (2.27)$$

Ist für die Messung ein Plattenkondensator benützt worden, so wird mit

$$C = \frac{\varepsilon^* \cdot S}{d} \quad \text{und} \quad G = \varkappa \cdot \frac{S}{d}: \quad \tan\delta = \frac{\varkappa}{\varepsilon_0^* \cdot \varepsilon \cdot \omega}, \qquad (2.28)$$

also für konstante Frequenz $\varkappa \sim \varepsilon^* \cdot \tan\delta =$ „Verlustziffer" (mit der physikalischen Bedeutung einer spezifischen Leitfähigkeit). Für die Reihenschaltung b) ergeben sich ähnliche Zusammenhänge.

Wenn Verlustziffer und Dielektrizitätskonstante eines Einzeldielektrikums als unveränderlich angenommen werden können, wird gemäß Gl. (2.28): $\tan\delta \sim 1/\omega$, also stark frequenzabhängig (Abb. 2.25).

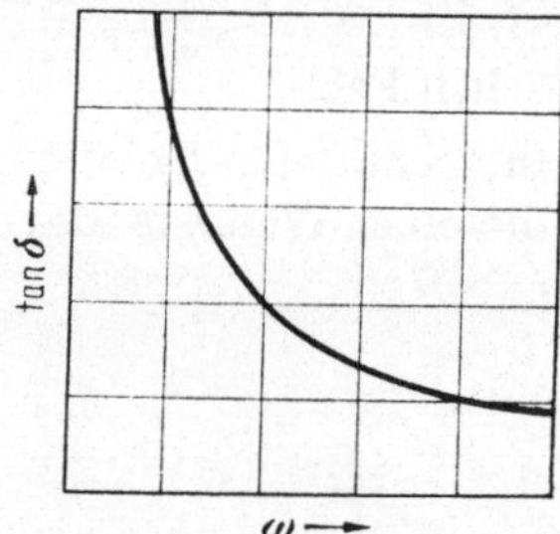

Abb. 2.25. Frequenzgang des Verlustfaktors bei konstanten $\varkappa$ und ε

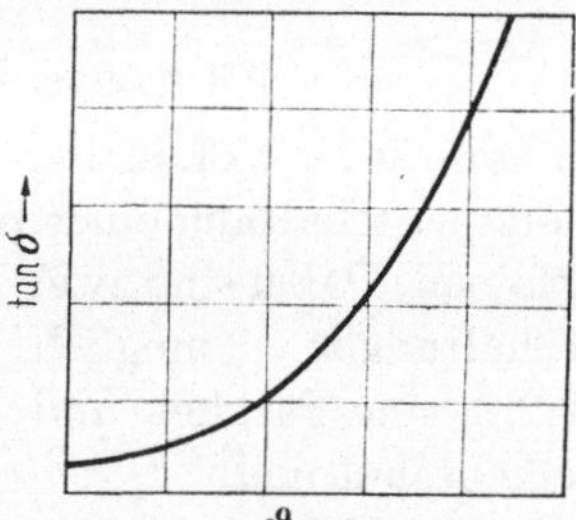

Abb. 2.26. Temperaturgang des Verlustfaktors

Bei vielen Isolierstoffen wächst die Verlustziffer mit zunehmender Erwärmung, was einen ausgeprägten Temperaturgang: $\tan\delta \sim e^{K\cdot\vartheta}$ (Abb. 2.26) zur Folge hat.

Liegt nun eine Reihenschaltung verlustbehafteter Dielektriken 1 und 2 vor, die verschiedene Konstanten und Konstantenverhältnisse $\varkappa_1/\varepsilon_1 \neq \varkappa_2/\varepsilon_2$ haben, dann hebt sich im Frequenzgang des Verlustfaktors der

[1] ($Q_C =$ Lade-Blindleistung).

Gesamtanordnung ein starkes Maximum heraus; die Gesamtkapazität fällt bei derselben Frequenz stark ab (Abb. 2.27). Dieselbe Erscheinung

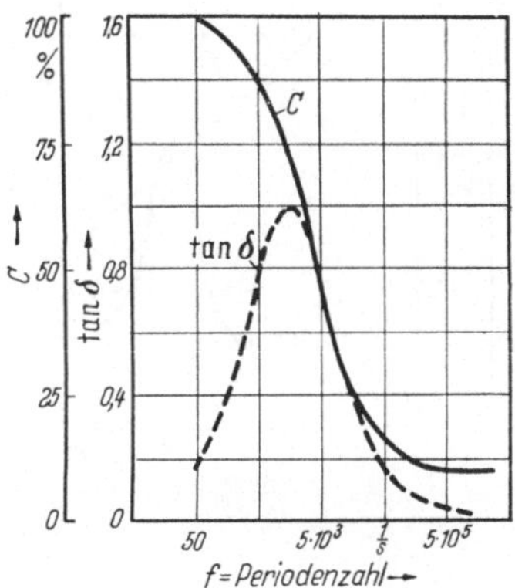

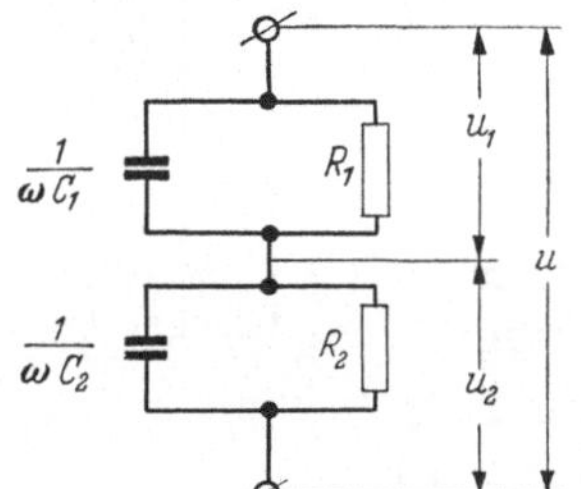

ω = const

	f	$\frac{1}{\omega C_1}$	R_1	$\frac{1}{\omega C_2}$	R_2	C	tan δ
I	50	100	1000	1000	10	98%	0,19
II	$5 \cdot 10^3$	1	1000	10	10	50%	0,84
III	$5 \cdot 10^5$	0,01	1000	0,1	10	10%	~0

I, I_C, I_R = Gesamtstrom u. Stromkomponenten, C = Gesamtkap., δ = Gesamtverlustwinkel

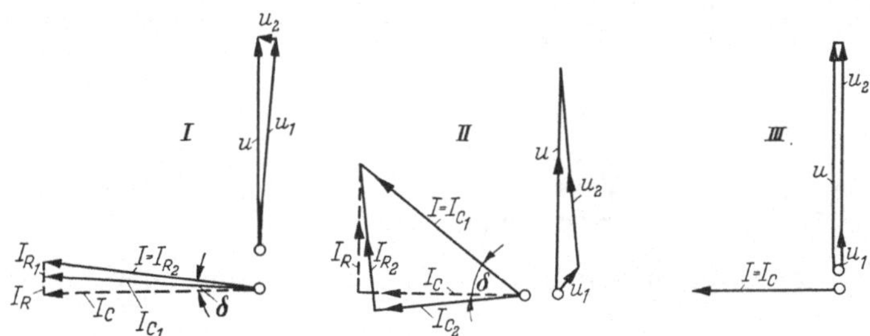

Abb. 2.27. Frequenzgang des Verlustfaktors bei geschichtetem Dielektrikum

eines Verlustmaximums, nun aber mit steigender Gesamtkapazität, wird beobachtet, wenn die Verlustziffern starken temperaturabhängigen Änderungen unterworfen sind (Abb. 2.28) (vgl. S. 24).

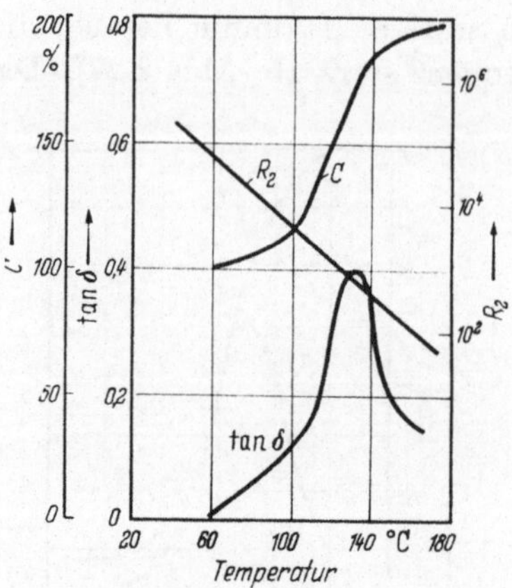

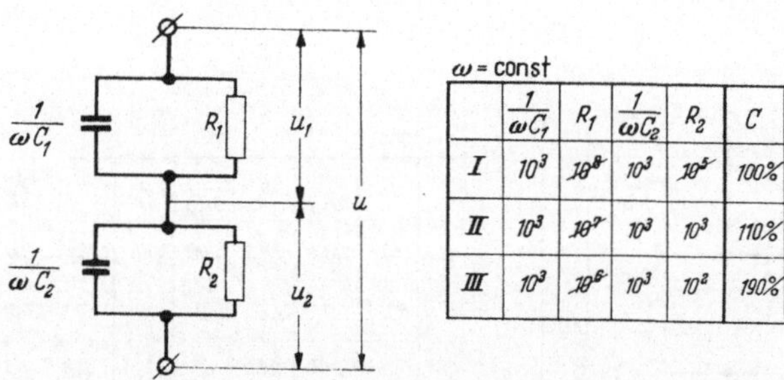

	$\frac{1}{\omega C_1}$	R_1	$\frac{1}{\omega C_2}$	R_2	C	tan δ
I	10^3	10^8	10^3	10^5	100%	~0
II	10^3	10^7	10^3	10^3	110%	0,26
III	10^3	10^6	10^3	10^2	190%	0,12

I, I_C, I_R = Gesamtstrom u - Stromkomponenten, C = Gesamtkap., δ = Gesamtverlustwinkel

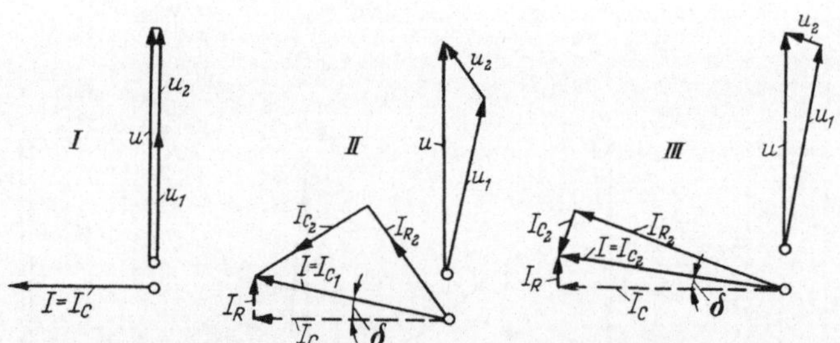

Abb. 2.28. Temperaturgang des Verlustfaktors bei geschichtetem Dielektrikum

2.9 Hochspannungs-Verlustmessung

Die Wirkkomponente ist bei guten Isolierungen relativ sehr klein, $\tan\delta = 10^{-1} \cdots 10^{-4}$; das erschwert die wattmetrische Messung sehr. Man braucht nicht nur ein Wattmeter, das etwa bei $\cos\varphi = 0{,}1$ schon Vollausschlag gibt, also in der Stromspule stark überlastet werden kann, sondern vor allem muß der Winkelfehler des Instruments und der zur Speisung von Strom- und Spannungsspule angewandten Meßwandler sehr gering sein.

Abb. 2.29 zeigt eine für die Messung von Koronaverlusten an Höchstspannungsleitungen entwickelte Anordnung. Die Spannungsspule des astatischen Wattmeters (W) wird vom Strom eines genau größen- und winkeltreu arbeitenden Hochspannungs-Vorwiderstandes (R) durchflossen. Der in das Versuchsobjekt (Leitung) fließende Strom erregt eine Wicklung eines Differentialwandlers (DW); in einer zweiten da-

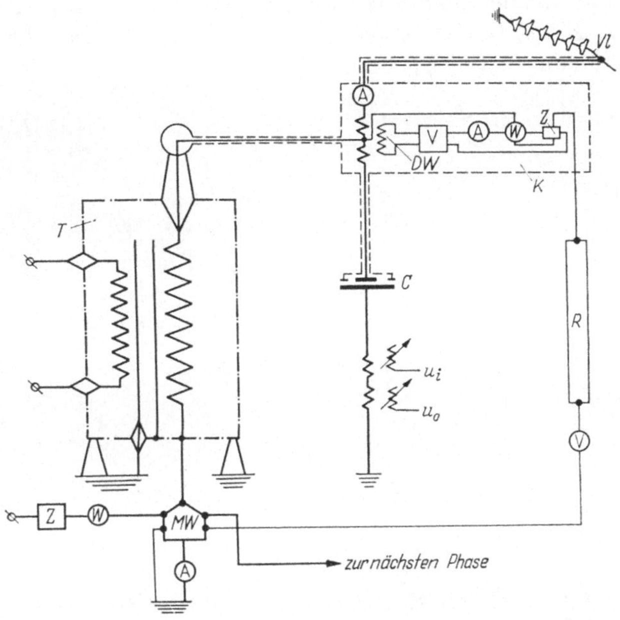

Abb. 2.29. Hochspannungs-Verlustmessung mit Kompensation des Ladestromes (AEG)

gegengeschalteten Wicklung fließt der reine Ladestrom eines verlustfreien Normalkondensators (C), so daß die dritte Wicklung nur den Differenzstrom führt. Dieser ist praktisch nur der Verluststrom; er wird verstärkt der Stromspule des Wattmeters zugeführt und dieses arbeitet nun mit geringer Phasenverschiebung (AEG).

Andere Anordnungen verwenden z. B. wattmetrische Meßwertumformer, bei denen das leistungsproportionale Drehmoment durch das Gegendrehmoment eines Drehspulmeßwerks mit einem durch Photozellen gesteuerten Gleichstrom aufgewogen wird, so daß das Instrument keinen Ausschlag und damit keine merkliche Lagenveränderung der Strom- und Spannungsspule hat (Abb. 2.30a, b) (S. & H.).

Eine Brückenschaltung von SCHERING hat besondere Bedeutung in der Hochspannungstechnik bekommen (Abb. 2.31). Diese Wechselspannungsbrücke für Hochspannung vergleicht den Prüfling (*1*) mit einem verlustfreien Normalkondensator (*2*) und vermag dadurch den zu handhabenden Teil der Schaltung an Erdpotential zu legen.

Die Gleichgewichtsbedingung der komplexen Brückenzweigimpedanzen: $\dot{Z}_1 \cdot \dot{Z}_4 = \dot{Z}_2 \cdot \dot{Z}_3$, die in eine Größenbedingung: $Z_1 \cdot Z_4 = Z_2 \cdot Z_3$ und eine Phasenbedingung: $\varphi_1 + \varphi_4 = \varphi_2 + \varphi_3$

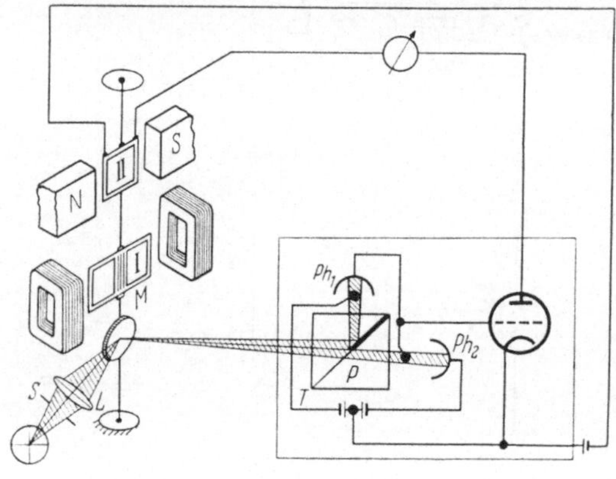

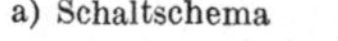
a) Schaltschema

b) Meßwerk

Abb. 2.30. Meßwert-Umformer

zerfällt, liefert mit den Schaltelementen der Zweige die gesuchten Werte C_1 und $\tan \delta_1$:

$$\left.\begin{aligned} &Z_1 = \frac{1}{C_1 \omega}{}^{1}; \quad Z_2 = \frac{1}{C_2 \omega}; \; Z_3 = R_3; \; Z_4 = \sqrt{R_4^2 + (1/\omega \cdot C_4)^2} \\ &\varphi_1 = \frac{\pi}{2} - \delta_1; \; \varphi_2 = \frac{\pi}{2}; \; \varphi_3 = 0; \quad \varphi_4 = \arctan\,(R_4\, \omega\, C_4), \\ &C_1 = C_2 \frac{R_4}{R_3}{}^{1} \qquad \text{und} \qquad \tan \delta_1 = R_4\, \omega\, C_4 . \end{aligned}\right\} \quad (2.29, 2.30)$$

Die Abgleichung geschieht mit Hilfe eines Vibrationsgalvanometers, das auf die Meßfrequenz abgestimmt ist. (Da der Abgleich nur für eine Frequenz möglich ist, werden nur die Isolationsverluste bei dieser Frequenz erfaßt.

[1] (unter Vernachlässigung des Isolationswiderstandes $1/G_1$, was bei kleinem Verlustwinkel zulässig ist.)

Bei Ionisation im Dielektrikum wird auch die zur Erzeugung dieser Entladungen dem Netz entnommene Energie der Meßfrequenz mitgemessen.)

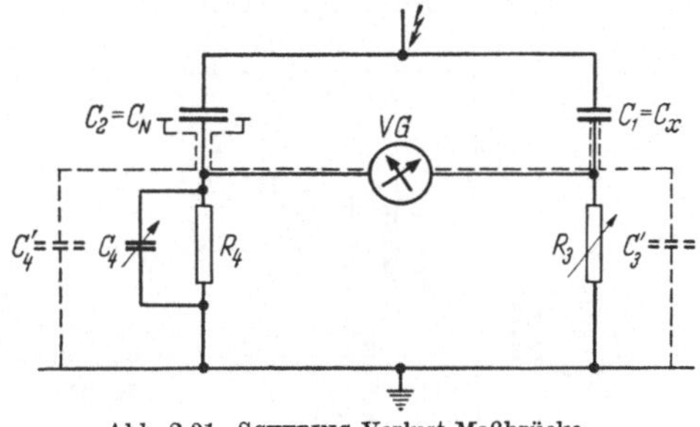

Abb. 2.31. SCHERING-Verlust-Meßbrücke

Eine Weiterentwicklung der Scheringbrücke ist die „Universal C tanδ-Meßbrücke" (S. & H.) (Abb. 2.32 a, b). Auch hier wird die Kapazität C_x des Prüflings X zunächst durch das Widerstandsverhältnis $R_3/R_4 = C_N/C_X$ abgeglichen, so daß $J_c \cdot R_3 = J_N \cdot R_4$ ist. Die Restspannung U_R zwischen BD ($U_R = J_Q \cdot R_3 + J_\Delta \cdot R_3$) wird durch eine Spannung $U_K = \beta \cdot U_{P1} + \alpha \cdot U_{P2}$ aus dem komplexen Kompensator $K.K$ kompensiert.

Mit
$$J_Q = -j \tan\delta \cdot J_c, \quad J_\Delta = \frac{\Delta C_x}{C_x} \cdot J_c$$

und dem obigen Abgleich nach R_3/R_4 wird die Restspannung (Diagonalspannung)
$$U_R = \left(-j \tan\delta + \frac{\Delta C_x}{C_x}\right) J_N \cdot R_4 .$$

Die Spannung an den Potentiometern P_1 und P_2 aus dem komplexen Kompensator $K.K$ ist durch die Spannung $J_N\, R_4$ und die Übersetzung des Stromwandlers W_2 sowie der Gegeninduktivität W_1 gebildet. Mit den Konstanten K_δ, K_Δ und den Teilspannungen β und α der Potentiometer P_1 und P_2 wird die Kompensationsspannung
$$U_K = (-j\,\beta \cdot K_\delta + \alpha\, K_\Delta) \cdot J_N\, R_4 .$$

Durch den Abgleich werden U_R und U_K gleichgesetzt, woraus sich die Abgleichbedingungen ergeben:
$$\tan\delta = \beta \cdot K_\delta \quad \text{und} \quad \frac{\Delta C_x}{C_x} = \alpha \cdot K_\Delta .$$

Über die Gegeninduktivität W_3 kann in gleicher Weise wie bei der Messung des Verlustfaktors eine Spannung in die Diagonale eingespeist werden, die hier den Verlustfaktor des Normalkondensators kompensiert.

Zur Nullanzeige dient ein hochempfindlicher selektiver Nullindikator, z. B. Vibrationsgalvanometer, oder ein elektronischer Nullindikator.

Diese Brücke erlaubt Kapazitäten auf $\pm$ 0,1% ihres Wertes, Verlustfaktoren auf $\pm 10^{-4}$ und Kapazitätsänderungen auf 0,01% genau zu messen.

Um Fehler durch Schaltkapazitäten auszuscheiden, müssen die niederspannungsseitigen Schaltleitungen und Schaltelemente eine definierte Kapazität gegen Erde oder gegen ausgewählte Punkte der Schaltung haben. Deshalb ist die Zuleitung zum Normalkondensator doppelt (C_{N1} und C_{E1}) und die Zuleitung zum Prüfling einfach (C_{XE}) geschirmt. Die

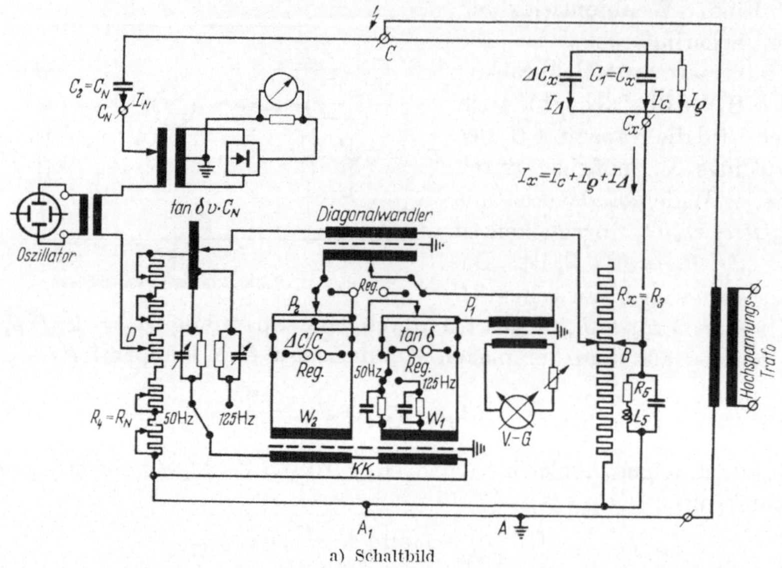

a) Schaltbild

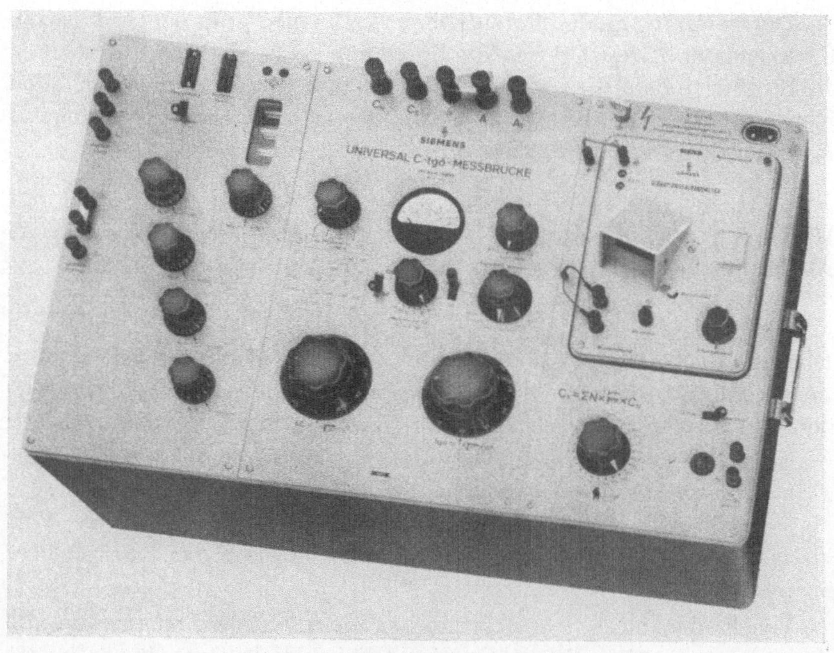

b) Ansicht

Abb. 2.32a u. b. Universal C tan δ-Meßbrücke (S. & H.)

Schirmkapazität C_{N1} (Leitung gegen Innenschirm) liegt an den Brückendunkten D und B, die anderen Schirmkapazitäten sind an Erde gelegt. Ihre Wirkung kann durch die Parallelschaltung von R_5 und L_5 mit C_5 aufgehoben werden. C_5 wird so eingestellt, daß der ermittelte Wert des Verlustfaktors $\tan\delta$ bei verschiedenen Widerstandsverhältnissen R_3/R_4 gleich bleibt.

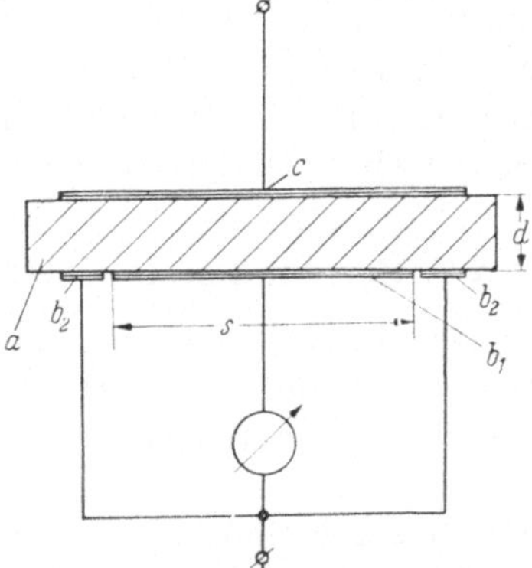

Abb. 2.33. Abgeschirmte Meßelektrode Platten-Elektrode

Für die Messung von Kapazität und Verlustfaktor muß man dafür sorgen, daß nur der Teil des Ladestroms und des Verluststromes am oder im Prüfling in die Brückenschaltung eingeht, der gemessen werden soll. Wenn z. B. die spezifischen Werte eines Isoliermaterials (a) in Plattenform geprüft werden sollen (Abb. 2.33), so muß das gemessene Volumen $d \cdot S$ so herausgegriffen werden, daß in ihm eine homogene Feldstärke herrscht und daß andere, z. B. Oberflächen- oder seitlich durch das Material tretende Ströme ausgeschaltet bleiben. Man verwendet auf der Instrumentenseite einen Elektrodenausschnitt (b_1), während der ausgesparte Schutzring (b_2) direkt geerdet bzw. an den Pol der Spannungsquelle geführt wird. Die Elektrode (c) liegt am Hochspannungspol.

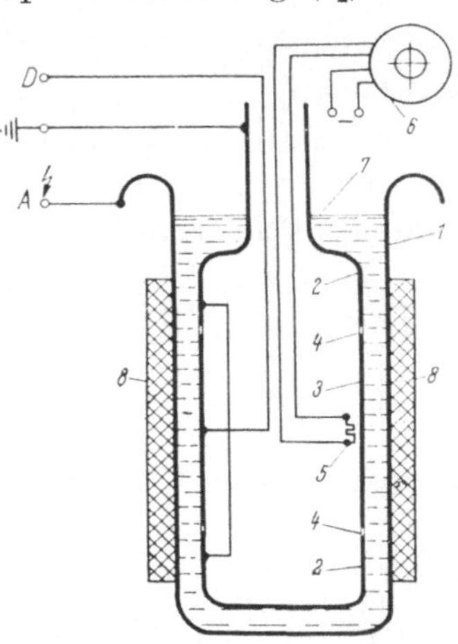

Abb. 2.34 a. Zylind.-Elektrode — Schnitt

1 Hochspannungselektrode
2 Schirmelektrode
3 Meßelektrode
4 Isolierung
5 Widerstandsthermometer
6 Anschlußbuchse
7 Ölfüllung
8 Heizung

Abb. 2.34 b. Zylind.-Elektrode — Ansicht

Ähnliche Abschirmungen sind anzuwenden, wenn andere Formen vorliegen oder andere Komponenten der parallelliegenden Kapazitäten oder Leitwerte zu erfassen sind. Als Beispiel sei ein zylindrischer Meßkondensator nach Prof. SCHERING gezeigt (Abb. 2.34a, b). Er dient zur Messung der Dielektrizitätskonstante und des Verlustfaktors flüssiger Isolierstoffe, abhängig von der Temperatur (20° bis 100° C).

§ 3. Berechnung des Feldes einfacher Elektrodenanordnungen

Aus Funktionen, die mit Ausschluß singulärer Stellen im ganzen Raum der Gleichung: $\Delta\varphi = 0$ genügen, kann eine Potentialfunktion zusammengesetzt werden. Flächen mit $\varphi =$ konst. können dann Elektrodenoberflächen bedeuten, für die somit das Feldbild, die Kapazität usw. bekannt sind.

Wenn man umgekehrt von einer gegebenen Form und Lage der Elektroden ausgeht, wird die analytische Feldberechnung möglich, sofern entweder bei gegebener Spannung über die Ladungen und ihre Dichteverteilung eine einfach formulierbare Voraussetzung gemacht werden kann, oder sofern ein Ansatz für die Feldstärkeverteilung im dielektrischen Raum von vornherein möglich ist.

Die folgenden Beispiele zeigen solche Rechnungsgänge; sie sollen vor allem ein anschauliches Bild der Feldverteilung geben und die praktisch wichtigen Fälle zusammenstellen.

3.1 Plattenkondensator

Auf den planparallelen, unbegrenzt angenommenen Elektrodenflächen besteht überall gleiche Ladungsdichte, im Raum zwischen den heraus gegriffenen Flächenstücken S überall ein homogenes Feld. (Vgl. Abb. 2.2, S. 6):

$$E = \frac{U}{d} = \frac{D}{\varepsilon^*} = \frac{Q_s}{S \cdot \varepsilon^*}$$

$$C_s = \frac{Q_s}{U} = \frac{S}{d} \cdot \varepsilon^* = 0{,}0884 \left[\frac{\text{p F}}{\text{cm}}\right] \cdot \varepsilon \cdot \frac{S}{d}. \tag{3.1}$$

Geschichtetes Medium ε_1, d_1 und ε_2, d_2. (Vgl. Abb. 2.7, S. 8):

$$C_s = S \cdot \varepsilon_0^* \cdot \frac{\varepsilon_1 \varepsilon_2}{\varepsilon_2 d_1 + \varepsilon_1 d_2} \tag{3.3}$$

$$\frac{E_1}{U} = \frac{C_s}{\varepsilon_1 \cdot S \cdot \varepsilon_0^*} = \frac{\varepsilon_2}{\varepsilon_2 d_1 + \varepsilon_1 d_2}. \tag{3.3}$$

3.2 Kugelelektroden

Zwei konzentrische Kugeln (Radien R_1 und R_2). Die Ladungsdichte ist auf jeder der beiden Kugeloberflächen überall gleich: $Q/4\,\pi\,R_1^2$ und $-Q/4\,\pi\,R_2^2$, somit die Verschiebungsdichte und Feldstärke auf einer

Kugelfläche (r) im Feldraum ($R_1 < r < R_2$):

$$D_r = \varepsilon^* \cdot E_r = \frac{Q}{4\pi r^2}.$$

Die Feldlinien sind radiale Vektoren wie bei einer punktförmigen Ladung im Zentrum der Kugel (R_1); die Niveauflächen dieses inhomogenen Feldes sind konzentrische Kugeln (Abb. 3.1).

$$U_{1,2} = -\int_{R_1}^{R_2} E_r\, dr = \frac{Q}{4\pi\varepsilon^*}\left[\frac{1}{R_1} - \frac{1}{R_2}\right] \tag{3.4}$$

mit $$\frac{Q}{4\pi r^2 \varepsilon^*} = \frac{U_{12}}{(1/R_1 - 1/R_2)}$$

wird aus $$E_r = \frac{Q}{4\pi r^2 \varepsilon^*}$$

$$E_r = \frac{U_{1,2}}{r^2 (1/R_1 - 1/R_2)}. \tag{3.5}$$

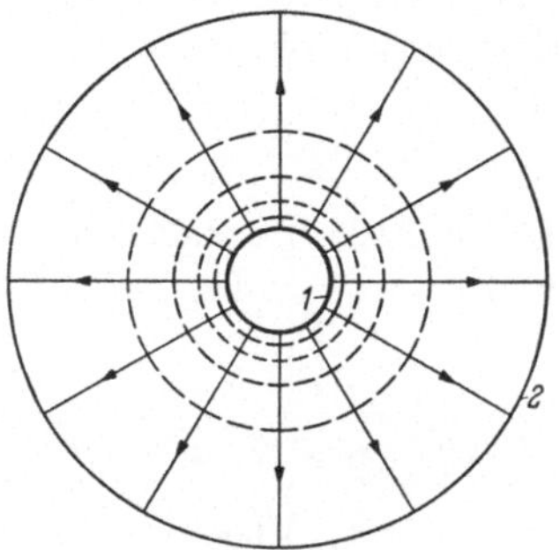

Abb. 3.1. Konzentrisches Kugelfeld
—→— Feldlinien
— — — äquidistante Niveauflächen

Die Maximalfeldstärke herrscht an der Oberfläche der kleinen Kugel:

$$E_{max} = E_{R1} = \frac{U_{1,2}}{R_1 (1 - R_1/R_2)}. \tag{3.5a}$$

(Für $R_2 \gg R_1$ wird $E_{R1} \to U_{1,2}/R_1$, also nur von der Oberflächenkrümmung, nicht mehr vom Elektrodenabstand abhängig.)

$$C_{1,2} = \frac{4\pi\varepsilon^*}{1/R_1 - 1/R_2} \quad (\text{Für } R_2 \gg R_1 : C_{1\infty} \to 4\pi\varepsilon^* \cdot R_1) \tag{3.6}$$

$$E_r = \frac{U_{1,2} \cdot C_{1,2}}{r^2 \cdot 4\pi\varepsilon^*}. \tag{3.6a}$$

Zwei Niveauflächen mit der Potentialteildifferenz ΔU haben Radien gemäß: $1/r_1 - 1/r_2 = \text{konst.} = \Delta U / U_{1,2} \cdot (1/R_1 - 1/R_2)$, also: $r_1/r_2 = 1 - r_1 \cdot \text{konst.}$

Danach kann der Raum zwischen den Elektroden durch äquidistante Niveauflächen geteilt werden, d. h. durch solche gleicher Potentialdifferenz (Abb. 3.1).

Zwei isolierte Kugeln nebeneinander. Das Feldbild geht aus der Superposition zweier Punktladungsfelder hervor, deren Gegenladungen im Unendlichen liegen. Die Ladungsschwerpunkte liegen nicht mehr in den Kugelmittelpunkten. Die Ladungsdichte an der Oberfläche drängt sich gegenüber der Gegenelektrode zusammen (Abb. 3.2); die Niveauflächen werden deformiert und haben nur unmittelbar an den Elektroden noch eine Form, die durch

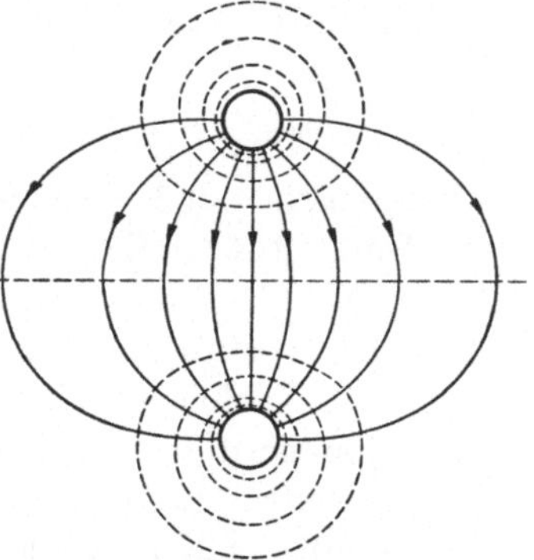
Abb. 3.2. Feld zweier isolierter Kugeln
—→— Feldlinien
— — — äquidistante Niveauflächen

die Kugelkrümmung angenähert werden kann. Die maximale Feldstärke herrscht in der Verbindungslinie der beiden Kugelmittelpunkte.

Häufig ist $R_1 = R_2 = R$. Der engste Oberflächenabstand sei d. Ist d/R klein — dies wird bei der *Kugel-Meßfunkenstrecke* eingehalten —, so wird auf der Mittelpunktsverbindungslinie, also im Bereich der höchsten Feldstärke, das Feld nahezu homogen. Man setzt darum in Anschluß an das Plattenfeld:

$$E_{max} = E_r = f_1 \cdot \frac{U}{d}. \tag{3.7}$$

Der Faktor f_1 berücksichtigt die Feldverzerrung und weicht um so mehr von 1 ab, je größer d/R. Tab. 3.1 gibt die Werte für f_1.

Tabelle 3.1 [1]

d/R	f_1	f_2
0	1,000	1,000
0,1	1,034	1,034
0,2	1,068	1,068
0,3	1,102	1,106
0,5	1,173	1,199
1,0	1,359	1,517
5	3,151	5,172
10	5,586	
100	50,51	
1000	500,5	

Die Kapazität ist:

$$C_{00} = \frac{d \cdot \pi \cdot \varepsilon^*}{(f_1 - 1)}. \tag{3.8}$$

Sie liegt bei Meßfunkenstrecken mit $d = 0{,}5 \cdots 50$ zwischen 50 und 2 pF.

Wenn *eine Kugel geerdet* ist, also dasselbe Potential hat wie eine unendlich entfernt anzunehmende Umhüllung, dann werden von der isolierten Kugel mehr Feldlinien ausgehen als von der geerdeten, da diese eine kleinere Ladung als die isolierte Kugel trägt. Somit wird an der isolierten Kugel die Feldstärke größer als bei beiderseitiger Isolierung:

$$E'_{max} = E'_R = f_2 \cdot \frac{U}{d}, \quad \text{(vgl. Tab. 3.1) mit} \quad f_2 > f_1. \tag{3.7a}$$

Unter $d/R < 0{,}2$ verschwindet der Einfluß der einseitigen Erdung; der „Durchgriff" der umhüllenden Außenladung kann bei genügend kleinem Elektrodenabstand vernachlässigt werden.

Die Feldverstärkung durch die Erdung einer Kugel wird verschärft, wenn in der Nachbarschaft eine geerdete Wand steht. Deshalb muß diese Elektrodenanordnung räumlich sorgfältig aufgebaut werden, wenn ihre Gesetzmäßigkeit zu Meßzwecken benützt werden soll. (Hochspannungsmessung mit der Kugelfunkenstrecke.)

Längs der Mittenverbindungslinie zweier Kugeln entsteht eine Potentialverteilung, die das Potentialgefälle in der Nähe der Kugeln zusammendrängt, so daß der Mittelraum entlastet ist. Je größer der Kugeldurchmesser, desto gleichmäßiger wird das Potentialgefälle, je kleiner R/d, desto größer der Feldstärkenunterschied (vgl. Abb. 3.3).

[1] Murphy (1833), Kirchhoff, Russel: Phil. Mag: (6) 6 (1906) 267.

3.3 Spiegelung (W. Thomson 1845) — Kugel und Ebene

In Abb. 3.2 ist festzustellen, daß die Mittelebene zwischen den beiden Kugeln gleichen Halbmessers eine Niveaufläche ist. Das Feld zwischen der Oberfläche z. B. der oberen Kugel und dieser Mittelebene ändert sich nicht, wenn die Gegenelektrode nicht eine Kugel, sondern eben diese Fläche ist und die Potentialdifferenz nur $U' = U/2$ beträgt.

Ganz allgemein kann das Feld zwischen einer Elektrode und der im Abstand d' mit der Potentialdifferenz U' stehenden Ebene gewonnen werden durch Annahme einer elektrischen Bildladung auf einer gleich großen und gleich geformten Elektrode im gleichen Abstand d' auf der

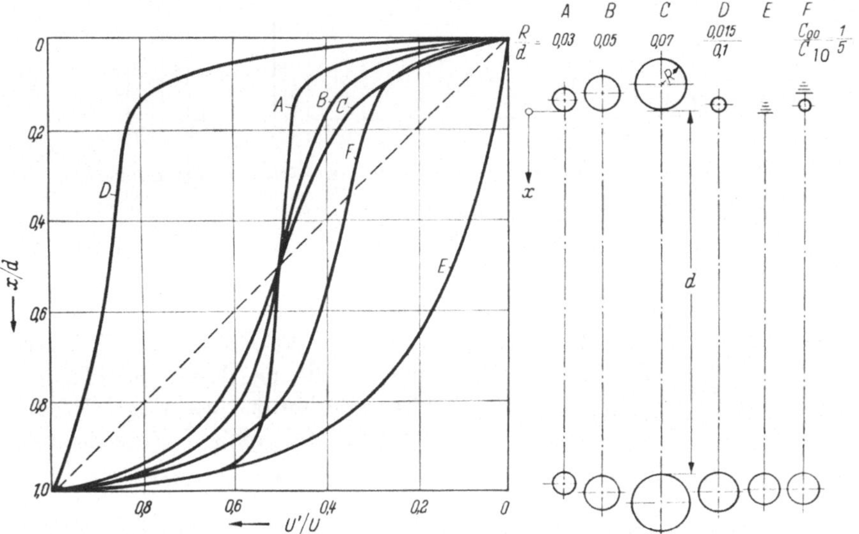

Abb. 3.3. Potentialverteilung zwischen Kugelelektroden bei verschieden großen Elektroden und mit einseitigen Flächenelektroden. (Stilisiertes Bild für lange Isolatorenketten)

Gegenseite der Ebene. Die „gespiegelte" Ladung muß entgegengesetzt gleich groß und die Potentialdifferenz zwischen Elektrode und Spiegelelektrode muß $2\,U'$ sein.

Die Kapazität zwischen Kugel und Ebene ist somit:

$$C_{0\,\mathrm{l}} = \frac{Q}{U'} = 2\,\frac{Q}{U} = 2\,C_{00}\,. \tag{3.9}$$

Für die höchste Feldstärke an der Oberfläche der Kugelelektrode gilt:

$$E_{R_{0\,\mathrm{l}}} = \frac{U_{0\,\mathrm{l}}}{d_{0\,\mathrm{l}}} \cdot f_1\,. \tag{3.10}$$

Abb. 3.4 zeigt, daß durch Abstandssteigerung über etwa $d/R = 1$ bei gegebener Feldstärke die zugehörige Spannung nur mehr wenig zunimmt. Großer Abstand bringt also z. B. keine lohnende Steigerung der Durchschlagsspannung. Will man diese, so muß man vielmehr die Krümmung der Elektroden (R) vergrößern.

Praktisch trifft man auf solche Feldform etwa bei einem Stützisolator, dessen Kopfarmatur auf Hochspannungspotential liegt und der auf

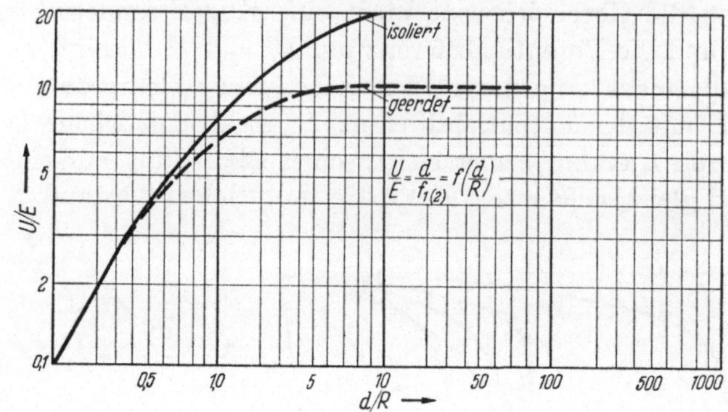

Abb. 3.4. Änderung der Grenzspannung bei Abstandvergrößerung an Kugelelektroden

der ebenen, geerdeten Montagefläche steht ($d/R > 10$; $f_1 > 5$!). Kugelige Elektrodenkappen mit größerem Abrundungsradius vermindern die Feldstärke (Abb. 3.5).

In Abb. 3.3 sind verschiedene Kugel-Anordnungen, auch solche mit einer ebenen Elektrode, verglichen. Der starke Einfluß der Feldvergleichmäßigung durch die Plattenelektrode hinter einer Kugel ist besonders ausgeprägt. (Idealisiertes

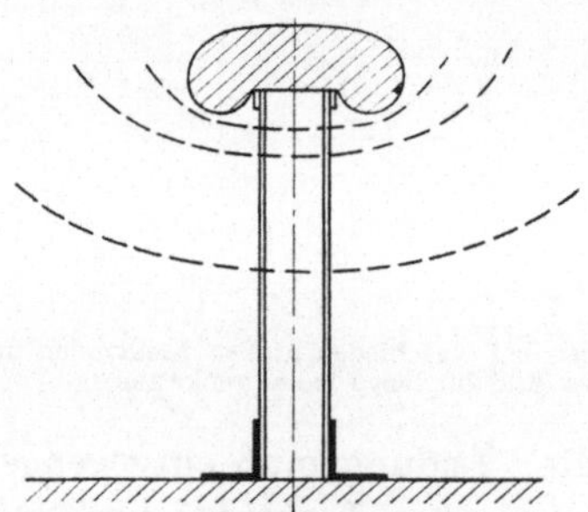

Abb. 3.5. Feld eines Stützisolators mit Schirmkappe

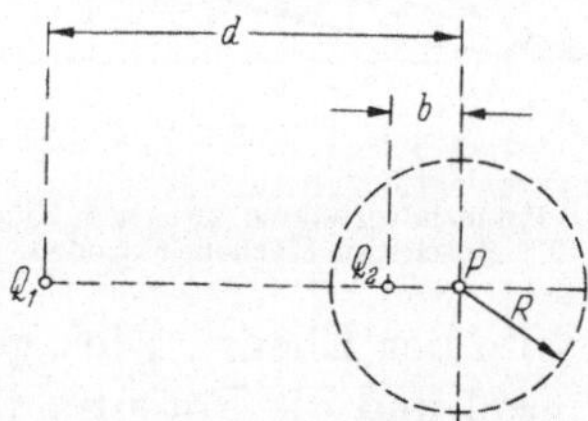

Abb. 3.6. Spiegelung an Kugelfläche

Ersatzbild für Langstab-Hängeisolatorkette mit verschieden großen Armaturen an der Masttraverse aufgehängt.)

Spiegelung an Kugelflächen; Außenfeld des Dipols. Im Punkt P, im Abstand d von einer Punktladung Q_1, ist die Stärke dieses Ladungsfeldes:

$$E_{P1} = \frac{Q_1}{4\pi\varepsilon^* d^2}.$$

Das Potential des Punktes P ist:

$$U_{P1} = \frac{Q_1}{4\pi\varepsilon^* d} \quad \text{(Abb. 3.6).}$$

Befindet sich dort nun eine ungeladene Metallkugel, so erzwingt sie eine feldändernde Niveaufläche mit ihrem Radius R. Dies kann berücksichtigt werden durch die Annahme einer Ladung Q_2, die, gespiegelt an der Kugelfläche, der Ladung Q_1 entspricht und im Innern punktförmig angesetzt werden kann im Abstand b von P so, daß

$$\frac{Q_2}{b} = -\frac{Q_1}{R}, \quad \text{mit:} \quad b = \frac{R^2}{d}.$$

Um ein positives Verhältnis (vgl. Abb. 3.6) zu erhalten, muß die Ladung Q_1 umgekehrtes Vorzeichen wie die Ladung Q_2 haben. Damit aber die Metallkugel ungeladen bleibt, muß zum Ausgleich noch eine Ladung $-Q_2$ hinzugefügt werden, und zwar im Kugel-Mittelpunkt. Mit zunehmendem d rücken die beiden Innenladungen immer näher zusammen und es entsteht für $d \to \infty$ ein *Dipol*.

Im Abstand r von P wird das von den zwei Ladungen $\pm Q_2$ herrührende Potential (Abb. 3.7):

$$U_2 = \frac{1}{4\pi\varepsilon^*}\left[-\frac{Q_2}{r} + \frac{Q_2}{r - b\cos\alpha}\right] = \frac{b \cdot Q_2 \cdot \cos\alpha}{4\pi\varepsilon^* \cdot r^2} \quad (\text{für } b \to 0).$$

Nun ist $b \cdot Q_2 = M$ das Moment des Dipols, also

$$U_2 = \frac{M \cdot \cos\alpha}{4\pi\varepsilon^* r^2}. \tag{3.11}$$

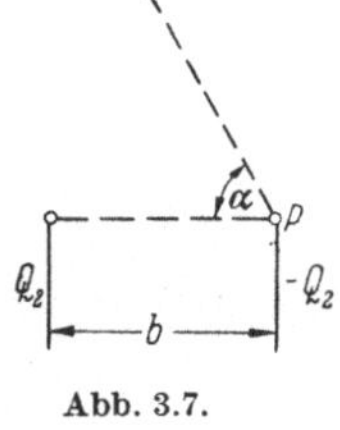

Abb. 3.7.

Es bestehen elektrische Feldkräfte in der Umgebung des Dipols, trotzdem seine resultierende Ladung Null ist. Das Feld des Dipols nimmt aber stärker mit dem Abstand ab als das einer Einzelpunktladung, wie der Vergleich mit Gl. (3.4, S. 31) zeigt.

Die Potentialverteilung um den Dipol im äußeren Feld ist zu ermitteln aus der Superposition des Feldes der unendlich entfernten Ladung Q_1 und des Dipols:

$$U_r = \frac{Q_1}{4\pi\varepsilon^*(d - r \cdot \cos\alpha)} + \frac{b\,Q_2\cos\alpha}{4\pi\varepsilon^* r^2}.$$

Da: $Q_2 = -Q_1\,R/d$ und $Q_1 = 4\pi\varepsilon^* d^2 E_{P1}$, ferner $d \gg r$ wird:

$$U_r = d^2 E_{P1}\left(\frac{1}{d} - \frac{r\cos\alpha}{d^2} + \frac{R^3\cos\alpha}{d^2 r^2}\right) - d \cdot E_{P1}$$

(der letzte Anteil als Integrationskonstante gesetzt).

$$U_r = E_{P1}\left[r - \frac{R^3}{r^2}\right]\cos\alpha.$$

Die Feldstärke der kombinierten Felder an der Kugeloberfläche (R):

$$E_R = \left.\frac{dU}{dr}\right|_R = E_{P1}\left(1 + \frac{2R^3}{r^3}\right)\cos\alpha\,\bigg|_{r=R} = 3\,E_{P1} \cdot \cos\alpha. \tag{3.12}$$

Für $\alpha = 0$ und $\pi/2$ wird E_R also auf der Kugeloberfläche dreimal so groß wie die Feldstärke des Ursprungfeldes. Das Feldbild zeigt Abb. 3.8.

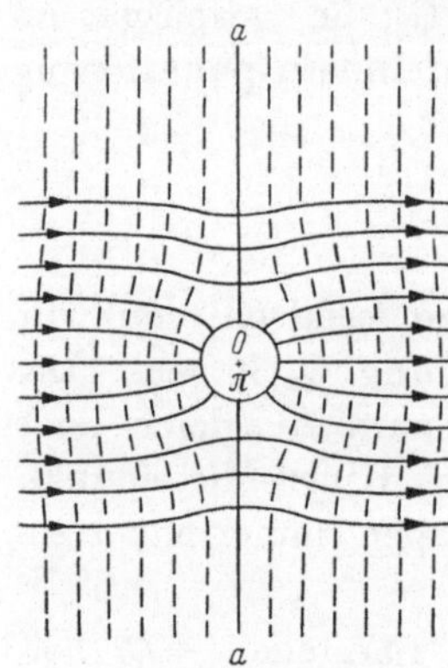

Abb. 3.8. Feldbild eines Dipols bzw. einer halbkugelförmigen Erhebung in einer ebenen Elektrode *a—a*
→— Linien des äußeren Feldes; — — — — — — Niveaulinien

Wenn die Äquipotentialfläche *aa* eine Metallelektrode ist, ändert sich das Feldbild nicht. Somit ist also die maximal mögliche Feldverzerrung ermittelt, wie sie durch eine halbkugelige Erhebung, die mit geringer Abmessung aus einer Plattenelektrode hervorragt, entsteht. Die Feldstärke wird maximal dreimal so groß wie im homogenen Feld zwischen zwei Plattenelektroden.

3.4 Das radiale ebene Zylinderfeld

Koaxiale Zylinder (Einleiterkabel, Durchführung, Zylinder-Kondensator). Ist die Zylinderlänge nicht begrenzt, so muß das Feld (Abb. 3.9) achsensymmetrisch und eben sein. Wenn Q die Ladung je Längeneinheit, sind die Ladungsdichten auf den beiden Leiterzylindern: $Q/2\pi R_1$ bzw. $-Q/2\pi R_2$; somit ist die Feldstärke auf einer Zylinderfläche im Feldraum mit $R_1 < r < R_2$ (vgl. Abb. 3.9).

$$E_r = \frac{Q}{2\pi r \varepsilon^*}; \qquad U_{12} = -\frac{Q}{2\pi\varepsilon^*} \ln\left(\frac{R_2}{R_1}\right). \tag{3.13}$$

$$E_r = \frac{U_{12}}{r \ln(R_2/R_1)} = \frac{1}{r} \cdot \frac{U_{12} \cdot C_{12}}{2\pi\varepsilon^*}. \tag{3.14}$$

$$E_{max} = E_{R1} = \frac{U_{12}}{R_1 \cdot \ln(R_2/R_1)}; \tag{3.14a}$$

$$C_{12} = \frac{2\pi\varepsilon^*}{\ln(R_2/R_1)} = 0{,}555 \cdot \frac{\varepsilon}{\ln(R_2/R_1)} \left[\frac{\text{pF}}{\text{cm}}\right]. \tag{3.15}$$

Man kann das Zylinderfeld mit dem zwischen zwei Ebenen vergleichen und mit dem radialen Abstand, $d = R_2 - R_1$, schreiben:

$$E_{R1} = \frac{U_{12}}{d} \cdot f_3, \quad \text{mit:} \quad f_3 = \frac{R_2/R_1 - 1}{\ln(R_2/R_1)}.^{1} \tag{3.16}$$

Vom Innenleiter nach außen nimmt die Feldstärke hyperbolisch ab: $E_r/E_{R1} = R_1/r$. So ist auch der Maximalwert der Feldstärke an der Leiteroberfläche dessen Radius umgekehrt proportional. Ihre Abnahme mit wachsendem Radienverhältnis kann aus Abb. 3.10 entnommen werden. Sind Spannung und Außenmantelhalbmesser gegeben, so durchläuft sie ein Minimum, wenn R_1 von 0 bis R_2 variiert wird (Abb. 3.11).

Dieser optimale Leiterhalbmesser ist: $R_{1\,opt} = \frac{R_2}{e} = \frac{U_{12}}{E_{R1}} \cdot 0{,}368$.

[1] Vgl. Anhang Abb. A 1.

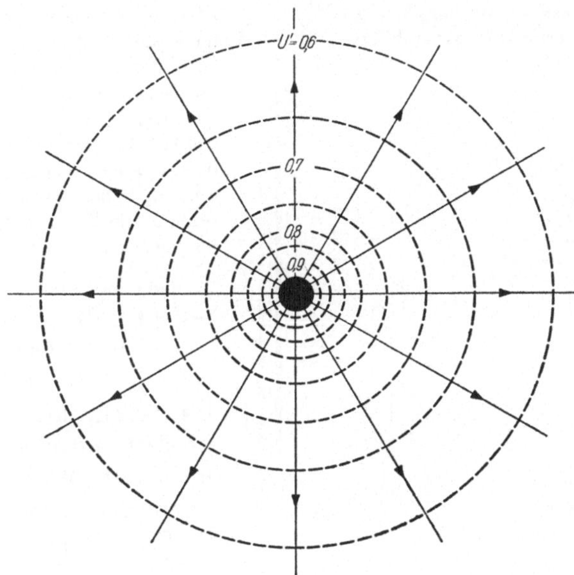

Abb. 3.9. Koaxiales Zylinderfeld. ($R_2/R_1 = 1000$)

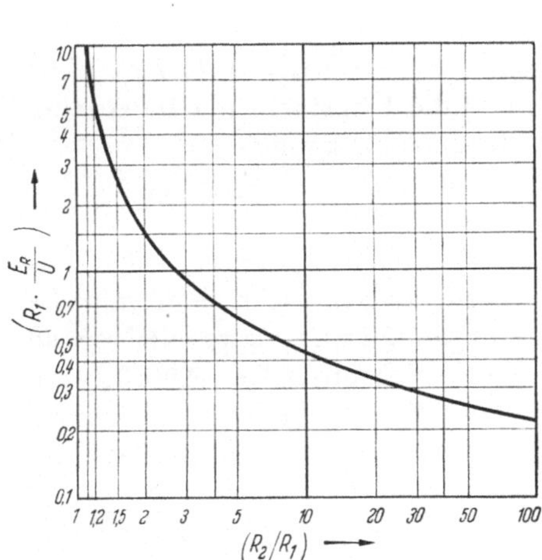

Abb. 3.10. Oberflächenfeldstärke am Innenzylinder bei verschiedenem Halbmesserverhältnis

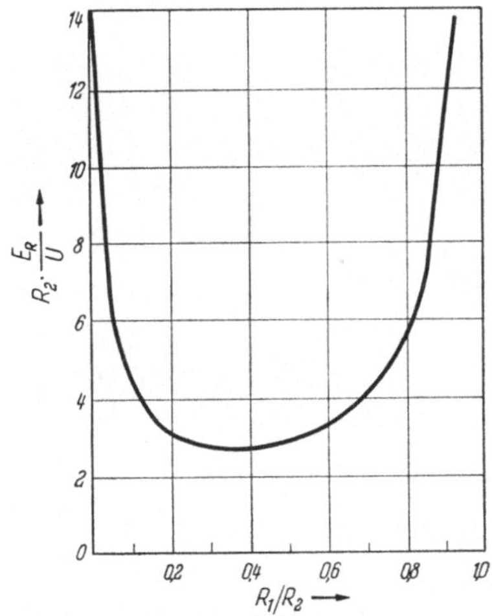

Abb. 3.11. Innenleiterfeldstärke (E_{R_1}) im koaxialen Zylinderfeld bei verschiedenem Leiterradius (R_1) aber gleichem Außenmantelradius (R_2)

Die optimale Isolationsdicke wird also:

$$d_{opt} = (R_2 - R_1)_{opt} = 1{,}718 \frac{U_{12}}{E_{zul}}.$$

wenn E_{zul} die für das betreffende Isoliermedium zugelassene Beanspruchung ist. (Einschränkend muß bemerkt werden, daß eine solche Bemessung noch nicht die optimale Beanspruchung ergibt, da $E_{zul} = f(R_1)$ ist. — Wenn bei konzentrischen Zylinderelektroden am Innenleiter Teilentladungen auftreten, z. B. Glimmen in Luft, dann wird bei $R_1 < R_2/e$ durch die den Halbmesser R_1 vergrößernde Glimmhülle um den Innenleiter die Feldstärke erniedrigt, die Teilentladung also zurückgehalten; wenn aber $R_1 > R_2/e$ gewesen, dann breitet sich die Teilentladung zum vollen Durchbruch aus.)

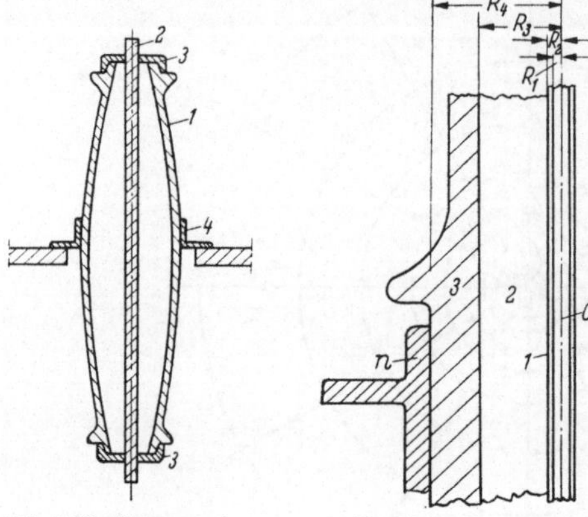

Abb. 3.12. Schema eines Durchführungsisolators (1) Isolator, (2) Bolzen, (3) Kappen, (4) Flansch

Abb. 3.13. Konzentrisch geschichteter Isolationsaufbau

Das koaxiale Zylinderfeld besteht z. B. in der Flanschpartie eines Durchführungsisolators (Abb. 3.12). Hier ist das Dielektrikum *koaxial geschichtet* aufgebaut; z. B. ist der Bolzen (0) mit Hartpapier (1) umwickelt und umbacken; der Flansch (4) sitzt auf einem Porzellankörper (3), dessen Hohlraum (2) mit Luft, mit Ausgußmasse oder mit Öl gefüllt (Abb. 3.13) ist, dann wird die Kapazität der Längeneinheiten im Flanschteil:

$$C_{1n} = \frac{1}{2}\,\frac{2\pi\cdot\varepsilon_0^*}{1/\varepsilon_1\cdot\ln R_2/R_1 + 1/\varepsilon_2\cdot\ln R_3/R_2 + \cdots + 1/\varepsilon_{n-1}\cdot\ln R_n/R_{n-1}} \tag{3.17}$$

und die Feldstärke am Innenradius des Dielektrikums:

$$E_{R1} = 2\,\frac{C_{1n}\cdot U_{1n}}{\varepsilon_1\cdot R_1}.$$

Parallele Zylinder; Leiter und Ebene. Liegen zwei linienförmige Ladungen Q und $-Q$ parallel, so addieren sich ihre Felder (Abb. 3.14). In Punkt P im Abstand r_1 bzw. r_2 von den Leitern 1 bzw. 2 besteht das Potential:

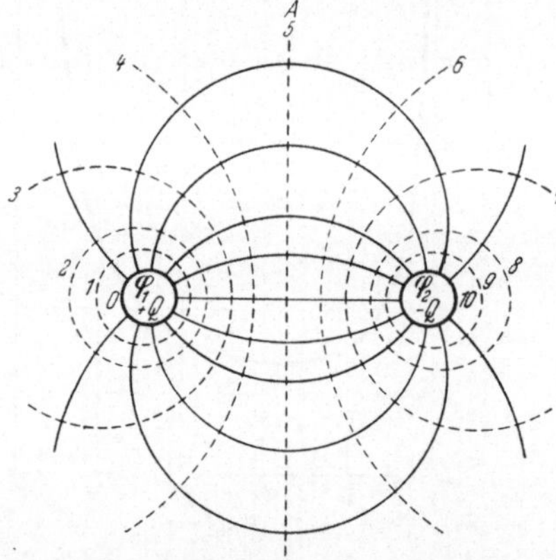

Abb. 3.14. Feldbild paralleler Zylinder

$$U_P = U_{P1} + U_{P2} = \frac{Q}{2\pi\varepsilon^*}\ln\frac{r_2}{r_1},$$

(mit $U_P = 0$ in der Mittelebene für $r_2 = r_1$), und die Feldstärke:

$$E_P = \frac{Q}{2\pi\varepsilon^*}\cdot\frac{d'}{r_1 r_2}.$$

Die höchsten Feldstärken liegen in der Achsenverbindungsebene, für welche gilt:

$$r_2 = d' - r_1.$$

$$E_A = \frac{d'Q}{2\pi\varepsilon^* r_1 (d' - r_1)} \quad \text{und} \quad U = \frac{Q}{2\pi\varepsilon^*}\ln\left(\frac{d' - r_1}{r_1}\right).$$

Man kann schreiben:

$$E_A = \frac{U}{r_1} \cdot f_4 \quad \text{mit} \quad f_4 = \frac{d'}{(d' - r_1) \ln\left(\frac{d' - r_1}{r_1}\right)}.\,^{1} \tag{3.18}$$

Die Feldlinien sind Kreisbögen, deren Mittelpunkte in der Mittelebene zwischen den Linienladungen liegen; die Niveauflächen sind orthogonal dazu liegende Kreiszylinder mit fortschreitend nach außen verschobenen Achsen. Die Mittelebene (A—A) ist eine Niveaufläche, die die Gesamtspannung gerade halbiert (Abb. 3.14).

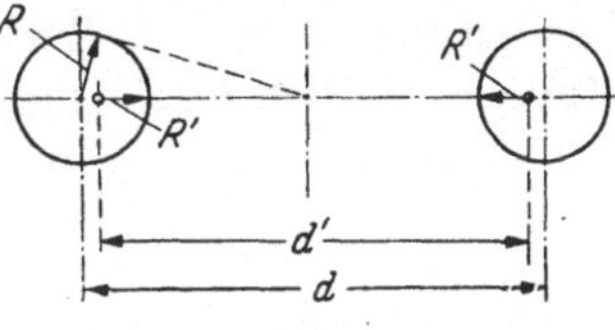

Abb. 3.15.

Das Feldbild wird nicht anders, wenn die Ladungen $\pm Q$ nicht linienförmig, sondern je auf einem Äquipotentialzylinder liegen. Die Ladungsdichte ist auf der Oberfläche dieses Leiterzylinders ringsherum nicht konstant, dementsprechend auch nicht die Feldstärke. Wählt man z. B. zwei solche Zylinder mit dem gleichen kleinsten Abstand R' zur jeweiligen Linienladung (Abb. 3.15), dann wird ihre Potentialdifferenz gegen die Mittelebene:

$$\pm U_{R1} = \frac{Q}{2\pi\varepsilon^*} \ln\left(\frac{d' - R'}{R'}\right) = \pm \frac{1}{2} U_{RR}.$$

Die Feldstärke in der Achsenebene an der Zylinderoberfläche:

$$E_{RA} = U_{RR} \cdot \frac{d'}{2R'(d' - R') \ln\left(\frac{d' - R'}{R'}\right)} = U_{RR} \frac{C\,d'}{2\pi\varepsilon^* R'(d' - R')},$$

mit der Kapazität:

$$C = \frac{\pi\varepsilon^*}{\ln\left(\frac{d' - R'}{R'}\right)}.$$

Führt man nun den tatsächlichen Achsenabstand d der realen Leiterzylinder ein (Abb. 3.15), so wird auf der Achsenebene im Abstand x von einer Leiteroberfläche:

$$E_{rA} = -\frac{U_{RR}}{2} \cdot \frac{\sqrt{d^2 - 4R^2}}{[(R + x)(d - 2R) - x^2] \cdot \ln\left(d/2R + \sqrt{(d/2R)^2 - 1}\right)} \tag{3.19}$$

und:

$$E_{max} = |E_{RA}| = \frac{U_{RR}}{2} \frac{\sqrt{(d/2R)^2 - 1}}{R(d/2R - 1) \ln\left(d/2R + \sqrt{(d/2R)^2 - 1}\right)} \tag{3.19a}$$

(Auch hier besteht ein Optimalradius und -abstand für eine gegebene

[1] Vgl. Anhang Abb. A 2.

Maximalfeldstärke und Spannung, nämlich wenn: $d/R = 5{,}85$.) Man kann setzen: $E_{max} = f_4 \cdot \frac{U}{d}$ oder auch: $E_{max} = f'_4 \frac{U}{R}$ (vgl. Anhang Abb. A 2). Die Kapazität der Leiterlänge l ist:

$$C = \frac{l \cdot \pi \varepsilon^*}{\ln\left(d/2\,R + \sqrt{(d/2\,R)^2 - 1}\right)}.$$

Praktisch ist nun $d/2\,R$ recht groß, z. B. für die Leiter einer 220 kV-Freileitung etwa $d/2\,R \approx 400$. Damit können die Beziehungen vereinfacht werden und es gilt für $d/2\,R \gg 1$:

$$C = \frac{\pi \varepsilon^*}{\ln(d/R)} = \frac{\varepsilon \cdot 0{,}2783 \cdot 10^{-12}}{\ln(d/R)} \left[\frac{\mathrm{F}}{\mathrm{cm}}\right] \tag{3.21}$$

$$E_{max} = \frac{U}{2\,R \cdot \ln(d/R)} = \frac{U \cdot C}{2\,\pi\,\varepsilon^*\,R} \tag{3.22}$$

Andere Formel, nach Mahlke: Felten u. Guilleaume, Carlswerk-Rundschau (1928), S. 12:

$$C = \frac{\pi \cdot \varepsilon^*}{4\,\mathfrak{Ar}\,\mathfrak{Cof}\,(d/2\,R)}.$$

Es ist bemerkenswert, daß mit den bei Freileitungen vorkommenden Phasenabständen d der Einfluß dieses Abstandes auf die Kapazität schon gering wird, jener auf die Höchstfeldstärke aber fast ganz verschwindet gegenüber der Reziprozität zum Leiterradius.

Zylinder-Ebene, Leiter über Erde im Abstand h. Durch Anwendung des Spiegelungsgesetzes erhält man (mit $h =$ Abstand der Leiterachse von der Ebene):

$$C_{0\,|} = \frac{2\,\pi\,\varepsilon^*}{\ln(2\,h/R)} = \frac{\varepsilon \cdot 0{,}557 \cdot 10^{-12}}{\ln(2\,h/R)} \left[\frac{\mathrm{F}}{\mathrm{cm}}\right] = \text{Erdkapazität eines Einzelleiters.} \tag{3.23}$$

Diese einfache Formel gilt gut, z. B. mit $<2{,}5\%$ Fehler, wenn $2\,h/R > 5$. Die Höhe über Erde ist aber bei Hochspannungsleitungen $h = 500 \cdots 900$ cm und mehr.

Der Vergleich der verschiedenen Zylinderanordnungen zeigt:

$$\left.\begin{aligned} \text{konzentrische } C_{\odot} &= \frac{2\,\pi\,\varepsilon^*}{\ln(R_2/R_1)}, \\ \text{parallele } C_{0\,0} &= \frac{2\,\pi\,\varepsilon^*}{2\,\ln(d/R)}, \\ \text{Zylinder gegen Ebene } C_{0\,|} &= \frac{2\,\pi\,\varepsilon^*}{\ln(2\,h/R)}. \end{aligned}\right\} \tag{3.24}$$

Bei großen d/R ist die Kapazität der parallelen Zylinder halb so groß wie die der konzentrischen Anordnung mit $R_2 = d$; die Erdkapazität eines Leiters wird dagegen gut angenähert durch die der konzentrischen Anordnung. Für die Feldstärken gilt dasselbe; für den Leiter über Erde ist:

$$E_{max\,0l} = \frac{U_{0l}}{R \cdot \ln\left(\frac{2h}{R}\right)}. \tag{3.25}$$

Abb. 3.16 zeigt für verschiedene Leiter und Erdhöhen den Wert von $\frac{E_R}{U}$. Die Feldstärke ist vor allem durch den Leiterradius gegeben und wenig von der Elektrodendistanz abhängig. Der mit dem Abstand δ vom Leiter umgekehrt proportionale Feldstärkeabfall ist unmittelbar vor der Leiteroberfläche bei kleinem Radius viel stärker als bei dickem Leiter:

$$\frac{E_r}{E_R} = \frac{R}{(R+\delta)} \approx 1 - \frac{\delta}{R},$$

für $\delta \ll R$.

Ähnlich wie in § 3.3, S. 36 kann auch für eine Erhebung in Form eines

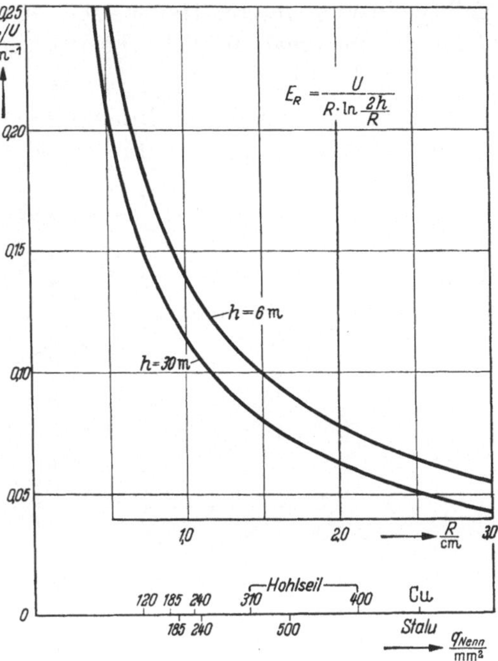

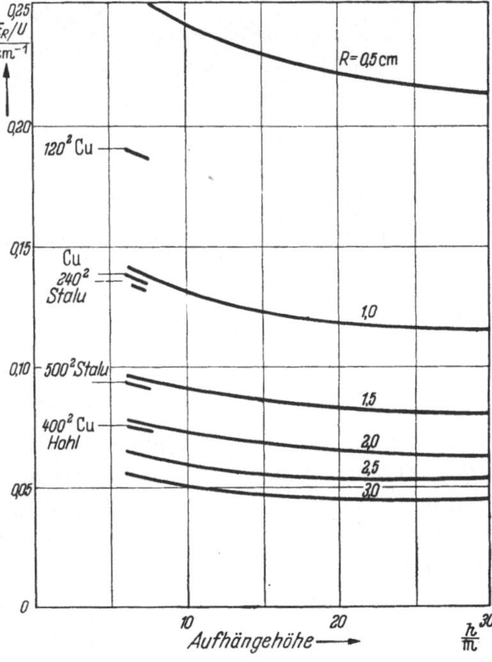

Abb. 3.16. Oberflächenfeldstärke bei verschiedenen Leiterdurchmessern und Aufhängehöhen

Halbzylinders geringsten Halbmessers (Kanelierung, Oberflächenverletzung) die maximal mögliche Feldstärkeerhöhung errechnet werden; sie beträgt das Doppelte des Ursprungsfeldes.

Zur Verdeutlichung des Unterschiedes sind in Abb. 3.17 nochmals die Feldbilder für Kugel und für Zylinder in gleichem Maßstab aufge-

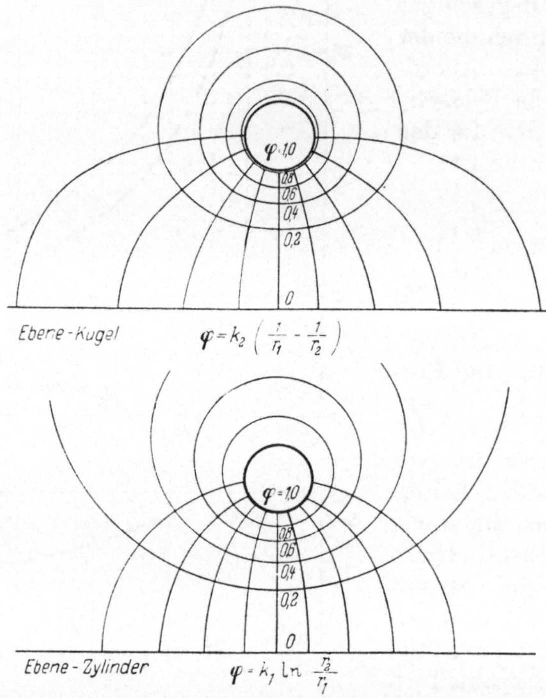

Abb. 3.17. Vergleich der Felder von Kugel und Zylinder über einer Ebene ($R/h = 1/5$)

zeichnet, in Abb. 3.18 der radiale Feldstärke- und Potentialverlauf für die beiden Anordnungen.

3.5 Schirmwirkung eines Erdseiles

Das elektrische Feld E einer Gewitterwolke wird kurz über der Erde als homogen angenommen. Die Spannung zwischen Erde und einem Punkt P in der Höhe x ist also $U_{op} = E_0 \cdot x$ und das Potential dieses Punktes $\varphi_p = E_0 \cdot x$, wenn wir das Potential der Erde wie üblich gleich Null setzen.

Befindet sich ein Leiter über dem Erdboden und trägt dieser die Linienladung Q, so wird das Potential φ' im Punkte P, hervorgerufen durch diese Ladung Q allein (vgl. Abb. 3.19)

$$\varphi'_P = \frac{Q}{2\pi\varepsilon^*}(\ln r_2 - \ln r_1) = \frac{Q}{2\pi\varepsilon^*}\cdot \ln\frac{r_2}{r_1}.$$

Befindet sich nunmehr dieser Leiter im homogenen Feld der Gewitterwolke, so wird das Potential des Punktes P in der Höhe x über Erde:

$$\varphi_x = \varphi_p + \varphi'_p = E_0 \cdot x + \frac{Q}{2\pi\varepsilon^*}\cdot \ln\frac{r_2}{r_1}.$$

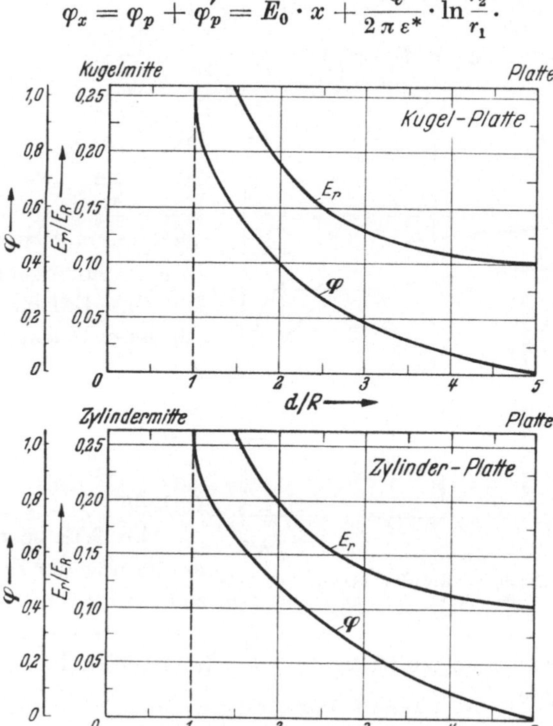

Abb. 3.18. Feldstärke- und Potentialverlauf im Kugelfeld und im Zylinderfeld ($R/h = 1/5$)

Wird der Leiter auf Nullpotential gehalten (geerdeter Leiter, Erdseil), so gilt für den Leiter selbst: ($x = h$; $r_2 = 2h$; $r_1 = R =$ Leiterradius):

$$\varphi_x = 0 = E_0 \cdot h + \frac{Q}{2\pi\varepsilon^*}\cdot \ln\frac{2h}{R}.$$

Daraus läßt sich die auf dem Erdseil sitzende Ladung:

$$Q = -\frac{E_0 \cdot h}{\ln\frac{2h}{R}}\cdot 2\pi\varepsilon^*$$

berechnen.

Das Potential in der Höhe x über Erde wird also bei Anwesenheit eines geerdeten Leiters:

$$\varphi_x = E_0 \cdot x - \frac{E_0 \cdot h}{\ln \frac{2h}{R}} \cdot \ln \frac{r_2}{r_1}\,; \quad \text{mit} \quad r_2 = h + x \quad \text{und} \quad r_1 = h - x$$

wird der Potentialverlauf senkrecht unter dem Erdseil:

$$\varphi_x = E_0 \cdot x \left(1 - \frac{h}{x} \cdot \frac{1}{\ln \frac{2h}{R}} \cdot \ln \frac{h+x}{h-x}\right).$$

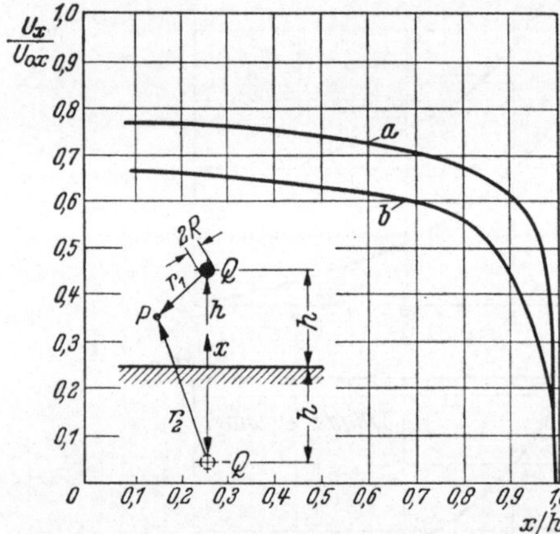

Abb. 3.19. Schirmwirkung des Erdseiles. Erniedrigung eines elektrostatischen Gewitterfeldes unter einem geerdeten Leiter. a) $h/R = 2500$ b) $h/R = 200$

Dabei ist $\varphi_x = U_x$ gleich der Spannung zwischen P und Erde. $E_0 \cdot x = U_{0p} = U_0$ ist die Spannung zwischen P und Erde im homogenen Gewitterfeld ohne Erdseil. Es wird somit deren Betrag um den Faktor:

$$\frac{U_x}{U_0} = 1 - \frac{h}{x} \frac{1}{\ln \frac{2h}{R}} \cdot \ln \frac{h+x}{h-x}$$

vermindert.

Abb. 3.19 zeigt diese Verminderung der Spannung des elektrostatischen Gewitterfeldes senkrecht unter dem Erdseil für verschiedene Verhältnisse x/h, für zwei Radien ($h/R = 2500$ und $h/R = 200$).

Das Verhältnis U_x/U_{0x} mißt die Schirmwirkung des Erdseiles auf den darunter liegenden Raum (Abb. 3.19). Man sieht, daß sie nur im Bereich zwischen $x = (0{,}8 \cdots 1{,}0)\,h$, also in 20% Höhe unter dem Erdseil bemerkbar ist. Erst durch horizontal nebeneinanderliegende Mehrfach-Erdseile oder durch weitmaschige Erdnetze, die z. B. über Schaltstationen gespannt sind, wird der Bereich der Schirmwirkung erweitert.

Die Feldstärke an der Erdseiloberseite ist recht hoch:

$$E_R = E_0 \left(1 + \frac{h}{R} \frac{1}{\ln\left(\frac{2h}{R}\right)}\right) \approx (70 \cdots 700)\, E_0\,,$$

was dort zu Glimmentladungen führt, wenn E_0 groß genug ist. (Ursache für den Blitzpfad entgegenwachsende Bodenentladungen.)

3.6 Bündelleiter. Seilfaktor

Für Höchstspannungsleitungen werden neuerlich zur Ermöglichung großer Übertragungsleistungen Bündelleiter angewandt. Hierbei sind mehrere (n) Teilleiter auf gleichem Potential nahe beieinander angeordnet. Ihre Achsen liegen auf einem Kreis vom Radius (ϱ) in gleichen Bogenabständen ($2\pi\varrho/n$) (Abb. 3.20). Das Feld der Gegenelektroden, der anderen Leitungsphasen und des Erdbodens kann bei genügend großem Abstand wie das eines koaxialen Zylinders R_2 angenommen werden. Dann trägt jeder Teilleiter dieselbe Teilladung Q/n. Wenn $R_2 \gg \varrho > R$, wird das Potential in irgend einem Punkt P:

$$U_P = -\frac{Q/n}{2\pi\varepsilon^*}\left[\sum_1^n (\ln a_{iP}) + K\right].$$

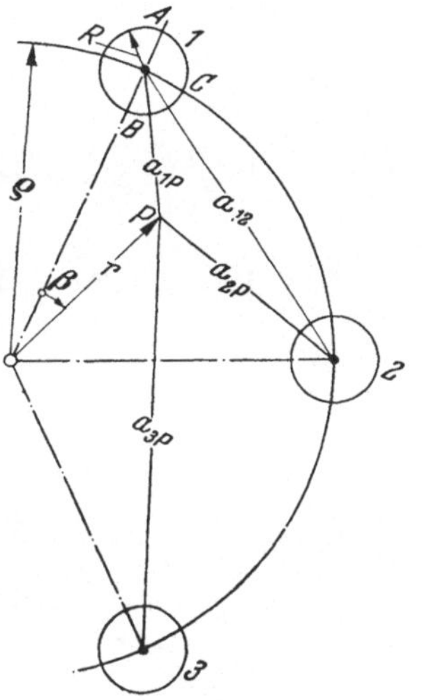

Die Feldstärke wird: $\mathfrak{E} = E_\mathfrak{r}\cdot\mathfrak{r} + E_\mathfrak{t}\cdot\mathfrak{t}$, wenn $\mathfrak{r}$ ein dimensionsloser Einheitsvektor in radialer und $\mathfrak{t}$ einer senkrecht dazu in tangentialer Richtung ist.

$$E_\mathfrak{r} = -\frac{\partial U}{\partial r} = \frac{Q/n}{2\pi\varepsilon^*}\sum_1^n\left[\frac{1}{a_{iP}}\frac{\partial a_{iP}}{\partial r}\right]$$

$$E_\mathfrak{t} = -\frac{1}{r}\frac{\partial U}{\partial \beta} = \frac{Q/n}{2\pi\varepsilon^*} - \frac{1}{r}\sum_1^n\left[\frac{1}{a_{iP}}\frac{\partial a_{iP}}{\partial \beta}\right].$$

Mit

$$a_{iP} = \sqrt{\varrho^2 + r^2 - 2r\varrho\cos\left[\frac{(i-1)\pi\cdot 2}{n} - \beta\right]}$$

und

$$\beta' = \frac{(i-1)2\pi}{n} - \beta$$

$$\frac{\partial a_{iP}}{\partial r} = \frac{r - \varrho\cos\beta'}{\sqrt{\varrho^2 + r^2 - 2\varrho r\cos\beta'}}$$

und

$$\frac{\partial a_{iP}}{\partial \beta} = \frac{\varrho r\sin\beta'}{\sqrt{\varrho^2 + r^2 - 2\varrho r\cos\beta'}}.$$

Abb. 3.20. Bündelleiter

Somit

$$E_\mathfrak{r} = -\frac{Q/n}{2\pi\varepsilon^*}\sum_1^n\left[\frac{r - \varrho\cos\beta'}{\varrho^2 + r^2 - 2r\varrho\cos\beta'}\right] \tag{3.26a}$$

$$E_\mathfrak{t} = \frac{Q/n}{2\pi\varepsilon^*}\sum_1^n\left[\frac{\varrho\cdot\sin\beta'}{\varrho^2 + r^2 - 2r\varrho\cos\beta'}\right]. \tag{3.26b}$$

An den Teilleiteroberflächen herrscht die höchste Feldstärke in A, für $\beta = 0$, die niedrigste in B, für $\beta = \pi$. Für diese Orte ist : $r = \varrho \pm R$. Mit Gl. (3.26a) werden die beiden Extremwerte:

$$\left|E_{R\,\substack{max\\min}}\right| = \frac{Q/n}{2\pi\varepsilon^* R}\left[1 \pm (n-1)\frac{R}{\varrho}\right] = \frac{U\left[1 \pm (n-1)R/\varrho\right]}{n\cdot R\cdot\ln(R_2/R_0)}, \tag{3.27}$$

wenn für $n > 1$ und $\varrho > R$, $\varrho \approx r$ eingesetzt wird.

In den Punkten C und D besteht etwa der Mittelwert:

$$E_{R\,mittel} = \frac{Q/n}{2\pi\varepsilon^* R} = \frac{U}{n \cdot R \cdot \ln(R_2/R_0)}. \tag{3.27a}$$

Wenn der Abstand der Gegenladung $R_2 \gg \varrho$ und deren Potential zu Null angesetzt wird, dann wird $K = \ln R_2$ und das Potential auf der Teilleiteroberfläche: $U = Q/(n \cdot 2\pi\varepsilon^*) \cdot \sum_1^n \ln(R_2/a_{iP})$. Damit ergibt sich die Kapazität des Bündels in der Reuse zu:

$$C = \frac{Q}{U} = \frac{2\pi\varepsilon^*}{\sum_1^n (\ln R_2/a_{iP})} \cdot n = \frac{2\pi\varepsilon^*}{\ln R_2/R_0}. \tag{3.28a}$$

Dabei ist:

$$R_0 = \sqrt[n]{\prod_1^n a_{iP}},$$

$$\prod_1^n a_{iP} = R \cdot \prod_2^n \left[2\varrho\left(1 - \cos\frac{(i-1)\,2\pi}{n}\right)\right] = R \prod_1^{n-1} \left[2\varrho \sin\left(i\frac{\pi}{n}\right)\right] = n \cdot R \cdot \varrho^{n-1}.$$

$$R_0 = \sqrt[n]{n \cdot R \cdot \varrho^{n-1}} = \sqrt[n]{n\,R\left(\frac{a}{2\sin\pi/n}\right)^{n-1}},$$

mit $a = a_{12}$ = Teilleiter-Sehnenabstand. R_0 ist, wie der Vergleich von Gl. (3.28a) mit Gl. (3.15) zeigt, der Halbmesser eines dem Bündel an *Kapazität gleichen* Einzelleiters. Er beträgt z. B. beim:

Zweierbündel $n = 2: R_0 = \sqrt{a\,R}$

Dreierbündel $n = 3: R_0 = \sqrt[3]{3\,a^2\,R}$

Viererbündel $= 4: R_0 = \sqrt[4]{\sqrt{2} \cdot a^3\,R}$.

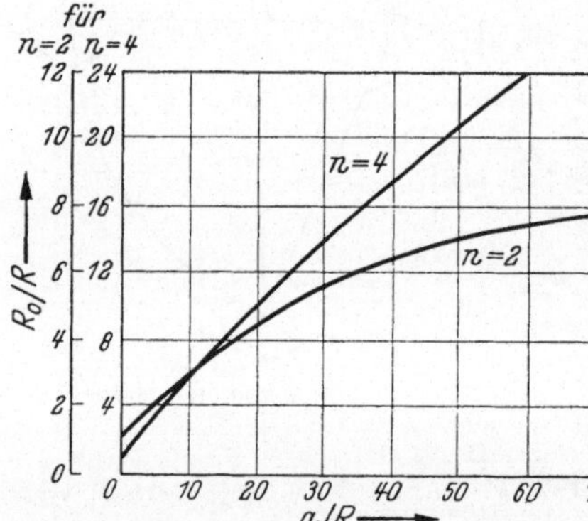

Abb. 3.21. Kapazitätsgleiche Radiusvergrößerung, R_0/R bei 2- und 4er-Bündeln, bei verschiedenen Teilleiterabständen (a)

Für den Bündelleiter über Erde oder gegenüber einem parallelen zweiten Leiter sind die Gleichungen aus § 3.4 anzuwenden. Die wirksam werdende Radienvergrößerung R_0/R und den Einfluß des Teilleiterabstandes zeigt Abb. 3.21.

Vergleicht man das Bündel (n, R) nun aber mit einem Einzelleiter (R') *gleicher Oberflächenfeldstärke*, so ergibt sich als Bedingung für den Ersatzradius:

$$R'/R_2 = (R_0/R_2)^{n\,R/R'}.$$

(Dabei ist beim Bündel die mittlere Feldstärke zugrundegelegt.)

In Tab. 3.2 sind z. B. für $R_2 \approx h \approx 1000$ cm, $R = 1$ cm und $a = 40$ cm die Vergleichswerte angegeben, wobei noch der Vergleichsleiter (R'') mit *gleichem Querschnitt*, also mit gleichem Materialaufwand, angeführt ist.

Bei dem beispielsweise behandelten Bündel schwankt die Feldstärke rund um den Leiter bei $n = 2$ um $\pm 5\%$, bei $n = 4$ um $\pm 10,6\%$. Abb. 3.22 zeigt das Feldbild in der nächsten Umgebung eines Zweierbündels, Abb. 3.23 den Einfluß des Teilleiterabstandes auf die Feldstärkeschwankung. Während die mittlere und die minimale Feldstärke mit Verkleinerung des Teilleiterabstandes stetig abnehmen, gibt es für die Maximalfeldstärk einen optimalen Teilleiterabstand, der nicht unterschritten werden sollte, damit die äußere Beanspruchung nicht wiederansteigt.

Tabelle 3.2

n	R_0/R	R'/R	R''/R
2	6,3	1,6	1,4
4	8,5	3,2	2,0

Seilfaktor. Die Oberfläche eines verseilten Leiters weicht von der Zylinderform ab und infolgedessen treten am Seil höhere Maximalfeldstärken auf, verschieden je nach der Zahl und dem Durchmesser der Seiladern in der äußeren Decklage. (Durch Verdrillung von außen platten Profildrähten sucht man dies zu unterdrücken; doch auch hier entstehen Kanten an der Außenfläche, an denen die Feldstärke erhöht ist, insbesondere wenn im Laufe der Zeit die Profile sich verdrehen.)

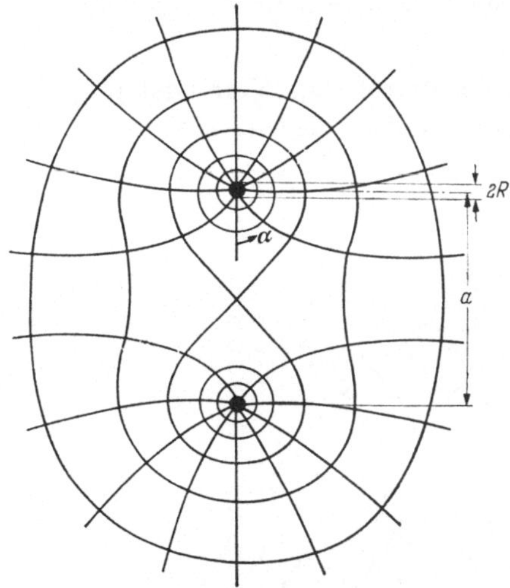

Abb. 3.22. Feldbild eines Zweierbündels

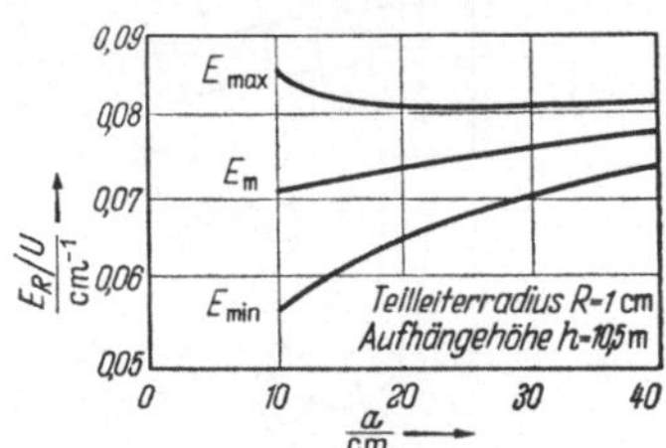

Abb. 3.23. Feldstärke am Leiter des Zweierbündels abhängig vom Teilleiterabstand (a)

Vernachlässigt man die Verdrillung der Adern, so liegt der Fall eines zweidimensionalen Feldes vor. Dessen Potentialgleichung, $\partial^2\varphi/\partial x^2 + \partial^2\varphi/\partial y^2 = 0$, wird von jeder komplexen Größe: $\xi = x + jy$ erfüllt, da $\partial^2\varphi/\partial x^2 = f''(x + jy)$ und $\partial^2\varphi/\partial y^2 = -f''(x + jy)$. Hier vermittelt die Funktion:

$$f(\xi) = \frac{Q_1}{2\pi\varepsilon^* l} \ln\left[\xi^n - \varrho^n\right] \text{ [1]}$$

[1] Vgl. z. B. KÜPFMÜLLER, Einführung in die theoretische Elektrotechnik, 5. Auflage, S. 122. Berlin 1955.

einen Lösungsansatz. Dabei bedeuten Q_1 die im Feld des unendlich entfernten Gegenzylinders gleichen Teilladungen der n Adern, die mit dem Mittenradius ϱ in der äußeren Decklage angeordnet sind. Die Adern sind dabei durch Linienladungen ersetzt (Abb. 3.24).

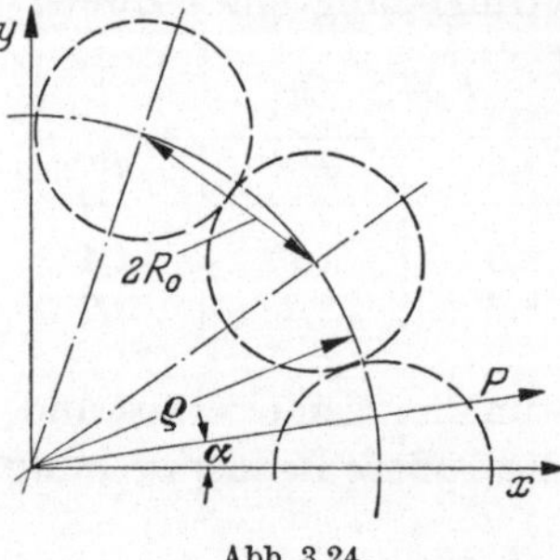

Abb. 3.24.

Setzt man $\xi = r \cdot e^{j\alpha}$, so stellt der reelle Teil von $f(\xi)$ die Potentialfunktion in Polarkoordinaten dar. Es wird:

$$\varphi_r = \frac{Q_1}{2\pi\varepsilon^* l} \cdot n \left[\ln r + \frac{1}{2n} \ln\left(1 + \left(\frac{\varrho}{r}\right)^{2n} - 2\left(\frac{\varrho}{r}\right)^n \cos n\alpha\right)\right]$$

und die radiale Feldstärke (mit $Q = n\,Q_1$):

$$E_r = \frac{Q}{2\pi\varepsilon^* l} \cdot \frac{1}{r}\left[1 + \frac{(\varrho/r)^n \cos n\alpha - (\varrho/r)^{2n}}{1 + (\varrho/r)^{2n} - 2(\varrho/r)^n \cos n\alpha}\right].$$

Dieses Feldbild Abb. 3.25) gilt bei der getroffenen Voraussetzung, daß die Ladungen linienförmig in den Adernmitten liegen. Nur näherungs-

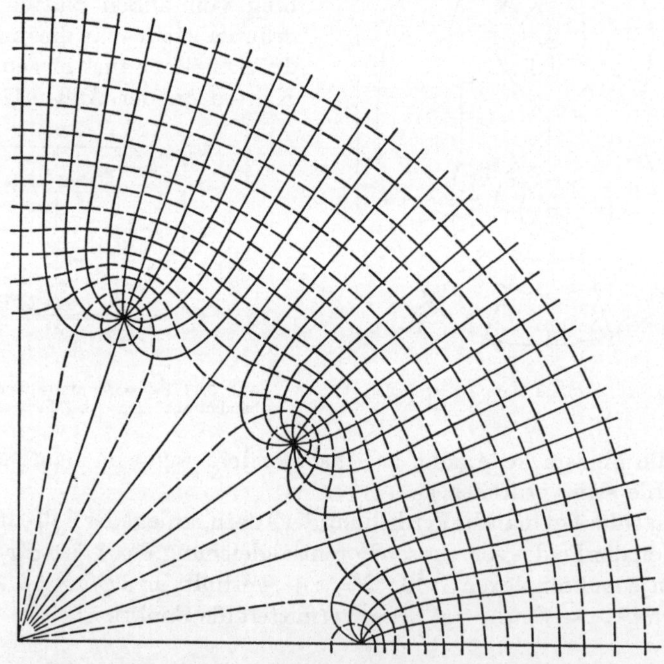
Abb. 3.25. Feldbild der kreisförmig angeordneten Linienladungen

mäßig kann daraus die am Seil tatsächlich (für $\alpha = 0,\ 2\pi/n \ldots$ und $r = \varrho + R_0$) bestehende Maximalfeldstärke errechnet werden. Bezieht man diese maximale Feldstärke des Seiles auf die des glatten Zylinders mit gleichem Außendurchmesser, so ergibt sich für die Feldstärkeüberhöhung:

$$\frac{E_{s\,max}}{E_0} = \frac{1}{1 - 1\Big/\left(1 + \sin\frac{\pi}{n}\right)^n}$$

Abb. 3.26 gibt den Zusammenhang für den Seilfaktor $m = E_{s\,max}/E_0$, d. h. die Überhöhung der Feldstärke am Seil gegenüber der Oberflächenfeldstärke eines glatten Zylinders mit demselben Außendurchmesser R.

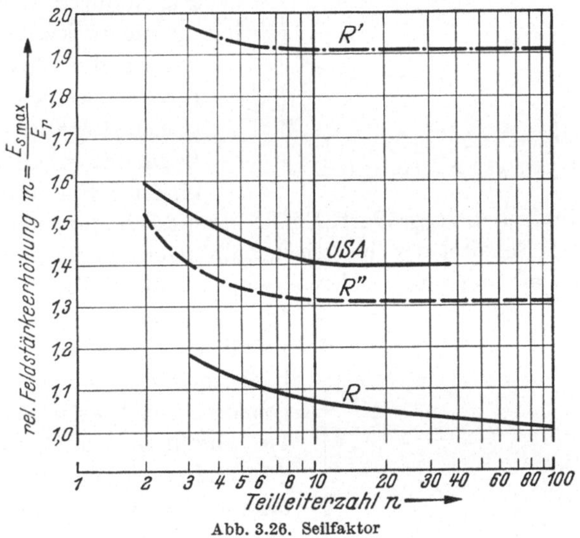

Abb. 3.26. Seilfaktor

Bei dieser Näherung wird für $n \to \infty$ bzw. $R_0 \to 0$ bzw. $\varrho \to R$, der Seilfaktor $m = 1{,}0$, ebenso wie für $n = 1$, den einfachen Einzelzylinder.

Eine bessere Näherung erreicht man durch die Vorschrift, daß der Krümmungsradius der Ersatzelektrode an den Punkten der maximalen Feldstärke gleich dem der Teilleiter sein muß. Für den Seilfaktor ergibt sich dann (s. Abb. 3.26, Kurve R''):

$$\frac{E_{s\,max}}{E_0} = 1 + \frac{1}{n} \sin\frac{\pi}{n}.$$

3.7 Andere Elektrodenformen

Um die bisher besprochenen, der analytischen Behandlung leichter zugänglichen Formen des elektrischen Feldes anzuwenden, muß meist die wirkliche Elektrodenform der Praxis idealisiert angenähert werden. Oft können Spitzen oder Kanten nicht vermieden werden, trotzdem sie eine ungünstige örtliche Erhöhung der Feldstärke bedeuten. Schon die

Ablagerung von Fremdteilchen, Staub, Wassertropfen oder dergleichen, bringt solche Unregelmäßigkeiten, auch auf ebenflächigen Elektroden.

Spitze. Das Feldbild der Spitzenelektroden läßt sich im wesentlichen auf die punktförmige Ladungskonzentration zurückführen ($R/d \ll 1$) (Abb. 3.27). Dies gilt wenigstens in genügend großem Abstand; in unmittelbarer Umgebung der Spitze beeinflußt der Schaft der Elektrode das Feld. Auch an die rückwärtige Vergrößerung der Elektroden werden Feldlinien gezogen; gleichzeitig wird die Gesamtkapazität erhöht, also bei gleicher Spannung die Ladung der Elektroden vergrößert. Somit kann die Ladungsdichte und die Feldstärke am Scheitel der (praktisch halbkugelig abgerundeten) Spitze durch den Schaft nicht merklich verkleinert werden. Im Raum vor der Platte ist dagegen die Feldstärke etwas höher als bei Kugel-Platte. Das bedeutet, daß, von der Spitze ausgehend, zunächst das Feld etwa mit $1/r^2$ abfällt und mit zunehmendem Abstand (r) immer langsamer abnimmt. Der Wert der Feldstärke vor der Spitze liegt etwas niedriger als bei der Anordnung Kugel-Platte.

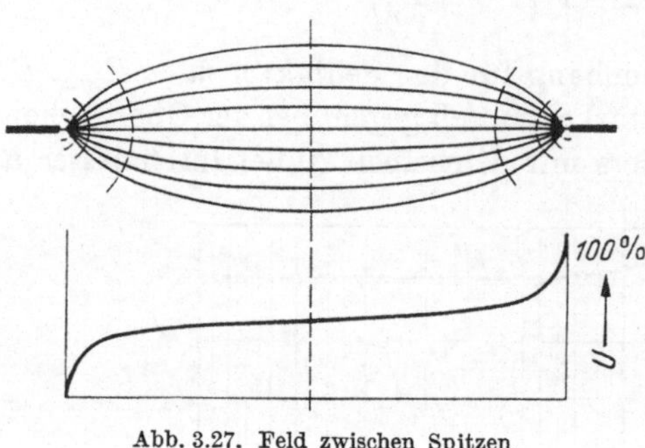

Abb. 3.27. Feld zwischen Spitzen

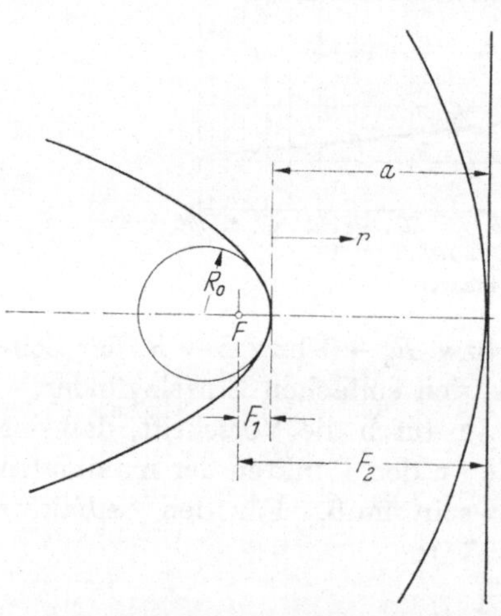

Abb. 3.28. Zu Spitzenformel

Eine gute Annäherung gibt dafür das Feld zweier konvokaler Rotationsparaboloide (Abb. 3.28) mit den Brennweiten F_1 und F_2. Es genügt der Gleichung $E/U = 1/(F_1 + r) \cdot \ln \frac{F_2}{F_1}$. Trotz der räumlichen Krümmung ist hier ein Abfall mit $1/r$ festzustellen.

Kanten. Durch Anwendung der konformen Abbildung können rechtwinklige längserstreckte Kantenformen analytisch erfaßt werden. Im Hauptraum des Feldes gilt bei genügendem Elektrodenabstand etwa die Verteilung wie bei parallelen Zylindern (Abb. 3.29).

Die Kapazitätsrechnung dieser Anordnung kann durch Annahme eines Kreisquerschnittes mit gleichem Flächeninhalt wie beim quadratischen Prisma brauchbar angenähert werden.

In geringem Abstand x von der Kante wird:

$$E_x = \frac{U}{d} \cdot \left(\frac{d}{x}\right)^{k_1} \cdot k_2 ,$$

wobei die Konstanten abhängig sind vom Kantenwinkel β:

	β	k_1	k_2
(Schneide)	$\beta = 0°$	$k_1 = 0{,}500$	$k_2 = 0{,}450$ [1]
	45°	0,428	0,532
	90°	0,333	0,565

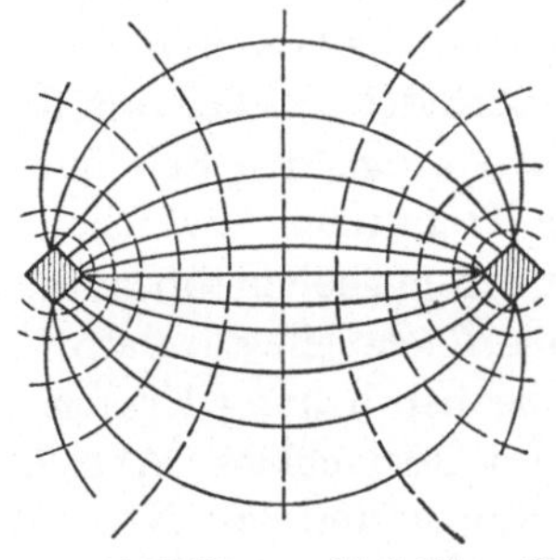

Abb. 3.29. Feldbild zu rechtwinkligen Kanten

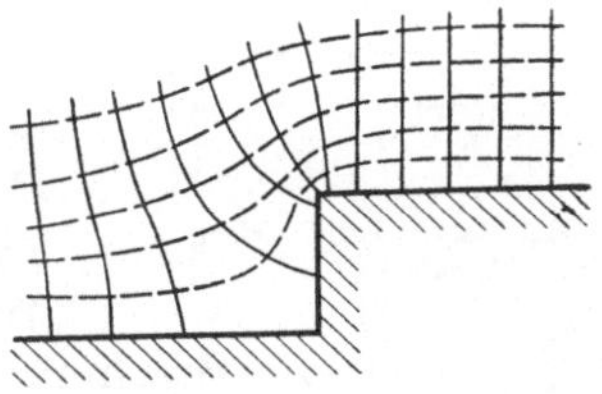

Abb. 3.30. Feld an vorspringender Kante

An einer *vorspringenden Kante* drängt sich das Feld zusammen. Der zurückliegende Eckraum wird entlastet; in der Innenecke selbst wird die Feldstärke sehr klein (Abb. 3.30).

3.8 Oberflächengradient der Feldstärke an Isoliertrennflächen

Bei zusammengesetzten Dielektriken mit schrägen Schichtflächen entstehen Feldverzerrungen. Abb. 3.41 (s. S. 58) zeigt z. B., wie durch die Brechung der Feldlinien an der Schichttrennfläche das Feld zwischen planparallelen Ebenen inhomogen wird. Immer erfährt dadurch die Feldstärke eine örtliche Erhöhung.

Längs der Trennfläche tritt ein tangentialer Feldgradient E_t auf, der zwar im allgemeinen kleiner sein wird als die dort herrschende Absolutfeldstärke E. Da aber die dielektrische Festigkeit gewöhnlich längs der Trennschicht schlechter ist, als die der beiden angrenzenden Medien, ist die Kontrolle des Oberflächengradienten nötig.

Zur Erhöhung der Sicherheit gegen einen Durchschlag bringt man z. B. zwischen zylindrische Leiterelektroden, die in Luft oder in Öl

[1] Lit.: Gabor: Berechnung der Kapazität von Sammelschienenanlagen. AfE 13 (1924); Dreyfus: Über die Anwendung der konformen Abbildung zur Berechnung der Durchschlag- und Überschlagspannung zwischen kantigen Konstruktionsteilen unter Öl. AfE 13 (1924) S. 121; Ollendorf: Potentialfeder der Elektrotechnik. Berlin: Springer 1935; Küpfmüller: Einführung in die theoretische Elektrotechnik. Berlin: Springer 1955.

liegen, eine feste ebene Isolierstoffbarriere an. In Abb. 3.31 ist sie vernachlässigbar dünn angenommen. Der Tangentialgradient ist auf der Isolieroberfläche in der Höhe z über der Mittelebene:

$$E_t = \frac{Q}{2\pi\varepsilon^*} \cdot z\left(\frac{1}{z^2+d_1^2} - \frac{1}{z^2+d_2^2}\right).$$

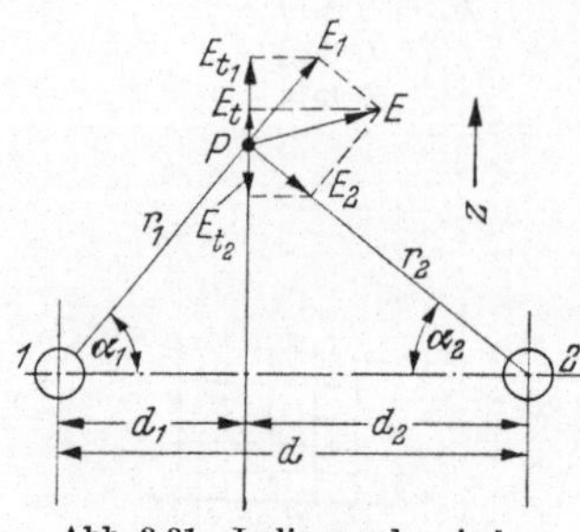

Abb. 3.31. Isolierwand zwischen Elektroden

Das Maximum der tangentialen Feldstärkenkomponente ist um so größer und liegt um so näher an der Mitte (Abb. 3.32), je einseitig näher die Trennschicht an einem Leiter sich befindet. Es liegt auf der unter $\alpha_1 = 45°$ entspringenden Feldlinie.

An der Trennfläche zwischen festem und gasförmigem Isolierstoff, z. B. an der Porzellanoberfläche eines Isolators, ist die Tangentialbeanspruchung Ursache für das Auftreten des Überschlags. Abb. 3.33 gibt ein Beispiel über die Brechung der Feldlinien und der Niveauflächen an den Isolierstoff-Trennflächen eines Durchführungsisolators.

Als weiteres Beispiel sei Abb. 3.34 angeführt, ein Teilausschnitt der Wicklungsanordnung eines Prüftransformators in Luft. Die abgestuften

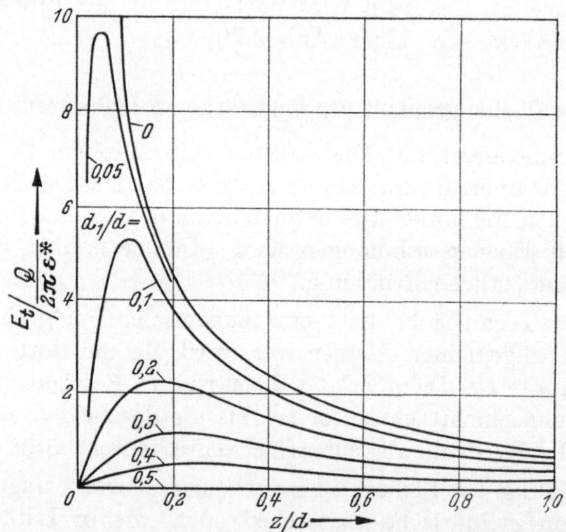

Abb. 3.32. Tangentialfeldstärke an Isolierschicht zwischen Leitern

Wicklungen a_1, a_2 und deren End-Schirmringe b_1, b_2 sitzen fest auf Isolierzylindern d_1, d_2. Das Ganze befindet sich in Luft.

Eine ähnliche Anordnung sei unter Vernachlässigung der Zylinder-Krümmung ($\varrho_1 \to \infty$) als ebenes Problem betrachtet. Das radiale Einzelfeld des im Dielektrikum (ε_1) befindlichen Zylinders b_1 erfährt an einer Trennfläche AA eine Brechung, derart, daß im zweiten Dielektrikum ($\varepsilon_2 > \varepsilon_1$) die Verschiebungslinien so weiter verlaufen, als ob sie vom näher gelegenen Zentrum M aus kämen, wobei $m_2/m_1 = \varepsilon_1/\varepsilon_2$ (Abb. 3.35). Die Feldstärke im Medium 1 ist: $E_1 = \frac{Q}{2\pi\varepsilon_1^* \cdot r}$.

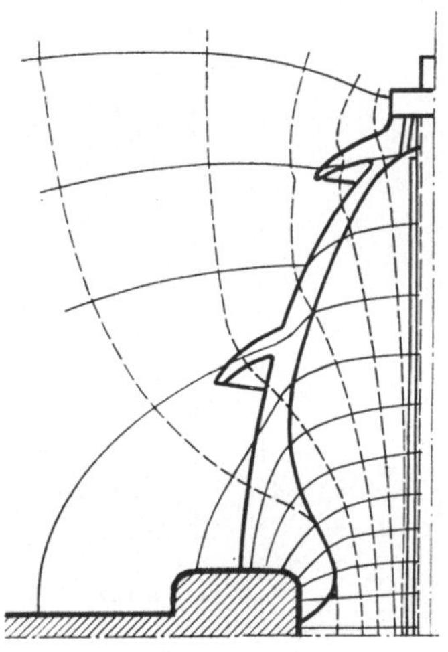

Abb. 3.33. Feldbild eines Durchführungsisolators

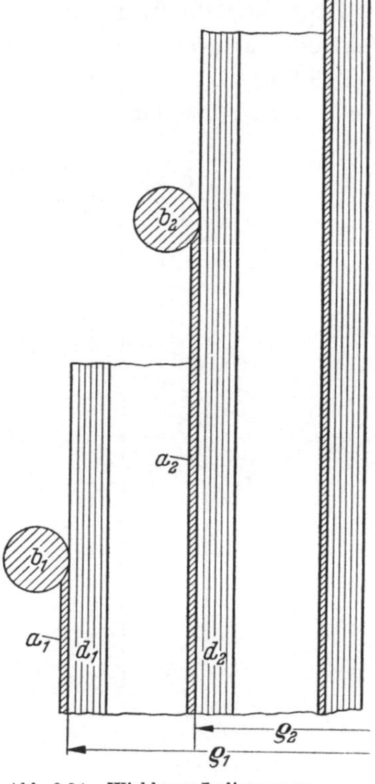

Abb. 3.34. Wicklungs-Isolierung an Lufttransformator

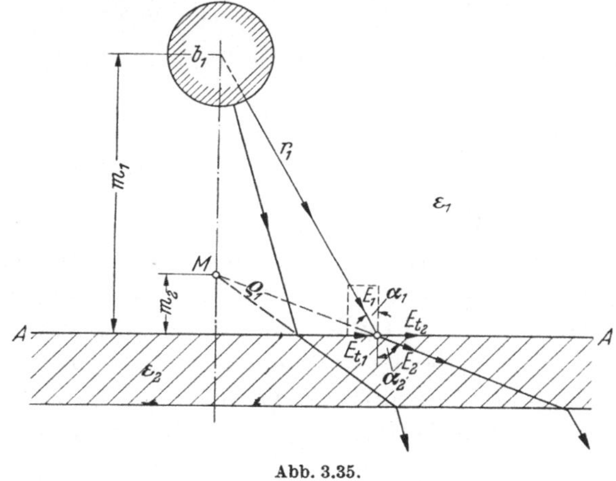

Abb. 3.35.

Die in beiden Medien an der Grenzfläche gleiche Tangentialfeldstärke ist: $E_t = E_1 \sin \alpha_1$; die Normalkomponenten sind $E_{n1} = \frac{E_t}{\tan \alpha_1}$; $E_{n2} = \frac{E_t}{\tan \alpha_2}$.

Fügt man die Komponenten des Feldes der um die ebene Gegenelektrode (2) gespiegelten Bildladung (1′) hinzu, so entsteht das Feldbild (3.36), wenn die feste Isolierschicht an der ebenen Elektrode anliegt. Die resultierende Tangentialfeldstärke wird an der Isolierschicht:

$$E_{t\,res} = \frac{Q}{2\pi\varepsilon^* z}\left[\frac{1}{1+(a/z)^2} - \frac{\varepsilon_1}{\varepsilon_2}\left(\frac{1}{1+(a'/z)^2}\right)\right]$$

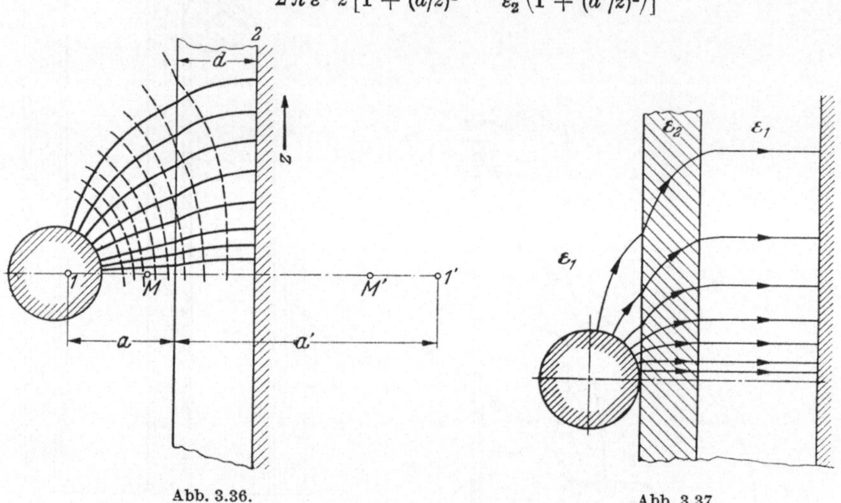

Abb. 3.36. Abb. 3.37.

Ohne Isolierbarriere, also mit $\varepsilon_1 = \varepsilon_2$ wäre:

$$E^0_{t\,res} = \frac{Q}{2\pi\varepsilon^* z}\left[\frac{1}{1+(a/z)^2} - \frac{1}{1+(a'/z)^2}\right]$$

Durch Einbringen der Barriere wird die Tangentialfeldstärke erhöht:

$$\frac{E_{t\,res}}{E^0_{t\,res}} = 1 + \frac{(1-\varepsilon_1/\varepsilon_2)\,\dfrac{1}{1+(a'/z)^2}}{1/(1+(a/z)^2) - 1/(1+(a'/z)^2)};$$

für $\varepsilon_1 < \varepsilon_2$ wird $E_{t\,res}/E^0{}_{t\,res} > 1$.

Sitzt die Zylinderelektrode unmittelbar auf der Isolierschicht (Abb. 3.37), so vergleichmäßigt diese das Feld vor der ebenen Gegenelektrode. Die Feldstärke im Luftzwickel am Zylinder wird vermindert, nicht aber die Tangentialkomponente auf der Isolierschicht.

Bei der Endisolation einer üblichen Transformatorwicklung gegen das Eisenjoch treten ähnliche Feldformen und ungünstige Beanspruchungen auf, wenn sie nicht durch geeignete Formgebung vermieden werden.

Die oberspannungsseitige Wicklung (1) (Abb. 3.38a) muß axial gegen das Joch (2) mechanisch abgestützt und isoliert werden. Nur bei mäßigen Spannungen genügt hierfür ein Isolierringzylinder (3) aus Ölholz oder Hartpapier.

Nützlich ist es, die glatte Isolieroberfläche durch vorspringende Ringe oder Wulste zu unterbrechen (Abb. 3.38b).

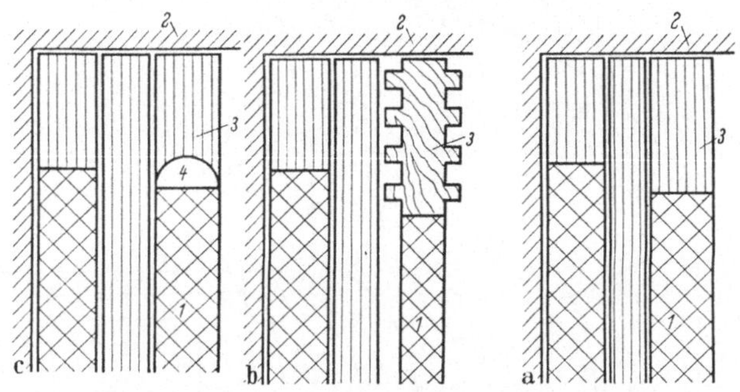

Abb. 3.38a—e. Wicklungsisolierung im Transformator
a) mit glatten Distanzringen b) mit abgesetzten Endringen c) mit Schirm-Wulstring

Zur Beseitigung der Feldlinienkonzentration an den Endkanten der Wicklung muß eine abgerundete Schirmelektrode (4) (Abb. 3.38c) angeordnet werden. Grundsätzliche Verbesserung bringt aber erst das Umbiegen der festen Isolierung, möglichst längs der Niveauflächen des Feldes, nach außen in Form von

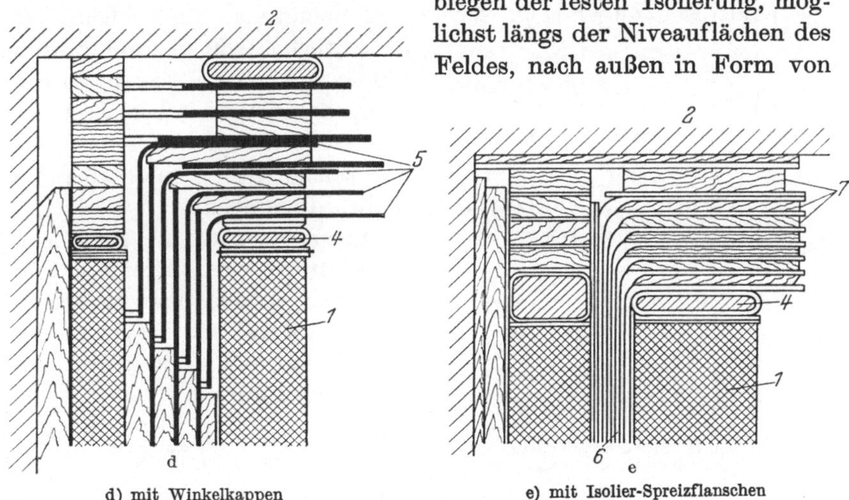

d) mit Winkelkappen e) mit Isolier-Spreizflanschen

Winkel-Zylinderkappen (5) (Abb. 3.38d). Neuerdings zieht man vor, die aus vielen Papierlagen weich gewickelte Zylinderisolation (6) aufzulappen und nach außen umzulegen. Feste Isolierstücke (7) sind zur mechanischen Abstützung eingeschoben (Abb. 3.38e). (Dielektrische Umhüllung.)

3.9 Randfeld der Plattenelektrode

Vor den Rändern von planparallelen ebenen Elektroden drängen sich die Niveaulinien und nach außen hin fächern sie sich auf (Abb. 3.39). Infolgedessen bestehen im Randteil Niveaulinien, deren Abstand nicht

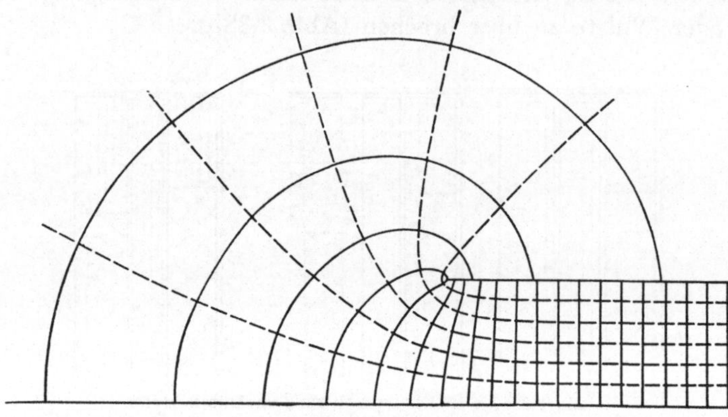

Abb. 3.39. Randfeld von Platten

enger als im homogenen Feldteil ist, vielmehr einfach nach außen hin zunimmt. Verwendet man eine solche als Elektrode, gibt man der Platte also am Rande eine geeignet verlaufende Krümmung, so wird die Feldstärke nirgends größer als im homogenen Plattenfeld. Man unterdrückt somit überhöhte Randbeanspruchungen. Für die Bestimmung der dielektrischen Festigkeit von Isolierstoffproben schafft man auf solche Weise eindeutige Versuchsbedingungen.

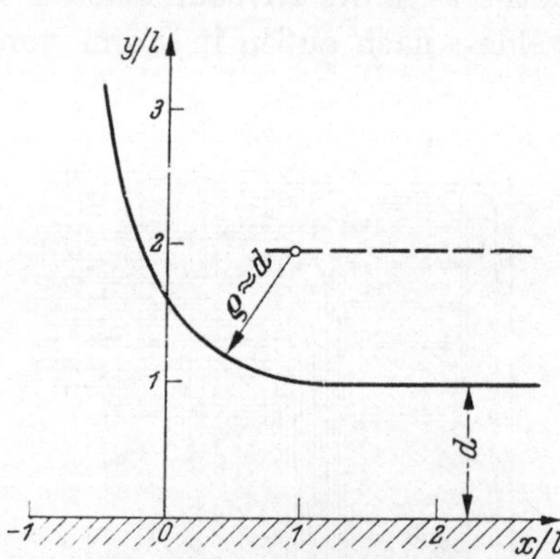

Abb. 3.40. Annäherung des korrigierten Plattenrandes durch Kreiswulst

Versucht man, die Randkrümmung durch einen Kreisbogen anzunähern, so muß man dessen Radius: $\varrho \geq d$ wählen. Der genaue Verlauf der idealen Randkontur wird beschrieben durch:

$$\frac{x}{l} = -\frac{\zeta}{\pi}; \quad \frac{y}{l} = \frac{1}{2} + \frac{e^{\zeta}}{\pi},$$

(Abb. 3.40) mit $-\infty < \zeta < +\infty$.

Die Kapazität des scharfrandigen Plattenkondensators wird durch das Randfeld (mit der Randlänge b) um

$$\Delta C = \frac{\varepsilon^* \cdot b}{4\pi} \cdot \frac{\ln 2 + 1}{\pi} = \frac{\varepsilon^* \cdot b}{4\pi} \cdot 0{,}537$$

vergrößert gegenüber der des gleichflächigen Ausschnittes aus dem homogenen Feld.[1]

3.10 Graphisch-rechnerische Ermittlung des Feldbildes

In vielen Fällen ist die analytische Formulierung des Feldes nicht, nur sehr umständlich oder nur angenähert möglich. Es bleibt dann die Methode einer zeichnerischen Ermittlung unter Anwendung der Gesetzmäßigkeiten des elektrostatischen Feldes: Man schneidet mit gleich voneinander um ΔU distanzierten Niveauflächen aus den vom Einheitsfluß $\Delta\Psi$ durchsetzten Verschiebungsröhren Einheitsräume heraus und setzt sie fortschreitend neben- und hintereinander. Dabei gelten folgende Bedingungen:

a) Der dielektrische Verschiebungswiderstand der Ausschnitte muß immer gleich groß sein, denn:

$$R_\delta = \frac{\Delta U}{\Delta\Psi} = \text{konst}\,.$$

Dann müssen in der Geometrie des Bildes Länge $\Delta\mathfrak{s}$ und Querfläche ΔS der Ausschnitte der Bedingung genügen:

$$\frac{\mathfrak{D}\cdot\Delta\mathfrak{s}}{\varepsilon^*}\cdot\frac{1}{\mathfrak{D}\cdot\Delta S}\sim\frac{\Delta\mathfrak{s}}{\varepsilon\cdot\Delta S} = \text{konst}\,.$$

b) Sie müssen außerdem senkrecht aufeinander stehen. Aus den Elektrodenflächen müssen die Feldröhren senkrecht entspringen.

c) Ändert sich im Feldraum die Dielektrizitätskonstante, so gelten an der Trennfläche die Brechungsgesetze für die Tangential- und die Normalkomponenten der Feldstärken:

$$E_{t1} = E_{t2} \qquad \text{und} \qquad E_{n1}/E_{n2} = \varepsilon_2/\varepsilon_1\,.$$

Bei ebenen Feldern werden die Querschnitte der Einheitsröhren durch den linearen Abstand Δb der Feldlinien überall richtig wiedergegeben. Die konstruierten Feldausschnitte werden durch Kurvenrechtecke mit dem konstanten Seitenverhältnis: $\Delta\mathfrak{s}/\varepsilon\cdot\Delta b$ wiedergegeben.

Dieses Aufzeichnen, bei dem man an kritischen Stellen den Maßstab verfeinern kann, gelingt nicht ohne Probieren. Wenn der Verlauf einiger ausgezeichneter Feldlinien von vornherein etwa aus Symmetriebedingungen oder aber durch eine experimentelle Aufnahme bekannt ist, dann wird das Vorgehen erleichtert.

Man kann z. B. das Plattenfeld mit schräger Isolierstofftrennfläche konstruieren, indem man zunächst die schräge Trennlinie in Stufen teilt und, unter erster Annahme einer Spannungsteilung gemäß $\varepsilon_2/\varepsilon_1$, also

[1] Lit.: ROGOWSKI: Die elektrische Festigkeit am Rande des Plattenkondensators, AFE 12 (1923) S. 1; BIERMANNS: Hochspannung und Hochleistung. München: C. Hanser 1949.

durchwegs senkrecht zu den Elektroden verlaufender Feldlinien, die Niveaustellen bestimmt. Dieses Bild ist dann durch Anwendung der obigen Bedingungen zu korrigieren (Abb. 3.41).

Legt man für rotationssymmetrische räumliche Felder die Achse in die Zeichenebene, so wächst die senkrecht stehende Abmessung der Verschiebungsröhre mit dem Abstand von der Symmetrieachse: $\Delta S = 2\pi r \cdot \Delta b$. Die Konstruktionsregel (*a*) lautet hier also $\Delta \mathfrak{s}/(\varepsilon \cdot r \cdot \Delta b) = \text{konst}$, so daß die Darstellung der widerstandsgleichen Teilräume zu Rechtecken mit

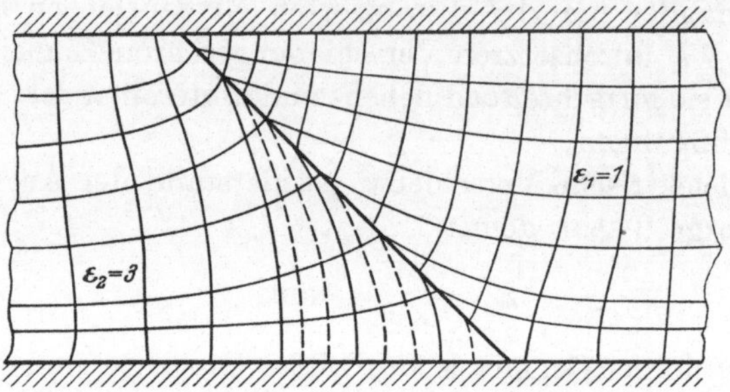

Abb. 3.41. Feld eines schräggeschichteten Dielektrikums zwischen planparallelen Elektroden

nach außen zunehmender Feldlinienlänge wird. Man beginnt am besten in dem Teil des Feldes, wo die Form der Elektroden eine einfache rechnerische Ermittlung wenigstens angenähert erlaubt.[1]

3.11 Ausmessung von Feldern

Die experimentelle Ermittlung des Feldlinienverlaufs gelingt mittels der Strohhalmmethode (Toepler). Ein leicht drehbarer, in seinem Schwerpunkt an einer isolierenden Schnur befestigter Strohhalm dreht sich in die Feldlinienrichtung. Man führt ihn innerhalb einer Feldebene von der einen zur anderen Elektrode. Sein Schatten, den eine hinter dem Objekt befindliche Lichtquelle auf einen parallel zur Führungsebene liegenden durchscheinenden Schirm wirft, kann nachgezeichnet werden und gibt qualitativ den Feldlinienverlauf (Abb. 3.42).

Zur quantitativen Ermittlung führt die Messung der Potentiale ausgewählter Feldorte mittels einer dorthin gebrachten Metallsonde. Dabei besteht aber die Schwierigkeit, daß sehr leicht die Feldform gestört werden kann, weshalb die Sonde klein sein und ihre Meßleitung auf einer Niveaufläche geführt werden muß. Zum anderen darf die Messung des Sondenpotentials nicht Leistung verbrauchen; diese müßte ja aus der kapazitiven Energie des Feldes geliefert werden und würde bei Anordnungen mit kleiner Kapazität, wie sie zumeist vorliegen, eine Verfälschung der Potentialverteilung bewirken.

---

[1] Lit.: Kuhlmann: Hochspannungsisolatoren, AFE 3 (1914) S. 203.

An Rotationskörpern, z. B. Stütz- oder Durchführungs-Isolatoren (Abb. 3.43), kann man als Sonden dünne Drahtbandagen anbringen, die Punkte gleichen Potentials verbinden. Dadurch wird die Leistungsfähigkeit der Sonde vervielfacht. Legt man z. B. zwischen Klemme a_1 und Flansch a_2 eines Durchführungsisolators Hochspannung an, so kann man an einem parallel liegenden Hochspannungswiderstand c mit bekannter, z. B. linearer Spannungsteilung, den Punkt c_1 abgreifen, der dasselbe Potential wie der Sondenring a_3 hat, wenn ein Anzeigegerät b das Verschwinden einer Spannungsdifferenz angibt. Als Nullanzeiger kann eine eng eingestellte kleine Prüffunkenstrecke oder eine Glimmlampe dienen. (Damit die Messung genau genug wird, darf die Eigenkapazität des Nullanzeigers und seiner Zuleitungen nicht groß sein.) Anstelle des Widerstandsteilers kann auch ein zweiter Prüftransformator gesetzt werden, dessen Spannung primär auf den Wert geregelt wird, bei dem Lampe oder Funkenstrecke erlöschen.

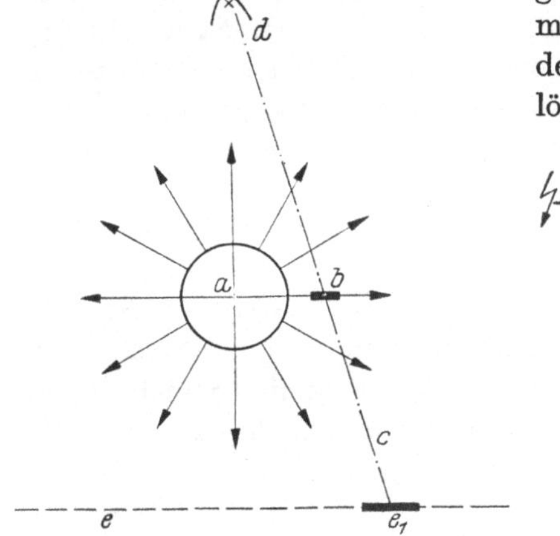

Abb. 3.42. Feldbildaufnahme mit Strohhalm

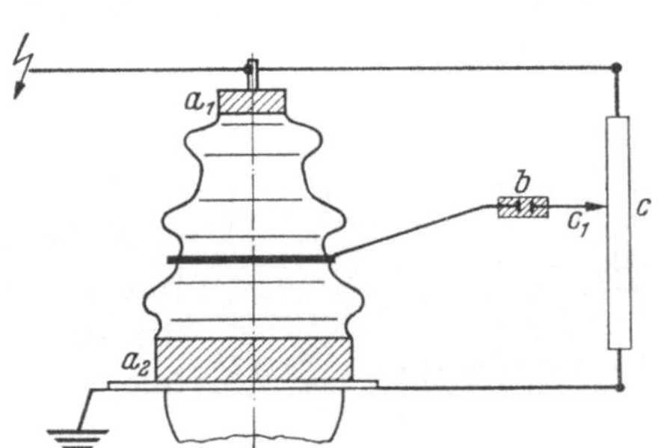

Abb. 3.43. Messung der Potentialverteilung an Isolatoroberfläche

Eine Modellmessung im elektrolytischen Trog umgeht den Einsatz hoher Versuchsspannung. Man legt in einem mit leitfähigem Wasser gefüllten Gefäß die geometrisch ähnliche Metallnachbildung der Elektroden an niedrige mittelfrequente Wechselspannung. Taucht man eine Spitzensonde, die über z. B. einen Kopfhörer mit einer Anzapfung eines ohmschen oder induktiven, parallelgeschalteten Teilers verbunden ist, in den Elektrolyten, so kann man Punkte bekannten und gleichen Potentials bestimmen, wenn man die Sonde bis zum Aufhören des Summtones im Kopfhörer führt und dann die Kurve dieser Orte der Sondenspitze, also eine Niveaulinie festhält.

Die Gesetze der dielektrischen Verschiebung im elektrostatischen Feld sind dieselben wie die der Stromlinien im Elektrolyten. Man muß nur dafür Sorge tragen, daß sich das Stromlinienfeld ebenso ausbilden kann wie das elektrische an der gefragten Hochspannungsanordnung. Der Einfluß der Trogwände, (falls sie leitend sind, entsprechen sie einer erzwungenen Niveaufläche, falls isolierend, engen sie den Stromlinienfluß ein) und der Elektrodenform muß berücksichtigt werden. Handelt es sich um eine rotationssymmetrische Anordnung, so muß die Rotationsachse in der Elektrolyt-Oberfläche liegen, damit das Feld einer Symmetrieebene erfaßt wird und das räumliche Feld der unteren Hälfte sich richtig einstellen kann.

Schwierig wird der Trogversuch, wenn z. B. Isolatoren mit Luft und Porzellan gemessen werden sollen. Den verschiedenen Dielektrizitätskonstanten müssen verschiedene Leitfähigkeiten zweier Elektrolyten entsprechen, wobei die Formumrisse beibehalten, der Stromfluß durch die Elektrolyttrennwände aber nicht behindert werden darf. Es wurde eine Methode entwickelt[1], bei der das Porzellan durch ein Gipsmodell nachgebildet wird. Durch leitende Beimengungen zum Formgips und durch passende Einstellung der Leitfähigkeit des Elektrolyten kann die Modellbedingung eingehalten werden (Abb. 3.44).

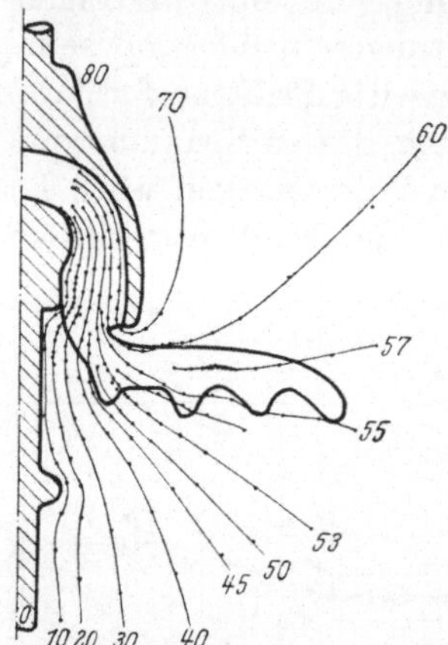

Abb. 3.44. Feldbild aufgenommen an Kappenisolatornachbildung im elektrolytischen Trog

Bei längssymmetrischen ebenen Feldern (z. B. Kabelquerschnitt) kann durch Auftragen von leitenden (Graphit-) Schichten auf die vergrößerte Zeichnung des Querschnittbildes auf Papier oder durch Ersatz des Isolierquerschnitts durch Widerstandsblech, des Leiter- und des Mantelquerschnitts durch aufgelötetes Kupfer ein bequemes Modell geschaffen werden.

§ 4. Anwendungen und Ergänzungen

4.1 Kapazitive Spannungsteilung. Reihenschaltung der Kapazitäten

Zusammengesetzte Isolieranordnungen kann man häufig als Reihen- oder als Kettenschaltung konkreter Einzelkapazitäten betrachten.

Die Gesamtkapazität, C, der Reihenschaltung von n verschiedenen Kapazitäten, C_i, ist:

$$C = \frac{{}^{n}\Pi(C_i)}{{}^{n}\Sigma(C_i)}. \tag{4.1}$$

Die Gesamtspannung U wird so geteilt, daß auf die Teilkapazität C_i die Teilspannung U_i entfällt:

$$U_i/U = C/C_i\,. \tag{4.2}$$

[1] Hochspannungsinstitut, TH Karlsruhe (1950).

Bei recht hohen Spannungen werden induktive Spannungswandler sehr aufwendig; im Laboratorium ist deren Eigenbedarf störend (Magnetisierungsblindleistung und Verluste!). Man benützt deshalb die Reihenschaltung von Kondensatoren als kapazitiven Spannungswandler. Parallel zum größeren, einseitig geerdeten Kondensator ist das Meßgerät angeschlossen (Abb. 4.1).

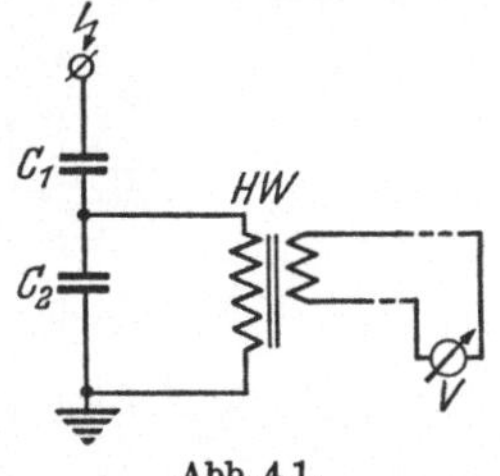

Abb. 4.1. Kapazitiver Spannungswandler

Für das Übersetzungsverhältnis spielt der im allgemeinen komplexe Leitwert Y_2 des parallel zu C_2 gelegten Meßgerätes eine Rolle. Um die durch die Kapazität C_1 begrenzte Leistungsfähigkeit des kapazitiven Teilers zu schonen, muß Y_2 klein genug sein. Dies wird ermöglicht durch Zwischenschaltung eines Hilfswandlers HW, der gleichzeitig den Meßkreis von Hochspannung galvanisch trennt. Legt man die Niederspannungskapazität C_2 sekundär (Abb. 4.2), so kann man die Induktivität L auf C_2 und eine Zusatzkapazität C_3 abstimmen und den Blindbedarf der Schaltelemente und des Instrumentes aufheben. Der Wandler-Fehler wird damit frequenzabhängig. Temperatureinflüsse und solche durch äußere Verschmutzung und Feuchtigkeit müssen ferngehalten werden. Mit etwa 7000 pF kann man bei 110 bzw. 220 kV Nennspannung und 120 VA Belastung bei 50 ± 0,75 Hz eine Klassengenauigkeit von 0,5 bzw. 0,2 erreichen.

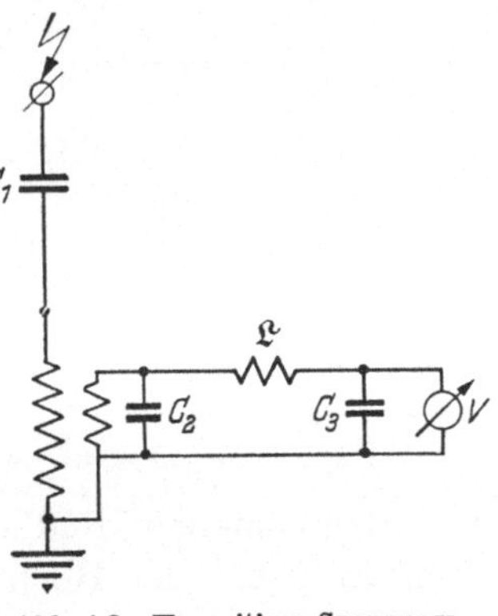

Abb. 4.2. Kapazitiver Spannungswandler mit Sekundär-Kondensator

In einem Scheitelspannungsmesser wird die kapazitive Teilung benützt (Abb. 4.3), indem mit Hilfe eines selbstkompensierenden elektrischen Röhrenvoltmeters ohne Verzögerung eine Gleichspannung geschaffen wird, die dem Scheitelwert der an C_2 abgegriffenen Halbwelle gleich ist: Die Meßspannung steuert das Gitter der Röhre (*3*), so daß durch den Röhrenstrom der Kathodenkondensator (*5*) aufgeladen wird bis zum Höchstwert der an C_2 auftretenden Spannung. Dabei bleibt der kapazitive Teiler praktisch unbelastet. Der Spannungshöchstwert an (*5*) liegt am Gitter der Gleichrichterröhre (*4*), so daß deren proportionaler Anodenstrom, gemessen

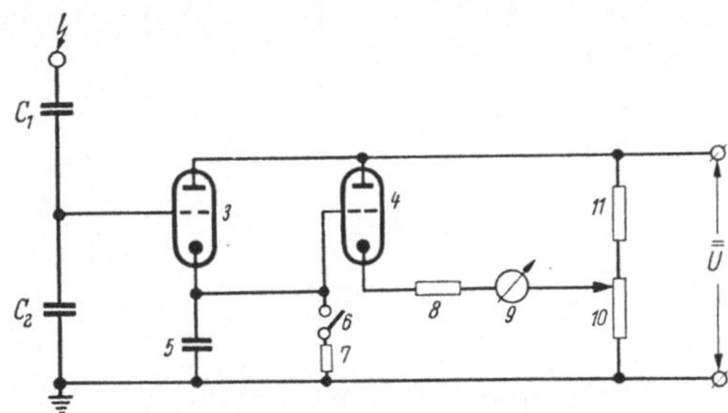

Abb. 4.3. Stoß- und Scheitelspannungsmesser mit kapazitiver Spannungsverteilung

vom Drehspulinstrument (9), die Scheitelspannung an C_2 anzeigt. Mit Hilfe der Widerstände (10, 11) wird der Meßbereich eingestellt, mit (8)

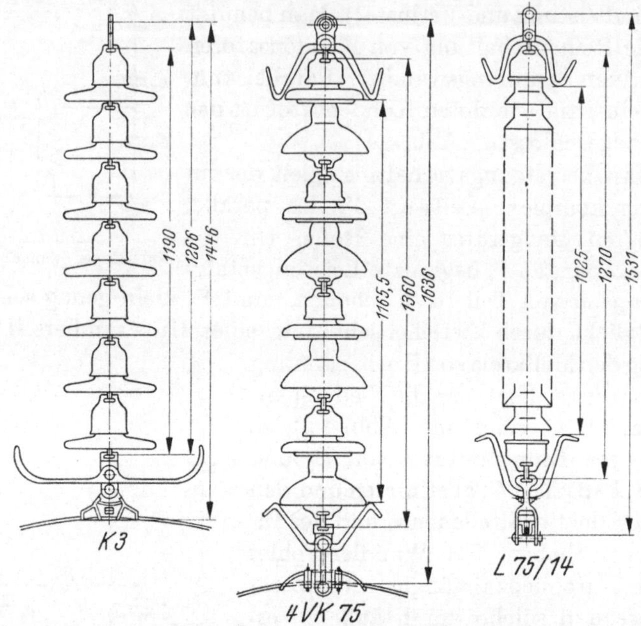

Abb. 4.4. Isolatorketten, Kappen, VK, Langstab

die Instrumentenempfindlichkeit angepaßt. Ist der Parallelschalter (6) offen, so bleibt der Höchstwert der Spannung fixiert; schließt man ihn, so folgt die Instrumentenanzeige dem Effektivwert der Spannung. Zwischen 50 und 300 Hz können hierbei Oberwelleneinflüsse unterdrückt werden. Der Scheitelspannungsmesser kann auch für Stoßspannungen bis 1 μs Dauer herabgebaut werden[1,2].

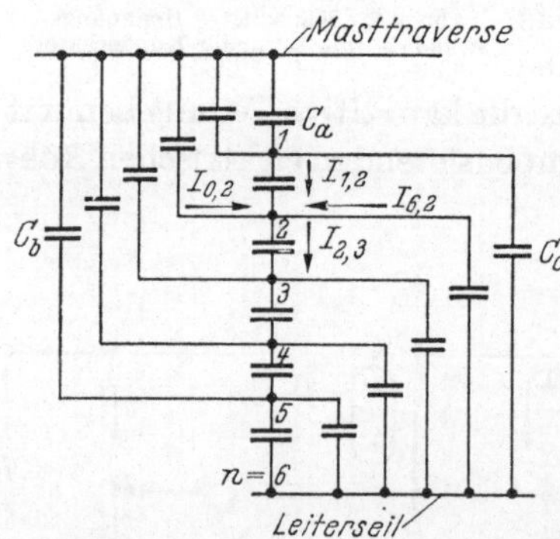

Abb. 4.5. Ersatzschaltbild der kapazitiven Kettenschaltung der Hänge-Isolatoren-Kette

Kettenschaltung der Kapazitäten. Zur Aufhängung von Freileitungen werden mehrere Hängeisolatoren hintereinander geschaltet (Abb. 4.4). Zwischen deren Metall-Armaturen liegen die im allgemeinen gleichen Eigenkapazitäten C_a

[1] Meßwandler-Bau GmbH, Bamberg.

[2] Lit.: Imhoff: Widerstandswandler; Bull. SEV 28/1, Pfiffner, DRP 364336; Küchler: AEG. Mitt. 1953/74; Keinath, Technik der Meßgeräte 2, 15; Baumann, E.: Diss. Karlsruhe 1955; Kaltofen, A.: Die kapazitiven Spannungswandler der AEG. AEG-Mitt. 46 (1956) 197.

der Isolatoren; zwischen den Armaturen einerseits und der geerdeten Masttraverse bzw. dem unter Hochspannungspotential stehenden Leiterseil andererseits bestehen die Nebenkapazitäten C_b bzw. C_c (Abb. 4.5). Diese sind untereinander nicht gleich. Die durch die Nebenkapazitäten fließenden Ladeströme bewirken eine Ungleichmäßigkeit der Spannungsaufteilung, denn:

$$U_{(i,k)} = \frac{J_{(i,k)}}{\omega C_a} = \frac{1}{C_1} [U_{(i-1,i)} \cdot C_a + U_{(0,i)} C_{bi} + U_{(n,i)} \cdot C_{ci}] .$$

Wenn z. B. alle C_a und C_{bi} je gleich groß und $C_{ci} = 0$ sind, wird

$$U_{(0,i)} = U_{(0,n)} \cdot \frac{\sinh (\gamma \cdot i)}{\sinh (\gamma \cdot n)}, \quad \text{mit: } \gamma = \sqrt{\frac{C_b}{C_a}}. \text{ [1]} \tag{4.3}$$

Je größer die Eigenkapazität C_a gegenüber den Nebenkapazitäten ist, desto gleichmäßiger wird die Spannungsteilung. In Abb. 4.6 ist sie

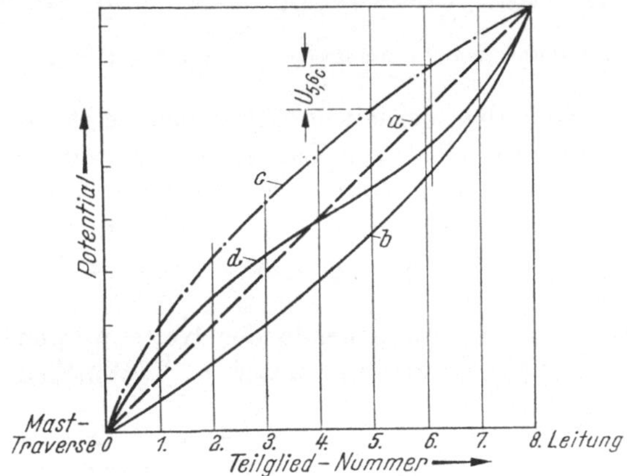

Abb. 4.6. Spannungsverlauf an Kettenschaltungen
a c_b und $c_c = 0$; b $c_c < c_b$; c $c_b < c_c$; d $c_c = c_b > 0$

für verschiedene Verhältnisgrößen der Kapazitäten aufgezeichnet. Bei Freileitungsaufhängungen ist $C_c < C_b$, weil die Fläche der Seilelektrode kleiner ist als die der Aufhängetraverse; darum gilt der Verlauf der Kurve (*b*). Die am Seilende hängenden Teilisolatoren müssen einen höheren Spannungsanteil tragen als die mastseitigen. Für Stützisolatoren und Durchführungen gilt eher die Verteilung nach (*d*).

Je vielgliedriger und damit länger die Isolatorenkette ist, desto ungleichmäßiger wird die Beanspruchung der Teilisolatoren. Abb. 4.7 gibt die Teilspannungen an Kappenisolatoren-Ketten mit verschiedener Gliedzahl in Prozenten der aus der einfachen Teilung U/n sich ergebenden „Sollspannung" wieder. Die Überschlagspannung von mehrgliedrigen Kappenisolator-Ketten wächst deshalb nicht proportional mit der Gliedzahl.

[1] Lit.: RÜDENBERG: ETZ 1924, H. 15.

Gliedzahl (Type K 3):	1	2	3	4	5	6	7	10
Überschlagspannung:	50	95	140	180	220	255	290	400 kV.

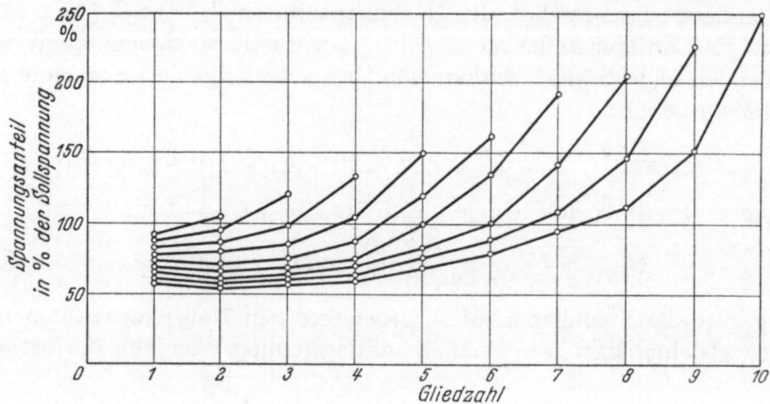

Abb. 4.7. Teilspannungen an Kappen-Isolatorenketten mit verschiedener Gliedzahl

Welchen Einfluß das Verhältnis C_b/C_c hat, zeigt die Spannungsverteilung an einer dreigliedrigen Langstabkette, wie sie für 380 kV-Betriebsspannung in Frage kommt. Diese Isolatoren haben recht kleine Eigenkapazität ($C_a \approx 5$ pF), weshalb das Feld dem von zwei Kugeln gleicht, welche den Kopf- und Aufhängearmaturen der Kette äquivalent sind (Abb. 3.3).

Durch Abschirmringe am Seilende der Kette werden die unteren Teilkapazitäten erhöht und die unteren Kettenglieder entlastet

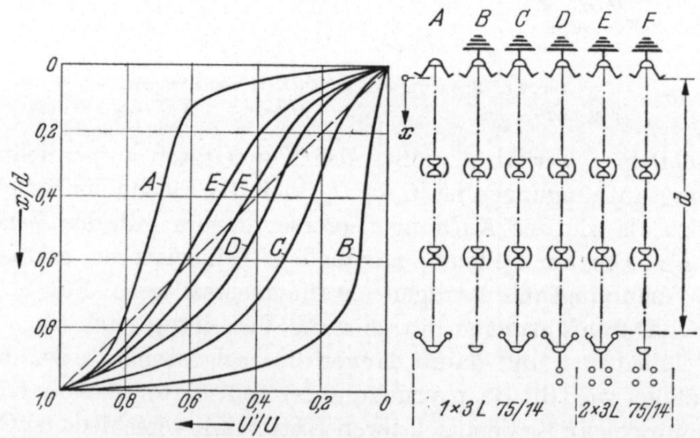

Abb. 4.8. Spannungsverteilungen an Langstabisolatorkette mit verschiedener Elektrodennachahmung

(Abb. 4.8). Je größer die untere Elektrode (z. B. Seilbündel) ist, um so größer wird C_c, um so gleichmäßiger die Spannungsaufteilung (Abb. 4.9). Daraus ist zu erkennen, wie wichtig bei der Untersuchung solcher Anordnungen die getreue Nachbildung der betriebsmäßigen Elektroden- und Gesamtfeldform ist.

Auch für andere Isolieranordnungen ist die kapazitive Kettenschaltung als Ersatz nützlich. Man kann etwa auf der Oberflächen-

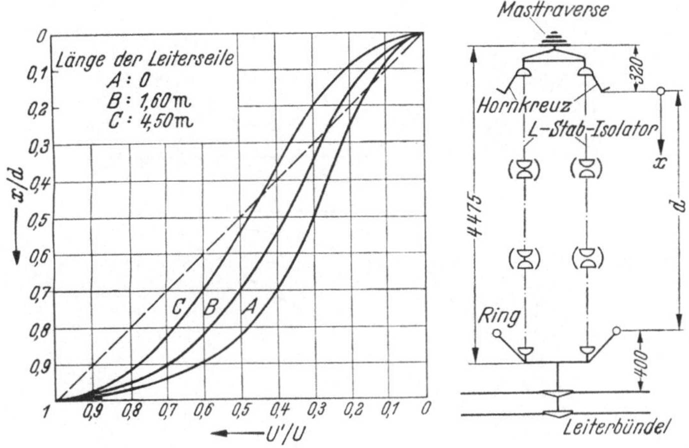

Abb. 4.9. Spannungsverteilungen an 2×3 L 75/14 Langstab-Doppelkette mit Bündelleiter

länge eines zylindrischen Durchführungsisolators Äquipotentialringe, 1⋯n, angebracht denken (Abb. 4.10). Dann bestehen Teilkapazitäten C_a längs der Oberfläche und Teilkapazitäten C_b gegen den Bolzen, je Längeneinheit gerechnet untereinander je gleich groß. Es ist leicht ersichtlich, daß an der Außenoberfläche vom Bolzenkopf beginnend zum Flansch hin die Teilspannungen zunehmen müssen, weil der Ladestrom in den in Reihe geschalteten C_a fortschreitend zunimmt. Da die im festen Isoliermaterial liegenden Teilkapazitäten C_b größer als die Luftkapazitäten C_a sind, entsteht eine starke Feldkonzentration in der Flanschgegend; die Spannungsverteilung längs der Oberfläche ist ähnlich der Kurve c in Abb. 4.6. Das vollständige Feldbild liefert natürlich dieselben Oberflächengradienten (Abb. 4.11). Wird C_b vergrößert (Hartpapier statt Luft, Abb. 4.12), so wird der Feldgradient am Flansch höher.

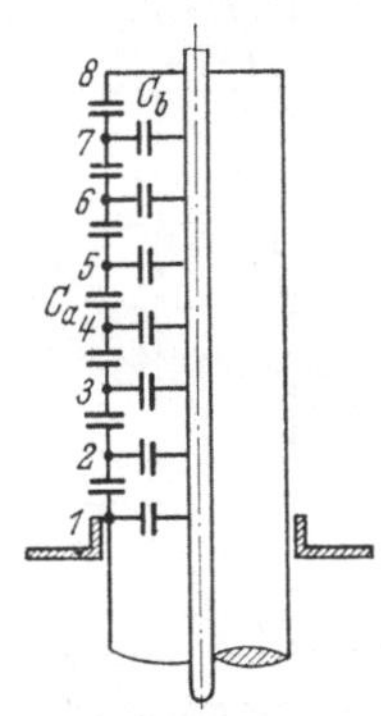

Abb. 4.10. Kondensatorkette als Ersatzbild für Durchführungsisolator

Diese ungleichmäßige Aufteilung der zu isolierenden Gesamtspannung hat einen ungünstigen Mehraufwand an Isolierlänge und -material zur Folge, denn die Gesamtzahl n der Teilisolatoren und die Isolierdistanz wächst mit steigender Gesamtspannung stärker als diese. Weil die höchste Teilspannung bzw. Oberflächenfeldstärke einen bestimmten Grenzwert (z. B. U_i') nicht überschreiten darf, muß $U_{i\,max} \leq U'_i$ bleiben und es wird: $n \cdot U'_i > U$. Der Isolations-Ausnutzungsgrad: $\eta_{is} = U/n\,U'_i$ bleibt unter 1.[1]

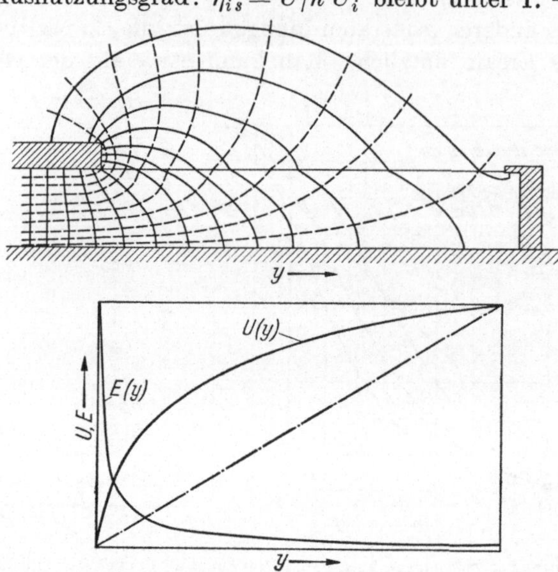

Abb. 4.11. Feldbild, Oberflächenfeldstärke und Spannungsverteilung an Hartpapierdurchführung

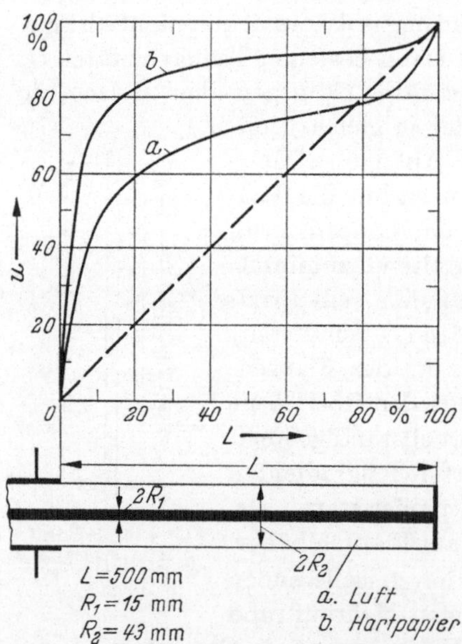

Abb. 4.12. Spannungsverteilung an Durchführungsisolator. Einfluß des Isolierstoffes. a) Hohlzylinder, b) Massiver Preßwickel ($\varepsilon = 4{,}5$) (nach SCHWAIGER)

Die Spannungsverteilung der kapazitiven Reihen- und Kettenschaltung kann graphisch in einem Strom-Spannungs-Diagramm ermittelt werden. Aus der Beziehung zwischen den Beträgen von Strom und Spannung $J_{ci} = U_i \times C_i \cdot \omega$ ergibt sich die Proportion:

$$\frac{U_i \cdot \mu_U}{J_c \cdot \mu_J} = \frac{A}{C_i \cdot \mu_c},$$

mit den Maßstabsfaktoren μ und dem Polabstand $A = \overline{OP} = \mu_c \cdot \frac{\mu_U}{\mu_J}$ (Abb. 4.13). Mit $\overline{Oa_1} = \mu_c \cdot C_{a1}$, $\overline{Ob_1} = \mu_c \cdot C_{b1}$ usw. wird bei angenommenem $\overline{OU_1} = \mu_U\, U_1$, $\overline{OJ_1} = \mu_J\, J_1$, $\overline{OU_2} = \mu_U\, U_2$ usw. Schließlich muß man $\overline{OU_4} = \mu_U\, U$ gleich der Gesamtspannung umrechnen und die Ströme und Teilspan-

[1] Lit.: SCHWAIGER, A.: Spannungsverteilung an Hängeisolatoren. EuM 1919, H. 50.

nungen entsprechend reduzieren. $\overline{PX}\,||\,\overline{O4}$ liefert die Gesamtkapazität: $C = \overline{OX} \cdot \mu_c$.

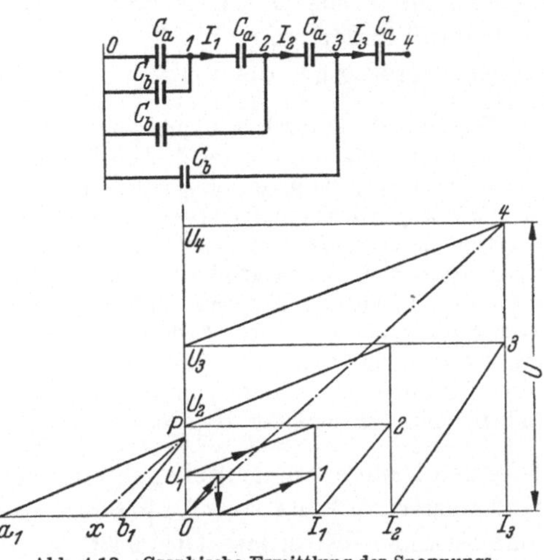

Abb. 4.13. Graphische Ermittlung der Spannungsverteilung an einer Kondensatorkette

Kapazitive Induktion von Ladungen und Aufladung von isolierten Metallteilen. Wenn in der Nachbarschaft eines unter Spannung stehenden Leiters ein zweiter isolierter Leiter liegt, so wird diesem ein Potential erteilt, entsprechend seiner Lage im Feld des ersten. Die Bahnstromfahrleitung (A) induziert z. B. auf die benachbart geführte Fernmeldeleitung (B) (Abb. 4.14) eine Spannung gegen die gemeinsame Erde (E) gemäß der reziproken Kapazitätsaufteilung. Dabei können störende und gefährdende Spannungenauftreten, z. B. wenn:

$$U_{AE} = 15 \quad [\mathrm{kV}];$$
$$C_{AB} = 3{,}5 \ [\mathrm{pF/km}];$$
$$C_{BE} = 6{,}5 \ [\mathrm{pF/km}],$$

wird:
$$U_{BE} = U_{AE} \cdot \frac{C_{AB}}{C_{AB} + C_{BE}} = 5{,}25 \ [\mathrm{kV}].$$

Diese Spannung ist unabhängig von der Länge der Parallelführung der beiden Leitungen; wohl aber ist die Stromergiebigkeit einer solchen kapazitiven Übertragung proportional der Kopplungslänge.

Dasselbe gilt für Hochspannungs-Doppelleitungen, die nahe oder auf demselben Mast geführt sind. So entstehen auf dem Drehstromsystem ($1'$, $2'$, $3'$),

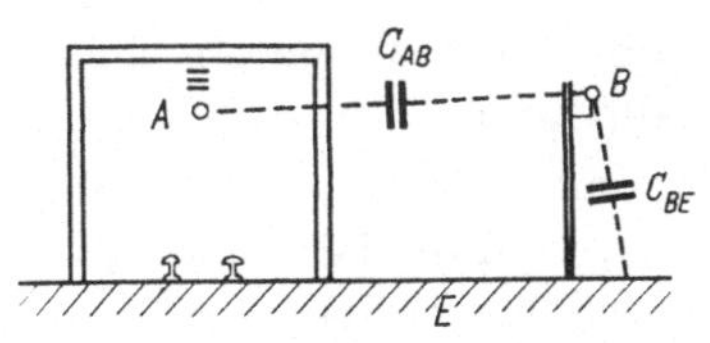

Abb. 4.14. Induzierte Spannung

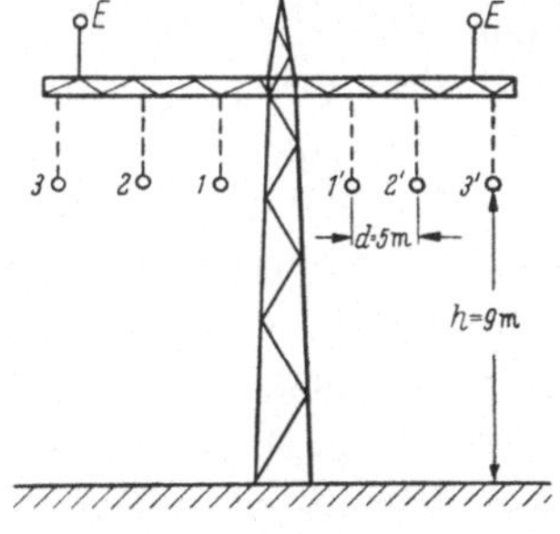

Abb. 4.15. Doppelsystem-Leitung

wenn es isoliert abgeschaltet ist, von dem unter Spannung befindlichen System (1, 2, 3) her (Abb. 4.15) Spannungen von etwa 15, 11 und 8%

der vollen Betriebsspannung gegen Erde. Es genügt darum nicht, ein System nur abzuschalten, wenn z. B. daran gearbeitet werden soll; vielmehr muß in den angrenzenden Stationen und auch an der Arbeitsstelle selbst sorgfältig geerdet werden.

Die Induktion durch das kombinierte Feld der drei unter phasenverschobenen Spannungen stehenden Leiter 1, 2, 3 findet über verschieden große Kapazitäten statt. Wären alle Kopplungskapazitäten $C_{1,1'}$, $C_{2,1'}$, $C_{3,1'}$, $C_{1,2'}$, $C_{2,2'}$ usw. gleich, so würde wegen der Symmetrie der induzierenden Drehstromspannungen der Einfluß sich resultierend aufheben. Durch eine Verdrillung der Leitungsphasen ist dies praktisch erreichbar. Im Beispiel 4.15 geht die induzierte Spannung durch Verdrillung etwa auf 2% zurück. Falls aber nun das erste System einen Erdschluß bekommt, seine drei Spannungen gegen Erde also nicht mehr symmetrisch sind, wird die induzierte Spannung des zweiten Systems recht hoch. Auch wenn eine bemerkenswerte dritte Harmonische in der Spannung des ersten Systems besteht, addiert sich die induzierende Wirkung der drei Phasen.

Auch andere Anlagenteile, die in der Nähe von Hochspannungselektroden sind, können durch zu hohe Spannung gefährdet werden, falls man sie nicht fest erdet. Dies ist beim Aufbau von Hochspannungsversuchen immer besonders zu beachten. Eisenbolzen oder Schrauben, die im Transformator zum Zusammenhalt von Isolierteilen verwendet sind, können sich bei der Isolationsprobe aufladen, was an ihrer Oberfläche selbst hohe Feldstärke und dann Entladungen gegen den naheliegenden Eisenkern hervorruft. Mit aus dem gleichen Grund müssen bei großen Transformatoren die schwach gegeneinander isolierten Eisenpakete über genügend hochohmige Widerstände verbunden und geerdet werden. Bei Meßwandlern ist sehr darauf zu achten, daß die Niederspannungs-Meßwicklung schon an ihren Klemmen einseitig geerdet wird (Abb. 4.16).

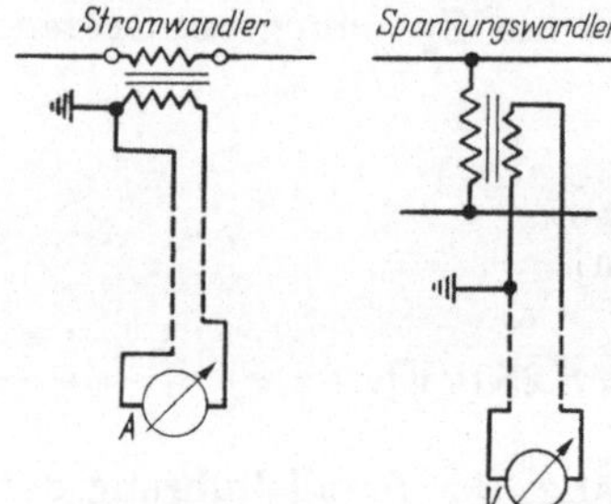

Abb. 4.16. Erdung von Strom- und Spannungswandler-Sekundärwicklungen

Diese Fremdwirkung eines elektrostatischen oder quasistatischen (niederfrequenten) Feldes darf nicht verwechselt werden mit der elektromagnetischen Spannungsinduzierung in parallel geführten Leitern oder mit der Ausstrahlung elektrischer Energie in den Raum um einen, hochfrequente Ströme führenden Leiter (Antenne).

Abschirmungen. Umgekehrt kann man durch eine geerdete Abschirmung, die z. B. eine Meßapparatur voll umschließt und von ihr nur für die Meßspannung isoliert ist, gefährdende oder aber die Messung verfälschende kapazitive Einwirkungen von den unter Hochspannung stehenden Versuchsteilen her ausschalten (Faradaykäfig) [1].

---

[1] Lit.: Veröff. Nr. 1 der 400 kV-Forschungsgemeinschaft e. V. Heidelberg 1955.

4.2 Feldformung, Potentialsteuerung

Durch geeignete Formgebung der mit den Polen der Spannungsquelle verbundenen Elektroden kann die Feldstärke an kritischen Stellen erniedrigt werden. Dabei ist die Krümmung der Elektrodenoberfläche viel einflußreicher als der Elektrodenabstand, weshalb der Hochspannungskonstrukteur der Formgebung der Metallteile und der Isolierstoffkonturen betonte Aufmerksamkeit schenken muß. Man bringt galvanisch verbundene Zusatzelektroden an, z. B. ringförmige Schirmarmaturen an Hängeketten, Kugel- oder Wulstkappen an Stütz- und Durchführungsisolatoren, vergrößert dadurch die betreffenden Teilkapazitäten, vergleichmäßigt die Potentialverteilung und erniedrigt die Feldstärke an den durch die Abschirmung abgedeckten Elektroden. Dies ist am wirksamsten, wenn die Schirmung an Stellen hoher Feldkonzentration angebracht wird (Abb. 4.17 u. 4.18).

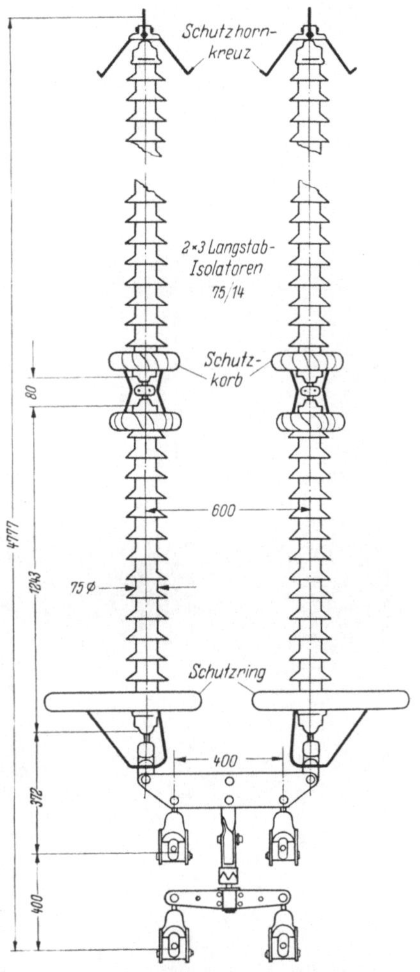

Abb. 4.17. Hängekette mit Schirmring

Potentialsteuerung durch Parallelimpedanz. Durchgreifend wirkt man auf das Gesamtfeld ein, indem man die an sich rein kapazitiv gegebene Potentialteilung durch Parallelschalten eines hochohmigen Widerstandsteilers, einer induktiv teilenden Wicklung oder einer Kondensatorreihe verändert. Die Parallelimpedanz liegt dauernd an der vollen Spannung und muß groß sein, damit ihr Stromdurchgang und ihre Verluste niedrig bleiben; sie muß aber klein genug sein im Vergleich zu den zu beeinflussenden kapazitiven Widerständen.

Ein Beispiel ist die Anbringung von Parallelwiderständen an den Mehrfach-Unterbrechungsstellen K von Höchstspannungs-Leistungsschaltern parallel zu den Kapazitäten C_s der Schaltstrecken (Abb. 4.19 bis 4.20 und 8.32). Man sucht während des Abschaltvorganges eine gleiche Spannungsbelastung aller Unterbrechungsstellen und damit die volle Ausnützung der Abschaltfähigkeit des Gerätes sicher zu stellen. Nach vollzogener Unterbrechung des Hauptstromes werden die Wider-

Abb. 4.18. Überspannungsableiter mit Schirmkorb (AEG)

stände durch Hilfsschalter abgeschaltet. Ähnliche Wirkung haben Parallelkondensatoren. Sie werden z. B. auch an Überspannungsableitern angewandt, die für Höchstspannung aus einer Serie von Einzelelementen zusammengesetzt sind.

Der tangentiale Spannungsgradient auf der äußeren Isolationsfläche von Wicklungsstäben am Nutaustritt oder von anderen endverschluß-ähnlichen Gebilden ist meist recht hoch. Es besteht die Gefahr, daß dort Oberflächenentladungen auftreten, die im Laufe der Zeit die Isolation zerstören oder überhaupt zu Durchschlägen führen können (vgl. § 8.9 und

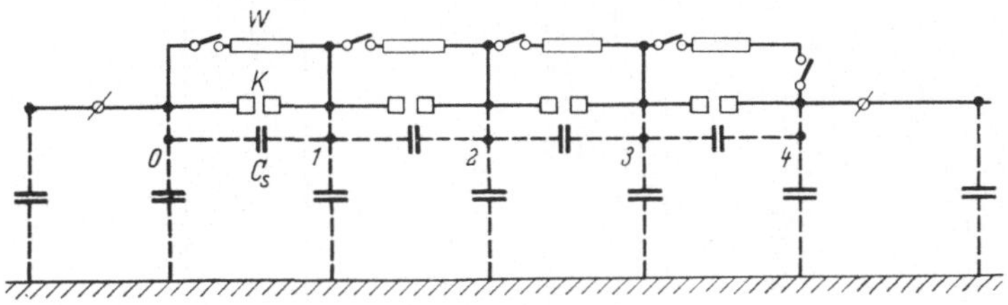

Abb. 4.19. Ersatzbild eines Höchstspannungsschalters mit Mehrfachunterbrechung und Steuerwiderständen
(K = Unterbrechungsstellen, W = Parallelwiderstände, C_s = Kontaktkapazitäten, C_e = Erdkapazitäten)

Abb. 11.35 a, b, c). Wenn man eine schwach leitende Außenschicht anbringt, z. B. durch einen Anstrich mit Graphit oder mit einem leitend präparierten Lack, dann steuert und vergleichmäßigt er das Nutaustrittsfeld. Der spezifische Widerstand muß klein genug sein, um in Parallelschaltung zu dem der Kapazität durchgreifen zu können, groß genug, um nicht einfach das hohe Feld zum Wickelkopf hinauszuschieben. Es ergeben sich Werte zwischen $10^8 \cdots 10^{10}\ \Omega \cdot$ cm. (Zur Unterdrückung der bei $E_{eff} = 20$ kV/cm und $i \approx 10^{-4}$ A/cm² einsetzenden Funkenbildung sind $r = 2 \cdot 10^8$ Ωcm nötig.) An Freileitungsisolatoren versucht man die Verschmutzungsstörung durch leitende Glasuren zu beseitigen, was letzten Endes auf eine ähnliche Vergleichmäßigung des Oberflächenfeldes zielt.

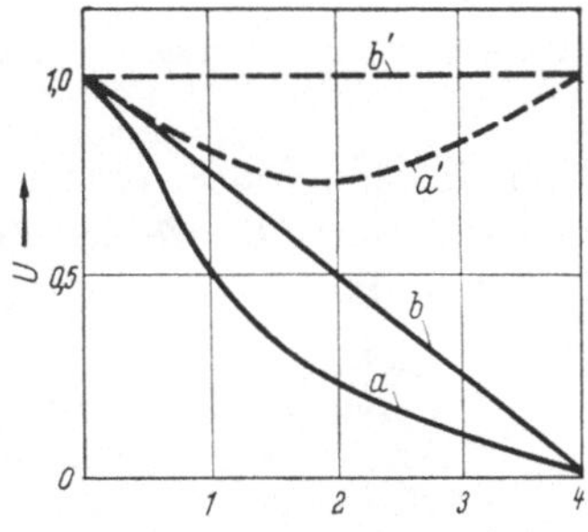

Abb. 4.20. Wirkung der Widerstandssteuerung am Höchstspannungsschalter. Aufteilung der wiederkehrenden Spannung *a* ohne, *b* mit Steuerwiderständen. Bei Kurzschlußabschaltung: *a'* und *b'* bei Betriebsabschaltung

Bei Stützerspannungswandlern (Abb. 4.21) sorgt der vertikale Aufbau der Primärwicklung vom unteren geerdeten Ende bis zum Hochspannungsanschluß an der Kopfarmatur für eine gleiche Oberflächenfeldstärke längs der Wicklung. Man begnügt sich nicht damit, sondern legt an der Innenseite des umschließenden Porzellankörpers Steuerringe ein, die an die Stufen angeschlossen sind. Darum kann der Isolator recht kurz gebaut werden. Beim Stützerstromwandler (Abb. 4.22 und 4.23) ist der geerdete Teil, d. i. der mit der primären Hochspannungswicklung gekreuzte Ringkern samt der Sekundärwicklung, in den Isoliermantel hochgehoben. Die Potentialverteilung außen am Porzellankörper drängt sich in der Mitte der Höhe zusammen; dort wird auch die tangentiale Oberflächenfeldstärke ringsum unangenehm hoch. Interessant ist die

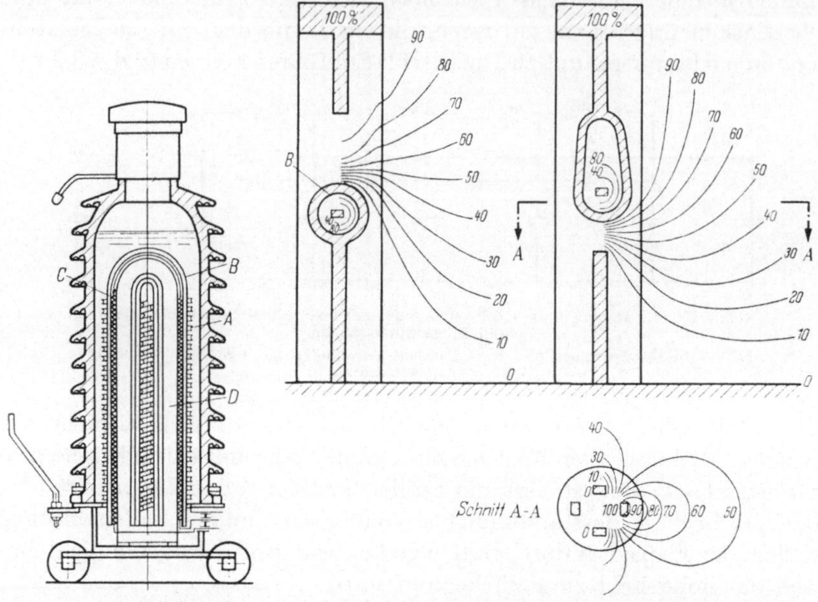

Abb. 4.21. Stützerspannungswandler 100 kV (BBC)

Abb. 4.22. Kreuzring-Stützerstromwandler, Potentialverteilung und Niveaulinien. *A* Hochspannungswicklung, *B* Eisenkern mit Niederspannungswicklung (AEG)

Kombination von Strom- und Spannungswandler in einem Porzellangehäuse (Abb. 4.24), wo das Feld der Endverschluß-ähnlichen Hochspannungsableitung des Stromwandlers durch Steuerringe geführt ist, die an die Spulen des Spannungswandlers angeschlossen sind.

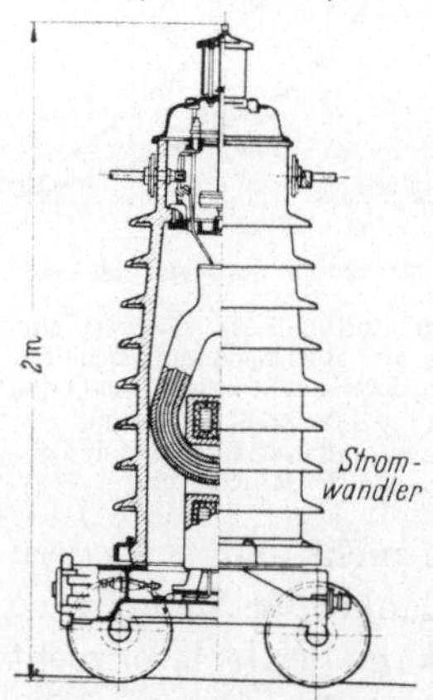

Abb. 4.23. Stützerstromwandler 110 kV (SSW)

Die mehrfache konzentrische Wicklung von Hochspannungsprüftransformatoren, insbesondere von solchen in Luft, wird mit abgestuften Längen aufgebaut (Abb. 4.25 u. 4.26). Fortschreitend sind mit dem, gemäß der Windungszahl vom Erdanschluß an steigenden Potential die Wicklungsröhren mit größerem Durchmesser (Kernabstand) und kürzerer, achsialer Länge (Jochabstand) ausgeführt und hintereinandergeschaltet. Ähnlich aufgebaut sind die „Klotz“-Transformatoren für Prüf- und Meßzwecke oder für Röntgenanlagen, bei denen die Wicklungen in festem Hartpapier oder in Vergußmaterial eingebettet sind (Abb. 4.27). Beim Trockenspannungswandler (Abb. 4.28) ist die Hochspannungswicklung gegen Kern und Niederspannungswicklung durch den Garnrollen-artigen Porzellankörper sicher isoliert. Schwierig ist die Beherrschung des Spannungsgefälles zwischen den Lagenenden der Hochspannungswicklung, längs der Oberflächen der Porzellanscheiben und an deren Außenflächen gegen die geerdeten Teile. Die induktive Abstufung durch die hin- und hergewickelten Hochspannungslagen muß das Potential steuern; der Hochspannungsanschluß wird nach innen gesetzt, der Erdanschluß der Hochspannungswicklung außen angebracht.

Eine Umkehrung dieses Steuerprinzips bietet z. B. ein Hochspannungsmeßwiderstand mit sehr großem Widerstandswert, der

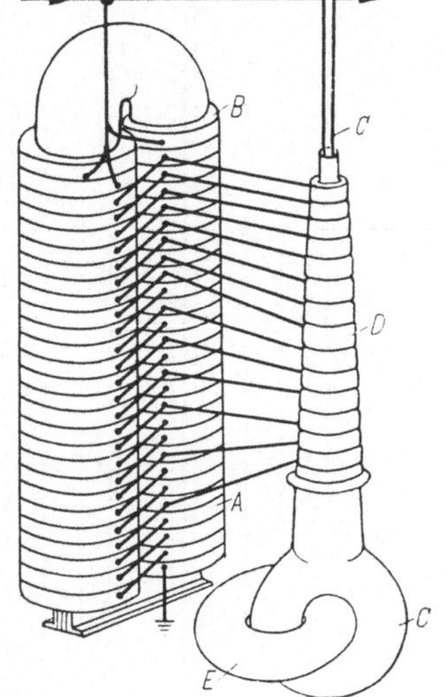

Abb. 4.24. Kombinierter Hochspannungs-Strom- und Spannungswandler mit kapazitiver Steuerung
A Primärwicklung Spannungswandler, *B* Schutzringe, *C* Primärwicklung Stromwandler, *D* Steuerringe, *E* Sekundärwicklung Stromwandler und Kern

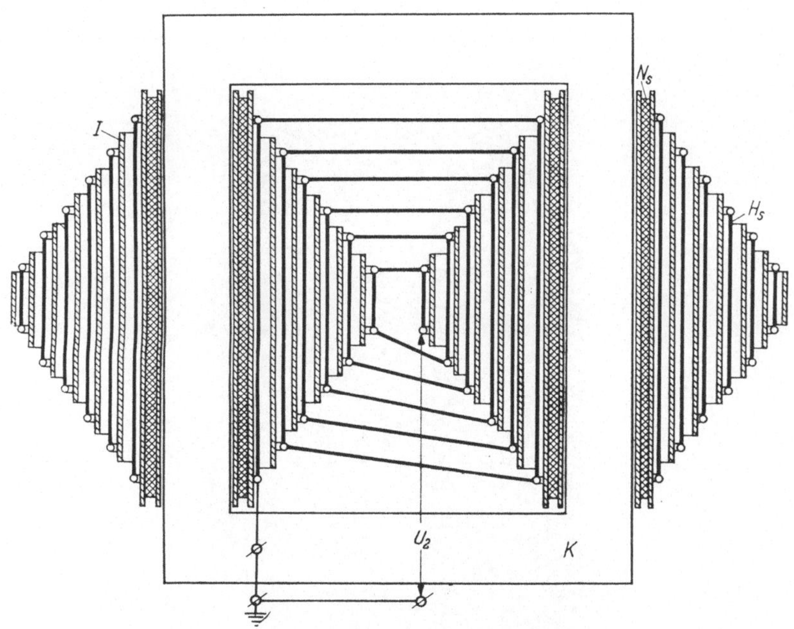

Abb. 4.25. Hochspannungs-Lufttransformator mit abgestuften Wicklungslängen

als Hochohmkordel-Zylinder gewickelt ist. Die Kapazitäten zwischen den Windungen und gegen Erde würden das Spannungsgefälle an der Wider-

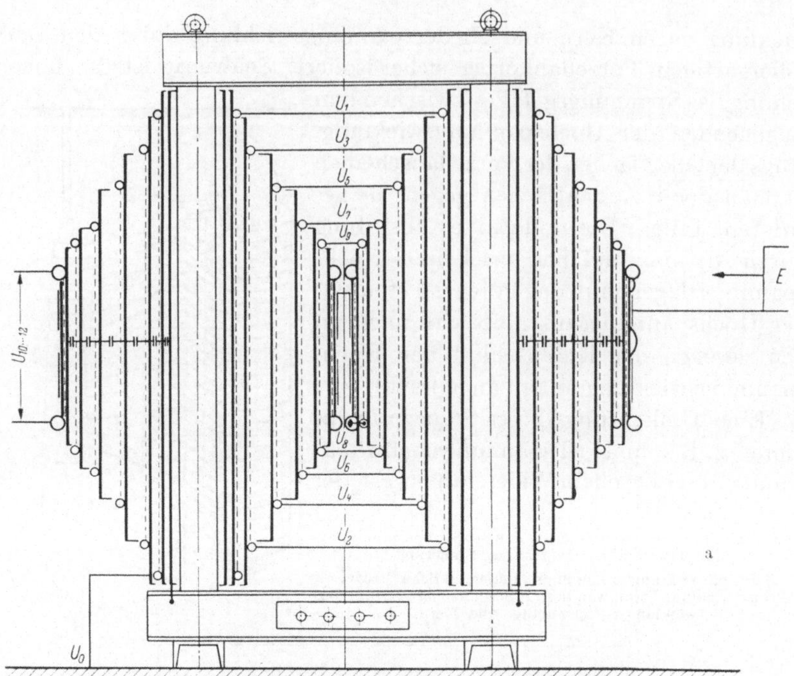

b

Abb. 4.26. Hochspannungs-Prüftransformator für 250 kV. (Hochspannungsgesellschaft, Köln)
a Aufbau, b Ansicht

standslänge ungleich machen, vor allem die Phase des Stroms längs des Widerstands verdrehen; dem wirkt man durch Vergrößerung der kopfseitigen Kapazität und durch zusätzliche innere Steuerung entgegen (Abb. 4.29)[1].

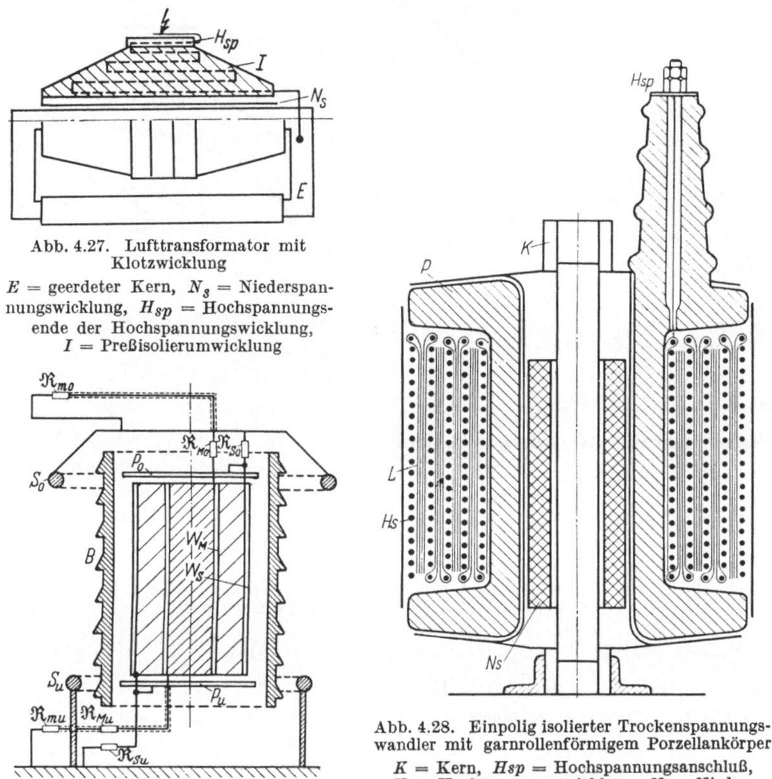

Abb. 4.27. Lufttransformator mit Klotzwicklung
E = geerdeter Kern, N_s = Niederspannungswicklung, H_{sp} = Hochspannungsende der Hochspannungswicklung, I = Preßisolierumwicklung

Abb. 4.28. Einpolig isolierter Trockenspannungswandler mit garnrollenförmigem Porzellankörper
K = Kern, Hsp = Hochspannungsanschluß, H_s = Hochspannungswicklung, Ns = Niederspannungswicklung, P = Porzellanträger mit Durchführung, L = Lagenisolation

Abb. 4.29. Hochspannungsmeßwiderstand mit Steuerwiderstand und Steuerarmaturen

4.3 Elektrodenfreie kapazitive Potentialsteuerung, Kondensator-Durchführung

Bringt man in das Elektrodenfeld eine freie, also nicht an ein bestimmtes Potential gelegte Metallfläche, die nicht die Form einer Äquipotentialfläche des ursprünglichen Feldes hat, so kann man das Feld im günstigen Sinn verändern und steuern. Die Kapazitäten der Steuerfläche gegenüber den beiden Elektroden werden maßgebend für ihr Potential. Dieses Prinzip ist in der Technik der Hochspannungskonstruktionen recht fruchtbringend anwendbar. NAGEL hat zuerst (DRP 177667, 1905)

[1] Lit.: Veröffentlichung Nr. 1 der 400 kV-Forschungsgemeinschaft e. V. Heidelberg 1955 und Diss. BAUMANN, E., 1955 T.H. Karlsruhe.

solche „leitende Zwischenschichten im Dielektrikum mit verschiedener seitlicher Ausdehnung zu dem Zwecke, das elektrische Feld im Innern

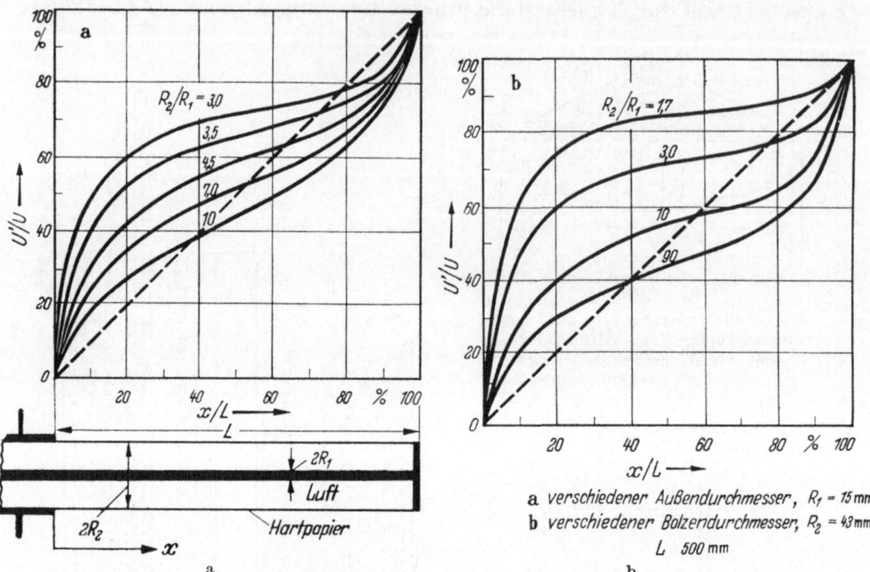

Abb. 4.30 a u. b. Spannungsverteilung am Durchführungsisolator bei verschiedenen Durchmessern a) verschiedener Außendurchmesser, b) verschiedener Bolzendurchmesser $L = 500$ mm, a) $R_1 = 15$ mm, b) $R_2 = 43$ mm (nach SCHWAIGER)

des Dielektrikums und auf seiner unbelegten Oberfläche zu verändern“, vorgeschlagen und für Durchführungsisolatoren angewandt.

Beim *Durchführungsisolator* mit zylindrischem, zwischen Flansch und Bolzen eingespanntem Isolierkörper herrscht in der Flanschpartie innen

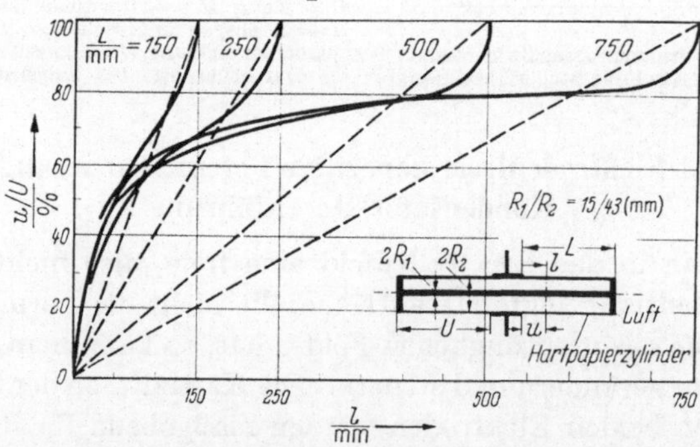

Abb. 4.31. Spannungsverteilung am Durchführungsisolator bei verschiedener Baulänge (nach SCHWAIGER)

das Zylinderfeld mit der nach Innen mit $1/r$ zunehmenden radialen Feldstärke (s. S. 37); auf der Isolatoroberfläche ergibt sich eine Feldkonzentration in Flanschnähe (s. S. 53, 64), um so mehr, je kleiner der Flanschdurchmesser ist. Soll eine Durchführung für höhere Spannung gebaut werden, so müssen, um gleiche Maximalbeanspruchung des festen Isoliermaterials einzuhalten, die Durchmesser proportional vergrößert werden; gleiche Maximalbeanspruchung längs der Isolieroberfläche verlangt aber eine beträchtlich stärkere Vergrößerung des Flanschdurchmessers (Abb. 4.30). Eine Verlängerung des Isolators vermindert die Feldstärke am Flansch kaum, da mit zunehmender Länge die Spannungsverteilung immer mehr verzerrt wird (Abb. 4.31). Schon bei 60 kV Betriebsspan-

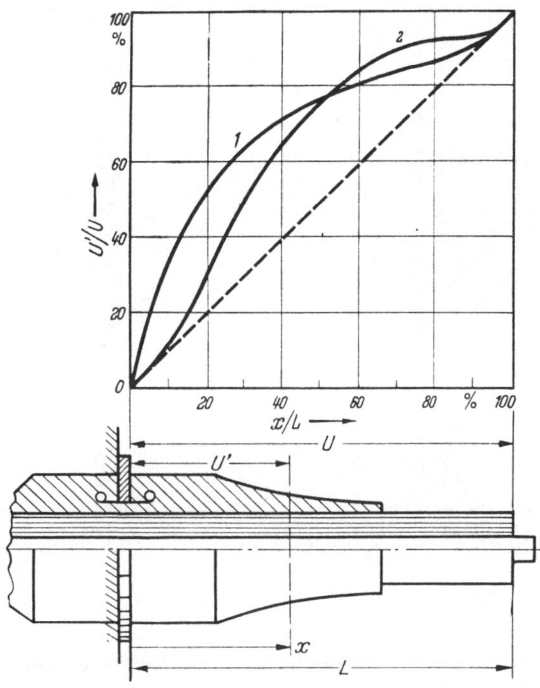

Abb. 4.32. Spannungsverteilung an Durchführung 1) ohne, 2) mit eingezogenem und abgedecktem Flansch

nung (Überschlagspannung etwa 150 kV) kommt man zu unwirtschaftlichen Abmessungen.

Man kann die hochbeanspruchten Feldpartien, statt in Luft, in dielektrisch festeres Medium verlegen, den Flansch wulstig überziehen oder ihn in das feste Isoliermaterial mit der höheren Dielektrizitätskonstante hineinschieben (Abb. 4.32 u. 4.33).

Um das radiale Flanschfeld $E_r = \frac{Q}{2\pi \cdot \varepsilon^* \cdot r \cdot l}$ [1] zu vergleichmäßigen, werden bei der Kondensatordurchführung (Abb. 4.34) zylindrische Steuer-

[1] Wenn $\pm Q$ die Ladungen auf Flansch bzw. Bolzen sind und angenommen wird, daß der Verschiebungsfluß sich zwischen beiden nur über den durch die leitenden Einlagen gegebenen Querschnitt mit achsial gleichmassiger Verteilung erstreckt.

flächen eingewickelt, deren achsiale Längen l in Funktion ihres Durchmessers so abgestuft werden, daß $r\, l =$ konst. Mit der Bolzenlänge l_1 wird: $l = l_1 \cdot R/r$. In Abb. 4.35 ist die Längenstufung bei stetiger (a) und bei der praktisch nur möglichen stufigen Anordnung (b) der Steuerzylinder gezeichnet, welche eine gleichmäßige Radialfeldstärke ergibt.

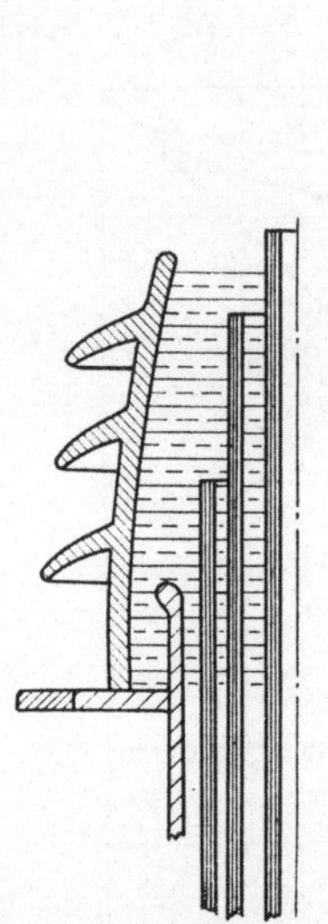

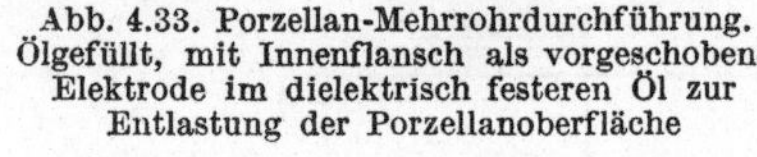

Abb. 4.33. Porzellan-Mehrrohrdurchführung. Ölgefüllt, mit Innenflansch als vorgeschobene Elektrode im dielektrisch festeren Öl zur Entlastung der Porzellanoberfläche

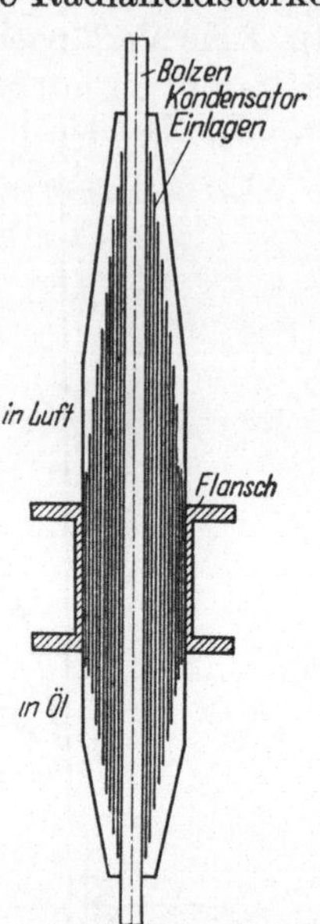

Abb. 4.34. Schnitt durch eine Kondensatordurchführung

Die Längsverteilung an der Oberfläche ist damit gleichzeitig verbessert, da die Endränder der Steuerzylinder auch einen geänderten achsialen Potentialverlauf erzwingen. Um diesen optimal zu machen, muß ein Kompromiß der guten radialen Ausnützung des festen Isoliermaterials (Hartpapierwickel) und der Achsiallänge gefunden werden. Dabei spielt noch eine Rolle, daß das feste Material bei langdauernder Spannungsbeanspruchung und bei erhöhter Temperatur (dielektrische Verluste, Bolzenstromwärme, Transformator-Öltemperatur) sich anders verhält als die Luft. An den Rändern der Steuerzylinder darf in der Längsschichtung des Hartpapiers kein Glimmen einsetzen, damit dort das Material nicht im Laufe der Zeit erodiert. Der untere in Öl tauchende Teil von Transformatordurchführungen kann in dieser Konstruktion sehr kurz gehalten werden (Abb. 4.36).[1]

[1] Lit.: KAPPELER, H.: Hartpapierdurchführung für Höchstspannungen. Bull. SEV (1949) Nr. 21; Micafil-Sonderdruck Kondensatordurchführungen (1949); KAPPELER, H.: Progrès réalisés dans la Construction des Isolateurs de traversée à Condensateur. CIGRE 1946, Nr. 208.

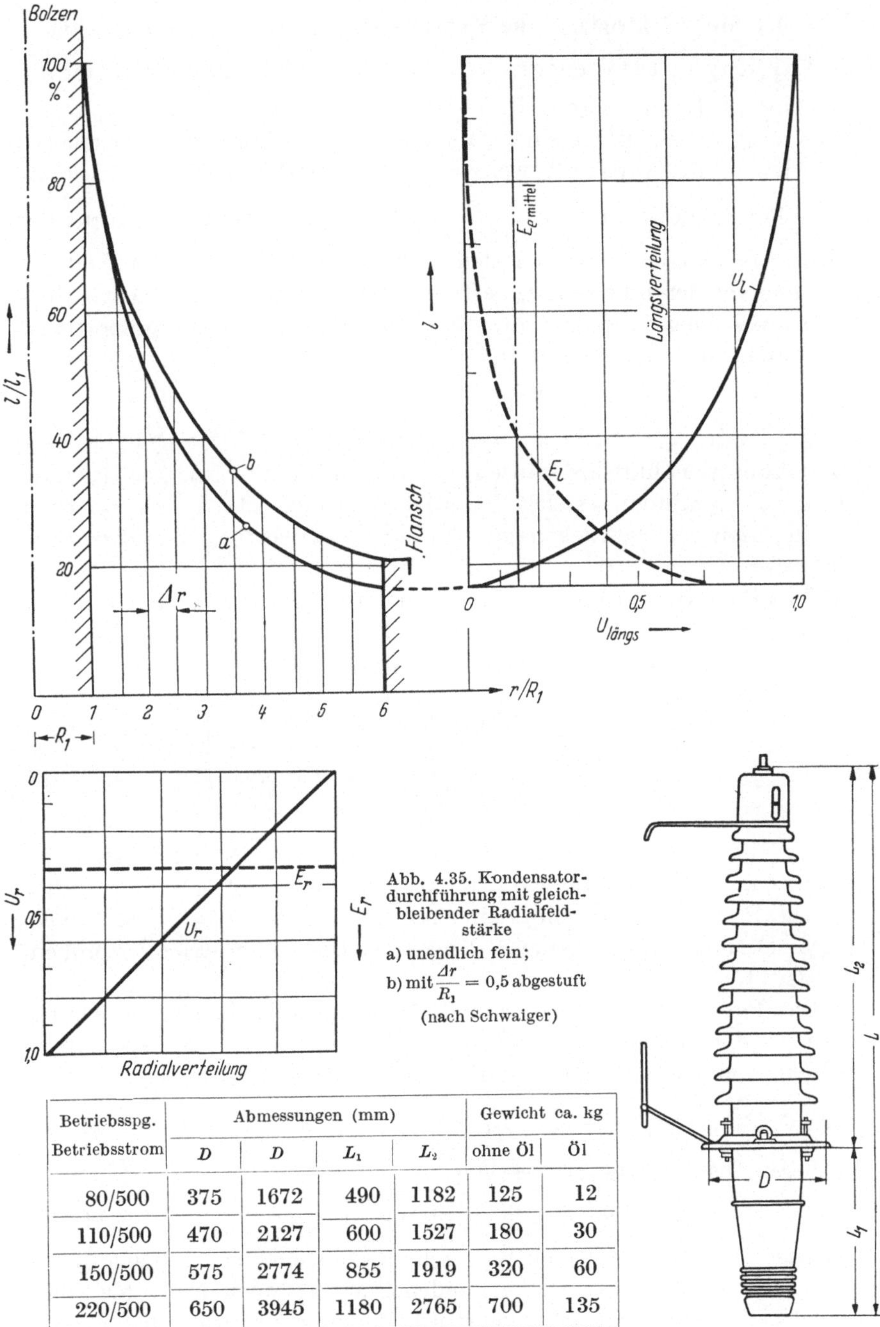

Abb. 4.35. Kondensatordurchführung mit gleichbleibender Radialfeldstärke
a) unendlich fein;
b) mit $\frac{\Delta r}{R_1} = 0{,}5$ abgestuft
(nach Schwaiger)

Betriebsspg. Betriebsstrom	Abmessungen (mm)				Gewicht ca. kg	
	D	D	L_1	L_2	ohne Öl	Öl
80/500	375	1672	490	1182	125	12
110/500	470	2127	600	1527	180	30
150/500	575	2774	855	1919	320	60
220/500	650	3945	1180	2765	700	135

Abb. 4.36. Ölgefüllte Kondensatordurchführung für Freiluft-Transformatoren (Micafil AG)

4.4 Mehrelektroden- und Mehrphasensysteme. Betriebskapazität

4.41 Kapazitätsberechnung in Mehrelektrodensystemen

Sind im Raum mehrere Elektroden, die mit den Ladungen $Q_0, Q_1 \ldots Q_i \ldots Q_k \ldots Q_n$ belegt sind, so werden sie verschiedene Potentiale (φ_i) annehmen. Die Kapazität zweier Elektroden als der Quotient aus Ladung und Potentialdifferenz $\left(C = \frac{Q}{\varphi_1 - \varphi_2}\right)$ ist nun nicht mehr allein aus der Geometrie, sondern auch von dem Vorhandensein der anderen Elektroden und von deren Potentiale bestimmt. Die Felder aller Ladungen überlagern sich linear und das Potential φ_i des i-ten Leiters ist proportional der Summe aller Ladungseinflüsse der übrigen Leiter:

$$\varphi_i = a_{i0} \cdot Q_0 + a_{i1} \cdot Q_1 + \cdots + a_{ii} \cdot Q_i + \cdots + a_{ik} Q_k + \\ + \cdots + a_{in} \cdot Q_n . \qquad (4.5)$$

Die Proportionalitätskonstanten a_{ik} werden die Potentialkoeffizienten genannt. a_{ik} gibt an, welches Potential am Ort der Elektrode i herrschen würde, wenn nur die Elektrode k mit der Einheitsladung darauf vorhanden wäre.

Das Potentialgleichungssystem (4.5) wird abgekürzt in Matrizenform geschrieben: $\| \varphi_i \| = \| a_{ik} \| \cdot \| Q_k \|$. Darin werden für den Fall paralleler zylindrischer Leiter die Potentialkoeffizienten:

$$\left.\begin{aligned} a_{ik} &= \frac{1}{2\pi\varepsilon^*} \cdot \frac{1}{l} \cdot \ln\left(\frac{l}{d_{ik}}\right) = a_{ki} \qquad & \left[\frac{1}{\mathrm{F}}\right] \\ a_{ii} &= \frac{1}{2\pi\varepsilon^*} \cdot \frac{1}{l} \cdot \ln\left(\frac{l}{R_i}\right) & \left[\frac{1}{\mathrm{F}}\right] \end{aligned}\right\} \qquad (4.6)$$

mit der Leiterlänge l, den Abständen d und den Leiterhalbmessern R, wenn Q_i die gesamte Ladung des i-ten Leiters ist.

Alle Potentialkoeffizienten sind positiv, so lange $l \gg d_{ik}$ ist. Nach obiger Definition (4.6) besitzen die a_{ik} die Dimension einer reziproken Kapazität.

Das Potentialgleichungssystem (4.5), welches die lineare Beziehung zwischen dem Potential φ_i und den Ladungen Q_k herstellt, kann man umkehren und so z. B. die Ladung Q_i des Leiters i bestimmen:

$$Q_i = \gamma_{i0} \cdot \varphi_0 + \gamma_{i1} \cdot \varphi_1 + \cdots + \gamma_{ii} \cdot \varphi_i + \cdots + \gamma_{ik} \cdot \varphi_k + \cdots + \gamma_{in} \cdot \varphi_n \qquad (4.7\,\mathrm{a})$$

In diesem Ladungsgleichungssystem

$$\| Q_k \| = \| a_{ik} \|^{-1} \cdot \| \varphi_i \| = \| \gamma_{ik} \| \cdot \| \varphi_i \| \qquad (4.7\,\mathrm{b})$$

bedeutet der elektrostatische Wechselinduktionskoeffizient (nach MAXWELL) γ_{ik} die auf dem Leiter i gebundene Ladung, wenn der Leiter k das Potential 1 besitzt und neben diesem kein anderer erzwungener Potentialpunkt im Raume vorhanden ist.

Da die Teilladung auf dem Leiter i entgegengesetzt polar derjenigen auf dem Leiter k sein muß, gilt:

$$\gamma_{ik} = -\gamma_{ki} = \frac{\Delta_{ki}}{\Delta} \tag{4.8}$$

mit

$$\Delta = \begin{vmatrix} a_{11} & a_{12} \cdots a_{1k} \cdots a_{1n} \\ \vdots & \vdots \quad \vdots \quad \vdots \\ a_{i1} & a_{i2} \cdots a_{ik} \cdots a_{in} \\ \vdots & \vdots \quad \vdots \quad \vdots \\ a_{n1} & a_{n2} \cdots a_{nk} \cdots a_{nn} \end{vmatrix}$$

und Δ_{ki} als Unterdeterminante zum Element a_{ki} der Determinante Δ der Potentialkoeffizientenmatrix $||a_{ik}||$.

Die Zusammenhänge des Ladungsgleichungssystems (4.7) vereinfachen sich meist, da gewöhnlich für die Potentiale der n-Leiter oder für ihre Ladungen verbindende Bedingungen gelten:

Zeichnet man eine Elektrode — z. B. die Erde — als Bezugspunkt aus, etwa dadurch, daß man ihr das Potential Null zuordnet ($\varphi_0 = 0$), so kann man alle Potentiale darauf beziehen. Es wird $\varphi_i - \varphi_0 = U_{0i} = -U_{i0}$ (z. B. Spannung zwischen Erde (0) und Leiter (i) und $\varphi_i - \varphi_k = U_{ki} = -U_{ik}$ (Spannung zwischen Elektrode k und i); $U_{ii} = 0$. Das Ladungsgleichungssystem (4.7) schreibt sich nun ausgedrückt durch die Spannungen U_i zwischen den Leitern als Elektroden und Erde:

$$Q_i = k_{i0} \cdot U_i + k_{i1} \cdot (U_i - U_1) + \cdots + k_{ik}(U_i - U_k) + \\ + \cdots + k_{in}(U_i - U_n) \tag{4.9a}$$

oder kürzer in Matrizenform geschrieben:

$$||Q_i|| = ||k_{ik} \cdot U_{ki}|| \tag{4.9b}$$

mit

$$\left.\begin{aligned} k_{i0} &= \gamma_{i1} + \gamma_{i2} + \cdots + \gamma_{ii} + \cdots + \gamma_{in} = \sum_{k=1}^{k=n} \gamma_{ik} = \frac{1}{\Delta} \sum_{k=1}^{k=n} \Delta_{ki} \quad [\mathrm{F}] \\ &\text{und} \\ k_{ik} &= k_{ki} = |\gamma_{ik}| = \left|\frac{\Delta_{ki}}{\Delta}\right| \quad [\mathrm{F}]. \end{aligned}\right\} \tag{4.10}$$

Die Koeffizienten k_{ik} sind alle *positiv* und haben die Bedeutung von Kapazitäten. Sie sind von Form und Lage der Elektroden abhängig. k_{i0} ist das Verhältnis der Ladung auf Leiter i zu seiner Spannung gegenüber der Elektrode O, wenn alle anderen Leiter vorhanden, aber alle auch auf die Spannung U_i gebracht sind (Abb. 4.37a). Da die Werte $\gamma_{ik} < 0$ sind, ist $k_{i0} < \gamma_{ii}$. Man bezeichnet diesen Wert k_{i0} als die „Teilkapazität" zwischen Leiter i und Elektrode O. $k_{ik} = k_{ki}$ ist die Teilkapazität zwischen den Leitern i und k, d. h. das Verhältnis der Ladung Q_i zur Spannung zwischen i und k, wenn außer k alle anderen Elektroden als Potential 0 haben (Abb. 4.37b). Diese Teilkapazitäten berücksichtigen also das räumliche Vorhandensein aller Elektroden.

Sie sind der direkten Messung zugänglich, wenn man dafür sorgt, daß die Potentiale der verschiedenen Elektroden den angegebenen Bedingungen angepaßt werden; z. B. beim Dreileiterkabel, dessen Mantel O an Erdpotential liegt. Bei Anschluß an Wechselspannung schafft man

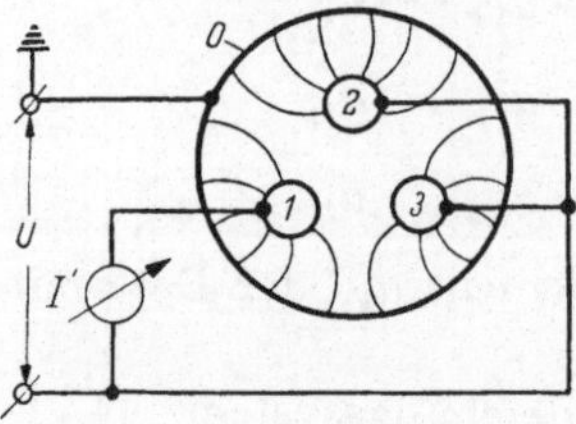

Abb. 4.37a. Messung der „Erdteilkapazität"

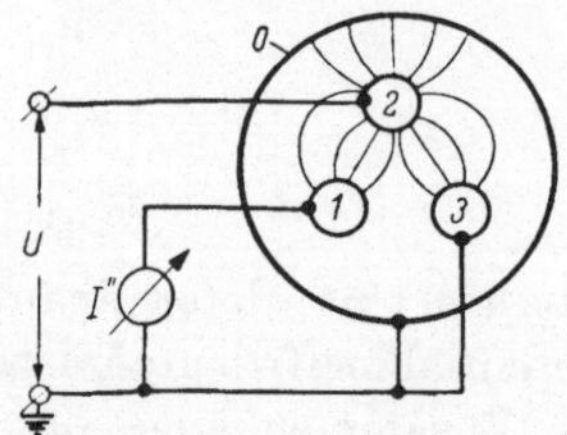

Abb. 4.37b. Messung der „wechselseitigen Leiter-Teilkapazität"

a) bei parallelem Anschluß von 1, 2 und 3 mit U gegen den Mantel O das in Abb. 4.37a angedeutete Feld und mißt:

$$k_{10} = \frac{J'}{\omega U}.$$

b) Bei Anschluß von 2 mit U gegenüber den drei Elektroden 0, 1 und 3 (Abb. 4.37b)

$$k_{12} = \frac{J''}{\omega U}.$$

Ähnlich wie bei dieser Messung kann man die Rechnung vereinfachen und die Bestimmung der Determinanten umgehen, indem man durch eine geeignete Schaltungsmaßnahme alle Teilkapazitäten bis auf eine kurzschließt. Die Gln. (4.7) müssen mit ihren Faktoren auch gelten, wenn einige der Ladungen zu Null gemacht werden. Ferner ergeben geschlossene Mehrphasensysteme wegen ihrer Voraussetzung: ${}^n\sum u_i = 0$ (Augenblickswerte) und ${}^n\sum U_i = 0$ (zeitlich verschieden liegende Scheitelwerte) zusätzliche Vereinfachungen.

4.42 Praktische Berechnung der Potentialkoeffizienten und der Teilkapazitäten einer Freileitung

Die praktischen Potentialkoeffizienten einer Freileitung. Für die praktische Berechnung der Betriebskapazität einer Freileitung mit beliebig vielen Leitern (Phasenleitern und Erdseilen) über Erde wenden wir die allgemeinen Gln. (4.9, 4.6) des vorherigen Abschnittes an. Da die Ladungen Q_k der einzelnen Leiter mit negativem Vorzeichen ($Q'_k = -Q_k$) als Leiter k' (mit Beistrich $'$) im Erdboden gespiegelt erscheinen (Abb. 4.38), vereinfacht sich Gl. (4.6) zur Berechnung der Potentialkoeffizienten wesentlich. Durch Zusammenfassung der Glieder mit entgegengesetzt gleichen Ladungen Q_k ergeben sich nun die Koeffizienten zu:

$$\left.\begin{aligned} a_{ik} &= \frac{1}{2\pi\varepsilon\varepsilon_0^*}\cdot\frac{1}{l}\ln\frac{d_{k'i}}{d_{ki}} \\ a_{ii} &= \frac{1}{2\pi\varepsilon\varepsilon_0^*}\cdot\frac{1}{l}\ln\frac{2h_i}{R_i}\,. \end{aligned}\right\} \qquad (4.6\text{a})$$

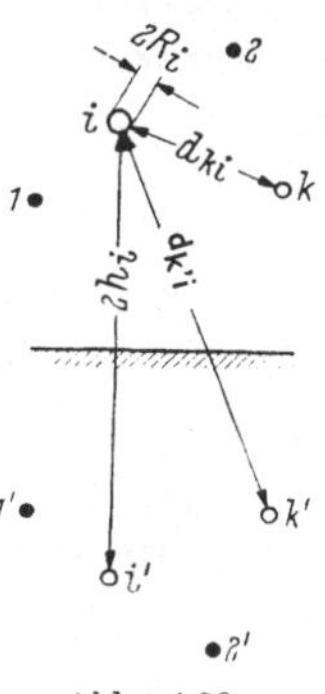

Abb. 4.38

Man sieht also, daß mit dem Linienladungsbelag $q_k = \frac{Q_k}{l}$ das Potential-Gleichungssystem (4.5) von der Länge l unabhängig wird, wenn wir mit auf die Längeneinheit bezogenen Größen rechnen. (Die Dimension der Potentialkoeffizienten ist die einer reziproken Kapazität).

Das Zweiphasensystem und seine Teilkapazitäten. Symmetrische zweipolige, zweiphasige Leitung (Abb. 4.39.)

Es gelten die Beziehungen:

$$\left.\begin{aligned} U_1 &= a_{11}\cdot Q_1 + a_{12}\cdot Q_2 \\ U_2 &= a_{12}\cdot Q_1 + a_{22}\cdot Q_1\,. \end{aligned}\right\} \qquad (4.5\text{a})$$

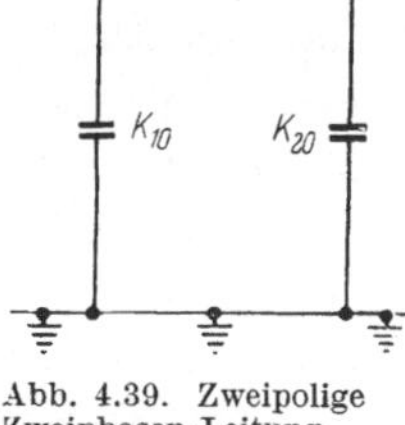

Abb. 4.39. Zweipolige Zweiphasen-Leitung

Neben diesem Potentialgleichungssystem wird das Ladungsgleichungssystem ausgedrückt in den Spannungen zwischen den Elektroden:

$$\left.\begin{aligned} Q_1 &= k_{10}\cdot U_1 + k_{12}\cdot(U_1 - U_2) \\ Q_2 &= k_{20}\cdot U_2 + k_{12}\cdot(U_2 - U_1)\,. \end{aligned}\right\} \qquad (\text{entspr. } 4.9\text{a})$$

Die Teilkapazitäten kann man meßtechnisch wie folgt ermitteln:

a) Legt man den Leiter 1 und 2 auf gleiche Spannung U' gegenüber Erde 0, dann wird $Q_1 = k_{10}\cdot U'$; $Q_2' = k_{20}\cdot U'$ und mit (4.5a)

$$(\Delta = a_{11}\cdot a_{22} - a_{12}^2), \qquad k_{10} = \frac{a_{22} - a_{12}}{a_{11}\cdot a_{22} - a_{12}^2}, \qquad k_{20} = \frac{a_{11} - a_{12}}{a_{11}\cdot a_{22} - a_{12}^2}$$

nach der allgemeinen Gl. (4.10):

$$k_{i0} = \sum_{k=1}^{k=n}\frac{\Delta_{ki}}{\Delta}\,.$$

b) Die Teilkapazität zwischen den beiden Leitungen 1 und 2 erhält man, wenn der Leiter 2 geerdet wird: $U_2'' = 0$; $U_1' = U''$. Dann werden die Ladungen $Q_1'' = U''\,(k_{10} + k_{12})$; $Q_2'' = -U''\cdot k_{12}$.

Die Teilkapazität k_{12} wird

$$k_{12} = \frac{a_{21}}{a_{11}\cdot a_{22} - a_{12}^2}$$

nach der allgemeinen Formel $k_{ik} = \frac{\Delta_{ki}}{\Delta}$.

Zur Ermittlung der Potentialkoeffizienten a_{ik} sind die für Linienladungen über Erde geltenden Formeln anzuwenden [s. S. 83, Gl. (4.6a)].

Für Zweiphasenleitungen der Praxis sind die Teilkapazitäten (pro km : K_{ik}) etwa

$$K_{10} \approx K_{20} \approx 3 \cdots 6 \, \frac{\text{nF}}{\text{km}}; \qquad K_{12} \approx \frac{1}{3} K_{10}.$$

Geben wir jedem dieser Leiter entgegengesetzt gleiche Spannung gegen Erde (0), so ist im Normalbetrieb, wenn $K_{10} = K_{20}$ gesetzt wird, der Ladestrom dieser Leitung je Phase und pro Kilometer:
$J_{1c} = j\omega [U_1 \cdot K_{10} + U_{12} \cdot K_{12}] = j\omega \, U_1 [K_{10} + 2 K_{12}] = -J_{e2}$. Man kann daraus für den Normalbetrieb eine ,,Betriebskapazität" des Zweiphasensystems definieren, die den Zusammenhang zwischen Ladestrom und der Phasenspannung gibt:

$$C_b = \frac{|J_{1c}|}{|U_1|} = K_{10} + 2 K_{12} \quad \text{für} \quad \begin{Bmatrix} U_1 = -U_2 \\ K_{10} = K_{20}. \end{Bmatrix}$$

Diese Betriebskapazität berücksichtigt nun auch die Spannungsschaltung der Elektroden. Es ist ersichtlich, daß diese Größe für die Leitungsberechnung sehr bequem ist. Z. B. wird die kilometrisch aufgenommene Ladeleistung bei Wechselspannung einfach: $N_c = 2 \cdot U_1^2 \cdot \omega \cdot C_b$.

Wenn, wie bei Freileitungen für mittlere Spannungen der Fall, $h_1 \approx h_2 \gg d_{12}$, $R_1 = R_2 = R$, kann man die kilometrische Betriebskapazität mit guter Näherung direkt schreiben:

$$C_b = \pi \, \varepsilon^* / \ln (d_{12}/R).$$

Der Vergleich mit Gl. (3.21) zeigt, daß hierbei eben der Einfluß des Erdfeldes vernachlässigt ist. Für Leitungen höherer Betriebsspannungen ist dies nicht mehr zulässig; vielmehr ist hier $d_{12} \approx h$ und damit werden Betriebskapazität und Oberflächenfeldstärke nur etwa 5% größer als die des einfachen Leiter-Erdfeldes, für das galt: $C_b \approx 2\pi \, \varepsilon^* / \ln (2h/R)$.

4.43 Allgemeine Definition der Betriebskapazität

Aus der Ladung eines Leiters i der Länge l lassen sich nach $Q_i = l \cdot C_{ki} \cdot U_{ki}$ wirksame Kapazitäten C_{ki} pro Längeneinheit in bezug auf eine der Spannungen U_{ki} definieren: $C_{ki} = \frac{Q_i}{l} \cdot \frac{1}{U_{ki}}$.

Wählt man insbesondere als Bezugsspannung U_{ki} die Spannung des Leiters i selbst gegen Erde zu 0, so wird — bezogen auf diese Phasenspannung U_{0i} — die Betriebskapazität:

$$C_{bi} = \frac{Q_i}{l} \cdot \frac{1}{U_i} = \frac{\text{Ladung des Leiters } i \text{ pro Längeneinheit}}{\text{Spannung des Leiters } i \text{ gegen Erde}}. \tag{4.11}$$

Mit $Q_i = \frac{J_i}{\omega}$ kann aus dieser Gleichung für eine Frequenz ω aus dem gemessenen Ladestrom J_i des i-ten Leiters die Betriebskapazität ermittelt werden.

Nach Gl. (4.9a) war die Ladung Q_i des Leiters i, ausgedrückt durch die Teilkapazitäten (k_{ik}), die Spannungen U_k der Leiter k gegen Erde und der Spannung U_i des Leiters i gegen Erde:

$$Q_i = \sum_{k=0}^{k=n} k_{ik} (U_i - U_k) \qquad (4.9\,b)$$

damit wird die Betriebskapazität C_{bi} des Leiters i mit Gl. (4 11):

$$C_{bi} = \frac{1}{l} \sum_{k=0}^{k=n} k_{ik} \cdot \left(\frac{U_i - U_k}{U_i}\right), \qquad (4.12\,a)$$

oder

$$C_{bi} = \frac{1}{l} \sum_{k=0}^{k=n} k_{ik} \cdot \left(1 - \frac{U_k}{U_i}\right) \qquad (4.12\,b)$$

mit $U_0 = \varphi_0 - \varphi_0 = 0$.

Die Betriebskapazität C_{bi} des Leiters i pro Längeneinheit wird z. B. abhängig von den Produkten aus den Teilkapazitäten k_{ik} und den auf die Leiterspannung U_i bezogenen Spannungsdifferenzen $U_i - U_k$ zwischen den Leitern i und k Gl. (4.12a) oder abhängig von den auf die Leiterspannung U_i (Phasenspannung) bezogenen Spannungen zwischen den Leitern k und Erde ($U_k = \varphi_k - \varphi_0$; $\varphi_0 = 0$) — (vgl. Gl. (4.12b)). Man erkennt daraus, daß die Betriebskapazität C_{bi} nach Real- und Imaginär-Teil von den Größen und Phasenlagen der Spannung U_k bezogen auf U_i abhängt.

4.5 Drehstromleitung im Normalbetrieb

Im allgemeinen sind die Phasen- und Erdabstände der drei Phasen verschieden. Darum sind auch die Teilkapazitäten der drei Leiter unterschiedlich groß und folglich unterscheiden sich die Ladeströme der drei Phasen voneinander. In Fällen, in denen es darauf ankommt, müssen sie getrennt berechnet werden. Man kann aber auch die im folgenden gezeigte Berechnung des mittleren Ladestromes der drei Phasen durchführen, aber in den Sonderfällen der Unsymmetrie ohne Verdrillung sogenannte Unsymmetriefaktoren (nach WILIMZIG[1]) einsetzen und so die genauen Ladeströme der einzelnen Phasen erhalten. Im Netzbetrieb verdrillt man zur Vermeidung solcher Unsymmetrie die Freileitungsphasen, so daß auf einem Leitungsabschnitt jeder Phasenleiter auf gleiche Streckenlänge in jede Lage des Mastbildes kommt. Dann kann für die Gesamtstrecke der Mittelwert gesetzt werden:

$$\overline{a_{11}} = \frac{a_{11} + a_{22} + a_{33}}{3} \quad \text{und} \quad \overline{a_{12}} = \frac{a_{12} + a_{23} + a_{31}}{3}.$$

(Im späteren Text ist der Querstrich — der Einfachheit halber weggelassen; a_{11} und a_{12} bedeuten dann also schon die Mittelwerte. Wie aus der Gl. (4.6) für die Potentialkoeffizienten von Linienladungen folgt, sind demgemäß die geometrischen Mittelwerte der Abstände einzusetzen:

$$d = \sqrt[3]{d_{12} \cdot d_{23} \cdot d_{13}} \qquad h = \sqrt[3]{h_1 \cdot h_2 \cdot h_3}.$$

[1] WILIMZIG, D. A.: 334, Hochsp. Inst. T.H. Karlsruhe.

Da die Leitung in den Spannfeldern einen beachtlichen Durchhang (f) hat, muß die Aufhängehöhe h_M am Mast reduziert werden auf eine mittlere Höhe $h = h_M - 0{,}7 \cdot f$, die für die Spannweite gleiche Kapazität und den Mittelwert der Oberflächenfeldstärke ergibt. (Die Oberflächenfeldstärke schwankt aber längs der Spannweite, was für Koronaerscheinungen und ihre Folgen Bedeutung haben kann.) Somit:

$$a_{11} = \frac{1}{l} \frac{\ln (2\,h/R)}{2\,\pi\,\varepsilon^*} \quad \text{und} \quad a_{12} = \frac{1}{l} \frac{\ln \sqrt{4\,h^2/d^2 + 1}}{2\,\pi\,\varepsilon^*}. ^1$$

Berechnen wir wieder die Teilkapazitäten K_{ik} aus den Potentialkoeffizienten entsprechend Gl. (4.10), so wird für $a_{12} = a_{13} = a_{23}$ und $a_{11} = a_{22} = a_{33}$ das Potentialgleichungssystem der symmetrischen Dreiphasenleitung

$$U_1 = a_{11} \cdot Q_1 + a_{12}\,(Q_2 + Q_3) \quad \text{usw.}$$

und das Ladungsgleichungssystem ausgedrückt durch die Teilkapazitäten pro Längeneinheit (K_{ik}):

$$\frac{Q_1}{l} = U_1 \cdot K_{10} + (U_1 - U_2)\,K_{12} + (U_1 - U_3)\,K_{12} \ldots \quad \text{usw.}$$

a) Setzt man wieder zur Messung von K_{10}:

$$U_1 = U_2 = U_3 = U'$$

so wird auch
$$Q_1 = Q_2 = Q_3 = Q',$$

dann wird:
$$U' = (a_{11} + 2\,a_{12}) \cdot Q' \;^2$$

somit
$$K_{10} = \frac{k_{10}}{l} = \frac{1}{l} \frac{1}{a_{11} + 2\,a_{12}}.$$

b) Die Teilkapazität pro Längeneinheit K_{12} einer symmetrischen Drehstromleitung erhält man, indem man setzt: $U_2 = U_3 = 0$ und $U_1 = U''$ dann wird $Q_1 = U''\,(k_{10} + 2\,k_{12})$; $Q_2'' = -U''$; $k_{12} = Q_3''$ daraus.

$$K_{12} = \frac{k_{12}}{l} = K_{10} \frac{a_{12}}{a_{11} - a_{12}} = \frac{1}{l} \frac{a_{12}}{a_{11}^2 + a_{11} \cdot a_{12} - a_{12}^2}.$$

Die Probe nach Gl. (4.10): $\frac{1}{l} \cdot k_{12} = \frac{1}{l} \cdot \frac{\Delta_{12}}{\Delta}$ ergibt den gleichen Ausdruck.

Die praktischen Werte für Hochspannungsfreileitungen liegen bei $K_{10} \approx 5$ [nF/km) und $K_{12} \approx 1{,}5$ [nF/km[.

---

[1] mit $\frac{1}{2\,\pi\,\varepsilon^*} = 1{,}8 \cdot 10^7 \left[\frac{\text{km}}{\text{F}}\right]$.

[2] Das ist nicht dasselbe, als ob die Elektroden und Ladungen 2 und 3 gar nicht vorhanden wären!

$$K_{10} = \frac{k_{11}}{l} + \frac{2\,\pi\,\varepsilon^*}{\ln\left[\frac{2\,h}{R}\left(\frac{4\,h^2}{d^2} + 1\right)\right]} \quad \text{aber} \quad C_{10} = \frac{2\,\pi\,\varepsilon^*}{\ln\left(\frac{2\,h}{R}\right)}.$$

Demnach ist die Kapazität C_{10} eines Einzelleiters gegen Erde *nicht* gleich der Teilkapazität K_{10} (immer pro Längeneinheit gerechnet).

4.51 Ladeströme im Normalbetrieb des Drehstromnetzes

Eine leerlaufende Drehstromleitung nimmt einen Ladestrom auf, der durch die Teilkapazitäten K_{ik} der Phasenleiter untereinander, die Teilkapazitäten K_{ii} der Leiter gegen Erde und die daran liegenden Spannungen U_{ki} gegeben ist. Sind φ_i die Potentiale der Leiter (i), φ_0 das Potential der Erde (0), so werden die Spannungen $\varphi_i - \varphi_0 = U_{0i} = - U_{i0}$ zwischen Erde (0) und Leiter (i) im Drehstromnetz die Phasenspannungen $(U_{ph\,i})$ genannt. Die Potentialdifferenz zwischen zwei Leitern i und k wird $\varphi_i - \varphi_k = U_{ki} = - U_{ik}$, (im Drehstromnetz: Verkettete Spannung).

Es ist also zu beachten, daß ein Vertauschen der Indices bei den Spannungen eine Vorzeichenumkehr bedeutet. Bei den stets positiven Teilkapazitäten K_{ik} können die Indices dagegen ohne Vorzeichenwechsel vertauscht werden.

In einem beliebigen System werden die auf die Längeneinheit bezogenen Ladeströme J_{ci} aus den Ladungen pro Längeneinheit durch Differentiation nach der Zeit erhalten:

$$||J_{ci}|| = \frac{1}{l} \cdot \frac{d}{dt} ||Q_i|| = \frac{d}{dt} ||K_{ik} \cdot U_{ki}|| .$$

Für zeitlich sinusförmig mit der Kreisfrequenz ω sich ändernde Potentiale φ_i und damit Spannungen U_{ki} und Ladungen wird:

$$||\dot{J}_{ci}|| = j\omega ||K_{ik} \cdot \dot{U}_{ki}|| \quad \text{worin } \dot{U}_{0i} - \dot{U}_{0k} = \dot{U}_{ki} \text{ ist und } \dot{U}_{0i} = \dot{U}_{ii} \tag{4.13}$$

gesetzt werden kann. Es ist für die Vorzeichen wichtig, die Vertauschung der Indices in Gl. (4.13) zu beachten.

4.52 Die Dreiphasenleitung im Normalbetrieb

Die Ladeströme der drei Phasen ergeben sich nach Gl. (4.13) ganz allgemein zu:

$$\left.\begin{aligned} \dot{J}_{c1} &= j\,\omega \{K_{11} \cdot \dot{U}_{11} + K_{12} \cdot \dot{U}_{21} + K_{13} \cdot \dot{U}_{31}\} \\ \dot{J}_{c2} &= j\,\omega \{K_{21} \cdot \dot{U}_{12} + K_{22} \cdot \dot{U}_{22} + K_{23} \cdot \dot{U}_{32}\} \\ \dot{J}_{c3} &= j\,\omega \{K_{31} \cdot \dot{U}_{13} + K_{32} \cdot \dot{U}_{23} + K_{33} \cdot \dot{U}_{33}\} \end{aligned}\right\} \tag{4.14}$$

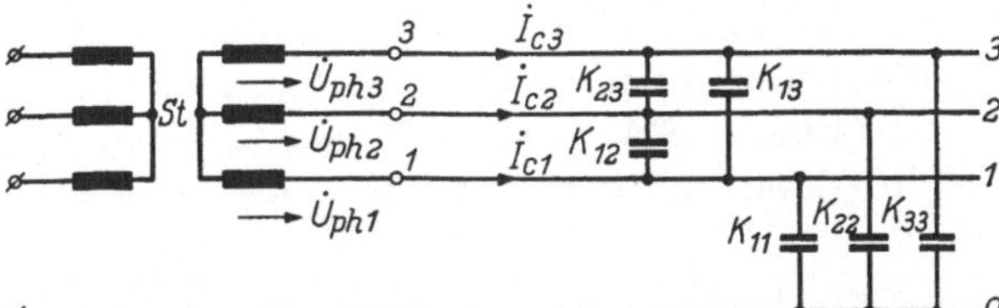

Abb. 4.40. Ersatzschaltbild für den Ladestrom der Drehstromleitung

und setzen sich aus je drei Komponenten zusammen (Abb. 4.40, 4.41). Für den Fall einer symmetrischen Freileitung (verdrillt) werden:

$$K_{11} = K_{22} = K_{33} = K_{10} \qquad \text{und} \qquad K_{12} = K_{23} = K_{31} = K_{12}$$

und damit der Ladestrom in der Phase 1 z. B.:

$$\dot{J}_{c1} = j\omega\{K_{10} \cdot \dot{U}_{11} + K_{12}(\dot{U}_{21} + \dot{U}_{31})\}.$$

Für einen symmetrischen Spannungsstern ergibt die Vektoraddition nach Abb. 4.41:

$$\dot{U}_{21} + \dot{U}_{31} = 3 \cdot \dot{U}_{01} = 3 \cdot \dot{U}_{ph1}.$$

Da ferner $\dot{U}_{11} = \dot{U}_{01}$ bezeichnet wird und $\dot{U}_{01} = \dot{U}_{ph1}$ gleich der Phasenspannung ist, gilt:

$$\dot{J}_c = j\omega\,\dot{U}_{ph}(K_{10} + 3\,K_{12}) = j\omega \cdot \dot{U}_{ph} \cdot C_b. \quad (4.15)$$

Da bei symmetrischem Spannungsstern und gleichen Teilkapazitäten K_{ik} bzw. K_{ii} die Ströme J_{ci} in jeder Phase in bezug auf die zugehörige Phasenspannung $\dot{U}_{phi}$ gleich sind, kann Gl. (4.15) ohne Indices (1,2 und 3) angegeben werden. Man definiert also die kilometrische Betriebskapazität einer Phase aus Gl. (4.15) zu:

$$C_b = K_{10} + 3 \cdot K_{12}. \quad (4.16)$$

Der Ladestrom nach Gl. (4.15) einer Phase eilt der betreffenden Phasenspannung um $\pi/2$ vor (wenn Spannungs- und Kapazitäts-Symmetrie gegeben ist.) C_b kann somit als kilometrische „Betriebskapazität" bezeichnet werden. Praktisch ist für Freileitungen:

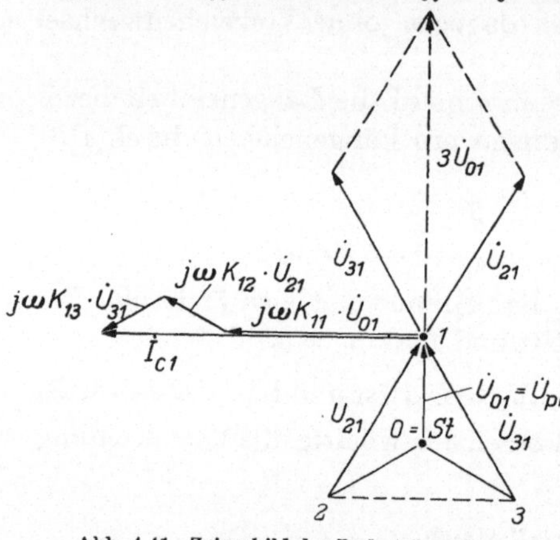

Abb. 4.41. Zeigerbild der Ladeströme der Drehstromleitung

$$C_b \approx (7\cdots 8{,}5\cdots 10)\cdot 10^{-3} \quad [\mu\mathrm{F/km}]$$

und für 50 Hz

$$\frac{J_c}{U_{12}} \approx (1{,}3\cdots 1{,}8)\cdot 10^{-3} \quad \left[\frac{\mathrm{A}}{\mathrm{km,\,kV}}\right].$$

Da mit wachsender Spannung auch die Phasenabstände größer sind, wegen der größeren übertragenen Leistung aber auch der Leiterradius, bleiben C_b und (J_c/U_{12}) für Freileitungen aller Betriebsspannungen in engen Grenzen.

Setzt man die Leitungsabmessungen in Form der Potentialkoeffizienten a_{ik} (s. Gl. (4.6a) S. 83) über die Teilkapazitäten vgl. (Gl. (4.10) S. 81 u. S. 86) in Gl. (4.12) ein, so wird für eine symmetrische Drehstromleitung:

$$C_b = \frac{1}{l}\left(\frac{1}{a_{11} - a_{12}}\right) = \frac{2\pi\varepsilon^*}{\ln\frac{2h}{R} - \ln\frac{d'}{d}} = \frac{2\pi\varepsilon^*}{\ln\frac{2h\cdot d}{R\cdot d'}}$$

$$C_b = \frac{1}{1{,}8\cdot 10^7\cdot\ln\frac{2h\cdot d}{R\cdot d'}} \quad \left[\frac{\mathrm{F}}{\mathrm{km}}\right].$$

(Für die Maschinenrechnung wird d' durch h und d ausgedrückt:

$$\frac{d'}{d} = \sqrt{\frac{4\,h^2}{d^2} + 1}$$

mit $h = h_M - 0{,}7 \cdot f$ = mittlerer Erdabstand (h_M = Aufhängehöhe)
f = Durchhang
d = mittlerer Phasenabstand [m]
$d' = \sqrt{4\,h^2 + d^2}$ mittlerer Abstand vom Spiegelbild der Nachbarleiter [m],
R = Leiterradius (bei Bündelleitern, Ersatzradius R_0).

Wenn am Mastkopf ein geerdetes Schutzseil angebracht ist, so wird die Erd-Teilkapazität merklich vergrößert, die Betriebskapazität um etwa +10···15%. Bei Doppelleitungen wird das Feld durch das zweite Drehstromsystem etwas verändert. Die Betriebskapazität je System verringert sich um etwa 1,5···5%, wenn beide Systeme mit gleicher Spannung synchron betrieben werden. Der Einfluß der Maste, durch die die Elektrode des Erdpotentials streckenweise den Phasenseilen genähert wird, bringt eine Vergrößerung der durchschnittlichen Betriebskapazität um etwa 5···3%.

Kabel haben wegen der höheren Dielektrizitätskonstante ihrer Isolation und des geringeren Leiterabstandes etwa 20···40mal größere Betriebskapazitäten und Ladeströme als Freileitungen:

$$\frac{J_c}{U_{12}} \approx (40\cdots60) \cdot 10^{-3} \quad \left[\frac{\mathrm{A}}{\mathrm{km, kV}}\right].$$

Je nach Bauart des Kabels weichen hier die Werte stärker voneinander ab.

(Im Anhang B sind die zur Kapazitätsberechnung von Leitungen nützlichen Formeln und Kurven zusammengestellt.)

4.6 Kapazitive Unsymmetrie, Erdschluß im Drehstromnetz

Sind die Teilkapazitäten der drei Phasen nicht mehr gleich, so verliert die im vorigen Abschnitt definierte Betriebskapazität ihren Sinn. Eine Kapazitätsunsymmetrie bedeutet bei symmetrischen Spannungen eine Änderung der Verteilung der Ladungen bzw. der Ladeströme. Mit Hilfe der Teilkapazitäten kann man auch solche Fälle behandeln, ohne auf das Feldbild zurückgehen zu müssen.

Ein wichtiger Unsymmetriefall ist, daß eine Teil-Kapazität unendlich groß wird, z. B. daß eine Phase unmittelbare, leitende Verbindung mit Erde erhält, ohne daß ein anderer Punkt des Netzes geerdet ist. Dieser als „Erdschluß im Netz mit isoliertem Sternpunkt" bezeichnete Betriebsfehler ist die häufigste Störungsart bei Freileitungen (Abb. 4.42).

4.61 Der Erdschluß. Im Falle des Erdschlusses in der Phase 1 (vgl. Abb. 4.42) wird die Spannung zwischen Phase 1 und Erde zu Null,

$\dot{U}_{11} = 0$; der Sternpunkt (St) ist nun nicht mehr auf gleichem Potential wie die Erde (0), vielmehr wird ($\dot{U}_{St} = \dot{U}_{ph1}$) der Sternpunkt die Phasenspannung U_{ph1} gegen Erde annehmen (Abb. 4.43).

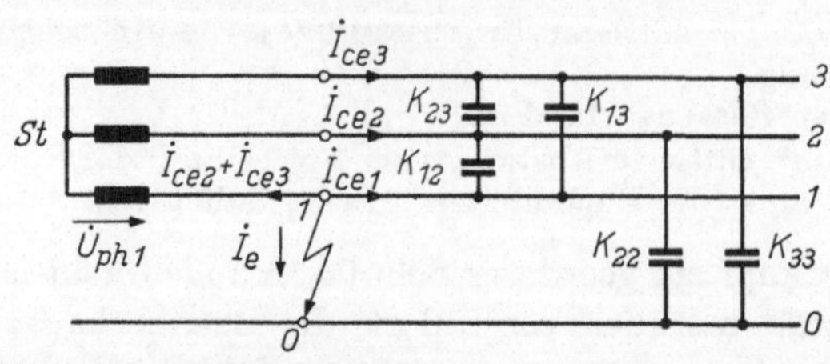

Abb. 4.42. Erdschluß im Drehstromnetz mit isoliertem Sternpunkt

Die Spannungen, die nun in Gl. (4.14) einzusetzen sind, werden im Erdschlußfall (mit $\dot{U}_{ii} = \dot{U}_{0i}$):

$$\dot{U}_{11} = \dot{U}_{01} = 0; \quad \dot{U}_{22} = \dot{U}_{02} = \dot{U}_{12}$$

$$\dot{U}_{33} = \dot{U}_{03} = \dot{U}_{13} \quad \text{und} \quad \dot{U}_{23} = -\dot{U}_{32}.$$

Damit werden die Ladeströme nach Gl. (4.14) in den einzelnen Phasen:

$$\left.\begin{aligned} \dot{J}_{ce1} &= j\omega\{K_{11}\cdot 0 + K_{12}\cdot\dot{U}_{21} + K_{13}\cdot\dot{U}_{31}\} \\ \dot{J}_{ce2} &= j\omega\{K_{12}\cdot\dot{U}_{12} + K_{22}\cdot\dot{U}_{12} + K_{23}\cdot\dot{U}_{32}\} \\ \dot{J}_{ce3} &= j\omega\{K_{31}\cdot\dot{U}_{13} + K_{32}\cdot\dot{U}_{23} + K_{33}\cdot\dot{U}_{13}\}. \end{aligned}\right\} \tag{4.17}$$

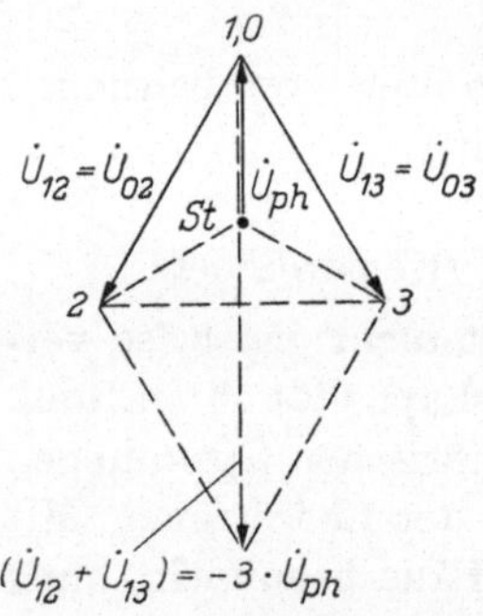

Abb. 4.43. Potentialverlagerung im Erdschlußfall

Im Punkt 1 wird die Summe aller Ströme gleich Null und daraus der Erdschlußstrom $J_e = -\sum J_{ce}$ berechnet, wenn die längs verteilten Teilkapazitäten des Netzes konzentriert als Kondensatoren angesetzt werden.

Mit $K_{11} = K_{22} = K_{33} = K_{10}$ und $K_{12} = K_{13} = K_{23} = K_{12}$ wird die negative Summe der Ladeströme gleich dem Erdschlußstrom:

$$\dot{J}_e = -\Sigma\dot{J}_{ce} = -j\omega\cdot K_{10}\cdot(\dot{U}_{12} + \dot{U}_{13}).$$

Alle Glieder, die die Teilkapazitäten zwischen den Phasen enthalten, heben sich gegenseitig auf. Der Erdschlußstrom wird nur durch die Erdteilkapazitäten bestimmt. Aus Abb. 4.43 (oder aus der Rechnung) ergibt sich, daß

$$(\dot{U}_{12} + \dot{U}_{13}) = -3\cdot\dot{U}_{ph1}$$

ist. Damit wird der Erdschlußstrom pro Kilometer:

$$\dot{J}_e = j\omega\cdot 3\cdot K_{10}\cdot U_{ph} = j\omega\cdot C_e\cdot U_{ph}. \tag{4.18}$$

Die kilometrische Erdschlußkapazität ist:

$$C_e = 3 \cdot K_{10}. \tag{4.19}$$

(Wohl zu unterscheiden von den Erd-Teilkapazitäten!)

Die Phasenlagen der Phasenströme im Erdschlußfall:

Aus Gl. (4.17) kann sofort die Konstruktionsvorschrift für die einzelnen Phasenströme im Falle des Erdschlusses hergeleitet werden. $\dot{J}_{ce1}$ steht bei gleichen Teilkapazitäten und symmetrischem Spannungsstern senkrecht auf $\dot{U}_{ph1}$; $\dot{J}_{ce2}$ und $\dot{J}_{ce3}$ werden entsprechend konstruiert und müssen dann zusammen mit $\dot{J}_{ce1}$ und dem Erdschlußstrom $\dot{J}_e$ Null ergeben. Der Erdschlußstrom steht senkrecht auf der Phasenspannung des Transformators und fließt in der Erdschlußstelle (Abb. 4.44).

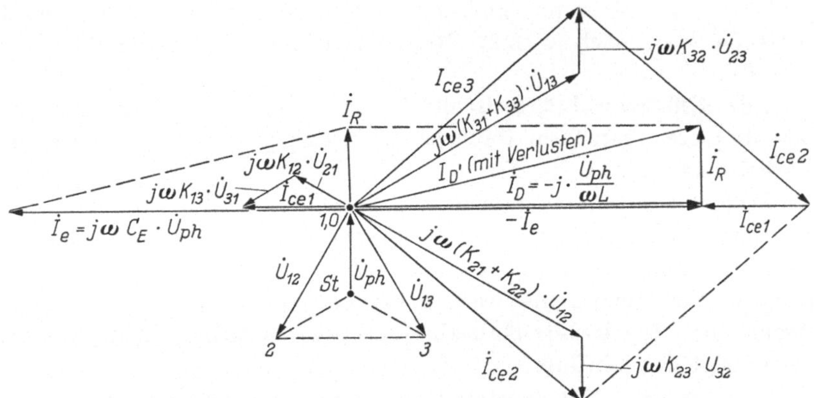

Abb. 4.44. Strom- und Spannungsvektoren der Phase 1 bei Erdschlußlöschung

Die bei Freileitungen auftretenden Erdschlußwerte sind etwa:

$$C_e = (12\cdots13)\cdot 10^{-9}\ \left[\frac{\mathrm{F}}{\mathrm{km}}\right];\quad \frac{J_e}{U_{12}} = (2{,}2\cdots3)\cdot 10^{-3}\left[\frac{\mathrm{A}}{\mathrm{km, kV}}\right]\ \text{bei 50 Hz,}$$

also z. B. bei 100 km, 110 kV-Leitung, etwa 30 A Erdschlußstrom.

Da $K_{12} \approx \frac{1}{3} K_{10}$, wird etwa: $C_e \approx \frac{3}{2} C_b$. Der Erdschlußstrom ist etwa 1,5 mal Normalladestrom. Bei Vorhandensein eines Erdseiles erhöhen sich die Werte um 10···12%.

Bei Kabeln hängen die wesentlich höheren Erdschlußströme von der Bauart ab. Richtwerte sind etwa:

a) Drehstrom-Gürtelkabel:

6···15 kV Betriebsspannung:					
$q =$	25	50	95	150	240 [mm²] Cu
$C_e =$	0,33	0,39	0,50	0,61	$0{,}61 \cdot 10^{-6}$ [F/km]

somit etwa (20···40) mal so groß wie bei Freileitungen.

b) Dreimantelkabel (hier existieren nur die Teilkapazitäten K_{10}; also ist: $C_b = K_{10} = \frac{1}{3} C_e$).

6⋯15 kV Betriebsspannung	$q =$ 25	50	95	150	240 [mm²] Cu
(Höchstädterkabel)	$C_e =$ 0,62	0,78	1,00	1,12	$1{,}40 \cdot 10^{-6}$ [F/km]
50 kV (Einleiterkabel)	$C_e =$ —	—	0,63	0,73	$0{,}86 \cdot 10^{-6}$ [F/km]
110 kV (Hohlleiter)	$2R =$ 15	22	30 [mm]		
	$C_e =$ 0,5	0,65	$0{,}8 \cdot 10^{-6}$ [F/km]		

etwa 60 mal so groß wie bei Freileitungen.

Die Wirkung des Erdschlusses ist außer der Potentialverlagerung und der Unsymmetriebelastung noch eine Erhöhung der verketteten Spannungen infolge des gesteigerten kapazitiven Stromes und eine mögliche Verzerrung der Spannungskurvenform, sofern in ihr höhere Harmonische bestehen (vgl. auch § 13.2) (Resonanzgefahr, intermittierender Erdschluß).

4.62 Erdkurzschluß, Erdschlußlöschung. Wenn der Sternpunkt eines oder mehrerer Transformatoren betriebsmäßig geerdet ist, liegen andere Verhältnisse vor.

Bei fester Erdung des Sternpunktes bedeutet die Erdverbindung einer Netzphase einen kurzschlußartigen Vorgang, „Erdkurzschluß", bei dem ein Strom auftritt, der von der Leistung der speisenden Generatoren abhängt und ein Mehrfaches des Nennstromes und erst recht des Netzladestromes ist. Die Erd-Teilkapazitäten haben nurmehr einen ganz vernachlässigbaren Einfluß.

Liegt zwischen Netzsternpunkt und Erde eine Impedanz, so wird der Kurzschlußstrom beliebig begrenzt. Besonders interessant ist die Erdung über eine Drosselspule (Abb. 4.45). Sobald infolge eines Netzerdschlusses zwischen Erde und Sternpunkt, d. h. an dieser Drosselspule eine Spannung auftritt, führt sie einen Strom:

$$\dot{J}_D = -j \cdot \frac{\dot{U}_{ph}}{\omega \cdot L}.$$

Er schließt sich über die Erdschlußstelle. (Abb. 4.45 b.)

Man kann den um 90° gegenüber der Phasenspannung des Transformators voreilenden Erdschlußstrom ($\dot{J}_e$) dadurch in der Erdschlußstelle aufheben, daß man an die gleiche Spannung $\dot{U}_{ph}$ zwischen Sternpunkt und Erde parallel zur Erdschlußkapazität eine Induktivität, eine sogenannte Erdschlußlöschdrossel oder PETERSENspule L, anlegt (Abb. 4.45) Bei Resonanz mit der Netzfrequenz ω wird der speisende Strom durch die Erdschlusstelle

$$\dot{J}_e - \dot{J}_D = 0. \tag{4.20 a}$$

Ist die Abgleichbedingung

$$j\omega\,\dot{U}_{ph}\cdot(1/\omega L-\omega\cdot l\cdot C_e)=0 \tag{4.20b}$$

erfüllt, so wird der Reststrom (Abb. 4.44) im Erdschlußlichtbogen fast Null (siehe unten) und der Lichtbogen erlöscht. Für die jeweilige Leitungslänge l kann die Induktivität

$$L_0=\frac{1}{\omega^2\cdot C_e\cdot l}, \tag{4.21}$$

die zur Löschung notwendig ist, berechnet werden. Diese Resonanzabstimmung ist nur für 50 Hz gültig[1].

Trotz der Spannungsverlagerung ist die Fehlerstelle stromfrei; es können dort keine Gefährdungen und Schäden auftreten und, falls der Erdschluß über einen Lichtbogen brannte, kann dieser erlöschen. Un-

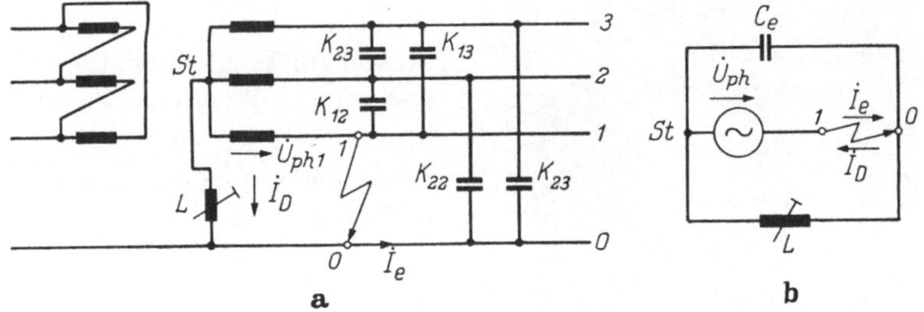

Abb. 4.45. Erdschlußlöschung durch induktive Sternpunkterdung

behindert durch die Potentialverlagerung kann der Belastungsbetrieb des Netzes ohne Unterbrechung weitergeführt werden, bis durch Umschaltung die Fehlerstelle freigemacht worden ist. Das bedeutet einen sehr wichtigen Gewinn an Gesichertheit der Stromlieferung[2].

Die Löschdrossel bleibt dauernd fest am Sternpunkt angeschlossen, führt aber nur während des Erdschlusses Strom. Da sie eine stromunabhängige Induktivität haben soll, muß sie mit Luftspalt gebaut sein (Abb. 4.46). Sie muß auf die Länge des zu kompensierenden Leitungsnetzes abgestimmt werden, was mittels Wickelungsanzapfung oder mit regelbarem Luftspalt geschieht. Weil die Drossel und auch der übrige Stromweg nicht verlustfrei sind und die Erdschlußstelle z. B. einen Lichtbogenwiderstand einschließen kann, bleibt ein Rest-Wirkstrom unkompensiert. Die Differenz der beiden Ströme $\dot{J}_D-\dot{J}_e=\dot{J}_R$ wird nicht mehr Null. Es bleibt ein sogenannter Reststrom J_R (vgl. Abb. 4.44). Ebenso kann die für die Grundfrequenz in Resonanz abgestimmte Drossel Oberwellen im Erdschlußstrom nicht löschen. Man muß damit rechnen,

[1] Lit.: PETERSEN: Erdschlußstrom in Hochspannungsnetzen. ETZ (1916) 513.

[2] Etwaige Störbeeinflussungen von Fernmeldeleitungen u. a. durch den in Erde fließenden Löschspulenstrom müssen kontrolliert werden. Durch Aufteilung der Lösch-Reaktanz auf mehrere Transformatoren und Stationen können sie klein gehalten werden.

daß deshalb 5···15% des Erdschlußstromes ungelöscht bleiben. Das begrenzt die Anwendbarkeit dieser induktiven Erdschlußlöschung auf Netze nicht allzu großer Ausdehnung und nicht zu hoher Spannung, damit der über einen freien Erdschlußlichtbogen fließende Strom klein genug ist, um eine Selbstlöschung noch zu ermöglichen. (Reststrom etwa < 50 A bei 110 kV, d. h. $l_{max} \approx$ 1500···2500 km.)

Abb. 4.46. Eisengestell einer regelbaren Erdschluß-Löschdrossel ($132/\sqrt{2}$ kV, 5410 kVA, 75···25 A während 2 Std.) BBC
(Die radiale Blechung der Säulenstempel gestattet einen Einzel-Luftspalt beliebig groß und veränderbar im Eisenweg anzuordnen, so daß die Spulenimpedanz stetig regelbar wird)

Schließlich ist zu beachten, daß das Netz für die verkettete Spannung, die Transformatoren-Sternpunkte für die Phasenspannung isoliert sein müssen, wenn man im Erdschluß fahren will. Der Netzsternpunkt muß möglichst widerstandsfrei zum Anschluß der Löschdrossel zur Verfügung stehen. (⅄-geschaltete Wicklung des Transformators mit △-geschalteter Primär- oder mit besonderer Tertiärwicklung [△⅄ oder ⅄⅄△], oder besonderer Nullpunktstransformator.)[1]

4.7 Allgemeine Netzunsymmetrie. Nullpunktsverlagerung

Der Erdschluß im Drehstromnetz kann als eine Überlagerung zweier voneinander unabhängig bestehender Spannungs- und Belastungszustände behandelt werden: Da die verketteten Spannungen im Einspeisepunkt nicht betroffen werden, bleiben auch die von ihnen hervorgerufenen Ströme, die normalen Betriebs-Ladeströme ($\dot{J}_c$) und die Belastungsströme unverändert. Um nun im Erdschlußort das Potential der betroffenen Phase an Erde zu legen, muß hier zwischen Erde (O) und dem Potentialmittelpunkt der Drehspannungen (St) eine einphasige „Null"-Spannung eingeprägt werden, so daß: $\dot{U}_{St} - U_{ph1} = 0$, d. h. der Mittelpunkt auf die normale Erdspannung der jetzt erd-

[1] Lit.: GASTEL, V.: Erdschlußschutz durch Löschspulen. BBC-Mitt. 43/190; Einstellung der Erdschlußlöschspule, BBC-Mitt. (1947) 116; KÖNIGSHOFER: Nullpunktverlagerung bei kapazitiver Unsymmetrie und Erdschluß. Bull. SEV, 1951/142.

geschlossenen Phase gehoben wird. Alle drei Phasenleiter stehen unter dieser Nullspannung und sind für sie über die Transformatorwicklungen parallel geschaltet. In den Kapazitäten K_{10}, K_{20} und K_{30} fließen Nullströme ($\dot{J}^0$). So entstehen die beiden voneinander unabhängigen Schal-

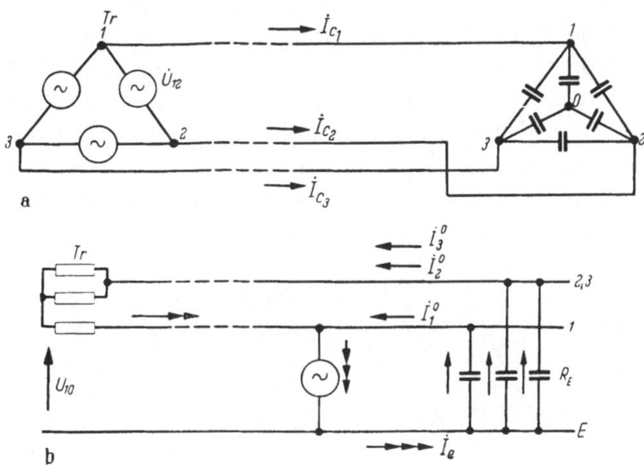

Abb. 4.47. Zerlegung der unsymmetrischen Dreiphasen-Schaltung in symmetrischen (a) und Null-System-Kreis (b)

tungen (Abb. 4.47). Die drei Ströme $\dot{J}^0$ sind untereinander in Phase und bei gleichen $K_{11} = K_{22} = K_{33} = K_{10}$ gleich groß:

$$\dot{J}^0 = j\omega\, \dot{U}_{St} \cdot K_{10}; \quad \sum \dot{J}^0 = j\omega\, \dot{U}_{St} \cdot 3\, K_{10} = \dot{J}_e \tag{4.15}$$

Bei induktiver Erdschlußlöschung hat das Nullsystem die in Abb. 4.48 dargestellte Schaltung, wobei der „Null"generator infolge der Resonanzschaltung unbelastet ist.

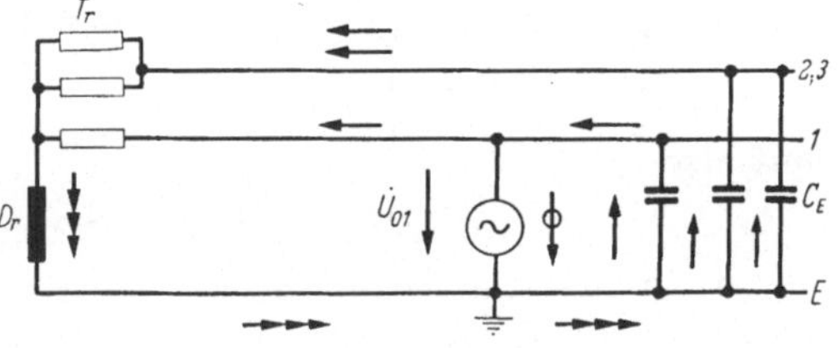

Abb. 4.48. Nullsystem-Kreis bei Erdschluß mit induktiver Löschung

Die Schaltbilder des Nullkreises lassen erkennen, welche Streuflüsse im Drehstromtransformator erzwungen werden und welche Streureaktanz wirksam wird. Bei ungeerdetem Sternpunkt bleibt es die normale Drehstrom-Streureaktanz; bei Sternpunktserdung würden die vollen, von den drei Nullströmen gleichphasig erregten Flüsse auftreten, wenn nicht eine in Dreieck geschaltete Wicklung den Weg für Gegenströme freigeben würde.

Diese Aufteilung des Drehstromsystems in ein symmetrisches und ein Nullsystem ermöglicht auch, andere, infolge einer Nullpunktsverlagerung auftretende Unsymmetrien zu behandeln. Wenn z. B. bei einem Leitungserdschluß an der Fehlerstelle ein Lichtbogenwiderstand (R_{Lb}) eingeschaltet bleibt, so wird die Spannung des Nullsystems:

$$\dot{U}_{St} = -\dot{U}_{ph} + \dot{J}_e \cdot R_{Lb} \,. \tag{4.23}$$

Die betroffene Phase behält das Potential: $\dot{J}_e\, R_{Lb}$ gegen Erde. Der Potentialpunkt O muß, je nach der Größe des Widerstandes R_{Lb} gegenüber dem kapazitiven Widerstand $1/3\,\omega\, K_{10}$, auf einem Kreisbogen um (EA) liegen; der Erdschlußstrom erhält eine Wirkkomponente bezogen auf die Phasenspannung $\dot{U}_{ph1}$ (Abb. 4.49).

Die Nullpunktsverschiebung gegenüber dem Erdpotential entsteht, wenn die drei Erdteilkapazitäten ungleich sind. Bei unverdrillten Freileitungen ist dies gewöhnlich der Fall: $k_{1E} \neq k_{2E} \neq k_{3E}$. (Sonstwie ungleiche Belastungen gegen Erde wirken ebenso.) Aus der KIRCHHOFFschen Regel ergibt sich für die drei kapazitiven Erdströme:

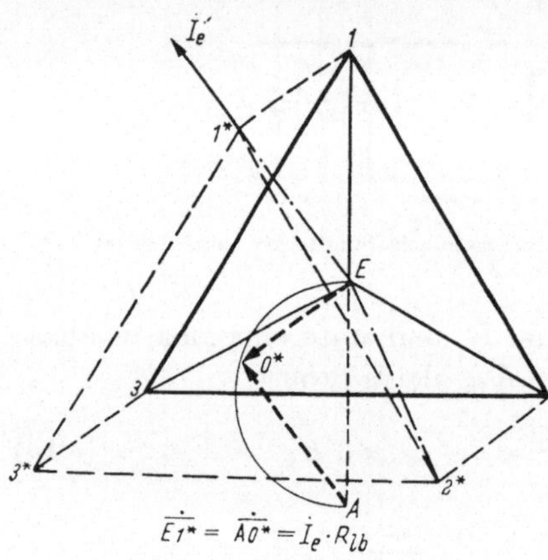

Abb. 4.49. Lichtbogenerdschluß

$$O = \dot{U}_{01} K_{11} + \dot{U}_{02} K_{22} + \dot{U}_{03} K_{33} \,. \tag{4.24}$$

Setzt man:

$$K_{11} = K_m + \Delta K_1 \,,$$
$$K_{22} = K_m + \Delta K_2 \,,$$
$$K_{33} = K_m + \Delta K_3 \,,$$

wobei der Mittelwert der Erdteilkapazitäten:

$$K_m = \frac{K_{11} + K_{22} + K_{33}}{3}$$

somit also:

$$\Delta K_1 + \Delta K_2 + \Delta K_3 = 0$$

und zerlegt man die Spannungen:

$$\dot{U}_{01} = \dot{U}_{ph1} + \dot{U}_{St} \,, \quad \dot{U}_{02} = \dot{U}_{ph2} + U_{St} \,, \quad \dot{U}_{03} = \dot{U}_{ph3} = \dot{U}_{St} \,,$$

so wird mit Gl. (4.24) die Nullpunktsverlagerung:

$$\dot{U}_{St} = -\frac{1}{3}\left(\dot{U}_{ph1}\frac{\Delta K_1}{K_m} + \dot{U}_{ph2}\frac{\Delta K_2}{K_m} + \dot{U}_{ph3}\frac{\Delta K_3}{K_m}\right).$$

In symmetrischen Komponenten angeschrieben ist:

$$\dot{U}_{ph2} = a^2 \cdot \dot{U}_{ph1} \,, \quad \dot{U}_{ph3} = a \cdot \dot{U}_{ph1} \,,$$

mit:

$$a = e^{+j\frac{2\pi}{3}} = -\frac{1}{2} + j\frac{\sqrt{3}}{2} \quad \text{und} \quad a^2 = e^{-j\frac{2\pi}{3}} = -\frac{1}{2} - j\frac{\sqrt{3}}{2} \,,$$

also

$$\dot{U}_{St} = -\frac{\dot{U}_{ph\,1}}{K_m}\left[\frac{\Delta K_1}{2} - \frac{j}{\sqrt{3}}\left(\frac{\Delta K_1}{2} + \Delta K_2\right)\right]. \quad (4.25)$$

4.8 Einige Zusätze

Feldstärke und Ladestrom. Es ist manchmal bequem, zur Rechnung der Oberflächenfeldstärke eines Leiters (E_R) einen einfachen Zusammenhang zu benützen, der mit dem Ladestrom (J_c) besteht.

Die Feldstärke ist z. B. bei zwei parallelen Leitern:

$$E_R = \frac{U}{R \ln (d/R)},$$

die Kapazität je Längeneinheit:

$$C_{00} = \frac{2\pi\varepsilon^*}{2 \ln (d/R)}$$

und der Ladestrom:

$$J_c = U_p \cdot C_{00} \cdot \mathrm{j} \cdot \omega .$$

Somit gilt:

$$E_R = \frac{J_c}{2\pi\varepsilon^* \cdot j \cdot \omega \cdot R} \quad (4.26)$$

$$\frac{E_R}{\text{kV/cm}} = \frac{J_c}{\text{A/km}} \cdot \frac{18 \cdot 10^3}{R \cdot j \cdot \omega} \frac{\text{cm}}{\text{s}}. \quad (4.26\text{a}).$$

Der Leiter, z. B. einer zweipoligen Freileitung ist auch dem einseitigen Erdfeld ausgesetzt. Darum ist die Feldstärke auf dem Umfang des Leiters tatsächlich nicht konstant. Da immer der Leiterradius R klein gegenüber den Phasen- und Erdabständen (d bzw. h) ist, gilt:

$$E_R = E_{R\,mittel}\left[1 + \frac{R}{h}\sin\alpha + \frac{2R}{d}\cos\alpha\right], \quad (4.27)$$

(wenn α der von der Leiterachse aus gegen die Lotrechte gemessene Winkel ist). Die Schwankung rund um den Leiter ist z. B. für $R = 2$ cm, $d = 500$ cm, $h = 900$ cm: nur $\pm$ 0,82%, was praktisch vernachlässigt werden kann.

§ 5. Hochspannungserzeugung, insbesondere im Laboratorium und im Prüffeld

5.1 Formen der Hochspannung

Da bei Hochspannungen unterschiedlicher Art und Form recht verschiedene Erscheinungen auftreten, benötigt man zur Nachbildung der Vorgänge: hohe Wechselspannungen mit üblicher Netzfrequenz, solche mit Hochfrequenz, Gleichspannungen beider Polaritäten und schließlich Stoßspannungen, die in extrem kurzer Zeit von Null ansteigend einen Scheitelwert erreichen und dann wieder abklingen oder ebenso schnell wie entstanden zusammenbrechen (Abb. 5.1 und 5.2). Die Stirnzeiten sind hierbei z. B. 1 μsec oder weniger, die Rückenzeiten 30···50 μsec. Die Anstiegsteilheit wird sehr groß, z. B. bei einer Stoßwelle von 500 kV Scheitelwert: $5 \cdot 10^{11}$ V/s.[1]

Für Hochspannungsuntersuchungen ist als höchste Spannung erforderlich: für Materialuntersuchungen $U_{eff} = 10\cdots50$ kV, für Versuche an betriebsmäßigen Konstruktionen $U_{eff} = 300\cdots2000$ kV. Die Spannung muß möglichst feinstufig regelbar sein, um unstete Veränderungen zu unterdrücken, die störende Folgen auslösen würden. Die Spannung muß unbeeinflußt von Rückwirkungen des Untersuchungsobjektes eingestellt werden können.

Für die zeitliche Form der Hochspannung gilt: Wechselspannung möglichst rein sinusförmig; Gleichspannung ohne Welligkeit; Stoßspannung mit den verlangten Steilheiten. (Bei Wechselspannung ist

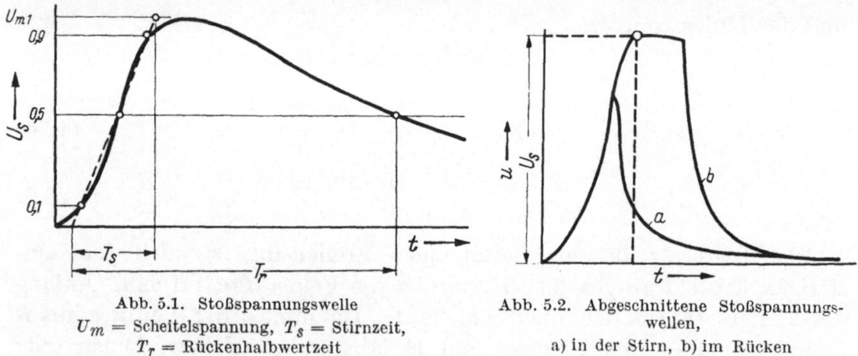

Abb. 5.1. Stoßspannungswelle
U_m = Scheitelspannung, T_s = Stirnzeit, T_r = Rückenhalbwertzeit

Abb. 5.2. Abgeschnittene Stoßspannungswellen, a) in der Stirn, b) im Rücken

meist der Höchstwert der Spannungskurve ausschlaggebend; wenn der Effektivwert eingestellt und gemessen wird, muß der Formfaktor der Spannungskurve bekannt sein.)

Die Leistungsfähigkeit der Hochspannungsquelle wird im Laboratorium zur Aufwandersparnis gering gewählt. Ihre Erwärmungsbegrenzung spielt kaum eine Rolle. Dagegen kann durch den Spannungsabfall ein Einfluß des Prüfobjekts auf Höhe und Kurvenform der Spannung

[1] Die Bestimmungselemente einer Stoßspannungswelle müssen konventionell definiert werden, da der Anfang der Welle meist nicht voll aufgenommen werden kann. Die Definitionen sind in verschiedenen Ländern verschieden. VDE legt in 0450 z. B. fest: Die Stirnzeit T_s ist der Abszissenabstand der Schnittpunkte einer durch die Stoßspannungskurve bei 0,1 und bei $0{,}9 \times U_m$ gezogenen Geraden mit der Abszissenachse und mit der Parallelen in der Höhe $1 \times U_m$. Es wird also: $T_s = 1{,}25 \cdot (t_{0,9} - t_{0,1})$. Die Rückenhalbwertszeit wird von der gleichen Anfangszeit ($t_{0,1}$) gemessen bis zur Abszisse, wo die Spannungskurve $0{,}5 \cdot U_m$ unterschreitet. Die „50%-Überschlag-Stoßspannung" ist der Scheitelwert U_m des Spannungsstoßes, bei dessen wiederholtem Anlegen etwa die Hälfte aller Stöße zum Überschlag am Prüfling führt.

eintreten. Er darf darum nicht zu groß sein, soll aber immerhin im Falle eines Durchschlags am Prüfling den Kurzschlußstrom so begrenzen, daß keine Zerstörung, insbesondere kein Schaden an der Prüfeinrichtung selbst auftritt. Der Strom wird gewöhnlich durch einen Schutzwiderstand beschränkt. Der Prüfling stellt fast immer eine kapazitive Belastung dar. Die Kapazität C_P ist z. B. bei

Hänge- und Stützisolatoren	einige pF
Durchführungen	100···250 pF
Meßwandlern	200···400 pF
Leistungstransformatoren $<$ 1000 kVA etwa	1000 pF
Leistungstransformatoren $>$ 1000 kVA	1000···4000 pF
Kabel	250···300 pF/m

Die Nennleistung der Prüfeinrichtung soll ein Mehrfaches der Ladeleistung des Prüflings sein, also bei Wechselspannung:

$$N_{P_{\sim}} = 2 \cdot \pi \cdot f \cdot C_P \cdot U^2 \cdot k\,, \qquad \text{mit } k \approx 5\cdots10 \tag{5.1}$$

z. B. bei 100 kV und 500 pF, $N_{P_{\sim}} \geq 5\cdots10$ kVA.

Die Leistung wird der Prüfeinrichtung meist nur kurzzeitig, wenige Minuten lang abverlangt. Nur bei Kabelprüfungen und bei Langzeitversuchen für wissenschaftliche Zwecke kommt Dauerbelastung vor. Nur für Prüflinge mit relativ hohen dielektrischen Verlusten wird Wirkleistung verbraucht. Dies ist für die Bemessung der primären Leistungsquelle beachtenswert. Bei Gleichspannung hängt die Zeitdauer der Aufladung bis auf die Prüfspannung von der Leistungsfähigkeit der Prüfanlage ab. Bei Stoßprüfanlagen treten sehr hohe Momentan-Stromstärken und -Leistungen auf, bei langsamer Stoßfolge ist jedoch auch hier keine große Nennleistung der Prüfeinrichtung erforderlich.

Bei den hohen Spannungen benötigen die Prüfanlagen große freie Abstände und Räume. Ein Laboratorium für $U_{eff} = 1000$ kV Wechselspannung braucht etwa eine Grundfläche von $20 \cdot 20$ m und eine Höhe von 15···18 m. Daneben ist der Raumbedarf stark bedingt durch Art und Größe der Prüflinge. Da im Prüfraum lichtschwache Entladungserscheinungen beobachtet werden sollen, muß er gut verdunkelt werden können. Laufende Maschinen und andere Geräuschquellen sollen schalldicht abseits aufgestellt werden. Die Zuführungen für den Anschluß der Prüf-Hochspannung (natürlich nicht in Betriebsanlagen!) können einfach sein; sofern nicht im Sonderfall hohe Ströme erwartet werden müssen, genügen Bindedrähte, die an den Metallelektroden angehängt werden. Sie müssen so geführt werden, daß sie das Feld in der Umgebung des Prüflings nicht stören. Um so mehr Sorgfalt muß dem Anschluß der Erdungsleitungen geschenkt werden; sie sollen möglichst widerstands- und reaktanzfrei sein.

Versuchsarbeiten im Hochspannungslaboratorium erfordern besondere Vorsicht und Aufmerksamkeit, um das beteiligte Personal nicht zu gefährden. (Vgl. VDE 0850).

5.2 Hochspannungs-Prüftransformatoren

Da im Laboratorium nicht die überhöhten Überspannungen unkontrolliert auftreten wie beim Leistungstransformator im Netzbetrieb, braucht der Prüftransformator isolationstechnisch keine erhebliche Sicherheitsspanne über seine Nennspannung hinaus. Der Querschnitt seiner Oberspannungswicklung muß häufig aus mechanischen Gründen stärker gewählt werden als der Strombelastung entsprechen würde. Um eine Verzerrung der Kurvenform zu verhindern, wählt man für den Eisenkern nur mäßige Induktion (9···10 kG). Trotzdem wird das Verhältnis des Eisenquerschnitts zum Streuflußquerschnitt, der aus Isoliergründen bedingt ist, viel größer als beim Leistungstransformator, weshalb die Streureaktanz relativ groß wird (15···25%; bei Kaskaden noch mehr).

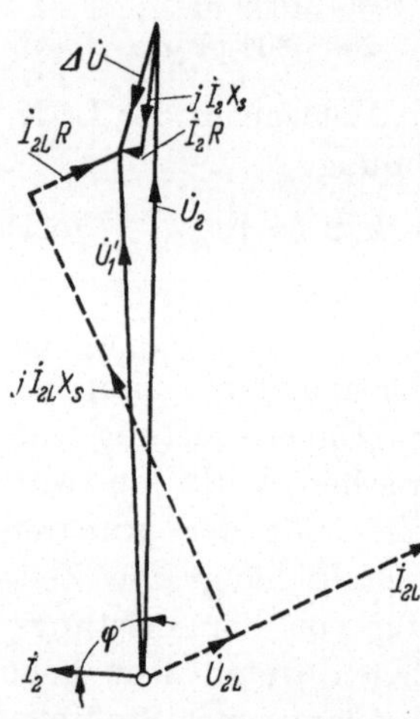

Abb. 5.3. Spannungen am Prüftransformator bei konstanter Speisespannung U_1 und bei kapazitivem Prüfling (J_2): U_2 bzw. bei Lichtbogen-Überschlag (J_{2L}): U_{2L}

(X_s = Streureaktanz, R = Widerstand des Prüftransformators)

Bei der gewöhnlich bestehenden kapazitiven Belastung wird der Spannungsabfall ΔU negativ, d. h. die Oberspannung U_2 höher als die mit dem Windungszahlverhältnis umgerechnete Unterspannung U_1' (Abb. 5.3).

$$\Delta U/U_1 \approx -J_c \cdot X_s/U_1 = -J_c/J_N \cdot u_s = -N_c/N_k\,, \tag{5.2}$$

wenn X_s die Reaktanz, u_s ihr Relativbetrag, J_c und J_N der Prüfstrom und der Transformator-Nennstrom, N_c die Ladeleistung des Prüflings und N_k die Kurzschlußleistung des Prüftransformators sind.

Der vom Prüftransformator primär aufgenommene Strom setzt sich aus dem der Spannung nacheilenden Magnetisierungsstrom (J_μ) und dem Ladestrom (J_c) für die Eigenkapazität des Transformators und für die des Prüflings zusammen. Der Primärstrom kann deshalb schon beim leerlaufenden Prüftransformator im unteren Spannungsbereich kapazitiv sein (Abb. 5.4). Dadurch wird die Primärwicklung und die Stromquelle vorteilhaft entlastet, aber die sichere Einstellung der Spannung z. B. mit einem besonderen Speisegenerator erschwert. Hierauf ist bei der Bemessung seines Erregerkreises zu achten. Für Anlagen zur Prüfung von Kabeln kann deren Kapazität durch Drosselspulen kompensiert werden.

Oberharmonische, die im Strom durch die Sättigungsverzerrung auftreten, übertragen sich vervielfacht auf die Spannungsabfälle im Primäraggregat und im Prüftransformator und rufen vermehrt Ladestromoberwellen hervor.

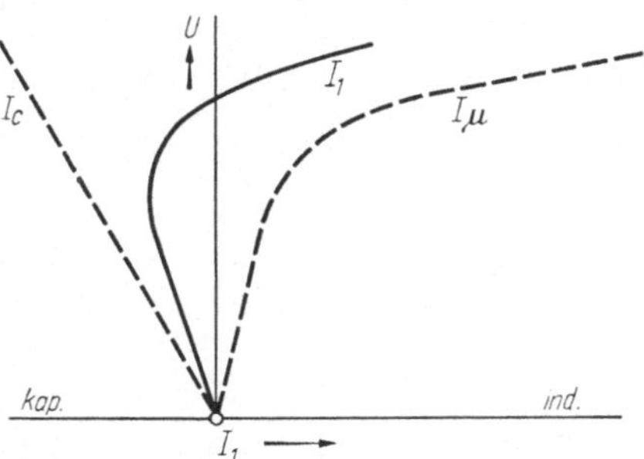

Abb. 5.4. Kompensierung des Magnetisierungsstromes durch die Eigenkapazität des Prüftransformators

Prüftransformatoren werden einphasig gebaut. Da häufig ein Pol des Prüflings auf Erdpotential sein muß, braucht man einpolig geerdete Transformatoren; es ist vorteilhaft, wenn sie auch mit geerdeter Mitte betrieben werden können.

Weil die abzuführende Verlustwärme nur gering ist, spielt die Kühlung keine besondere Rolle. Lufttransformatoren haben den Vorteil geringen Gewichts und daß sie keine Durchführungsisolatoren brauchen; sie haben wegen der größeren Isolierabstände aber den Nachteil größerer

Abb. 5.5a. Prüftransformator für 333 kV_{eff} gegen Erde mit angebauten Kompensationsdrosseln, Kurzschlußleistung 18000 kVA (SSW)

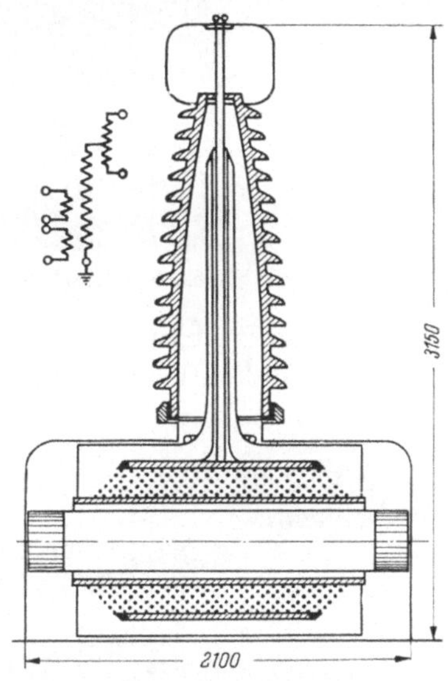

Abb. 5.5b. Grundsätzlicher Aufbau des Prüftransformators (Abb. 5.5a)

streuspannung und sind den mindernden Einflüssen von feuchter Luft und Staub ausgesetzt (Abb. 4.25 u. 4.26).

Die Bauweise der Öltransformatoren weicht von der von Leistungstransformatoren gleicher Prüfspannung wegen der viel kleineren Leistung ab. Die Durchführung beherrscht die Konstruktion (Abb. 5.5a, b, 6, 7).

Um dies zu vermeiden, benützt man auch statt des Blechkastens ein Isolierstoff-Ölgefäß (Abb. 5.8). Schließlich wird bei den „Klotz"-Trans-

Abb. 5.6. Prüftrafo 300 kV, 1200 kVA (BBC, 1950)

formatoren die Wicklung ganz in festem Isoliermaterial untergebracht, indem sie in Bakelitpapier eingewickelt wird, so daß ein massiver Zy-

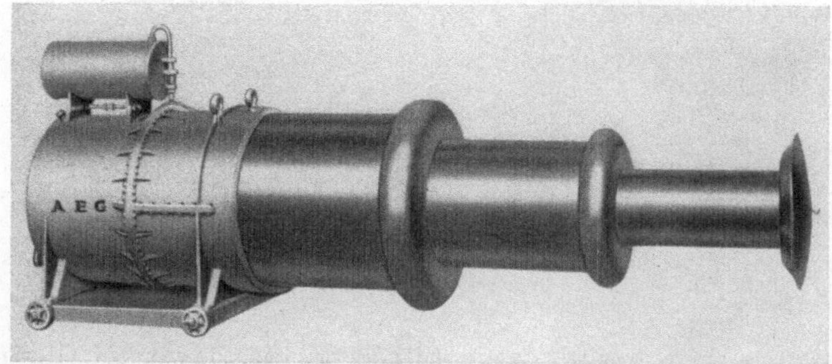

Abb. 5.7. Prüftransformator für 1 Million Volt; Kurzschlußspannung, bezogen auf die Nennleistung von 500 kVA, 15%; Gewicht 10 t (AEG)

linder entsteht; solche Trockentransformatoren finden für Spannungen bis 100 kV und in ähnlicher Ausführung als Heiztransformatoren für

Abb. 5.8. Prüftransformator für 750 kV, ölgekühlt, 500 kVA (BBC, 1926)

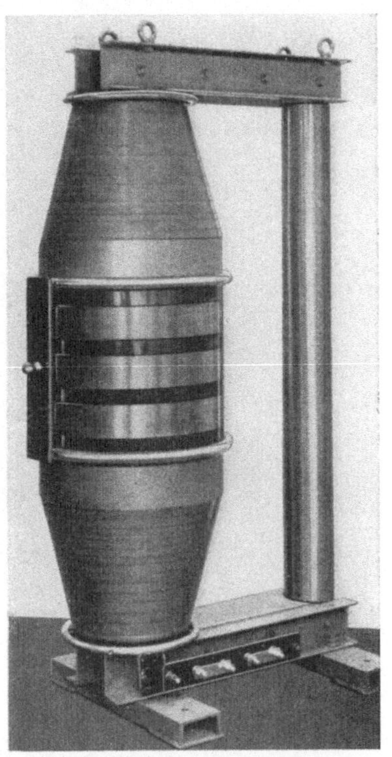

Abb. 5.9. Hochspannungsprüftransformator mit Klotzwicklung 100 kV—20 kVA

Hochspannungs-Gleichrichterröhren und für Röntgenanlagen Verwendung (Abb. 5.9). Für die Beherrschung der mit der Windungszahl ansteigenden Spannung gegen Eisen wird die Länge der Wicklungslagen

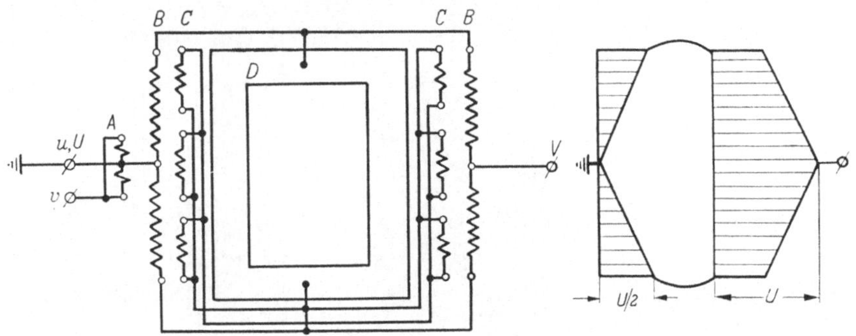

Abb. 5.10. Schaltung und Potentialaufbau des Prüftransformators nach Abb. 5.8
A Niederspannungs-Erregerwicklung, außen; *B* Hochspannungswicklung; *C* Koppelwicklung, innen; *D* Eisenkern auf halbem Potential angeschlossen; *U* = Gesamtspannung zwischen den Hochspannungsklemmen *U* und *V*

Abb. 5.11. 1,6-MV-Prüftransformator (SSW, 1954)

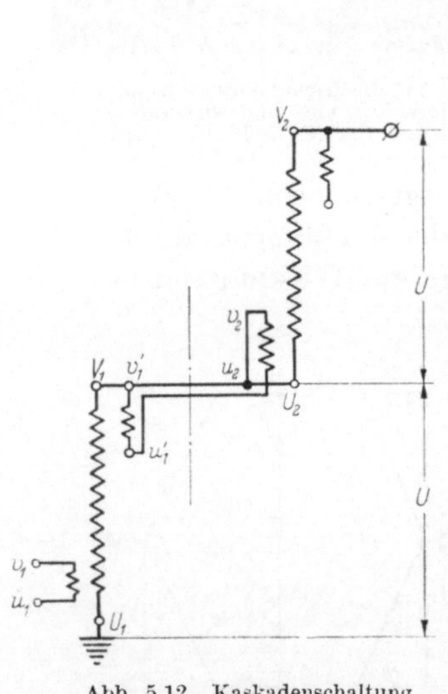

Abb. 5.12. Kaskadenschaltung zweier Transformatoren

u_1, v_1 und u_2, v_2: Erregerwicklungen

U_1, V_1 und U_2, V_2: Hochspannungswicklungen

u_1', v_1': Übertragungs-Schubwicklung

Abb. 5.13. Zweifach-Prüfkaskade für 666 kV (SSW ,1954)

abgestuft (vgl. Abb. 4.25). Wenn der Eisenkern isoliert aufgestellt ist, kann er mit der Wicklungsmitte verbunden werden, so daß die Wicklungsisolation und die beiden Durchführungen nur die halbe Spannung

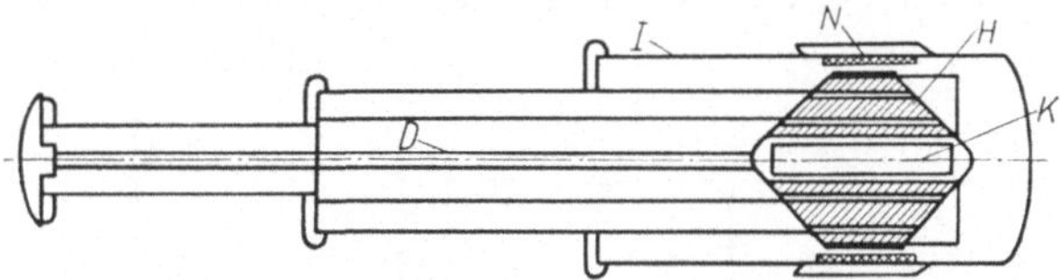

Abb. 5.14. Prüftransformator mit offenem Eisenkern (K)
N = Niederspannungswicklung H = Hochspannungswicklung
D = Hochspannungs-Ableitung J = Außen-Isolator

tragen müssen (Abb. 5.8, 10 und 11). Werden Kessel und Kern an Erde gelegt, so können solche Transformatoren auch mit isolierten Polen für $\pm U/2$ betrieben werden. Die niederspannungsseitige Speisung geschieht dann über die kernnahe Koppelwicklung.

Eine Vervielfachung der Spannung gegen Erde erhält man durch die Kaskadenschaltung (Schaltung Abb. 5.12 und 13). Der isoliert aufgestellte zweite Transformator wird dabei aus einer Schubwicklung am Hochspannungsende des ersten erregt. Dabei addiert sich aber auch die Streuspannung, weshalb die Schub- und die Erregerwicklungen sorgfältig mit der jeweiligen Hochspannungswicklung gekoppelt sein müssen.

Eine Sonderbauform ist die mit offenem Eisenkreis. Da der Nutzfluß klein ist und der Magnetisierungsstrom durch den kapazitiven Prüfling-Strom kompensiert wird, kann auf den Eisenrückschluß verzichtet werden. Der isoliertechnische Aufbau wird dadurch vereinfacht und das obere Wicklungsende kann nach Art eines abgestuften Kabelendverschlusses um den Kernstumpf und die Unterspannungs-Wicklung gezogen werden (Abb. 5.14 und 15).

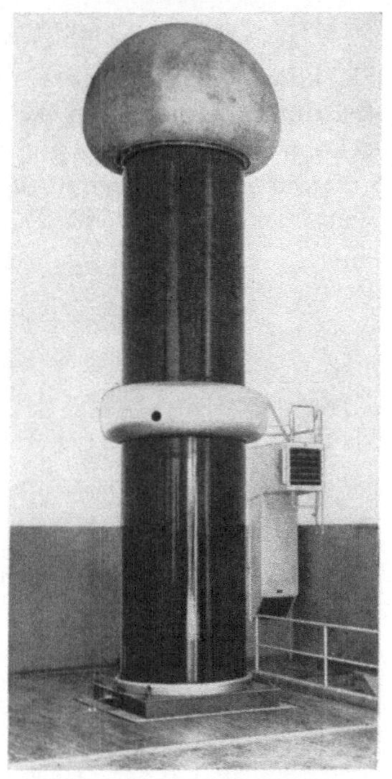

Abb. 5.15. Hochspannungsprüftransformator, aufgebaut aus 2 Transformatoren in Reihenschaltung. 800 kV, kurzzeitig 1000 kV, 150 kVA. (HAEFELY)

5.3 Hochfrequente Hochspannung

Zur Hochtransformierung der Spannung kann bei Hochfrequenz nur der reine Lufttransformator verwendet werden. Dieser „Tesla"-Transformator (1895) erlaubt, schwach gedämpfte hochfrequente Spannungswellenzüge zu erzeugen, wenn er primärseitig in einem von einer Löschfunkenstrecke angestoßenen Schwingungskreis erregt wird. Ist in der in Abb. 5.16 dargestellten Schaltung die Gleichspannung am Konden-

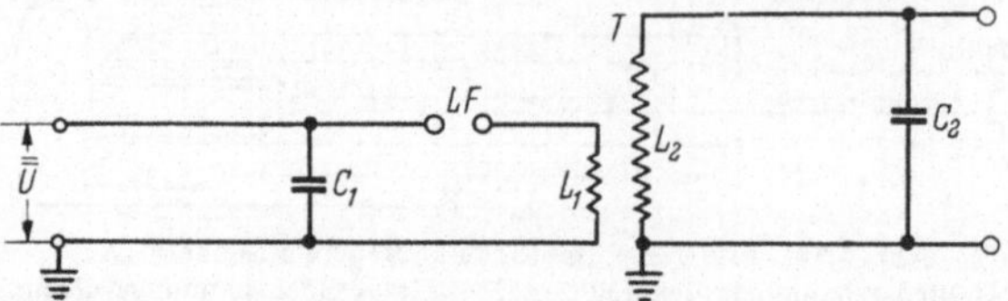

Abb. 5.16. Erzeugung gedämpfter hochfrequenter Hochspannung mit Teslatransformator (*T*) und Löschfunkenstrecke (*LF*)

sator C_1 so hoch angestiegen, daß die Funkenstrecke *LF* zündet, dann setzt im Kreis 1 eine Schwingung ein mit der Frequenz:

$$f_{e1} = 1/2\pi\sqrt{L_1 C_1}\,. \tag{5.3}$$

Sie klingt nach Maßgabe des Energieverbrauchs im Kreis 1 und der Leistungsübernahme in den durch das Luftfeld der Spulen L_1 und L_2 gekoppelten Kreis 2 ab und bricht ab, wenn *LF* erlischt. Nach Wiederaufladung von C_1 beginnt das Spiel von neuem. Der Schwingungskreis 2 wird über die Spulen des Tesla-Transformators angestoßen und schwingt mit: $f_{e2} = 1/2\pi\sqrt{L_2 C_2}$. Dabei ist C_2 die Schaltungskapazität und die

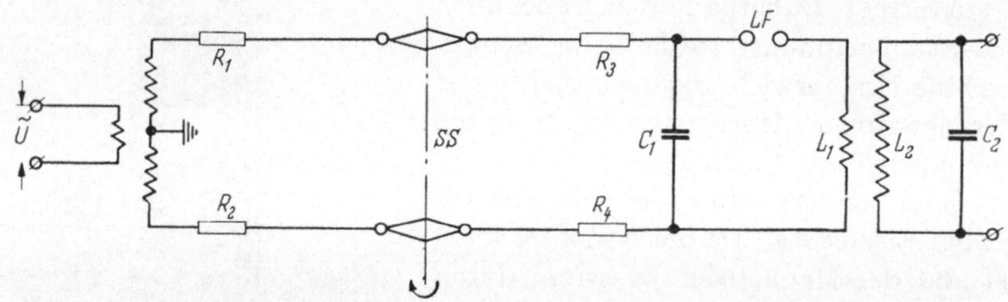

Abb. 5.17. Hochfrequenz-Hochspannungserzeuger mit Synchronschalter für $f_e = 30$ kHz; SS = Synchronschalter; $R_{1...4}$: Dämpfungswiderstände, etwa 1 MΩ; $C_1 \approx 0{,}01\,\mu$F, $C_2 \approx 0{,}003\,\mu$F; $L_1 = 2{,}8$ mHy, $L_2 = 99$ mHy

des Prüfobjektes. Die Spannung an C_2 schwillt an, bis die Energie vom Kreis 1 übernommen ist, und schwingt dann abklingend aus. Das Windungszahlverhältnis des Teslatransformators, die Lose seiner Kopplung und die Schärfe der Resonanzabstimmung beider Kreise sind maßgebend für die Höhe der Sekundärspannung und der übertragenen Energie. Durch Erhöhung des Abstandes der Funkenstrecke *LF* wird die Höhe der Spannung gesteigert; engere Kopplung im Transformator verstärkt die Ausbildung einzelner Hochfreuqenz-Hochspannungs-Stöße. Abb. 5.17 zeigt eine Schaltung mit regelmäßiger Aufladung im Takt der primären 50 Hz-Spannung mittels eines rotierenden Synchronschalters, der über eine kurze Zeitdauer jeweils die Wechselspannungsquelle über Dämpfungswiderstände an den Kondensator C_1 legt.

Gibt ein Röhrensender im hochfrequenten Resonanztakt gleichmäßige Aufladeimpulse, so kann die Sekundär-Leistung gesteigert und die Hochfrequenzspannung ungedämpft aufrecht erhalten werden (Abb. 5.18). In Röhre (1) als Generatorstufe (300 W) wird eine ungedämpfte Hochfrequenzschwingung (f_{e1}) erzeugt. Die Verstärkerstufe (2) (1000 W), in der meist zwei Röhren zur Verdoppelung der Leistung

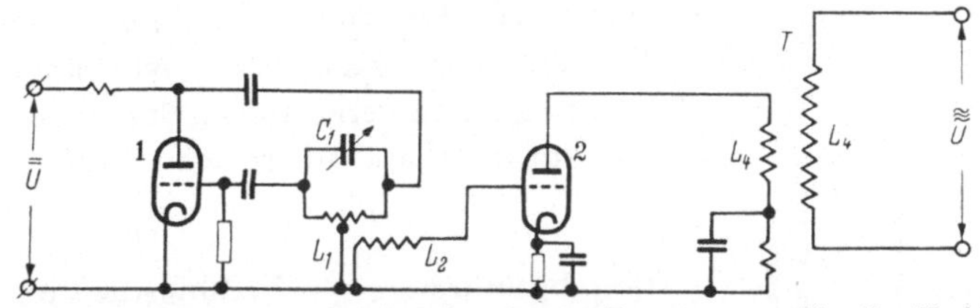

Abb. 5.18. Röhrengenerator mit Teslatransformator zur Erzeugung ungedämpfter Hochfrequenz-Hochspannung (300···1000 kHz)

eingeschaltet sind, ist induktiv über L_1 L_2 angekoppelt. Im Teslatransformator T wird die Schwingung hochtransformiert. Die Kreise sind auf Resonanz eingestellt.

5.4 Hohe Gleichspannung

Elektrostatische Gleichspannungsgeneratoren

Hohe Gleichspannungen werden für technische und für physikalische Zwecke benötigt, z. B. zur Entstaubung und Filterung von Gasen, zum Spritzen von Farben und Beflocken von Stoffen u. dgl., zur Prüfung von Kabeln, für Werkstoffuntersuchungen, in der Röntgentechnik, in der Atom- und Kernphysik. Schließlich ist mit großen Leistungen zur Übertragung auf sehr große Entfernung die Gleichspannung günstiger als hohe Wechselspannung, so daß diese Anwendung in der Elektrizitätsversorgung Interesse gefunden hat.

Die direkte Erzeugung sehr hoher Gleichspannung geht zurück auf die ersten Versuche von O. v. Guericke im 17. Jahrhundert mit Reibungselektrizität. 1759 hat Bose den Konduktor eingeführt; Ramsden arbeitete mit Glaszylinder und erzeugte etwa 1 μA. Nach 1870 haben Holtz und Wilmshurst die Influenzmaschine (Kondensatormaschine) entwickelt, die ohne direkte Reibung arbeitet und eine äußere Erregung benötigt. Der Erfolg blieb jedoch aus, da gleichzeitig die elektromagnetische Energieerzeugung in stürmischer Entwicklung einsetzte und der Gleichrichter auch große Gleichspannungsleistung zu erzeugen erlaubte. Das Bedürfnis, eine zeitlich absolut konstante, pulsationsfreie Gleichspannung zu schaffen, veranlaßte die Weiterentwicklung der elektrostatischen Generatoren; dabei steht das Influenzprinzip im Vordergrund.

Beim Bandgenerator von VAN DE GRAAF (1932)[1] (Abb. 5.19) läuft ein endloses Band (R) aus isolierendem Stoff (Mipolam, Buna) über zwei Metallzylinder. Der untere ist angetrieben und hat Erdpotential; der obere spannt das Band und führt Hochspannung. Mit einer Kamm- oder Schneiden-Elektrode (D) werden positive Ladungen auf das Band aufgesprüht, deren Energie in einer erregenden Hilfsanlage mäßiger Gleich-Hochspannung ($U_e \approx 20$ kV) gewonnen wird. Die Kapazität der Kamm-Elektrode gegenüber der hinter dem Band liegenden Flächen-Gegenelektrode (E) ist relativ groß; darum können verhältnismäßig große Ladungen auf das Band übertragen werden:

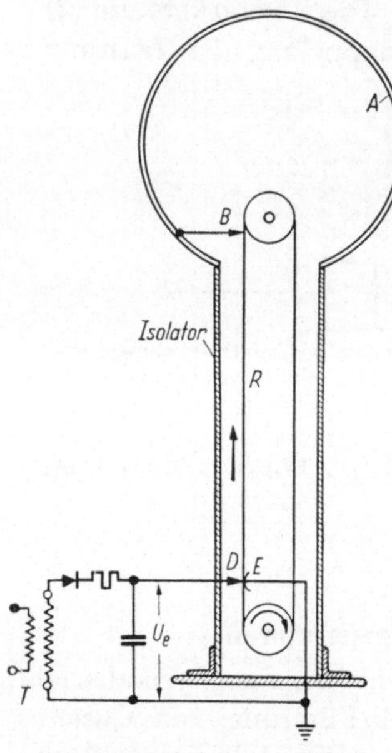

Abb. 5.19. Elektrostatischer Bandgenerator mit Fremderregung nach VAN DE GRAAF

$$Q = b \cdot \sigma = U_e \cdot C_{DE} . \tag{5.4}$$

(b = Bandbreite, σ = Ladungsdichte.) Dank der guten Oberflächenisolation des Bandes bleiben die Ladungen an der Oberfläche haften und werden mit dem Band hochgezogen. Durch die Entfernung von E wird aber die Kapazität verkleinert, so daß eine Spannungserhöhung entsteht zwischen den ladungsbehafteten Bandteilen und der Erregerelektrode. Auch der obere Zylinder hat geringe Kapazität gegen Erde, so daß er hohes Potential annehmen kann. Durch den Rechen (B) werden die Ladungen wieder abgenommen und sie gehen auf die große Schirmelektrode (A) über.

Der gelieferte Strom wird (mit v = Bandgeschwindigkeit):

$$J = \sigma \cdot v \cdot b . \tag{5.5}$$

Die Längsfeldstärke E_t an der Bandoberfläche hängt von deren Isolationswiderstand ab. Mit l = Bandlänge wird die erzeugte Spannung: $U = E_t \cdot l$, die gelieferte Leistung also:

$$P = E_t \cdot \sigma \cdot l\, b\, v , \tag{5.6}$$

je Flächeneinheit des Bandes: $P' = E_t \cdot \sigma \cdot v$. Die zu überwindende mechanische Kraft ist:

$$K' = E_t \cdot \sigma . \tag{5.7}$$

In freier Luft sind etwa möglich: $\sigma = 2 \cdot 10^{-9} \left[\frac{\text{Coul}}{\text{cm}^2}\right]$, $E_t = 3$ [kV/cm],

[1] Massachusets Inst. of Technol.

mit $v = 2000$ cm/s, also: $P' = 0{,}012$ [W/cm²]; bei $b = 50$ cm also eine Ergiebigkeit von $J = 200\,\mu$A. Es gelingt, sehr hohe Spannungen zu erzeugen. Z. B. hat eine Anlage mit $l = 14$ m und oberen Schirmkugeln von 4,75 m ∅ bei Doppelanordnung 5 MV gegen Erde bei 1···10 mA, d. h. 60 kW. Man hat durch Anwendung von Preßgas die spezifischen Werte erhöhen können.

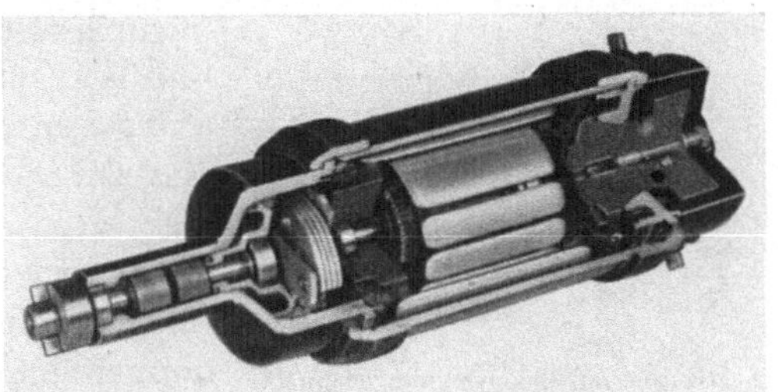

Abb. 5.20a. 2 kW elektrostatische Maschine. Schnittmodell (FÉLICI)

FÉLICI (Grenoble 1951) konnte mit Wasserstoffüllung bei 15 atü bei kleinen Abmessungen mit einer Trommelmaschine (Gießharz, 20 cm ∅, 21 cm lang) die Flächenleistung im Dauerbetrieb auf: $P' = E_t \cdot \sigma \cdot v = 18$ [kV/cm] $\cdot\, 16{,}6 \cdot 10^{-9}$ [As] $\times 4500$ [cm/s] $= 1{,}35$ [W/cm²] steigern und eine handliche Maschine schaffen für 2 kW, die einen Wirkungsgrad von 90% hat (Abb. 5.20a, b).

Die Hilfseinrichtung zum Ansprühen hat die Aufgabe der Erregermaschine und braucht nur kleine Leistung. Wie bei der elektromagnetischen Maschine bestehen auch hier gewisse, von den „aktiven" Materialien bedingte Grenzbeanspruchungen. Wesentlich ist die Oberflächenisolierung des Bandes bzw. der Trommel und die durch Ionisierung geschaffene Leitfähigkeit der Aufsprüh- und der Abnahmestrecke. Im übrigen bestehen hier keine eigentlichen Erwärmungsgrenzen wie bei der elektromagnetischen Maschine. Der Ionisierungsvorgang an den Sprühstellen begrenzt grundsätzlich die Spannungserzeugung.

Ein Vorteil der konstanten Gleichspannung solcher Generatoren ist die praktische Ungefährlichkeit im Laboratorium, da beim unbeabsichtigten Kurzschluß durch den Beobachter ein reiner Gleichstrom fließt, der bei seiner Kleinheit keine schädigende Wirkung hat.

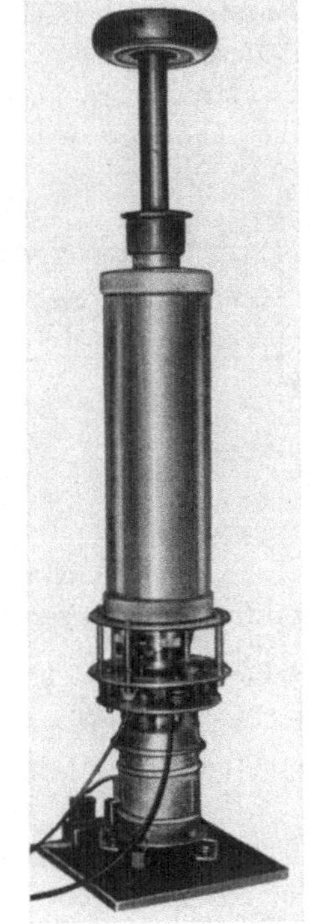

Abb. 5.20b. 2 kW elektrostatische Maschine. Ansicht (FÉLICI)

5.5 Hohe Gleichspannung durch Gleichrichtung

Da der Transformator auf einfache Weise die Erzeugung von Hochspannung möglich macht, lag es nahe, die verschiedenen Möglichkeiten der Gleichrichtung von Wechselspannungen damit zu kombinieren zur Schaffung sehr hoher Gleichspannungen. Man muß während eines Bruchteils der Zeit einer Halbwelle über das gleichrichtende Organ eine Verbindung mit möglichst geringem innerem Widerstand herstellen und sie im darauffolgenden Rest der Periodendauer isolierend sperren. In der Sperrrichtung wird das Gleichrichterorgan also mit dem doppelten Scheitelwert der Spannung beansprucht.

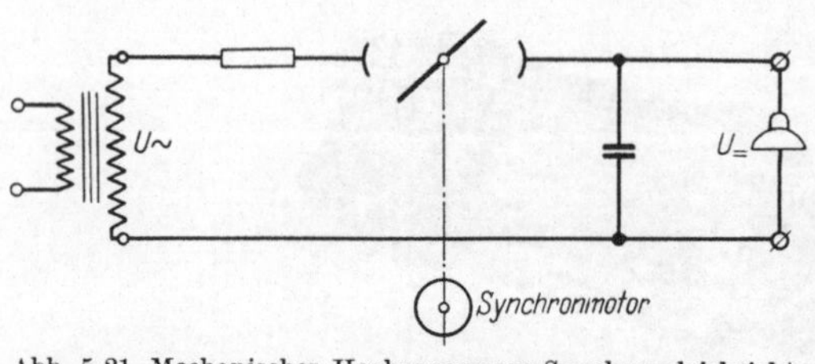

Abb. 5.21. Mechanischer Hochspannungs-Synchrongleichrichter

Beim mechanischen Synchrongleichrichter (Abb. 5.21) nähert sich ein mit synchroner Geschwindigkeit angetriebenes Schaltmesser den festen Kontakten im Zeitpunkt nahe dem Spannungsscheitel, wobei über Bürsten oder über einen Funken der Kontakt geschaffen wird. Man lädt dadurch einen Kondensator auf die Scheitelspannung des Transformators. Je nach dem Verbrauch im Prüfling und der Größe des Kondensators wird die Spannung geglättet (Abb. 5.22); nur ohne Be-

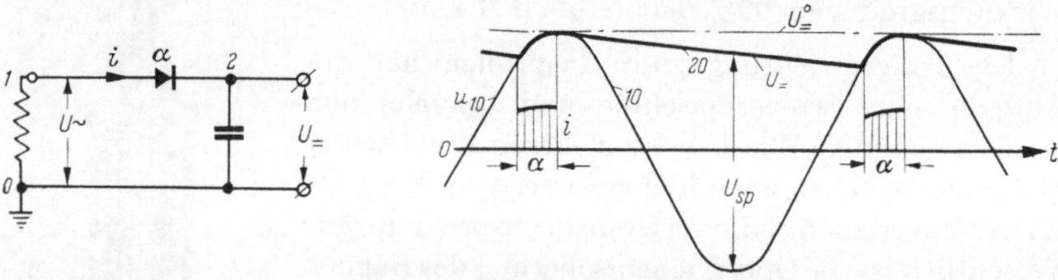

Abb. 5.22. Einweg-Gleichrichtung

lastung bleibt die Spannung auf dem Leerlaufwert. $U^0_= = \hat{U}_\sim$. Die Höhe der Gleichspannung kann durch die Einstellung der Transformator-Spannung und auch des Abschaltaugenblicks des Synchronschalters gewählt werden. $U^0_= = \hat{U}_\sim = \frac{1}{2}\,\hat{U}_{sp} = \hat{U}_c$.

Ähnlich wirkt ein Glühkathoden-Vakuum-Ventilrohr als Gleichrichter. Die damit heute erreichbare Belastbarkeit liegt etwa bei 1 A_{max} und bei Sperrspannungen U_{sp} bis 150 und 250 kV.

Um hohe Spannungen gleichrichten zu können, muß die Sperrspannung durch Hintereinanderschaltung mehrerer Gleichrichter vervielfacht werden. Damit gelingt es auch, Sperrschichtgleich richter (Selen, CuO, Silizium) für hohe Spannungen zu benützen. Diese ermöglichen eine

Erhöhung des Stromes durch Parallelschaltungen mit dem Vorteil, daß die Kapazität der Elemente groß genug ist, um eine gleichmäßige Spannungsaufteilung zu gewährleisten. Die Verluste in den Gleichrichtern werden durch Ölkühlung abgeführt und man baut die Elemente gleich in den Transformator mit ein (Abb. 5.23).

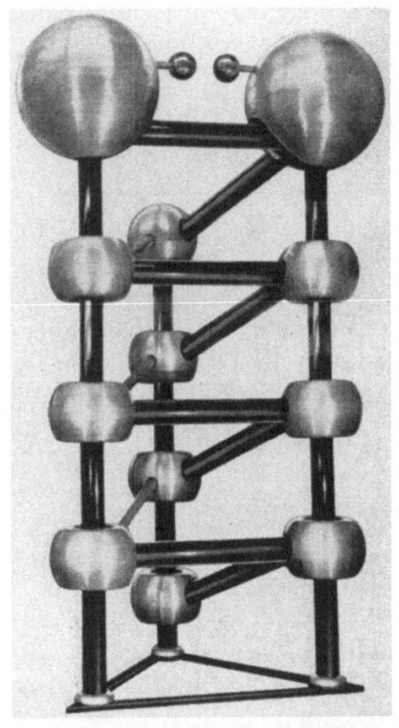

Abb. 5.23. Selengleichrichter mit Meßpotentiometer für Prüfung vonverlegten Kabeln Nennspannung 1000 kV, Nennstrom 8 mA, Leerlaufspannung 1200 kV, Welligkeit $\pm 2\%$ (HAEFELY)

Hohe Leistungen der Energieübertragung müssen mittels Quecksilberdampfgefäßen gleichgerichtet werden. (Eine Versuchsanlage „Elbe-Berlin" sollte mit $3 \times 2 \cdot 120$ kV-Gefäßen für 150 Amp. bei 220 kV 30 MW übertragen.) MARX hat für solche Anwendung einen Lichtbogengleichrichter gebaut, bei dem der Lichtbogen synchron gezündet und gelöscht wird.

Verschiedene Schaltmöglichkeiten dienen der Erhöhung der Spannungs- oder der Stromausnützung bei gegebenen Gleichrichterorganen, Kondensatoren und Transformatoren.

Beide Halbwellen des Wechselstromes werden ausgenützt bei der zweiphasigen Einwegschaltung (HULL) (Abb. 5.24) mit zwei zeitlich um $\Delta t = \pi/\omega$ versetzt schaltenden Ventilen. ($U^0_= = \hat{U}_= = 1/2\, \hat{U}_{sp} = U_c$); ($2 \times J$). Durch dreiphasige Anordnung kann der Anschluß an Drehstrom genommen und die Leistung verdreifacht werden (Abb. 5.25).

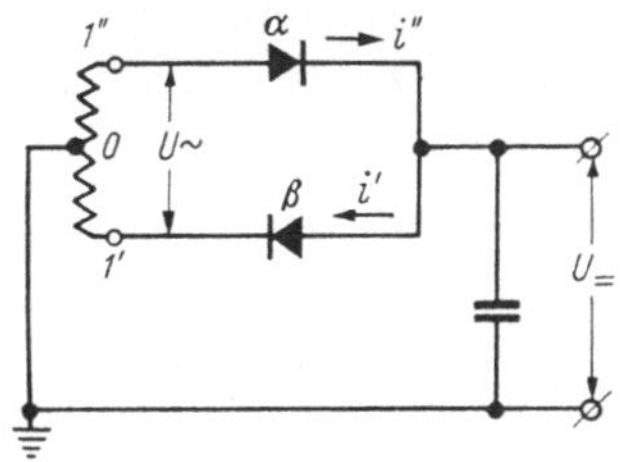

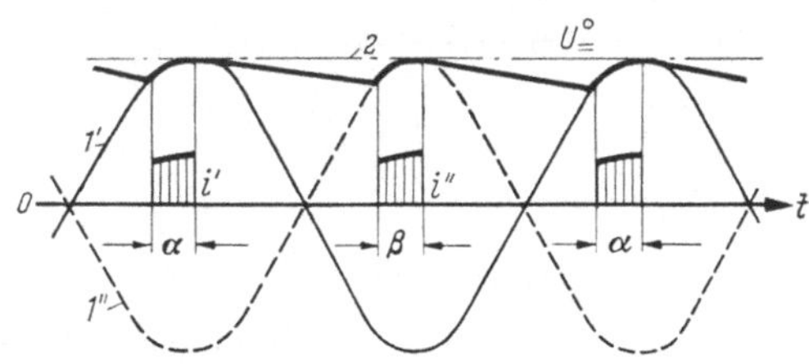

Abb. 5.24. Zweiphasige Einweg-Gleichrichtung

In der GRAETZschen Vollwegschaltung (Abb. 5.26) sind am einphasigen Transformator zwei um π/ω versetzt schaltende einphasige Einwegschaltungen angeschlossen und miteinander verschachtelt. Es stehen beide Halbwellen zur Verfügung und gleichzeitig wird die Spannung verdoppelt: $U_{=}^{0} = U_c = \hat{U}_{\sim} = \hat{U}_{sp}$.

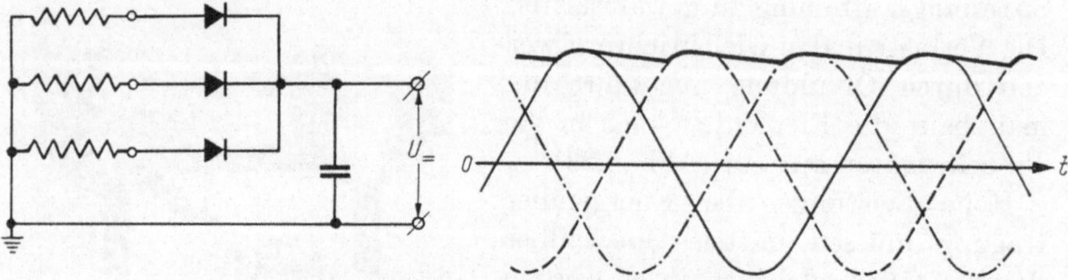

Abb. 5.25. Dreiphasen-Einweg-Gleichrichtung

Vertauscht man gegenüber der ursprünglichen Einwegschaltung Kondensator und Gleichrichter, so tritt zwischen den Klemmen 0 und 2 (Abb. 5.27) (DELON) eine Wechselspannung mit überlagerter Gleichspannung auf: $\hat{U}_{20} = U_{=}^{0} + \hat{U}_{\sim}$ mit $U_{=}^{0} = \hat{U}_{\sim}$.

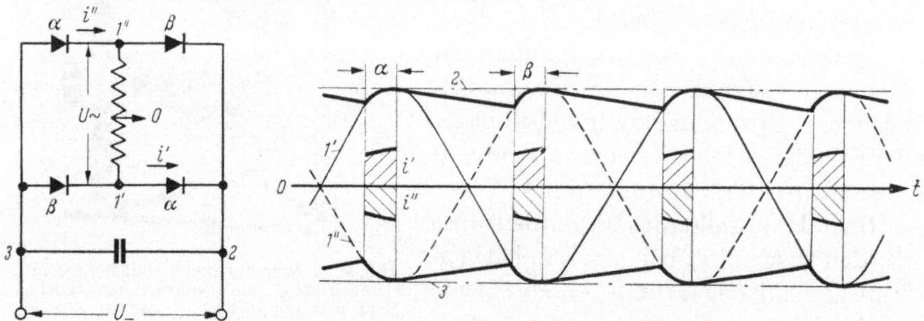

Abb. 5.26. Einphasige GRAETZ-Vollweg-Gleichrichtung

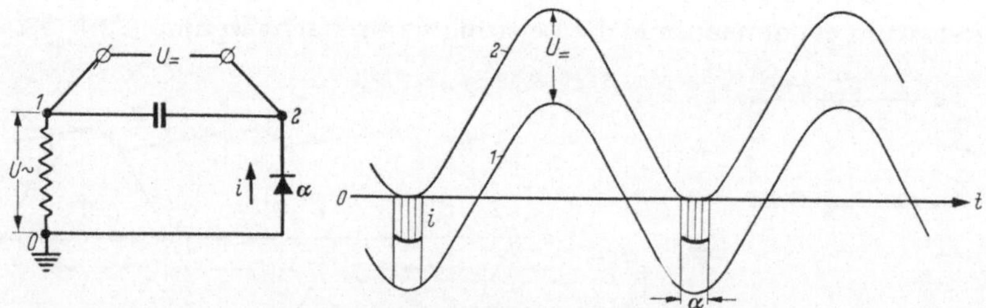

Abb. 5.27. DELON-Einweg-Gleichrichtung

Die VILLARD-Schaltung bringt eine pulsierende Gleichspannung mit dem Mittelwert: $U_{=}^{0} = \hat{U}_{\sim} = 1/2\ \hat{U}_{sp} = 2\ U_c$ (Abb. 5.28), erfordert also hohe Sperrspannung des Ventils.

Die Schaltung nach LIEBENOW-GREINACHER gibt mit je zwei einphasigen um π/ω versetzten Ventilen, die gleichzeitig in Reihe liegen, und 2 Kondensatoren, die abwechselnd aufgeladen werden, die doppelte Spannung (Abb. 5.29): $U^0_= = 2\,\hat{U}_\sim = 2\,\hat{U}_{sp} = 2\,U_c$.

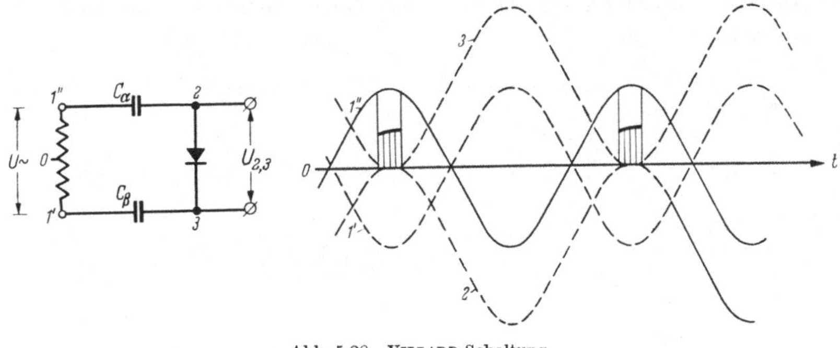

Abb. 5.28. VILLARD-Schaltung

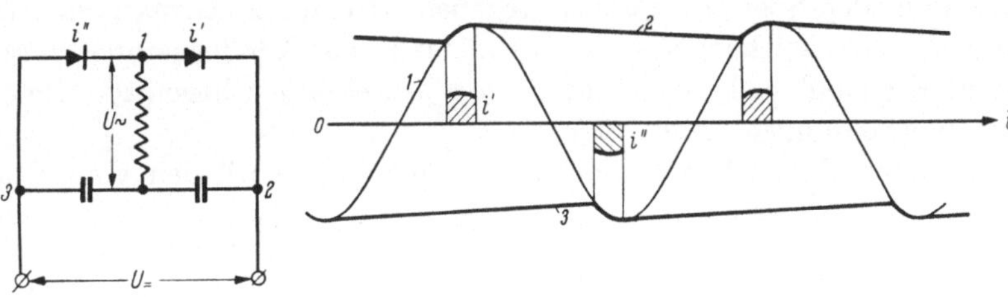

Abb. 5.29. LIEBENOW-GREINACHER Schaltung

Die von ZIMMERMANN und WITKA angegebene Schaltung (Abb. 5.30) gibt eine pulsierende Gleichspannung, deren Mittelwert im Leerlauf dem doppelten Scheitelwert der Transformatorspannung gleich ist; der maximale Wert ist: $3 \cdot U_\sim$.

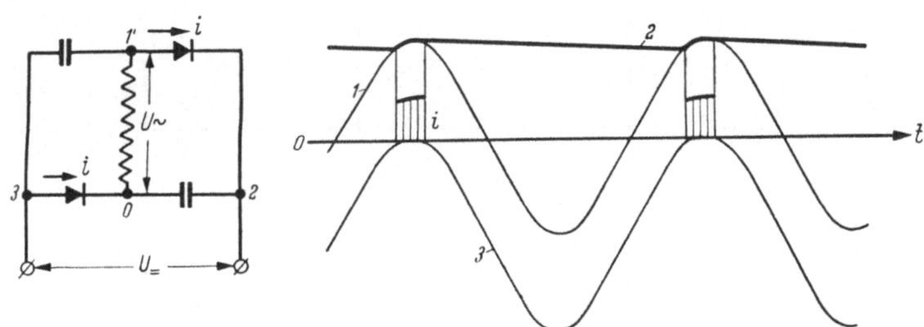

Abb. 5.30 ZIMMERMANN und WITKA-Schaltung

Zur Vervielfachung der Spannung eignet sich die Verbindung von GREINACHER-VILLARD (Abb. 5.31). Dabei werden beide Halbwellen des Stromes zur Aufladung ausgenützt. Abwechselnd wird C_1 auf die Transformatorscheitelspannung durch i_1 aufgeladen und diese Ladung über i_2 auf C_2 übertragen, wobei aber das Potential auf $2\,\hat{U}_\sim$ gehoben ist. In beiden Halbwellen liefert der Transformator Strom. Man kann die Schaltung aneinanderreihend erweitern und so eine Vervielfachung der Ausgangsspannung erreichen, wobei die Ventile alle nur mit $2\,\hat{U}_{-}$ beansprucht bleiben. Durch die Kondensatoren ist die gleichmäßige

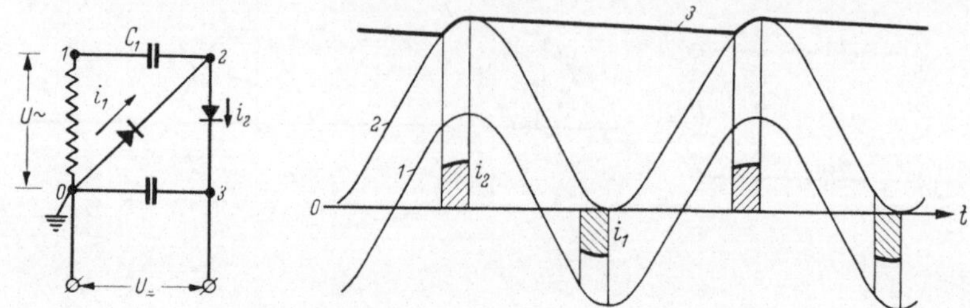

Abb. 5.31. GREINACHER-Vervielfachungs-Schaltung

Aufteilung der Sperrspannungen gegeben. In der konstruktiven Ausführung eines solchen Systems baut man die Kondensatoren ihrem Potential gemäß senkrecht übereinander; dazwischen liegen die Gleichrichterverbindungen (Abb. 5.23).

Bei allen Gleichrichterschaltungen muß das Ventil den vom Prüfling gebrauchten Strom in der kurzen Kontaktzeit liefern. Es wird also mit Stromstößen beansprucht, die ein Mehrfaches des mittleren Belastungsstromes sind.

5.6 Stoßspannungs-Erzeugung

Aus einer Gleichspannungsquelle, deren Ergiebigkeit durch einen aufgeladenen Kondensator (C_s) gegeben ist, wird in kürzester Zeit die

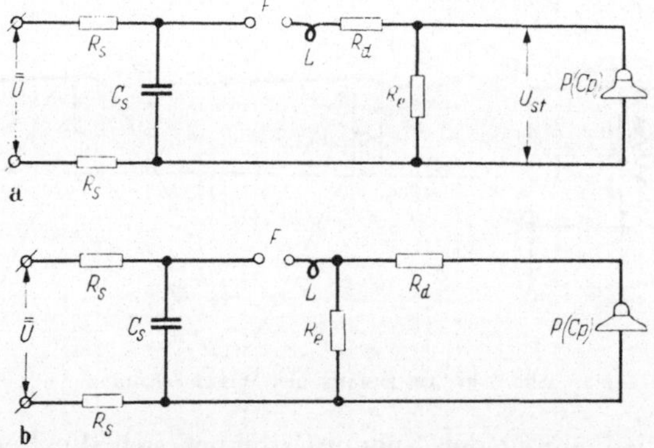

Abb. 5.32. Einfachste Schaltungen zur Stoßspannungs-Erzeugung

erforderliche Ladung auf das Prüfobjekt übertragen, um seine Spannung in der gewollten Stirndauer (T_s) schnell ansteigen zu lassen (Abb. 5.32). Zum Aufschalten der Stoßspannung dient der Funke einer Zündstrecke (F). Steigt die langsam wachsende Gleichspannung $\bar{\bar{U}}$ an C_s auf den Ansprechwert von F, so stellt der Lichtbogen die Schaltverbindung her. Die Höhe der an P auftretenden Spannungswelle ist durch die Einstellung von F gegeben. Natürlich muß $\bar{\bar{U}}$ hoch genug sein. Um von der Gleichspannungsquelle den Stoßvorgang fernzuhalten, ist der Stoßkondensator C_s über Schutzwiderstände R_s angeschlossen.

Die Aufgabe des Entladewiderstandes R_e ist einmal, dafür zu sorgen, daß vor dem Stoß die Spannung am Prüfling P Null ist; zum andern wird die Rückenhalbwertsdauer (T_R) um so kleiner, je kleiner R_e. Die Stirndauer ist der Ladezeit der Kapazität des Prüflings und der Schaltelemente auf der rechten Seite der Zündstrecke gleich. Der Dämpfungswiderstand R_d verlängert diese Zeit; der steilste Anstieg ist durch den Zusammenbruch des Lichtbogenwiderstandes in F bedingt und kann nicht überschritten werden.

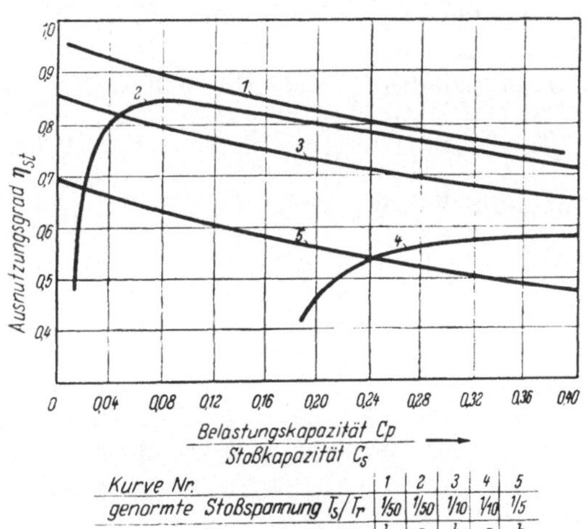

Kurve Nr.	1	2	3	4	5
genormte Stoßspannung T_s/T_r	1/50	1/50	1/10	1/10	1/5
Ersatzschaltbild nach Abb. 5.32	b	a	b	a	b

Abb. 5.33. Ausnutzungsgrad η_{st} des Stoßspannungserzeugers in Abhängigkeit vom Verhältnis C_p/C_s

Für den Zeitverlauf der Stoßspannung gilt (wenn keine Induktivität im Kreis wirksam wird):

$$u_P = U_F \frac{R_e C_s}{1/\alpha_2 - 1/\alpha_1} \times$$
$$\times [e^{-\alpha_2 t} - e^{-\alpha_1 t}] . \quad (5.5)$$

mit durch $1/\alpha_1$ gegebener Stirn und durch $1/\alpha_2$ bedingtem Rücken. Dabei sind:

$$\alpha_{1,2} = \frac{R_e (C_s + C_P) + R_d C_s \pm \sqrt{(R_e (C_s + C_P) + R_d C_s)^2 - 4 C_s C_P R_e R_d}}{2 C_s C_P R_e R_d} . \quad (5.6)$$

Infolge der Überlagerung des Auflade- und des Entladevorganges wird der Scheitelwert der Stoßspannung $U_m = \eta_{st} U_F$ mit der Ausnützung des Stoßgenerators $\eta_{st} < 1$. Diese Ausnützung hängt hauptsächlich ab von C_P/C_s, daneben auch vom Spannungsverbrauch an R_d und vom Ladungsabfluß durch R_e. Für die beiden Schaltungen nach Abb. 5.32a u. b und für verschiedene durch T_s/T_R gekennzeichnete Stoßwellenformen gibt Abb. 5.33, abhängig von C_P/C_s diese Ausnützung an. Sind die genannten Größen gegeben, so können die für den Stoßkreis erforderlichen Widerstände aus folgenden Beziehungen errechnet werden:

$$R_d = T_s/C_P \cdot \zeta/\eta \quad \text{und:} \quad R_e = T_R/C_s \cdot \vartheta \cdot \eta . \quad (5.7)$$

Dabei sind die Faktoren ζ und ϑ von T_s/T_R abhängig: (s. Tabelle)

$T_s/T_R =$	1/50	1/10	1/5
ζ	0,385	0,427	0,475
ϑ	1,425	1,317	1,165

Um zu verhindern, daß beim Schaltstoß Eigenschwingungen zwischen den Kapazitäten und der unvermeidbaren Induktivität (L) der Zuleitungen entstehen, muß der Dämpfungswiderstand eine Mindestgröße haben:

$$R_d > 2\sqrt{\frac{L\,(C_P + C_s)}{C_P \cdot C_s}}. \tag{5.8}$$

Man soll längere Zuleitungen vermeiden und vor allem auch den Wellenwiderstand der zumeist geerdeten Rückleitung klein halten.

Solange $C_s > 5 \cdot C_P$ und $R_e > 10\,R_d$ bzw. $T_s/T_R \leq 1/50$, kann man angenähert setzen:

für die Schaltung nach Abb. 5.32a:

$$T_s = 2{,}5 \cdot \frac{R_d \cdot R_e}{(R_d + R_e)}\,\frac{C_P \cdot C_s}{(C_P + C_s)}\,; \quad T_R = 0{,}72\,(R_d + R_e) \cdot (C_P + C_s)\,, \tag{5.9a}$$

für die Schaltung nach Abb. 5.32b:

$$T_s = 2{,}5\,R_d\,\frac{C_P\,C_s}{(C_P + C_s)}\,; \quad T_R = 0{,}72\,R_e\,(C_P + C_s)\,. \tag{5.9b}$$

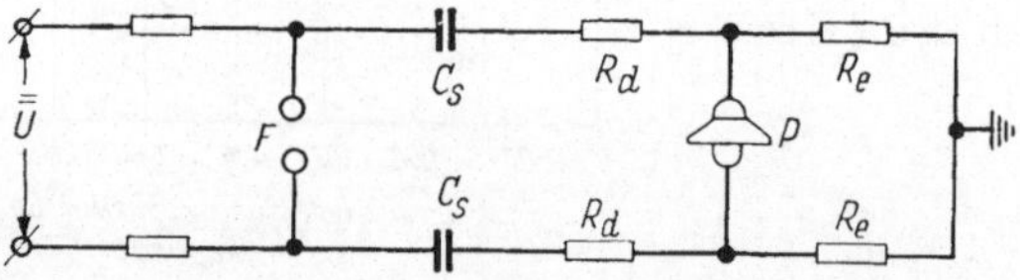

Abb. 5.34. Symmetrische Stoßspannungs-Schaltung

Für die Stirndauer sind vor allem $(C_P \cdot R_d)$, für den Rücken $((C_s + C_P) \cdot R_e)$ maßgebend.

Wenn die Elektroden des Prüflings beide von Erde isoliert sein sollen, kann die symmetrische Schaltung nach Abb. 5.34 benützt werden.

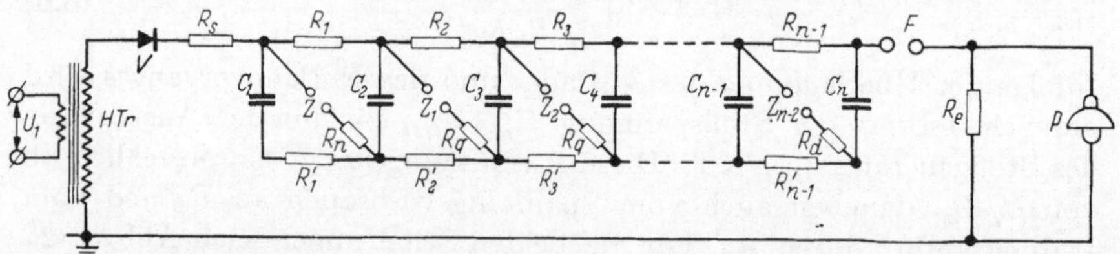

Abb. 5.35. Vervielfachungsschaltung zur Erzeugung hoher Stoßspannungen (MARX)

Eine Vervielfachung der Stoßspannung gegenüber der zur Verfügung stehenden Gleichspannung gibt die von MARX angegebene Schaltung (Abb. 5.35). Über die Widerstände R_n werden die Kondensatoren $C_1 \cdots C_n$ in Parallelschaltung langsam auf gleiche Gleichspannung gebracht. Spricht Z an, so folgen alle anderen Funkenstrecken nach und schalten stoßartig die Kondensatoren in Reihe, so daß in F und nach deren Überschlag am Prüfling P die Summe aller Spannungen auftritt. Die Ausnützung der Hintereinanderschaltung nimmt mit der Zahl der Kreise ab. Sie ist z. B. bei einem Stoßgenerator für 800 kV$_s$ mit 8 Kreisen etwa 85% des Einfachwertes, so daß etwa 120 kV Gleichspannung nötig sind.

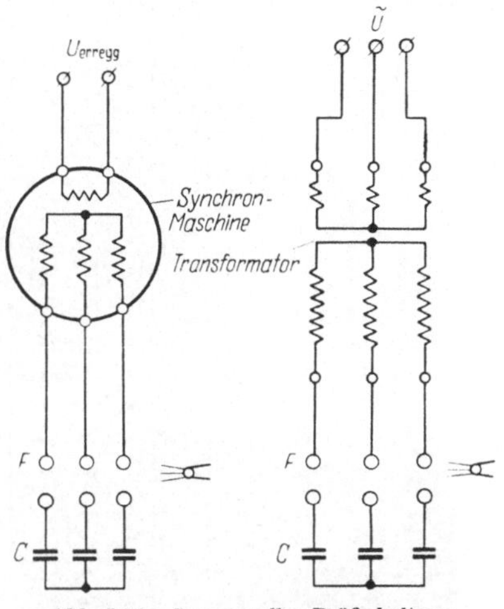

Abb. 5.36. Sprungwellen-Prüfschaltung für Synchronmaschine und Transformator (oder Asynchronmaschine)

Um mit geringerem Aufwand eine stoßartige Prüfung von Transformator- und von Maschinenwicklungen durchführen zu können, benützt man noch die ältere *Sprungwellenschaltung*. Die laufende Synchronmaschine wird durch Erregung, der Transformator durch normalfrequente Speisung auf die geforderte, erhöhte Spannung im dreiphasigen Betrieb gebracht (Abb. 5.36). Man bringt, etwa durch kurzzeitiges Nähern, drei Funkenstrecken F zum Überschlag, so daß Kondensatoren aufgeladen werden. Bei ge-

Abb. 5.37. Fahrbare Stoßanlage für 150 kV

nügender Kapazität bricht im Augenblick des Überschlages die Prüfling-Klemmenspannung mit hochfrequenten Eigenschwingungen zusammen.

Vor allem aber werden durch Beblasung der Funkenstrecken die Lichtbogen scharf gelöscht, so daß hohe Wiederkehrschwingungen ausgelöst werden, deren Höhe durch die Einstellung von F begrenzt bleibt.

Abb. 5.38. Freiluft-Hochspannungsprüffeld, Stoßspannungserzeuger für 3600000 V

Bei Stoßprüfungen sind keine bedeutenden Energien erforderlich. Infolge der extrem kurzen Zeiten wird aber die Stoßleistung recht beträchtlich, z. B. für $\bar{U} = 125$ [kV], $C_s = 8 \times 5$ [μF] etwa eine Energie von $\bar{A} \approx U^2 C_s/2 = 2500$ [Ws] aufgespeichert. Wird sie in $T_s = 10\,\mu$s entladen, so wird die Leistung im Stoßkreis: $P_{st} = 250000$ kW.

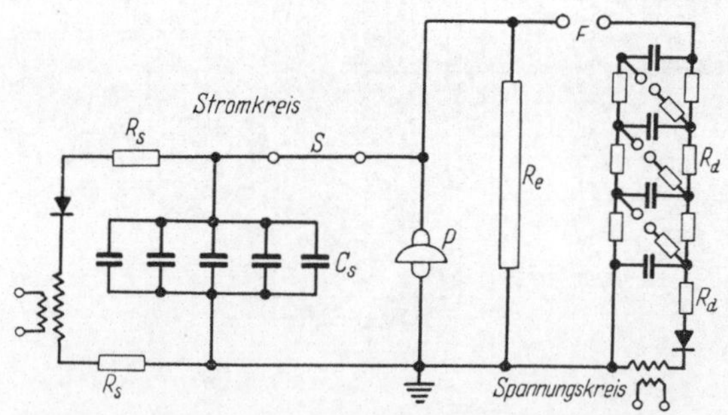

Abb. 5.39. Schaltung einer kombinierten Strom-Spannungsstoßanlage

Die Abb. 5.37 und 5.38 zeigen Ausführungen von Stoßgeneratoren für hohe Spannung.

Sollen hohe Stoßströme erzeugt werden (z. B. zur Prüfung des Ableitvermögens von Überspannungsableitern), so muß die Kapazität des Stoßkondensators C_s recht groß gewählt werden. Abb. 5.39 zeigt die Schaltung für eine Vereinigung von Spannungs- und Strom-Stoßprüfung, wobei Scheitelspannung und Scheitelstrom unabhängig voneinander eingestellt werden können.

5.7 Hochspannungsmeßtechnik. Spannungsmessung

Das vordringlichste Anliegen der Hochspannungsmeßtechnik im Laboratorium und bei Netzversuchen ist die einwandfreie Messung der auftretenden Spannung, gleichgültig welcher Art und Höhe sie ist. Da die Ergiebigkeit der Quellen der zu messenden Hochspannungen häufig sehr klein ist, muß meist gefordert werden, daß die Meßeinrichtung selbst nur äußerst geringen Stromverbrauch aufweist, also je nach ihrem System sehr hohen Widerstand, hohe Reaktanz oder sehr kleine Kapazität hat.

Den Effektivwert von hohen Wechselspannungen und die Gleichspannung zeigt in direkter Messung das *elektrostatische Voltmeter* an, das die Kraftwirkung des elektrischen Feldes zwischen einer feststehenden und einer beweglichen Elektrode ausnützt (vgl. § 2.4).

Bis zu Spannungen von 1000···1500 Volt können Quadrantenelektrometer als Präzisionsinstrumente, darüber einfache Elektrometer (bis etwa 5···10 kV) verwendet werden. Für höhere Spannungen bewährt sich das Instrument nach Starke-Schröder mit Lichtzeiger, das in eine Elektrode eines Luft-Plattenkondensators eingebaut ist. Man kann dessen Elektrodenabstand verstellen und damit den Meßbereich verändern (ca. bis 200 kV).

Die *Ladestrommessung* eines geeichten Kondensators direkt oder über einem hochempfindlichen Stromwandler gibt ebenfalls den Effektivwert der Spannung. Sie kann aber durch Herausgreifen einer Stromhalbwelle mittels mechanischem Gleichrichter oder Ventilgleichrichter auch zur Anzeige der Scheitelspannung entwickelt werden (vgl. § 2.5) (Fortescue und Chubb). (Ein mechanischer Gleichrichter, der phasenverschiebbar fremdgesteuert werden kann, erlaubt auch die Kurvenform aufzunehmen und den höchsten Scheitelwert abzutasten, ohne Fehlereinfluß durch verzerrte Spannungskurvenform.)

Schaltet man in der Kondensatorreihe als Meldegerät eine Glimmröhre bekannter fester Ansprechspannung parallel zu einem geeichten Drehkondensator, so kann ebenfalls die Scheitelspannung bestimmt werden (Palm).

Die *elektromagnetische* Übersetzung und Messung mittels Spannungswandlern kommt im Laboratorium kaum zum Einsatz; die Wandler sind dafür zu aufwendig, benötigen selbst störende Magnetisierungsleistung und können bei kleinen Hochspannungskapazitäten durch Auftreten von Resonanz mit der Grundwelle oder mit Oberharmonischen die Messung fehlerhaft machen. Die naheliegende Messung der Niederspannung des speisenden Prüftransformators als die bequemste Weise wird immer zur Kontrolle verwendet. Um zuverlässig und genau die Hochspannungen daraus errechnen zu können und die Übersetzungs- und Scheitelfaktorfälschung auszuschalten, müssen aber immer Zwischeneichungen mit angeschlossenem Prüfling samt Prüfschaltung vorgenommen werden.

Für Gleichspannungsmessungen dient das *rotierende Voltmeter* (Matthias, Kirkpatrik). Eine geteilte ebene oder zylindrische Elektrode (1,2) (Abb. 5.40) läuft mit konstanter Winkelgeschwindigkeit (ω) im elektrischen Feld der gegenüberstehenden Hochspannungselektrode (6) um. Dabei ist die halbe Fläche durch eine geerdete Schirmung (3) abgedeckt. So lange sich die Teilelektrode z. B. (1) unter der Öffnung,

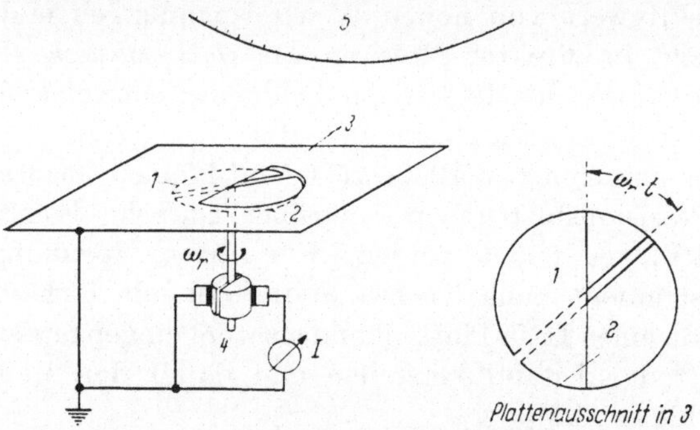

Abb. 5.40. Rotierendes Voltmeter

also im elektrischen Feld befindet, wird sie aufgeladen auf: $q_1 = c_1 \cdot U$, wobei sich c_1 mit der Drehung ändert: $c_1 = C_m \cdot \omega_r \cdot t/\pi$ bis zum Höchstwert der Kapazität C_m gegenüber Elektrode (5). $c_1 + c_2 = 0$. Verbindet man die beiden Teilelektroden (1) und (2) über einen Strommesser, so fließt während einer halben Umdrehung:

$$i_1 = \frac{dq_1}{dt} = U \cdot C_m \cdot \frac{\omega_r}{\pi},$$

und wechselnd:

$$i = \pm\, 2\, U \cdot C_m \cdot n_r\,. \qquad (5.10)$$

Richtet man den Strom mittels eines zweiteiligen Kommutators (*4*) gleich, so entsteht ein Gleichstrom, der (etwa nach Verstärkung) die Spannung direkt mißt.

Läßt man die Teilscheiben synchron und gleichphasig mit einer Wechselspannung rotieren, so mißt dieses Gerät auch den Scheitelwert dieser Wechselspannung. Wenn man den Abschirmausschnitt gegenüber den Bürsten dreht, kann jeder Zeitwert der Spannungskurve gemessen werden (KIND).

Das klassische Spannungsmeßgerät der Hochspannungstechnik ist die *Kugelfunkenstrecke*. Bei gegebenem Durchmesser des Kugelpaares, unveränderter Aufstellung und Anordnung und gleichbleibender Luftdichte ist die Durchschlagspannung dieser Funkenstrecke abhängig vom

Abb. 5.41. Kugelfunkenstrecke mit Kugeln von 750 mm ∅, in selbsttragendem Rahmen eingebaut (HAEFELY)

Kugelabstand. Im Anhang D sind diese Zusammenhänge für verschiedene Kugeldurchmesser, für einpolige Erdung und für beidpolige Isolierung gegeben. Der Meßbereich hängt vom Kugeldurchmesser ab; er soll nicht auf Abstände erstreckt werden, die größer als der halbe Durchmesser sind. Um die Kugeln soll ein Raum von 3···3,5 mal dem Kugeldurchmesser frei von anderen, insbesondere leitenden Gegenständen (Wand, Boden) bleiben (Abb. 5.41). Die Meßgenauigkeit ist infolge der Streuung der Durchbruchspannung auf etwa $\pm 2 \cdots 3\%$ begrenzt. Bei kleinen Kugeln und Abständen ist die Bestrahlung mit UV-Licht zu empfehlen.

Mit der Meßfunkenstrecke kann man natürlich nur im voraus bestimmte Spannungen kontrollieren oder aber Vergleichsmessungen machen, indem man z. B. den Abstand tastend so lange verkleinert, bis der Durchschlag abwechselnd mit dem Überschlag am Prüfling eintritt.

Um die Auslösung von Überspannungsschwingungen oder Stößen durch das Ansprechen der Meßfunkenstrecke zu verhindern, legt man genügend große Dämpfungswiderstände vor den Spannungsanschluß der Meßkugeln.

Die Meßfunkenstrecke spricht auf den Höchstwert der angelegten Spannung an, mißt also bei Wechsel- und Stoßspannungen den Scheitelwert. Ein bemerkenswerter Vorzug der Kugelfunkenstrecke ist ihr kleiner Stoßfaktor, so daß sie auch Stoßspannungen recht kurzer Dauer (z. B. 1/50) noch zuverlässig zu messen gestattet (UV-Bestrahlung!).

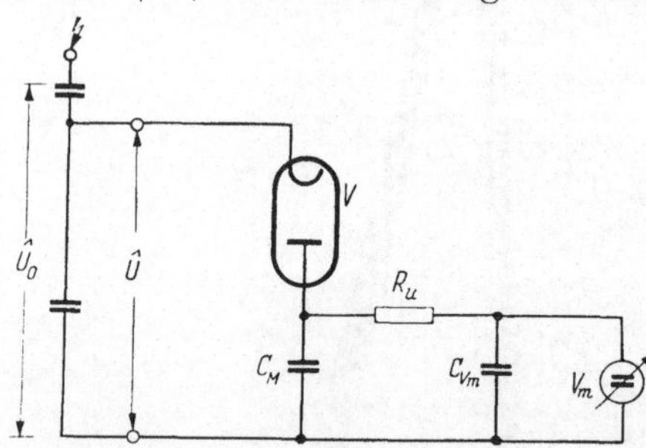

Abb. 5.42. Stoß- und Scheitelspannungsmesser (RABUS)

Weichen Lufttemperatur und -druck vom Normalwert ($\vartheta_0 = 20°$ C, $p_0 = 760$ Torr) ab, so sind die den Eichkurven entnommenen Spannungswerte zu korrigieren; die tatsächliche Spannung ist:

$$U_{(\vartheta,\, p)} = U_0(l) \cdot \delta \tag{5.11}$$

wobei die relative Luftdichte:

$$\delta = \frac{(273 + 20)}{(273 + \vartheta)} \frac{p}{760} = \frac{0{,}385 \cdot p}{273 + \vartheta}. \tag{5.12}$$

Die Messung der *Scheitelwerte* von *Stoßspannungen* und von Überspannungen kann mit Hilfe der Aufladung eines Kondensators über ein Ventil und der elektrostatischen Messung seiner Spannung geschehen. Es kommt darauf an, den Kondensator schnell genug aufzuladen, so daß seine Spannung der Scheitelspannung gleich wird, seine Entladung aber so zu verzögern, daß genügend Zeit zur Verfügung steht, um die Spannung sicher und zuverlässig messen zu können. Eine Anordnung von RABUS (Abb. 5.42) benützt ein Hochvakuumventil V. An seinem Widerstand in Durchlaßrichtung (R_{vd}) wird eine (bei Annahme von Sinusform der zu messenden Spannung mit der Kreisfrequenz ω_s)[1] mit $\pi/2$ gegen die Spannung am Meßkondensator C_m voreilende Spannung ΔU_v verbraucht, wobei

$$\frac{\Delta \hat{U}_v}{\hat{U}_M} = R_{vd} \cdot \omega_s \cdot C_M \,. \tag{5.13}$$

[1] Einer Stoßwelle 1/50 entspricht eine Ersatzsinuswelle mit etwa 250 kHz.

Wenn dadurch die Meßspannung nur auf $\zeta \cdot \hat{U}$ gefälscht werden soll, ($1 - \zeta$ = zugelassener Fehler), dann ist die höchste Meßfrequenz bzw. Stirnsteilheit des Spannungsstoßes begrenzt auf: $f_s \leq \frac{\sqrt{1-\zeta^2}}{2\pi R_{vd} C_M}$. Während der Meßzeit t_M soll die Spannung am Kondensator über den Sperrwiderstand des Ventils (R_{vs}) nicht unter $\eta \cdot \hat{U}_M$ sinken (mit $(1-\eta)$ = Fehlanzeige der Spannungsmessung). Somit: $R_{vs} \cdot C_M \geq t_M/(1-\eta)$. Somit wird die erfaßbare Grenzfrequenz:

$$f_s \leq \frac{\sqrt{1-\zeta^2}\,(1-\eta)}{2\pi \cdot t_M} \cdot \frac{R_{vs}}{R_{vd}}. \tag{5.14}$$

Z. B. mit $R_{vs} \approx 10^{13}\,\Omega$, $R_{vd} \approx 1 \cdots 2000\,\Omega$, $t_M = 5$ s, $(1-\zeta) = 0{,}02$, $(1-\eta) = 0{,}01$, $f_s \leq 300 \cdots 350$ kHz, was somit für die Normstoßwelle ausreicht.

Um das elektrostatische Voltmeter selbsttätig an den Meßkondensator nach dem Stoß anzuschalten, wird die Verzögerung der Umladung von C_M auf C_{vm} über den Widerstand R_u benützt. Mit $R_{vd} \ll R_u \ll R_{vs}$ ist für die kurze Aufladezeit nur C_M, für die Ablesung $(C_M + C_{vm})$ maßgebend und die Grenzfrequenz wird noch erhöht. Dieses Gerät kann auch noch abgeschnittene Stoßspannungswellen messen.

Um Überspannungen zu registrieren, wird der *Klydonograph* (vgl. § 8···9) noch benützt, wenn man geringen Aufwand anstrebt und mit mäßiger Genauigkeit zufrieden sein kann.

5.8 Aufzeichnung des zeitlichen Spannungsverlaufs

Die mit elektromagnetischer oder elektrodynamischer Ablenkung arbeitenden Geräte genügen für geringere Aufzeichnungs-Geschwindigkeit: Schnellschreiber für Frequenzen von 0···70 Hz, Lichtstrahlschreiber für 0···800 Hz, Lichtstrahloszillographen für 0···7 · 10^3 Hz. (Sonderausführungen sind als „Störschreiber" für den Netzbetrieb entwickelt worden; sie laufen gewöhnlich mit langsamem Vorschub und schalten auf schnelle Aufzeichnung um, sobald ein Störungsvorgang auftritt.) Die Spannungsänderungen dürfen nicht schneller als 1/4 der Eigenschwingungsdauer sein. Für höherfrequente oder schnellere Vorgänge wird die Ablenkung des praktisch trägheitslosen, elektronenoptisch gebündelten Elektronenstrahls im elektrostatischen Feld von Ablenkkondensatoren (Zeitablenkung und Spannungsablenkung senkrecht aufeinander stehend) angewandt: Elektronenstrahl-Oszillograph mit Glühkathode (Braunsches Rohr), Kathodenstrahloszillograph mit kalter Kathode (Rogowski). Die maximal erreichte Schreibgeschwindigkeit ist bei abgeschmolzenen Rohren und solchen mit Pumpenanschluß z. Zt. etwa 15···20000 km/s, d. h. 2 cm Zeitlinienlänge werden in 10^{-9} sek durchlaufen. Man kann Vorgänge mit 10^9 Hz und mehr noch trennen.

Die Aufzeichnungsgeschwindigkeit wird begrenzt durch die endliche Elektronenlaufzeit, die begrenzte Intensität des Elektronenstrahlers und die endliche Länge der Ablenkplatten; die Schärfe der Aufzeichnung wird beeinträchtigt durch die den Strahl begleitende Wolke von Sekundärelektronen. Der Vorteil des Oszillographen mit nicht abgeschmolzenem Rohr ist die direkte Aufzeichnung auf den in das Vakuum eingeschleusten Film und die Möglichkeit, mit Spannungen bis 100 kV unmittelbar an die Ablenkplatten zu gehen und kürzeste Meßzuleitungen anzuwenden.

5.9 Meßkondensatoren, Hochspannungswiderstände. Spannungsteiler

Insbesondere für die Messung dielektrischer Verluste (vgl. § 2.9) benötigt man *Kondensatoren* für höchste Spannung mit möglichst geringem Verlustfaktor ($\tan \delta \lesssim 10^{-4}$!). Nur bedingt sind deshalb Kondensatoren mit festem Dielektrikum verwendbar (Minosflaschen, keramische Kondensatoren), die zwar spannungssicher sind und große Kapazitäten verwirklichen lassen, aber selbst merkliche Eigenverluste aufweisen und mißlicherweise darin temperatur- und frequenzabhängig sind. Wenn dagegen in Luft oder Gas irgendwelche Entladungen unterdrückt bleiben, ist der durch den dunklen Vorstrom gegebene Verlustfaktor bei 50 Hz kleiner als 10^{-5}, (bzw. $< 10^{-8 \cdots -10}$ beim Sättigungsstrom, der schon bei niedriger Feldstärke einsetzt, vgl. § 6.3). Darum ist der Luftkondensator sehr vorteilhaft, zumal auch seine Kapazität praktisch ganz unabhängig ist von äußeren Einflüssen.

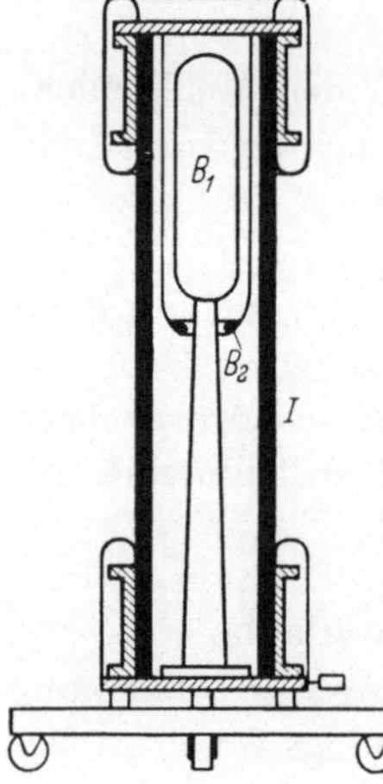

Abb. 5.43. Preßgaskondensator; B_1 B_2 Elektroden, J Issolator

Um aber bei erträglichen Abmessungen genügend hohe Kapazität bei hoher Spannung zu erhalten, muß die Durchschlagfestigkeit des gasförmigen Mediums erhöht werden. Der Preßgaskondensator (Abb. 5.43 vgl. S. 324 Abb. 11.44) arbeitet mit konzentrischen Zylinderelektroden (B_1, B_2) in Stickstofffüllung bei 10···12 at in einem Isolierstoffgefäß (I). Die Meßleitung ist an B_1 geschirmt zugeführt. Solche Kondensatoren sind für Spannungen bis 800 kV mit Kapazitäten von 50···100 pF ausgeführt. Die infolge etwaiger Druckschwankung entstehende Änderung der Dielektrizitätskonstante ist verschwindend (etwa $5 \cdot 10^{-4} = \Delta\varepsilon/\varepsilon$ bei 1 at Druckänderung).

Bei *kapazitiven Spannungsteilern*, die durch Reihenschaltung mehrerer Kondensatoren aufgebaut werden, ist bei Hochspannung störend, daß die Streukapazitäten der einzelnen Anschlüsse gegen Erde das Übersetzungsverhältnis fälschen können. Es bleibt aber frequenzunabhängig und ohne Phasenfehler, sofern die Einzelkondensatoren vernachlässigbare und gleiche Verlustfaktoren haben. Wenn das erdpotentialseitige Meßgerät selbst nur als Kapazität wirkt (elektrostatische Voltmeter, Elektronenstrahloszillograph), dann können also die schnellsten Vorgänge richtig aufgezeichnet werden. Für Gleichspannung eignet sich die kapazitive Teilung nur bei verlustfreien Kondensatoren, da sonst die Teilung entsprechend den Isolationswiderständen geschehen würde.

a

b

Abb. 5.44. Gesteuerter und geschirmter Meßwiderstand in Öl für 250 kV, 17 MΩ, 15 mA. a) Innenaufbau b) fertig für Freiluftaufstellung. (AEG)

Bringen stromverbrauchende Geräte (auch Verstärkerschaltungen) Widerstand und Reaktanz in den Kreis des Meßabgriffes, so entstehen Phasenfehler und die Hochspannungskondensatoren müssen große Kapazitäten haben. Darum verwendet man als Teiler- oder *Vorwiderstände* sehr hohe Widerstände, die induktionsfrei aus „Hochohm"-Kordeln zylindrisch gewickelt aufgebaut sind. Bei hoher Frequenz, insbesondere bei Stoßvorgängen wird durch die Streukapazitäten die Spannungsverteilung größenmäßig geändert und gedreht. Darum ist eine Abschirmung bzw. Steuerung erforderlich, die für niedrige Frequenzen durch einen konzentrisch umschließenden Schirmwiderstand (Abb. 5.44), für Stoßmessungen durch eine innere Kondensator-Steuersäule am vorteilhaftesten geschieht. Abb. 5.45 zeigt einen Kondensatorteiler mit Parallelwiderstand für Stoßprüfungen. In Abb. 5.46 ist der grundsätzliche Verlauf des Übersetzungsverhältnisses mit der Frequenz dargestellt.

Abb. 5.45. Gemischt ohmisch-kapazitiver Spannungsteiler

Bild 5.47 bringt den gerechneten Betragsfehler und Winkelfehler für einen nur ohmschen Teiler für 1000 kV von 20 kΩ und 7 kΩ Gesamtwiderstand. Die Gesamterdkapazität ist in dem Berechnungsbeispiel 45 pF. Für ohmsche Teiler mit kapazitivem Schirm gibt ROMANO[1] den Frequenzgang (s. Abb. 5.48a) und die Phasendrehung (*b* und *c* in Abb. 5.48) an. Die Zuleitungsinduktivität bewirkt zusammen mit der Schirm–Erde-Kapazität eine Resonanzüberhöhung in der Gegend von 30 MHz in diesem Beispiel. Eine kritische Dämpfung dieses Kreises ist für eine gute Messung notwendig.

Unter Beachtung aller notwendigen Maßnahmen zur Erzielung einer geringstmöglichen Zeitkonstanten des Widerstandes des Teilers mit seiner Erdkapazität, der Zuleitungsinduktivität und der Schirmkapazität usw. ist es gelungen, für 500 kV einen Teiler von 20 kΩ Gesamtwiderstand und nur 8 ns ,,responsetime" zu bauen. Die Anstiegsgerade eines Dreieckimpulses wird hier nur um 8 ns zeitlich verschoben gemessen. Bei einer nach 1 μs abgeschnittenen Welle bedeutet das einen Betragsfehler in der Messung der Scheitelspannung von nur 1%.

[1] Lit.: ROMANO, M. A.: Etude des divisers de tension en régime permanent. Revue Général de l'Electricité 65 (1956) No. 5.

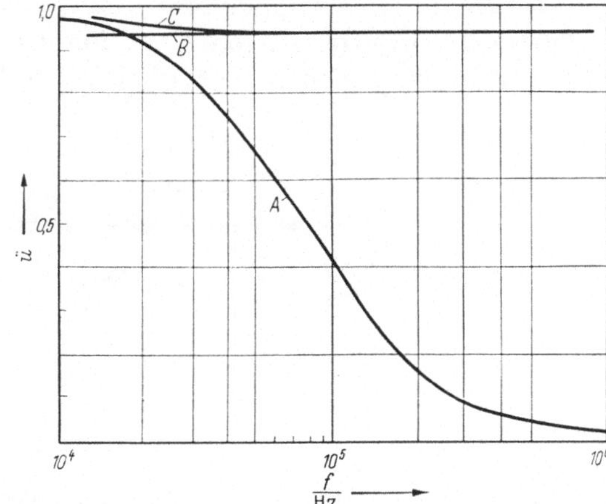

Abb. 5.46. Übersetzungsverhältnis abhängig von der Frequenz

A) Widerstandsteiler,
B) Kondensatorteiler,
C) Widerstandsteiler mit innerer Kondensatorsäule
(n. Liechti, Micafil-Nachr. 1945)

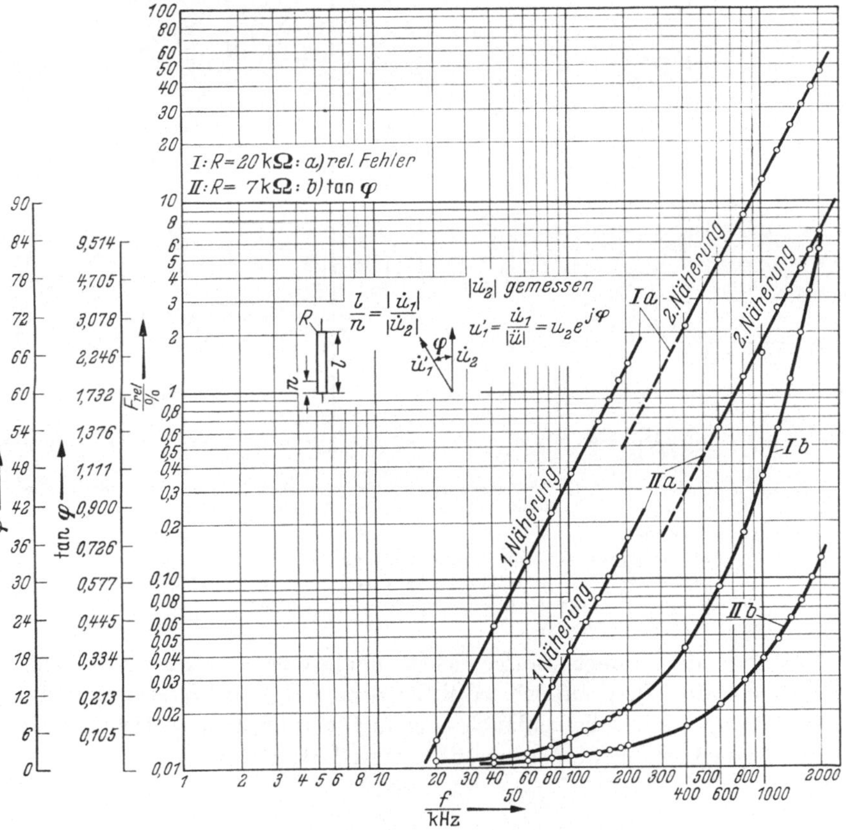

Abb. 5.47. Stoßspannungsteiler ohne Belastungswiderstand

Als *Schutz-* und *Dämpfungswiderstände* zur Unterdrückung von hochfrequenten Schwingungen oder zur Fernhaltung von Überspannungsstößen verwendet man in Prüfschaltungen Drahtwiderstände, die auf

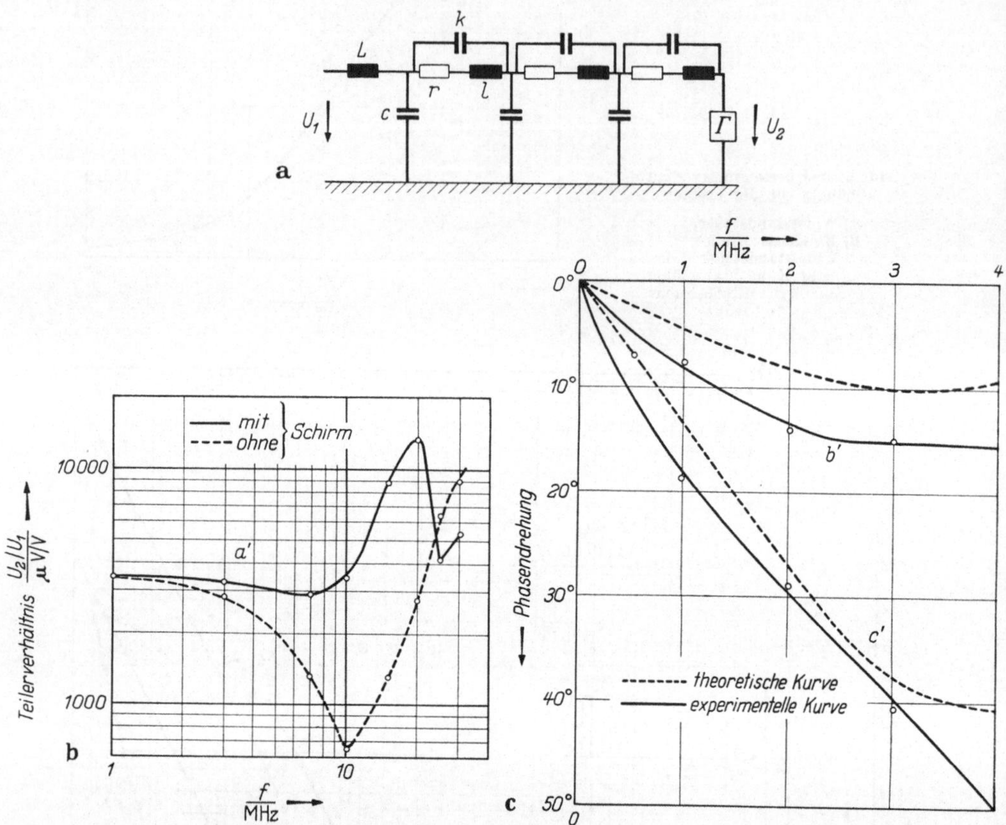

Abb. 5.48 a—c. Ohmscher Teiler mit kapazitivem Schirm; Kurven *a'*, *b'*, *c'* mit Widerstandswert 20 300 Ohm/75 Ohm (nach Romano)

a) Ersatzbild
b) Frequenzgang —— mit Schirm (Kurve *a*), — — — — ohne Schirm
c) Phasengang — — — — theoretische Kurve, —— experimentelle Kurve
Kurve *b'* ohne Schirm, Kurve *c'* mit Schirm

langen Isolierzylindern aufgewickelt sind, oder Schniewindt-Widerstandsbänder, die praktisch induktionsfrei sind, und Wasserwiderstände in Gummi- oder Isolierschlauch oder in Glasrohren (spezifischer Widerstand von Leitungswasser bei 15° C etwa 1500 Ω/cm).

B. Dielektrische Festigkeit

§ 6. Entladungsvorgänge

6.1 Die Entladungen im Dielektrikum

Der elektrostatische Feldzustand ist im wirklichen Dielektrikum tatsächlich nie gegeben. Sobald Spannung angelegt wird, tritt ein wahrer Elektrizitätstransport auf; aber erst über einer gewissen kritischen Feldstärke wird seine Intensität mehr oder minder unvermittelt so groß, daß die Isolierfähigkeit verschwindet und der Stromfluß überwiegend die Erscheinungen bedingt. Man nennt diese vom elektrischen Feld hervorgerufenen Vorgänge, die den Zustand der dielektrischen Verschiebung verändern, allgemein Entladungen.

Man unterscheidet verschiedene Formen der Entladungen: den *Durchbruch* innerhalb eines im wesentlichen einheitlichen gasförmigen, flüssigen oder festen Mediums; den *Überschlag* oder die *Gleitentladung* an der Trennfläche von zwei isolierenden Medien, z. B. von Luft und Porzellan. Die Entladungen können als „vollständige" die Elektrodendistanz gesamt überbrücken: Funken, Lichtbogen, oder nur Teilstrecken des Feldes leitend machen als „unvollständige" oder „Teil"-Entladung, die einseitig an einer Elektrode ansetzen oder aber „elektrodenlos" brennen kann: Glimmen, Korona, Sprühen, Büschel, Teilfunken.

Bei jeder Entladung werden im Dielektrikum freie Ladungsträger unter der Wirkung und in Richtung des Feldes fortbewegt. Voraussetzung ist also das Vorhandensein oder die Bildung von Ladungsträgern im Feldraum und ihre mehr oder minder freie Beweglichkeit. Ist die örtliche Dichte der Ladungsträger klein, dann wird trotz des Stromflusses das durch die Elektroden gegebene elektrostatische Feld nur vernachlässigbar wenig verändert; sind Träger beiderlei Polarität gleich zahlreich vorhanden, so spricht man von einem „Plasma". Häufen sich aber im Feldraum einpolige Ladungen örtlich an, so kann das ursprüngliche Elektrodenfeld raumladungsverzerrt werden. Abb. 6.1 zeigt z. B., wie durch die an einer negativen Spitze auftretende Glimmentladung eine positive Raumladungswolke entsteht und wie die Feldverteilung verändert wird. Je nach der mittleren Dichte der bewegten Ladungsträger sind die Intensitäten des Stromflusses bei der Entladung sehr verschieden: Die noch nicht zu den Hochspannungs-Entladungen gezählte geringe Stromleitung im unvollkommen isolierenden Dielektrikum mit $10^{-18} \cdots 10^{-9}$ A/cm^2; Glimmentladungen mit $10^{-6} \cdots 10^{-4}$ A/cm^2; Funken und Lichtbogen mit $10^{-2} \cdots 10^{5}$ A/cm^2 und mehr.

Für die äußere speisende Spannungsquelle werden alle im Feldraum sich abspielenden Ladungsbewegungen als Strom meßbar, ohne daß daraus Art und Stärke der bewegten Ladung und der zurückgelegte Weg erkennbar wären: $i = (N^- \cdot v^- + N^+ \cdot v^+) \cdot e$.[1]

Als Ladungsträger kommen in Frage: negative Elektronen mit dem Ladungsquant von: $e = 1{,}6 \cdot 10^{-19}$ As, und mit der Masse: $m_e = 9 \cdot 10^{-28}$ gr; positive und negative Ionen, d. h. Atome mit einem oder mehreren Mangel- oder Überschuß-Elektronen, mit entsprechender Ladung und mit der Masse des Materieatoms, z. B. minimal beim einatomigen Wasserstoff: $m_H = 1{,}66 \cdot 10^{-24}$ gr, also 1850mal schwerer als das Elektron; schließlich negative oder positive Molekül-Ionen (Komplex-Ionen) mit einer der materiellen Zusammensetzung entsprechenden Masse.

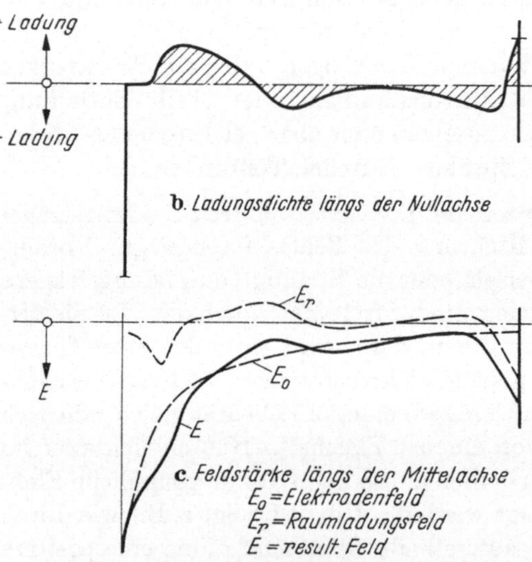

Abb. 6.1. Raumladungen zwischen negativer Spitze und positiver Platte.
a) Raumladungen, b) Ladungsdichte längs der Achse, c) Feldstärke längs der Achse. E_0 = Elektrodenfeld, E_r = Raumladungsfeld, E = resultierendes Feld

Die Ladungsträger können durch die Wirkung des elektrischen Feldes entstehen, „selbständige Ionisierung", oder durch äußere Einwirkung gebildet und in den Feldraum hineingebracht werden, „Fremd-Ionisierung". Sie vergehen durch Neutralisierung an den Elektrodenoberflächen oder im Feldraum oder sie entziehen sich der Wirkung des Feldes durch Diffusion.

Während die kapazitive Verschiebung sich rein elastisch wieder aufhebt, wenn die äußere Spannung weggenommen wird, bleiben im entladungsbehafteten Feld Ladungen zurück. Infolgedessen besteht ein Restfeld weiter, das als Nachwirkungsspannung zwischen den Elektroden gemessen wird.

[1] i = Stromdichte; N^-, N^+ = Zahl der bewegten negativen bzw. positiven Ladungsträger; v^-, v^+ = deren Bewegungsgeschwindigkeiten in Feldrichtung. e = Ladung eines Trägers.

Bei einem Wechselspannungsfeld können Ladungsträger, falls die Frequenz hoch genug oder die Beweglichkeit klein genug ist, dauernd im Feldraum pendelnd bleiben, ohne die Elektroden zu erreichen; sie ändern dann im Mittel ihren Platz nicht. Zum Unterschied von der kapazitiven Verschiebung sind aber hier die Ortsveränderungen nicht verlustfrei; sie erfordern einen Energieübergang an die materielle Umgebung. Es entsteht eine zeitliche Nacheilung der Bewegung gegenüber der harmonisch wechselnden Feldstärke.

Berücksichtigt man dies durch Einführung einer komplexen Verschiebungsziffer:

$$\varepsilon = \varepsilon' - j\,\varepsilon'' , \tag{6.1}$$

dann wird $P_v = U^2 \cdot C_0 \cdot \omega \cdot \varepsilon''$ [1] die aufzuwendende Verlustleistung, (mit $\varkappa = \omega \cdot \varepsilon'' \cdot \varepsilon_0^* = \omega \cdot \varepsilon' \cdot \varepsilon_0^* \cdot \tan\delta$ als Äquivalentwert einer Leitfähigkeit). Diese ist aber immer von der Stärke des Feldes abhängig, daneben noch von der Temperatur, der Frequenz und von anderen Größen. (Beim metallischen Leiter ist die Spannungsunabhängigkeit der Leitfähigkeit und damit die Gültigkeit des OHMschen Gesetzes gerade charakteristisch.) Die kapazitive Blindleistung des Wechselfeldes ist:

$$Q_c = U^2 \cdot C_0 \cdot \varepsilon' \cdot \omega . \tag{6.1a}$$

Als „Verlustfaktor" wird zu:

$$\frac{P_v}{Q_c} = \tan\delta = \frac{\varepsilon''}{\varepsilon'} = \frac{J_v}{J_c} \tag{6.2}$$

definiert. Da auch ε' zumeist mit denselben Einflußgrößen sich ändert, benützt man häufig den imaginären Teil der komplexen Verschiebungsziffer allein:

$$\varepsilon'' = \frac{\varkappa}{\omega} = \varepsilon' \tan\delta = \frac{P_v}{(U^2 \cdot C_0 \cdot \omega)} \tag{6.3}$$

als „Verlustziffer" zur Charakterisierung des Entladungs- bzw. Leitverhaltens eines Materials oder einer Konstruktion.

Gleichzeitig bedeutet die pendelnde Bewegung von Ladungsträgern im Wechselspannungsfeld eine Verminderung der reellen Komponente der Verschiebungsziffer gegenüber der des ladungsfreien materiellen Feldraumes, da die Teilchengeschwindigkeit dem Spannungswechsel fast mit $\pi/2\,\omega$ Verzögerung nacheilt, also in Gegenphase zum feldaufbauenden Ladestrom ist. Dieser Einfluß wird aber weitaus überdeckt durch die Kapazitätsvergrößerung, die eintritt, wenn im Feld Raumladungen bestehen (etwa 1000mal so groß).

6.2 Bewegung der Ladungsträger im gasförmig erfüllten Feldraum

Die auf ein unbehindert frei bewegliches Ladungsteilchen, wie es etwa im hohen Vakuum vorhanden ist, wirkende Feldkraft erteilt ihm

[1] C_0 = geometrische Kapazität der untersuchten Anordnung im Vakuum.

eine Beschleunigung: $e\,E/m$, um so größer, je kleiner die Teilchenmasse (m) ist. Im homogenen Feld ist die gewonnene Bewegungsenergie: $e\int^{x} E\,dx = m\,\Delta v^2/2 = e\,U_x$, wenn U_x die über die Wegstrecke x herrschende Spannung und Δv der Geschwindigkeitszuwachs sind. Dieser wird:

$$\Delta v = \sqrt{\frac{2\,e\,U_x}{m}}; \tag{6.4}$$

für das Elektron:

$$\frac{\Delta v_e}{[\mathrm{cm/s}]} = \sqrt{\frac{2\cdot 1{,}6\cdot 10^{-19}}{9\cdot 10^{-28}\cdot 10^{2}\cdot \mathrm{g}}}\sqrt{\frac{U_x}{[\mathrm{V}]}} = 600\sqrt{\frac{U_x}{[\mathrm{V}]}}.^{1} \tag{6.4a}$$

Die Anziehungskräfte der Ladungsteilchen untereinander spielen gewöhnlich nur eine verschwindende Rolle. Sie sind z. B. bei einem Ionengehalt von $10^9/\mathrm{cm}^3$ mit einem mittleren Mittenabstand der Ionen von $r = 10^{-3}$ cm nur:

$$\mathfrak{K} = e^2/r^2 = 1{,}6^2\cdot 10^{-38}/10^{-6} \approx 10^{-32}\,\mathrm{Dyn} = 10^{-35}\,\mathrm{pd};$$

die daraus resultierende Geschwindigkeit über eine freie Weglänge etwa nur:

$$v = \sqrt{\mathfrak{K}/m\cdot 2\,\lambda} \approx 10^{-6}\,\mathrm{cm/sek}.$$

Die freie Ladungsträgerbewegung wird begrenzt durch Zusammenstöße mit benachbarten Gasteilchen. Sind r_1 und r_2 die Wirkungsradien der Ladungsträger (N_1) und der Gasmoleküle (N_2 in der Raumeinheit), v_1 und v_2 ihre mittlere Geschwindigkeiten, somit: $v = \sqrt{v_1^2 + v_2^2}$ die mittlere Geschwindigkeit des Gasgemisches, so trifft das Ladungsteilchen (1) in der Zeiteinheit auf alle im Volumen: $v\cdot\pi\,(r_1 + r_2)^2$ befindlichen Gasteilchen. Der Zahl solcher Zusammenstöße umgekehrt proportional ist die *mittlere freie Weglänge*:

$$\lambda_f = \frac{v_1}{v}\,\frac{1}{\pi\,(r_1 + r_2)^2\cdot N_2}. \tag{6.5}$$

$$\lambda_f = \frac{\text{Geschwindigk. d. stoßenden Teilchen } (v_1)}{\text{Betrag der Relativgeschwindigkeit } (v)}\cdot\frac{1}{\text{Stoßquerschn.}\cdot\text{Zahl der gestoßenen Teilchen pro Vol.-Einheit}}$$

Sie ist für Ladungsträger verschiedener Größe also verschieden, für neutrale Moleküle ($r_1 = r_2$, $v_1 = v_2$):

$$\lambda_M \approx \frac{1}{4\sqrt{2}\cdot\pi\cdot r_2^2\cdot N_2},$$

für Ionen in starkem elektrischem Feld ($r_1 \approx r_2$, $v_1 > v_2$):

$$\lambda_i \approx \frac{1}{4\cdot\pi\cdot r_2^2\cdot N_2},$$

für Elektronen im Feld ($r_1 < r_2$, $v_1 > v_2$):

$$\lambda_e = \frac{1}{\pi\cdot r_2^2\cdot N_2}.$$

[1] 1 [gr] = 100 · g [Dyn] (g = Erdbeschleunigung).

Da die Zahl der Gasmoleküle in der Raumeinheit von Druck (p) und Temperatur (ϑ^*) abhängen: $N_2 = p/k \cdot \vartheta^*$, gilt für die freie Weglänge der Elektronen:

$$\lambda_{fe} = \frac{k\,\vartheta^*}{\pi \cdot r_2^2 \cdot p}. \tag{6.6}$$

Diese Größe ist ein statistischer Mittelwert, der mit der Wahrscheinlichkeit: $\exp(-\lambda/\lambda_{fe})$ gemäß einer GAUSSschen Verteilung erfüllt wird.

Tabelle 6.1 *Meßwerte der mittleren freien Weglängen λ_{fe} für Elektronen in Gasen bei $\vartheta = 20°$ C und $p = 750$ Torr*

He	H_2	Ne	O_2	Ar	Luft	N_2	CO_2
13,2	8,6	8,3	4,8	4,75	4,63	4,47	$2{,}98 \cdot 10^{-6}$ [cm]

Im gaserfüllten Raum ist das Ladungsteilchen ebenso wie die Gasatome und -Moleküle der *Wärmebewegung* unterworfen. Deren mittlere

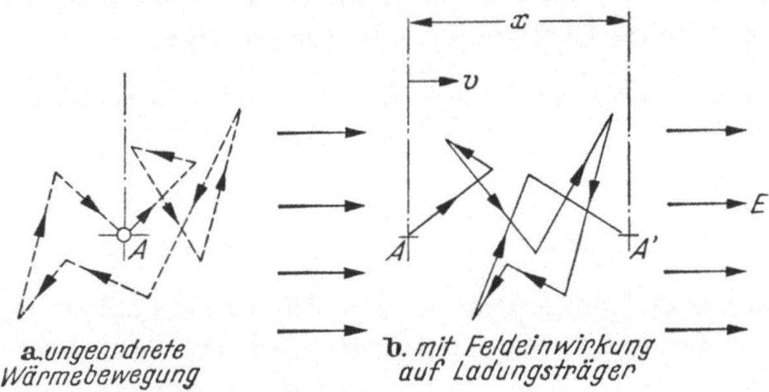

Abb. 6.2. a) Ungeordnete Wärmebewegung; b) mit Feldeinwirkung auf Ladungsträger

Geschwindigkeit ist abhängig von der absoluten Temperatur ϑ^*, gemäß der Gleichheit der mittleren Bewegungsenergien: $m_e \cdot w_e^2/2 = m_M \cdot w_M^2/2 = \frac{3}{2} k \cdot \vartheta^*$.[1] Die thermische Geschwindigkeit des Elektrons, w_e, ist nur mit $\sqrt{m_M/m_e}$ größer als die des Gasmoleküls. (Bei 0° C im statistischen Mittel etwa $w_e = 42{,}5 \cdot 10^3$ cm/s; etwa 10^{10} Zusammenstöße je cm³ und je sek.)

Im elektrischen Feld überlagert sich der Wärmebewegung, die den mittleren Aufenthaltsort nicht verändert, eine Wanderungsgeschwindigkeit v in Feldrichtung (Abb. 6.2). In der Zeit zwischen zwei Zusammenstößen: $t' = \lambda_f/w$ ist die Feldbeschleunigung: $d_v/dt = e \cdot E/m$, die zurückgelegte Wegkomponente in Feldrichtung: $x' = e\,E/m \cdot t'^2/2$. Somit

[1] $k = 1{,}3797 \cdot 10^{-23}$ Ws/°K = BOLTZMANN-Konstante, ϑ^* = absolute Temperatur, w = Geschwindigkeit der ungeordneten Wärmebewegung.

wird die elektrische Wanderungsgeschwindigkeit:

$$v = \frac{x'}{t'} = \frac{e\,E}{2\,m} \cdot \frac{\lambda_f}{w} = b \cdot E\,. \qquad (6.7)$$

Sie ist proportional der Feldstärke, mit der „Beweglichkeit“:

$$b = \frac{(\xi \cdot e\,\lambda_f)}{(2\,m \cdot w)} = \xi \cdot \frac{e}{\sqrt{m}} \cdot \frac{\sqrt{k \cdot \vartheta^*}}{\sqrt{3} \cdot r^2 \cdot p}\,. \qquad (6.8)$$

Da für die mittlere freie Flugzeit t' oben nur mit der Geschwindigkeit der Wärmebewegung und mit den statistischen Mittelwerten gerechnet wurde, kann das Ergebnis die Verhältnisse bloß qualitativ richtig beschreiben. Es vernachlässigt die von den Ionen auf die gestoßenen Moleküle ausgeübte Anziehung, die eine Deformation des Moleküls und eine zusätzliche Ablenkung des Ions bewirkt, was auf eine Verringerung der freien Weglänge des Ions hinauskommt: ($\xi < 1$).

Je größer die Masse des Ladungsteilchens ist, desto niedriger liegt die Beweglichkeit. Für negative Ionen mißt man etwas größere Beweglichkeiten (beigemischte Elektronen ?) als für positive.

Tabelle 6.2 *Beweglichkeit von Ionen im Gas gleichen Stoffes bei* 20° C *und* 750 Torr

	H_2	He	Luft	O_2	N_2	feuchte Luft	CO_2	H_2O (100° C)	
$b_i^- =$	7,90	6,31	1,87	1,80	1,6	1,51	1,14	0,43	$\left[\frac{\text{cm/s}}{\text{V/cm}}\right]$
$b_i^+ =$	6,70	5,09	1,36	1,36		1,37	1,10	0,47	

Mit steigender Temperatur nimmt die Beweglichkeit etwa mit der Wurzel aus der absoluten Temperatur zu (bei konstantem Druck). Die Ionenbeweglichkeit ist bis zu hohen Feldstärken von etwa 70 kV/cm von dieser unabhängig, nimmt dann aber langsam ab.

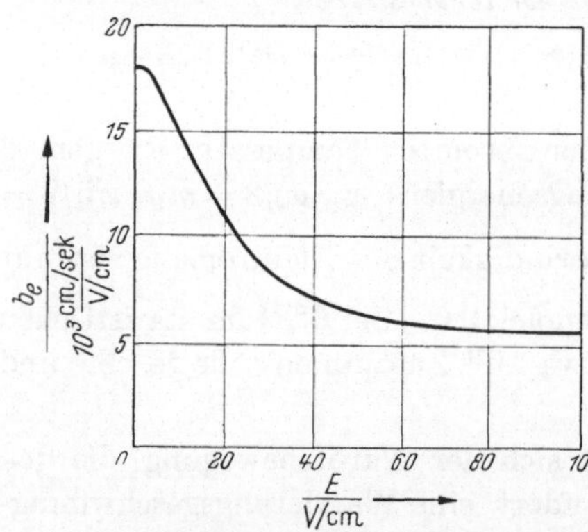

Abb. 6.3. Elektronenbeweglichkeit in Stickstoff bei 20° C, 760 Torr

Bei der Feldbewegung der *Elektronen* ist die viel höhere elektrische Beschleunigung zu berücksichtigen, so daß t' und x' bzw. v und b_e mit wachsender Feldstärke abnehmen (Abb. 6.3). Die Elektronenbeweglichkeit ist einige tausendmal größer als die der Atom- und Molekül-Ionen:

$$b_e/b_i \approx \lambda_{fe}/\lambda_{fi} \cdot (m_i/m_e) \cdot (w_i/w_e),$$

und erreicht schon bei mäßiger Feldstärke einen etwa konstanten Wert von rund 6000 $\left[\frac{\text{cm/s}}{\text{V/cm}}\right]$.

6.3 Dunkler Vorstrom

Mit der Bewegung von Ladungsträgern (es sei $N^+ = N^- = N$) im Feld tritt eine Stromdichte auf:

$$i_0 = N \cdot e\,(v^+ + v^-) = N \cdot e \cdot E \cdot (b^+ + b^-)\,. \tag{6.9}$$

Dieser „dunkle Vorstrom", der schon bei kleinster Feldstärke besteht, ist infolge der niedrigen Ionenkonzentrationen im Gas sehr gering: $i_0/E \approx 1 \cdot 10^{-12} \left[\frac{\text{A/cm}^2}{\text{V/cm}}\right]$. Da die vorhandenen Ladungsträger durch den Vorstrom aus dem Feldraum entfernt werden, kann er nur insoweit proportional mit der Feldstärke zunehmen, als für einen Ersatz durch Neuerzeugung der durch Hereinbringen von außen her gesorgt wird. Darum wird der Grenzwert des spezifischen Vorstromes $10^{-9} \cdots 10^{-10} \left[\frac{\text{A/cm}^2}{\text{V/cm}}\right]$ [1] schon bei geringer Feldstärke erreicht; er hängt von der Zahl fremderzeugter Ladungsteilchen ab, nimmt also mit der Größe des Feldraumes zu (Abb. 6.4) und hat bezüglich des Feldes einen durchaus unselbständigen Charakter.

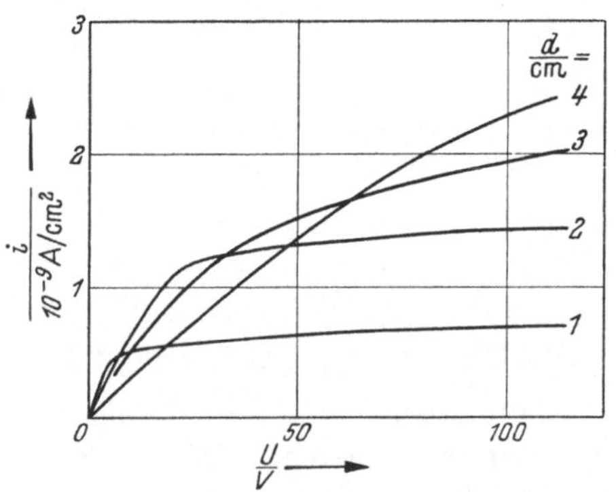

Abb. 6.4. Vorstrom und Sättigungsstrom in Luft bei verschieden großem Feldraum (nach SEEMANN)

Im festen Dielektrikum tritt noch die Erscheinung der *Polarisation* unter Einfluß der Feldstärke hinzu. Im Molekülgitter gebunden sind die polaren Aufbauteile, Anionen und Kationen, nach außen hin elektrisch neutral. Sie sind aber immerhin so weit voneinander getrennt, daß äußere Feldkräfte ausreichen, um ihre Lage im Molekül zu ändern. Können die Ladungsschwerpunkte im feldfreien Zustand in räumlicher Deckung angenommen werden, so trennen sie sich durch die auf die beiden Ionengruppen entgegengesetzt wirkende Feldkraft und es entsteht ein Dipol. (Verschiebungspolarisation. Abb. 6.5.) Die Moleküle vieler Isolierstoffe sind aber bereits im unerregten Zustand polarisiert; ihre Dipole lagern ungeordnet, derart daß sie nach außen wiederum als neutral erscheinen. Ein äußeres elektrisches Feld übt aber ordnende

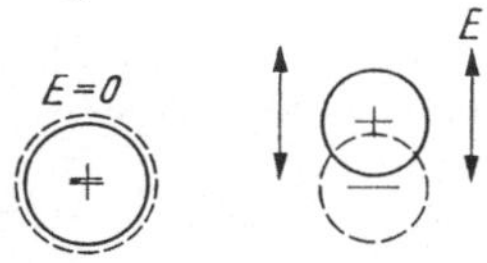

Abb. 6.5. Verschiebungspolarisation im festen Dielektrikum

[1] Der Ladestrom bei Wechselspannung ist bei diesen Feldstärken im Gas in verwandter Größenordnung $10^{-9} \left[\frac{\text{A/cm}^2}{\text{V/cm}}\right]$ bei 50 Hz.

Drehmomente auf die Dipole aus und erregt somit ebenfalls Ladungsbewegungen. (Verdrehungspolarisation. Abb. 6.6.) Beide Polarisationsvorgänge benötigen wegen der materiellen Bewegungswiderstände Energie. Bei einem Gleichspannungsfeld tritt eine bleibende Ortsveränderung der Ladungen ein, beim Wechselfeld kommt eine Verlustkomponente zum Ladestrom hinzu. Sie hat aber eine ganz andere Ursache als der Leitungsstrom, der infolge der freien Trägerbewegung fließt. Darum sind die Gesetzmäßigkeiten und Abhängigkeiten dieser beiden Anteile der dielektrischen Verluste fester Isolierstoffe sehr unterschiedlich und wohl getrennt zu halten.

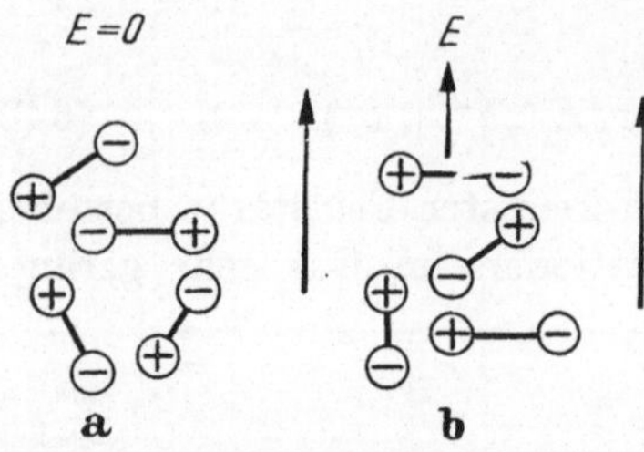

Abb. 6.6. Verdrehungspolarisation im festen Dielektrikum

6.4 Entstehung von Ladungsträgern mit freien polaren Ladungen

Raumionisierung. Damit ein Elektron aus dem neutralen Atomverband frei gemacht wird und so freie Ladungsträger, Elektron und Ion, gebildet werden, muß die Bindungsenergie im Atomzusammenhalt überwunden werden. Die COULOMBsche Anziehungskraft ist im Gleichgewicht mit der Zentrifugalkraft der Rotation des Elektrons: $e^2/r^2 = m u^2/r$. Das Energiepotential (z. B. bei Wasserstoffatom mit 1 Elektron) ist dann der Summe der elektrostatischen Anziehungs- und der kinetischen Energie gleich: $A = -e^2/r + m\,u^2/2 = -1/2\,e^2/r$. Gemäß der BOHRschen Quantenbedingung bestehen nur die möglichen Zustände: $\int P \cdot dx = n \cdot h$ [1], mit $n = 1, 2, 3 \ldots$ (Impuls $P = m \cdot u = e\sqrt{\frac{m}{r}}$ = konst. bei Kreisbewegung; $\int dx = 2\,\pi\,r$). Mit $2\,\pi\,e\sqrt{m \cdot r} = n \cdot h$ sind die möglichen Radien $r_n = n^2\,h^2/4\,\pi^2\,m\,e^2$ und die Energieterme:

$$A_n = -h^2/n^2\,2\,\pi^2\,m\,e^4 = -1/n^2 \cdot 2{,}18 \cdot 10^{-11}\,\text{erg}\,. \qquad (6.10)$$

Für den neutralen Grundzustand mit niedrigstem Energieniveau wird: $r_1 = 0{,}53 \cdot 10^{-8}$ cm. (Bei starker Annäherung des Elektrons an den Kern tritt die mit r^{-m} proportionale Abstoßung ($m \approx 9$) entgegen, so daß eine innere Energieschwelle existiert mit r_0 = „Teilchen-Radius" (vgl. Abb. 6.7).

Durch ausreichende äußere Energiezufuhr kann das Atom in einen Anregungszustand versetzt oder aber voll ionisiert werden. Die Anregungen spielen als Zwischenzustände einer stufenweisen Ionisierung eine wichtige Rolle, wenngleich ihre Lebensdauer nur $10^{-7} \cdots 10^{-8}$ sek ist.

[1] $h = 6{,}62 \cdot 10^{-27}$ erg · s = PLANCKsches Wirkungsquant.

Fällt das Atom vom ionisierten oder von einem Anregungszustand in einen niedrigeren oder den neutralen zurück (Rekombination), so wird entsprechende Energie nach außen frei als Strahlung mit der Frequenz $\nu = \Delta A/h$.

Die zur Ionisierung erforderlichen Energiebeträge $A_i = -e\, U_i$ liegen bei Gasen und Dämpfen zwischen 3 und 25 eV.

Tabelle 6.3 *Ionisierungsenergie*, A_i [eV], *von Gasen und Dämpfen* [1]

Cs	3,9 eV	O_2	12,1 eV	N_1	14,5 eV
K	4,3 eV	H_2O	13,0 eV	N_2	15,7 eV
Na	5,1 eV	H_1	13,6 eV	H_2	15,8 eV
Ne	9,4 eV	O_1	13,6 eV	Ne	21,6 eV
Hg	10,4 eV	CO	14,1 eV	He	24,6 eV
NO_2	11,0 eV	CO_2	14,4 eV		

Im dichteren Medium fester oder flüssiger Isolierstoffe sind die Existenzbedingungen für freie Ladungsträger viel ungünstiger als im Gas.

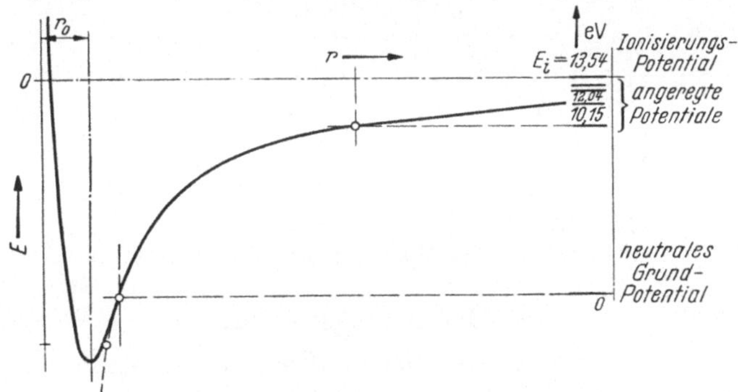

Abb. 6.7. Energieniveau des Elektrons im Wasserstoff-Atom

Der Zwischenraum zwischen den Kristallgittern und zwischen dem Molekülgefüge gibt Platz für freie Elektronen, die nur lose an Nachbarpartikel oder -verbände geheftet sind. Geringe elektrische Kräfte genügen dann, um sie in Bewegung zu setzen. Insbesondere geben stofffremde Einschlüsse, aber auch schon geometrische Aufbau-Anomalien, wie sie etwa bei komplexen Molekülen bestehen, Raum und Bewegungsmöglichkeit.

In Metallen können die Moleküle Randelektronen verhältnismäßig leicht miteinander austauschen, so daß die Wanderung und Stromleitung in Feldrichtung zustande kommt.

Oberflächenionisierung. Auch aus der Oberfläche fester Körper werden Elektronen emittiert, aus dem Metall der Elektroden oder aus

[1] 1 [eV] = $1{,}6 \cdot 10^{-19}$ [Ws] = $1{,}6 \cdot 10^{-12}$ [erg].

Grenzflächen der Moleküle im festen Dielektrikum. Dabei muß das austretende Elektron die potentielle Energie, die es bindet überwinden, um in den praktisch potentialfreien Zustand zu gelangen. Da mit der Entfernung des Elektrons die influenzierte Bildladung in der neutralen Metalloberfläche sich zurückzieht, wird die erforderliche Austrittsarbeit A_a etwa halb so groß als die zur Lösung des Elektrons vom Atomkern im dampfförmigen Zustand nötige Ionisierungsarbeit A_i (vgl. Abb. 6.8), z. B. bei Kalium: $A_i = 4{,}3$ eV, $A_a = 2{,}25$ eV. Reine und glatte Metalloberflächen erfordern gewöhnlich eine höhere Austrittsarbeit als oxydierte und rauhe.

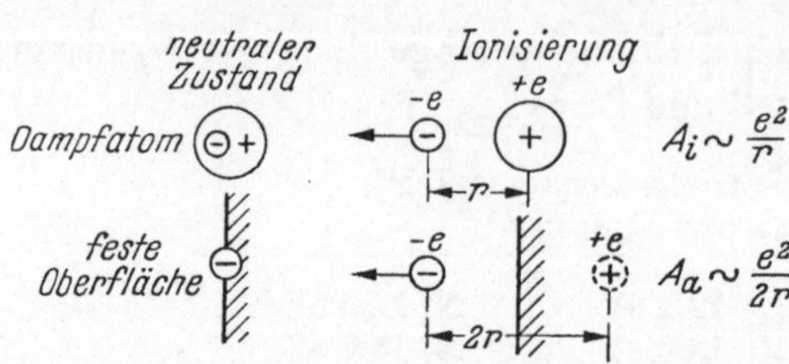

Abb. 6.8. Austritts- und Ionisierungsarbeit

Tabelle 6.4 *Elektronen-Austrittsarbeit, A_a [eV], aus Oberflächen*

Cs_2O	1,08 eV	C	4,36 eV	Au	4,71 eV
BaO	1,57 eV	Cu	4,48 eV	Ni	4,91 eV
Cs	1,94 eV	Wo	4,53 eV	Cu_2O	5,15 eV
K	2,25 eV	Hg	4,53 eV	CuO	5,34 eV
Na	2,28 eV	Fe	4,63 eV	Pt	5,36 eV
Mg	3,70 eV	Ag	4,70 eV		
Al	4,20 eV	Al_2O_3	4,70 eV		

6.5 Ionisierungsvorgänge

Die zur Ionisierung erforderliche äußere Energie kann auf verschiedene Weise zugeführt werden.

Partikel-Stoß. Ein mit der Geschwindigkeit v fliegendes Teilchen (m) kann beim unelastischen Stoß auf ein Molekül oder Atom diesem seine kinetische Energie übertragen. Falls sie ausreicht: $m \cdot v^2/2 > A_i$, wird es ionisieren und dem abgetrennten Elektron noch die zur Entfernung erforderliche Anfangsgeschwindigkeit mitteilen. Dieser Vorgang geschieht auch stufenweise mit kleineren Energie-Teilbeträgen durch hintereinanderfolgende Anregungsstöße.

Als stoßende Partikel kommen im Gas bevorzugt Elektronen in Frage, wenn die Feldstärke ausreicht. Ionen benötigen wegen ihrer kleineren Beweglichkeit eine höhere Feldstärke. Bei sehr hohen Temperaturen wird die thermische Energie der Gasmoleküle groß genug, um zu ionisieren.

Die Ionisierungswahrscheinlichkeit eines Elektrons bestimmter kinetischer Energie (A), das sich mit der Geschwindigkeit v durch ein Gas bewegt, steigt zunächst rasch an, um nach Überschreiten eines Maximums langsam wieder abzusinken (Abb. 6.9). Haben Elektronen im Mittel die Geschwindigkeit v und bewegen sie sich in einem Gas mit N_2 Molekülen pro cm³, so wird bei einer Zahl der Ionisierungen pro sec (Z_i) der Ionisierungsquerschnitt

$$q_i = \frac{Z_i}{N_2 \cdot v} .$$

Mit der Gesamtzahl Z der Stöße pro sec wird die Ionisierungsfunktion oder Ionisierungswahrscheinlichkeit:

$$w = \frac{Z_i}{Z} = \frac{q_i}{q} ,$$

oder gleich dem Verhältnis des Ionisierungsquerschnittes q_i zum Stoßquerschnitt q.

Der Ionisierungsquerschnitt und die Ionisierungsfunktion sind abhängig von der Elektronenenergie (vgl. Abb. 6.9).

Die Zahl der auf einem cm in Feldrichtung zurückgelegten Wegstrecke von einem Elektron (oder Ion) erzeugten Ionenpaare wird als differentielle Ionisierung, Ionisierungskoeffizient oder Ionisierungsziffer α bezeichnet:

$$\alpha = \frac{Z_i}{v} = N_2 \cdot q_i .$$

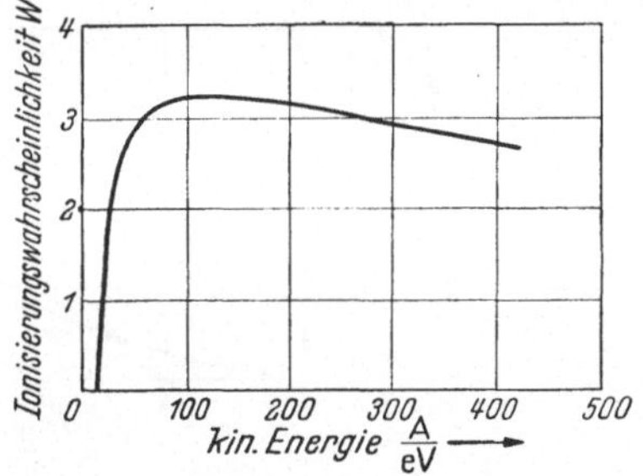

Abb. 6.9. Ionisierungswahrscheinlichkeit eines Elektronenstoßes (Hg-Dampf) abhängig von der Elektronenenergie

Über den Ionisierungsquerschnitt hängt α von der Elektronenenergie ab und ist mit $N_2 = p/k \cdot \vartheta^*$ vom Druck abhängig.

Der Bruchteil α der pro cm zur Ionisierung führenden Zusammenstöße ist auch gleich der Anzahl der Stöße, bei denen die zur Ionisation erforderliche kinetische Energie A_i überschritten ist. Diese Energie A_i muß das Elektron im elektrischen Feld E beim Flug über eine minimale freie Weglänge λ_{fi} aufnehmen: $e \cdot \lambda_{fi} \cdot E = A_i$. Die Wahrscheinlichkeit, daß die mittlere freie Weglänge λ_{fm} den Betrag λ_{fi} überschreitet, ist: $W_{(\lambda_{fi})} = e^{-(\lambda_{fi}/\lambda_{fm})}$. Je cm Weg in Feldrichtung wird daher die Zahl der Ionisierungen:

$$\alpha = \frac{1}{\lambda_{fm}} \cdot e^{-(\lambda_{fi}/\lambda_{fm})} . \tag{6.11}$$

Weil: $1/\lambda_{fm} = C_1 \cdot p$ und $\lambda_{fi}/\lambda_{fm} = A_i/e\,E\,\lambda_{fm} = p \cdot C_2/E$ ist, wird der Ionisierungskoeffizient α vom Druck (p) und von der Feldstärke (E) abhängig.

$$\alpha = C_1 \cdot p \cdot e^{-\left(\frac{C_2}{E/p}\right)} . \tag{6.11a}$$

Abb. 6.10 zeigt diesen Zusammenhang für verschiedene Gase. Diese Meßwerte erfüllen die formulierte Beziehung im Bereich $E/p = 150 \cdots 600 \frac{\text{V/cm}}{\text{Torr}}$ mit den Konstanten:

Tabelle 6.4

	Luft	N_2	H_2	H_2O
$C_1 =$	14,6	12,6	5,0	12,9 [1/cm Torr]
$C_2 =$	365	342	130	289 [V/cm Torr]

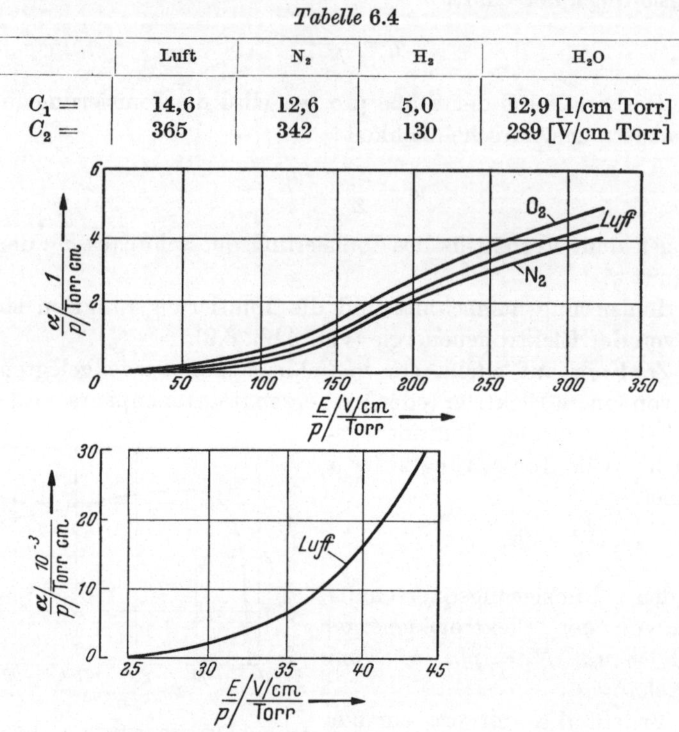

Abb. 6.10. Ionisierungsziffer abhängig von Druck und Feldstärke

Der Ionisierungskoeffizient ist abhängig von der Beweglichkeit des beschleunigten Ladungsteilchens; darum ist er für Elektronen (α) wesentlich größer als für Ionen (β).

Tabelle 6.5 *Ionisierungskoeffizienten für Luft bei* 0° C

	$E/p = 30$	40 [1]	50	60	80	100	500	1000 [V/cm Torr]
Elektronen	$\alpha/p = 10^{-4}$	0,019	0,056	0,111	0,355	0,7	7,0	10,5 [1/cm Torr]
Ionen	$\beta/p =$ —	—	$0{,}5 \cdot 10^{-6}$	$37 \cdot 10^{-6}$	—	0,001	0,05	0,3 [1/cm Torr]

Im engeren Bereich der Normalbedingungen und der Anfangsfeldstärke kann man für Luft angenähert rechnen mit:

$$\alpha = C_3 (E - E_0)^2, \quad \text{mit} \quad C_3 = 0{,}185 \quad \text{und} \quad E_0 = 23 \text{ kV/cm}.$$

[1] Entspricht etwa der Luftfestigkeit bei 760 Torr: $E = 30{,}4$ [kV/cm] $\alpha = 14{,}44$ [1/cm].

Foto-Ionisierung. Wenn eine elektromagnetische Strahlung der Frequenz ν_i auf ein Atom trifft, kann es dieses ionisieren, sofern: $h \cdot \nu_i > A_i$. Die Wellenlänge darf also höchstens sein:

$$\lambda_i \leq \frac{c \cdot h}{A_i} = \frac{3 \cdot 10^{10} \cdot 6{,}55 \cdot 10^{-27}}{1{,}5 \cdot 10^{-12} \cdot A_i} = \frac{123 \cdot 10^{-6}}{A_i/[\mathrm{eV}]} \quad [\mathrm{cm}] .$$

Bei Luft sind Wellenlängen von $\lambda < (5 \cdots 15) \cdot 10^{-6}$ [cm] erforderlich. Sichtbares Licht ($\lambda = 4 \cdots 7 \cdot 10^{-5}$ [cm]) vermag nicht zu ionisieren, wohl aber ultraviolettes ($\lambda = 15 \cdots 20 \cdot 10^{-6}$ [cm]), wobei die stufenweise Ionisierung zu Hilfe kommt (auch die indirekte Ionisierung über die Oberflächenauslösung aus festen Staubpartikeln). Röntgenstrahlen ($\lambda = 10^{-5} \cdots 10^{-10}$ [cm]) und kosmische Höhenstrahlen ($\lambda = 10^{-11}$ bis 10^{-12} [cm]) sind besonders aktive Foto-Ionisatoren, da hier die Stufenprozesse überwiegen.

6.6 Ionisierungsquellen

Natürliche Fremdionisierung. Die Natur bietet die Ionisierungsenergie laufend dar durch die Strahlung der radioaktiven Bodenbestandteile oder der in der Luft befindlichen Radium-Emanation und durch die Höhenstrahlung. Der natürliche Ionengehalt der Luft liegt etwa bei $1000 \cdots 2000$ Ionen/cm^3, erreicht bei Regen $2000 \cdots 5000$ Ionen/cm^3, unter Gewitterwolken $20000 \cdots 50000$ Ionen/cm^3. Freie Elektronen sind dabei selten, da sie sich zu schnell an Atome und Moleküle, insbesondere der „negativen" Elemente anlagern (O_2, N_2, He, Cl_2, Hallogendämpfe, Wasserdampf). Der Ionengehalt ist, gemessen an den etwa $2{,}77 \cdot 10^{19}$ Molekülen/cm^3, die die Luft im Normalzustand hat, äußerst gering.

Feld-Ionisierung. Im Hochspannungsfeld kann die Stoßionisierung durch feldbeschleunigte Elektronen und Ionen erfolgen. Sie entnimmt die Energie aus dem elektrischen Feld. Um $A_i \approx 15$ [eV] $= e \cdot U_i$ auf der Strecke einer mittleren freien Weglänge $\lambda_{fm} \approx 5 \cdot 10^{-6}$ [cm] zu erzielen, sollte also eine Feldstärke von $E_i = U_i/\lambda_{fm} \approx 3 \cdot 10^6$ [V/cm] erforderlich sein. Tatsächlich genügen aber z. B. bei Luft im Normalzustand schon etwa 30 kV/cm zum Beginn der Stoßionisierung, denn $100 \cdot e^{-\lambda/\lambda_{fm}} = 37\%$ der Elektronen haben eine größere als die mittlere freie Weglänge; vor allem tritt die stufenweise Ionisierung stark auf. Auch wirken Fotonen maßgeblich mit, die bei den Vorgängen ausgelöst werden (Rückfall angeregter Ionen, Rekombination von Ladungsteilchen).

Die **Thermo-Ionisierung** bezieht die Energie aus der Wärmebewegung, wobei neben dem direkten Stoß der Moleküle wieder die Wärmestrahlung, deren spektrales Maximum bei genügend hohen Temperaturen in den Bereich kurzer Wellenlängen kommt, und die sekundäre Ionisierung der thermisch gebildeten Elektronen mithilft. Die wirksame Thermo-

Ionisation von Luft beginnt bei etwa 5000° K; bei 16000° K sind etwa 50% aller Gasteilchen ionisiert.

Emission. Die Elektronenauslösung aus der Oberfläche kann die Austrittsenergie beziehen aus der Erhitzung des Metalles (Thermo-Emission), aus der Bestrahlung mit kurzwelligem Licht (Foto-Effekt), aus dem Aufprall schneller feldbeschleunigter Teilchen, z. B. Ionen, die dann ihre kinetische und bei Vereinigung mit einem Oberflächenelektron ihre potentielle Energie ($A_i - A_a$) abgeben.

6.7 Vernichtung der freien Ladungsträger

Die Ladungsträger bestehen im Feldraum nicht beliebig lange; vielmehr verschwinden sie fortlaufend:

durch Rekombination und Neutralisierung der polaren Ladungen,

durch Diffusion aus dem Bereich des Feldes in die Umgebung hinaus und schließlich

durch Eintritt in die Elektrodenoberfläche.

Da die Vereinigung der Ladungsträger Zeit braucht, ist die Rekombinationswahrscheinlichkeit um so geringer, je schneller das Ladungsteilchen ist; beim Elektron ist sie also kleiner als bei der Neutralisierung zweier Ionen. Die Rekombinationszahl dN ist für Ionen beider Polaritäten gleich groß und proportional der Anzahl der vorhandenen Teilchen N: $dN^+ = dN^- = -\varrho \cdot N^+ \cdot N^- \cdot dt$. Sind beide Polaritäten gleich zahlreich (N) vorhanden, dann bleiben nach t sek von den N_0 Anfangsteilchen jeder Polarität:

$$\frac{N_t}{N_0} = \frac{1}{(1 + \varrho \cdot N_0 \cdot t)}\,. \tag{6.12}$$

Die Zahl nimmt also umgekehrt proportional der Zeit ab. Nach LANGEVIN ist die Rekombinationsziffer ϱ für höhere Gasdrücke den Beweglichkeiten proportional:

$$\varrho = \xi \frac{e}{\varepsilon^*}(b^+ + b^-)\,. \tag{6.13}$$

Sie nimmt mit gesteigertem Druck ab (Abb. 6.11). Unterhalb einem Höchstwert, der bei etwa 760 Torr liegt, wird bei niederen Drücken infolge der größeren freien Weglängen die Wahrscheinlichkeit der Ionenvereinigung geringer; darum sinkt auch bei Steigerung der Temperatur die Rekombinationsziffer (Abb. 6.12).

Beim Auftreten von Raumladungen, deren räumliche Dichte sehr ungleichmäßig ist, wird die *Diffusion* der Ionen wichtig. Sie geht, von den Wirkungen des elektrischen Feldes abgesehen, unter dem Antrieb des Partialdruckgefälles vor sich. Ist dieses bzw. das Konzentrationsgefälle (dN/dx) stetig, dann wird die Diffusionsgeschwindigkeit:

$$\frac{dN'}{dt} = D \cdot \frac{dN}{dx}\,. \tag{6.14}$$

Die Diffusionskonstante D ist der freien Weglänge und der thermischen Geschwindigkeit proportional, damit also:

$$D \sim \frac{\vartheta^{(3/2 \cdot\cdot 2)}}{p}. \qquad (6.15)$$

Da die Diffusion gegen dieselben Bewegungswiderstände wie die elektrische Feldbewegung erfolgt, besteht zwischen beiden ein Zusammenhang:

$$\frac{b}{D} \approx \frac{e}{k\,\vartheta} = 42{,}7 \qquad (6.16)$$

für Ionen bei Normalzustand der Luft ($D_{Ion} = 0{,}0445$, $D_{Elektron} = 225$).

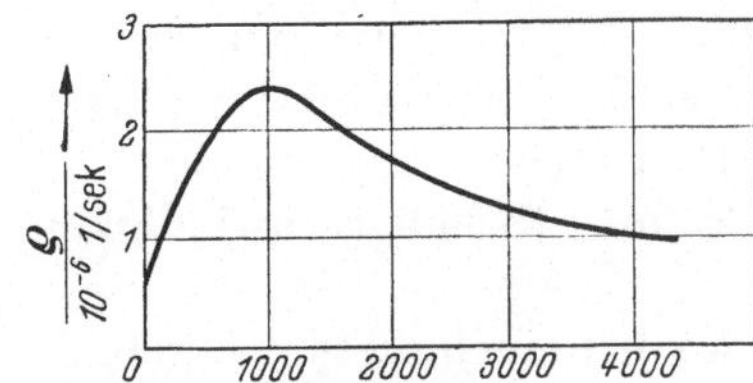

Abb. 6.11. Rekombinationsziffer für Luft abhängig vom Druck

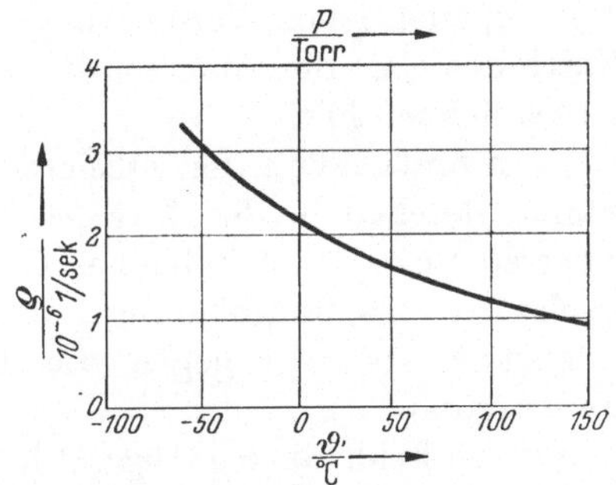

Abb. 6.12. Rekombinationsziffer für Luft abhängig von der Temperatur

Die Diffusion der Ionen aus einem Entladungskanal bringt eine zeitliche Zunahme des Kanalhalbmessers zustande mit:

$$R_t = \sqrt{2 \cdot D \cdot t}\,; \qquad (6.17)$$

dies ist für den Ablauf von Impulsentladungen, auch für die Lichtbogenlöschung wichtig.

6.8 Ausbildung der Entladung im Gas. Townsend Lawine

Die bei Überschreitung der kritischen Feldstärke: $E_i = \frac{A_i}{e \cdot \lambda_{fm}}$ [1] einsetzende Ionisierung neutraler Gasteilchen entfaltet sich zu einem rasch verstärkten Folgevorgang. Denn für jedes neugebildete Elektron besteht wiederum die Chance der Stoßionisierung, wenn es unter derselben Mindestfeldstärke beschleunigt wird. Sind N Elektronen an der Stelle x vorhanden, so werden auf der Strecke dx neu erzeugt: $dN = \alpha \cdot N \cdot dx$. Auf der Strecke d wächst exponentiell eine Elektronen-Lawine an, so daß sich die Zahl der anfangs gestarteten Elektronen von N_0 vergrößert auf:

$$N_d = N_0 \cdot \exp\left(\int_0^d \alpha\, dx\right). \qquad (6.18)$$

Im homogenen Feld ist α = konst. und es wird:

$$N_d = N_0 \cdot \exp(\alpha\, d)\,. \qquad (6.19)$$

[1] A_i = Ionisierungsenergie, e = Elektronenladung, λ_{fm} = Mittlere freie Weglänge für Elektronen.

Die Lawinenfront und damit die negative Ladungsanhäufung stößt mit einer, bei der kritischen Feldstärke etwa $2 \cdot 10^7$ cm/s betragenden Geschwindigkeit gegen die Anode vor.

Diese durch das Feld bewirkte und durch das Gas verstärkte lawinenartige Trägervermehrung setzt immer noch voraus, daß jeweils Startelektronen durch Fremdionisierung zur Verfügung gestellt werden; sie kann also noch nicht als selbständige Entladung angesprochen werden. Der exponentiellen Vermehrung entspricht ein ebenso erhöhter Strom durch das Gas, den man somit als *unselbständige gasverstärkte Strömung* zu bezeichnen hat.

Nun hinterläßt jeder ionisierende Stoß auch ein positives Ion; insgesamt entstehen in der Lawine $N^+ = N_d - N_0$. Infolge der viel geringeren Beweglichkeit bleiben die positiven Träger während der Lawinenlaufzeit als Raumladung relativ im Feld stehen. Sie wandern nur mit etwa 10^5 cm/s gegen die Kathode hin (Schallgeschwindigkeit $3 \cdot 10^4$ cm/s).

Ist die Feldstärke genügend hoch, so können auch diese neu gebildeten Ionen stoßionisieren (β-Effekt, TOWNSEND). Größer ist aber die Wahrscheinlichkeit, daß die auf der Kathode nach längerer Laufzeit mit gesteigerter Geschwindigkeit ankommenden Ionen dort die Auslösearbeit aufbringen ($A_a < A_i$!) und Nachfolgeelektronen schaffen (γ-Effekt, ROGOWSKI). Weiterhin lösen die Prozesse in der Lawinenfront die Abstrahlung von kurzwelligen Fotonen aus, die ihrerseits im Raum, wahrscheinlicher noch auf der Kathode Nachfolgeelektronen bilden (ε-Effekt, ROGOWSKI, LOEB, MEEK). Da die Energie der Fotonen mit Lichtgeschwindigkeit ($3 \cdot 10^{10}$ cm/s) sich fortpflanzt, wird diese Neubildung besonders schnell erfolgen können. Infolge der starken Absorption der energiereichen Strahlen ist ihr ionisierender Effekt aber räumlich begrenzt und im Lawinenkopf am stärksten.

Wird in den aufeinanderfolgenden Lawinen die Trägerdichte hoch genug, so ist auch an ausreichende Thermoionisierung zu denken, die genügend hohe Elektronentemperatur voraussetzt.

Sind die angeführten Sekundäreffekte wirkungsreich genug, so vermögen sie schließlich eine ausreichende Anzahl von Nachfolgeelektronen zu liefern und damit das Spiel der Stoßlawinen aufrechtzuerhalten und noch zu verstärken. Die Entladung wird von der Fremdionisierung unabhängig und *selbständig*. Die Bedingung dafür ist folgendermaßen abzuleiten:

Nachlieferung im Raum. β sei die Zahl der als sekundäre Folge der Bildung eines Trägerpaares in der Lawine neu geschaffenen Nachfolgeelektronen; darunter kann konventionell einfach Ionisation durch positive Ionen verstanden werden. $\alpha =$ pro Längeneinheit erzeugte Ionenpaare durch Elektronen, $\beta =$ pro Längeneinheit erzeugte Ionenpaare durch positive Träger; im allgemeinen $\beta \ll \alpha$; $N_d = N_0 \cdot e^{\alpha \cdot d}$. N_0-Anfangselektronen starten an der Kathode. An der Anode (Abstand d, homogenes Feld) kommen dann an:

$$N_d = N_0 \frac{(\alpha - \beta) \cdot e^{(\alpha - \beta) d}}{\alpha - \beta \cdot e^{(\alpha - \beta) d}} .^{1} \tag{6.20}$$

Nachlieferung aus der Kathode. Wenn als Folge eines in der Lawine neugebildeten Trägerpaares γ neue Startelektronen an der Kathode erscheinen, wird:

$$N_d = N_0 \frac{e^{\alpha d}}{1 - \gamma (e^{\alpha d} - 1)} .^{1} \tag{6.21}$$

Die Bedingung für das Selbständigwerden ist, daß die Nenner zu Null werden, also:

$$\left.\begin{aligned} &\text{a)}\ \frac{\alpha}{\beta} = \frac{e^{\alpha d}}{e^{\beta d}} \quad \text{bzw. mit } \alpha \gg \beta : \beta = \frac{\alpha}{e^{\alpha d}} \\ \text{und}\quad &\text{b)}\ \gamma = \frac{1}{(e^{\alpha d} - 1)} . \end{aligned}\right\} \tag{6.22}$$

Beide Formulierungen für die „Zündbedingung" sind nahezu gleich, so daß die Hypothesen experimentell nicht unterschieden werden können. Die Möglichkeit der Oberflächenauslösung durch Ionen oder durch Fotonen muß aber als die höhere eingeschätzt werden.

Bei mäßiger Feldstärke und geringer Anfangsgeschwindigkeit der Startelektronen an der Kathode müssen diese erst einen gewissen Mindestweg zurücklegen, ehe ihre Feldgeschwindigkeit auf die zur Stoßionisierung ausreichende Höhe angewachsen ist.

Im inhomogenen Feld ändern sich die Ionisierungszahlen (α, β, γ, ε) mit der Feldstärke. Nur für einfach formulierbare Feldstärkebeziehungen kann man mit dem Annäherungsansatz für $\alpha/p = f(E/p)$ (Gl. (6.11)) die Ausbildung der Entladung im Raum verfolgen und ihre Zündbedingung errechnen.

Der *zeitliche Verlauf* der Ausbildung der TOWNSEND-Entladung ist durch die Laufzeit der Ionen bedingt und erfordert je nach Höhe der Spannung etwa $10^{-6} \cdots 10^{-5}$ sek. (Geschwindigkeit des Lawinenkopfes etwa $1{,}25 \cdot 10^7$ cm/s [bei $E/p = 40$ V/cm Torr] $\approx$ Elektronenbeweglichkeit. Ionengeschwindigkeit dagegen nur etwa $9 \cdot 10^5$ cm/s.) Wenn Fotonen wirksam werden, können wesentlich kürzere Zeiten für die Bildung einer geschlossenen Entladungsbahn in Frage kommen.

Die auftretenden Raumladungen werden bei der Durchbruchfeldstärke das ursprüngliche Feld bereits etwas verzerren. Solange α stärker zunimmt als E, wird dadurch die Trägererzeugung unterstützt, der Lawinenaufbau also gefördert.

---

[1] Ableitung siehe z. B.: GÄNGER: Der elektrische Durchschlag von Gasen. Berlin: Springer 1953, S. 141 u. ff.

6.9 Raumladungsverstärkte Ionisierung. Kanalentladung, Raether

Wenn in der Lawine die Vermehrung der Trägerzahl mit $e^{\alpha x}$, sei es infolge hoher Feldstärke (großes α) oder durch genügend langen Laufweg (x), groß geworden ist, schlägt die Entladung in die Form der Kanalentladung um. Diese kritische Lawinenverstärkung liegt bei etwa $e^{\alpha x} \approx 10^7$, bzw. $\alpha x \approx 18 \cdots 20$. Dabei ist die im Lawinenkopf (zu mehr als 75%) konzentrierte negative Raumladung so groß geworden, daß sie das Ursprungsfeld ausschlaggebend verändert.

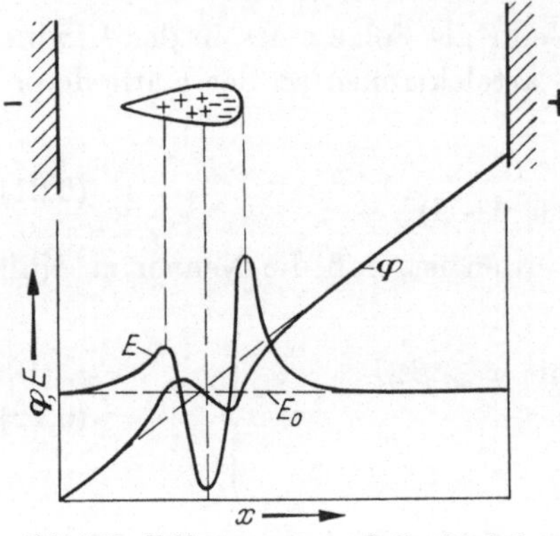

Abb. 6.13. Feldverzerrung durch Lawine hoher Dichte φ = Potential, E = Feldstärke (E_0 = des homogenen Ursprungfeldes)

Anodenseitig vor dem Lawinenkopf, und ähnlich infolge der positiven Trägerkonzentration auch kathodenseitig, entsteht ein sehr stark überhöhtes und steil ansetzendes Feld. (Vgl. Abb. 6.13, wo das Ursprungsfeld homogen angenommen ist.) Die Prozesse werden dadurch sehr intensiviert, insbesondere löst die Gasionisierung durch Fotonen neue Lawinen aus, deren Ansätze aber mit der hohen Fotonengeschwindigkeit vorgetragen werden, so daß ruckweise mit einer bei $(0{,}7 \cdots 0{,}9) \cdot 10^8$ cm/s liegenden Durchschnittsgeschwindigkeit ein „Kathodenkanal" zur Anode hin vorschießt (Abb. 6.14a).

Der Kathodenkanal verlegt mit seinem Vorwachsen einen immer größeren Anteil der Gesamtspannung auf die kathodenseitige Reststrecke. Ist er weit genug oder bis an die Anode vorgedrungen, dann kann auch rückwärts die Fotoionisierung neue Lawinen entfachen, deren Startpunkte mit zunehmender Annäherung immer schneller zur Kathode hin versetzt sind. Dieser „Anodenkanal" wächst mit $(1 \cdots 2) \cdot 10^8$ cm/s, also mit etwa dem Zehnfachen der im Feld möglichen Elektronengeschwindigkeiten, zur Kathode hin. Die Nachfolgelawinen füllen den Kanal zu einem dichten Plasmaschlauch auf, durch den sich dann die Elektrodenladungen stromstark im Durchbruch ausgleichen. Das Elektrodenfeld wird durch das Raumladungs-

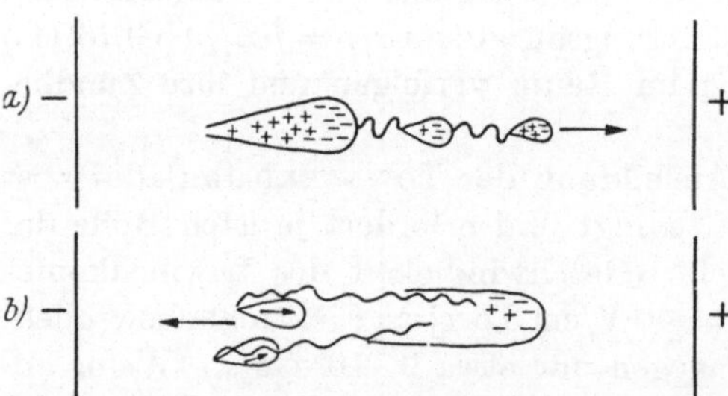

Abb. 6.14. Ruckweises Vorstoßen dank Fotoionisation in versteilertem Feld;
a) Kathodenkanal, b) Anodenkanal, Fotonenbahnen

Zusatzfeld überboten und kann deshalb den Anodenkanal nicht mehr allein auf den ursprünglichen Feldlinien führen. Darum treten Zick-Zackbahnen und Mehrfachansätze auf. Die großen Trägerkonzentrationen im Kanal zeichnen sich durch die typische „Leuchtfaden"-Erscheinung („streamer") ab (Abb. 6.14b).

Diese Kanalausbildungen können in ihren Phasen in der Nebelkammer verfolgt werden (Abb. 6.15 und 6.16).

Für den Umschlag in die Kanalentladung ist genügende Gasdichte und ausreichende Schlagweite nötig ($p\,d > 1000$ Torr cm), oder aber eine Stoßspannung, die die statische Durchbruchspannung stark übersteigt.

Ein inhomogenes Ursprungsfeld kann das kathodenseitige Vorstoßen des Anodenkanals intensivieren. Im homogenen Feld wird bei stationärer Spannung die Lawine, oder eine Folge von mehreren Lawinen, den Kopf fast ganz bis zur Anode vortragen und dann erst rückwärts im Anodenkanal zum Durchbruch umschlagen. Bei großer Schlagweite wird der Umschlag in die beidseitigen Kanalentladungen schon im Feldraum einsetzen. Bei steil überschießender Stoßspannung bildet sich der Kathodenkanal gleich aus.

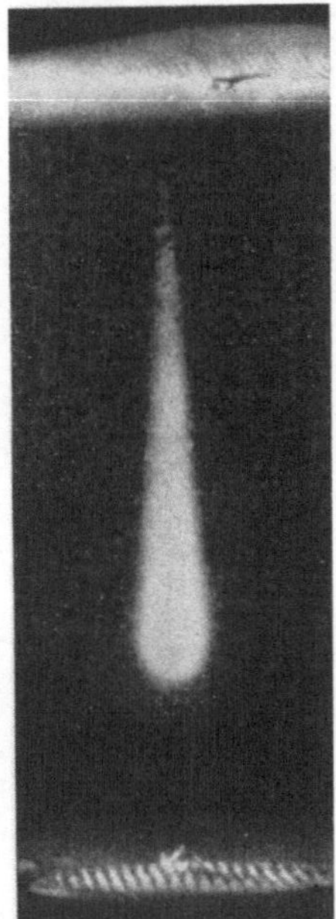

Abb. 6.15

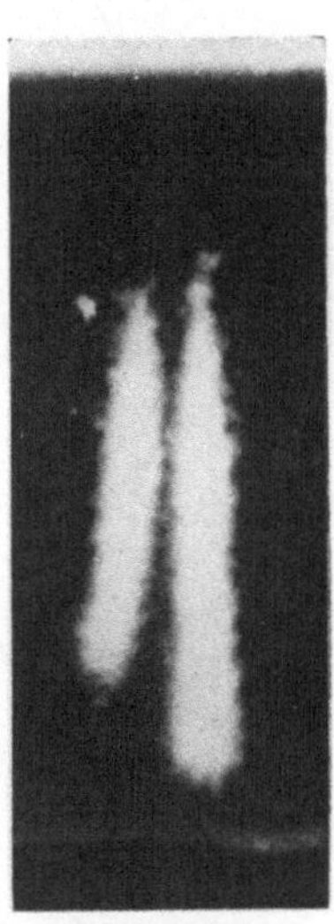

Abb. 6.16

Abb. 6.15 u. Abb. 6.16. Nebelkammeraufnahmen von Elektronenlawinen (Kathode unten, Anode oben) nach RIEMANN und RAETHER

6.10 Polaritätseffekt im inhomogenen Feld

Aus den bisher dargestellten Erscheinungen ist zu verstehen, daß die Entladung verschiedenartig abläuft, je nachdem sie von der Kathode oder von der Anode ausgeht. Damit es dazu kommt, muß von vornherein Feldinhomogenität gegeben sein, das Feld also z. B. zwischen einer Spitze und einer Platte liegen. An der Spitze herrscht die hohe Feldstärke; dort wird bei Spannungssteigerung zuerst die Anfangsfeldstärke überschritten, gleichgültig welche Polarität die Spitze hat. Die vor ihr sich ansammelnden positiven Raumladungen steigern bei negativer Spitze die Feldstärke, intensivieren somit die Teilentladungen

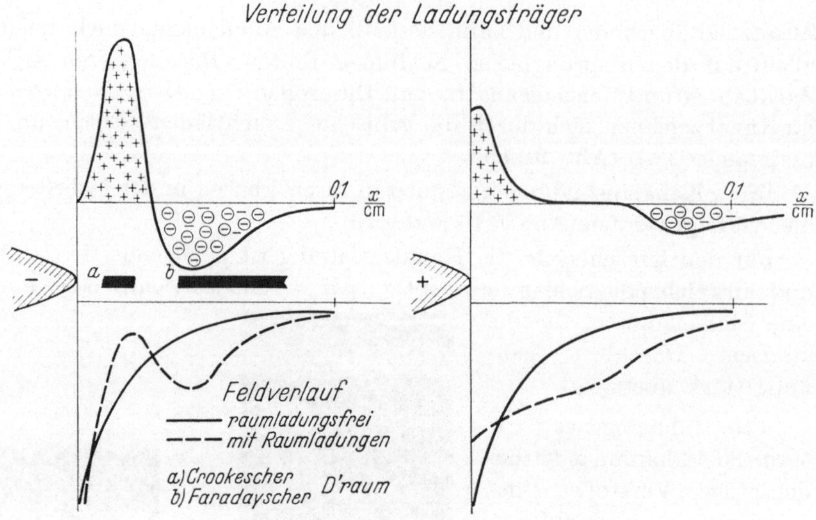

Abb. 6.17. Negative und positive Spitzen-Entladung

(starkes Glimmen); bei positiver Spitze dagegen unterdrücken sie die entstehenden Lawinenbildung (Abb. 6.17). Darum ist die Spannung des sichtbaren Glimmeinsatzes bei positiver Spitze merklich höher als bei negativer.

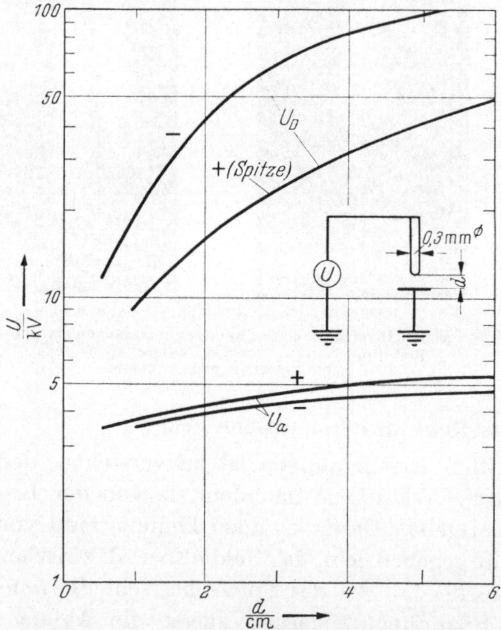

Abb. 6.18. Einsatz- und Durchbruchspannung der Spitzen-Entladung

Während jedoch durch die Felderhöhung an der negativen Spitze der übrige Feldraum etwas entlastet wird, bedeutet das Vorwachsen der Anodenspitze durch die positiven Raumladungen eine Feldsteigerung für den übrigen Raum. Der Durchbruch der Strecke braucht darum bei positiver Entladung nur eine niedrigere Gesamtspannung als bei negativer (Abb. 6.18).

Daß die Vorgänge recht verschiedenartig ablaufen, zeigt der Vergleich von mikroskopisch aufgenommenen Bildern. Es gelingt, auch bei Normaldruck der Luft die Unterschiede und die räumlichen Zonen der Spitzenentladung sichtbar zu machen, wie sie von der Vakuumentladung bekannt sind. Abb. 6.19 gibt die Unterteilung der negativen Entladung wieder. Die leuchtenden Stellen sind bevorzugt solche, wo Rekombinationen oder aber Anregungen auftreten; die Dunkelstellen sind die hoher Feldstärke, starker Ionisierung: Zunächst etwa $0{,}2 \cdot 10^{-3}$ cm als CROOKEscher Dunkelraum, anschließend das HITTORFsche Kathoden-Glimmlicht mit etwa $5 \cdot 10^{-3}$ cm Länge; dann der FARADAYsche Dunkel: raum als das Gebiet intensivster Ionisierung am Lawinenkopf, $3 \cdot 10^{-3}$ cm; davor die Zone, wo die Elektronen in das zu schwach werdende Feld auslaufen. Wird die Spannung gesteigert, so breitet sich das schwach

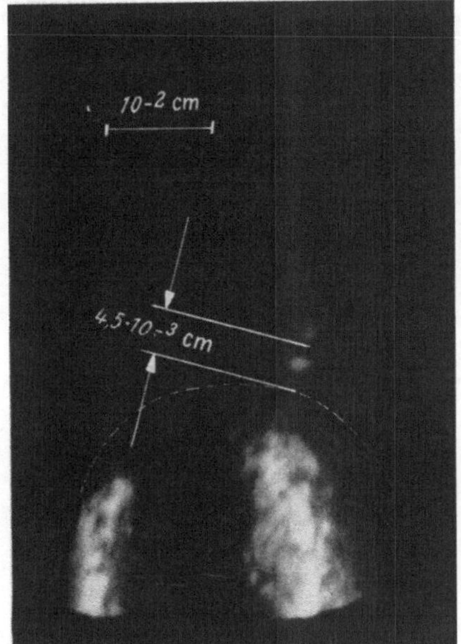

Abb. 6.19. Negative Spitzenentladung, $d = 3$ cm, 24 kV

Abb. 6.20. Positive Spitzenentladung, $d = 2$ cm, 6,5 kV

bläulich sichtbare Glimmen fächerförmig vor der Spitze aus, ohne aber weit in den Raum vorzudringen.

Ganz anders die positive Entladung (Abb. 6.20): Mit dem Einsatz zeigt sich pinsel- oder büschelförmiges Leuchten, das flackernd weit aus dem Feld zur Spitze hin sich verdichtet; bei höherer Spannung nimmt es ungleichmäßige Seitenbüschel auf. Die Entladung setzt hier ja im Raum an. (Die Bilder geben wegen der langen Belichtungszeit eine Häufung von Entladungen wieder, lassen also keine zeitlichen Einzelheiten erkennen!)

Auch die Messung des Glimmstromes bestätigt diese Unterschiede (Abb. 6.21). Der positive Glimmstrom setzt sprungartig bei einer bestimmten Spannung mit einem deutlich meßbaren endlichen Kleinstwert ein. Der negative Strom zieht sich hingegen auf viel niedrigere Werte herunter, wo er aus dem dunklen Vorstrom hervorgeht. (Vgl. Abb. 6.22.)

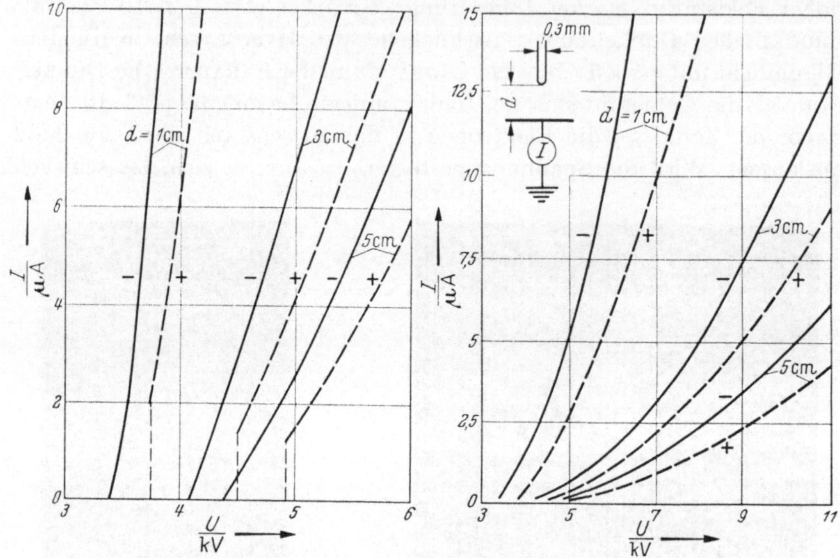

Abb. 6.21. Glimmstrom der positiven und negativen Spitzenentladung

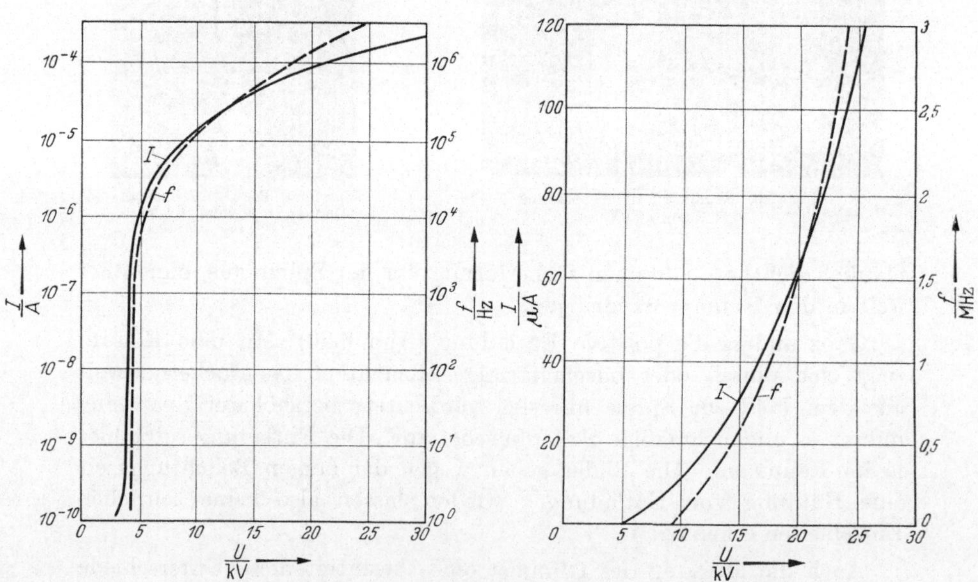

Abb. 6.22. Entladungsstrom und Impulshäufigkeit der negativen Spitzen-Korona

Für den Zusammenhang zwischen dem negativen Strom und der Spannung bzw. der Feldstärke gilt[1]:

$$J = c(U - U_i^-)^m = c'(E - E_i^-)^m$$

worin $m = 2{,}1 - 8 \cdot r/a$ eine im Bereich von 300 mm Hg bis 760 mm Hg konstante Funktion des Verhältnisses von Spitzenradius (r) zu Spitze-Plattenabstand (a) ist.

$$c = 1{,}1 \cdot 10^{-5} \sqrt{\frac{r}{a^3}} \cdot \frac{1}{\delta^2}$$

ist abhängig von der relativen Luftdichte

$$\delta = \frac{0{,}386 \cdot p}{273 + \vartheta}$$

Diese Werte von m und c gelten in einem Bereich $\frac{a}{r} = 0{,}5 \cdots 4{,}0$ mit

$$c' = \frac{c}{(E_r/U)^m}\,;\; E^- = 30 \cdot \delta \left(1 + \frac{0{,}3}{\sqrt[3]{\delta r^2}}\right) \frac{\text{kV}}{\text{cm}}.$$

Für den positiven Glimmstrom gilt folgende Abhängigkeit[2]:

$$J = C\left(\frac{2\,U - U_i^+}{10}\right)^M \quad [A] \quad \text{für} \quad U > U_i^+ \text{ (in kV)}$$

wenn U_i^+ die Spannung (in kV) ist, bei der sprungartig der positive Dauerkoronastrom einsetzt.

Für einen Abstand a, der viel größer als der Krümmungsradius der Spitze ist ($a \gg r$), geht M gegen 2.

Die Abhängigkeit des Exponenten M vom Verhältnis r/a wird gegeben durch $M = 2{,}21 + 15 \cdot r/a$. Die Konstante $C = 2{,}43 \cdot 10^{-6}\ (a^4 \cdot r)^{-1/3}$ und die Einsatzspannung der Dauerkorona:

$U_i^+ = (32{,}4 \cdot r + 0{,}38) \cdot \ln a/r$ [kV], r in cm gemessen, bei 20° C und 760 Torr im Bereich $a/r = 10$ bis 100 wird $M = 3{,}6$ bis 2,2 und $C = 10^{-5}$ bis 10^{-6}.

6.11 Zeitlicher Ablauf der Entladungen, Zündverzögerung

Die Entladungen sind keineswegs gleichbleibend stationäre Vorgänge. Die räumlichen Teilentladungen bei konstant gehaltener Spannung gehen in Form von Einzelimpulsen vor sich. Abb. 6.23 zeigt Kathodenstrahl-Oszillogramme der negativen Spitzenentladung bei verschieden hoher Spannung. Die Einzelimpulse wiederholen sich in gleicher Form (Abb. 6.24). Sie haben einige 10^{-7} sec Dauer und bedeuten einen Ladungstransport von etwa 10^{-11} As. In den Zwischenzeiten bleibt die Entladungsstrecke fast stromlos, sei es daß die Ladungen stillstehen

[1] Dissertation R. Guck, Techn. Hochschule Karlsruhe (1955).

[2] Dissertation T. Mukutmoni, Techn. Hochschule Karlsruhe (1957).

oder allmählich verschwinden. Offensichtlich schneidet der Entladungsausbruch infolge der von ihm verursachten Feldumformung sich selbst die Möglichkeit ab, neue Lawinen auszubilden. Je höher die angelegte Spannung, desto schneller kehrt wieder das Ursprungsfeld zurück; die Häufigkeit der Ausbrüche wächst, ohne daß Ladung und Stromspitzenwert des Einzelausbruchs sich wesentlich ändern (Abb. 6.25). Bemerkenswert ist die in engem Spannungsbereich von nur 20% um 3 Größenordnungen ansteigende Häufigkeit der Ausbrüche und Stromintensität.

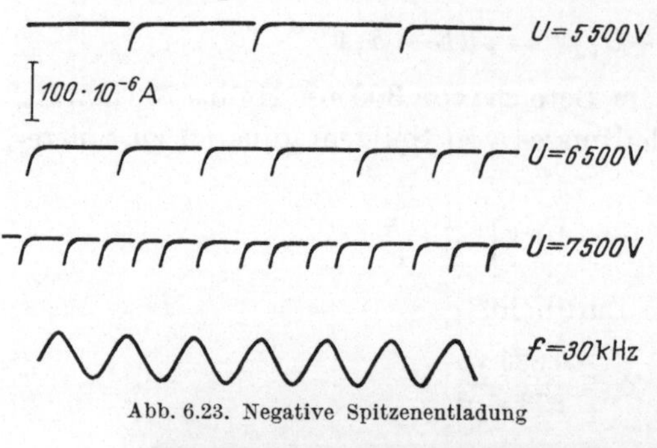

Abb. 6.23. Negative Spitzenentladung

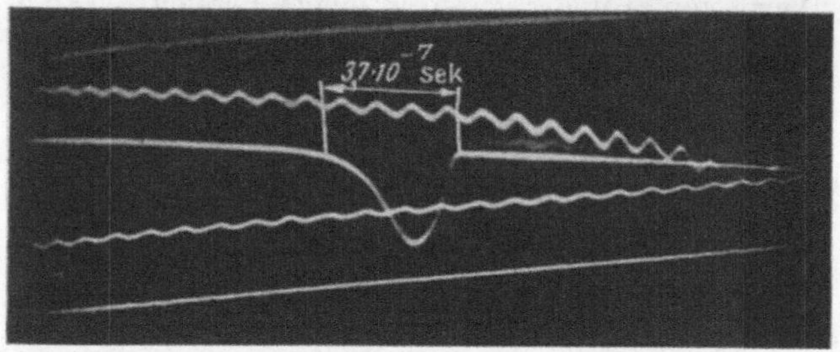

Abb. 6.24. Negative Spitzenentladung — Einzelimpuls

Bei höherer Spannung besteht etwa ein proportionaler Zuwachs mit der Spannung.

Die positive Entladung (Abb. 6.26) weist neben häufigen sehr kleinen und kurzen Impulsen unregelmäßig vereinzelte große Ausbrüche auf.

Beim vollständigen Durchbruch der gesamten Elektrodendistanz sind die Einzelausbrüche nicht mehr vorhanden, da schon die erste Ausbildung des Kanals zum Ausgleich der Elektrodenladungen führt. Damit bricht das Ursprungsfeld zusammen und je nach der Ergiebigkeit der äußeren Spannungsquelle wächst der Strom an (Funken, Lichtbogen).

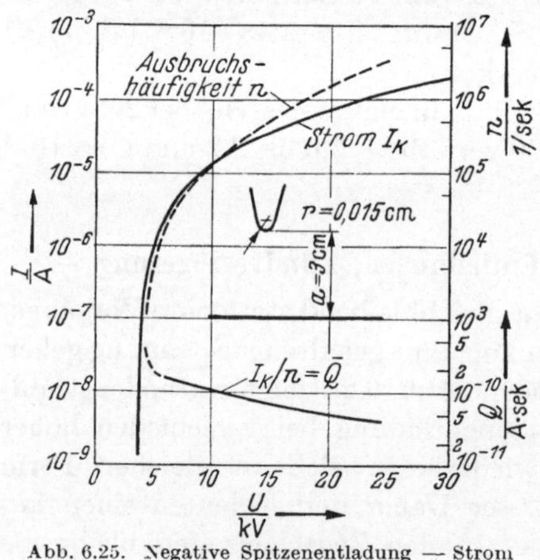

Abb. 6.25. Negative Spitzenentladung — Strom und Häufigkeit

Wird eine steile Stoßspannung angewandt, so kann die für den Durchbruch erforderliche Zeit beobachtet werden (Abb. 6.27). Mit dem Überschreiten der statischen Durchbruchspannung, $U_{D\,stat}$, ist die Zündbedingung erfüllt; doch benötigt der Durchbruch eine zwischen (1 und

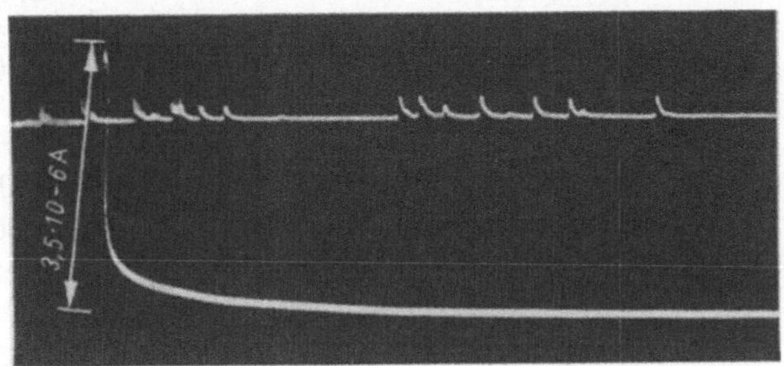

Abb. 6.26. Positive Spitzenentladung, 4,55 kV

200) · 10^{-8} sek liegende Zeitdauer. Sie wird einmal gebraucht, um dem Mechanismus der Entladung aufzubauen, „Aufbauzeit".

Zum anderen muß erst ein Anfangselektron vorhanden und in startgünstiger Lage sein, um eine Lawine anzusetzen. Dies ist vom Zufall abhängig. Die entsprechende „*Streuzeit*", t_s, wird mit Fremdbestrahlung kleiner, ebenso bei Kathodenmaterial mit niedriger Austrittsarbeit. Besonders wirksam wird die Startbedingung begünstigt und die Streuzeit verringert durch Überhöhung der Stoßspannung gegenüber der statischen Durchbruchspannung (z. B. ist bei zwei 5 cm-Messingkugeln für einen Stoßfaktor (f) die entsprechende Streuzeit (t_s)

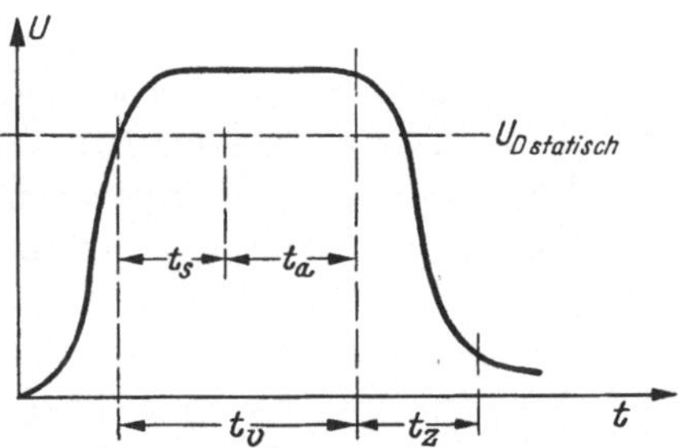

Abb. 6.27. Entladungsverzug t_v, Streuzeit t_s, Aufbauzeit t_a, Zusammenbruch durch Entstehung stromstarker Entladung t_z

$$f_{st} = U/U_{D\,stat} = 1{,}03 \quad 1{,}05 \quad 1{,}20 \quad 1{,}46 \quad 2{,}17 \quad 2{,}55$$
$$t_s = 200 \quad 50 \quad 10 \quad 2 \quad 0{,}5 \quad 0{,}3 \cdot [10^{-8}\,\text{sek}]) .$$

Es zeigt sich, daß die mittlere Streuzeit bei gleicher Bestrahlung einen Minimalwert hat (jedes aus der Kathode durch Fremdbestrahlung freigemachte Elektron leitet den Durchschlag ein). Dieser ist abhängig von der Auslösearbeit des Kathodenmaterials und wird bei $f_{st} \approx 1{,}8$ erreicht. ($t_{s\,min}$ in 10^{-8} sek: bei Elektron: 4, Al: 6, Fe: 11, Ag: 23, Cu: 40, CuO: 200). Durch Oxydation tritt eine Erhöhung der Streuzeit ein. Dagegen kann eine Feuchtigkeitshaut auf der Oberfläche die Zeit verkürzen, da an ihr Elektronen anhaften, die im Feld schnell starten. (Alterung der Elektroden.)

Die *Aufbauzeit* hat bei der TOWNSEND-Entladung als untersten Wert die Laufzeit der Ionen: $t_a' = d/(b_i^+ E)$, bei der Kanalentladung ist dagegen die Laufzeit der Elektronen: $t_a'' = d/(b_e^- E)$ die obere Grenze, denn die Ionisierung wird durch die Eigenstrahlung der Entladung noch schneller vorgetrieben. Die Spannungs-Überhöhung kürzt die nötige Zeit sehr stark (z. B. für Platten, $d = 0{,}1$ cm) (FLETCHER):

$f_{st} = U/U_{D\,stat} =$
1,07 1,41 1,73 2,06 2,6
$t_A =$
2 0,5 0,2 0,1 0,05 ×
× [10^{-8} sek][1]

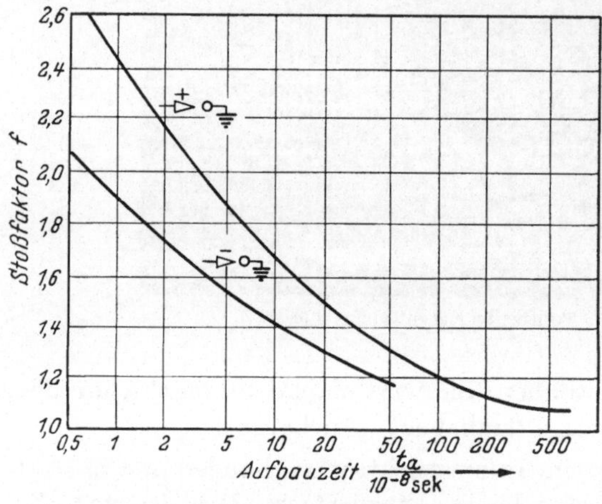

Abb. 6.28. Aufbauzeit des Durchbruchs bei Spitzen in Luft bei verschiedener Polarität

Im inhomogenen Feld ist der Durchbruchverzug höher als im homogenen; dementsprechend werden bei gegebener Stoßdauer höhere Stoßfaktoren nötig. Die Stadien der Teilentladung müssen hier in ein Gebiet abfallenden Feldes vorgetragen werden, bis der volle Durchbruch zustande kommt, dessen Spannung übrigens viel tiefer liegt als im homogenen Feld mit gleicher Elektrodendistanz. / Positiver und negativer Durchbruch, die verschiedene Spannung haben, weisen auch verschiedene Stoßfaktoren auf (Abb. 6.28).

§ 7. Gasentladungen

7.1 Verschiedene Mechanismen bei verschiedener Feldausbildung

Bei *niedrigem Druck* gilt für den Durchbruch unter *Gleichspannung* und niederfrequenter Wechselspannung der TOWNSEND-Mechanismus, im wesentlichen mit der Auslösung von Nachfolge-Elektronen aus der Kathode. Etwa $^2/_3$ der Kathodenemission wird durch Ionen, $^1/_3$ durch

[1] Da für die Zurücklegung von $d = 0{,}1$ cm die Ionen schon etwa 1 μs brauchen, kann also keine TOWNSEND-Entladung vorliegen, sofern nicht sehr langsame, statische Zündspannung angewandt wird; vielmehr muß Foto-Ionisierung aus dem Lawinenkopf angenommen werden. Für die technisch angewandten Stoßwellen mit $t_{Stirn} \approx 1\,\mu$s und $t_{Rücken} \approx 5 \cdots 50\,\mu$s sind $U_{D\,stoss}$ und $U_{D\,stat}$ praktisch gleich groß. (Stoßfaktor: $f_{st} \approx 1$.)

angeregte Atome ausgelöst. Die Fotonen treten zurück, da sie durch neutrale Gasatome stark absorbiert werden. (Die Vorgänge ähneln denen der Glühkathodenemission bei ähnlichen Werten des Druckes und der Feldstärke.)

Im *Hochvakuum* wird die Wahrscheinlichkeit der Stoßionisierung verschwindend klein. Darum werden für den Durchbruch sehr hohe Feldstärken notwendig. Sie genügen dann, um aus der Kathode Elektronen durch kalte Emission frei zu machen. Andererseits erreichen die im Feld lange freie Strecken fliegenden Teilchen extrem hohe Energie und können ihrerseits Elektronen und Ionen aus den Elektrodenoberflächen liefern. Die Feldstärke, bei der im Vakuum ein Funkendurchbruch im Plattenfeld entsteht, ist vom Elektrodenabstand abhängig

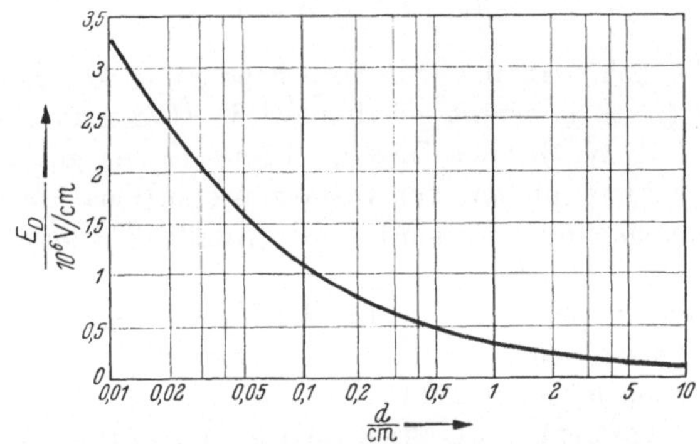

Abb. 7.1. Durchschlagfeldstärke (Platten) im Hochvakuum

(Abb. 7.1). Man erreicht bei 1 cm Abstand $\sim$ 350 kV/cm im Plattenfeld, bei 1 mm $\sim$ 1100 kV/cm, bei 0,1 mm $\sim$ 3500 kV/cm.

Bei höherem und bei *Atmosphärendruck* erzeugt die raumladungsbeschwerte Feldverzerrung im Feldraum Zonen intensivierter Gasionisierung und führt zum Umschlag der Lawinenform in die Kanalentladung. Die höhere Gasdichte erleichtert den Aufbau dicht besetzter Raumladungen und des leitenden Plasmaschlauches. Die Anfangsspannung wird als vom Kathodenmaterial unabhängig gefunden.

7.2 Durchbruchspannung im homogenen Feld

Die kritische Feldstärke, bei der die Zündbedingung im Gas gegeben ist, so daß die Stoßionisation einsetzt und zur selbständigen Entladung wird, ist eine charakteristische Größe des Gases bei gegebener Dichte. Sie weicht gewöhnlich nicht sehr von dem für Luft etwa bei normaler Dichte geltenden Werte von $E_i \approx 30$ kV/cm ab. [1]

[1] Da bei Wechselspannung der Scheitelwert der Spannung den Durchschlag herbeiführt, ist der Effektivwert also $E_{i\,eff} \approx 21$ kV/cm.

Im homogenen Feld ist bei Überschreiten der kritischen Feldstärke die Zündbedingung für den gesamten Elektrodenabstand gleichmäßig erfüllt. Die Entladung führt darum sofort zum vollständigen Durchbruch. Die Durchbruchspannung ist:

$$U_D = E_i \cdot d\,. \tag{7.1}$$

Da die Ionisierungszahl eine Funktion des Druckes ist, werden auch Durchbruchfestigkeit und Durchbruchspannung davon abhängig. Mit $\alpha/p = \mathfrak{f}_1(E/p) = \mathfrak{f}_1(U/pd)$ und $\gamma \approx$ konst wird die Selbständigkeitsbedingung der Lawinenbildung (Gl. (6.22b)):

$$\alpha\, d = \ln\,(1 + 1/\gamma)$$

oder

$$(pd) \cdot \mathfrak{f}_1(U_D/pd) = \text{konst}\,. \tag{7.2}$$

Daraus ergibt sich, daß die Durchbruchspannung konstant ist, wenn das Produkt $(p \cdot d)$ konstant gehalten wird. (Paschen [1889], de la Rue, W. und H. W. Müller [1880]). Dieses Gesetz gilt auch für das inhomogene Feld, wenn mit der Distanz proportional auch der Elektrodenkrümmungsradius geändert wird (Ähnlichkeitsgesetz, Toepler [1909]).

Tatsächlich ist die Gasdichte für die Ionisierung maßgebend, weshalb die Vergleichsdrücke auf gleiche Temperatur bezogen werden müssen, z. B. von ϑ °C auf 20° C:

$p_0/p = (273 + 20)/(273 + \vartheta)$. Die relative Luftdichte, bezogen auf: $\delta_{20^\circ\,\mathrm{C},\,760\,\mathrm{Torr}} = 1$, ist dann:

$$\left.\begin{aligned} \delta &= \frac{293 \cdot p}{273 + \vartheta} \\ \delta &= \frac{0{,}386 \cdot p/\mathrm{Torr}}{273 + \vartheta/^\circ\mathrm{C}} \end{aligned}\right\} \tag{7.3}$$

(vgl. Anhang C).

Mit zunehmender Temperatur sinkt also die Durchbruchfeldstärke. In der Hochspannungs-Anlagentechnik muß diese Dichteabhängigkeit beachtet werden, wenn Anlagen in Gebirgshöhen aufgestellt werden sollen. Der mittlere Luftdruck nimmt mit zunehmender Meereshöhe für je + 100 m um etwa 8 ··· 10 Torr ab, die mittlere Temperatur um 0,3 ··· 0,5° C. Im Witterungsmittel liegt also die Luftdichte je +1000 m Höhe um etwa 0,1 tiefer.

Auf die Schlagweiteabhängigkeit führt Gl. (6.11a).

$$\left.\begin{aligned} \alpha\, d &= C_1\, p\, d\, e^{-\left(C_2 \frac{p \cdot d}{U_D}\right)} = \ln\,(1 + 1/\gamma) \\ U_D &= C_2 \cdot p\, d \cdot \ln\left[\frac{\ln\,(1 + 1/\gamma)}{C_1 \cdot pd}\right]. \end{aligned}\right\} \tag{7.4}$$

Die Durchschlagspannung nimmt mit dem Druck oder mit dem Elektrodenabstand fast proportional zu. Dies gilt bei normalen und hohen Gasdrücken und nicht zu kleinen Abständen, gemäß dem Geltungsbereich von Gl. (6.11 a) (Abb. 7.2). Reiner Wasserdampf (115 ··· 165° C)

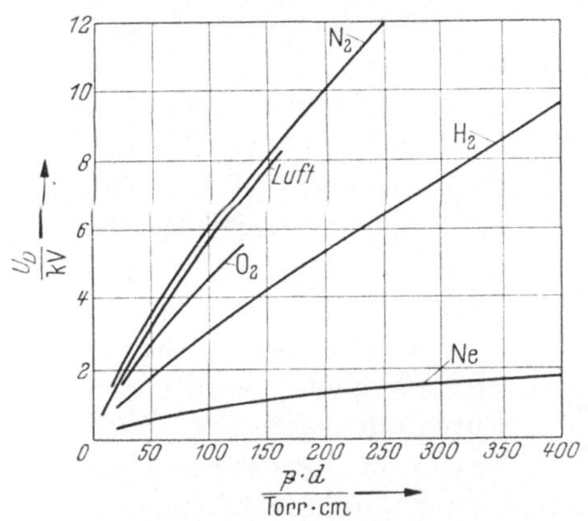

Abb. 7.2. Durchbruchspannung von Gasen im homogenen Feld (20° C)

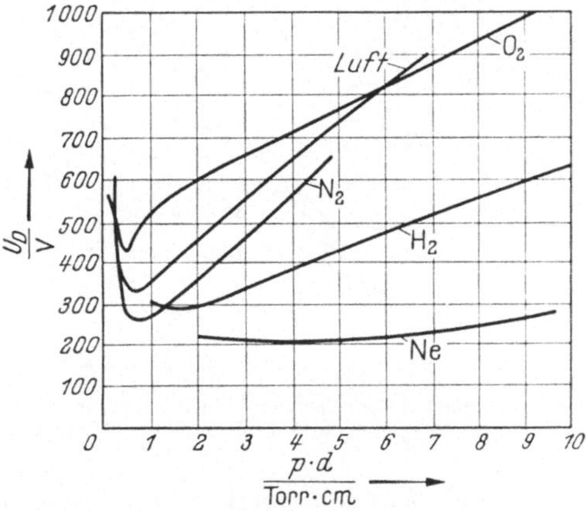

Abb. 7.3. Durchbruchspannung von Gasen im homogenen Feld (20° C)

hat gegenüber Luft gleicher Temperatur eine um etwa 15% höhere Festigkeit.

Es existiert bei etwa $p \cdot d = 0{,}5 \cdots 1$ Torr cm eine *Minimumspannung* von 100 ··· 400 V (Abb. 7.3 und 7.4). Für Luft ist für $(p\,d)_{min} = 0{,}5$ bis

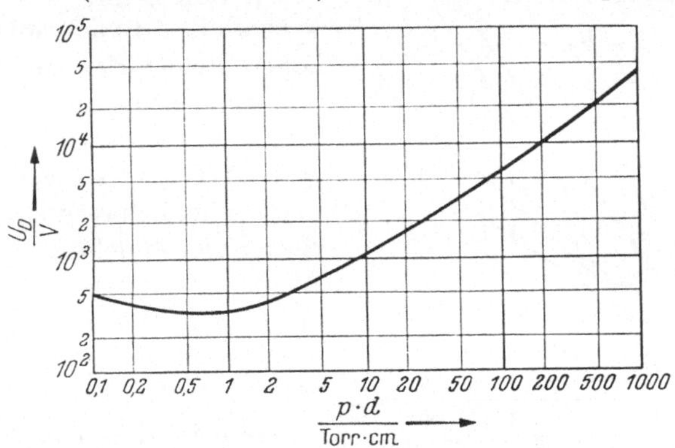

Abb. 7.4. Durchbruchspannung für ebene Elektroden in Luft bei 20° C. p = Luftdruck (Torr), d = Elektrodenabstand (cm) (nach SCHUMANN)

0,6 Torr cm; $U_{D\,min} \approx 350$ V; für $\delta = 1$ wird $(d)_{min} \approx 7{,}5 \cdot 10^{-4}$ cm. Darunter muß die Spannung gesteigert werden, damit der Durchbruch eintritt; da die freie Weglänge groß wird, verringert sich die Stoßwahrscheinlichkeit der von der Kathode startenden Elektronen. Technisch ist die Minimumspannung interessant als der Wert, unterhalb dessen ein reiner Gasdurchbruch nicht aufrechterhalten werden kann (bei Schwachstromkontakten aber durch Metalldampfbildung erniedrigt!) Die Steigerung der Durchbruchfeldstärke mit abnehmender Luftschichtdicke läßt erwarten, daß Lufteinschlüsse in geschichteten festen Medien hohe Festigkeit aufweisen.

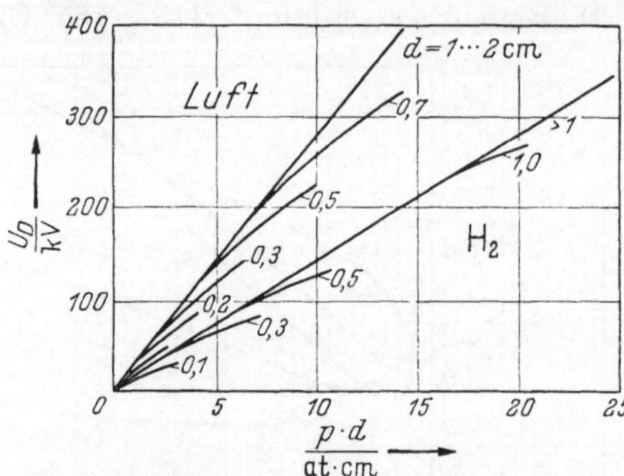

Abb. 7.5. Druckabhängigkeit der Durchbruchspannung im homogenen Feld (Luft und Wasserstoff) (nach FINKELMANN)

Mit demselben Verhalten kann auch bei schwach inhomogenem Feld, z.B. bei Kugeln genügend großen Durchmessers, gerechnet werden (vgl. Abb. 7.8).

Bei sehr hohen Drücken ($p > 10$ kg/cm²) weicht das Durchbruchverhalten der Gase vom Paschengesetz ab (Abb. 7.5) und steigt weniger stark an. Dabei ist die Durchbruchfeldstärke sehr empfindlich auf Inhomoginitäten (Staub, Oberflächenrauheit).

Elektronegative Gase, wie Tetrachlorkohlenstoff (CCl_4), Dichlordifluormethan (CCl_2F_2, Frigen, Freon 2) erhöhen die Durchbruchfestigkeit von Luft merklich (Abb. 7.6). Diese Gase haben wegen der großen Molekülabmessungen kleine freie Weglängen, weshalb ihre Ionisierung wesentlich höhere Feldstärke benötigt. Infolge der Anlagerung der Elektronen an die Hallogenmoleküle werden die negativen Träger schlecht beweglich; und schließlich verzehrt die Dissoziation der Moleküle einen Teil der Elektronenenergie. So hat CCl_4 etwa das 6fache, Frigen etwa das 2,5fache der Durchbruchspannung der Luft (Abb. 7.7). Die Verwendbarkeit dieser Gase ist durch ihre chemischen Eigenschaften behindert.

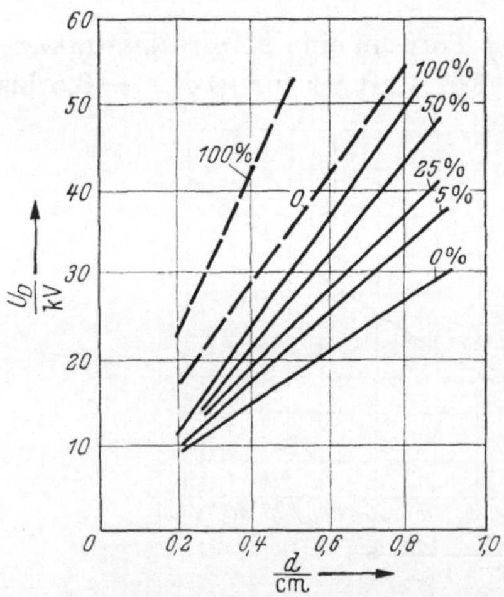

Abb. 7.6. Durchbruchspannung von CCl_4-Luft-Gemischen. ——— 775 Torr (bei 25° C), — — — 1550 Torr (bei 25° C) im homogenen Feld (nach RODINE und HERB). Parameter: Dampfdruck des CCl_4 in % des Sättigungsdruckes

Eine technische Anwendung findet die erhöhte Druckgasfestigkeit beim Preßgaskondensator (s. Abb. 5.43), der bei gleicher Spannungssicherheit mit kleineren Abständen, also für größere Meßkapazität gebaut werden kann als bei Normaldruck. Ähnliches nützt man bei Druckgaswandlern und bei Druckgaskabeln aus. Im Druckgasschalter verhindert der erhöhte Druck unter anderem auch das Wiederzünden.

Als Mittelwertkurve aus vielen in der Literatur ausgewiesenen Messungen kann für die Abhängigkeit der Durchbruchfestigkeit der Luft im homogenen Feld bei Gleichspannung, bei industriefrequenter Wechselspannung (Scheitelwert) und bei Stoßspannung, bei 20° C und 760 Torr die Kurve der Abb. 7.8 [1] benützt werden.

Für den Bereich $d < 0{,}1$ cm hat TOWNSEND empirisch formuliert:

$$\frac{E_i}{\mathrm{kV/cm}} = 30 + \frac{1{,}35}{d/\mathrm{cm}} \quad \text{und} \quad \frac{U_D}{\mathrm{kV}} = 30 \cdot \frac{d}{\mathrm{cm}} + 1{,}35\,. \tag{7.5}$$

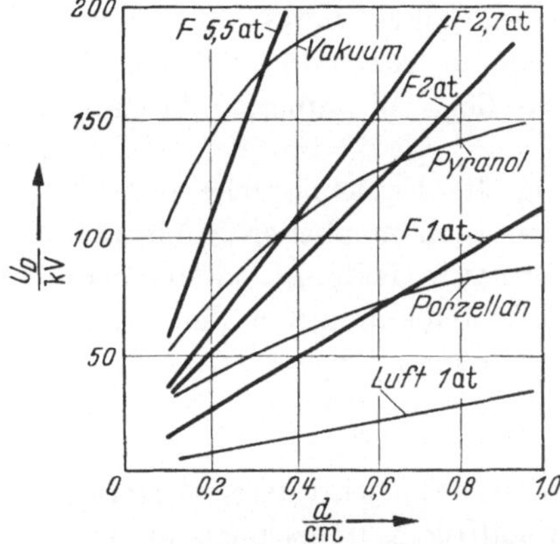

Abb. 7.7. Durchbruchspannung von Frigen (F) verglichen mit Luft, Porzellan, Pyranol, Vakuum im homogenen Feld (nach B. M. HOCHBERG)

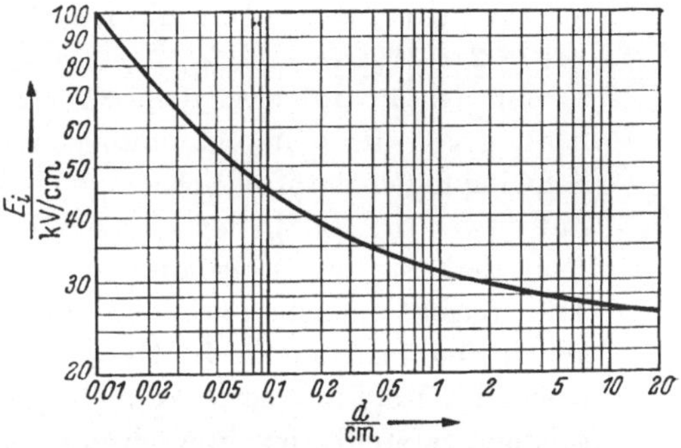

Abb. 7.8. Durchbruchfestigkeit der Luft im homogenen Feld bei 20° C und 760 Torr

Für größere Schlagweiten sinkt die Festigkeit unter 30 kV/cm. Es gilt etwa:

$$\frac{E_i}{\mathrm{kV/cm}} = 24{,}5 + \frac{7}{\sqrt{d/\mathrm{cm}}} \quad \text{und} \quad \frac{U_D}{\mathrm{kV}} = 24{,}5\frac{d}{\mathrm{cm}} + 7\sqrt{\frac{d}{\mathrm{cm}}}\,. \tag{7.6}$$

Die proportionale Umrechnung mit der Gasdichte gilt für größere Schlagweiten annähernd gut; für kleine liefert sie eine zu starke Korrektur (vgl. GÄNGER S. 542).

Der Feuchtigkeitsgehalt der Luft im Feldraum hat einen geringen Einfluß auf die Durchbruchspannung. Sie wird erhöht mit der Zunahme des Dampfgehaltes (vgl. Abb. 7.21).

7.3 Kugelfunkenstrecke zur Spannungsmessung

Wenn der Abstand von zwei Kugelelektroden gegenüber ihrem Radius klein gehalten wird ($d \leq R$), dann ist das Feld nahezu homogen,

[1] n. SCHUHMANN.

insbesondere längs der Mittenachse, auf der die höchste Feldstärke besteht. Die Entladung wird somit beim Überschreiten der Durchbruchfeldstärke gleich zum Durchbruch führen. Dies ist deutlich zu beachten, der Durchbruch hat wenig Streuung und eine feste Beziehung zwischen Abstand und Durchbruchspannung. Darum eignet sich die Messung des Kugelabstandes zur Messung der Scheitelspannung.

Notwendig ist aber, daß die Kugeln sauber sind, daß ihre Oberfläche überall den vorgegebenen Krümmungsradius hat, daß der Einfluß von Fremdfeldern, etwa von geerdeten Teilen, ferngehalten wird ($d_E > 3\,d$!).

Sollen Stoßspannungen gemessen werden, so sollen zur Kleinhaltung des Entladeverzugs und des Stoßfaktors die Kugeln mit UV-Licht bestrahlt werden; das gilt insbesondere für kleine Abstände ($<$ 30 kV).

Die Streuung der Durchbruch-Meßwerte liegt bei sauberem Arbeiten bei $\pm\,2\cdots3\%$.

Ist das Prüfobjekt, dem zur Messung die Funkenstrecke parallel liegt, gegen die beim Spannungszusammenbruch möglichen Stöße und Schwingungen empfindlich (z. B. Transformatorwicklung), so soll man mit etwa $75\cdots80\%$ der einzustellenden Prüfspannung in der vollen Prüfschaltung ein Voltmeter auf der Niederspannungsseite des Prüf-Transformators eichen und dann damit den höheren Wert U_P einstellen. Wenn den Prüfling (z. B. Hängeisolatoren) solche Folgen des Ansprechens der Meßfunkenstrecke nicht gefährden, dann wird deren Abstand solange verstellt, bis abwechselnd etwa hälftig Durchschläge an der Meßfunkenstrecke und Überschläge am Prüfling auftreten.

Zweckmäßigerweise schaltet man zur Strombegrenzung und zur Dämpfung von Stößen einen Schutzwiderstand vor die Meßfunkenstrecke (Wasser-, Draht- oder Karborundum-Widerstände, etwa $\geq 100\ \text{k}\Omega$).

Die Eichkurven für Kugelfunkenstrecken für verschiedene Spannungsbereiche, d. h. Durchmesser, sind international nach vielfach kontrollierter experimenteller Ermittlung festgelegt (vgl. Anhang D). Weicht die Luftdichte von der normalen ($p = 760$ Torr, $\vartheta = 20^\circ$ C) ab, so sind aus dem Abstand ermittelte Meßwerte $U_{\delta'}$ zu korrigieren:

$$U_{korr} = U_{\delta'} \cdot \frac{\delta'}{1} = U_{\delta'} \cdot \frac{0{,}386\,p'/\text{Torr}}{273 + \vartheta'/^\circ\text{C}}. \tag{7.7}$$

7.4 Inhomogenes Feld. Teilentladung. Charakteristische Spannungen

Beim ausgeprägt inhomogenen Feld, z. B. bei Zylindern, Kugeln, Spitzen, symmetrisch paarweise oder unsymmetrisch z. B. gegen eine Platte gestellt, wird an den Stellen höchster Feldkonzentration schon bei mäßiger Spannung die kritische Feldstärke erreicht, während im übrigen Feldraum die Intensität noch weit darunter liegen kann. Nur für die erste Teilstrecke ist die Zündbedingung erfüllt und in ihr wird das Gas elektrisch durchbrochen. Es setzt eine Teilentladung ein, bei kleinen Krümmungsradien als Glimmen mit ruhigem, schwach bläulichem Lichtschimmer. Wird die Spannung gesteigert, so intensiviert sich das Glimmen, seine Ausdehnung wächst und es kann in eine Büschelentladung übergehen; aus bevorzugten Ansatzpunkten brennen unruhigere, pinselartige oder fächerig gespreizte hellere und längere Leuchtbahnen. Je nach der Elektroden- und der Feldform kann sich ein gelblich leuchtender Stiel ausprägen (Sprühen und Stielbüschel). Bei noch höherer Spannung stoßen vereinzelte, knackende Teilfunken zur Gegenelektrode vor. Aus diesen entwickelt sich schließlich der volle Durchschlag in Funken- oder Lichtbogenform. Wenn die Schlagweite etwa durch eine feste Isolierbarriere unterbrochen ist, können die verschiedenen Formen sich deutlich ausbilden.

Für jede Entladungsform kann eine meist gut reproduzierbare charakteristische Einsatzspannung in Abhängigkeit von der Schlagweite gemessen werden, die für die benützte Elektrodenanordnung kennzeichnend ist.

Nur für den ersten Teilentladungseinsatz gelten die Gesetzmäßigkeiten der Zündbedingung. Die zugehörige Spannung wird „Anfangspannung“ genannt. Sie ist praktisch wichtig, da viele Hochspannungs-Konstruktionen gänzlich entladungsfrei gehalten werden müssen. Daneben hat die Spannung, bei der der volle Durchbruch auftritt, die „Durchschlagspannung“ oder „Funkenspannung“, das Hauptinteresse.

In der Konstruktionstechnik kann man nur sehr selten homogene Feldformen entwerfen; man muß zudem bei der Bauausführung und im Betrieb mit Veränderungen der Oberflächen rechnen. Darum haben die Charakteristiken der inhomogenen Anordnungen vor allem praktische Bedeutung. Wegen der Feldungleichförmigkeit gehört zum selben Schlagweitenabstand immer eine kleinere Durchschlagspannung als bei Plattenelektroden.

Wenn die Elektroden unsymmetrisch sind, tritt der Polaritätseffekt deutlich auf bei Gleichspannung und bei Stößen verschiedener Polarität.

Allgemein kann gesagt werden, daß bei größeren Abständen für die Anfangspannung vor allem die Elektrodenform, weniger der Abstand maßgebend ist; dagegen ist die Durchschlagspannung im wesentlichen eine Funktion des Elektrodenabstandes und weniger beeinflußt von der Elektrodenform.

Zylinder. Für konzentrische Zylinder kann die Zündbedingung $1/\gamma = \exp\left(\int_{R_1}^{R_2} \alpha \, dr\right)$, wobei $\alpha/p = f(E/p)$ bekannt ist, ausgewertet werden. Es ergibt sich eine Abhängigkeit der Feldstärke am Innenzylinder, die zur Zündung führt, (E_{1i}) von dessen Radius (R_1) und von der Luftdichte, die auch experimentell bestätigt wird:

$$E_{1i} = A\,\delta\left(1 + \frac{B}{\sqrt{\delta R_1}}\right). \tag{7.8}$$

Bei großem Verhältnis der Radien, etwa $R_2/R_1 > 40$, setzt die Entladung als Glimmhaut um den Innenleiter ein. Die Schichtdicke der Glimmzone ist radienabhängig, etwa

$$\varrho = \sqrt{R_1/3}\,. \tag{7.9}$$

Bei Gleichspannung beginnt der negative Innendraht bei etwas niedrigerer Spannung zu glimmen als der positive, sofern etwa $R_1 <$

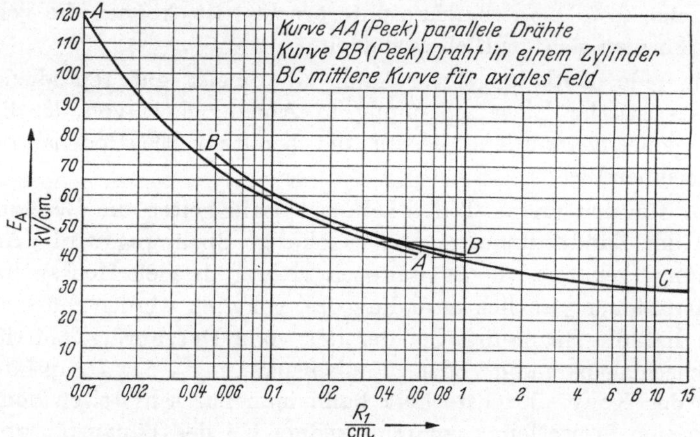

Abb. 7.9. Anfang-(Korona)-Feldstärke an der Oberfläche zylindrischer Leiter, abh. vom Drahtradius bei 760 mm Hg, 25° C, Wechselspannung

$< 0{,}01$ cm; darüber liegt aber die negative Anfangspannung über der positiven (bis zu etwa 6%, Prinz). Auf Rauhigkeiten der Zylinderoberfläche (Seil, Verletzungen und Riefen) spricht die negative Anfangspannung empfindlicher an als die positive, so daß sie bis zu 10% tiefer ist.

In Gl. (7.8) gilt bei kleinem $R_1 < 0{,}12$ cm für die Faktoren für Luft etwa

für negativen Einsatz:	$A = 31{,}5$	$B = 0{,}432$
für positiven Einsatz:	$A = 34{,}3$	$B = 0{,}333$
für Wechselspannung:	$A = 34{,}2$	$B = 0{,}371$

Abb. 7.9 gibt Mittelwerte verschiedener Experimentatoren wieder für die Abhängigkeit der Anfangfeldstärke vom Innenleiterradius.

Je nach der Größe von R_2/R_1 wird durch die Glimmhülle die innere Feldstärke vergrößert oder verkleinert (vgl. S. 38). Im ersten Fall, wenn etwa $R_2/R_1 > e$, tritt mit der Anfangspannung gleich der vollständige

Durchbruch ein, so daß: Anfangspannung U_i = Funkenspannung

$$U_D = A\delta\,(1 + B/\sqrt{\delta\,R_1})\,R_1 \ln R_2/R_1)\,. \tag{7.10}$$

Wenn $R_2/R_1 < e$, bleibt das Glimmen stabil; erst eine weitere Spannungserhöhung führt zum Funkendurchbruch (Abb. 7.10 nach UHLMANN). Die negative Funkenspannung liegt über der positiven.

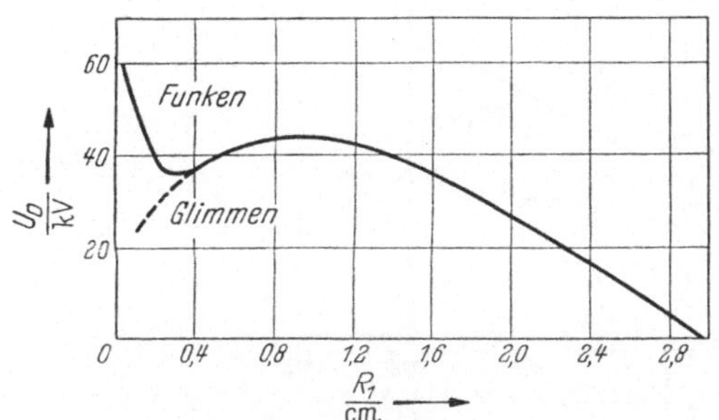

Abb. 7.10. Anfangspannung in Luft, konzentrische Zylinder, Wechselspannung, R_2 = 3 cm

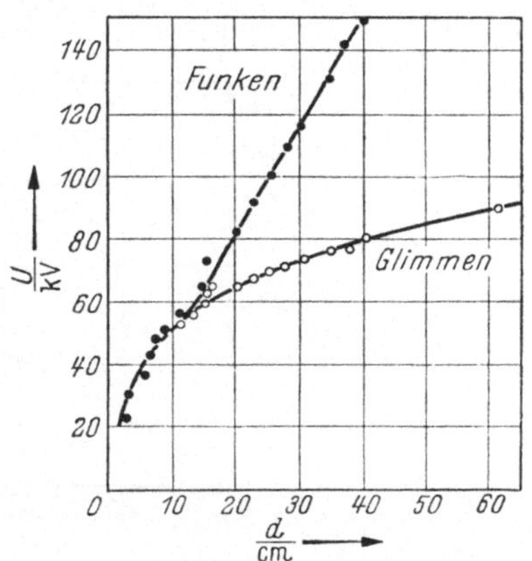

Abb. 7.11. Glimmanfang- und Funkendurchbruchspannung bei Runddrähten (R = 0,41 cm, 25° C, 760 Torr) (nach PEEK)

Auch bei parallelen Zylindern in genügend großem Abstand ist E_i nur vom Leiterhalbmesser, nicht vom Abstand abhängig. (Vgl. Abb. 7.9.) (Dieselbe Zündfeldstärke gehört hier etwa zum halben Leiterradius wie bei koaxialen Zylindern.) PEEK setzte die Formel an:

$$E_i = 30{,}3\delta\,(1 + 0{,}3/\sqrt{\delta R})\,\mathrm{kV/cm}.$$

Bis $d/R \approx 25 \cdots 30$ führt die Zündung gleich zum Durchschlag; darüber trennen sich Glimmanfangspannung und Funkenspannung (Abb. 7.11).

Für gekreuzte Zylinder gelten (nach WERNER) die Werte der Abb. 7.12; sie liegen höher als die von Kugeln gleichen Halbmessers und Abstandes.

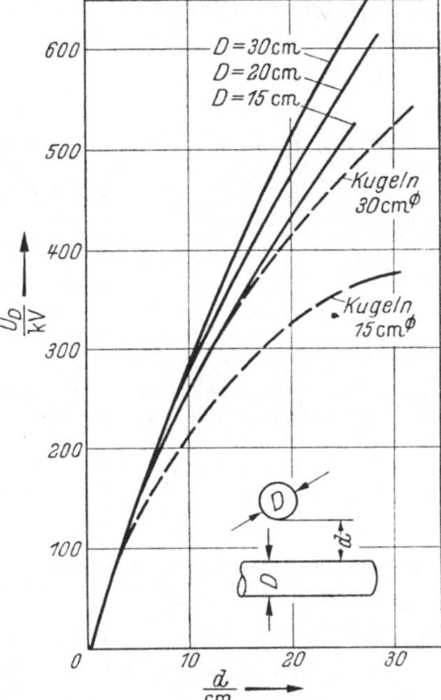

Abb. 7.12. Durchbruchspannung gekreuzter Zylinder, 20° C, 760 Torr (nach WERNER)

Spitzen. Am stärksten zeigt sich die Auswirkung der Glimmhülle auf die charakteristische Spannung an *Spitzen* und spitzenartigen

Funkenstrecken, also an solchen Elektroden, wo der Hauptanteil der Spannung sich vor stark gekrümmten Elektroden konzentriert. Die Glimm-Anfangspannung U_A liegt schon bei kleinsten Schlagweiten tief unter der Funkendurchbruchspannung U_D (Abb. 7.13). Die Anfang-

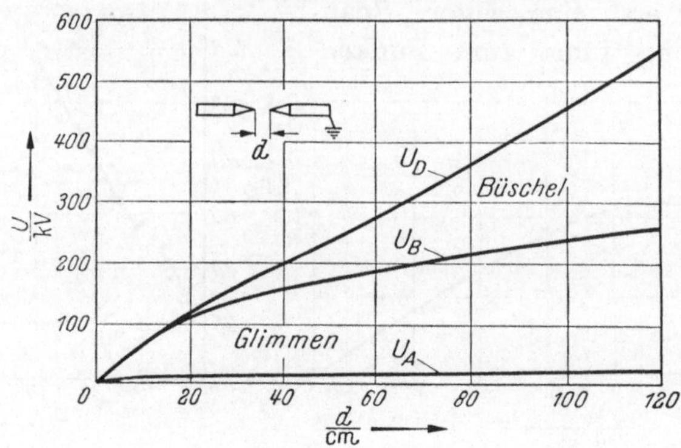

Abb. 7.13. Charakteristische Entladungsspannungen von Spitzen

feldstärke folgt der Gesetzmäßigkeit, die für E_i dargestellt wurde. (Vgl. S. 163.) Wenn $d > (5 \cdots 8)\, R_{sp}$, entwickelt sich aus dem Glimmen bei Spannungssteigerung die Büschelentladung; U_B = Büschel-Anfang (oder Glimmgrenz-)Spannung. Der vollständige Funkendurchbruch benötigt eine höhere Spannung, U_D. Für $d > 20$ cm und $d/R \gg 1$ gilt etwa: $U/\text{kV} = 24 + 4{,}4\, d/\text{cm}$.[1] Man kann also bei größeren Abständen mit etwa $U_D/d \approx 4{,}4$ kV/cm bei Wechselspannung effektiv:

$$U_{D\,eff}/d \approx 3{,}2\ \text{kV/cm} \tag{7.13}$$

rechnen.

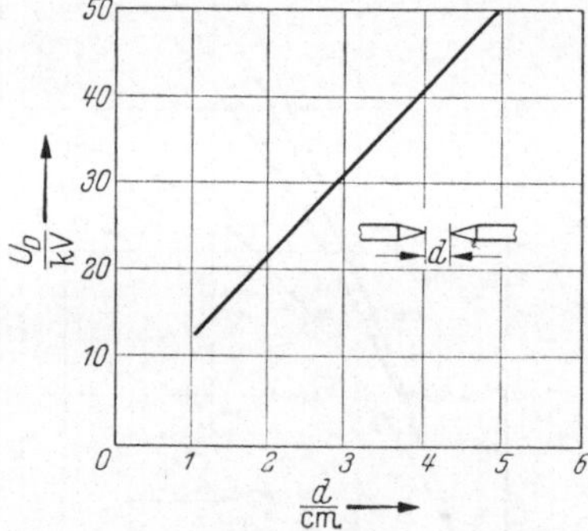

Abb. 7.14. Funkendurchbruchspannung für Spitzen in Luft

Für kleinere Abstandwerte gilt Abb. 7.14. Der Einfluß der Spitzenkrümmung auf die für den Durchbruch sich errechnende Feldstärke wird etwa beschrieben durch:

$$\frac{E_D}{\text{kV/cm}} = \frac{25{,}5}{\left(\frac{R}{\text{cm}}\right)^{0{,}45}}\,. \tag{7.14}$$

Im Gebiet, wo sich der Funken ablöst vom Glimmen, wo sich also die intensive Büschel-Teilentladung einschiebt, besteht eine gewisse Unsicherheit und Streuung der charakteristischen Spannungen.

Wenn die Elektroden unsymmetrische Form haben, z. B. Platte gegen Spitze oder Stab, dann tritt bei Gleichspannung ein Unterschied

[1] Bei Wechselspannung: U_D = Scheitelwert.

der Polarität auf (vgl. § 6.10). Die positive Spitze führt zu niedrigerer Funkenspannung (Abb. 7.15), so daß bei Abständen $d = 1 \cdots 10$ cm: $U_D^+/d \approx 7 \cdots 10$ kV/cm, gegen $U_D^-/d \approx 20$ kV/cm wird. Auch die Glimmeinsatzspannung, U_A^+, ist etwa 5% niedriger als U_A^-, außer bei scharfen Spitzen ($R < 0{,}05$ cm), wo der positive Einsatz merklich über dem negativen liegt (20···40%).

Bei großen Spitzenabständen nähert die einseitige Erdung die Durchbruchwerte verschiedener Anordnungen einander an (Abb. 7.16).

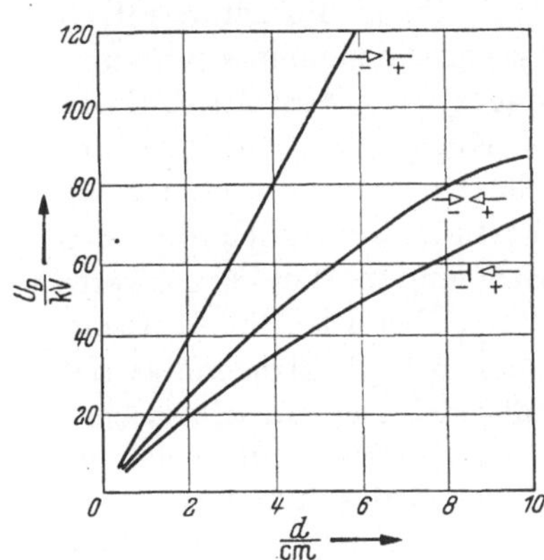

Abb. 7.15. Funkenspannung für Spitzen bei Gleichspannung verschiedener Polarität

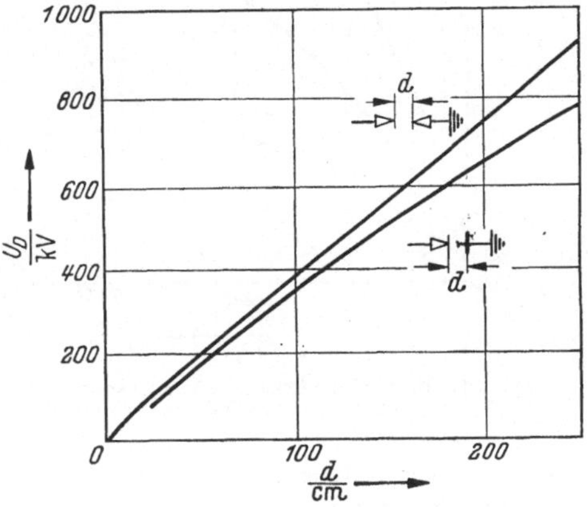

Abb. 7.16. Funkenspannung für Spitzen bei Wechselspannung mit einer geerdeten Elektrode

7.5 Einfluß von Luftdichte, Luftbewegung und Feuchtigkeit

Der für den Einsatz der Teilentladung überhaupt (Glimm-Anfangspannung) behandelte Einfluß der *Luftdichte* gilt im wesentlichen ebenso für die Funkenspannung. Ihre Abhängigkeit kann in dem praktisch in freier Luft nur zwischen $\delta = 0{,}9 \cdots 1{,}1$ schwankenden Bereich proportional angesetzt werden.

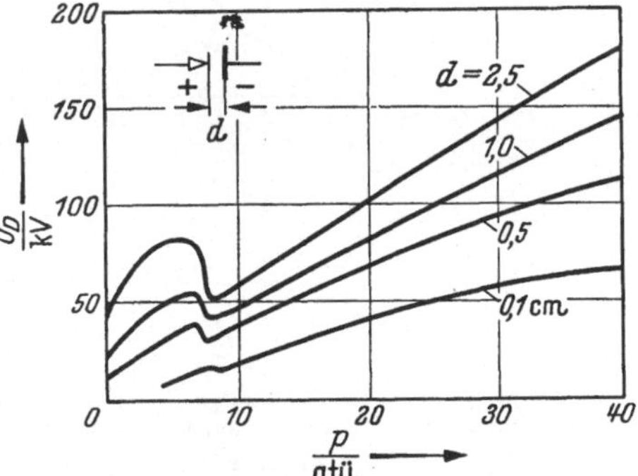

Abb. 7.17. Druckabhängigkeit der Funkenspannung von Luft für Spitzen (nach GÄNGER)

Bei höheren Drücken, über 8···12 ata bei Luft, über 6 ata bei Stickstoff, tritt eine starke Abweichung vom PASCHEN-Gesetz ein. Im stark inhomogenen Feld hat bei den genannten Drücken die positive Funkenspannung ein Maximum, darüber einen merklichen Einbruch, der sich mit zunehmender Schlagweite verschärft (Abb. 7.17). Die Glimm-Anfangspannung macht den Abfall nicht mit. Bei negativer Spitze verschiebt sich die genannte Erscheinung zu höheren Drücken und sie ist weniger ausgeprägt.

Im gleichmäßigeren und im homogenen Feld (Abb. 7.18) wird bei hohen Drücken annähernd ein Endwert der Festigkeit erreicht, der vom Elektrodenmaterial abhängt (z. B. bei 60 ata bei Aluminium 70 kV/cm, bei rostfreiem Stahl 124 kV/cm). Der ab 15 ··· 20 ata auftretende Polaritätseinfluß ist vom Anodenmaterial kaum, dagegen von dem der Kathode abhängig. Mit zunehmender Elektrodendistanz nimmt die Festigkeit merklich ab. Die Streuung der Durchbruchwerte steigt über 10 ··· 15 ata besonders bei Elektrodenmaterial mit kleinerer Austrittsarbeit. Es ist anzunehmen, daß bei diesen Drücken die kalte Elektrodenemission beginnt, eine Rolle zu spielen. Bemerkenswert ist eine einsetzende Formierung, d. h. eine Zunahme der Feldstärke, wenn aufeinanderfolgende Durchschläge vorgenommen werden.

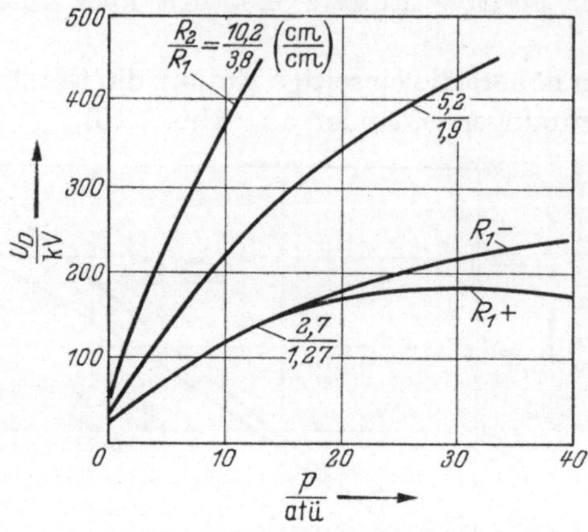

Abb. 7.18. Druckabhängigkeit der Funkenspannung von Luft für konzentrische Zylinder (nach HOWELL)

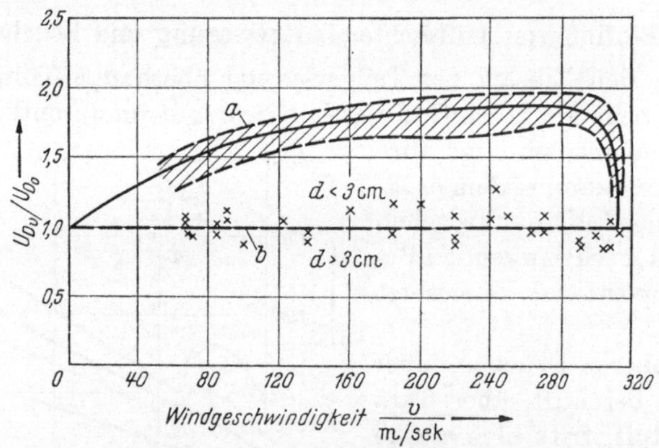

Abb. 7.19. Längsbeblasung einer Spitzenfunkenstrecke ($R = 0{,}2$ cm, $d = 1 \cdots 5$ cm). Erhöhung der Durchschlagspannung bei verschiedener Windgeschwindigkeit (Gleichspannung) *a*) Windrichtung − >→< +, *b*) + >→< −

Bei Druckgasschaltern werden große Strömungsgeschwindigkeiten des Löschgases angewandt. Wenn auch die Löschbedingungen eines Lichtbogens anderen Einflüssen unterworfen sind, ist es darum interessant, die Veränderung der Zündspannung einer Schlagstrecke in *be-*

wegter Luft zu untersuchen. Wird bei Gleichspannung in Richtung von der Kathodenspitze zur Anodenspitze längs geblasen, so steigt mit der Windgeschwindigkeit die Durchbruchspannung U_{Dv} bis $v = 100 \cdots 150$ m/s stark an und erreicht knapp unterhalb der Schallgeschwindigkeit fast den doppelten Wert der Spannung bei Luftstille (Abb. 7.19). Bei Abständen zwischen $d = 1$ und 5 cm ist die relative Erhöhung der Durchbruchspannung etwa gleich. Bei Annäherung an die Schallgeschwindigkeit und darüber scheint der Effekt durch das Turbulentwerden der Luftbewegung verloren zu gehen.

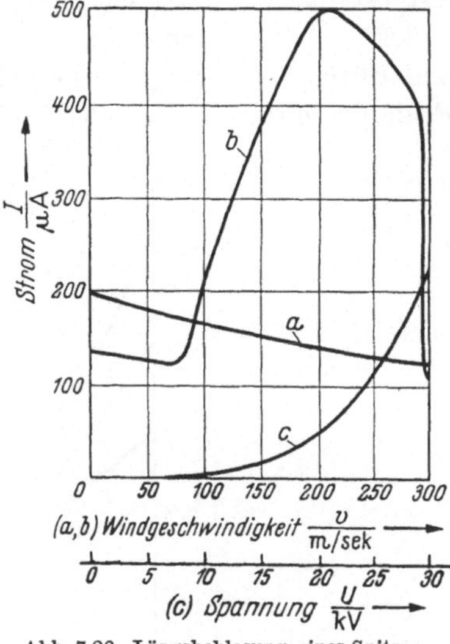

Abb. 7.20. Längsbeblasung einer Spitzenfunkenstrecke ($R = 0{,}2$ cm, $d = 3$ cm) an Gleichspannung.
a Strom bei 27 kV, Windrichtung −>→<+
b Strom bei 27 kV, Windrichtung +>→<−
c Strom-Spannungscharakteristik (ohne Beblasung) ($U_{D_0} = 32{,}4$ kV)

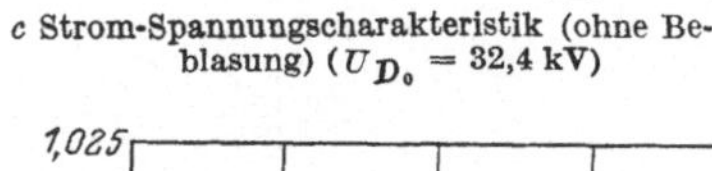

Bei entgegengesetzter Blasrichtung, gegen die Kathodenspitze, (vgl. Meßpunkte x in Abb. 7.19) ist kein eindeutiger Einfluß festzustellen, ebensowenig bei industriefrequenter Wechselspannung. Eine Querbeblasung bringt bei den untersuchten Schlagstrecken je nach Elektrodenform nur eine geringfügige Erhöhung der Durchbruchspannung, aber ohne gesicherten Zusammenhang mit der Blasgeschwindigkeit.

Der Effekt ist darauf zurückzuführen, daß durch den Luftstrom die Feldbewegung der Ionen zur Kathode hin $\left(b^+ \approx 1{,}5 \frac{\text{cm/s}}{\text{V/cm}}\right)$ behindert und umgekehrt wird. Das erweist auch die Messung des zwischen den Spitzen fließenden Vorstromes (Abb. 7.20). Für die Zündung des Durchbruches sind die Vorgänge vor der Kathode besonders maßgebend. Dort wird bei Beblasung gegen die Anode das Raumladungsfeld gemildert, bei Gegenrichtung aber wenig geändert.

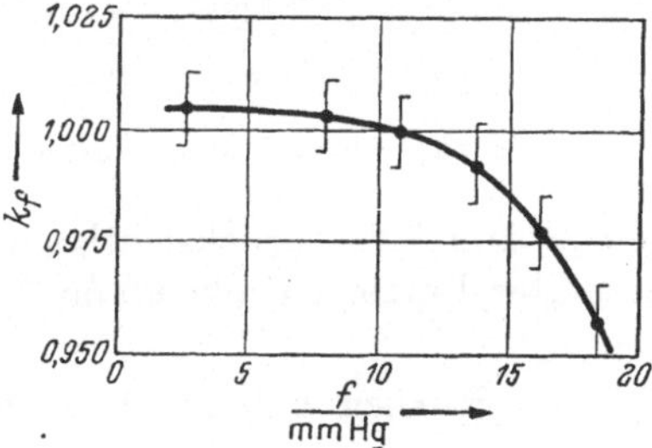

Abb. 7.21. Luftfeuchte-Korrekturfaktor (K_f) für die Funkenspannung von Kugeln mit 5 cm ∅ in Luft (20° C, 760 mm Hg) für $s = 5 - 7{,}5 - 10$ mm Schlagweite;

Schlagweite	Durchbruchspannung bei 11,4 mm Hg Wasserdampfpartialdruck
$s = 5$ mm	$U_{s0} = 17{,}16$ kV
$s = 7{,}5$ mm	$U_{s0} = 24{,}8$ kV
$s = 10$ mm	$U_{s0} = 31{,}9$ kV

Im homogenen Feld zeigt sich ein geringer Einfluß der Luftfeuchtigkeit, wie Messungen an 5 cm ∅ Kugeln bei Abständen von $s = 5$, 7,5 und 10 mm zeigen (Abb. 7.21). Im inhomogenen Feld wird eine merkliche Erhöhung der Funkenspannung mit steigendem Wasserdampfgehalt festgestellt. Offenbar wirkt die Anlagerung der Elektronen an Dampfmoleküle ionisationshemmend, sobald dem Durchbruchfunken Glimm- und Büschelentladung vorhergehen. Der Einfluß ist bei verschiedenen Feldanordnungen unterschiedlich und kann durch Korrekturfaktoren k_f

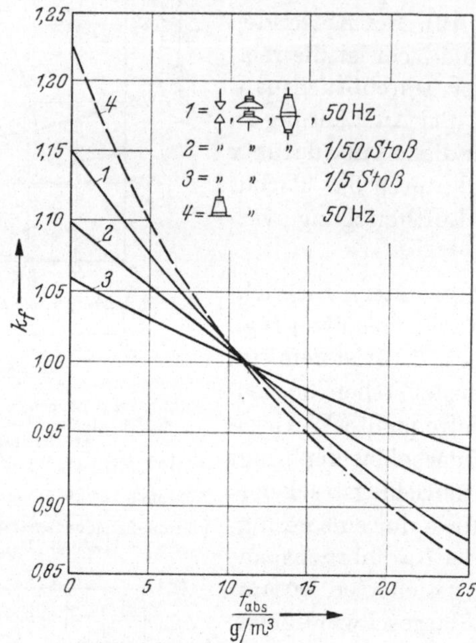

Abb. 7.22. Luftfeuchte-Korrektur für die Funkenspannung in Luft (nach SIROTINSKI)

gemäß Abb. 7.22 berücksichtigt werden, die auf den Spannungswert bei absoluter Luftfeuchtigkeit von $f_{abs} = 11$ g/m³ [1] zurückführen.

7.6 Stoßkennlinie des Durchbruchs und Frequenzabhängigkeit

Im inhomogenen Feld wird die Durchbruchspannung von der Dauer der Spannungsbeanspruchung stark beeinflußt, da hier die Ausbildung des Funkendurchbruchs merklich verzögert ist. Ist (Abb. 7.23) beim Anlegen einer Stoßspannung nach (1) der Entladeverzug t_1, so wird man die Durchschlagspannung U_{SD1} messen, beim Spannungsstoß nach (2), mit dem bei der höheren Spannung kürzeren Verzug t_2, die Spannung U_{SD2}. Auf diese Weise gewinnt man die Stoßkennlinie K, die über der statischen

[1] Dieser Wert von $f_{abs} = 11$ g/m³, der bei 20° C und 760 Torr eine relative Luftfeuchtigkeit von $f_{rel} = 63{,}5\%$ bedeutet, ist als Bezugswert international angenommen.

Durchbruchspannung $U_{SD\,stat}$ verläuft. Durch den Zusammenbruch kann die Stoßwelle früher oder später abgeschnitten werden mit Rechteck- oder mit Keilform (Abb. 7.24), je nach der Höhe und Steilheit der an-

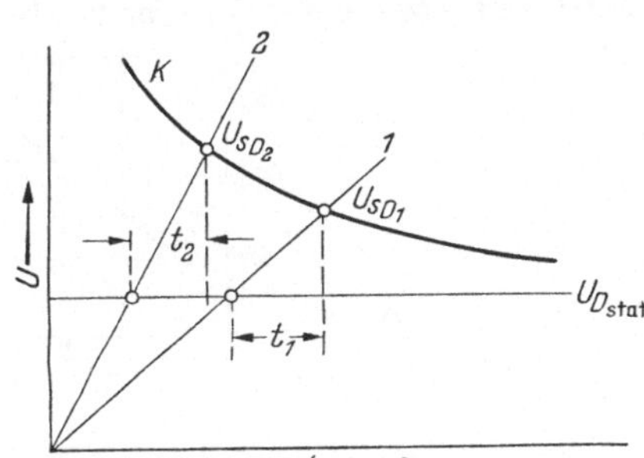

Abb. 7.23. Stoßkennlinie (1,2 = Anstieg der beanspruchenden Stoßspannung)

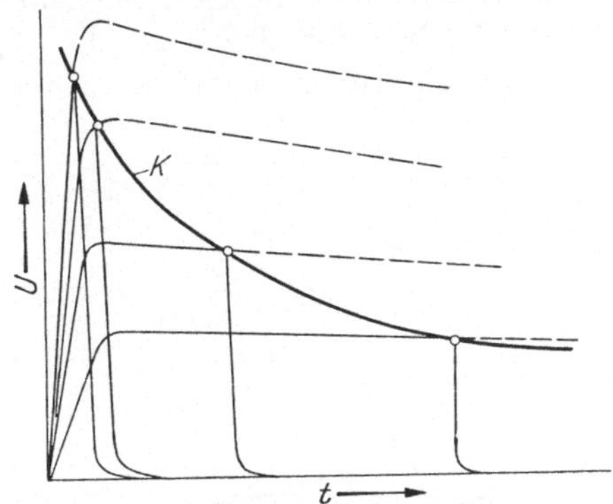

Abb. 7.24. Abgeschnittene Stoßwellen (K = Stoßkennlinie)

gelegten Welle und dem Verlauf der Stoßkennlinie. Als Mindeststoßüberschlagspannung U_{SM} bezeichnet man den Scheitelwert des Spannungsstoßes gegebener Form, der gerade noch zum Überschlag am Prüfobjekt führt. Je ausgeprägter die Stoßkennlinie zu kleinen Zeiten hin ansteigt, desto höher wird U_{SM}.

Abb. 7.25 stellt den Einfluß der Stoßform und -dauer bei beiden Polaritäten der 50 Hz-Durchbruchspannung gegenüber. Die Stoßkennlinien für Platten-, Kugel- und Spitzenfunkenstrecken (Abb. 7.26) zeigen den Einfluß der Feldinhomogenität sehr deutlich. Der Stoßfaktor für Zylinder (Leiterseile) ist von der Schlagweite wenig abhängig (Abb. 7.27).

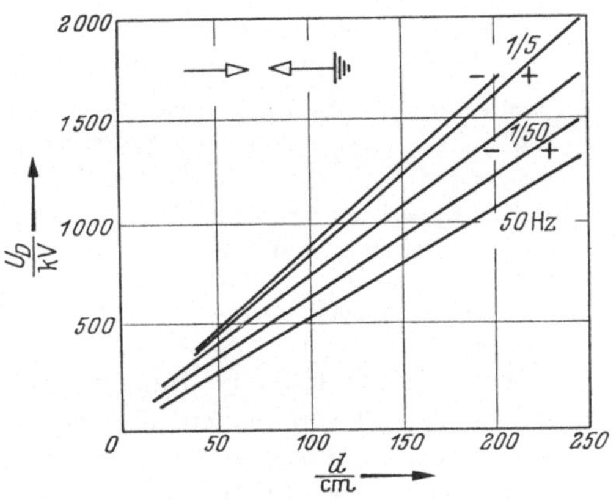

Abb. 7.25. Stoß-Durchbruchspannung für Spitzen in Luft (20° C, 760 Torr, 11 g/m³ Feuchte) (nach GÄNGER)

Bei Industriefrequenz ist die zeitliche Änderung der angelegten Spannung zu langsam, als daß dies für die Entwicklung und den Ablauf der Entladungsvorgänge eine Rolle spielen könnte. Bei 50 Hz besteht z. B. die angelegte Spannung zwischen 99 und 100% des Scheitelwertes 10^3 μs lang. Darum kann dafür noch kein Unterschied gegenüber Gleichspannung erwartet werden. Sobald der Spannungs-Augenblickswert die Anfangspannung überschreitet, setzt die Lawinenbildung ein.

Je nach Schlagweite und Frequenz kann aber die Feldbewegung der im Ablauf der Teilentladungen (vor vollständigem Durchbruch) gebildeten Raumladungen zu klein werden, so daß sie im Feldraum zurückbleiben und damit für die folgende Halbwelle verzerrte Ausgangs-Feldverhältnisse schaffen. Darum wird mit steigender Frequenz die

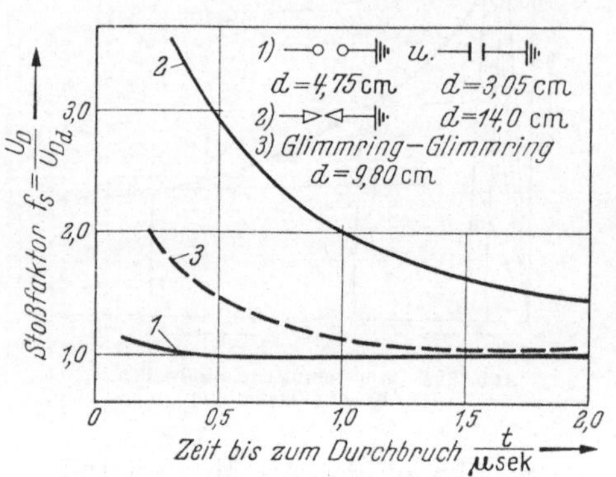

Abb. 7.26. Stoßkennlinien symmetrischer, einseitig geerdeter Elektroden (Abstand auf $\overline{U}_{Dd} = 80$ kV eingest.) (nach MATTHIAS)

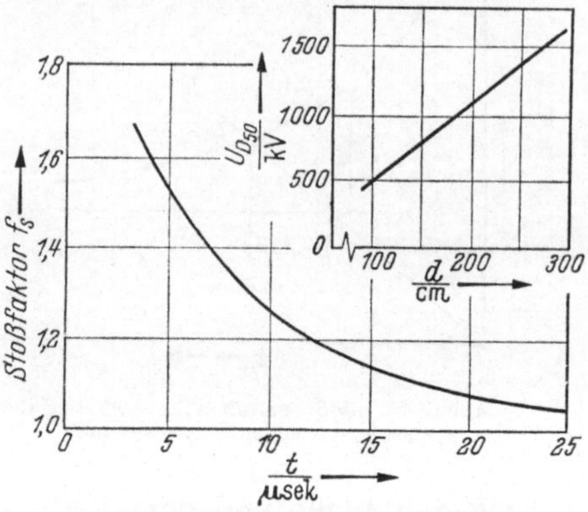

Abb. 7.27. Stoß-Kennlinie für Leiterseil-Ebene (d = 100···300 cm), (1,5/40 μs, 20° C, 760 Torr, 11 g/m³ Feuchte)

Anfangspannung niedriger. In der zur Verfügung stehenden 1/4-Periodendauer legt die Raumladung einen Weg zurück:

$$x = \frac{b}{\omega} \int_0^{\pi/2} E_s \cos \omega t \cdot d\omega t = \frac{b \cdot E_s}{2\pi f} \tag{7.15}$$

mit $E_s = E_i \approx 30$ kV/cm und $b_i^+ \approx 3$ cm/s, $b_e^- \approx 600$ cm/s

wird bei	$f = 50$	$50 \cdot 10^3$	$5 \cdot 10^6$	$5 \cdot 10^9$ Hz der zurückgelegte Weg der
Ionen	$x_i \approx 300$	0,3	$3 \cdot 10^{-3}$	$0{,}3 \cdot 10^{-5}$ cm, jener der
Elektronen	$x_e \approx 6000$	60	0,6	$0{,}6 \cdot 10^{-3}$ cm.

Bei 50 Hz verläßt die Ionenwolke somit noch den Feldraum und wird an der Elektrode neutralisiert. Bei höherer Frequenz tritt aber hervor, daß sie durch die im Raum zurückbleibende Raumladung den Einsatzpunkt der nächsten Halbwelle herabsetzt. (In elektronegtiven Gasen, wo sich die Elektronen an Moleküle anlagern, heben sie diesen Effekt auf.)

Über etwa 3 MHz genügt auch für die Elektronen die Zeit nicht mehr zur Entfernung aus dem Feldraum. Die Feldverzerrungen werden aufgehoben. Die Anfangspannung durchläuft ein Minimum (etwa $0{,}8 \cdot U_{D(50\,\text{Hz})}$) und steigt wieder an. Die durch Teilentladungen geschaffenen bipolaren Raumladungen verdichten sich, ihre Temperatur steigt und damit wird die Diffusion in die Umgebung ausschlaggebend, somit der Effektivwert der angelegten Spannung.

Abb. 7.28 stellt die an Kugelfunkenstrecken ($R = 8{,}9$ cm, $d = 2{,}67$ cm) gemessene Frequenzabhängigkeit der Durchbruchspannung dar. Je kleiner die Schlagweite, desto geringer ist der erniedrigende Effekt. In Abb. 7.29 sind Durchbruchspannungen für 75 kHz und für 50 Hz verglichen für die inhomogene Spitzenfunkenstrecke.

Die Hochfrequenzentladung zeichnet sich durch größere Intensität aus. Schon die Teilentladungen können höheren Strom führen, da der kapazitive Widerstand der Restgasstrecke bei hoher Frequenz klein wird und dadurch der Ladungsnachschub erleichtert ist. Nur bei Gasdichten unter etwa 200 Torr tritt an Drahtelektroden eine Glimmhülle auf. Darüber bilden sich als Anfangsentladung gleich Büschel mit langen Stielen. Infolge der großen Stromnachlieferung kann auch eine einpolig an einer Elektrode aufsitzende Bogenentladung in den Raum hinausbrennen.

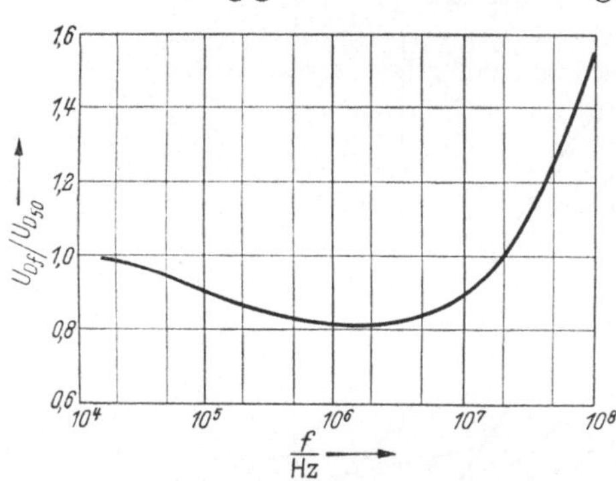

Abb. 7.28. Durchbruchspannung von Kugelfunkenstrecken, abhängig von der Frequenz bezogen auf 50 Hz-Durchbruchspannung [nach CLARK und RYAN, Proc. AJEE 33, 2 (1944) 937]

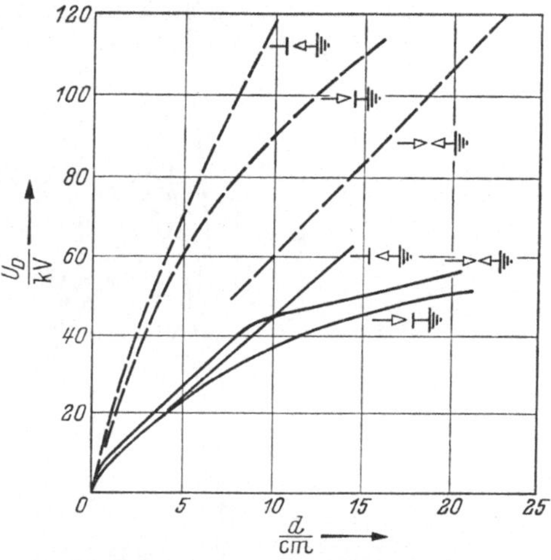

Abb. 7.29. Durchbruchspannungen für Spitzen bei 50 Hz — — — — —, bei 75 kHz ———— [nach KAMPSCHULTE, AfE 24 (1930) 525]

7.7 Schirm zwischen den Elektroden im inhomogenen Feld

Durch das Einsetzen eines dünnen Isolierschirmes in den Feldraum wird die Durchbruchspannung im Wechselfeld nicht ebener Elektroden bis zum $2 \cdots 2{,}75$fachen erhöht gegenüber der Anordnung ohne Schirm (Abb. 7.30). Dieser Effekt ist umso stärker, je ausgeprägter die Inhomogenität ist, wenigstens bis zu einer gewissen Grenze: Im Spitzenfeld findet man ein Optimum bei etwa 30° Öffnungswinkel der Elektrodenspitze. Der Schirm muß im ungleichförmigen Feld näher an der gekrümmten Elektrode sein ($d_s \ll d$). Bei Spitze gegen Platte liegt das Optimum bei etwa $d_s/d = 1/6 \cdots 1/10$; die relative Erhöhung nimmt mit größerer Schlagweite d etwas ab. Wird der Isolierschirm auf die Elektrode unmittelbar aufgelegt, so erniedrigt sich die Durchbruchspannung (U_D) meist gegenüber der ohne Isolierschirm (U_D^0). Wird die Spitze geerdet, so ermäßigt sich die Wirkung.

Wenn das inhomogene Feld symmetrisch ist, dann wird die Durchbruchspannung durch den Isolierschirm viel weniger erhöht. Mit Verringerung der Inhomogenität wird durch den Schirm die Durchbruchspannung sogar kleiner (vgl. Kugeln mit 2 cm ∅ und die mit 5 cm ∅

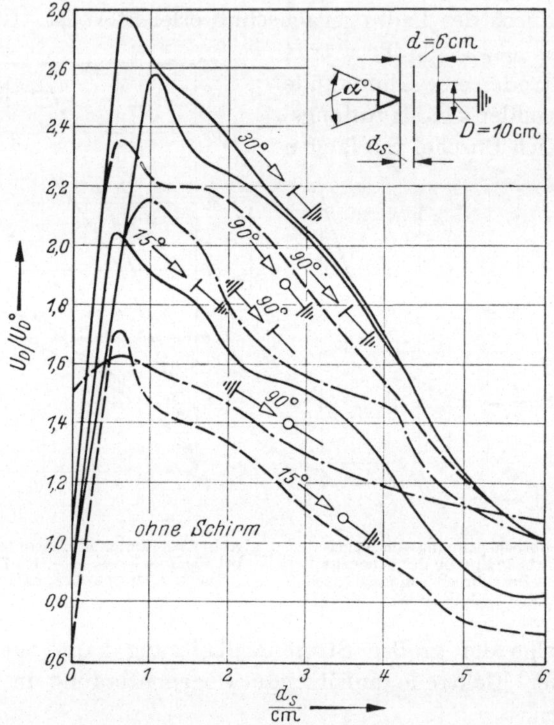

Abb. 7.30. Schirmwirkung im inhomogenen unsymmetrischen Wechselfeld

in Abb. 7.31). Der Einfluß der einseitigen Erdung schiebt das Optimum des Schirmabstandes d_s immer noch zur isolierten Elektrode hin ($d_{s\,opt}/d = 0{,}1 \cdots 0{,}2$). Sind beide Elektroden isoliert, dann muß der Schirm optimal in der Mitte stehen.

All dies läßt erkennen, daß die Durchbruch-erhöhende Wirkung recht empfindlich auf die Feldform und die Feldstärkeverteilung anspricht.

Bei gleichgeformten Elektroden liegt es nahe, die Schirmanordnung zu verdoppeln (vgl. Abb. 7.32).

Diese Isolationsverbesserung ist kaum abhängig von der Art des Schirmmaterials, von seiner Dicke oder seiner Durchschlagfestigkeit.

Wohl aber geht sie zurück, wenn das Schirmmaterial weniger dicht, gar porös oder durchlöchert ist. Z. B. ergaben folgende Materialien im

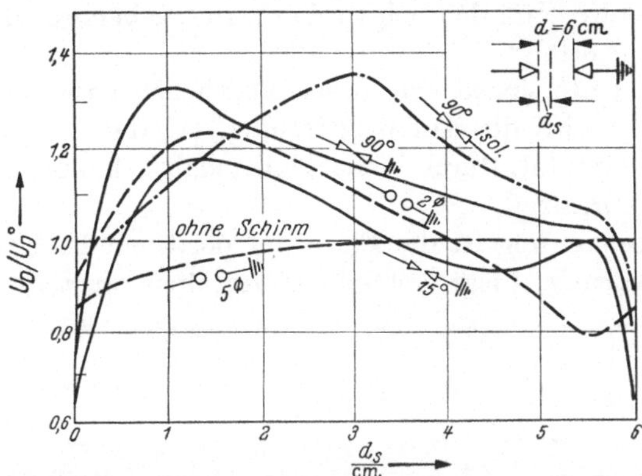

Abb. 7.31. Schirmwirkung im inhomogenen Wechselfeld symmetrischer Elektroden

Wechselfeld einer Spitze gegen die geerdete Platte ($d = 6$ cm) die angeführten maximalen Durchbruch-Spannungserhöhungen:

Transparentpapier	0,03 mm stark $(U_D/U_D^0)_{opt}$	= 2,75
Packpapier	0,17 ,, ,, ,,	= 2,64
Zeichenpapier	0,12 ,, ,, ,,	= 2,56
Pappe	1,4 ,, ,, ,,	= 2,14
Filtrierpapier	0,17 ,, ,, ,,	= 1,18
Transparentpapier (durchlöchert)	0,03 ,, ,, ,,	= 1,16

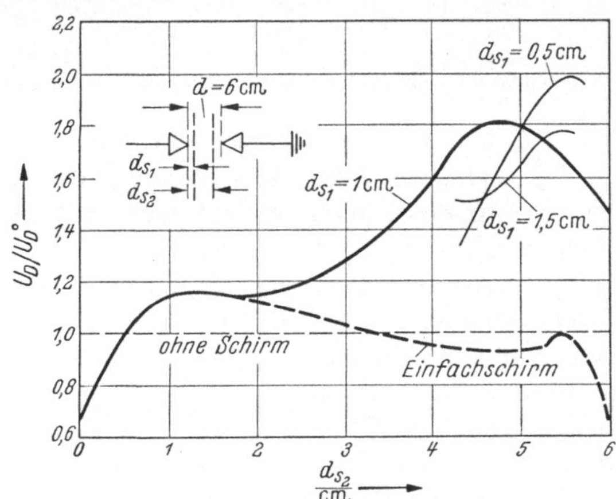

Abb. 7.32. Wirkung von Doppelschirmen

Auch beim Einschieben eines Metallschirmes kann man eine Durchbruch-Erhöhung beobachten, wenn seine Form einer Niveaufläche angepaßt ist.

Der Isolierschirm muß genügende Breite haben (z. B. mehr als 2mal Plattenscheiben-Durchmesser), da sonst der Durchbruch auf verlängertem Funkenweg um den Schirm herum aber bei erniedrigter Durchbruchspannung erfolgt.

Ganz zum Unterschied von dieser merklichen Erhöhung der Durchbruchspannung wird die Anfangspannung, bei der z. B. an der Spitze das Glimmen einsetzt, durch einen Isolierschirm kaum beeinflußt oder nur schwach erniedrigt.

Bei Gleichspannung ist die Form der positiven Elektrode von erstrangiger Bedeutung: Liegt der Schirm vor einer positiven Spitze, dann

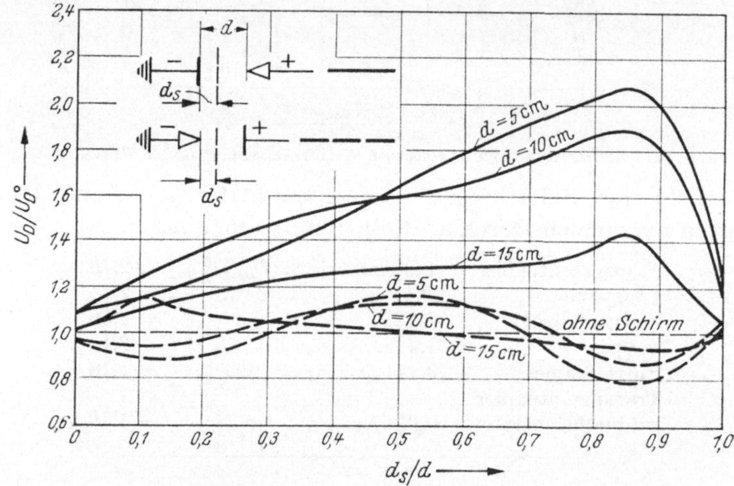

Abb. 7.33. Schirmwirkung im inhomogenen Gleichspannungsfeld mit unsymmetrischen Elektroden

wird: $U_D = (1{,}5 \cdots 2)\, U_D^0$; wenn er aber vor einer positiven Platte steht, dann ist: $U_D < U_D^0$ (vgl. Abb. 7.33). Das bedeutet, daß der Polaritätsunterschied der unsymmetrischen Funkenstrecke im Gleichspannungsfeld abgeschwächt wird.

Die Anfangsspannung der negativen Spitze wird etwas erhöht, so daß man vor dem Einsatz des negativen Glimmens an der positiven Platte Sprühentladungen beobachten kann. Der Glimmanfang tritt dagegen bei positiver Spitze bei etwas erniedrigter Spannung ein. Die übrigen Beobachtungen sind bei Gleichspannung ähnlich denen bei Wechselspannung.[1]

Die Wirkung des Isolierschirmes beruht darauf, daß die Trägerbewegung im Feldraum behindert wird. Dies hat erst für den Durchbruch volle Bedeutung, wo sich Raumladungen ausbilden. Wenn die

[1] Abb. 7.30···32 nach Messungen von LEGER und HUBBUCH, Hochspannungslaboratorium. Karlsruhe 1949.

Spitze positiv ist, sammeln sich Ionen auf dem Schirm an, erniedrigen das Feld im Gebiet vor der Spitze und erschweren hier die Lawinen- und Kanalbildung. Der Mechanismus der negativen Spitzenentladung kann dagegen weniger dadurch geändert werden.

(Die Bewegungshemmung zeigen deutlich fotografische Aufnahmen; vgl. LICHTENBERGsche Figuren, S. 236/237.)

7.8 Korona

Tritt an scharf gekrümmten Elektroden oder an spitzen Erhebungen eine Glimmentladung auf, so wird die Stelle von einer gleichmäßig bläulich schimmernden Hülle (Korona) überzogen. Ein leises Zischen wird dabei hörbar. Die Glimmzone hat unter Normaldruck meist nur geringe Ausdehnung. Man muß voraussetzen, daß in ihr die Feldstärke unter der Anfangsfeldstärke des Gases liegt. Für zylindrische Leiter z. B. wurde experimentell eine Abhängigkeit der Oberflächenfeldstärke beim Glimmbeginn (E_R) vom Leiterhalbmesser R ermittelt: $E_R = 30 \cdot (1 + 0{,}3/\sqrt{R})$. Dabei ist aber E_R nur nach der Gesetzmäßigkeit des zylindrischen Elektrodenfeldes errechnet. Die tatsächliche Feldstärke innerhalb der Glimmhülle zwischen R und $(R + a)$ ist nur $E_A \approx 30\,\mathrm{kV/cm}$ und dieselbe Feldstärke muß vom Elektrodenfeld auch im Abstand a vom Leiter aufgebracht werden. Also wird mit: $E_R/E_{(R+a)} = (R + a)/R$ und $E_{(R+a)} = E_A$ die Glimmhüllendicke etwa: $a = 0{,}3\sqrt{R}$ z. B. bei 1 cm ⌀ : $a = 0{,}21$ cm, bei 0,1 cm ⌀ : $a = 0{,}0675$ cm.

Auch im homogenen Feld kann Glimmen auftreten, wenn Stoffe verschiedener Dielektrizitätskonstante hintereinander geschaltet sind. Eine dünne Gasschicht zwischen festen Medien wird, längst ehe die Festigkeitsgrenze der Gesamtanordnung erreicht ist, durchbrochen und von einer stromschwachen Teilentladung erfüllt (Schichtionisierung).

Durch den Entladungsvorgang treten einige Sekundärwirkungen auf. **Das Gas ändert sich chemisch.** In Luft ist die Bildung von Ozon und Stickoxyd am Geruch bemerkbar. Sie können in Innenisolationen, z. B. an Schicht- und Preßisolierungen, in Wicklungen, Kabeln, Kondensatoren oder Durchführungen die organischen Isolierstoffe im Laufe der Zeit zerstören [1], in Porzellanhohlräumen Metallbolzen, Sicherungsdrähte korrodieren und schwächen. Solche Gefahren müssen bei der Betriebsspannung vermieden werden.

An blanken Luftleitern, wo die Anfangspannung noch weit unter der Durchbruchspannung ist, sind diese Teilentladungen für die Isolation unschädlich. Durch das Glimmen kann sogar die Durchbruchspannung erhöht werden. So ergeben z. B. scharfrandige Metallkappen, etwa am Kopf von Stützisolatoren, eine höhere Überschlagspannung

[1] Glimmer ist fest und gefeit dagegen.

als Wulstkappen, da die Glimmhülle das übrige Feld vergleichmäßigt und den Ausbruch einzelner Büschel und Teilfunken, die vorzeitig den Durchbruch einleiten, unterdrückt (Abb. 7.34).

Aus der Glimmhülle treten, je nach der Polarität der Elektrodenspitze, negative oder positive Ionen nach außen. Sie sind als Ionenwind bemerkbar und üben einen Druck aus (Ionen-Rad).

In der Gasreinigung wird ausgenützt, daß sich die aus der Glimmhülle des negativen Drahtes (2···3 kV/cm, 0,1···0,5 mA/m) austretenden Elektronen an die Schwebeteilchen im Gas anlagern und diese der Feldkraft unterwerfen, so daß sie an der positiven, meist plattenförmigen Gegenelektrode angesammelt und abgeschieden werden können. Die elektromechanische Beweglichkeit ist dabei etwa $2 \frac{\text{cm/s}}{\text{V/cm}}$. Man arbeitet mit gleichgerichteten Spannungen bis 100 kV.

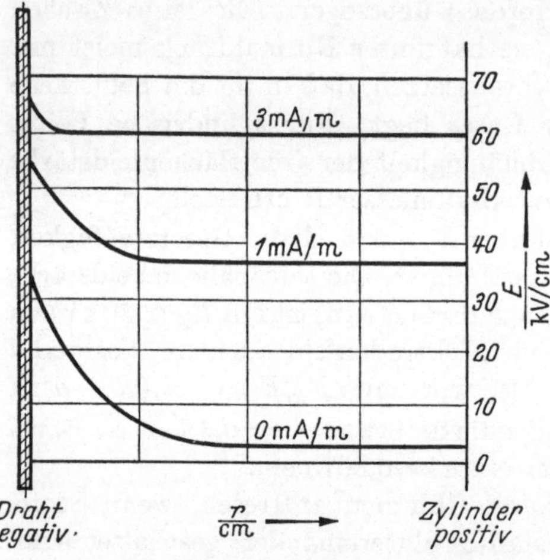

Abb. 7.34. Feldhomogenisierung durch Glimmen des negativen Drahtes mit steigendem Glimmstrom

Die Trägerbildung und der Ladungstransport in der Glimmhülle bedeuten einen elektrischen Leistungsaufwand. Die ihm entsprechende Wärmewicklung ist meist bedeutungslos; aber als *Koronaverlust* kann er bei langen Hochspannungsübertragungen wirtschaftlich Beachtung verlangen. Man hat seine technische Untersuchung schon früh aufgenommen und sie wurde bei jedem Übergang auf eine höhere Stufe der Netzspannung erneuert (Ryan, Peek, Whitehead).

Zur Vorausberechnung formulierte Peek (1911) eine empirische Formel für die Wechselstrom-Korona-Verluste je Phase:

$$\left.\begin{aligned} P_{Kor} &= \frac{241}{\delta}(f+25)\sqrt{\frac{R}{d}}\,(U-U_0)^2\cdot 10^{-5}\;\left[\frac{\text{kW}}{\text{km}}\right] \\ &= \frac{241}{\delta}(f+25)\,R^2\sqrt{\frac{R}{d}}\left(\ln^2\frac{d}{R}\right)^2(E-E_0)^2\cdot 10^{-5}\,; \end{aligned}\right\} \quad (7.16)$$

wobei U die effektive Spannung zwischen Leiter und Erde [kV] bedeutet.

Aufgrund von Betrachtungen über die Bewegung der Raumladungen, deren Theorie aber durch das Erfordernis von wenig gesicherten Annahmen beeinträchtigt ist, kamen Holm (1927) und Mayr (1942) zu Formeln mit $P_{Kor} \approx U\,(U-U_0)$. Aus dem Mechanismus der

Gleichstromentladung führt schon eine TOWNSENDsche Ableitung auf: $P_{Kor} \approx U^2 (U - U_0)$. Diese theoretischen Formeln werden durch die zahlreichen Messungen nicht bestätigt; diese schließen sich bei nicht zu großen Leiterdurchmessern und bei Verlustwerten über etwa $2 \cdots 5$ kW/km vielmehr dem PEEKschen Ansatz an. Dagegen ist die angenommene Frequenzabhängigkeit nicht gesichert.

Eine Hauptschwierigkeit macht die Festlegung der kritischen Spannung U_0 bzw. der Feldstärke E_0. Sie ist willkürlich durch Extrapolation des oberen, etwa quadratisch verlaufenden Kurventeils nach $P_{Kor} \to 0$, (Abb. 7.35) bestimmt zu:

$$\left.\begin{aligned} E_{0\,eff} &= 21{,}2 \cdot \delta \cdot m_1 \cdot m_2 \\ \text{bzw.} \qquad U_{0\,eff} &= 21{,}2 \cdot \delta \cdot R \ln \frac{d}{R} \cdot m_1 \cdot m_2 . \end{aligned}\right\} \tag{7.17}$$

[PETERSON (1950) korrigiert die zu starke Luftdichteabhängigkeit in $\sim \delta^{2/3}$.]

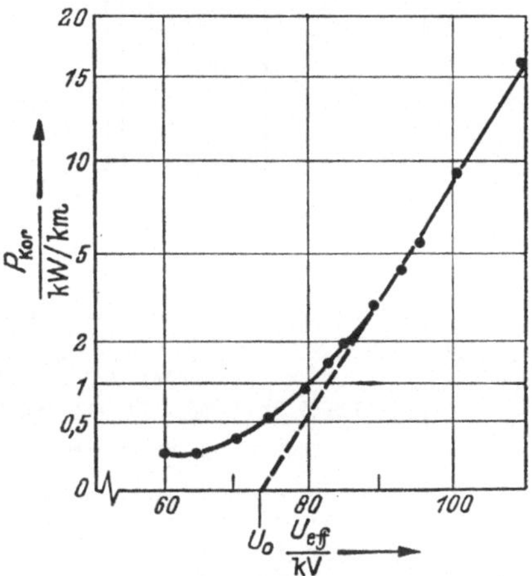

Abb. 7.35. Koronaverluste ($P_{Kor.} = f(U)$). ——— Meßwerte ($2R = 1{,}18$ cm), – – – PEEKsche Gleichung mit $E_0 = 21{,}2 \cdot \delta \cdot m_1 \cdot m_2$

Es sind zwei Einflüsse, welche die rechnerische Erfassung sehr erschweren: Praktisch hat man es nie mit einem zylindrischen Leiter zu tun; vielmehr ist durch Oberflächenverletzungen, durch Fremdkörperniederschlag, beim Seil durch die Riefung der äußeren Adernlage tatsächlich die Höchstfeldstärke an der Oberfläche des Leiters, gerade im dünnen Bereich der Koronahülle, merklich höher, als sich aus der Rechnung mit dem Zylinderfeld ergibt. Zum anderen wird je nach der Witterung der Oberflächenzustand stark verändert; Regentropfen, Schnee- und Reifansatz erhöhen die Feldstärke, je nach Leitfähigkeit und Form verschieden. Den ersten Einfluß muß man durch einen Faktor m_1 [polierte (1); verwitterte Oberfläche ($0{,}93 \cdots 0{,}98$); geflochtenes Seil, Cu ($0{,}81 \cdots 0{,}88$), Al ($0{,}87 \cdots 0{,}90$)] berücksichtigen. Der zweite Faktor (m_2) muß bei Regen zu 0,8 gesetzt werden; er ist aber recht unsicher. Abb. 7.36 zeigt für ein bei 400 kV-Leitungen in Frage kommendes Seil (50 mm ∅) die überaus große Verluststeigerung bei Schlechtwetter und Regen, die um mehrere Größenordnungen gehen kann. Es erscheint sinnvoller, durch Vergleich der Spannungen beim Verlusteinsatz und bei gleich hohen Verlusten festzustellen, wie die wirksame

Feldstärke (E_W) durch die Oberflächenniederschläge erhöht wird (Abb. 7.37) gegenüber der mit der Zylinderformel errechneten fiktiven (E_R). Gerade bei kleinen Verlusten oder bei großen Leiterradien ist der Einfluß der Witterung sehr groß. Nur Messungen an den naturgroßen Seilen können zuverlässig Aufschluß geben. Dabei müssen die Spannungsabhängigkeit der Verluste, der Einfluß von Form und Zustand des Seiles und der Witterung erfaßt werden.

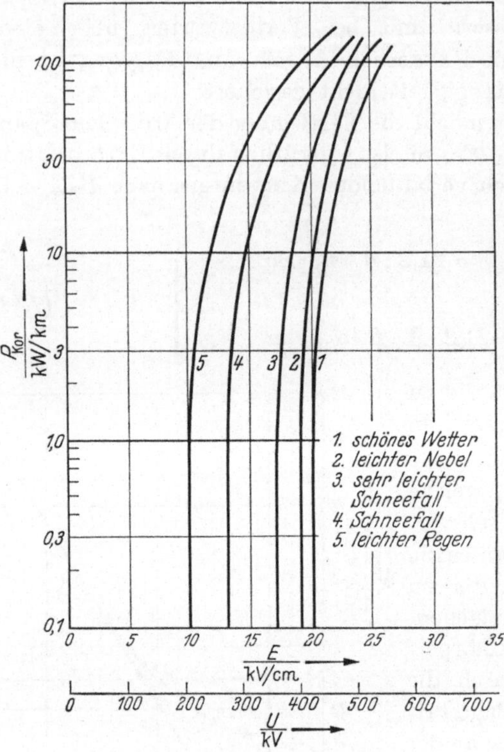

Abb. 7.36. Koronaverluste bei verschiedenem Wetter (Einzelleiter 50 mm ∅)

Für die Verlustumrechnung für nicht weit voneinander abweichende Leiterradien kann man etwa mit Gleichheit der, bei gleicher Zylinderfeldstärke E_R, in der Koronahülle auftretenden spezifischen Raumverluste rechnen:

$$P_{Kor}/l \cdot R^2 = \text{invariant } (R).$$

Für hohe Überspannungen $\left(\frac{U}{U_0} = 1 \cdots 2{,}5\right)$ geben

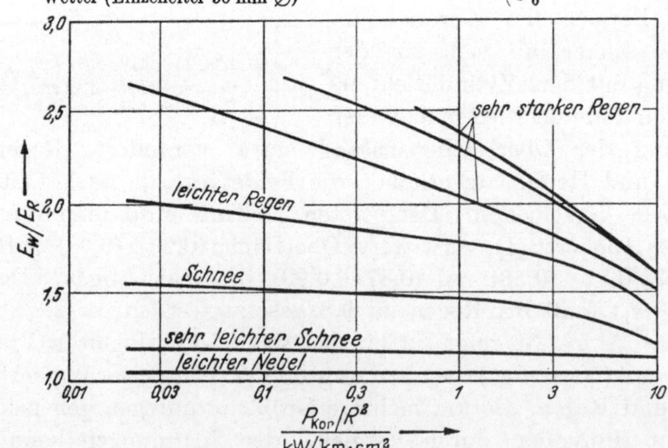

Abb. 7.37. Einfluß von Niederschlägen auf die für die Korona maßgebende Feldstärke

russische Messungen (CIGRE 1956. „Investigating A. C. Corona in the Soviet Union“ von N. B. BOGDANOVA u.a.) eine Abhängigkeit: $P_{Kor} = C\,\omega\,U_0^2 \cdot f\left(\frac{U}{U_0}\right)$. Die an runden Leitern und Seilen von 0,09···2,93 cm Durchmesser in zylindrischen Reusen (3 m ⌀), Kurve A, und mit 0,3···3,71 cm ⌀ in 2,5 m Höhe über Boden, Kurve B, gemessenen Einzelwerte lassen sich in dieser Darstellung gut in einer Kurve unterbringen (Abb. 7.38).

Da bei den in Frage kommenden Leiterabständen das Feld um den Leiter noch radial-symmetrisch angenommen werden kann (nicht bei Bündel-Leitern), können Meßergebnisse aus Versuchsreusen übertragen werden auf die Leiter am Mast, sofern der äußere Reusengitter-Zylinder groß genug ist. (Im Wechsel der Spannungs-Halbwellen bleibt die gebildete Raumladung im Feldraum stehen und rekombiniert oder diffundiert, ohne die Gegenelektrode zu erreichen. Ihre Bewegungsgeschwindigkeit ist: $dr/dt = v = b \cdot E_r = b \cdot E_R \cdot R/r$; über eine Halbwelle $T/2$ ist:

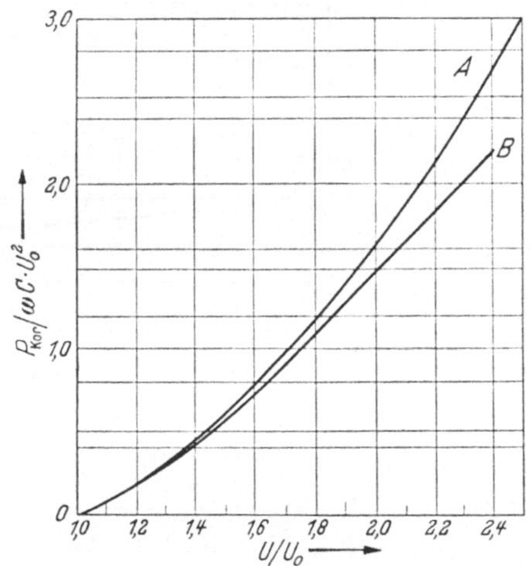

Abb. 7.38. Koronaverluste ($P_{Kor.}$) in der Reuse (A) und über dem Boden (B) bei großer Überschreitung der Schwellenspannung U_0 (C = Kapazität der Anordnung)

$$\frac{T}{2} \cdot b \cdot E_R \cdot R = b \cdot E_R \cdot \frac{R}{2f} \approx \frac{r_{max}^2}{2} - \frac{R^2}{2} \approx \frac{r_{max}^2}{2},$$

also der erreichte Abstand von der Leiterachse:

$$r_{max} \approx \sqrt{b \cdot E_R \frac{R}{f}}, \quad \text{z.B. bei:} \quad R = 1\ \text{cm},\ b = 2\ \frac{\text{cm/s}}{\text{V/cm}},$$

$$E_R = E_A \approx 30\ \frac{\text{kV}}{\text{cm}} \quad \text{und} \quad f = 50\ \text{Hz}, \quad \text{wird:} \quad r_{max} = 34{,}5\ \text{cm}).$$

Die maßgebliche Spannung bei einer Drehstromleitung (3) wird gegenüber der Einleiter-Ebenen-Anordnung (1) umgerechnet für gleiche Oberflächenfeldstärke mit den Betriebs-Kapazitäten: $U_{3v}/\sqrt{3} \cdot U_1 = C_{b1}/C_{b3}$ (POTTHOFF). Bei Erdschluß der Drehstromleitung wird die wirksame Feldstärke für die beiden gesunden Phasen durch das Zusammenwirken des Erd- und des Phasenfeldes bei gleicher verketteter Spannung:

$$E_{E\,schl}/E_{normal} = \sqrt{3} \cdot \sqrt{(K_{10} + 1{,}5\,K_{12})^2 + 0{,}75\,K_{12}^2}/(K_{10} + 3\,K_{12}) \approx 1{,}3$$

(mit den Teikapazitäten: $K_{12} \approx (0{,}2\cdots0{,}4)\,K_{10}$). Bei großen Spannweiten und Durchhängen der Spannfelder (z. B. bei 380 kV: Spw. 350 m,

Dchhg. $F = 14$ m, Höhe am Mast 24 m) wird die Schwankung der Seilhöhe (10 ⋯ 24 m) bemerkbar. Während für die Kapazitäts-Mittelung mit $h = (h_{Mast} - 0{,}7\,F)$ gerechnet werden kann, wird der Mittelwert

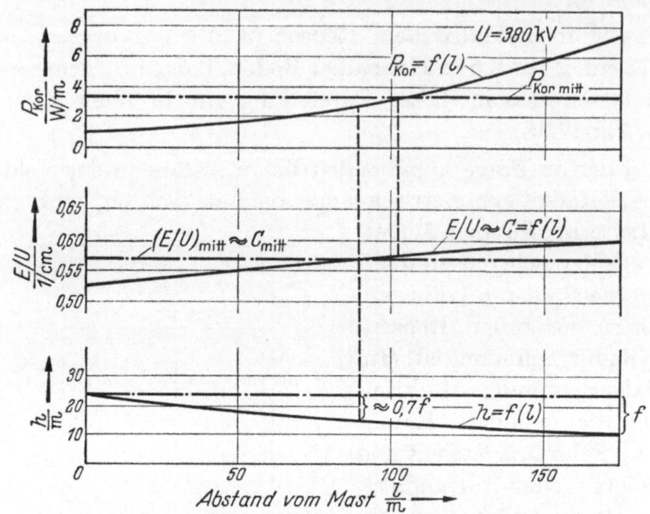

Abb. 7.39. Koronaverluste und Kapazität im Freileitungs-Spannfeld

der Koronaverluste größer als dieser Höhe entspricht (z. B. 3,4 statt 2,6 kW/km, vgl. Abb. 7.39).

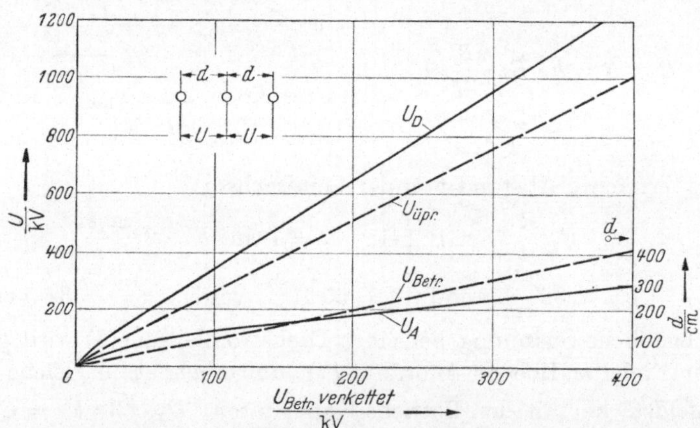

Abb. 7.40. Betriebspannung ($U_{Betr.}$), Prüf-Überschlagspannung ($U_{Üpr.}$), Glimmanfangspannung (U_A), Durchbruchspannung (U_D) bei Rundleitern (entsprechend der natürlichen Leistung) und bei den Mindestabständen (d)

Erst für Betriebsspannungen über etwa 100 kV interessieren die Koronaverluste, weil die Betriebspannung die Anfangspannung übersteigt (Abb. 7.40). Ihre Bedeutung wächst mit der Spannung stark an und erzwingt darum die Wahl des Leiterdurchmessers. Abb. 7.41 gibt diesen Zusammenhang wieder, wobei für den kritischen Anfangswert, unter Einrechnung der geschilderten reduzierenden Effekte, eine Zylinderfeldstärke von $E_R = 16\,\text{kV/cm}$ angenommen ist. Der Einfluß der Phasen- und Erdabstände (d, h) ist gering. Bei Spannungen über 220 kV muß aber der Seildurchmesser schon größer sein, als dem Querschnitt bei wirtschaftlicher Stromdichte oder dem bei natürlicher Leistung entspräche. Darum entwickelte man vergrößerte Seile: Cu-Hohlseile mit längsverzapften Profildrähten (Type HHR, Abb. 7.42b) und Stahlaluminiumseile, die mit Isoliereinlagen aufgefüttert sind („expandet ACSR", Abb. 7.42c). Am wirksamsten wird die kritische Spannung heraufgesetzt, der Koronaverlust erniedrigt durch Bündelleiter (Abb. 7.43, vgl. S. 45).

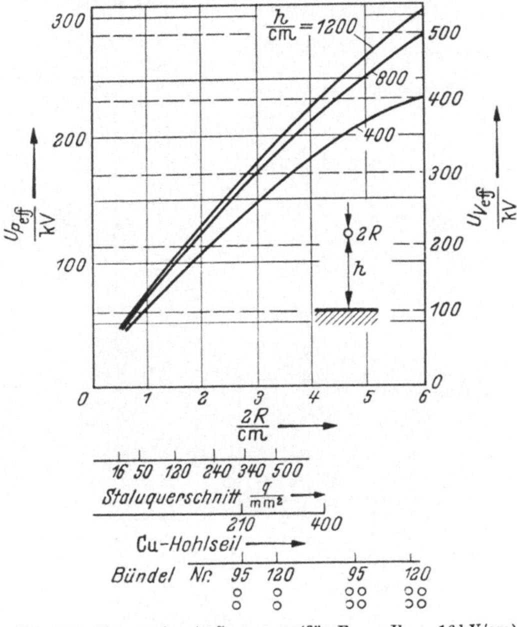

Abb. 7.41. Koronaeinsatz-Spannung (für $E_R = E_A = 16\,\text{kV/cm}$) bei verschiedenen Leitern

Da die Koronaverluste so stark regenabhängig sind, müssen zur Beurteilung der wirtschaftlichen Bedeutung die durchschnittlichen

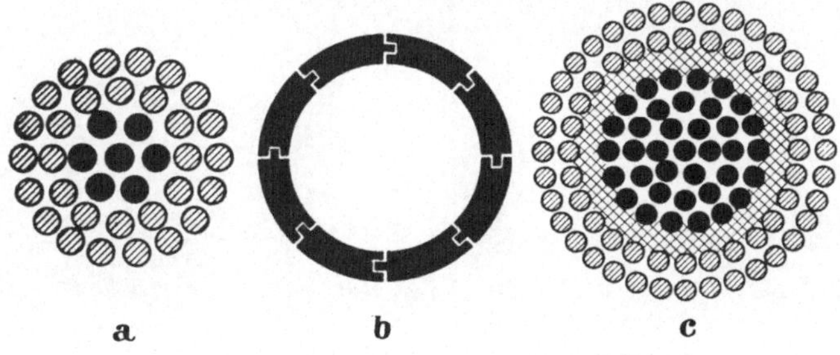

Abb. 7.42. Seilquerschnitte für Hochspannungsleitungen

Wetterverhältnisse eines Jahres in dem von der Leitung durchzogenen Gebiet berücksichtigt werden. Man setzt dann die damit ermittelten Jahresverluste z. B. ins Verhältnis zu den OHMschen Leitungs-

Abb. 7.43. Bündelleitung für 380 kV

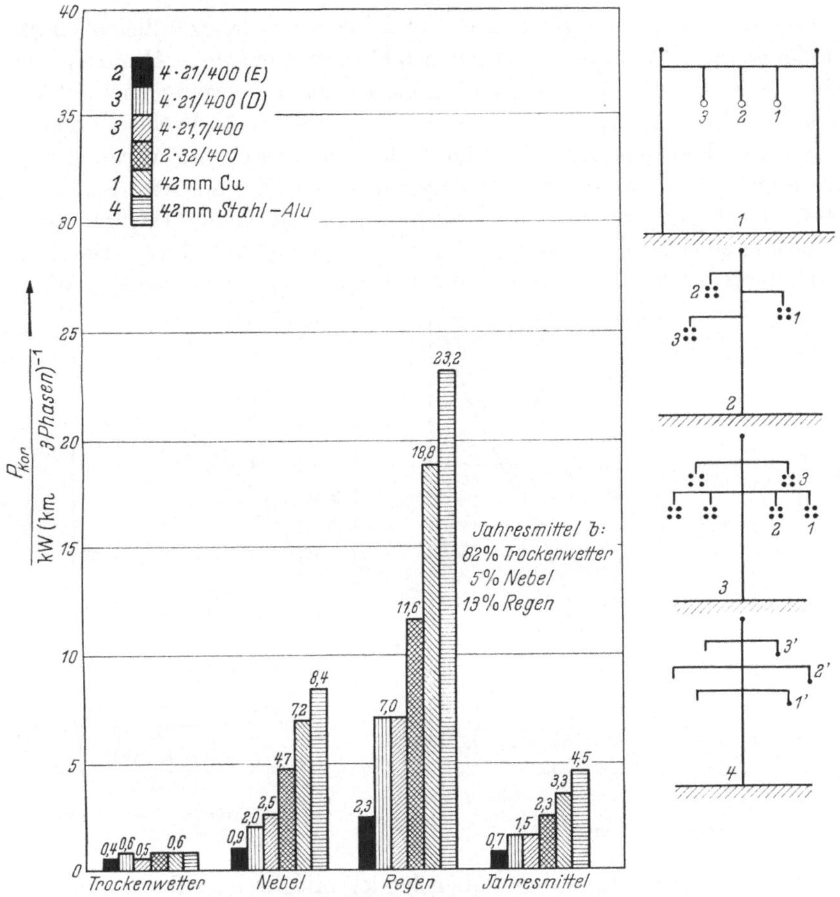

Abb. 7.44. Mittelwerte der Koronaverluste von 380 kV-Leitungen (nach Veröff. Nr. 2 der 400 kV-Forschungsgemeinschaft Heidelberg)

1. Einfachseile
   a) Cu-Hohlseil 42 mm ⌀ Einfachseile zu 1
      $E_1 = 17{,}3$ kV$_{eff}$/cm, max. Randfeldstärke der Phase (R)
      $E_2 = 18{,}3$ kV$_{eff}$/cm, max. Randfeldstärke der Phase (S)
      $E_3 = 17{,}25$ kV$_{eff}$/cm, max. Randfeldstärke der Phase (T)
      $\overline{E} = 17{,}6$ kV$_{eff}$/cm, max. Randfeldstärke der Phase ($\overline{RST}$)
   b) Stahl-Aluminiumseil 42 mm ⌀ Einfachseil zu 4
      $E_2' = 18{,}23$ kV$_{eff}$/cm (R)
      $E_1' = 17{,}02$ kV$_{eff}$/cm (S)
      $E_3' = 16{,}08$ kV$_{eff}$/cm (T)
      $\overline{E} = 17{,}06$ kV$_{eff}$/cm ($\overline{RST}$)
2. Zweierbündel
   a) 2×32/400 Stahl-Aluminiumseile zu 1
      $E_1 = 15{,}6$ kV$_{eff}$/cm (R)
      $E_2 = 17{,}3$ kV$_{eff}$/cm (S)
      $E_3 = 15{,}8$ kV$_{eff}$/cm (T)
      $\overline{E} = 16{,}2$ kV$_{eff}$/ cm($\overline{RST}$)
3. Viererbündel
   a) 4×21/400 (E) Stahl-Aluminiumseile (Einsystem) zu 2
      $E_1 = 12{,}59$ kV$_{eff}$/cm (R)
      $E_2 = 13{,}20$ kV$_{eff}$/cm (S)
      $E_3 = 13{,}62$ kV$_{eff}$/cm (T)
      $\overline{E} = 13{,}12$ kV$_{eff}$/cm ($\overline{RST}$)
   b) 4×21/400 (D) Stahl-Aluminiumseile (Doppels.) zu 3
      $E_1 = 15{,}31$ kV$_{eff}$/cm (R)
      $E_2 = 15{,}86$ kV$_{eff}$/cm (S)
      $E_3 = 13{,}56$ kV$_{eff}$/cm (T)
      $\overline{E} = 14{,}88$ kV$_{eff}$/cm ($\overline{RST}$)
   c) 4×21,7/400 Stahl-Aluminiumseile zu 3
      $E_1 = 14{,}86$ kV$_{eff}$/cm (R)
      $E_2 = 15{,}40$ kV$_{eff}$/cm (S)
      $E_3 = 13{,}16$ kV$_{eff}$/cm (T)
      $\overline{E} = 14{,}45$ kV$_{eff}$/cm ($\overline{RST}$)

verlusten[1]. Abb. 7.44 zeigt z. B. ein solches aus langzeitlichen Großzahlmessungen gefundenes Vergleichsbild für verschiedene Anordnungen einer 380 kV-Leitung. Abb. 7.45 gibt die Spannungsgänge bei Schönwetter, Abb. 7.46 den Einfluß der Regendichte auf die Verluste wieder. Die Leiteroberfläche erfährt im Laufe der Betriebszeit eine Veränderung (Abbrennen der organischen Anlagerungen und des aus dem Seil austretenden Fettes, chemische Veränderung der Metalloberfläche); diese Alterung zeigt sich in einer Verlusterniedrigung (Abb. 7.47). Der hier auch dargestellte Einfluß der Luftfeuchtigkeit ist noch nicht geklärt.

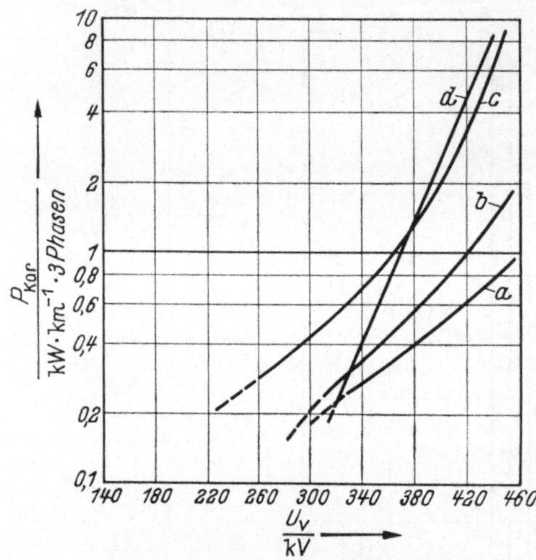

Abb. 7.45. Schönwetter-Koronaverluste von 380 kV-Leitungen [2]

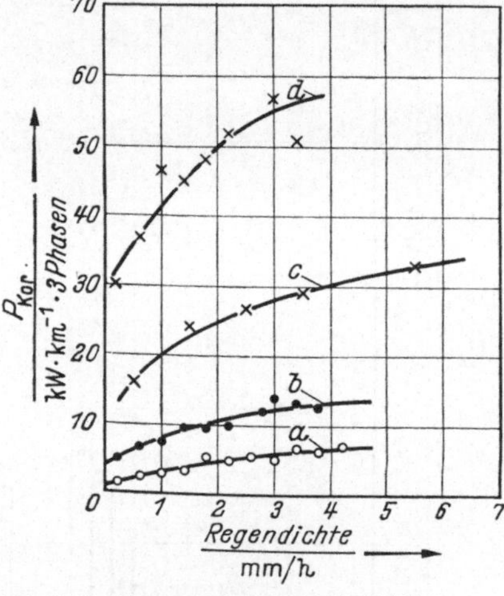

Abb. 7.46. Koronaverluste von 380 kV-Leitungen bei Regen [2]

Für die Höchstspannungen über 300 kV mit ihren großen Seildurchmessern können die früher aufgestellten Formeln nicht mehr gelten; man

[1] Mittlere Wetterstatistik für Frankfurt a. M.

mit			
Nebel	344 Std./Jahr		
Nieseln	128 ,,		
schwachem Regen	545 ,,		Niederschläge 1123 Std./Jahr
starkem Regen	131 ,,		
Regenschauer	113 ,,		
Schneefall	206 ,,		

relative Feuchtigkeit		relative Feuchtigkeit	
0— 19%	6 Std./Jahr	80— 89%	2080 Std./Jahr
20— 49%	790 ,,	90— 94%	1559 ,,
50— 79%	3007 ,,	95—100%	1318 ,,

[2] a = Bündel $4 \times 21/400$; Einfachleitung, Mastkopfbild 2
b = Bündel $4 \times 21/400$; Doppelleitung, Mastkopfbild 3
c = Bündel $2 \times 32/400$; Portalmastleitung, Mastkopfbild 1
d = Cu-Hohlseil 42 mm ⌀: Portalmastleitung, Mastkopfbild 1

muß niedrige Feldstärken (14···16 kV/cm) anwenden und niedrige Verlustwerte (0,05···1,0 kW/km, Phase) sicher messen.

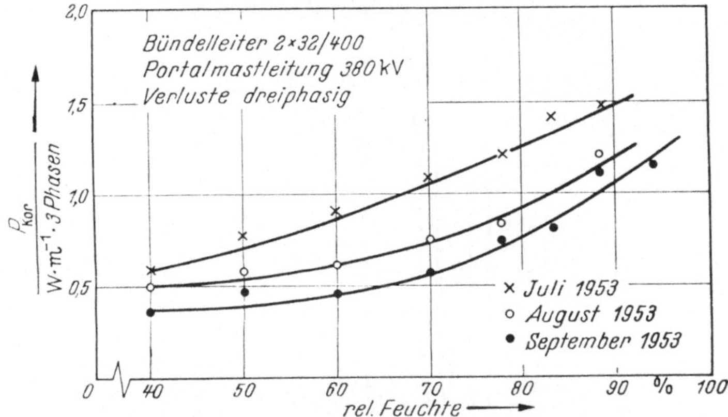

Abb. 7.47. Koronaverluste, Feuchtigkeitseinfluß und Alterung

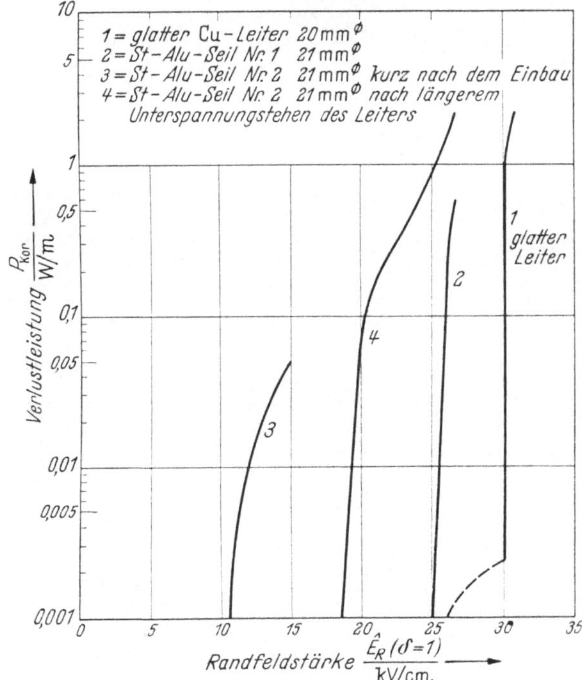

Abb. 7.48. Einfluß von Oberflächenbeschaffenheit. Vergleich zwischen glattem Leiter und Seilen

Die Abb. 7.48 bis 7.51 geben die Ergebnisse besonderer Messungen über die Verschiebung der (für ideales Zylinderfeld gerechneten) Anfangsfeldstärke wieder, die durch die Seiloberfläche bedingt ist. Abb. 7.52

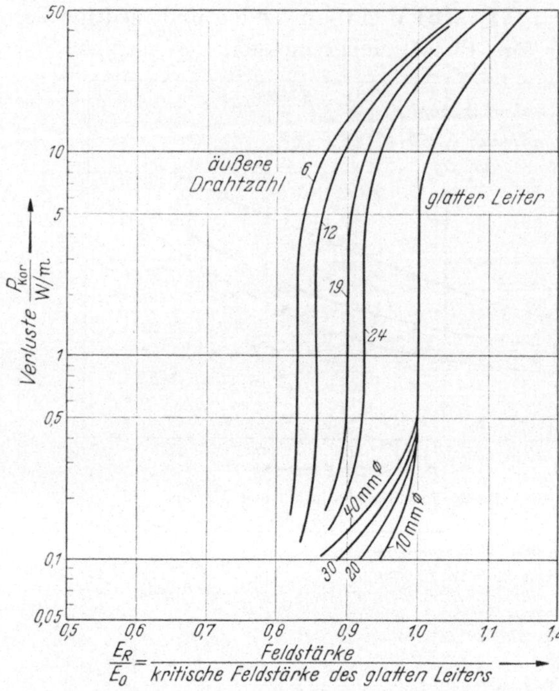

Abb. 7.49. Leiterseil mit verschiedener Drahtzahl in der äußeren Decklage (Messungen der Edf, Chevilly)

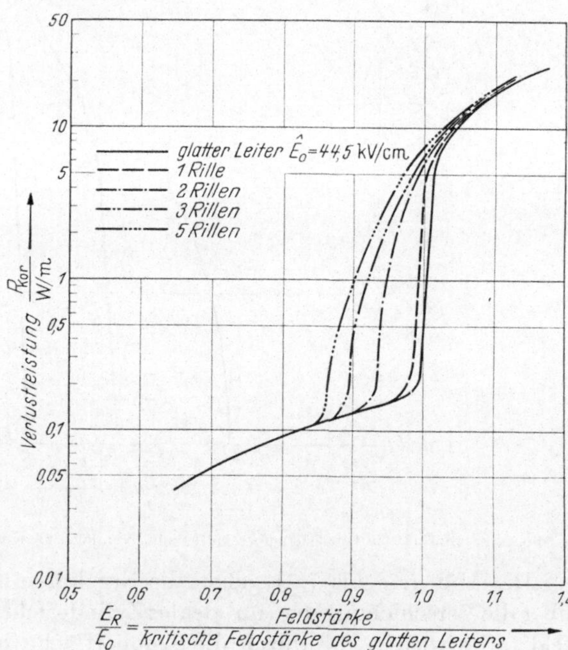

Abb. 7.50. Einfluß der Leiteroberfläche, künstliche Rillen auf einem zylindrischen Cu-Leiter, $R = 0{,}5$ cm, Rillenkrümmung $\approx 0{,}5$ cm

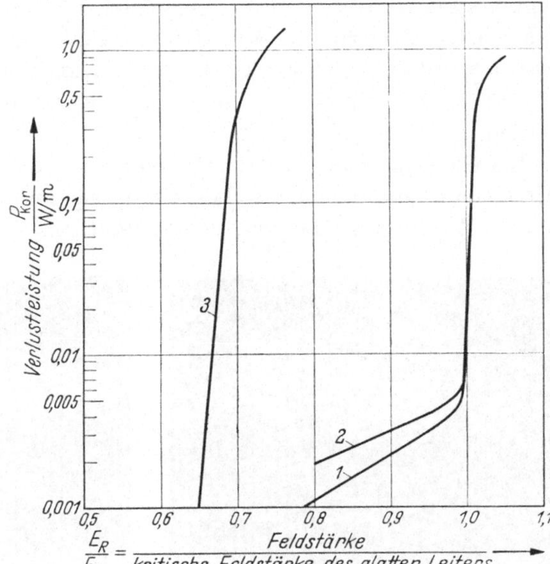

Abb. 7.51. Einfluß von Sprühwasser (2) und Wassertropfen auf der Leiteroberfläche (3) auf die Verlustleistung

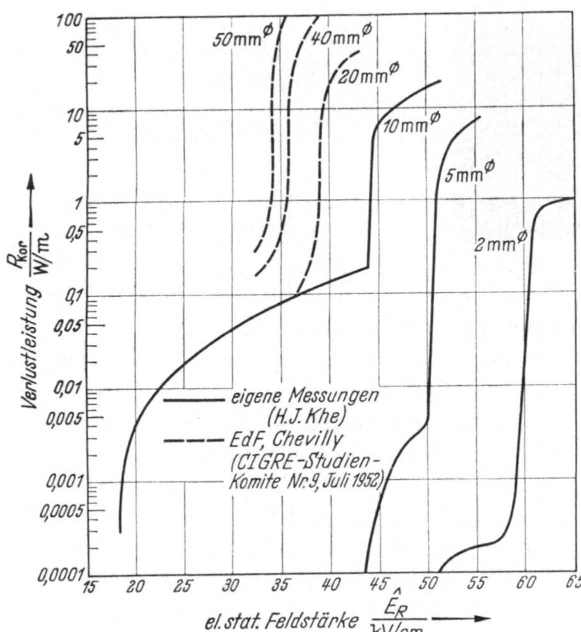

Abb. 7.52. Koronaverluste an glatten Leitern verschiedener Durchmesser (Reuse)

zeigt Vergleichsmessungen bei verschiedenen Leiterdurchmessern; interessant ist der Verlustverlauf, der unterhalb der Anfangsfeldstärke gemessen wurde. Er ist stark von der Luftionisierung abhängig; deshalb scheint dieser Teil vom Feuchtigkeitsgehalt der Luft beeinflußt zu werden.

Bei Gleichspannung setzen die Koronaverluste etwa bei der gleichen kritischen Spannung ein wie bei Wechselspannung, steigen aber bei unipolarer Anordnung (Leiter — Erde) langsamer an. Wenn beide Elektroden glimmen (Leiter — Leiter), wird durch die von beiden erzeugten Raumladungen der Glimmstrom merklich vergrößert.

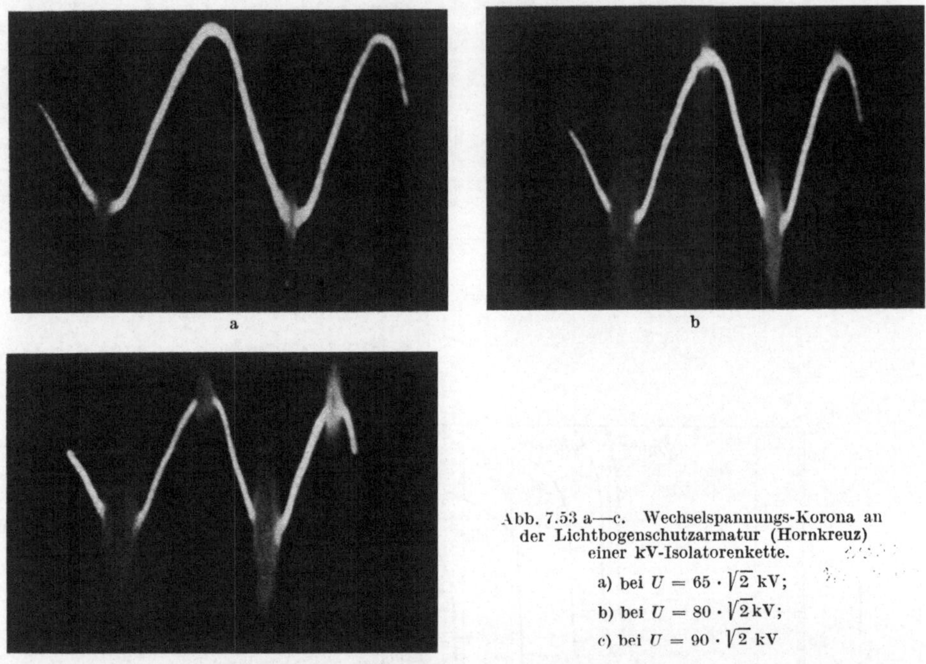

Abb. 7.53 a—c. Wechselspannungs-Korona an der Lichtbogenschutzarmatur (Hornkreuz) einer kV-Isolatorenkette.
a) bei $U = 65 \cdot \sqrt{2}$ kV;
b) bei $U = 80 \cdot \sqrt{2}$ kV;
c) bei $U = 90 \cdot \sqrt{2}$ kV

Hochfrequente Störwirkung. Im Anfangsgebiet ist die Korona impulsförmig (vgl. § 6.11). Bei Wechselspannung setzen zuerst in der negativen Halbwelle, bei etwas höherer Feldstärke auch in der positiven die Ausbrüche ein (Abb. 7.53). Diese steilen Stromimpulse strahlen Energie unmittelbar in den Raum ab. Da die Intensität mit $(1/r)^2$ abnimmt, ist in einiger Entfernung vom glimmenden Leiter aber nur mehr das elektromagnetische Feld der zur Speisung der Impulse auf dem Leiter fließenden Stromstöße ($\sim 1/r$!) wirksam. Wenn seine hochfrequente Feldstärke nahe an die Größe der Nutzfeldstärke hochfrequenter Nachrichtendienste (Rundfunk 150···1600 kHz, UKW 6···100 MHz, Fernsehen 30···300 MHz) herankommt, wird deren Empfang störend beeinflußt. Ebenso kann der mit hochfrequenter Trägerfrequenz bediente Fernmeldedienst des Hochspannungsnetzes (TFH 50···300 kHz) durch die in diesen Frequenzbereich fallenden Störspannungen der Korona beeinträchtigt werden.

Die Planung von Höchstspannungsanlagen muß viel mehr diesem Effekt als den Koronaverlusten Aufmerksamkeit widmen (Leiterwahl, Klemmen und Armaturen). (Bei mittleren Hochspannungen können Oberflächenentladungen an Isolatoren [Leitungs-Stützisolatoren] Störstellen sein, die wegen der Weitverzweigtheit solcher Netze und wegen der Nähe ihrer Leitungen an Wohnorten, auch wegen etwaiger Verschlep-

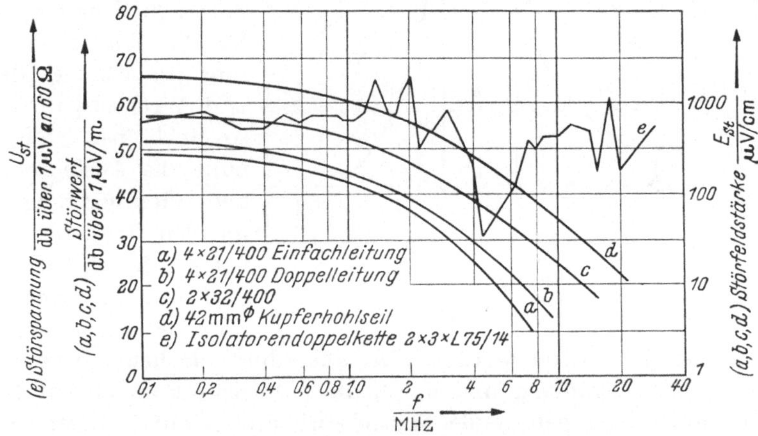

Abb. 7.54. Frequenzspektrum der HF-Beeinflussung durch 380 kV-Leitungen (Empfänger-Bandbreite 9 kHz, Zeitkonstante 1 ms/100 ms)

pung der Störimpulse über kreuzende Niederspannungsleitungen unangenehm werden.)

Abb. 7.54 zeigt die Frequenzspektren, die bei Nennspannung (mit 9 kHz Bandbreite des Hf-Störmeßgerätes) an den in Abb. 7.44 erwähnten Leitern beobachtet wurden. Durch Schlechtwetter wird die Störfeldstärke um etwa 7···10 db erhöht. Bis etwa 1 MHz bleibt bei der Leiterseil-Korona der Störpegel etwa gleich hoch; darüber sinkt er schnell ab. Bei scharfsprühenden Einzelstörstellen rückt diese Grenze aber bis etwa 7···30 MHz herauf. (Die Frequenzspektren bestätigen die oszillographierten Formen des Impuls-Zeitablaufes.)

Im seitwärtigen Abstand quer zur Leitung sinkt der Störpegel rasch ab, so daß er, je nach Seilhöhe über Boden und Erd-Leitfähigkeit, in 50 m nurmehr etwa 10% der Feldstärke unter der Leitungsmitte beträgt (Abb. 7.55).

Koronaimpulse aus Schaltstationen können über die Hochspannungseitung etwa noch 10···20 km weit in störender Größe weitergeführt werden. Es ist darum auch bei Höchstspannungs-Schaltgeräten, bei Armaturen und dgl. wichtig, die Entladungen bei Betriebsspannung zu unterdrücken.

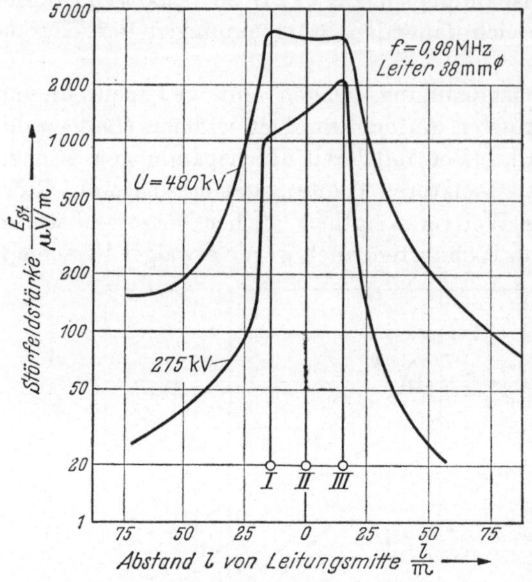

Abb. 7.55. Querprofil des Hochfrequenzstörpegels

Korona bei Stoßspannung. Bei Stoßspannung treten weitere Effekte auf: z. B. die Dämpfung von Wanderwellen infolge der Kapazitätserhöhung und der zu leistenden Koronaarbeit.

Koronaverlustenergie pro Stoß. Kennzeichnend für das Wesen der Korona ist wie bei Gleich- und Wechselspannungen so auch bei Stoßspannung die Ausbildung einer Raumladungshülle um den Hochspannungs leiter. Bei kurzzeitigen Stößen muß jedoch die zeitliche Ausbildung der Raumladung beachtet werden. Da aber durch Höhen- sowie durch ultra-violette Strahlung und durch die natürliche Radioaktivität der Luft immer eine genügende Anzahl primärer Ladungsträger in der Atmosphäre vorhanden ist, liegt diese Zeit in der Größenordnung von 10^{-9}sec. Das bedeutet, daß auch bei kürzesten Stoßimpulsen mit genügend hohen Spannungen immer die Korona in Erscheinung tritt.

Die im Koronabereich auftretenden Verluste, die dem Energieinhalt einer Stoßwelle entzogen werden, setzen sich aus Ionisationsverlusten (zur Bildung der Raumladung) und Reibungsverlusten der bewegten Ladungsträger in der Koronahülle zusammen. Sie sind in erster Linie abhängig von der Polarität des Stoßes und setzen bei einer kritischen Spannung U_A (Koronaanfangsspannung) am Leiter ein. Bei dieser Spannung haben die Ladungsträger im elektrischen Feld im Mittel die Energie erhalten, die zur selbständigen Entladung ohne äußere Ionisationsquelle notwendig ist. Nun bildet sich die Raumladungshülle aus und verhindert ein weiteres Ansteigen der elektrischen Feldstärke am Leiter. Da gerade soviel Ladungsträger entstehen, wie notwendig sind, um die Feldstärke unter dem kritischen Wert zu halten, ist die Anzahl der gebildeten Ionen und damit die Ionisationsverluste proportional (U — U_A), unabhängig vom Vorzeichen der Leiterspannung. Die Ionisationsverluste treten nur in der Stirn einer Stoßwelle auf.

Die gebildete Raumladungswolke bewegt sich aber unter der Einwirkung des elektrischen Feldes vom Leiter weg, wobei die einzelnen Ladungsträger durch Stöße mit Luftmolekülen an Energie verlieren. Die gesamten Koronaverluste in der Stirnzeit der Welle sind demnach abhängig von der Anzahl der Zusammenstöße n, der Masse m und der Geschwindigkeit v der Ladungsträger. Mit $n \sim (U - U_A)$, $v \sim \frac{1}{\sqrt{m}} \cdot U$ und $m = \text{konst}$ erhält man für die Verlustenergie in der Stirn den Ansatz:

$$A_{Kor.\,Stirn} = n \cdot m \cdot v = \sim \sqrt{m} \cdot U \cdot (U - U_A)\,. \tag{7.18}$$

Bei negativ geladenen Leitern stellen wir aber fest, daß in der Raumladungswolke auch Elektronen vorhanden sind, deren Masse wesentlich kleiner ist als die der Ionen. Die Verluste sind daher polaritätsabhängig, und zwar sind sie bei positiven Stößen größer als bei negativen.

Für den Wellenrücken liegen die Verhältnisse anders. Während dieses Teiles der Stoßwelle ist die Anzahl der Ladungsträger nahezu konstant (bei Vernachlässigung der Rekombination für Rückenhalbwertszeiten von ca. 50 μsec), so daß sich für die Verlustenergie folgender Ansatz aufstellen läßt:

$$A_{Kor.\,Rücken} = \sim \sqrt{m} \cdot U. \tag{7.19}$$

Hier ist die Verlustenergie nur noch proportional der augenblicklichen Spannung. Bei abgeschnittenem Wellenrücken ist die Verlustenergie um so geringer, je rascher die Spannung abfällt. Sie ist daher z. T. von der Spannungsform der Stoßwelle abhängig.

Bei der Bestimmung der Größe der Verluste und der Kapazitätsänderung bei der Stoßkorona sind wir im weiten Maße auf Versuche angewiesen. Im Laboratorium wird das Modell der Zylinder-Platten-Funkenstrecke untersucht. Den um 90° räumlich versetzten Ablenkplatten eines Kathodenstrahloszillographen werden Spannungen zugeführt, die einmal proportional der Ladung Q auf der Meßelektrode und zum andern proportional der am Leiter angelegten Spannung sind. Die Flächen der so aufgenommenen Ladungs-Spannungsschleifen (Q—U-Schleifen), die an die Hystereseschleifen erinnern, können ausplanimetriert werden (s. Abb. 7.56 und 7.57). Dieser Flächeninhalt F_{Q-U} ist proportional der Koronaverlustenergie (pro Stoß):

$$A_{Kor.} = \text{Vol.} \oint \mathfrak{E}\, d\mathfrak{D}\,. \tag{7.20}$$

Die elektrische Feldstärke $\mathfrak{E}$ ist etwa proportional der Spannung U, die dielektrische Verschiebungsdichte $\mathfrak{D}$ proportional der Ladung Q zu setzen. Daher wird:

$$\left.\begin{aligned} A_{Kor.} &= \text{prop.} \oint U \cdot d \cdot Q = \text{prop.}\ F_{Q-U} \\ [A_{Kor.}] &= \text{cm}^3 \cdot \frac{\text{V}}{\text{cm}} \cdot \frac{\text{A sec}}{\text{cm}^2} = W\,\text{sec}\,. \end{aligned}\right\} \tag{7.21}$$

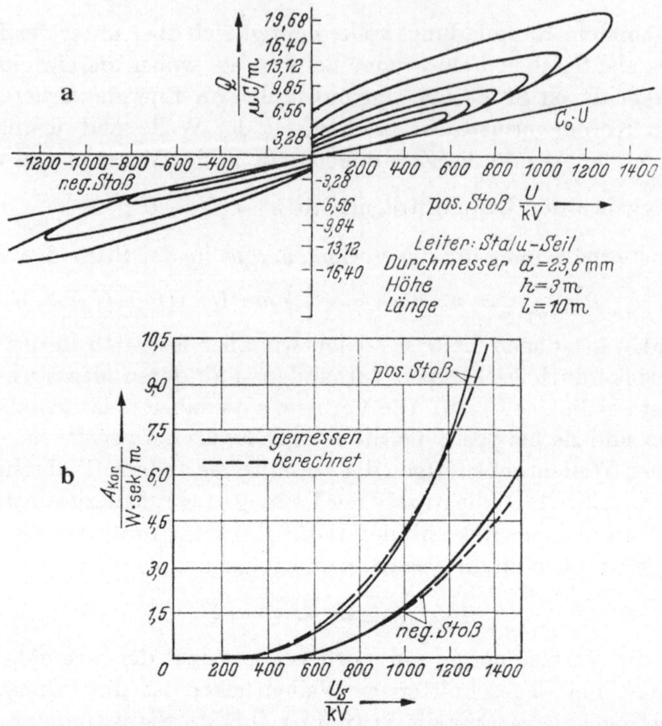

Abb. 7.56. Ladungsspannungsschleifen (a) und Korona-Verlustenergie-Kurven (b) bei variabler Stoßspannung U_s [nach WAGNER und LLOYD, CIGRE-Ber. Nr. 408 (1956)]. Leiter: St-Alu d = 23,6 mm Durchmesser; h = 3 m Aufhängehöhe; l = 10 m Länge der Versuchsstrecke

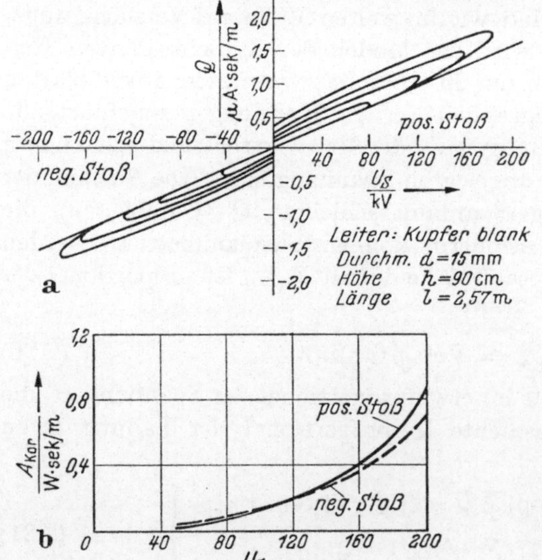

Abb. 7.57. Q—U-Schleifen (a) und Koronaverlustenergie-Kurven (A_{Kor}) [nach PINKWART, Diplomarbeit am Hochspannungsinstitut der TH Karlsruhe (1957)]. Leiter: Cu-blank d = 15 mm Durchmesser; h = 0,9 m Aufhängehöhe; l = 2,57 m Länge

Es ist jedoch zweckmäßiger, die Verlustenergie auf die Längeneinheit der Leitung zu beziehen.

$$[A_{Kor.}] = \frac{\text{W sec}}{\text{m}}.$$

Der Kurvenverlauf der Verlustkurven (*b*) (Abb. 7.56 u. 7.57) gleicht stark dem einer Parabel. Dies rechtfertigt zu dem folgenden Ansatz als empirische Formel:

$$A_{Kor.} = K \cdot (U_s - U_A)^2 \tag{7.22}$$

U_s = Amplitude der Stoßspannung

U_A = Koronaanfangsspannung.

Der Proportionalitätsfaktor K ist eine Funktion der geometrischen Anordnung des Leiterseiles und abhängig von der Polarität der Stoßspannung. Für das Beispiel (in Abb. 7.56) ergab die Ermittlung für positive Stöße $U_A = 250\,\text{kV}$, $K_+ = 8{,}0\,\text{pF/m}$, für negative Stöße $U_A = -400\,\text{kV}$, $K = 4{,}7\,\text{pF/m}$. Ferner wurde eine geringe Abhängigkeit dieses Faktors von der Form der Stoßwelle festgestellt. Für die genannten Untersuchungen (Abb. 7.56 und 7.57)[1] wurde eine ~1/50-Stoßwelle zugrunde gelegt (d. h. eine Stoßwelle mit einer Stirnzeit von 1 μsec und einer Rükkenhalbwertzeit von 50 μsec). Der Einfluß einer überlagerten Spannung U_g auf die Koronaverlustenergie ist bei Gleichspannung noch am einfachsten zu beschreiben (Abb. 7.58)[2].

Kapazitätsänderung bei Stoßspannungskorona. Leider ist es nicht möglich, die Kapazitätsänderung durch Koronaentladungen an Leiterseilen bei Stoßspannungen und Wanderwellen für beliebige Anordnungen vorauszubestimmen. Es ist bisher noch nicht gelungen, den Zusammenhang zwischen Spannung und Raumladung implizit durch *eine* Gleichung auszudrücken. Wir sind daher bei der Beurteilung der Kapazitätsänderung bei Stößen genau wie bei der Berechnung der Koronaverlustenergie auf Versuche angewiesen (Abb. 7.59)[3]. Die Änderung der Kapazität läßt sich aus dem steigenden Teil der Q—U-Schleifen ermitteln. Sie ist etwa proportional dem Anstieg der Schleifen. Eine empirische Näherungsformel stellt den Zusammenhang zwischen Koronaverlustenergie und Kapazitätsänderung bei Stoßspannung dar:

$$\varDelta C(u) = 2 \cdot M \cdot K \left(\frac{u - U_A}{u} - \frac{U_A}{u} \cdot \ln \frac{u}{U_A}\right) \tag{7.24}$$

[1] (Abb. 7.56 nach WAGNER und LLOYD, CIGRE Nr. 408, 1956 und Abb. 7.57 nach PINKWART, Dipl. Arbeit 1957 am Hochsp.-Institut der TH Karlsruhe.)

[2] (Abb. 7.58 nach MILANKOWITSCH und BOUÉ, Wiss. Unters. 1957 am Hochsp.-Inst. der TH Karlsruhe).

[3] (Abb. 7.59 nach SCHMIED, Dipl. Arbeit am Hochsp.-Inst. der TH Karlsruhe 1957).

In Abb. 7.59 ist nach dieser Formel die berechnete Kapazitätsänderung gestrichelt eingezeichnet. Der Faktor K ist der aus Gl. (7.23) im vorangegangenen Abschnitt errechnete.

U_A = Koronaanfangsspannung

u = Momentanwert der Spannung

$$u \approx U_s \cdot (e^{-\alpha t} - e^{-\beta t}) \text{ (Stoßfunktion).}$$

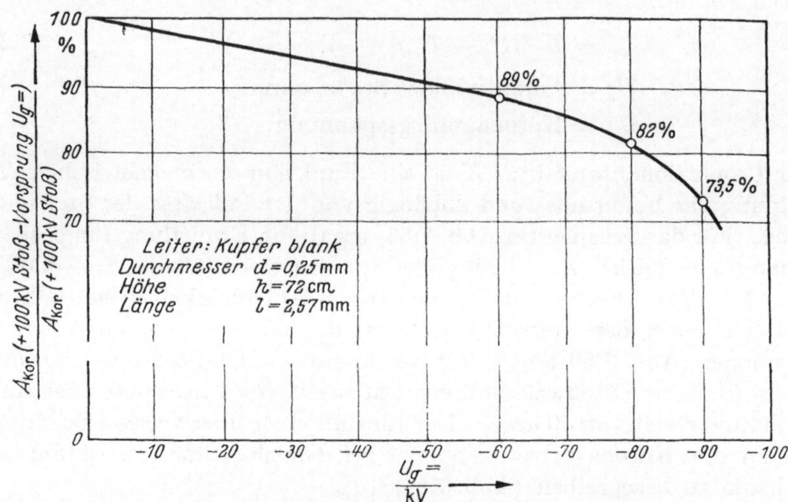

Abb. 7.58. Stoßspannungs-Koronaverlustenergie $A_{Kor.}$ bei 100 kV pos. Stoß, abhängig von der negativen Vorspannung $-U_g$ — [nach MILANKOWITSCH und BOUÉ, wiss. Unters. am Hochspannungsinstitut der TH Karlsruhe (1957)]. Leiter: Cu-blank d = 0,25 mm Durchmesser; h = 0,72 m Aufhängehöhe; l = 2,57 m Länge

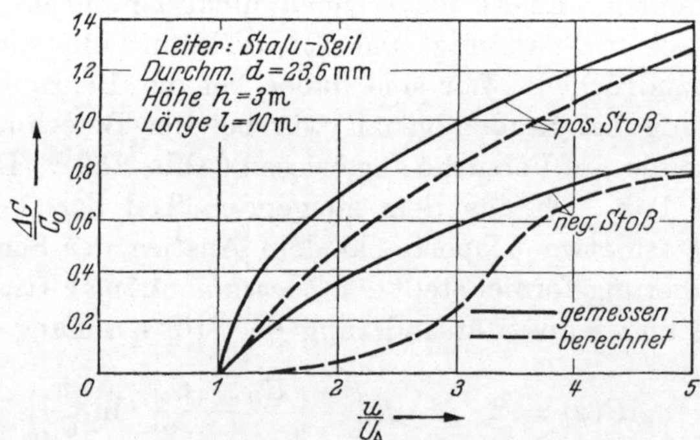

Abb. 7.59. Relative Kapazitätsänderung $\Delta C/C_0$ bei Stoßspannungskorona als Funktion der Spannungsüberhöhung (U/U_A) [nach SCHMIED, Diplomarbeit am Hochspannungsinstitut der TH Karlsruhe (1957)] Leiter: St-Alu d = 23,6 mm Durchmesser; h = 3 m Aufhängehöhe; l = 10 m Länge

Der zusätzliche Faktor M ist wieder polaritätsabhängig und läßt sich nur durch Versuche bestimmen. Für unser Beispiel (Abb. 7.56 und 7.59)

ist für positive Stöße $M_+ = 1{,}15$ und für negative Stöße $M_- = 1{,}25$. Die entsprechenden Kurven sind in Abb. 7.59 gestrichelt gezeichnet.

Dämpfung von Wanderwellen durch Korona. Überspannungswanderwellen werden durch die Leitungskorona infolge der Zunahme der Seilkapazität $\Delta C(u)$ der Koronahülle nach dem Überschreiten der Anfangsspannung U_A merklich umgebildet. Die Ausbreitungsgeschwindigkeit der Wanderwelle sinkt für die über U_A liegenden Spannungen auf:

$$v = v_L \cdot \frac{1}{\sqrt{1 + \Delta C/C_0}}, \quad v_L = \frac{1}{\sqrt{L\,C_0}}. \tag{7.26}$$

Die Gleichung gilt nur für die Wellenstirn, für Spannungen $U > U_A$. Zum Zurücklegen einer Strecke x_1 benötigt die Stoßwelle die Zeit

$$t_1 = \frac{x_1}{v} = \frac{x_1}{v_L} \cdot \frac{1}{\sqrt{1 + \Delta C/C_0}}. \tag{7.27}$$

Für den Wellenansatz, bei Spannung $U < U_A$, d. h. ohne Koronaerscheinungen, ist die Laufzeit:

$$t_0 = \frac{x_1}{v_L} \tag{7.28}$$

so daß eine zeitliche Verschiebung von

$$\Delta t = \frac{x_1}{v_L}\left(\sqrt{1 + \frac{\Delta C}{C_0}} - 1\right) \tag{7.29}$$

eintritt. An einem beliebigen Punkt x der Leitung vom Entstehungsort der Wanderwelle ($x = 0$) an gerechnet, erfährt also die Wellenstirn eine zeitliche Verzögerung, die man am zweckmäßigsten auf diese Strecke x bezieht.

$$\left.\begin{aligned} \frac{\Delta t}{x} &= \frac{1}{v_L} \cdot \left(\sqrt{1 + \frac{\Delta C}{C_0}} - 1\right) = f(u) \\ \text{für} \quad U &> U_A \quad \text{und} \quad \frac{du}{dt} > 0\,. \end{aligned}\right\} \tag{7.30}$$

Nach dieser Gleichung erfährt jeder Punkt der Stirn einer Wanderwelle im Koronagebiet eine zeitliche Verzögerung gegenüber der Ursprungswelle. Sie ist proportional dem zurückgelegten Weg x und wird allein durch die relative Kapazitätszunahme $\Delta C/C_0$ bestimmt, die näherungsweise nach Gl. (7.25 u. 7.24) berechnet werden kann. Wir entnehmen aus Abb. 7.59 die mit Hilfe der Q—U-Schleife ermittelten Werte (—) der relativen Kapazitätsänderungen und erhalten die entsprechenden Verzögerungskurven nach Gl. (7.30). Diese Verzögerungskurven werden mit denen aus Leitungsversuchen verglichen. (Abb. 7.60)[1]. Die Ver-

[1] Nach SCHMIED, Dipl.-Arbeit am Hochsp.-Inst. der TH Karlsruhe 1957 und nach WAGNER u. LLOYD, CIGRE Nr. 408 (1956).

zögerung wächst mit der Spannungsüberhöhung und wirkt sich bei positiven Stoßwellen etwa 1,5···2mal so stark aus als bei negativen.

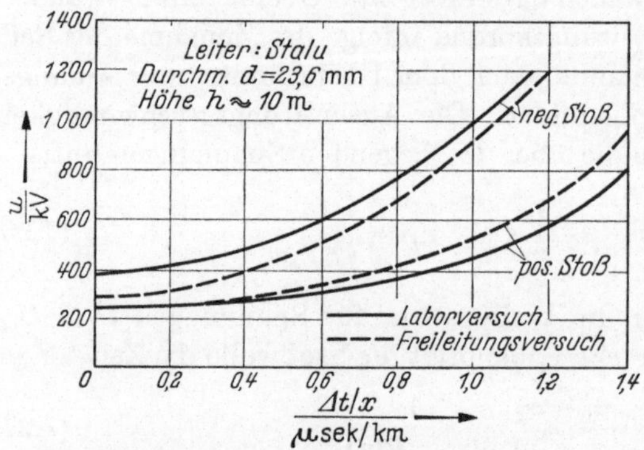

Abb. 7.60. Zeitverzögerung Δt pro Kilometer für verschiedene Amplitudenwerte u der Stoßwelle. Vergeich zwischen ——— Laborversuch und – – – Freileitungsversuch. Leiter: St-Alu $d = 23{,}6$ mm ⌀; $h = 10$ m Höhe (nach SCHMIED, WAGNER und LLOYD)

Für die praktische Ermittlung der Verformung einer Stoßwelle bietet Gl. (7.29) wesentliche Vorteile: Sie gilt für jeden Impuls (vorausgesetzt, daß $\Delta C/C_0$ bekannt ist) und erlaubt eine einfache graphische Konstruktion (Abb. 7.61). Wir entnehmen aus diesem Bild, daß die Korona die Wellenstirn verflacht und daß das Maximum der Welle erniedrigt wird. Die Dämpfung der Welle wird im wesentlichen durch ihre Form bestimmt. Nach bisherigen Messungen beträgt der Anteil der Korona bei einem Alu-Hohlseil von 42 mm

an der Gesamtdämpfung:
für positive Stöße $\sim 75\%$
für negative Stöße $\sim 60\%$;
an der Verflachung der Stirn:
für positive Stöße $\sim 86\%$
für negative Stöße $\sim 60\%$.

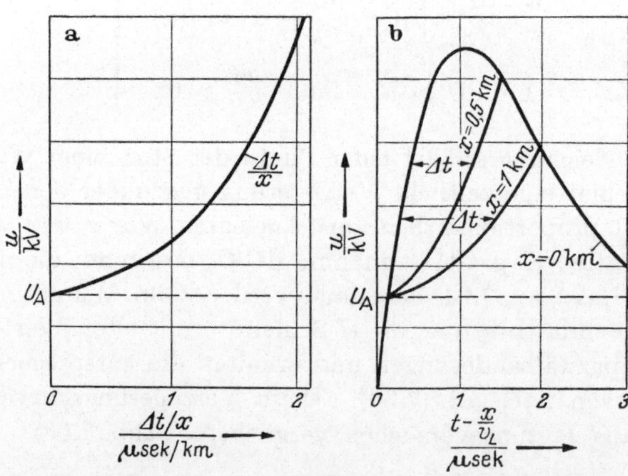

Abb. 7.61. Konstruktion zur Bestimmung der Verformung einer Wanderwelle aus der Zeitverzögerung. U_A = Koronaanfangsspannung (nach SCHMIED, WAGNER u. LLOYD.)

Bei gewöhnlichen Stalu-Seilen und bei kleineren Durchmessern werden sich diese Zahlen noch mehr nach der Koronaseite hin verschieben. Wenn die Werte nach Abb. 7.62 [1] als gesichert angesehen werden dürfen, so be-

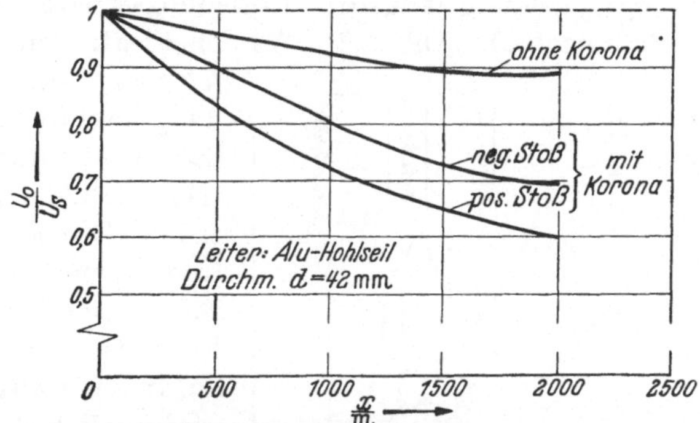

Abb. 7.62. Vergleich der relativen Dämpfung des Scheitelwertes einer Wanderwelle mit und ohne Korona (nach WAGNER, GROSS und LLOYD, Sonderdruck AIEE Session April 1954 „High Voltage Impulse Tests on Transmission Lines")

deutet das, daß nach etwa 5 km die Wanderwellen durch die Korona sowie durch die Stromverdrängung auf ca. 50% ihres Anfangswertes abgebaut werden.

§ 8. Durchbruch, Lichtbogen, Blitz, Überschlag

8.1 Strom-Spannungs-Charakteristik der Entladungen

Wird, sobald eine Entladung eingesetzt hat, die Spannung weiter gesteigert, so wächst die Ergiebigkeit der Ionisierungsvorgänge in vermehrtem Maße. Mit der zunehmenden Dichte der Trägerteilchen sinkt die zur Aufrechterhaltung der Stromdichte erforderliche Feldstärke. Darum haben alle Entladungsformen für ihre Teilzone eine negative Strom-Spannungs-Charakteristik. Darüber hinaus bedeutet der Übergang von einer Entladungsform in die nächste, stromintensivere eine sprunghafte Spannungsermäßigung. Mißt man aber die Gesamtspannung zwischen den Elektroden, so ist z. B. beim Glimmen die Entladungszone mit dem kapazitiven Widerstand der Reststrecke in Reihe geschaltet. Darum nimmt die Gesamtspannung immer noch mit dem Strom zu.

Der Bereich des Entladungsstromes an einer inhomogenen Elektrodenanordnung erstreckt sich über viele Größenordnungen (Abb. 8.1). Je nach der Feldform prägen sich die einzelnen Bereiche mehr oder minder stark aus. An der Spitzenfunkenstrecke bestehen z. B. wohl geschiedene Existenzbereiche der verschiedenen Entladungsformen, je nach der

[1] Vgl. Abb. 7.62 nach WAGNER, GROSS und LLOYD, Sonderdruck AIEE-Session, April 1954, „High voltage impulse tests on transmission lines".

Größe des Elektrodenabstandes (Abb. 8.2). Das Bestehen der stromstarken Entladung setzt selbstverständlich eine ausreichende Leistungsfähigkeit der Spannungsquelle voraus.

Die Spannungsverteilung längs der Entladungsstrecke selbst hängt von den Raumladungen ab (Abb. 8.3). An den Elektroden herrscht infolge der antipolaren Ladungshäufung davor eine hohe Feldstärke. Der Kathodenfall, der je nach Material, Druck und Elektrodenform beim Glimmen 200 ··· 400 V beträgt, ist ein Vielfaches des Anodenfalles. In der Zwischenstrecke wird die Feldstärke E_B wegen der Leitfähigkeit des Plasmas kleiner. (Bei Normaldruck z. B. im Lichtbogen etwa 10 bis 30 V/cm.) Bei großer Schlagweite drückt der Spannungsverbrauch dieser Bogenstrecke der Gesamtspannung ihren Charakter auf; bei sehr kleinen Distanzen oder bei niedrigem Druck ist jedoch der Kathodenfall ausschlaggebend.

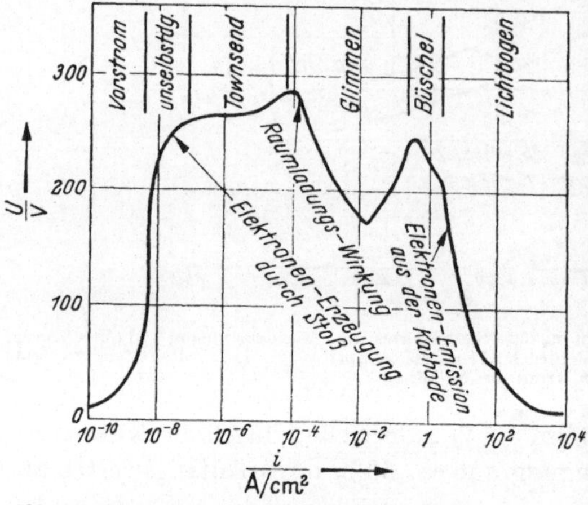

Abb. 8.1. Strom-Spannungs-Charakteristik der Entladungen (VALLE, SEELIGER)

Für die Glimmentladung sind nur die elektrischen Bedingungen wichtig; bei der hohen Temperatur des Lichtbogens wird dessen Existenz aber vor allem durch das thermische Gleichgewicht vorgeschrieben, derart, daß, sofern der Lichtbogen ruhig und stabil brennt, sich im Bogenkanal die Temperatur einstellt, bei der die elektrische Leistungs-

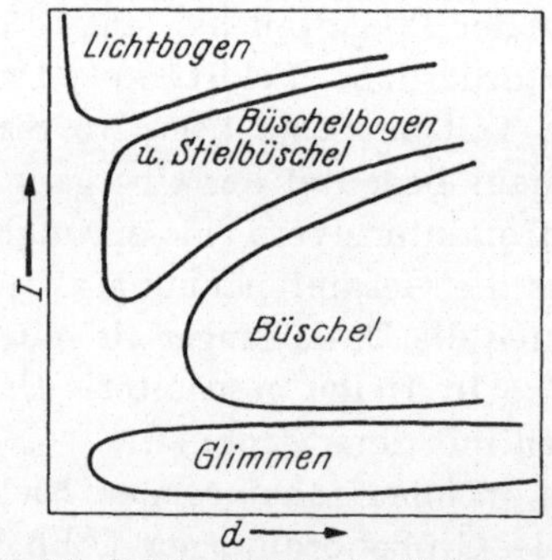

Abb. 8.2. Existenzbereiche der Entladungsformen bei verschiedenen Spitzenabständen (TOEPLER)

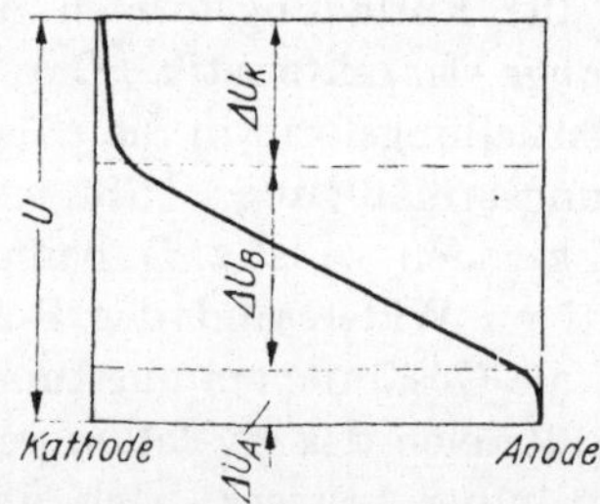

Abb. 8.3. Spannungsverteilung längs der Entladungsstrecke. ΔU_K = Kathodenfall, ΔU_A = Anodenfall, ΔU_B = Bogenspannung

zufuhr minimal wird. Bei gegebenem Strom wird damit die Feldstärke im Bogen E_B ein Minimum. Man kann daraus die Charakteristik des Lichtbogens ableiten. Der Lichtbogenstrom J_L ist bei einem Bogenradius R_B:

$$J_L = \pi R_B^2 \cdot v \cdot N \cdot e = \pi R_B^2 \cdot b \cdot E_B \cdot N \cdot e. \tag{8.1}$$

Sowohl die Beweglichkeit b der Träger, als auch ihre Zahl N ist von der Temperatur im Bogen (ϑ_B) abhängig. Die Wärmezufuhr ist somit: $l_B \cdot E_B \cdot J_L = l_B \cdot R_B^2 \cdot E_B^2 \cdot \mathfrak{f}_1(\vartheta_B)$. Die Wärmeabfuhr durch Strahlung, Leitung und Konvektion kann gesetzt werden: $l_B \cdot R_B^m \cdot \mathfrak{f}_2(\vartheta_B)$. (Mit $m = 1$, wenn nur Oberflächenübergang; $m \to 2$, wenn auch im Innern des gesättigten Bogenkanals intensiver Energieverbrauch wirksam wird; bei kleinen Strömen mit schlanker Säule (etwa < 10 A) ist $m \approx 0{,}5$). Aus der Gleichheit beider Wärmemengen errechnet man:

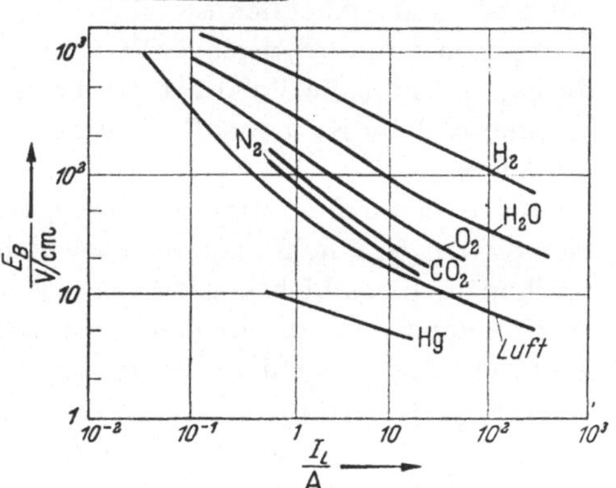

Abb. 8.4. Feldstärke in der Bogensäule abhängig vom Lichtbogenstrom bei Normaldruck

$$J_L \cdot E_B^{(2+m)} = \left(\frac{\mathfrak{f}_2^2(\vartheta_B)}{\mathfrak{f}_1(\vartheta_B)}\right)^{1/(2-m)}, \tag{8.2}$$

und für die optimale Bogentemperatur:

$$E_B = K \cdot J_L^{-1/(2+m)}, \quad \text{z.B. für} \quad m = 1: E_B \sim J_L^{-1/3} \quad \text{(Abb. 8.4)}. \tag{8.3}$$

Die statistische Gesamtspannungs-Charakteristik wird mit

$$U_L = (\Delta U_{Kath} + \Delta U_{Anode}) + K \cdot J^{\frac{1}{2+m}} \cdot l_B \tag{8.4}$$

fallend.

8.2 Lichtbogen bei Normaldruck

Die Glimmentladung überzieht die Elektrode gleichmäßig auf der ganzen Oberfläche. Sobald der Durchbruch stromstark geworden ist, konzentrieren sich die Austrittsstellen an den Elektroden mit großer Stromdichte (Brennfleck). Gleichzeitig sinkt der Spannungsbedarf auf $^1/_{10} \cdots {}^1/_{20}$ des zur Zündung notwendigen Wertes (Kathodenfall nur $9 \cdots 20$ V). Über die Entladungsstrecke bildet sich ein deutlich umgrenzter Kanal hoher Leitfähigkeit und hoher Temperatur aus. Die Vorgänge im Lichtbogen unterscheiden sich somit von denen der Glimmentladung.

Für die Lichtbogenausbildung ist das Verhalten der Kathode wesentlich. a) Liegt der Schmelzpunkt des Kathodenmaterials hoch, wie z. B. bei Kohle oder Wolfram, so liegt die aus der Feldenergie, also autogen geheizte Temperatur des Kathodenflecks so hoch (etwa 3000° K), daß Elektronen durch *Glühemission* mit geringer Austrittspannung geliefert werden. Der Anodenfleck wird meist noch heißer (2000···4000° K); dies ist aber für die Existenz des Bogens nicht Bedingung. (Erst wenn Dampfausbrüche des Anodenmaterials auftreten, wird der Typus des Bogens geändert.) Bewegt man die Kathode eines Gleichstrombogens zwischen Kohleelektroden, so folgt der Anodenfleck willig mit; umgekehrt aber bleibt der Kathodenfleck stehen, so daß man den Bogen langzieht und schließlich abreißt.

b) Führt man denselben Versuch z. B. zwischen Kupferelektroden durch, so bleibt die Polarität der bewegten Elektrode gleichgültig. Bei Kupfer folgt der Kathodenfleck mit einigen m/s, bei Quecksilber mit mehr als 600 m/s.

Bei Kathodenmaterial mit niedrigem Schmelzpunkt entsteht die zur Emission nötige hohe Temperatur nicht. Trotzdem ist auch hier der Kathodenfall des Lichtbogens viel niedriger als der der Glimmentladung. Dazu kommt noch die Beobachtung, daß der Lichtbogen sich innerhalb $10^{-7} \cdots 10^{-8}$ sek ausbildet, kenntlich am Zusammenbruch der Brennspannung; die an der Kathode frei werdende Energie reicht in dieser Zeitspanne nicht zur Erhitzung auf Emissionstemperatur aus. Die Elektronenbefreiung muß durch elektrische Kräfte ausgelöst werden. (Kalter oder Feldbogen.) Infolge der kontrahiert und nahe vor der Kathode gesammelten positiven Raumladung tritt dort sehr hohe Feldstärke ($> 10^6$ V/cm) auf. Sie genügt, um Elektronen aus der Oberflächendoppelschicht auszubrechen und zur Stoßionisierung und zur intensiven Nachlieferung in die Bogensäule zur Verfügung zu stellen. Überdies wird Metalldampf in die Gasstrecke gezogen, wodurch die Existenzbedingungen erleichtert werden.

In der Bogensäule tritt infolge der hohen Gastemperatur die Thermoionisierung in den Vordergrund. Das quasineutrale, dichte und stark bewegte Plasma der Säule steht unter der Wirkung des elektrischen Feldes; dieses ist aber in der Säule viel zu klein, um ionisieren zu können (10···20 V/cm).

Die Moleküle und Atome des Bogengases durchlaufen dauernd einen Prozeß der Energieaufnahme und -abgabe. Unter Aufwand der elektrisch zugeführten Leistung werden sie angeregt und ionisiert. (Bei 6000° K beginnt die Ionisierung durch thermischen Elektronenstoß, bei 9000° K die durch Molekülstoß; doch überwiegt zwischen 4000 und 15000° K die Foto-Ionisierung.) Durch Deionisierung und Rückfall auf energieärmeres Niveau strahlen sie Fotonen ab, die vom Gas absorbiert werden und es erwärmen. Durch Abstrahlung, Wärmeleitung und Diffusion geht Wärme verloren. Dabei fluktuiert zwischen Ionen und Elektronen $10^4 \cdots 10^6$mal soviel Leistung, als das Plasma nach außen abgibt.

Das thermische Gleichgewicht der Vorgänge im Bogen stellt sich sehr schnell her ($10^{-10} \cdots 10^{-12}$ s). Nur bei sehr schnellen Funken folgt die kinetische Energie den elastischen Atomstößen (10^{-5} s) nicht, so daß hierbei die Temperatur der Elektronenbewegungen, die auch für Anregung und Ionisierung maßgebend ist, höher wird als die die Wärmeableitung beherrschende mittlere Gastemperatur.

Die Bogentemperatur ist (6000 ··· 10000° K) vom Druck fast unabhängig[1]. Bei Drucksteigerung zieht sich der Bogen zusammen, so daß sein Querschnitt etwa umgekehrt, Stromdichte und Spannungsgradient dem Druck etwa proportional sind, die Leistungsdichte steigt somit quadratisch. Bei forciertem Wärmeentzug erhöht sich die Gleichgewichtstemperatur im Kern der Säule; damit wächst der Spannungsbedarf des Lichtbogens. Mit zunehmendem Bogenstrom wird die Stromdichte viel höher, so daß der Bogendurchmesser mit dem Strom nur langsam zunimmt (vgl. Abb. 8.5). Wenn ein Lichtbogen mit einigen kA durch scharfe Beblasung (~ Schallgeschwindigkeit) gekühlt wird, treten Stromdichten von 10^4 A/cm² und mehr auf, so daß im Bogenkern das Gas vollständig ionisiert ist. Solange sich beim entstehenden Bogen das umgebende Gas noch nicht ausgleichend erwärmt hat, besteht erhöhte Stromdichte.

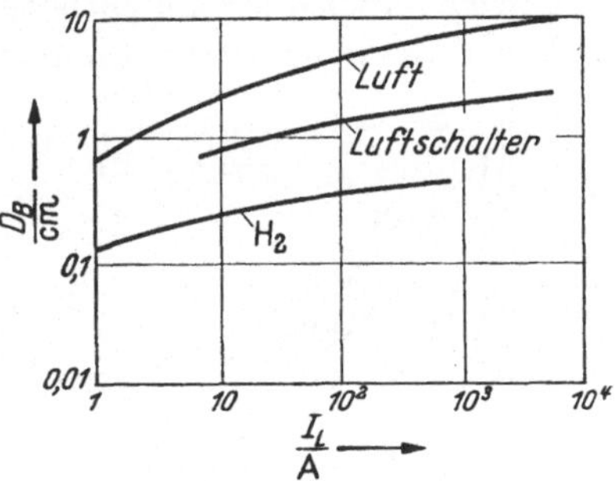

Abb. 8.5. Durchmesser des stabilisierten Lichtbogens und des Schaltbogens

Für das Verhalten des Bogens wird wichtig, ob er als *offener* und freier Lichtbogen in Atmosphärenluft brennt oder als *geschlossener* unter schnell ansteigenden, sehr hohen Druck gerät. Im ersten Fall ist in ruhiger Luft die Wärmeträgheit groß genug, so daß die Bogentemperatur wenig der Schwankung des 50 Hz-Wechselstromes folgt. Durch Drucksteigerung oder durch starke Gasströmungen werden die Brennverhältnisse dagegen schnell variabel.

Mit der Länge des Lichtbogens steigt der erforderliche Gesamtspannungsaufwand.

$$U_L = \Delta U_{K+A} + l_B \cdot E_B (J, D_B, p)\,. \tag{8.4a}$$

Für stabilisierte Bögen gilt etwa:

$$U_L = \Delta U + E_B\, l_B + \frac{1}{J_L}(\alpha + \beta\, l_B), \tag{8.4b}$$

(Ayrton 1893), mit den Werten für Bögen in Luft (Tabelle S. 202).

[1] Vgl. spektroskopische Messungen von Rütgers, G. A. W.; Electro Technik 33 (1955) 253.

Damit in der abfallenden Charakteristik sich ein stabiler Betriebspunkt einstellen kann, muß dem Lichtbogen ein Widerstand vorgeschaltet

	ΔU	E_B	α	β
Kupfer	21	30	11	152
Silber	14	36	11	190
Eisen	16	25	9	150
Kohle	39	21	12	105
	V	V/cm	VA	VA/cm

sein (Abb. 8.6). Über einer kritischen Bogenlänge (l_{Kr}), die also auch vom übrigen Stromkreis abhängt, kann der Lichtbogen nicht mehr bestehen.

Der Wechselstromlichtbogen (Industriefrequenz) brennt in einem Stromkreis mit mehr oder minder großer Impedanz (Kurzschlußbogen mit niedriger Kurzschlußimpedanz, -Nutzlichtbogen, für Schweißen, für Ofen usw. mit merklicher Vorschaltimpedanz zur Strombegrenzung, -einstellung und -regelung). — Die von Null ansteigende Spannung muß den Mindestwert der Zündspannung erreicht haben, bis der Lichtbogenstrom anspringt. Die Bogenspannung fällt dann mit steigendem Strom, der Lichtbogenwiderstand also um so mehr, bis mit dem Absinken der treibenden Spannung und des Stromes die Grenze der Löschspannung unterschritten wird. Die durchlaufene dynamische Charakteristik hat die in Abb. 8.7 dargestellte Form. Der zeitliche Verlauf z. B. bei ohmschen Kreiswiderständen zeigt die verzerrte Form des Stromes und der Lichtbogenspannung (Abb. 8.8). Bei induktiven oder kapazitiven Kreisen sind Strom und Lichtbogenspannung zeitlich gleichliegend, gegen die treibende Spannung aber phasenverschoben. Je kleiner die thermische Trägheit des Bogens ist, also z. B. bei großen Längen, desto ausgeprägter wird der hysteresisartige Verlauf; bei kurzen Bogen mit relativ großer Zeitkonstante nähert sich der Charakter des Bogenwiderstandes dem eines ohmschen.

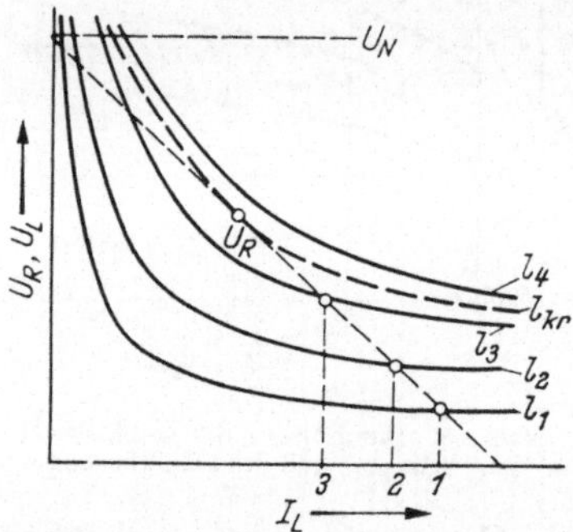

Abb. 8.6. Lichtbogenströme und -Längen. U_N = Leerlaufspannung der Quelle, U_R = Abfall am Stromkreiswiderstand R, U_L (l_B) = Lichtbogenspannung, J_L = Lichtbogenstrom, *1*, *2*, *3*, stab. Punkte

Der Vorgang der Lichtbogenentstehung, insbesondere der Zusammenbruch der Spannung und des Lichtbogenwiderstandes diktieren den zeitlichen Verlauf der Wellenstirn von Stoßspannungen, die alle durch Funken- und Lichtbogenentladungen zustande kommen. Die kürzeste Stirnzeit eines Spannungsstoßes, die überhaupt erreichbar ist, wird offensichtlich durch den Spannungszusammenbruch an der Schaltstrecke bestimmt. TOEPLER hat empirisch angenommen, daß der Widerstand

(R_L) umgekehrt proportional der durch den Bogen geflossenen Ladung (Q_t) abnimmt. Der Zeitwert des Lichtbogenwiderstandes ist damit:

$$R_{Lt} = \frac{K \cdot l_B}{Q_t} \cdot \frac{273}{\vartheta_{abs}} = \frac{K \cdot l_B}{\int i_B \cdot dt} \cdot \frac{273}{\vartheta_{abs}}. \tag{8.5}$$

Wenn die Anfangspannung eines Kondensators, der den Lichtbogen speist, U_0 ist, wird im ansonsten dämpfungsfreien Kreis der Zeitwert der Lichtbogenspannung:

$$U_L = \frac{U_0}{1 + \exp\left(\frac{U_0 t}{K_1 \cdot l_B}\right)}. \quad \left(K_1 = K \cdot \frac{273}{\vartheta_{abs}}\right) \tag{8.6}$$

Die maximale Steilheit ihres Anstieges ist:

$$\left(\frac{du_L}{dt}\right)_{max} = -\frac{1}{4} \cdot \frac{U_0^2}{K_1 \cdot l_B}. \tag{8.7}$$

Angenähert durch eine Sinuswelle wird die Zusammenbruchdauer:

$$T_L = 2\pi K_1 l_B / U_0 . \tag{8.8}$$

Durch Widerstände im Kreis wird die Dauer verlängert und die Steilheit verringert. Messungen ergaben die Konstante zu:

$K = (0{,}75 \cdots 2) \cdot 10^{-4}$ (Vs/cm), etwa unabhängig vom Luftdruck.

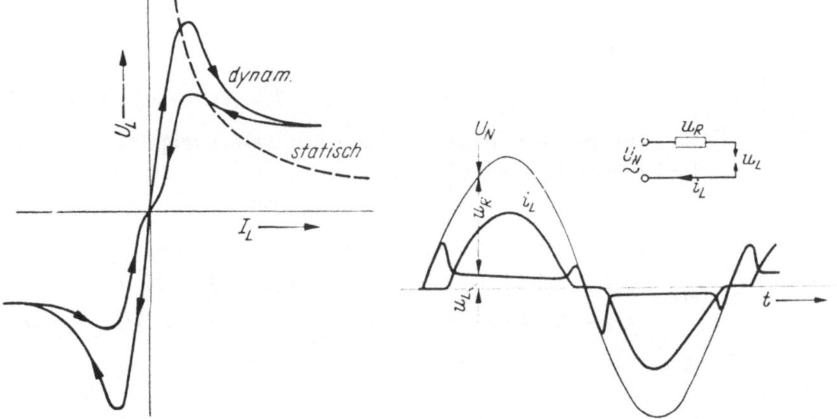

Abb. 8.7. Dynamische Charakteristik eines langen Wechselstrom-Lichtbogens

Abb. 8.8. Wechselstrom-Lichtbogen im ohmschen-Stromkreis

Aus den Zusammenhängen ist ersichtlich, daß durch Spannungsüberhöhung die Steilheit der Stoßfront vergrößert wird, ebenso bei erhöhter Festigkeit des Durchbruchmediums, also auch bei erhöhtem Druck (und z. B. in Öl).

Wenn die Stoßspannung, die der Betriebswechselspannung überlagert ist, nur sehr kurz dauert, muß nicht ein Lichtbogen die Folge sein. Denn der sehr schlanke Stoßfunkenkanal mit hohem innerem Druck (100 at) und hoher Temperatur (15000° K) erweitert und kühlt sich zur thermischen Stabilisierung sehr stark, so daß die Leitfähigkeit des Bogenkanals zu klein werden kann, als daß bei der nachfolgenden niedrigeren Betriebsspannung der Lichtbogen bestehen könnte.

8.3 Verhalten freier Lichtbögen

Der frei bewegliche Strompfad des Lichtbogens ist der elektrodynamischen Kraft und dem thermischen Auftrieb unterworfen. Die erste ist, mit den Bezeichnungen von Abb. 8.9:

$$\mathfrak{K}_{ed} = \frac{\mu_0^* \cdot \mu}{2\pi} \cdot J^2 \cdot \ln\frac{d-R}{R}; \quad \left(\mu_0^* = \frac{4\pi}{10} \cdot 10^{-8}\,\frac{\Omega \cdot \mathrm{s}}{\mathrm{cm}}\right) \tag{8.9}$$

μ_0^* = Permeabilität des Vakuums; μ = relative Permeabilität des vorhandenen Mediums).

$$\frac{\mathfrak{K}_{ed}}{\mathrm{kp}} = 0{,}0204 \quad \frac{J^2}{\mathrm{kA}} \cdot \ln\frac{d-R}{R}. \tag{8.9a}$$

Die thermische Auftriebskraft ist zu ermitteln aus dem Lichtbogenvolumen und der Differenz der Wichte der verdrängten Luft (γ) und der (vernachlässigbaren) der erhitzten Lichtbogengase:

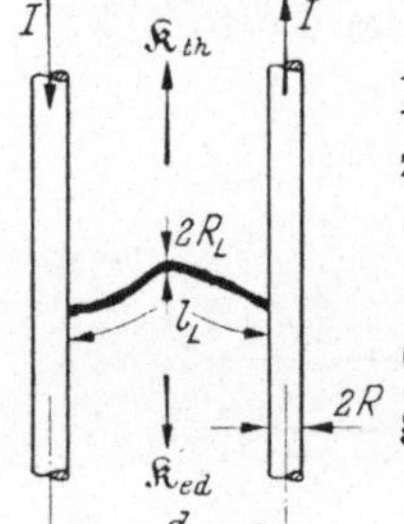

Abb. 8.9. Lichtbogenauftrieb und magnetische Selbstblasung

$$\mathfrak{K}_{th} = \gamma\pi R_L^2 \cdot l_L; \qquad (\gamma_{Luft} = 0{,}00129\,\mathrm{kp/dm^3}). \tag{8.10}$$

Die am Mittelstück des Lichtbogens wirksamen spezifischen Kräfte sind:

$$k_{ed} = \frac{\mu_0^* \cdot \mu}{2\pi} \cdot J^2 \cdot \frac{4}{d}, \tag{8.11}$$

(unter Beachtung der Abstandsabhängigkeit des magnetischen Feldes!) und

$$k_{th} = \gamma \cdot \pi \cdot R_L^2. \tag{8.12}$$

Z. B. für $J = 5\,\mathrm{kA}$, $R = 1\,\mathrm{cm}$, $d = 100\,\mathrm{cm}$, $R_L = 1\,\mathrm{cm}$:

$\mathfrak{K}_{ed} = 2{,}35\,\mathrm{kp}$, $\mathfrak{K}_{th} = 0{,}4 \cdot 10^{-3}\,\mathrm{kp}$,

$k_{ed} = 20{,}4 \cdot 10^{-3}\,\mathrm{kp/cm}$, $k_{th} = 0{,}004 \cdot 10^{-3}\,\mathrm{kp/cm}$.

Die elektrodynamische Kraft überwiegt somit, wenn der Strom nicht recht klein ist. Der Bogen wird in Schaltanlagen also auch nach unten getrieben. Die Auftriebsgeschwindigkeit ist in ruhender Luft etwa 1···1,5 m/s, so daß schon schwacher Wind einen starken Einfluß gewinnt. Die Geschwindigkeit der elektrodynamischen Wirkung liegt bei 10···100 m/s, je nach dem Strom[1]. Bei kleinen Strömen können die Fußpunkte z. B. abwärts, die Bogenmitte aber aufwärts getrieben werden. Der Bogen wird abreißen, in der stark ionisierten Gas- und Metalldampf-

[1] $\frac{v}{\mathrm{cm/s}} = 4{,}5\,\frac{\mathrm{J}^{0,61}}{\mathrm{A}} \cdot \frac{\mathrm{H}^{0,74}}{\mathrm{Oe}}$, solange $\mathrm{H}\,d^3 > \mathrm{Oe\,cm^3}$, empirisch von Rieder und Eidinger formuliert (CIGRE 1956 Nr. 107). Wenn $\mathrm{H}\,d^3 < \mathrm{Oe\,cm^3}$, dann wird die Geschwindigkeit stark abstandabhängig.

atmosphäre aber sofort an höherer Stelle wieder zünden. So kommt ein unsicheres Springen zustande.

Ähnlich wird die Länge des Bogens zwischen horizontal gegenüberstehenden Spitzen oder Stabenden durch den Auftrieb bis auf $l_L \approx 20\,d$ vergrößert, so daß infolge intensiver Kühlung der Lichtbogen erlischt, bis eine Zündung über die direkte Elektrodendistanz (d) das Spiel erneuert. (Bei vertikalen Elektroden bleibt $l_L/d > 5$.) Die wahre Lichtbogenlänge ist wegen der krausen Verschlingungen und Windungen des Bogens etwa das Doppelte der scheinbaren.

Bei ausreichender Verlängerung des Bogens und Verhinderung einer kurzschließenden Wiederzündung kommt er mit Überschreiten der kritischen Länge (vgl. Abb. 8.6) zum Selbsterlöschen. Im Bereich von $100 \cdots 1000$ A liegt die Grenzfeldstärke des Bogens bei $E' \approx U_L/l_{kr} \approx \approx 30 \cdots 20$ (V/cm). Infolgedessen können Überspannungsüberschläge an Hörnerableitern (nur für mäßige Spannungen und Ströme) und Erdschlußlichtbögen an Leitungen und Anlagen (bis etwa $30 \cdots 80$ A bei 100 und 200 kV) selbst erlöschen (vgl. Erdschlußlöschung mit PETERSEN-spule).

Die kritische Lichtbogenlänge (l_{kr} [cm]) wird angenähert (unter Ausnützung der Formel für die Lichtbogencharakteristik):

$$l_{kr} = \xi \cdot U \cdot J_K^{1/4}, \qquad (8.13)$$

der Strom dabei: $J_{kr} = \xi \cdot J_K$, wobei U und J Effektivwerte (kV, A) und J_K der (Kurzschluß-)Strom ohne Einschaltung eines Lichtbogenwiderstandes. Wegen der Reihenschaltung der Netzimpedanz sind die Werte von ihr abhängig: $\xi = 8$ bzw. 11, $\xi = 0{,}2$ bzw. $0{,}45$ bei zusätzlich reinem Wirk- bzw. reinem Blindwiderstand im Kreis.

Der Widerstand des offenen Lichtbogens ist etwa (W. W. BURGSDORF)

$$\frac{R_L}{\Omega} = 10{,}5 \cdot \frac{l_L/\mathrm{cm}}{J_L/\mathrm{A}}, \qquad (8.14)$$

solange er sich noch nicht stark über die ursprüngliche Durchschlagsdistanz hinaus verlängert hat. Bei Überschlägen in 110 kV-Netzen mit mäßigen Kurzschlußströmen treten Lichtbogenwiderstände zwischen 20 und 400 Ohm auf.

Mit der Kurzschluß-Fortschaltung soll in Höchstspannungsnetzen nach Abtrennen des vom Lichtbogenüberschlag betroffenen Leitungsstückes der Fehler von selbst verschwinden, so daß nach möglichst kurzer Unterbrechungspause wieder eingeschaltet werden kann. Dafür ist wichtig, wie schnell die Lichtbogenspur voll deionisiert wird, damit sie dann die Betriebsspannung wieder aushält. Für die Wiedergewinnung der elektrischen Festigkeit in der Bahn des erloschenen freien Lichtbogens sind etwa die in Abb. 8.10 wiedergegebenen Unterbrechungszeiten erforderlich. Bei 300 bzw. 200 kV Betriebsspannung braucht man etwa 0,05 bzw. 0,3 sek, also 5···30 Halbwellen. Diese Zeit wird größer, je länger der Lichtbogen vor dem Abschalten brannte.

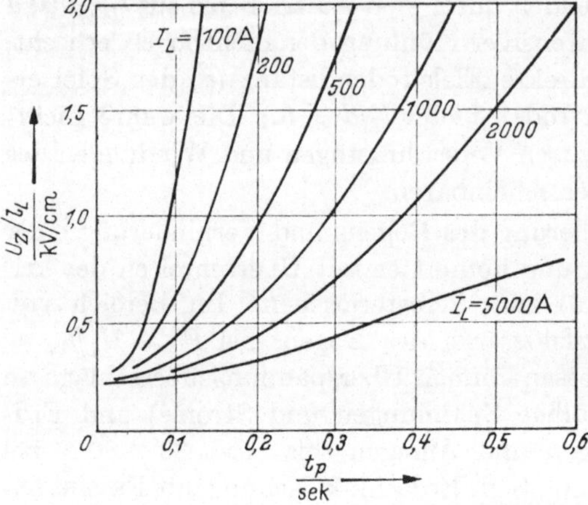

Abb. 8.10. Anstieg der Wiederzündspannung des freien Lichtbogenkanals abhängig von Lichtbogenstrom (J_L) und Unterbrechungspause (t_p) (nach BUTKEWITSCH)

Bei Funkenhörnern wirkt die magnetische Kraft gleich wie der Auftrieb (Abb. 8.11). Um die Lichtbogenausdehnung zu beherrschen, werden bei Luftschaltern Funkenkammern aus nicht brennbarem Isolierstoff (z. B. Asbest-Zement) eingesetzt, die eine mehrfache Bogenverlängerung ermöglichen und gleichzeitig kühlende Wandflächen darbieten, besonders wirksam, wenn sie nach oben verengt sind. Werden Metallflächen quer eingesetzt, so wird der Bogen unterteilt, so daß die Spannungsabfälle an den Elektroden vervielfacht werden („Deionbreaker“). An den Wänden tritt gleichzeitig eine Neutralisierung der dorthin bewegten Träger ein.

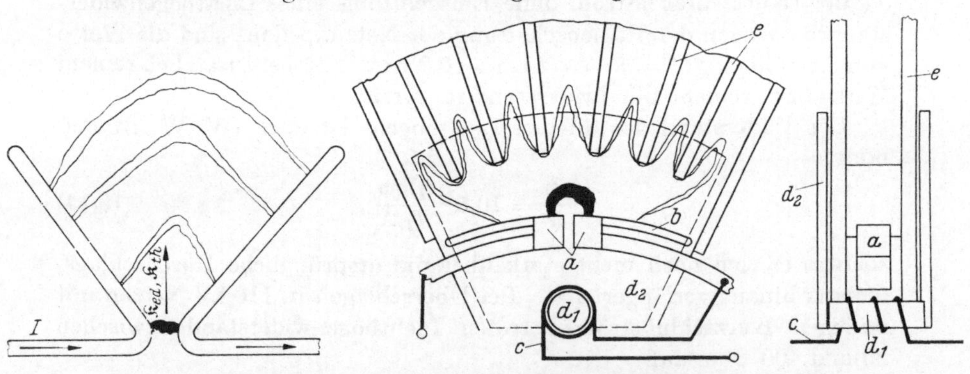

Abb. 8.11. Funkenhorn

Abb. 8.12. Gleichstrom-Schnellschalter mit Blasspule und mit Funkenkammern

Werden vor die Stirnflächen Eisenblech-Rückschlüsse gelegt, so wird die Induktion des Eigenmagnetfeldes erhöht; eine vom Lichtbogenstrom durchflossene „Blas“-spule kann die elektrodynamische Wirkung noch vergrößern (Abb. 8.12). Bei Gleichstrom-Schnellschaltern, bei Kontrollern, Walzen- und Nockenschaltern und bei Schützen für Gleich- und

Wechselstrom wendet man bei Niederspannung diese Formen an. Im sogenannten „Solenarc“-Schalter wird der Lichtbogen über Zwischenelektroden in eine Spulenform zwischen Isolierplatten gebracht, derart, daß sich der Bogen durch sein eigenes Magnetfeld ausweitet und durch Volumenkühlung löscht.[1]

8.4 Schalter

Außer den im vorigen Abschnitt genannten, arbeiten alle Schalter mit geschlossenem Lichtbogen. Der Lichtbogen entsteht beim Öffnen des Kontaktes, da die relativ langsam wachsende Öffnungsstrecke sofort leitend überbrückt wird. Der abzuschaltende Strom kann innerhalb weiter Grenzen zwischem dem Leerlaufstrom und dem Kurzschlußstrom des Netzes liegen. Wenn der Lichtbogen unterbrochen ist, entsteht über die Strecke eine meist überhöhte, schnell ansteigende oder hochfrequente „Wiederkehr-Spannung“; ihr muß die Schaltstrecke nun standhalten. Abgesehen von der für die auftretenden Ströme, Drücke und Temperaturen genügenden Bemessung ist für das Schaltvermögen darum vor allem die Frage wichtig, wie sich die Isolierfestigkeit der Schaltstrecke nach Aufhören des Stromflusses wieder ausbildet.

Zur Kennzeichnung des *Schaltvermögens* einer Type müssen der Strom, der vor dem Trennen der Schaltstücke floß, und die Betriebsspannung, die nach abgeschlossenem Schaltvorgang über die offene Schaltstrecke besteht, genannt werden. Bei Wechselstrom pflegt man das Produkt der beiden die „Abschaltleistung“ zu nennen. $P_{Sch} = U_N \cdot J_{Sch}$, trotzdem dieses Produkt nur fiktiv ist. Bei dreipoliger Drehstromabschaltung unterbrechen die drei Kontakte nicht gleichzeitig; auch müssen die drei Phasenströme nicht gleich groß sein; insbesondere können asymmetrische Verschiebungen (Gleichstromanteile) bestehen. Dann kann für den Abschaltstrom der Effektivwert des Wechselstromgliedes gewertet (europäische Norm) oder das Gleichstromglied mitgezählt werden (USA).

Für die Schwere der Abschaltung ist die Phasenverschiebung bzw. der induktive oder kapazitive Anteil des Schaltstrom-Kreises wichtig, denn bei Wechselstrom besteht dann beim Stromnulldurchgang ein höherer Spannungs-Augenblickswert, und überdies liefert die Induktivität des Kreises ihren Energieinhalt beim Abreißen in den Lichtbogen.[2]

Im Kern des Lichtbogenkanals besteht bei mehr als 5000° K Thermoionisierung. In der mit steilem Gradienten kälteren Randzone herrscht (bei $> 4000°$ K) ein dünner Dissoziationsbereich mit atomaren Ionen des Gases und der Kontaktmaterialdämpfe und mit Elektronen; eine Übergangszone mit Molekülspaltungen ($> 3000°$ K) leitet nach außen, wo die erwärmten Umgebungsgase oder -dämpfe (wenn der

[1] Solenarc-Schalter: DPA M 3893.

[2] Schalterarbeit, s. Rüdenberg, „Elektrische Schaltvorgänge“. Berlin: Springer 1953, 4. Aufl., S. 332ff.

Bogen z. B. in Öl oder Wasser gezündet wurde) die radial geführte Wärme aufnehmen bzw. weitergeben. Um den Lichtbogen zu löschen, müssen seine Existenzbedingungen gestört werden.

Aber auch nach dem Aufhören der Ionenneubildung, also nach dem Aufhören des eigentlichen Schaltstromes, bleibt ein stark erhitzter, hoch ionisierter Kanal zurück. Damit die Lichtbogenlöschung endgültig sei, darf er nicht wieder zünden; es muß also die Isolierfestigkeit der normalen Gas- oder Flüssigkeitsstrecke schnell wieder aufgebaut werden. Es muß der Wettlauf hauptsächlich zwischen den thermischen und den Stoß-Ionisierungsprozessen und den deionisierenden der Rekombination und der Diffusion zugunsten der letzteren entschieden werden. Rechnet man nur mit der resultierenden Elektronenleitung im Bogen:

$$\frac{J_L}{U_B} = \frac{e \cdot N^- \cdot b^- \cdot E_B}{E_B \cdot l_B} \cdot \frac{\pi \cdot D_B^2}{4} = \frac{\pi}{4}\, e\, N^-\, b^- \frac{D_B^2}{l_B}\,, \qquad (8.16)$$

so müssen also die Trägerzahl (N^-), ihre Beweglichkeit (b^-) und der Bogendurchmesser (D_B) kräftig vermindert oder die Bogenlänge (l_B) vergrößert werden, damit der Stromdurchgang reduziert wird. Die Trägererzeugung nimmt mit der Temperatur exponentiell ab, während die Deionisierung davon wenig beeinträchtigt wird. Darum ist intensiver Wärmeentzug am wirksamsten. Die Kühlung reduziert gleichzeitig den Querschnitt des Bogens; damit steigt die Stromdichte und die erforderliche Feldstärke und Bogenspannung. In diesem Sinne trachten alle Schalterkonstruktionen, die Sicherheit der Abschaltung zu gewinnen. Man sucht ein Löschmittel mit möglichst hoher Dissoziationswärme unter hohem Druck und mit großer Geschwindigkeit in die Schaltstrecke einzuführen und dadurch die Existenz des Lichtbogens und seiner hochionisierten Bahn schnell und wirksam zu vernichten.

Für Wechselstrom müssen Schalter mit recht beträchtlichem Abschaltvermögen gebaut werden. Z. Zt ist etwa erreicht:

bei	$U_N = 20 \cdots 60$ kV,	$110 \cdots 220$ kV,	$220 \cdots 380$ kV
P_{Sch}	bis etwa 500 MVA,	5000 MVA,	$15 \cdots 20000$ MVA.

8.5 Gleichstromabschaltung

Bei Unterbrechung im rein ohmschen Gleichstromkreis nehmen Strom und Spannung einen Verlauf wie in Abb. 8.13 dargestellt. Im induktiven Kreis (Abb. 8.14) sucht die magnetische Energie den Strom aufrechtzuerhalten und führt zu scharfen Löschspitzen der Schalterspannung, die um so höher werden, je schneller, z. B. durch große Schaltstück-Geschwindigkeit oder intensive Beblasung, der Stromabfall erzwungen wird. Das widerstrebende Spiel von Schaltzeitverkürzung (niedrige Lichtbogenenergie = geringe „Schalterarbeit") und wiederkehrendem Spannungsanstieg verlangt einen konstruktiven Ausgleich. Besonders z. B. bei Erregerkreis-(Magnetfeld-)-Schaltern für große Synchronmaschinen stehen bedeutende magnetische Energien zur Aufrechterhaltung hoher Spannung zur Verfügung. Man schaltet deshalb stufenweise unter Einfügung von Widerständen.

Schalter für einige kV Gleichspannung benötigen Funken- oder Druckkammer.

Für sehr große Schaltstromstärken wird intensive Magnetbeblasung (vgl. § 8.3) angewandt. Hierdurch und durch sehr große Schaltgeschwindig-

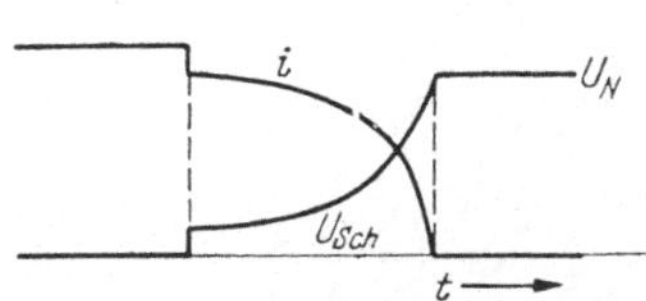

Abb. 8.13. Ohmsche Gleichstromkreis-Abschaltung

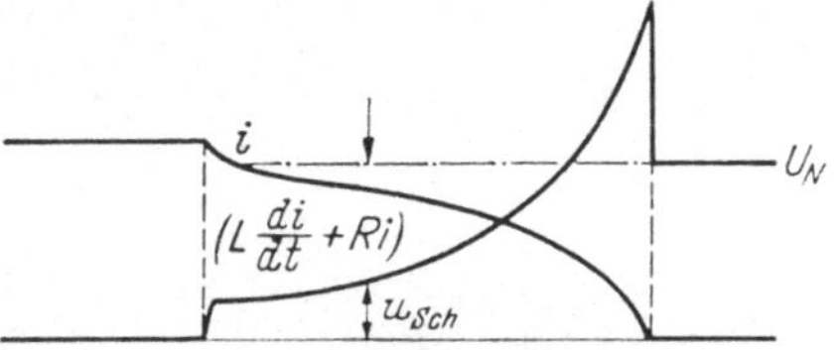

Abb. 8.14. Induktive Gleichstromkreis-Abschaltung

keit sucht man die Lichtbogendauer so kurz zu machen ($<0{,}01$ sec), daß der Strom, der infolge der Induktivitäten im Kreis verzögert ansteigt, gar nicht erst auf den Wert des vollen Kurzschlußstromes ansteigen kann.[1]

Dieses vorzeitige Abschneiden des Stromes hilft vor allem, daß man mit dem geringen Aufwand einer Hochleistungs-Sicherung sehr hohe Kurzschlußströme zu beherrschen vermag. Abb. 8.15 zeigt das Oszillogramm einer Gleichstromabschaltung, bei der nach 5 ms Anstieg der Strom mit etwa 40% des der Einbaustelle zukommenden Kurzschlußstromes begrenzt und in weiteren 10 ms unterbrochen wurde. Für die Löschung wirkt die Konzentrierung des Lichtbogens auf eine wohl bestimmte Schmelzbrücke und das Einsintern der Quarzsandfüllung stark volumenkühlend mit. Die Abschaltzeit wird hier stromabhängig, derart, daß sie stärker abnimmt als der abzuschaltende Belastungsstrom wächst (Abb. 8.16).

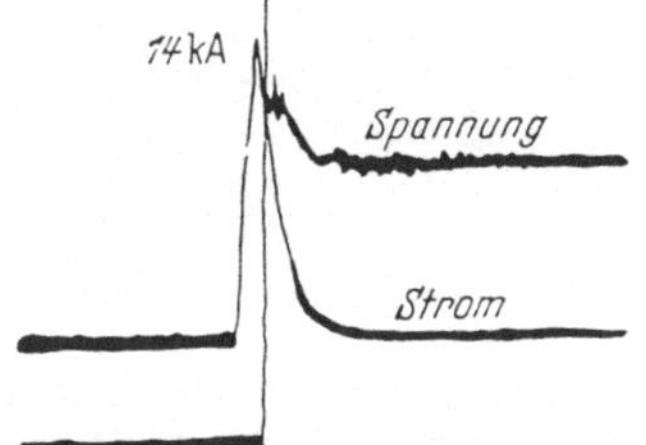

Abb. 8.15. Gleichstrom-Kurzschlußabschaltung durch 200 A-Sicherung (Kurzschlußstrom an der Einbaustelle 32 000 A, Zeitkonstante 10 ms, Spannung 660 kV)

Ölschalter eignen sich für Gleichstromschaltung wenig, weil im Öl der Lichtbogen sehr rasch gelöscht wird, die Festigkeit der Schaltstrecke sich aber zu langsam aufbaut, um den hohen Löschspitzen standhalten zu können.

Für kleine Ströme (<200 A) bewähren sich Vakuumschalter mit nur wenigen $^1/_{100}$ mm Schaltweg. Sie nützen die hohe Festigkeit des gasfreien Raumes aus.

[1] siehe J_s-Begrenzer: ETZ A (1958) H. 2.

Durch Parallelschaltung einer Kapazität zur Schaltstrecke wird Energie vom Lichtbogen abgezogen und die treibende Teilspannung reduziert

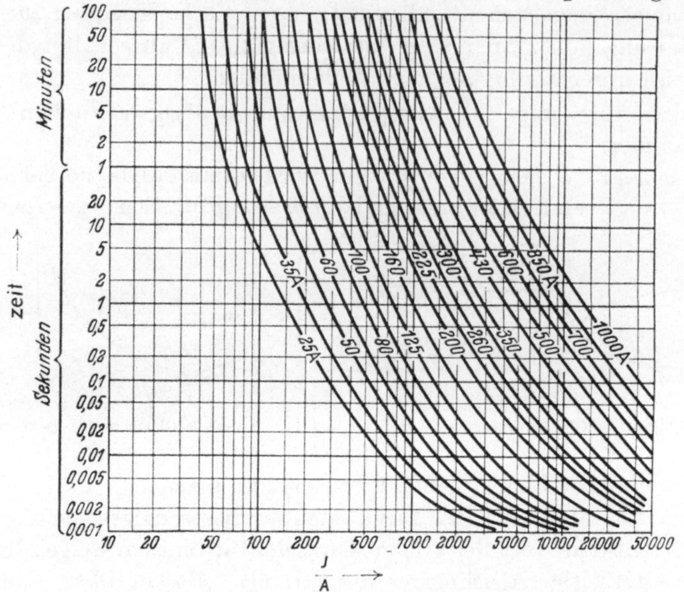

Abb. 8.16. Strom-Zeit-Kennlinien von Niederspannungs-Hochleistungssicherungen

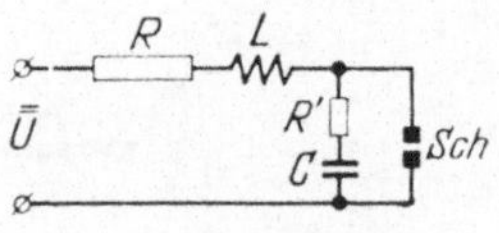

Abb. 8.17. Schalthilfe durch Parallelkondensator

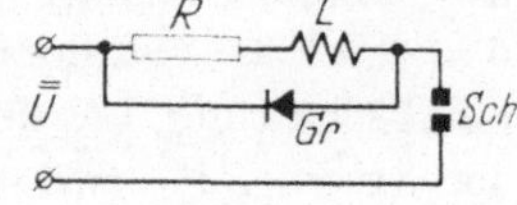

Abb. 8.18. Schalthilfe durch begrenzenden Gleichrichter

(Abb. 8.17). Die Überbrückung der Belastungsinduktivität durch einen Gleichrichter unterdrückt die induktive Spannungsspitze (Abb. 8.18).

8.6 Wechselstrom-Abschaltung

Zweimal je Periode geht bei Wechselstrom der Lichtbogenstrom selbständig auf Null zurück, erlöschen also die aktiven Ionisierungsprozesse im Bogen. Dessen thermische Trägheit verhindert wohl, daß die Temperatur von selbst ausreichend absinkt;[1] insbesondere bleibt die Gasstrecke noch ionisiert, so daß zum Wiederzünden nur eine niedrige Spannung erforderlich ist. Es kommt hier entscheidend darauf an, die einige $^1/_{10}$ ms dauernde Nullpause auszunützen, damit die Abschaltung endgültig wird.

Der Verlauf des Schaltvorganges ist stark beeinflußt von Art und Verhalten des zu unterbrechenden Stromkreises, des Netzes und seiner

[1] Z. B. bei 3400 A-Bogen in der Kanalachse von 16000° K auf 9000° K (G. A. W. Rütgers).

Teile; hier soll nur der Schalter und der Vorgang in ihm behandelt werden.

Grundsätzlich gilt für die entscheidenden letzten Halbwellen der Verlauf von Abb. 8.19. Bei (a 1) erlischt der Kurzschlußstrombogen; die Schalterspannung hat ihre Löschspitze und steigt noch etwas an (a2), ehe sie auf Null geht. Über die leitfähige Gasstrecke fließt ein geringer Nachstrom (i_n), der einige mA bis 10 A beträgt bei 1000- und mehrfach höheren Abschaltstrom (i_k). Die Spannung steigt an und zündet bei (a3) wieder, so daß für die beginnende Halbwelle der Lichtbogen erneut brennt und wieder erlischt (b). Nun möge der Lichtbogen endgültig aufhören. Die Spannung über die Schaltstrecke (u_w) geht

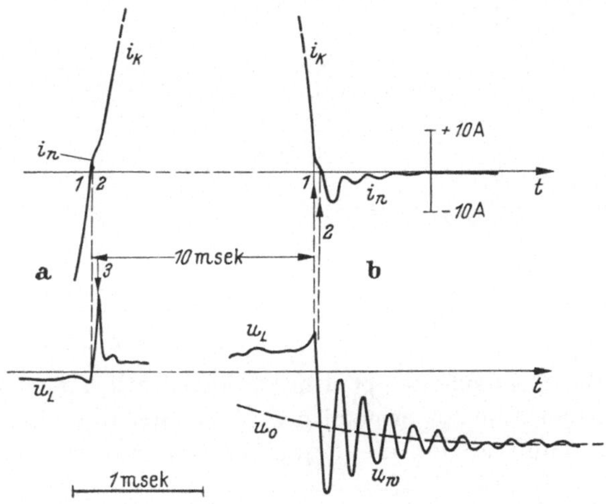

Abb. 8.19. Kurzschluß-Wechselstrom-Abschaltung. a Wiederzünden, b Löschen

dann mit Schwingungen der Eigenfrequenz des Kreises über in die 50 Hz-Leerlaufspannung (u_0). Der Nachstrom (i_n) kehrt um (b3) und klingt aus.

Die Wiederverfestigung der Schaltstrecke kann etwa in einem exponentiellen Zeitablauf dargestellt werden (Abb. 8.20). Wird diese Spannung (u_Z) durch die wiederkehrende Netzspannung (u_w) dank ihrer Überhöhung oder ihrer hohen Frequenz überholt (z. B. Fall (a) und 5 kHz), so gelingt die Abschaltung nicht. Das macht verständlich, daß das Schaltvermögen eines Schaltertypes bei gegebener Spannung von der Eigenfrequenz des Netzes (f_e) invers abhängt (Abb. 8.21).

Die zur Verfestigung zur Verfügung stehende Zeit ist: $t_p = \frac{1}{4} f_e = \frac{1}{4 \cdot (2000 \cdots 10000)} = 100 \cdots 10\,\mu\mathrm{s}$; die Entionisierung der Schaltstrecke muß also in recht kurzer Zeit geschehen. Die Schaltstreckenverfestigung erfolgt, wie die Messungen an einer unbeeinflußten Schaltstrecke (Abb. 8.22) erkennen lassen, in mehreren Abschnitten. In den ersten wenigen $^1/_{10}$ ms nach Nullwenden des Stromes steigt die Festigkeit wenig über die Beanspruchung des Licht-

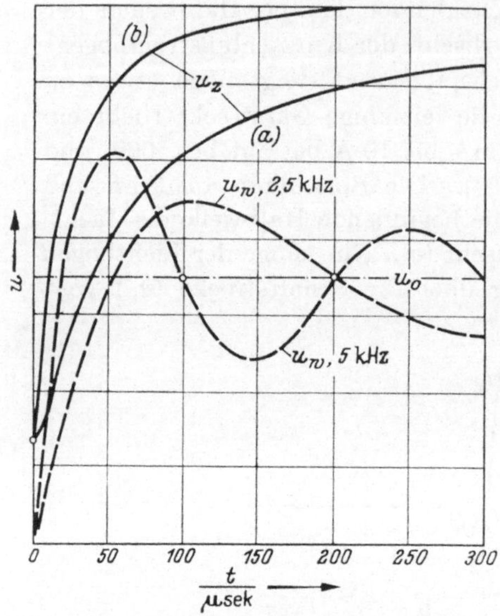

Abb. 8.20. Schaltstrecken-Festigkeit und wiederkehrende Spannung

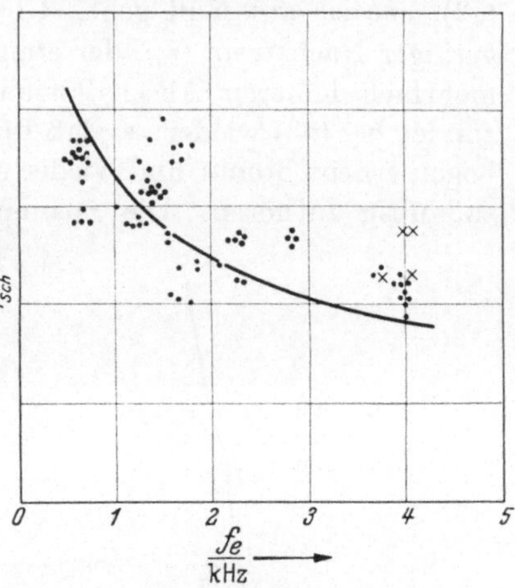

Abb. 8.21. Schaltvermögen und Netz-Eigenfrequenz. ——— Mittelkurve, · erfolgreiche, × mißglückte Abschaltungen (nach THOMMEN, CIGRE 1956 Nr. 119)

bogens an; die Elektrodentemperatur ist offensichtlich noch hoch genug, um Thermoionisation zu ermöglichen, und die Raumladungen sind noch stark. Dann wächst die Festigkeit steil auf etwa 200 V; das

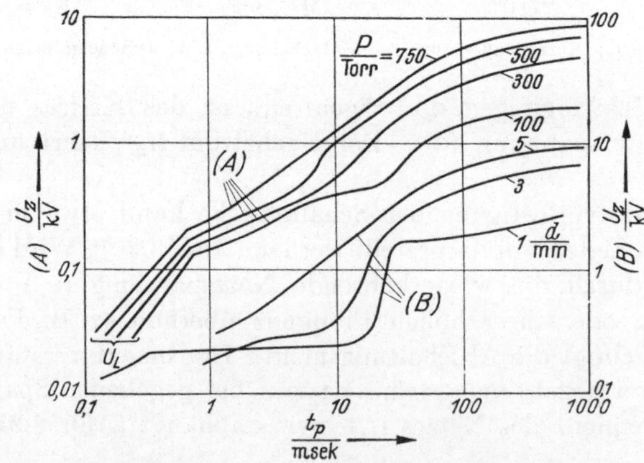

Abb. 8.22. Freie Wiederverfestigung der Lichtbogenstrecke in Luft (Lichtbogen mit 20 A, 4 mm ∅ Kohleelektroden)

entspricht dem Kathodenfall beim Glimmen und ist wenig abhängig von der Schaltstreckendistanz; die Bogenstrecke ist wegen ihrer hohen

Temperatur noch leitfähig. In einem zweiten steilen Übergang (etwa nach 30···80 ms) kühlt die Lichtbogensäule und nun wird die Wiederzündspannung von der Gasdichte abhängig, bis nach etwa 1 s die volle Normal-Festigkeit erreicht ist.

Die Beobachtung des Nachstromes bei Schalterversuchen gibt einen wertvollen Hinweis darauf, ob der betreffende Schaltversuch schon an der Grenze des Schaltvermögens lag oder ob der Schalter noch höher beansprucht werden kann. Der Nachstrom verschwindet um so schneller, je wirksamer die Deionisierung der Schaltstrecke durch konstruktive Maßnahmen unterstützt wird. Da seine Größe vom Abschaltstrom und vom Schalterprinzip, aber auch von Frequenz und Höhe der Wiederkehr-Spannung abhängt, können Versuchsergebnisse einer Ersatz-Prüfschaltung nicht immer einfach auf die Beurteilung des Schalterverhaltens im Netz übertragen werden. Sie können jedoch zur systematischen Feststellung der Grenzen der Leistungsfähigkeit einer Schalterkonstruktion dienen.

8.7 Wechselstrom-Schalter

Die für Wechselstrom-Leistungsschalter angewandten Löschprinzipien sind durch die drei Bauarten gekennzeichnet:
a) Kessel-Ölschalter; b) Expansions- und Druckkammer-Flüssigkeitsschalter; c) Druckgasschalter.

a) Beim Kessel-Ölschalter wird der Lichtbogen in einem freien Ölvolumen gezogen. Um die paarweise in Reihe geschalteten Schaltstrecken entsteht eine Gasblase (etwa 5···30 cm³ pro kWs Schalterarbeit bei 10···100 A, 80 cm³ pro kWs bei einigen 10 kA). In ihr herrscht infolge der explosionsartigen Erhitzung, Zersetzung und Dissoziierung des Öles ein hoher Druck.

Öl eignet sich gut als Löschflüssigkeit. 25···30% der Lichtbogenenergie werden für das Aufheizen und Verdampfen des Öls und für das Zerlegen in Gas und feste Kohlenwasserstoffe verbraucht; 15% werden an die Schaltstücke und zur Beschleunigung der Ölmasse aufgewandt; 5···10% gehen durch Strahlung fort und 50% über die Gasblasenwand konvektiv in das Öl. Die entstehende Wasserstoffatmosphäre kühlt sehr gut, da die Wärmeleitfähigkeit und die Diffusion in ihr besonders hoch ist. Der Schaltvorgang dauert gewöhnlich einige 10···20 Halbwellen, also reichlich lang; das Schaltvermögen ist begrenzt. Diese Schalter sind aber wegen ihrer Wohlfeilheit für mäßige Anforderungen (bei 6 kV bis etwa 150 MVA, bei 30 kV bis 300 MVA, bei 60 kV bis 600 MVA) vielfach in Betrieb (Abb. 8.23 und 8.24). Durch die Anwendung von Löschkammern wird die Leistungsfähigkeit der Ölschalter erhöht.

b) Um höheres Schaltvermögen zu erreichen, vor allem um große Ölmengen in den Schaltanlagen zu vermeiden, ging man dazu über, den Löschvorgang in der Schaltflüssigkeit zu steuern und zu beein-

Abb. 8.23. Kontakte mit feststehenden Kontaktfingern und beweglicher Kontaktbrücke bis 2000 A Nennstrom, bis 30 kV (OERLIKON)

Abb. 8.24. Dreipoliger Ölschalter mit Handantrieb und Auslösung, 6 kV, 1000 A, 125 MVA

flussen. Wenn der Lichtbogen in einer geschlossenen, engen Kammer gezogen wird, die durch Querscheiden in Einzelfächer unterteilt ist (Abb. 8.25a), so brennt er in einer engen Gas- und Dampfröhre. Beim Strom-Nulldurchgang läßt der hohe Druck nach, die überhitzte Flüssigkeit in den Kammertaschen dampft lebhaft aus. Die Dampf-Flüssigkeitspartikel gelangen in den Bogenkanal, kühlen ihn und entziehen ihm durch Anlagerung an die Moleküle Elektronen.

Es ist zweckmäßig, die Gasdruckspitzen[1] nicht viel über 50 at kommen zu lassen, damit der Kühleffekt recht groß wird, denn in diesem Bereich senkt die Druckerniedrigung die Sattdampftemperatur viel mehr als bei höheren Drücken.

Wird der Schaltstift mit hoher Geschwindigkeit aus der Kammer gezogen, so setzt eine adiabatische Expansion ein,

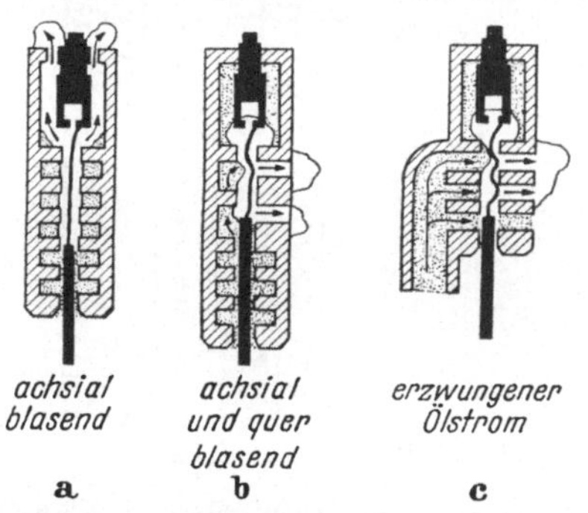

Abb. 8.25. a—c. Verschiedene Ausführungen von Löschkammern für ölarme Schalter. a achsial bespült, b gemischte Achsial- und Querspülung, c zusätzlicher Öl-Fremddruck (nach E. VOGELSANGER und P. JON)

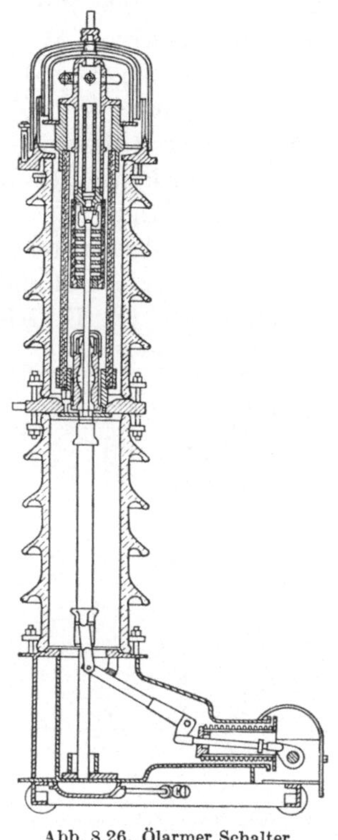

Abb. 8.26. Ölarmer Schalter (OERLIKON)

die viel Wärme entzieht und Kondensation verursacht. Seitliche Kammeröffnungen haben denselben Effekt (Abb. 8.25b).

Außerdem wird der Lichtbogen von der intensiven Gas- und Flüssigkeitsströmung längs oder quer beblasen und turbulent durchwirbelt; ein Teil der Hersteller hat von diesem kühlenden Effekt den Name „Ölströmungsschalter“ entlehnt. Wasser ist ebenso als Löschflüssigkeit verwendbar wie Öl. Auf jeden Fall gelingt es, den Schalter „ölarm“ zu bauen. Diese Modelle werden bis zu den höchsten heute geforderten Spannungen und Leistungen gebaut (Abb. 8.26).

[1] Sie steigen mit Strom und Spannung etwa nach $p = K \cdot J^{1,2} \cdot U^{0,5}$ (PUPPIKOFER).

Der Löschmechanismus wird aus der Energie des Lichtbogens selbst gespeist. Darum ist die Schaltdauer bei großen Strömen eher kleiner als bei niedrigen (Abb. 8.27). Es zeigt sich, daß bei kleinen Transformator-Leerlaufströmen, die übrigens hohe Wiederkehrsspannungen erregen, der entstehende Ölgasdruck nicht mehr ausreicht. Darum wird die Kammer mit einer Pumpe versehen (Differentialöldruck), die einen Löschstrahl einspritzt (Abb. 8.25c). Das erforderliche Löschmittel erzeugt auch der Hartgasschalter selbst in einer Schaltkammer (Abb. 8.28). Er wird z. B. für 10 kV, 400 A, 200 MVA für kleine Hochspannungsanlagen und für unbewachte Schaltstationen gebaut. Beim Herausziehen des Rohrkontaktes wird der Lichtbogen im engen Rohrspalt gezogen. Die Wände des Isolierstoff-Rohres und des Löschstiftes geben Zersetzungsgase, Wasserstoff und Kristall-wasserdampf ab. Z. B. scheidet ein

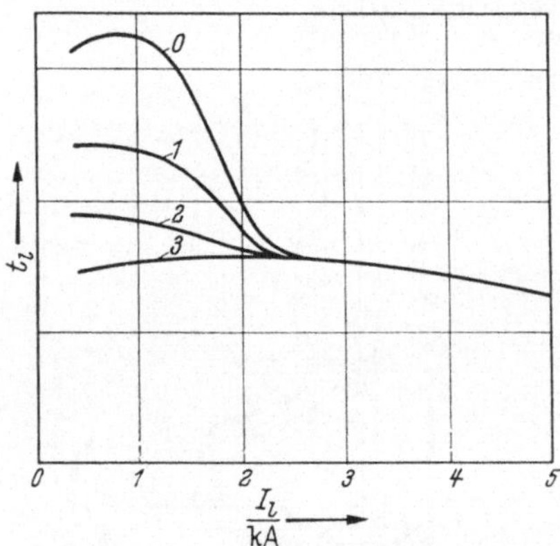

Abb. 8.27. Schaltdauer bei ölarmen Schaltern abhängig vom Abschaltstrom (I), *0* ohne, *1, 2, 3* mit fremder Zusatz-Ölspülung verschiedenen Öldruckes

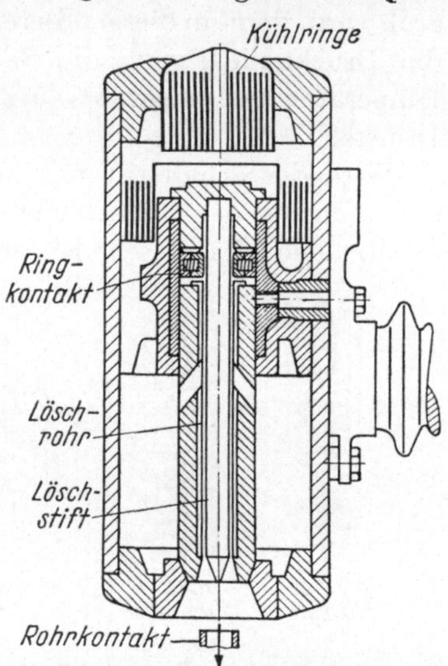

Abb. 8.28. Schnitt durch die Schaltkammer des Hartgasschalters

Fiberrohr mit 2 cm lichtem Durchmesser bei einem 500 A-Lichtbogen 300 cm³/cms ab. In der Kammer sorgt die entstehende Drucksteigerung und Achsialströmung für die Erhöhung der Lichtbogenspannung und für die Löschung. Gleichzeitig werden die Wandungen durch die Gasabgabe vor der Verbrennung geschützt.

c) Mit fremderzwungener Löschung arbeitet der *Druckgasschalter*. Er vermeidet jede Löschflüssigkeit; vielmehr wird zwischen Düsenkontakten der Lichtbogen durch Druckluft (14 ··· 20 atü) mit hoher Geschwindigkeit beblasen, so daß er sich rasch einschnürt und längs aufgetrennt wird (Abb. 8.29 und 8.30). Die endgültige Abschaltung gelingt wenn überhaupt, beim ersten, spätestens beim zweiten Strom-

Nulldurchgang. Die Abb. 8.31 a u. b und 8.32 zeigen zwei Hoch- und Höchstspannungsmodelle.

Für sehr hohe Betriebspannung bringt die Hintereinanderschaltung mehrerer gleicher Schaltelemente eine Vervielfachung der beherrschten Spannung, sofern für gleichmäßige Potentialaufteilung gesorgt wird (Parallel-Kondensatoren oder -widerstände) (vgl. Abb. 8.32). Um bei den extrem rasch wirkenden Schaltern die hohen Ausschaltüberspannungen induktiver Leerabschaltungen zu unterdrücken, werden spannungsabhängige Widerstände parallel zu den Schaltstrecken gelegt. Diese Überbrückung muß dann aber durch Hilfsschalter unterbrochen werden.

Zur Vervollständigung seien noch die weiteren an Leistungsschalter gestellten Bedingungen aufgeführt:

In eingeschaltetem Zustand müssen sie den Betriebstrom und die Störfallströme widerstandslos führen und die dadurch bedingten thermischen

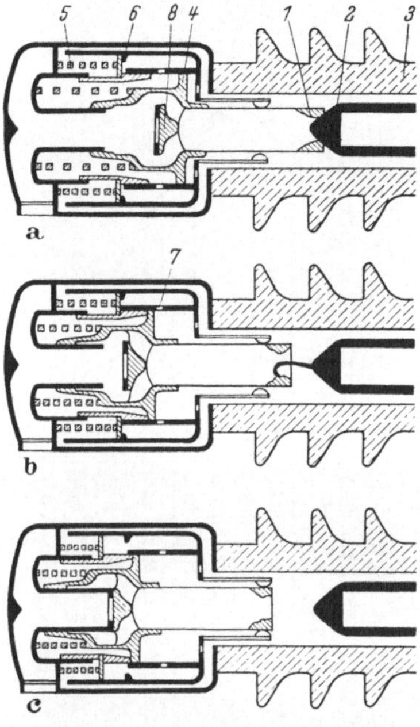

Abb. 8.29a—c. Wirkungsweise einer Druckluft-Löschkammer (*BBC*) a Ein-Stellung, b Augenblick der Lichtbogenlöschung, c Aus-Stellung (nach H. THOMMEN)

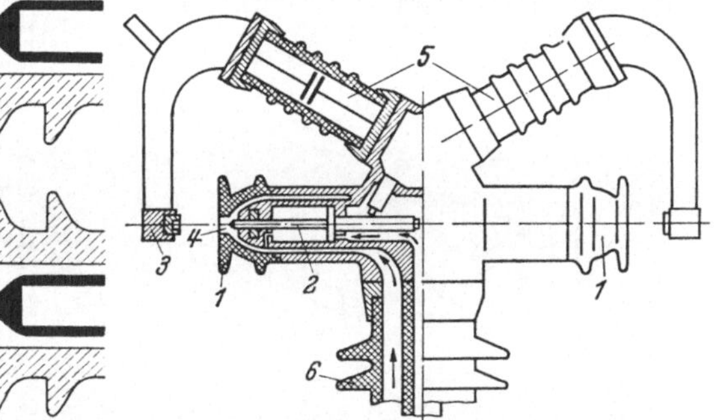

Abb. 8.30. Schema des Druckgas-Freistrahlschalters (AEG)
2 u. *3* Kontakte, *4* Düse, *5* Steuerkondensatoren, *6* Stützisolator

und dynamischen Wirkungen aushalten. Bei Druckkontakten z. B. in Klotzform ist der Übergangswiderstand vom Kontaktdruck abhängig

$$
\begin{array}{llll}
\text{(z. B. } & P = 10 & 100 & 1000\,\text{kg} \\
 & R = 34 & 13 & 6\,\mu\Omega).
\end{array}
$$

Da die beiden Schaltstücke sich doch nur punktförmig berühren, ist der Übergangswiderstand von der Größe der Schaltstücke wenig abhängig. (Dreipunkt- und Linienkontakte suchen die Kontaktstelle zu vervielfachen.) Stift und Tulpen Kontakte werden bei sehr schnell bewegten Schaltstücken verwendet; Kontaktrollen unterstützen dabei die Dauerstromabnahme vom Schaltstift. Die Wahl des Kontaktmaterials ist

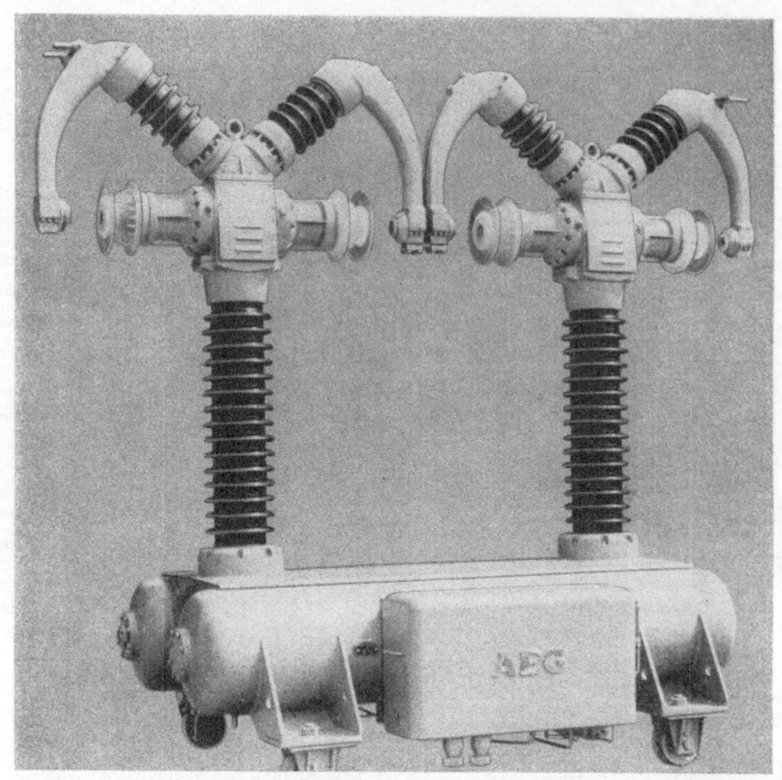

Abb. 8.31 a. Pol eines 110 kV-Mehrfach-Freistrahl-Schalters (AEG). Schalter offen

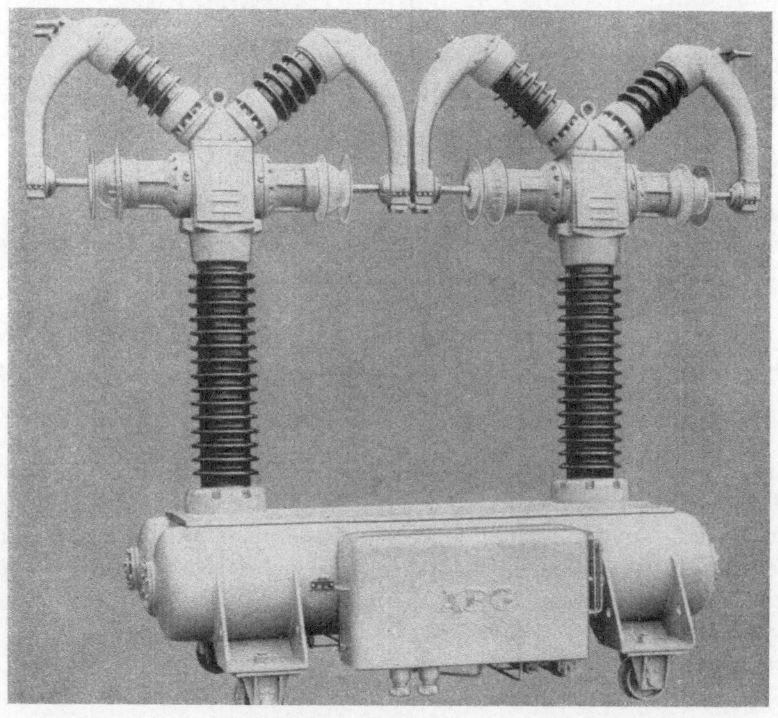

Abb. 8.31 b Pol eines 110 kV-Mehrfach-Freistrahlschalters (AEG). Schalter geschlossen

wichtig. Für die Dauerstromabnahme ist Silber nützlich, da es auch bei Oxydation einen geringen Kontaktwiderstand gewährleistet. Für

Abb. 8.32. 230 kV-Druckluftschnellschalter (BBC) mit 8 Schaltstrecken in Reihe und mit Steuerwiderständen

die Unterbrechungsstellen, wo der Lichtbogen ansetzt, kommt es auf geringen Abbrand an; man wählt hierfür Wolfram oder bringt leicht auswechselbare Abbrennstücke an, die nacheilend zum Hauptkontakt öffnen (Abb. 8.33).

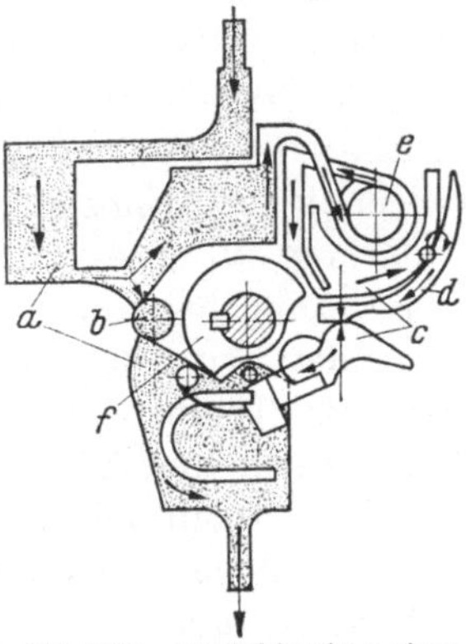

Der Schalter muß ausschalten, aber den höchstvorkommenden Strom, z. B. auf Kurzschluß auch einschalten können. Kontaktabhebungen müssen dabei unterdrückt werden, denn sie führen zum Verschweißen der Schaltstücke.

In der geöffneten Stellung muß zwischen den Schaltstücken eine ausreichende Isolierung bestehen für die doppelte Dreieckspannung des Netzes, wie sie bei asynchroner Netztrennung mit beiderseitigen Erdschlüssen auftreten kann. Im übrigen muß die Schalterisolierung gegen Erde und zwischen den Polen den auftretenden Spannungsbeanspruchungen genügen.

Abb. 8.33. Kontaktsystem eines Hochstromschalters für mäßige Spannung (SSW)

8.8 Blitz

1753 hat B. FRANKLIN die Überzeugung ausgesprochen, daß der Blitz elektrischer Natur sei; aber die genaue Erforschung der Vorgänge und ihrer Ursache konnte doch erst etwa seit 1925 mit geeigneten Meßmitteln einsetzen, zur selben Zeit wie der Blitz als Störungsursache dem Betrieb von Hochspannungsleitungen Sorge bereitete.

Im ungestörten Erdfeld herrscht an der Erdoberfläche eine Feldstärke von nur etwa 100 V/m. Sie ist im Durchschnitt jahreszeitlichen Schwankungen von etwa 80···200 V/m, mit Maximum im Winter, und Tagesschwankungen mit Höchstwerten 2···4 Stunden nach Sonnenaufgang und vor Untergang unterworfen. Nach der Höhe hin fällt das Erdfeld stark ab (in 4000 m auf $^1/_{10}$, in 9000 m auf $^3/_{100}$). Die Richtung ist zur Erdoberfläche hin gerichtet, die im Durchschnitt etwa -10^{-13} Cb/cm^2 negative Ladung trägt.

In und unter der Gewitterwolke wurde durch Ballon- und Flugzeugmessung und mit Funkortungsgeräten im allgemeinen der in Abb. 8.34 dargestellte meteorologische und elektrische Aufbau festgestellt mit einer, im Cumulonimbus über 8000 m hoch, ausgedehnten positiven Ladungsschicht (z. B. 4 km ⌀ mit +24 Cb, —30° C) und darunter einem mächtigen negativen Gebiet (z. B. 2 km ⌀ mit —20 Cb, —8° C); am unteren Rand liegt eine flächenmäßig begrenzte Zelle positiver Ladungskonzentration (z. B. 1 km ⌀ mit +4 Cb, +1,5° C).

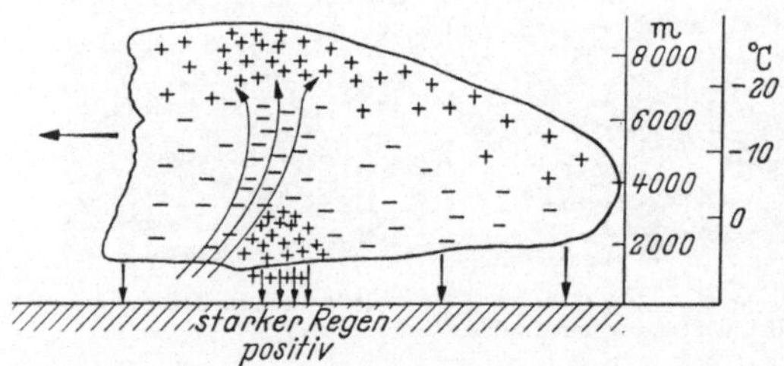

Abb. 8.34. Gewitterwolke, Temperatur- und Ladungsverteilung

Über die Ursache dieser Potentialunterschiede und Ladungstrennungen in der Atmosphäre besteht noch keine quantitativ befriedigende Erklärung. Voraussetzung zur Bildung der Gewitterwolke ist eine bestimmte Feuchte- und Temperaturschichtung in der bis etwa 11000 m reichenden Troposphäre. Diese nach oben um 0,7···1° C je 100 m abnehmende Temperaturschichtung erstreckt sich etwa 1···8 km in der Horizontalen und ist im Mittel 6 km hoch. Sie baut sich innerhalb etwa 15···20 min auf und hat eine Bestanddauer von ca. einer Stunde. Sie ist labil genug, um bei geeignetem Anstoß lebhafte schlotartige Aufwindbewegungen mit nach oben wachsender Geschwindigkeit zu erregen (5···30 m/s).

a) Beim „Wärmegewitter" wird der Schlot feuchter Luft aufgetrieben durch die Sonnenstrahlungs-Erwärmung, ausgelöst z. B. durch Geländeunebenheiten. Wärmegewitter treten nach vorheriger Sonneneinstrahlung bei 30···35° Bodentemperatur mit örtlicher Begrenzung in den Nachmittagsstunden auf, wenn sich nach langdauerndem „Hoch" die labile Temperaturschichtung ausgebildet hat.

b) Das „Frontgewitter" wandert im breiten Kaltlufteinbruch nach Osten vor einem Tiefdruckgebiet her; die absinkende Kaltluft drückt Warmluft hoch.

Die schlauchartig hochsteigende Warmluft kühlt sich expandierend ab, ist leichter als die Umgebung und beschleunigt sich nach oben. Dabei tritt Kondensation und Bildung von Eiskristallen und Hagelkernen auf, die schließlich so groß und schwer werden, daß sie vom Luftstrom nicht mehr getragen werden, wieder nach unten fallen und dabei meist schließlich schmelzen. Sie kommen aus Höhen bis etwa 7000 m und fallen mit einer, gegenüber der hochtreibenden Luft und ihren Wolkentröpfchen, relativen Geschwindigkeit bis zu 15 m/s.

Es bestehen verschiedene Möglichkeiten der Ladungstrennung bei der Vertikalbewegung: Hochgetragene Wolkentröpfchen treffen auf langsamer steigende oder fallende Graupel- und Hagelkörner und zerstäuben, wobei nach dem von FARADAY entdeckten Wasserfalleffekt der Wasserstaub negative Ladungen mit fortnimmt; das positiv werdende Graupelkorn schmilzt im untersten Bereich und kann hier den unteren positiven Ladungsbereich aufbauen.

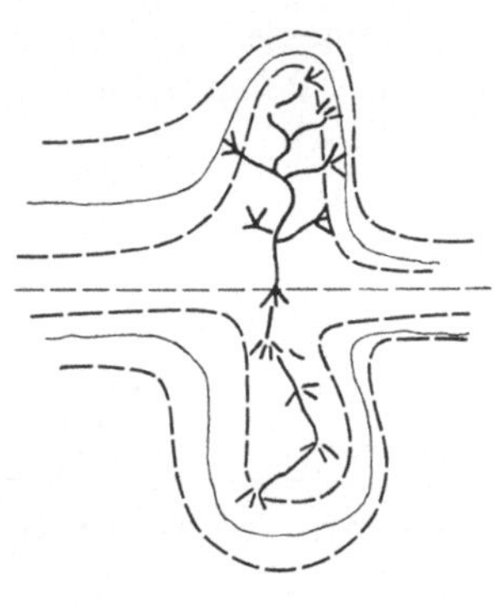

Abb. 8.35. Blitzausbildung in vorwachsenden Kanälen

Die Trennung im oberen Bereich wird von ELSTER und GEITEL und von C. T. R. WILSON durch Influenzwirkung am fallenden Graupelkorn oder Eiskristall erklärt. Das Korn-Dipol fängt auf der Unterseite die begegnenden negativen Ionen ein, während die positiven aufwärts weitersteigen können. Ein anderer Effekt ist, daß beim Wachsen von Eiskristallen Teilchen absplittern; sie nehmen positive Ladung weg und tragen sie aufwärts, während der fallende Kern negativ wird.

Der Blitz entsteht elektrodenlos, hauptsächlich an den Grenzen des unteren Gebietes, als räumliche Teilentladung, die beiderseits kanalartig fortwächst, getrieben durch die Feldstärke, die sich die herbeigeführten Raumladungen am Kanalkopf selber schaffen, und gelegentlich auch zur Erde vordringt (Abb. 8.35). 60···95% aller Erdblitze tragen negative Ladung zur Erde, entstammen also der unteren Ladungstrennschicht. Im späteren Stadium von Gewittern treten Blitze mit positivem Ladungstransport, aus der oberen Grenzschicht kommend, auf.

Über die Entwicklung des Blitzes selbst konnten durch oszillographische Aufzeichnung und photographische Aufnahmen mit der schnell rotierenden Boys-Kamera recht zuverlässige Daten gewonnen werden (McEachron am Empire State Building, New York; Schonland und Mitarbeiter in Kapstadt; Berger am Monte San Salvadore bei Lugano). Der Blitzkanal wächst mit rund 10000 km/s $\approx c/30$ in Stufen von etwa 50 m, ruckweise weiterstoßend, zur Erde hin („stepped leader"). Die schwachen, immer wieder aufleuchtenden Entladungen benützen mit Zwischenpausen $15 \cdots 100\,\mu$s denselben Kanal und schieben den Kopf, der sich auch verästeln kann, mit einer mittleren Geschwindigkeit von $c/1000$ zum Boden, innerhalb $t_1 = 300 \cdots 1000\,\mu$s. Hat der Kanal den Boden erreicht, — manchmal wächst ihm von dort eine Entladung entgegen —, so findet mit sehr großer Helligkeit und mit Stromstärken von im Durchschnitt $1 \cdots 5$ kA, mit etwa $c/10$ rücklaufend, ein Ladungsausgleich statt, innerhalb etwa $t_2 = 30 \cdots 50\,\mu$s. Die maximal gemessenen Ströme lagen bei 100 kA. Mit Pausen von etwa $t_3 = 10 \cdots 30$ ms folgen weitere Folge-Teilblitze im gleichen Kanal, die

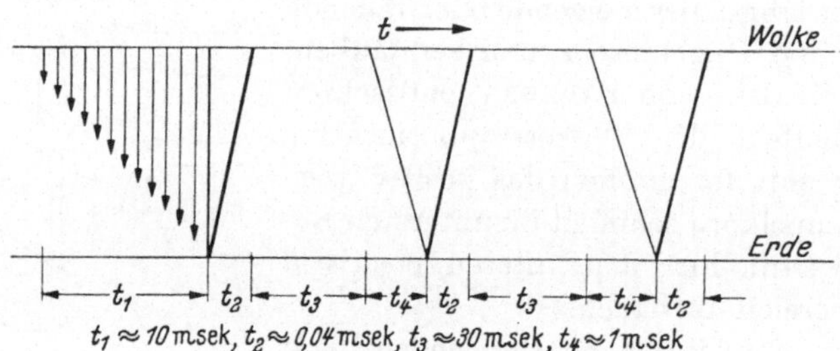

Abb. 8.36. Schematisches Bild des Zeitablaufes eines Blitzes mit Teilstufen (Zeiten nicht maßstäblich gezeichnet)

sich auch als Leitblitze, aber nicht ruckweise, mit etwa $c/100$ von der Wolke ($t_4 = 1$ ms) her entwickeln und wieder einen rückströmenden Hauptstrahl zur Folge haben (Abb. 8.36).

Der ruckweise Leitblitz wurde selten aufgenommen. Es kann nicht entschieden werden, ob dies am seltenen Vorkommen oder an der Lichtschwäche der Kanäle liegt. Abb. 8.37 zeigt die bisher bestgelungene Aufnahme[1] mit den Rückstufen und einem unabhängig vom Hauptweg sich entwickelnden Seitenast zu einem tieferen Einschlagpunkt hin.

Abb. 8.38 zeigt einen Blitz, der sich etwa 20 km langhorizontal erstreckte und einen Bergrücken überschritt, bis er, nicht in einem hochgelegenen Punkt, sondern in die Seefläche einschlug. Umgekehrt

[1] Ich verdanke ihre Wiedergabe Herrn Prof. E. K. Berger, Zürich, und dem Bull. SEV.

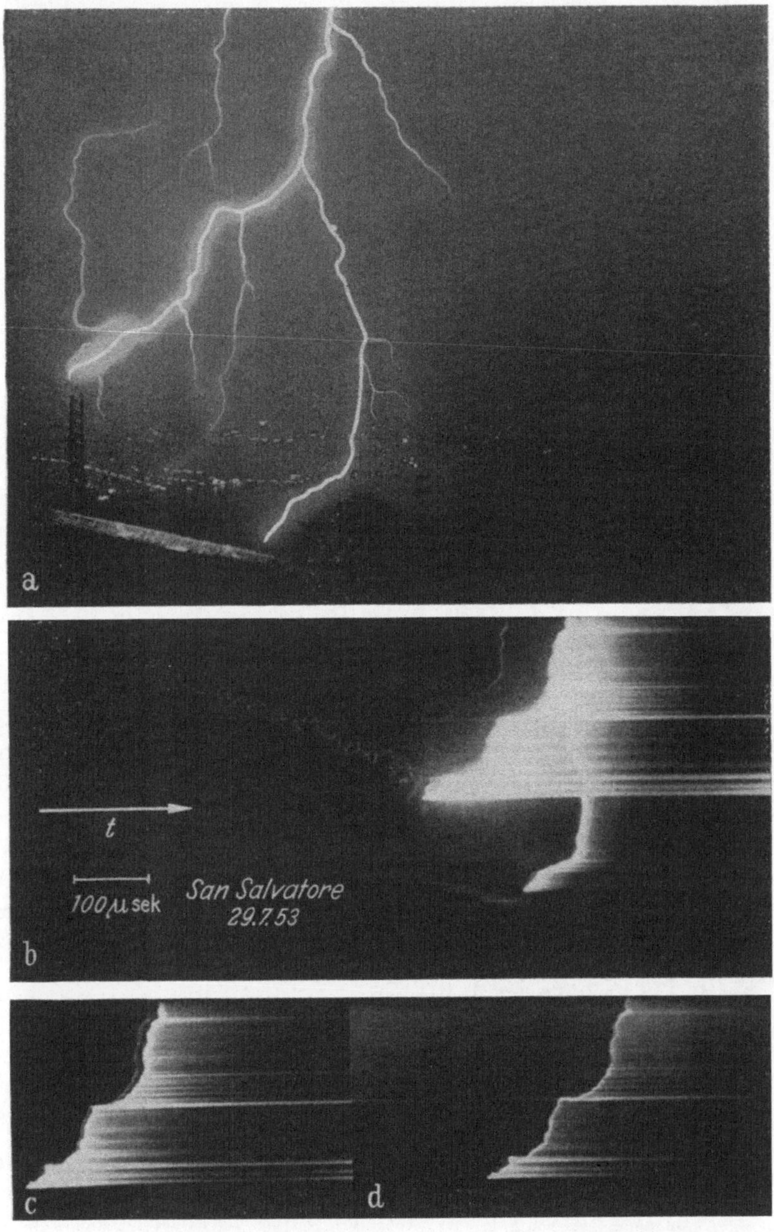

Abb. 8.37 a—d. Ruckweise vorwachsender erster Leitblitz mit zwei späteren Folgeblitzen (nach BERGER)

a Aufnahme mit stillstehender Kamera c Aufnahme mit Boys-Kamera
b Zweiter Teilblitz 80 ms später d Dritter Teilblitz 150 ms später

wurden auch Blitze beobachtet, die von der Auffangstange der Station nach oben wachsen, was an den Verästelungen wolkenwärts erkenntlich

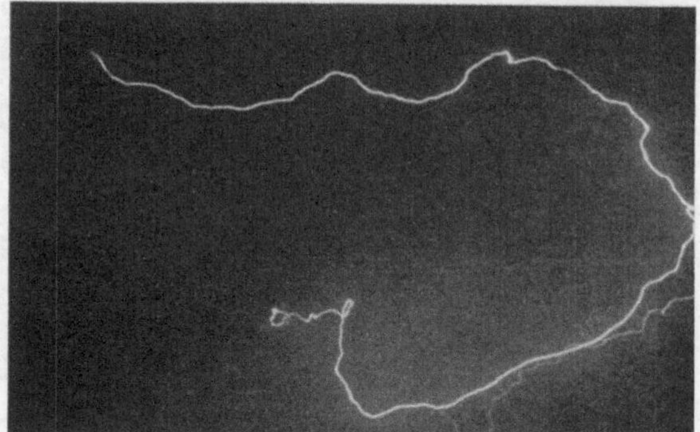

Abb. 8.38. Aufnahme eines langen Horizontalblitzes

ist (Abb. 8.39). Am Empire State Building überwog die Zahl dieser zur Wolke hin gerichteten Blitze.

In der Pause zwischen den Folgeblitzen füllt sich der Ausgangsbezirk in der Wolke erneut mit Ladungen an; zur Erde fließt währenddessen nur ein Strom von wenigen 1 ··· 10 A. Die Ladung, die durch den Blitz ausgeglichen wird, ist am häufigsten zu 1 ··· 5 Cb, maximal aber > 385 Cb gemessen worden. Die Gesamtdauer eines Blitzes samt seinen Folgeentladungen ist im Mittel zu 0,15 s, maximal zu 1,5 s festgestellt. Die gemessenen Teilblitze dauerten 0,05 bzw. 0,7 s. In Lugano sind 60% negative und 40% positive Blitze innerhalb 8 Jahren festgestellt worden. Es treten auch Blitze auf,

Abb. 8.39. Aufnahme eines von Erde ausgehenden Blitzes (nach C. F. Davis)

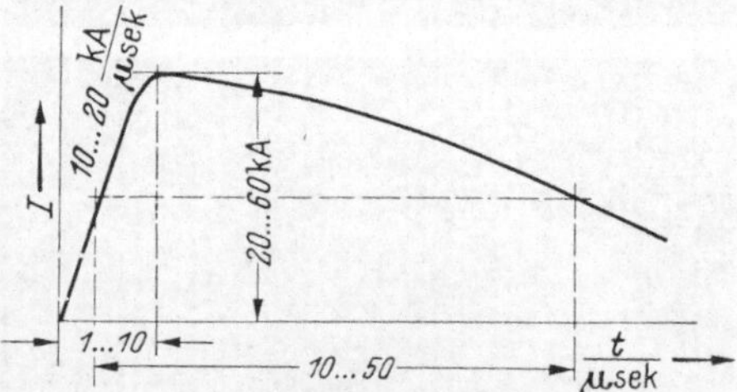

Abb. 8.40. Zeitlicher Verlauf des Blitzstromes

die ihre Polarität wechseln. Die Anzahl der Folgeblitze ging bis zu 17, doch hatten 75% aller beobachteten Blitze nur 2 ··· 3.

Der Blitzstrom entwickelt sich zeitlich etwa gemäß Abb. 8.40; es kommen Anstiegsteilheiten von 20···30 kA/μs vor.

Die Energie eines Blitzes ist einige 10···100 kWh, aber mit einer Leistung von $10^7 \cdots 10^9$ kW. Man schätzt, daß auf der gesamten Erde je Sekunde etwa 100 Blitze niedergehen.

Für die Beurteilung der Gewittergefährdung einer Leitungsstrecke ist die örtliche Gewitterhäufigkeit mit maßgebend. Man gibt dafür die Zahl der Tage im Jahr an, an denen am betreffenden Ort ein Donner gehört wurde. (Erfaßter Umkreis etwa 10 km.) Dieser ,,isokeraunische" Pegel liegt in Mitteleuropa etwa bei 25···50.

8.9 Oberflächen-Entladungen

Bei den für die praktische Hochspannungstechnik besonders wichtigen Entladungen an der Oberfläche von festen Isolierteilen, beim Überschlag, handelt es sich um Vorgänge im umgebenden Gas, das unter normalen Umständen immer dielektrisch schwächer ist als der feste Isolator. Die Erscheinungen weichen aber stark von der Durchbruchentladung in der freien Gasstrecke ab. Es genügen wesentlich niedrigere Spannungen, um Entladungen und Überschlag herbeizuführen. Die vorkommenden Anordnungen lassen sich auf folgende drei Haupttypen zurückführen:

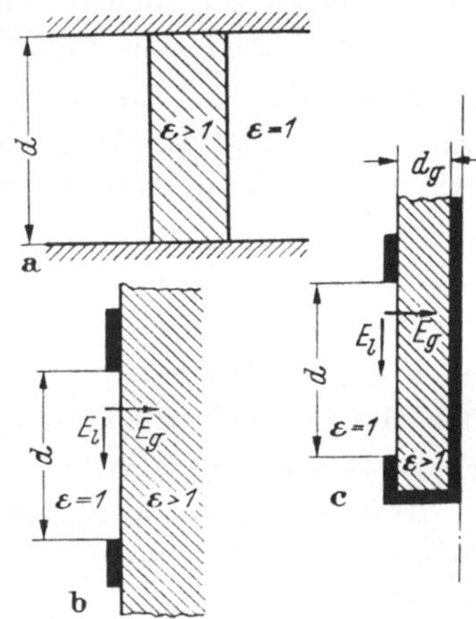

Abb. 8.41a—c. a Isolierende Distanzierung; b Stützisolator; c Durchführungs-Isolator

1. (Abb. 8.41a, Distanzierung.) Das elektrostatische homogene Feld der Plattenelektroden wird durch den eingesetzten Isolierkörper mit feldlinienparallelen Wänden trotz seiner höheren Dielektrizitätsziffer im großen nicht verändert gegenüber der Potentialverteilung des isolierstofffreien Elektrodenfeldes.

2. (Abb. 8.41b, Stützisolator.) Da das Elektrodenfeld inhomogen ist, treten Feldlinien schräg durch die Trennfläche. Neben der Längsfeldstärke E_l besteht auch eine Querkomponente E_q mit örtlich wechselnder Größe. ($E_l > E_q$.)

3. (Abb. 8.41c, Durchführungsisolator.) Die die Trennschicht durchsetzende Querfeldstärke ist stark ausgeprägt ($E_l < E_q$), und es ist zu erwarten, daß der Unterschied der Dielektrizitätsziffern und die Querkapazität zwischen der Trennfläche und der Elektroden-Gegenfläche, also die Dicke des festen Isolierteiles (d_q), Einfluß gewinnen.

Die rein elektrostatische Feldverteilung ist im Abschnitt 2 behandelt worden. Sie gilt aber nur, wenn die Trennflächen vollkommen dicht und, mikroskopisch betrachtet, absolut eben sind. Man muß nun feststellen, daß die charakteristischen Entladungsspannungen niedriger liegen, als sich daraus ergeben würde. Diese Abweichungen sind noch nicht befriedigend begründet und quantitativ klargestellt. Das liegt daran, daß sie durch die Grenzschicht zwischen festem und gasförmigem Medium bedingt sind, deren Form, Art und Verhalten unübersichtlich vielen Einflüssen unterworfen ist.

Als Ursache der Minderung der Überschlagspannung kann in Frage kommen:

a) Die Trennfläche ist keine glatte Ebene; vielmehr hat sie in Feldrichtung mikroskopische Unterbrechungen, die eine Reihenschaltung verschiedener Dielektriken bedeuten. Örtliche Gaseinschlüsse oder Schwankungen der Dichte und der Zusammensetzung des festen Isolierstoffes bewirken ebenso eine Längsfeldverzerrung, die immer örtlich höhere Teilfeldstärken mit sich bringt (vgl. § 3.7 u. 3.10).

b) Sobald sich an einzelnen hochisolierenden Oberflächenstellen Flächenladungen ansetzen, wird durch sie die Verteilung des Elektrodenfeldes stark verändert. Solche Ladungen können durch schwache Teilströme oder durch Vorentladungen, z. B. von Einzellawinen fremderzeugter Startelektronen herrührend, aufgebracht werden.

c) Im festen Körper besteht neben der dielektrischen Verschiebung auch geringe Stromleitung. Wenn sein Widerstand, insbesondere der der Oberfläche örtlich ungleichmäßig ist, wird wiederum die Längsspannungsverteilung verzerrt.

d) Eine tropfenförmige Benetzung der Oberfläche durch Betauung, Nebel oder Regen erzeugt große partielle Unterschiede des Oberflächenwiderstandes. Man kann sie etwa als eine Unterteilung und Kürzung der Isolierdistanz ansehen. Ebenso wirkt eine Verschmutzung der Oberfläche.

e) Schließlich hat eine Benetzung der Oberfläche, auch nur mit einer dünnsten Feuchtigkeitshaut, zusammen mit einem leitfähigen gelösten Zusatz oder in einer festen Fremdschicht nicht nur die Folge ungleichmäßigen Oberflächenwiderstandes. Infolge der auftretenden Polarisation in der Fremdschicht entstehen Ladungsansammlungen mit der schon unter b) erwähnten Wirkung.

Immer spielt die Ungleichmäßigkeit eine Rolle, die bei jeder nur spurenhaften materiellen oder elektrischen „Verunreinigung“ auf der Oberfläche oder in den obersten Festmaterialschichten besteht.

Von vornherein ist zu verstehen, daß die *Luftfeuchtigkeit*, die bei genügendem Grad, bei Unterkühlung und bei Temperaturdifferenzen zur Kondensation an der Oberfläche führt, von Einfluß ist. Wasserlösendes oder adhärierendes Verhalten der festen Oberfläche unterstützt dies, wogegen wasserabstoßende Isolierstoffe davon abweichen. Schon bei relativem Feuchtegehalt der Luft oberhalb 60 ··· 65% sinkt die Überschlagspannung merklich auf spezifische Werte von nur (effektive Wechselspannung) 5 ··· 8 kV/cm. Aber auch bei fast trockener Luft bleibt $U_ü < U_D$.

In Luft, die mit Wasserdampf gesättigt ist, also unter ungünstigen Verhältnissen, hat BÖCKER die Minimalwerte der Abb. 8.42 in Abhängigkeit vom Druck für verschiedene Distanzen zwischen den Plattenelektroden gemessen. Bei erhöhtem Druck hat eine Abstandsteigerung erst bei großen Abständen eine Erhöhung der Überschlagspannung zur Folge. Die Formgebung der Isolatoren für Freileitungen und für Freiluftanlagen muß versuchen, diese Einflüsse zu unterdrücken. Zur Kontrolle untersucht man das Verhalten im sauberen trockenen Zustand und sauber unter Regen. Man muß dabei neben der Regendichte die Fallrichtung und die Leitfähigkeit des Regenwassers beachten.

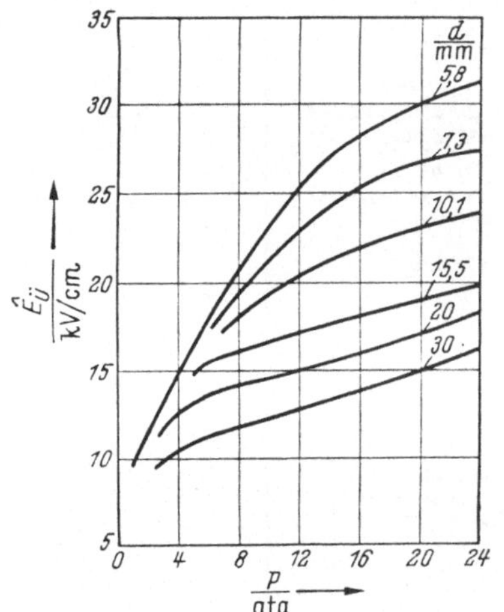

Abb. 8.42. Überschlagfeldstärke (Scheitelwert) bei Gleich- oder Wechselspannung in wasserdampfgesättigter Preßluft (nach BÖCKER)

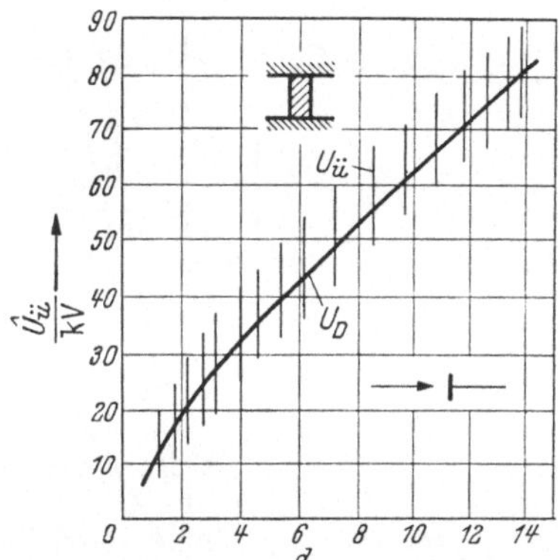

Abb. 8.43. Überschlagspannung $U_ü$ bei 100% Luftfeuchte (1 ata, 20° C) im homogenen Feld und Durchbruchspannung freier Spitzenelektroden U_D bei Wechselspannung (nach BÖCKER, AFE 40, 37)

Es ist bemerkenswert, daß die Überschlagspannung im homogenen Feld (Anordnung von Abb. 8.41a) mit zunehmender Luftfeuchte den Werten der inhomogenen freien Luftstrecke gleichkommt (Abb. 8.43). Auch die Vorentladungen sind gleichartig. Bei benetzbaren Isolieroberflächen, z. B. bei Glas, ist schon ab 65% Luftfeuchte, bei nicht benetzbaren, wie Paraffin, erst über 90% eine Minderung festzustellen. Bei höherem Luftdruck steigt die Überschlagspannung zunächst etwa proportional, fällt dann aber ab auf den Wert der Glimmanfangspannung. Abb. 8.44 zeigt die Vergleiche zwischen Überschlag und Durchbruch.

Gerber gibt[1] die in Abb. 8.45 dargestellte Abhängigkeit der Überschlagspannung bei Kappenisolatoren vom absoluten Luftfeuchtigkeitsgehalt. Oberhalb einer relativen Feuchtegrenze, die hier zwischen 70 und 80% liegt, fällt die Überschlagspannung stark ab; darunter steigt sie aber ähnlich wie die einer in der Schlagweite vergleichbaren freien Spitzenfunkenstrecke. Es scheint so, als ob zunächst der Wasserdampf in der Luft gleich wie in der freien Strecke die Entladungsausbildung hemmen würde; als ob dann sogar, etwa infolge von vergleichmäßigter

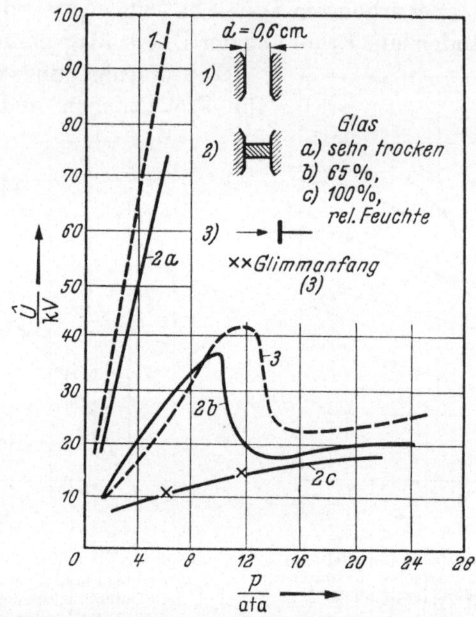

Abb. 8.44. Überschlag und Durchbruch bei homogenem und inhomogenem Feld, verschiedene Luftfeuchte, abhängig vom Luftdruck (nach Böcker)

Spannungsverteilung, eine Verfestigung einträte; schließlich aber wird durch einsetzende Oberflächenentladungen eine rasche Verschlechterung bewirkt.

Diese Einflüsse kann man durch die Oberflächeneigenschaften erfassen, nämlich durch den Oberflächenwiderstand bei Gleichspannung und die dielektrischen Verluste bei Wechselspannung. Abb. 8.46 kennzeichnet die geringe Empfindlichkeit nicht benetzbarer, die starke bei benetzbaren Isolierstoffen. Die Änderung geht bei Glas um 7 Größenordnungen. Wenn die dielektrischen Verluste mit der Luftfeuchte merklich ansteigen, so kann das nur den auf der Isolatoroberfläche ent-

[1] BBC-Mitteilungen 1943.

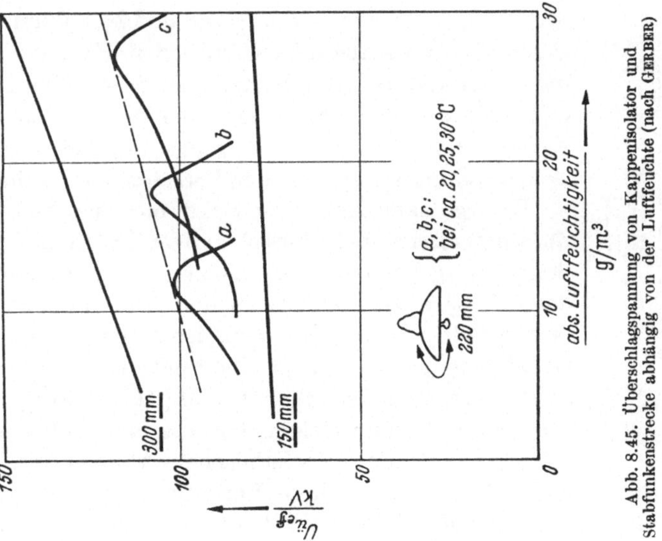

Abb. 8.45. Überschlagspannung von Kappenisolator und Stabfunkenstrecke abhängig von der Luftfeuchte (nach GERBER)

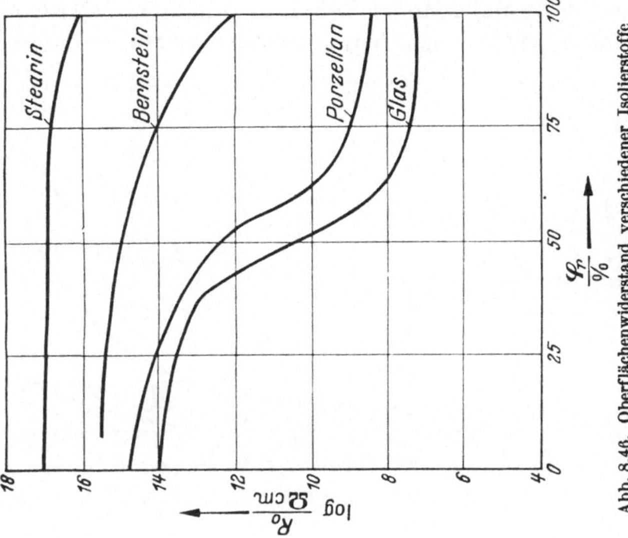

Abb. 8.46. Oberflächenwiderstand verschiedener Isolierstoffe abhängig von der Luftfeuchte (20° C, 760 Torr)

stehenden Teil betreffen (Abb. 8.47). Die genaue mengenmäßige Erfassung der Verluständerung ist deshalb schwierig, weil der Oberflächenzustand kaum exakt und reproduzierbar bestimmt werden kann.

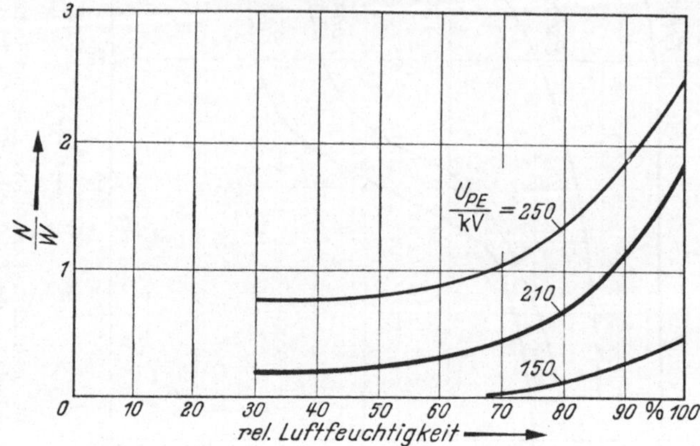

Abb. 8.47. Verluste von Isolatorenketten, 26 Glieder K 3, abhängig von der Luftfeuchte

Abb. 8.48 gibt für verschiedene Isolatorformen und Kettenlängen die Werte der Verluste bei sauberer Oberfläche, Abb. 8.49 die starke Verschiebung durch Verschmutzung und Benetzung. Daß der Spannungsgang beim Kappenisolator anders ist als beim Vollkern- und beim Langstabisolator, mag von der unterschiedlichen Feldform herrühren (vgl. Abb. 8.41 c und b). Beim ersteren setzen die Vorentladungen auf jeden Fall am Klöppel unten ein und bringen Verluste in freier Glimmstrecke, mehr als auf der Oberfläche. Bei den beiden anderen Formen handelt es sich dagegen um Leitströme und Teilentladungsströme an der Porzellanoberfläche.

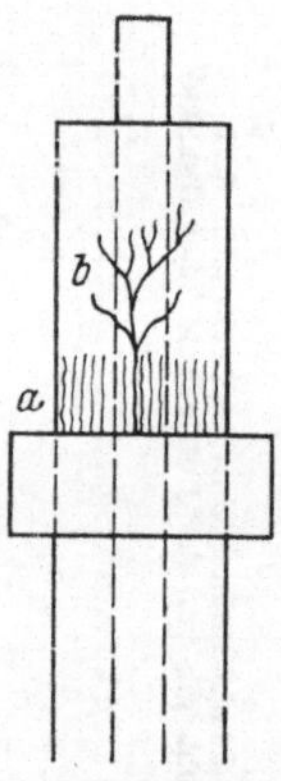

Abb. 8.50. Oberflächen-Entladungsformen. *a* Streifen, *b* Stielbüschel

Es liegt nahe, daß man einen messend bewertenden Zusammenhang sucht zwischen dem Überschlag und den ihm vorausgehenden Strömen bzw. Verlusten, zumal auch das sichtbare Bild einen solchen Zusammenhang vermuten läßt. Legt man Wechselspannung längs an eine Oberfläche, so tritt zuerst eine flächenhaft verteilte, diffuse Glimm-Streifenentladung auf (Abb. 8.50 *a*); sie konzentriert sich dann elektrodenseitig und entspringt aus stromstarken Ästen (Stielbüschel, Abb. 8.50 *b*). Ist die Oberfläche benetzt, so vermögen diese Vorentladungen sie streckenweise abzutrocknen, da die Flüssigkeitshaut nie gleichmäßig ist oder aus anderen Gründen die Leistungsdichte sich örtlich konzentriert. Dann entstehen über die Trockenstellen Glimmbögen, deren gestaffelte Form sich zum vollen Überschlag auswächst.

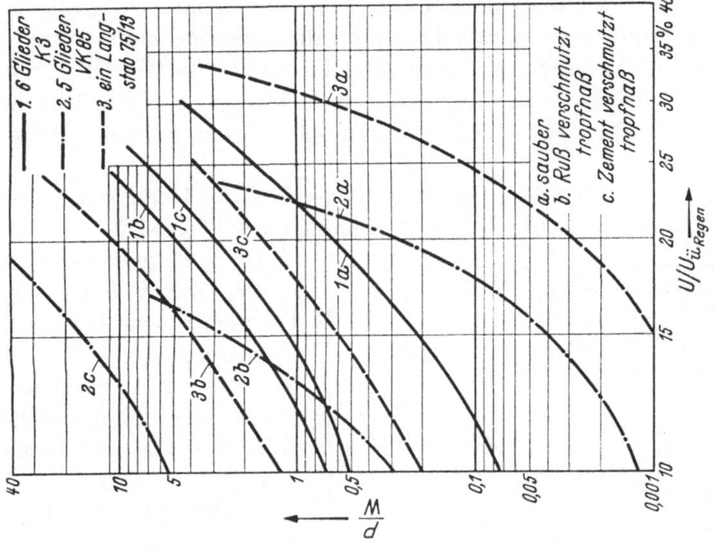

Abb. 8.49. Einfluß der Oberflächen-Verschmutzung auf die Verluste von Isolatoren

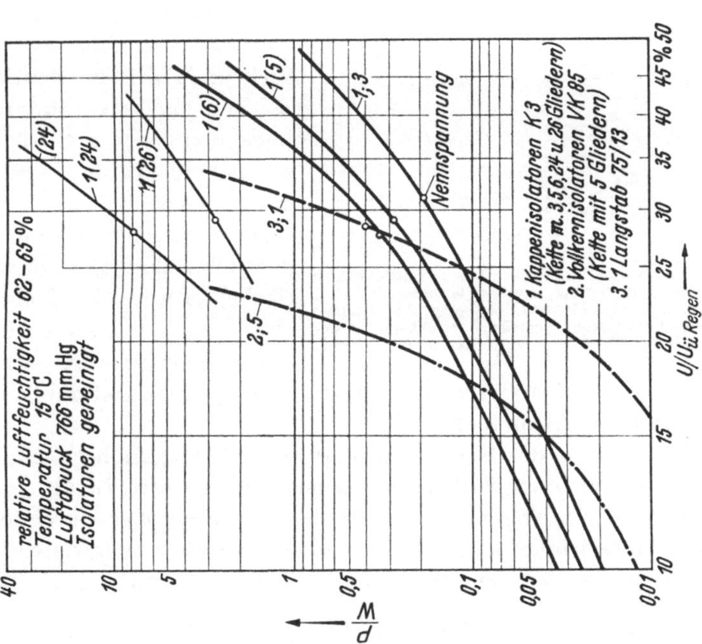

Abb. 8.48. Verlustleistung an sauberen Isolatoren

Ist von vornherein die Leitfähigkeit eines Pfades so groß, daß er wenig Spannung verbraucht, dann läuft der Lichtbogenansatz auf dieser „Zündbrücke" weiter zur Gegenelektrode. Außer der Konzentration der Spannung auf kurze Strecken des Kriechweges müssen dem Strom genügend starke Einzelpfade geboten sein, damit es zum Überschlag kommt.[1]

Beim Zuschalten der Spannung in der Nähe der Überschlagspannung tritt ein Leckstrom auf. Ist der Anfangsstrom sehr groß (s. Abb. 8.51 Ia ca. 100 mA), so tritt schon nach kurzer Zeit von 0,7 sek der Überschlag ein. Bei einem etwas geringeren Anfangsstrom (ca. 90 mA) dauert es entsprechend länger, bis der Strom langsam ansteigend einen Wert erreicht, der zum Überschlag ausreicht (Abb. 8.51 Ib). Ist der Widerstandswert zu groß oder die Oberflächenleitfähigkeit zu gering, so nimmt mit Austrocknen der Strombahn der Strom laufend ab. Dies ist beim L 75/14 ein deutliches Zeichen, daß es trotz der nachfolgenden geringen Stromspitzen nicht mehr zum Überschlag kommt (Abb. 8.51 II).

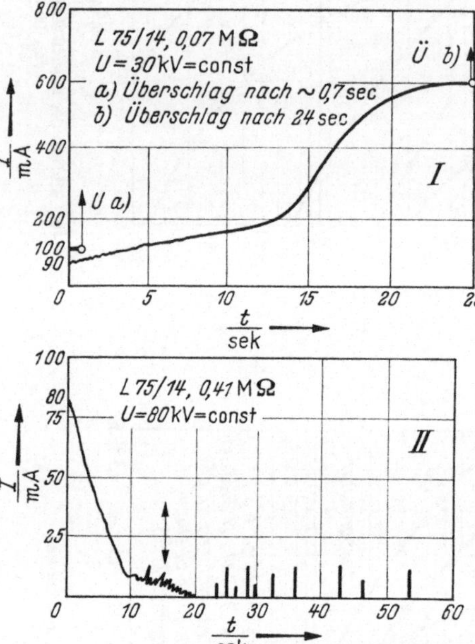

Abb. 8.51. Zeitl. Verlauf der Leckströme an mit Kieselgur (5% NaCl) verschmutzten und betauten Isolatoren L 75/14. *I* Zunahme des Stromes bis zum Überschlag; *II* Abnahme des Stromes und Stromstöße, wenn der Überschlag nicht eintritt (nach Regele, TH. Karlsruhe, Hochspannungsinstitut)

Die Überschlagspannung ist deutlich abhängig vom Oberflächenleitwert des Isolators, also einmal von seiner Oberflächengeometrie (Kriechweglänge und Umfang), andererseits von der spezifischen Leitfähigkeit ($\varkappa$) der Fremdschicht (Abb. 8.52).[2]

Durch Erhöhung des Kriechweges längs der Porzellanoberfläche (d_K) gegenüber der mit dem Faden gemessenen Schlagweite (d), also durch Vermehrung der Schirme und durch Wahl nicht zu großer Durchmesser ($2\,R$) kann konstruktiv bei gegebener Baulänge ($\approx$ Schlagweite d) der Isolator verbessert werden. Zur vergleichenden Bewertung kann ein

[1] Cron, H. v.: Der „Fremdschichtüberschlag". Siemens Zeitschrift 29 (1955) 427 und CIGRE (1956) Nr. 203, Reverey, G.: ETZ A 76 (1955) S. 36.

[2] Abb. 8.51 und 8.52 nach Regele. Diplomarbeit am Hochspannungsinstitut der T. H. Karlsruhe (1957).

Formfaktor dienen, der durch den Quotienten aus dem Oberflächenleitwert des Isolators und der spezifischen Leitfähigkeit der Fremdschicht definiert ist:

$$f_{is} = \int_0^{dk} \frac{dx}{2\pi \cdot R}. \tag{8.17}$$

Er beträgt z. B. beim Langstabisolator L 75/14: $f_{is} = 6{,}15$.

Die Leitfähigkeit der Oberfläche setzt voraus, daß eine feste Schicht vorhanden ist, die genügend Wasser aufnimmt, und daß beides zusammen leitend ist. Salzniederschläge sind in Meeresküstennähe be-

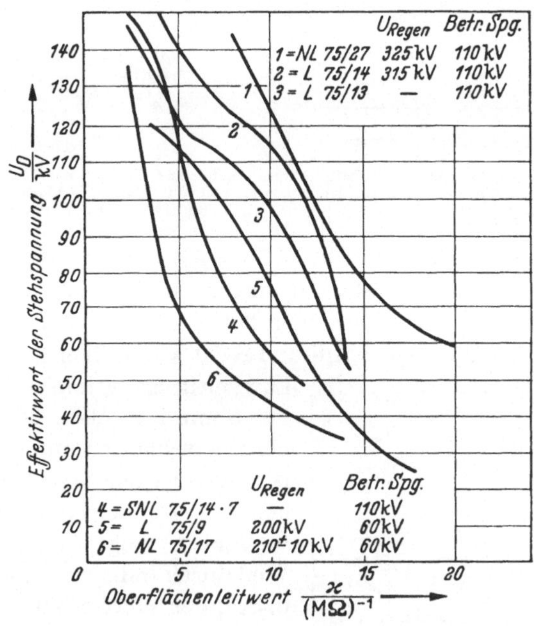

Abb. 8.52. Stehwechselspannung von Langstabisolatoren. *1* L 75/27, *2* L 75/14, *3* L 75/13, *4* SNL 75/14×7, *5* L 75/9 und *6* L 75/17, abhängig von der Fremdschichtleitfähigkeit (nach REGELE, T.H. Karlsruhe, Hochspannungsinstitut)

sonders wirksam; aber auch in Industrie- und Wohngegenden bieten Staubniederschläge den Träger für die Kondensation von Feuchtigkeit, die durch Gasaufnahme (CO_2, SO_3 u. dgl.) zusätzlich leitend wird. Man beobachtet darum auch, daß ein ergiebiger Regen, der den Isolator reinigt, die Stehspannung wieder erhöht. An besonders gefährdeten Orten wäscht man mit Erfolg die Isolatoren durch künstliche Beregnung während des Betriebes (z. B. in Freiluftanlagen der chemischen Industrie, der Kraftwerke im Hüttengebiet, wo Schmutzablagerung von $1 \cdots 1{,}5$ g/m² und Tag mit reichlichem Eisengehalt auftreten).

Die Verschmutzung und Betauung des Isolators setzt seine Überschlagspannung meist gefährlicher herab als die Beregnung. Darum sollte eine Verschmutzungsprüfung die bisher noch überall geübte Regenprüfung ersetzen. Bei Beregnung nimmt die Überschlagspannung

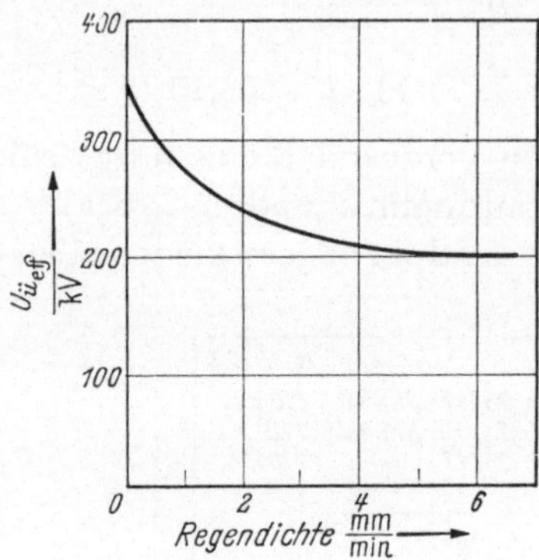

Abb. 8.53. Einfluß der Regendichte auf die Überschlagspannung einer 6-gliedrigen Kappenisolator-Kette

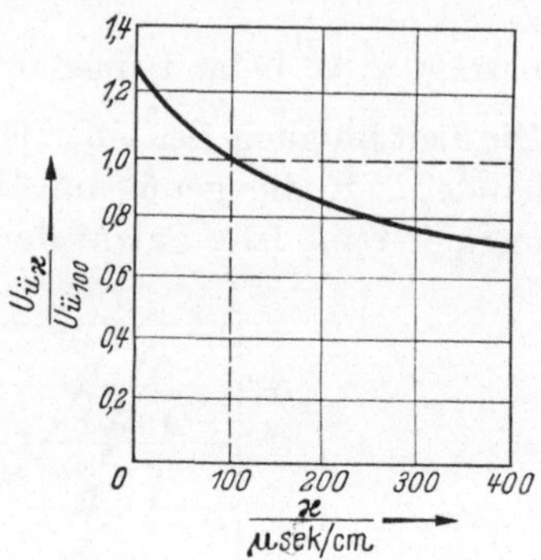

Abb. 8.54. Einfluß der Regen-Leitfähigkeit auf die Überschlagspannung einer 6-gliedrigen Kappenisolator-Kette

ab mit der Regendichte [mm/h] (Abb. 8.53) und mit der Leitfähigkeit des Regenwassers (Abb. 8.54). In unseren Breiten ist die Regendichte nur etwa während $^1/_3$ der jährlichen $200\cdots400$ überhaupt auftretenden Regenstunden größer als 1 mm/h und recht selten über $5\cdots6$ mm/h, nur kurzzeitig bis 60 mm/h und mehr. Da bei 3 mm/min etwa der Kleinstwert der Überschlagspannung erreicht wird, ist diese Regendichte für Prüfungen genormt. Die Leitfähigkeit des Regenwassers ($\varkappa$) liegt bei $10\cdots30$ $\mu\mathfrak{S}$/cm. Weil durch Industrierauch, durch Salz u. dgl. der Wert erhöht wird, gilt als Prüfnorm $\varkappa = 100$ $\mu\mathfrak{S}$/cm. (Leitungswasser hat $600\cdots1000$ $\mu\mathfrak{S}$/cm und mehr.)

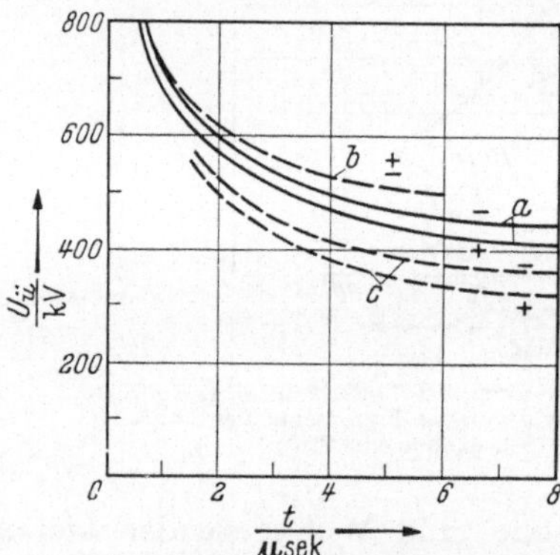

Abb. 8.55. 50% Stoßüberschlag-Spannung einer 5-gliedrigen Kappenisolator-Kette. *a* 1/50 μs, *b* 1/5 μs Stoß, *c* 1/50 μs bei 51 cm-Stabfunkenstrecke (nach DAVIS)

Trockener Schnee und Eis unter 0° C sind gute Isolatoren; beim Schmelzen gefährden sie die Überschlagsicherheit wie die Benetzung.

Kaum beeinflußt von diesen Minderungen ist das Verhalten der Isolatoren bei *Stoßspannungen*. Bei deren kurzer Zeitdauer kann der über Leckstromstrecken und Teilentladungen wachsende Überschlag nicht entstehen; er erfordert dann merklich höhere Spannungen als bei 50 Hz. Der Stoßfaktor für die $^1/_{50}$ μs Stoßwelle ist etwa $1{,}2\cdots1{,}4$ beim positiven Stoß und 1,6···1,9 beim negativen. Er ist nahe dem der freien Luftstrecke (Abb. 8.55).

Da die Gleitentladungen den Überschlag auslösen und auf die Dauer die isolierende Oberfläche zerstören können, sollen sie bei der Betriebspannung des betreffenden Gerätes noch nicht vorkommen. Sie können bei längs unterteilten Isolatoren, z. B. Kappenisolatoren-Ketten, einen kaskadenartig sich aufbauenden Gesamtüberschlag auslösen. Beginnend von der Funkenüberbrückung der höchstbeanspruchten Stellen oder Teilisolatoren wird das Feld am Rest der Isolation stoßartig erhöht, so daß die Entladung schließlich weiter durchzündet und die Elektrodendistanz vollständig überbrückt. Beim Stoßüberschlag legt sich die Funkenbahn eng an die Isolatoroberfläche an, während der Wechselspannungslichtbogen sich freier über die kürzeste Schlagstrecke ausbildet und durch den thermischen Auftrieb oder durch Wind abgetrieben wird. Es ist beim Stoßüberschlag, der praktisch der häufigere ist, weniger die Energie des Stoßlichtbogens, die den Isolator thermisch gefährdet, als die des nachfolgenden 50 Hz-Lichtbogens, in dem der Kurzschlußstrom des Netzes fließt. Man sucht, diesen Nachfolgebogen von den metallischen Zwischenarmaturen (Einzelkappen und -klöppel) durch Schutzarmaturen abzuziehen oder, z. B. bei Durchführungen, den Isolatorüberschlag durch parallelgeschaltete, enger eingestellte Funkenstrecken überhaupt zu unterbinden.

Die Gleitbüschel sind von intensiven Stromausbrüchen begleitet, steiler als die bei der Leitungskorona, mit einem bis über 30 MHz reichenden Frequenzspektrum. Darum können Isolatoren sehr unangenehme HF-Störer sein. (Vgl. Abb. 7.54.)

Die Anfangspannung der Streifenentladung wird von der Luftfeuchtigkeit kaum berührt. Der Verschmutzungseffekt ist insoweit wichtig, als er stellenweise Feldstärkeüberhöhungen erzeugen, also die charakteristische Spannung herabsetzen kann. Bei der Anordnung des Durchführungsisolators (Abb. 8.41c), wo eine starke Feldkomponente quer zur Oberfläche besteht, ist die Intentisät der Gleitentladung und auch ihre Anfangspannung abhängig von der Querkapazität (C_q) zwischen den Flächenelementen der Isolieroberfläche und denen der Gegenelektrode. Je größer sie ist, desto größer ist bei Wechselspannung der vom Büschelkopf aus als Verschiebungsstrom fortgeführte Entladungsstrom; infolge der negativen Charakteristik sinkt die Spannung längs des Büschelkanals; also steigt die vor dem Büschelkopf liegende Oberflächenfeldstärke. TOEPLER hat für den Gleitfunkeneinsatz gefunden: $U_{C\,eff} \approx k_1/C_q^n$, mit $n = 0{,}44$ und $k_1 \approx 1{,}36 \cdot 10^{-4}/\sqrt{2}$. ($U_{C\,eff}$ in kV und C_q in F/cm².) Für die ebene Anordnung gilt also:

$$U_{C\,eff} = k \cdot (d_q/\varepsilon)^{0,44}$$

für konzentrische Zylinder: $U_{C\,eff} = k\left(\frac{R_2}{\varepsilon} \cdot \ln\left[\frac{R_2}{R_1}\right]\right)^{0{,}44}$, wobei ε die Dielektrizitätsziffer des Isolierstoffes, d_q bzw. $(R_2 - R_1)$ seine Dicke (cm) sind und $k \approx 50 \cdots 55$. Für den Streifeneinsatz ist in Luft: $k \approx 14$, in Öl: $k \approx 45$.

Dieselbe Erscheinung liegt zugrunde, wenn KAPPELER[1] an Kondensatordurchführungen die Grenzfeldstärke am Rand der Einlagen, die noch nicht zu einem Altern des Hartpapierwickels durch Erosion unter Öl führt, abhängig findet von der Isolierdicke:

d_d	=	0,5	1	2	3	4	5	6 mm
$\left(\frac{U_{eff}}{d}\right)_{Grenz}$	=	24	17	11,5	9	8	7,5	7 kV/cm

Da bei *Gleichspannung* die Quer-Verschiebungsströme nicht existieren, sind die Erscheinungen und ihre Daten ganz anders; die Durchführung verhält sich hier ähnlich wie der Stützer gleicher Länge.

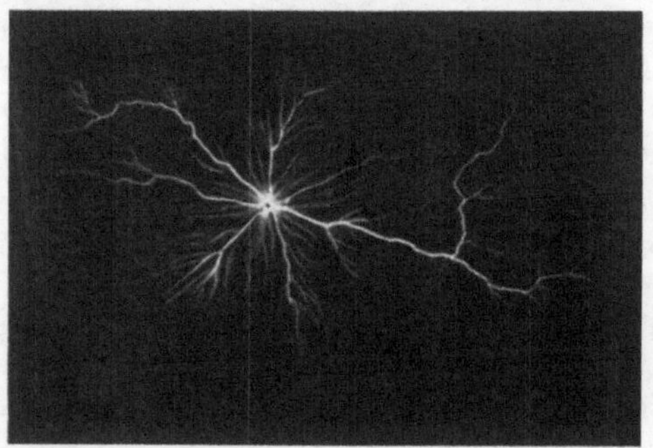

Abb. 8.56 a u. b. Lichtenberg-Figuren.
a positive b negative Figur

Das Stielbüschel wächst aus der Fadenform der Streifenentladung heraus. Diese schlägt in den stromstarken Stiel bei rund 11 kV/cm um, etwa nach einer Zeit, in der der Ladungskanal von der Elektrode aus mit 10^{-9} Cb gespeist worden ist. Dann tritt im Stiel wohl Thermoionisation ein mit rasch wachsender Trägerdichte und negativer Strom-Spannungscharakteristik.

Die Gleitentladungen hat G. CH. LICHTENBERG schon 1777 beobachtet. Setzt man z. B. eine kleine Elektrodenkugel auf die Schichtseite einer Fotoplatte, deren Glas auf geerdetem Metall liegt, so entstehen rund um den Aufliegepunkt der Kugel fixierbare Entladungsfiguren, wenn Spannung angelegt wird. Je nach der Polarität sind sie verschieden (Abb. 8.56); positive Bilder zeigen Leuchtfäden in strahliger Figur mit feinen Kanälen, negative dagegen radial-büschelig verlaufende Sektoren mit nach außen abnehmender Dichte. Aus Beobachtungen

[1] Bull. SEV 1949, Nr. 21.

über die Magnetfeldablenkung weiß man, daß diese Spuren von Elektronen herrühren; die Ionen haften wohl an der Oberfläche unbeweglich fest. Der Durchmesser der Figur ist von der Höhe der angelegten Spannung, auch von ihrer Stoß-Steilheit abhängig. Man hat diese Aufzeichnung lange Zeit zur Betriebsanzeige von zufällig auftretenden Betriebs-Überspannungen verwertet (Klydonograph). Die Abb. 8.57 zeigt eine ähnliche Aufnahme, wo aber die Elektrodenstrecke (Spitze–Platte)

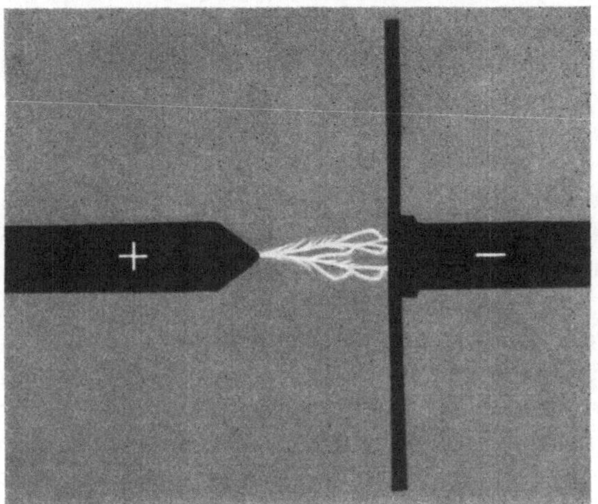

Abb. 8.57. Entladungsfigur zwischen positiver Spitze und negativer Platte

längs der lichtempfindlichen Oberfläche angesetzt war und die zur positiven Spitze mündenden Stoß-Entladungsbahnen deutlich aufgezeichnet sind.

8.10 Kriechweg

Beim Überschlag verläuft der Entladungskanal hauptsächlich im umgebenden Gas, so daß dieses ihm seine Charakteristik aufzwingt. Im wesentlichen von der festen Oberfläche hängt dagegen die Ausbildung von Kriechwegen ab, das sind leitende Kanäle in der Oberflächenschicht. Schon bei niedriger Spannung kann sich in Elementarspuren, deren Leitfähigkeit durch atmosphärische Niederschläge oder durch Elektrolytbildung im festen Stoff selbst, zusammen mit Feuchtigkeitskondensation, hoch genug ist, die Stromdichte so steigern, daß die thermische Stabilität überschritten wird. Fortschreitend wächst die Spur, die vor sich die Feldstärke erhöht, in Feldrichtung weiter und schafft schließlich eine isolationszerstörende Brücke zwischen den Elektroden. Bei mehr als etwa $10^{-4} \cdots 10^{-3}$ A/cm² entsteht eine Lichtbogenbrücke (Rogowski). Dies setzt also von vornherein eine ausreichende Oberflächenleitfähigkeit voraus, ist also stoffabhängig, auch insofern als sich die Isolierstoffe gegenüber der die elektrolytische Leitfähigkeit vermittelnden Feuchtigkeit unterschiedlich verhalten.

Ist dieser Anfangszustand nicht gegeben, so kann ein Hochspannungskriechweg sich aus oberflächenbenachbarten Teilentladungen ausbilden, wenn als Folge der an die Oberfläche gebrachten Leistungsdichte das Material verkohlt oder wenn leitende Zersetzungsrückstände bleiben. Der Widerstand z. B. von amorphem Kohlenstoff hat einen negativen Temperaturkoeffizienten. Die Stromdichte in einem leitend bevorzugten Pfad wächst und die Spur wird schließlich zum stromstark belasteten Kriechweg, der eine bleibende Schädigung bedeutet.

Ist die Isolierstoffoberfläche von Anfang an leitend überbrückt, z.B. (wie bei den verschiedenen Methoden der Prüfung der Kriechstromfestigkeit) durch eine leitende Wasserschicht, dann unterscheidet sich der Fortgang der Entladung je nach den Stoffen: verkohlendes oder hygroskopisches Material bildet einen, manchmal verästelten Kriechweg von Elektrode zu Elektrode aus, der nach Abschalten der Spannung leitend bleibt. Sind die Rückstände nicht gut leitend, so kann die Oberfläche wieder austrocknen und sich elektrisch mehr oder minder gut regenerieren. Beim kriechstromfesten Material trocknen quer zum Feld Oberflächenstreifen aus, so daß der Stromübergang von selbst aufhört, wenn nicht die Spannung hoch genug ist, Teillichtbögen neu zu zünden.

Hydrophobe Schutzlacke verbessern die Kriechstromfestigkeit; Aminoplaste und Silikone sind merklich fester als z. B. die verkohlenden Phenoplaste. Abb. 8.58 [1] zeigt solche Oberflächenunterschiede nach der Kriechstromprobe. (Über die Methode dieser Prüfung vgl. VDE 0303/10. 55.)

Die Eigenschaft der Lichtbogenfestigkeit von Isolierstoffen, die unter Anwendung stromstarker, zwischen Schneidenelektroden gezogener Lichtbogen festgestellt wird, hängt zum Teil von den für die Kriechwegbildung maßgebenden Stoffeigenarten ab; zum Teil betrifft sie aber auch die thermisch-mechanische Empfindlichkeit des Stoffes und seiner Oberfläche (Porzellan und Glasur!).

§ 9. Feste und flüssige Dielektriken

9.1 Einleitung

Bei der elektrischen Beanspruchung fester und flüssiger Dielektriken beobachtet man ein Verhalten, das von dem der Gase ganz abweicht. Insbesondere besteht

a) für die Höhe der Durchbruchsfeldstärke

1. ein starker Einfluß der Temperatur des Stoffes, z. B. derart, daß man durch äußere Kühlung die Festigkeit steigern kann,

[1] Nach WAGNER, D. A., Hochsp.-Inst. TH. Karlsruhe.

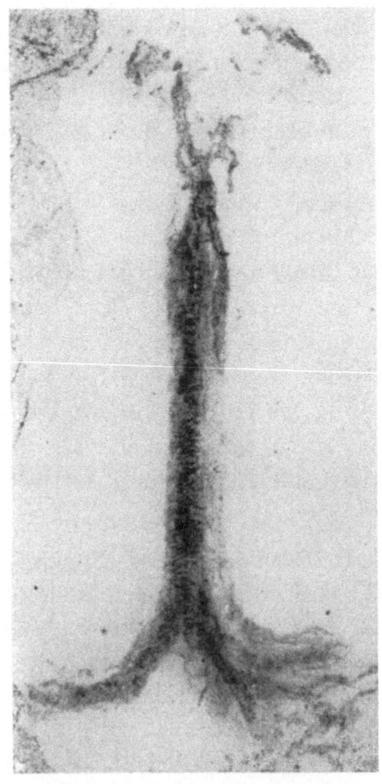

a

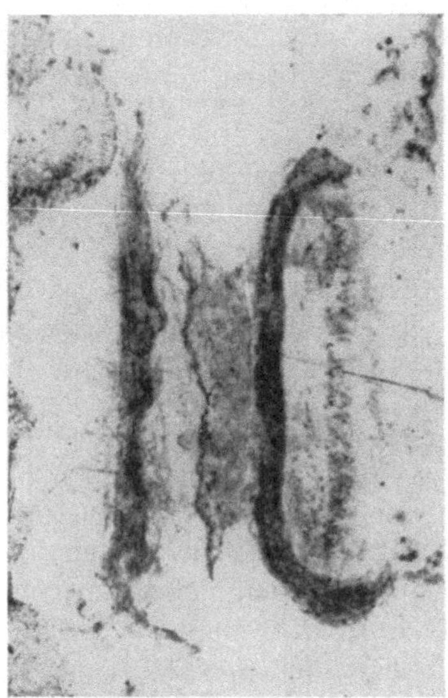

b

Abb. 8.58 a u. b. Kriechstromfestes Material

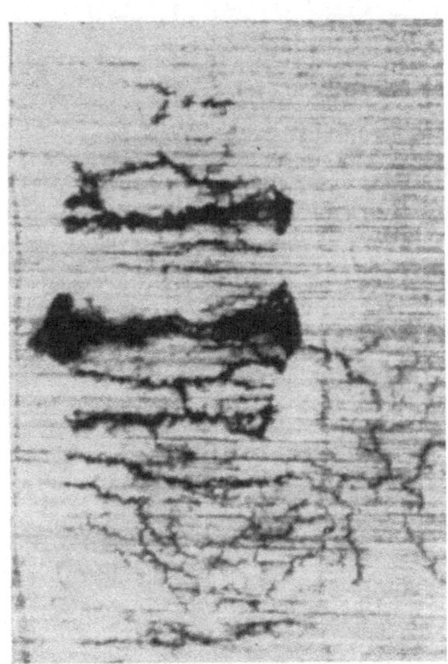

c

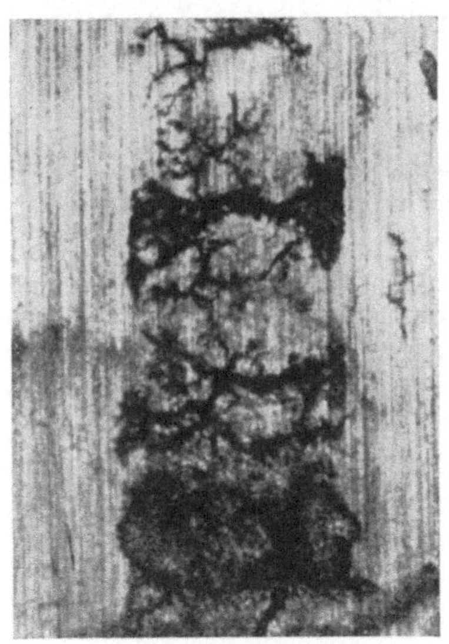

d

Abb. 8.58 c u. d. Kriechstromanfälliges Material (leitende, verkohlte Brücken)

2. eine starke Abhängigkeit von der Dauer der Spannungsbeanspruchung, auch derart, daß bei konstanter Spannung erst nach langer Dauer der Durchbruch eintritt.

3. Die Gleichspannungsfestigkeit ist in ausgeprägtem Maße höher als der Scheitelwert der Wechselspannungsfestigkeit.

4. Bei langdauernder Wechselspannungsbeanspruchung wird der Effektivwert der Spannung für den Durchbruch maßgebend.

b) Bei kleinen, unter der zerstörenden Entladung liegenden Feldstärken ist:

1. die Leitfähigkeit $10^3 \cdots 10^6$ mal größer als bei Gasen.

2. Zwischen den im Dielektrikum entstehenden Verlusten bei Gleichspannung und denen bei Wechselspannung ist ein merklicher Unterschied.

3. Diese Verluste ändern sich stark mit der Erwärmung des festen oder flüssigen Mediums.

Diese Tatsachen legen nahe, daß die Materialveränderung, die schließlich zum Durchbruch führt, mit dem Mechanismus des freien Elektrizitätstransportes und der im Medium unter Feldeinwirkung entstehenden Erwärmung eng zusammenhängt, daß also ein Zusammenhang besteht, der beim Gas infolge seiner leichteren inneren Beweglichkeit zurücktritt. Man spricht deshalb vom „thermischen" Durchbruch.

Aber auch unter extrem kurzen Spannungsstößen bricht die Isolationsfestigkeit bei nicht allzu großen Feldstärken zusammen, in Zeiten, die zu kurz sind, um kritische Erwärmungen zu bewirken. Hier muß ein rein dielektrischer Vorgang für den Durchbruch verantwortlich sein: „elektrischer" Durchbruch.

Die Beobachtungen machen hier noch eine weitere Unterscheidung nötig: Neben dem eigentlichen „elektrischen Innen-Durchbruch", an dem nur die zum Durchschlagskanal werdende Partie beteiligt ist, tritt er auf im Gefolge und ansetzend an Entladungen, welche quer zum Feld an der Oberfläche oder in Schichtungen in Strahlen- oder Büschelform brennen. Dieser „elektrische Glimm-Durchbruch" wird durch die Grenzschicht oder durch die vielleicht dielektrisch schwächere Umgebung der eigentlichen Haupt-Feldpartie ausgelöst; die Ladungsansammlungen und ihre Feldversteilerung wirken hierbei mit. Schließlich kann durch das Feld oder durch Teilentladungen im oder am Medium eine chemische Änderung hervorgerufen werden und zum „elektro-chemischen Durchbruch" führen.

9.2 Elektrizitäts-Leitung im festen Dielektrikum

Ob ein Festkörper ein elektrischer Leiter oder ein Isolator ist, wird ebenso wie andere physikalische Eigenschaften der thermischen Leitfähigkeit, der mechanischen Festigkeit, der Härte, der Elastizität u. a. bestimmt durch die Anordnung der äußersten Elektronen im Atom. Beim festen Medium kommen infolge der dichten Lage der Atome und Moleküle und der größeren Häufigkeit des impuls- und energieaustauschenden Zusammentreffens von Partikeln die äußeren Elektronen stark unter den Einfluß der Nachbaratome. Im Kristall greift die übermolekulare Gitterstruktur mit ihren Kräften in den Zusammenhalt ein. Während das nichterregte Gasatom neutral ist, kann im festen Stoff eine nach außen wirksame Ladungstrennung, eine stabile Polarisation bestehen, ohne daß durch ein Feld oder durch äußere Ionisation Energie zugeführt wird.

Das den Verband eines Atoms oder Moleküls beschreibende Energiesystem trennt sich in zwei und mehrere Bereiche, wenn ein zweites oder mehrere Teilchen sehr nahe rücken. Diese Energiezonen können sich überschneidend überlagern oder durch eine Energiedifferenz geschieden sein (Abb. 9.1, a bzw. b). Im ersten Fall ist der Elektronenübertritt in die äußere Zone und von dort zum Nachbaratom leicht, zumal die äußere Elektronenschale gemeinsam auch einem Nachbaratom zugehören kann. Dieser Austausch quasi freie Leitfähigkeitselektronen im elektrischen Feld kennzeichnet die metallische Leitfähigkeit. Er ist um so leichter möglich, je ähnlicher sich die Atome sind und je ähnlicher sie angeordnet sind. Infolge der Schwingungen im Atomgitter wird bei Erhöhung der Temperatur die Übergangswahrscheinlichkeit kleiner. Die aus dem äußeren elektrischen Feld vom Elektron aufgenommene Energie geht als Wärme-Schwingungsquant zum Teil verloren. Die Leitfähigkeit sinkt.

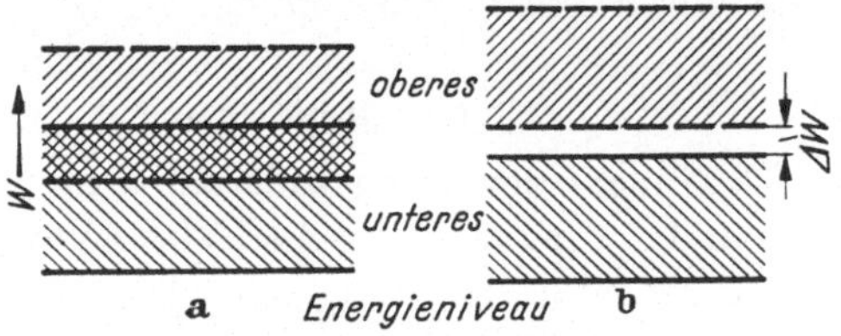

Abb. 9.1. Energie-Zonen fester Körper. a Metallischer Leiter; b Dielektrischer Stoff

Sind infolge kleinen Kernabstandes der Nachbaratome die Energieniveaus voneinander geschieden, dann muß ein Elektron eines niederen Niveaus mehr als die Energie ΔW zugeführt bekommen, um in das höhere Niveau übertreten, noch weiter vom Atom weggehen und einen Leitungsvorgang durchführen zu können: Elektronenleitung im Dielektrikum. Ist der Zonenabstand klein, nur einige meV, dann kann ein niedriges äußeres Feld oder die Wärmebewegung einer geringen Temperaturerhöhung genügen, um die Leitung zu bewirken. Mit Steigerung der Spannung oder der Temperatur wird der Stoff leitend.

Sind im Stoffaufbau Unregelmäßigkeiten, so sind dort die Energieverhältnisse durchaus anders. Zwischen die Energiezonen schiebt sich eine Unregelmäßigkeitsschwelle, die nahe der obersten Leitfähigkeitszone liegt (Abb. 9.2). Sie erleichtert den Zonenwechsel und wird sehr wesentlich für die Vorgänge im Dielektrikum.

Diese Unregelmäßigkeiten in der Struktur sind selbst bei Kristallen, z. B. als Fremdatome oder -atomgruppen oder als Fehlstellen in einem Gittereckpunkt, als Abstandsabweichungen oder Formverzerrungen stets vorhanden. Bei amorphen, hochpolymer zusammengesetzten Stoffen können sie schon durch unsymmetrische Molekülstruktur oder durch räumliche Verlagerungen, durch Fehl- oder Überschußatome, durch Fremdeinlagerungen und Verunreinigungen gegeben sein[1]. Neben der freien Elektronenwanderung kann hier ein Ionenaustausch einsetzen. Zum anderen werden durch ein äußeres Feld Dipole induziert oder, wenn sie schon vorhanden sind, gerichtet, so daß bei Wechselspannung zur eigentlichen Stromleitung noch dielektrische Verluste durch Polarisation treten.

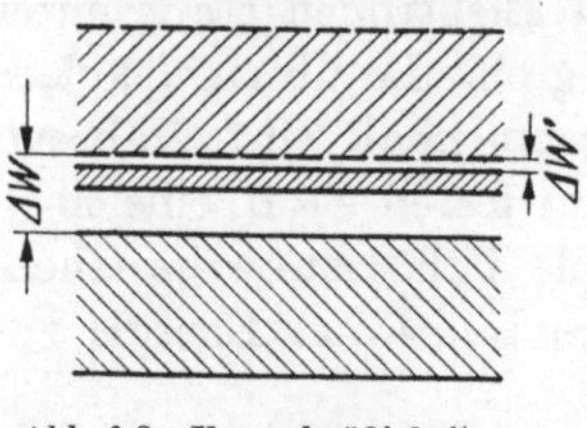

Abb. 9.2. Unregelmäßigkeitszone im Energiesystem

9.3 Leitfähigkeit und dielektrische Verluste

Der innere Bewegungswiderstand im Medium ist der Größe der Teilchen und der makroskopischen Viskosität proportional. Letztere nimmt fast exponentiell mit steigender Temperatur ab:

$$\eta \approx A \cdot C^{-\beta\vartheta} + B \tag{9.1}$$

(Abb. 9.3).

Bei Bestehen eines statischen Gleichfeldes tritt nur die dem Ladungsträger-Übergang entsprechende Leitfähigkeit auf. Sie wird überwiegend von Ionen durchgeführt und ist stark temperaturabhängig. Häufig tritt sie deshalb erst bei höherer Temperatur in Erscheinung. Aus den Darlegungen des § 9.2 ist zu erkennen, daß die Gleichspannungs-Leitfähigkeit mit der Feldstärke wächst. Würde bei Wechselspannung diese Leitfähigkeit allein vorhanden sein, müßten die Verluste und der Verlustfaktor mit steigender Frequenz hyperbolisch abnehmen.

Im Wechselfeld wird die Polarisation des Mediums als dauernd wechselnde Ladungsverschiebung wirksam. Sie erhöht die Elektrisierungs-

[1] Als Fremdeinlagerung kommen außer solchen, die von vornherein im Stoff bestehen oder bei seiner Herstellung (z. B. bei Raffination von Isolierölen) entstanden sind, auch die durch äußere Betriebsumstände hereintretenden Verunreinigungen in Frage, wie Wasser in verschiedenster Form der chemischen Anlagerung, der Lösung oder der Emulsion, Gas- oder Staubeinschlüsse in Isolierflüssigkeiten, Gas- oder Salzeinlagerung in Festoberflächen. Dazu kommen auch die im Dielektrikum unter den mechanischen, thermischen und elektrischen Betriebseinwirkungen auftretenden Alterungsprodukte (Verharzung, Asphalt in Öl; Depolymerisierung fester Stoffe; Kristallwasserausscheidung u. dgl.).

ziffer und gleichzeitig wird diese komplex, denn die bewegungshemmenden Widerstände bewirken eine mit der Geschwindigkeit und mit der Auslenkung zunehmende Verzögerung der Bewegung.

Die elektronische und die atomare Verschiebungspolarisation wird wie beim Gas gehemmt durch die auftretenden, gegenwirkenden Dipolmomente und hat Resonanzcharakter. Die Drehbewegungen der Moleküle oder Molekülgruppen infolge der Orientierungspolarisation sind bei dem gegenüber dem Gas mehrere tausend Mal dichteren festen Medium wegen der Reibung und der gegenseitigen Dipolkräfte sehr gestört. Wenn die polaren Moleküle groß sind, die Viskosität des Mediums hoch oder die Frequenz des äußeren Feldes sehr groß, dann kann die Molekülbewegung das Energiegleichgewicht mit dem äußeren Feld nicht mehr erreichen. Es entsteht ein innerer Energieverlust, der bei der Relaxationsfrequenz ω_e maximal wird. DEBYE leitete unter der Annahme eines kugelförmigen Moleküls mit dem Halbmesser r_M den Zusammenhang mit der makroskopischen Zähigkeit η und der absoluten Temperatur ϑ_a ab für die Relaxations-Kreisfrequenz:

$$\omega_e = \frac{2\,k\,\vartheta_a}{8\,\pi\,r_M^2\cdot\eta}\,.^{1} \qquad (9.2)$$

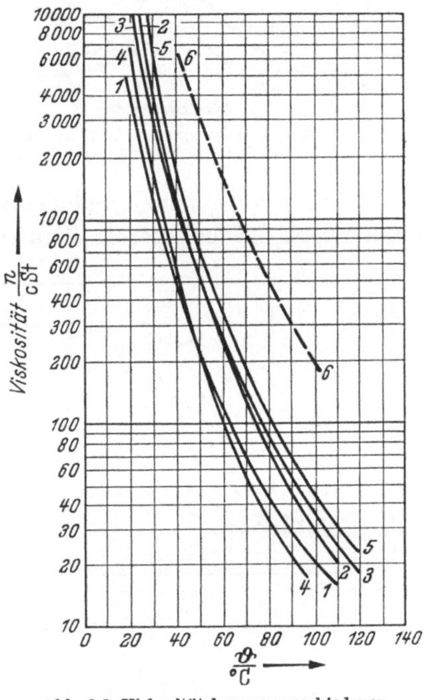

Abb. 9.3. Viskositätskurven verschiedener Isolieröle und Tränkmassen

Abhängig von der Frequenz (ω) des Wechselfeldes wird der Realwert der Elektrisierungsziffer damit:

$$\varepsilon' = A + \frac{B}{1 + (\omega/\omega_e)^2}, \qquad (9.3)$$

die Wechselstromleitfähigkeit

$$\varkappa = \omega\,\varepsilon'' = \omega\,\frac{B\,\omega/\omega_e}{1 + (\omega/\omega_e)^2} \qquad (9.4)$$

und der Verlustfaktor

$$\tan\delta = \frac{\varepsilon''}{\varepsilon'} = \frac{\omega/\omega_e}{1 + \frac{A}{B}[1 + (\omega/\omega_e)^2]}\,. \qquad (9.5)$$

[1] k = BOLTZMANNsche Konstante.

Abb. 9.4 zeigt den grundsätzlichen Frequenzgang des Relaxationsspektrums. Setzt man aus Gl. (9.1) die Abhängigkeit der Zähigkeit von der Temperatur ein, so erhält man den Temperaturgang. Er führt bei der Elektrisierungsziffer auf ein Anwachsen, beim Verlustfaktor auf ein resonanzähnliches Verhalten mit dem Maximum bei einer kritischen Temperatur. Diese liegt um so tiefer, je niedriger die angewandte Frequenz ist.

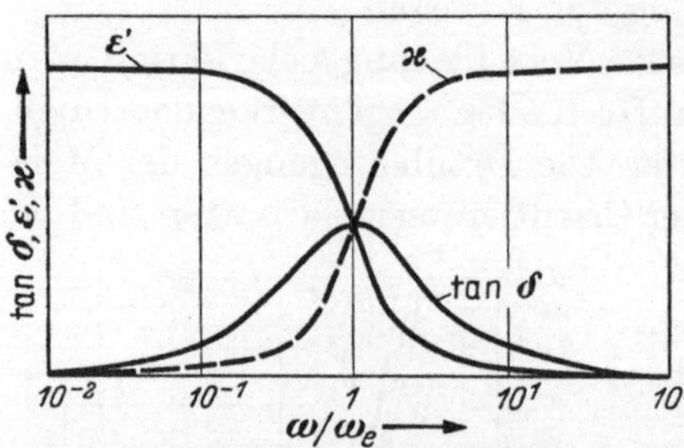

Abb. 9.4. Relaxationsspektrum für Elektrisierungszahl ε', Leitfähigkeit $\varkappa$ und Verlustziffer $\tan\delta$

Die z. B. bei Polyvinylacetat gemessenen Werte bestätigen den dargelegten Frequenz- und Temperaturgang (Abb. 9.5). Daraus ist zu schließen, daß bei diesem Kunststoff in dem beobachteten Bereich die

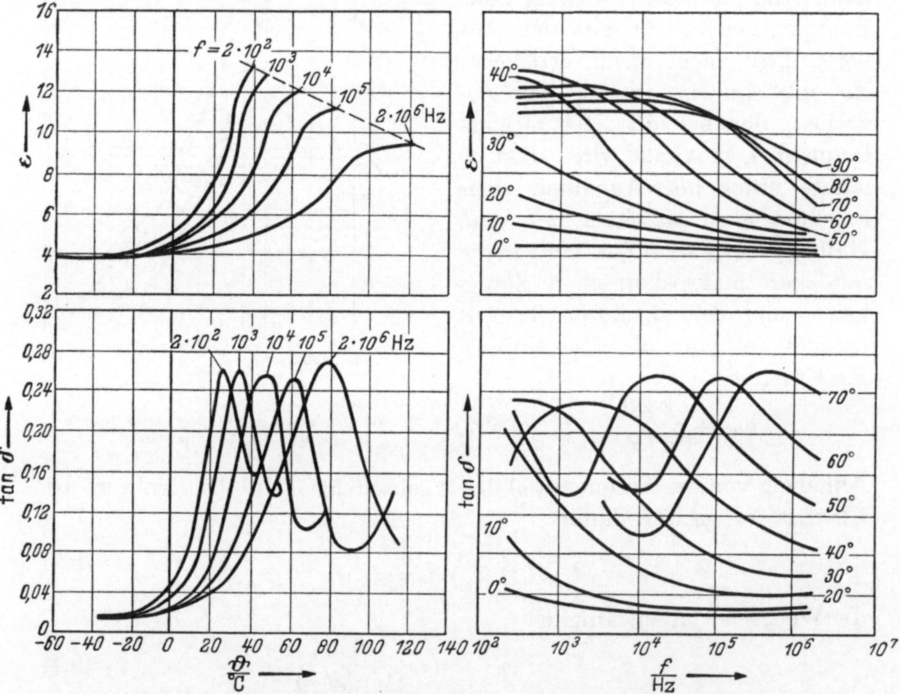

Abb. 9.5. Dielektrische Dispersion bei Polyvinylacetat (Molekulargewicht 4000) abhängig von Temperatur und Frequenz (nach F. WÜRSTLIN, Kolloid-Z. 120 [1950] 102)

Orientierungspolarisation den überwiegenden Anteil der dielektrischen Vorgänge, insbesondere der Verluste verursacht. Ähnliches gilt bei einem Gießharz des Epoxytyps (Araldit. Abb. 9.6). Abb. 9.7 gilt für vulkanisierten Naturkautschuk; der Schwefelgehalt ist hier stark für die Veränderungen maßgebend und verschiebt das Relaxationsmaximum zu höheren Temperaturen.

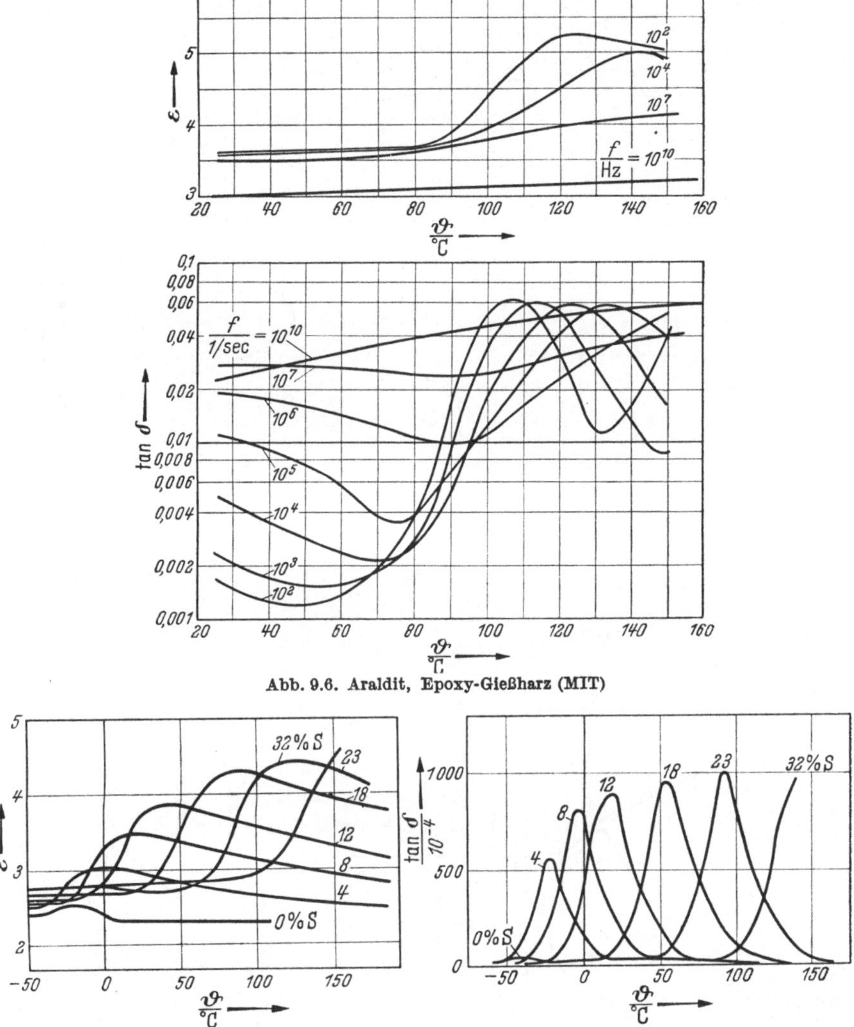

Abb. 9.6. Araldit, Epoxy-Gießharz (MIT)

Abb. 9.7. DK und Verlustwinkel an vulkanisierten Kautschukproben als Funktion der Temperatur bei 1 kHz (Parameter-Schwefelgehalt in %) (nach F. H. MÜLLER, Kolloid-Z. 77 [1936] 260)

Die beiden für die Verlustbildung verantwortlichen Mechanismen, die Leitfähigkeit und die Polarisation, sind je nach dem Stoff und seinem physikalischen Zustand unterschiedlich stark. Häufig treten sie z. B. im Temperaturgang deutlich nebeneinander auf. Die Abb. 9.8 ··· 9.10 zeigen

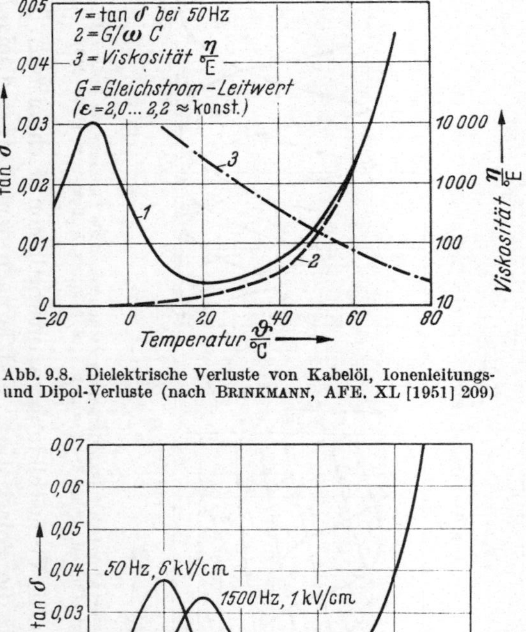

Abb. 9.8. Dielektrische Verluste von Kabelöl, Ionenleitungs- und Dipol-Verluste (nach BRINKMANN, AFE. XL [1951] 209)

Abb. 9.9. Dielektrische Verluste von Isolierharz $\tan \delta = f(\vartheta$

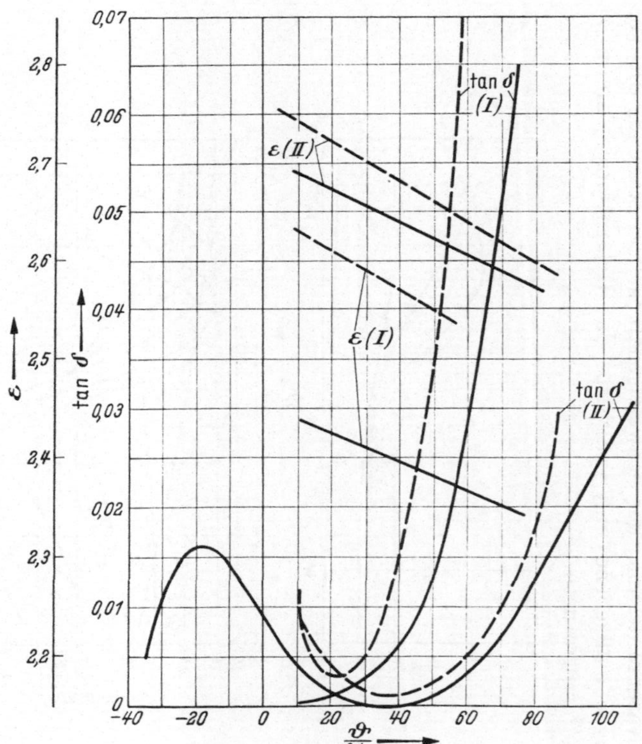

Abb. 9.10. Verluste und Elektrisierungszahlen von Tränkmassen: *I* Natur-Öl und -Harz, *II* Synthetische Tränkmasse. ———— Neuzustand, — — — — nach Spannungsalterung, Messung bei 20 kV/cm und 50 Hz

Beispiele für Stoffe, bei denen das Polarisationsmaximum bei tiefen Temperaturen liegt. Im oberen Betriebsbereich der Temperatur überwiegt dann der thermische Anstieg der Leitfähigkeit. Auch bei zusammengesetzten Isolierungen z. B. von Wicklungen zeichnet sich dieses Temperaturverhalten ab (Abb. 9.11 u. 9.12). Weitere Beispiele geben ein anschauliches Bild über die Vielseitigkeit der verwerteten Dielektrika und machen deutlich, daß der praktisch immer wichtige Temperaturgang sehr beachtliche Änderungen, aber auch wesentliche Unterschiede enthält und daß die dielektrischen Eigenschaften kaum durch einzelne Ziffern gekennzeichnet werden können (Abb. 9.13 u. 9.14). Keramische Stoffe haben durchweg die für die Ionenleitfähigkeit kennzeichnende Zunahme der Verluste und der Elektrisierungszahl bei Erwärmung (Abb. 9.15···9.17).

In der Abhängigkeit der Werte von der Frequenz liegen im praktisch wichtigen Bereich die organischen Stoffe unterhalb der Resonanz (Abb. 9.18); keramische Stoffe weisen dagegen einen Verlustabfall im steigenden Frequenzgebiet auf (Abb. 9.19). Bei Stoßspannungen ist die Elektrisierungszahl entsprechend der schnellen Feldänderung ähnlich der bei sehr hoher Frequenz, bei keramischen Stoffen z. B. etwa 25% tiefer als bei 50 Hz, bei Glimmer aber kaum unterschiedlich.

Die im Anhang E tabellarisch aufgeführten Kennwerte mögen einen Überblick über die Vielzahl der Isolierstoffe geben. Sie sind ein Auszug aus der reichhaltigen Zusammenstellung des Massachusetts Institute of Technology. (A. R. v. Hippel, „Dielectric Materials and Applications". Technol. Press MIT u. J. Wiley, NY. 1954.)

Während die Elektrisierungsziffer sich mit Änderung der angelegten Feldstärke nicht wesentlich verschiebt, sofern die übrigen Einflußgrößen gleich sind, ist die Verlustziffer stark spannungsabhängig. Z. B. ist bei Hartporzellan, das etwa 200 kV/cm aushält, bei 0,25 cm Materialdicke gemessen worden:

bei	10	30	50	60 kV/cm (Effektivwert bei 50 Hz)
$\varepsilon'' =$	0,134	0,150	0,175	0,192

An einer Generatorstab-Isolation (bei 15° C):

bei 2	5	8	12	kV/cm (Effektivwert bei 50 Hz)
$\varepsilon'' =$ 0,33	0,33	0,35	0,39	bei 62% Lackgehalt
0,09	0,09	0,13	0,36	bei 14% Kompoundgehalt
0,21	0,21	0,22	0,24	bei 33% Kompoundgehalt

Abb. 9.20 gibt eine solche Abhängigkeit wieder. Praktische Beispiele für die Spannungsabhängigkeit der Verlustfaktoren von Isolierfolien geben die Abb. 9.21 u. 9.22 an.

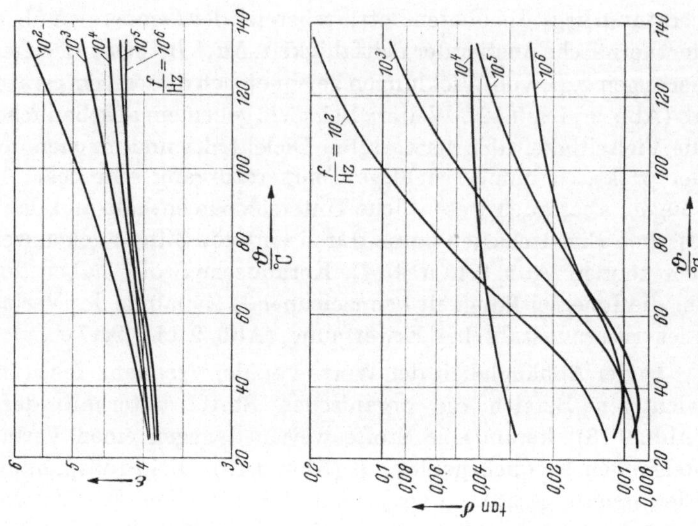

Abb. 9.13. Phenol-Formaldehyd-Harz (Bakelit) [MIT]

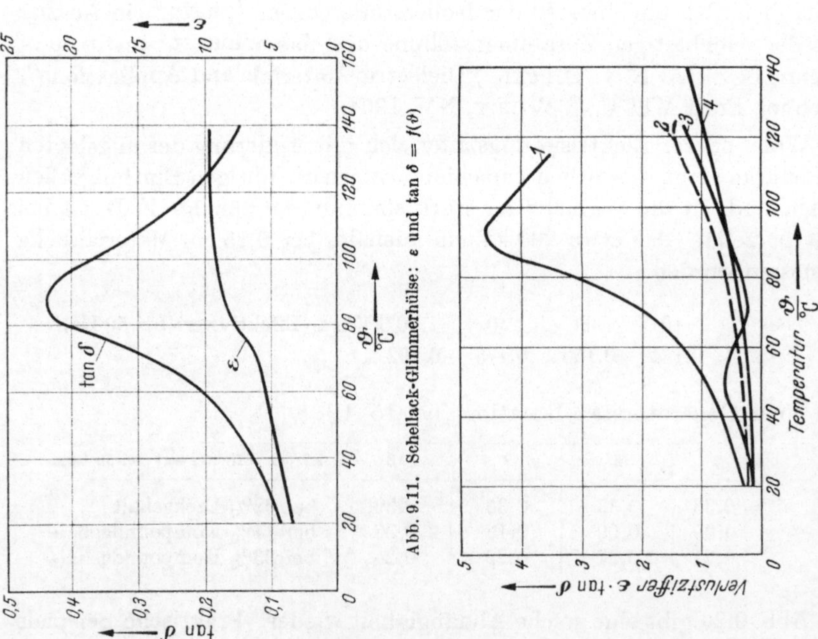

Abb. 9.11. Schellack-Glimmerhülse: ε und $\tan\delta = f(\vartheta)$

Abb. 9.12. Verlustziffer, abhängig von der Temperatur für Schichtisolierungen aus Papier-Glimmer-Bindelack: *1* Schellack, *2* Asphalt, *3* Kunstharz, *4* Glasseide-Glimmer-Silikon

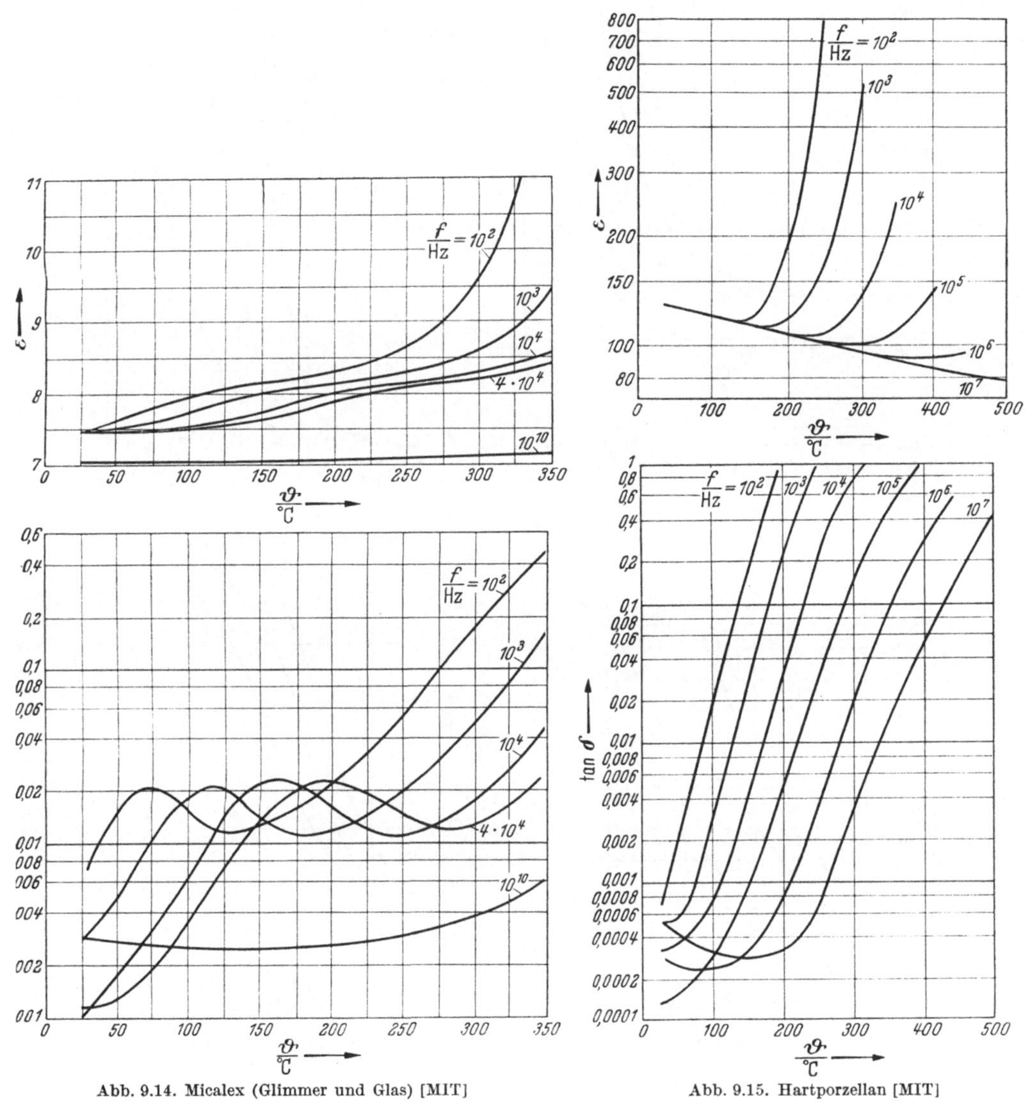

Abb. 9.14. Micalex (Glimmer und Glas) [MIT]

Abb. 9.15. Hartporzellan [MIT]

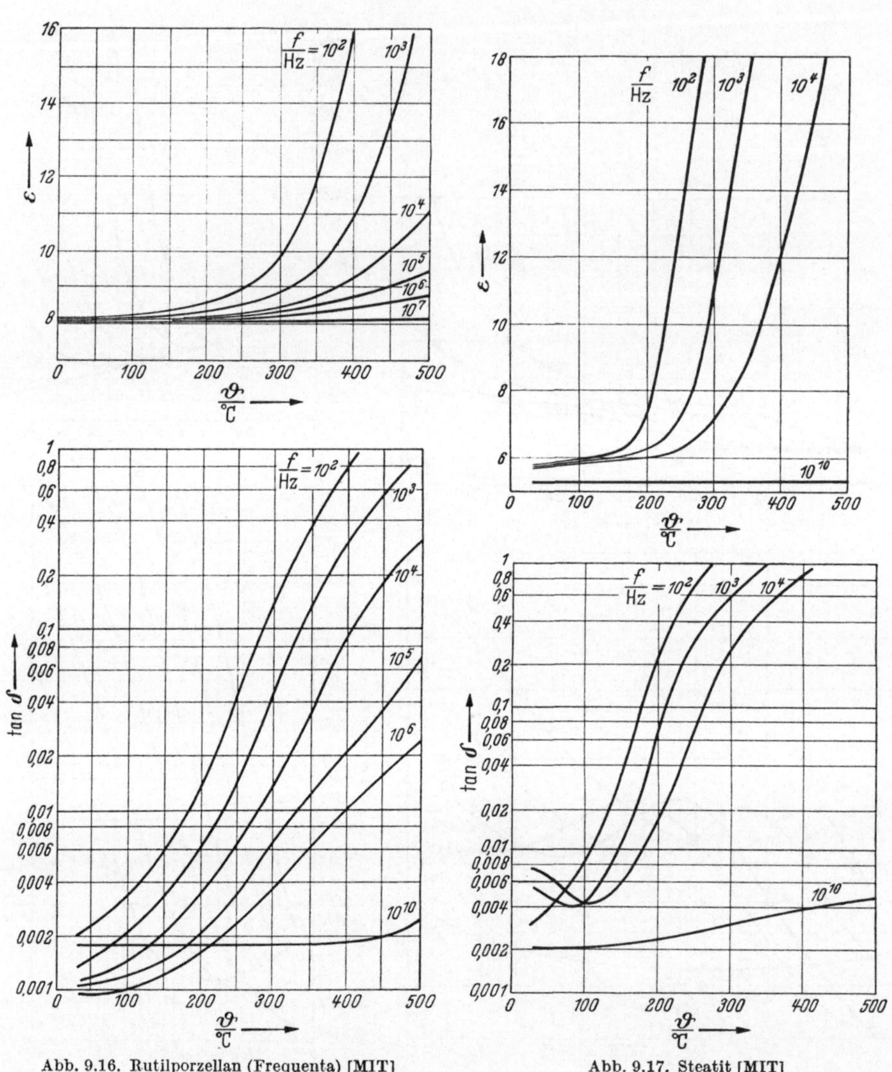

Abb. 9.16. Rutilporzellan (Frequenta) [MIT]

Abb. 9.17. Steatit [MIT]

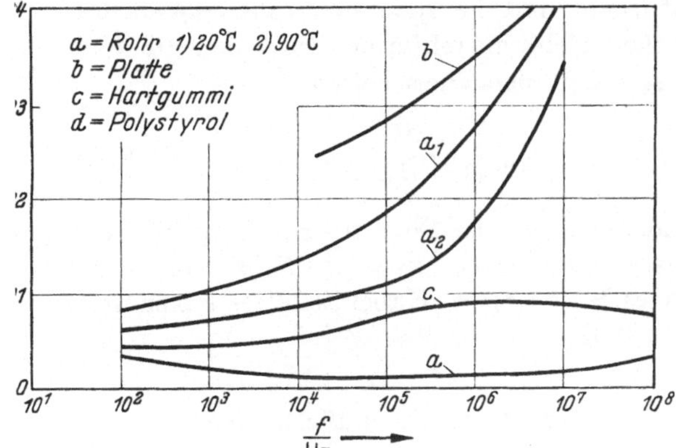

Abb. 9.18. Hartpapier: $\tan\delta = f(f)$

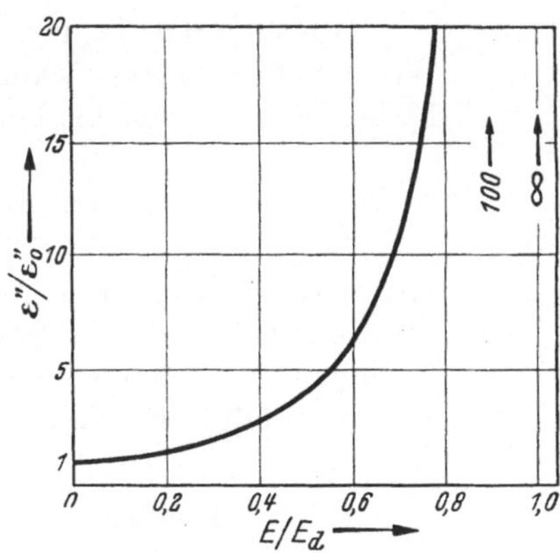

Abb. 9.20. Abhängigkeit der Verlustziffer von der Feldstärke für organischen Isolierstoff ($\varepsilon'' = \varepsilon \cdot \tan\delta$)

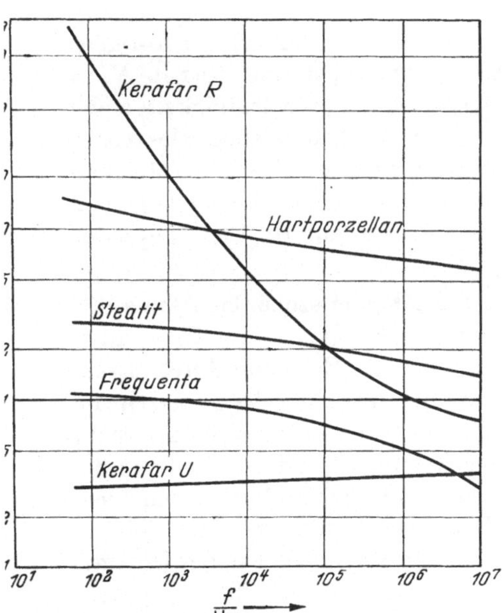

Abb. 9.19. Verlustfaktor keramischer Stoffe in Abhängigkeit von der Frequenz

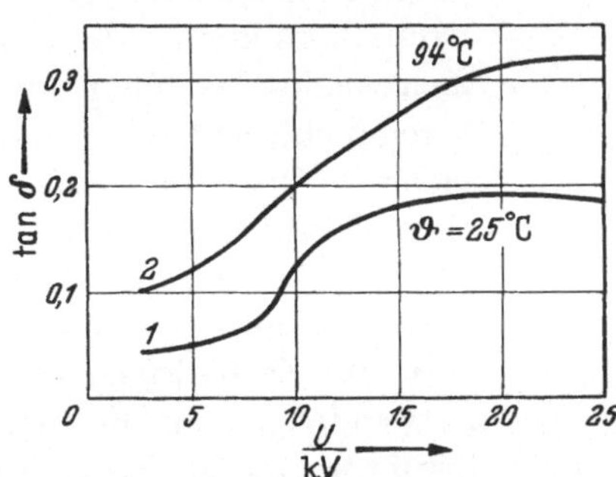

Abb. 9.21. Verlustfaktor eines Ständerstabes (Kunstharz-Mikafolium) 6 Betriebsjahre, abhängig von der Spannung. *1* : 25° C, *2* : 94° C

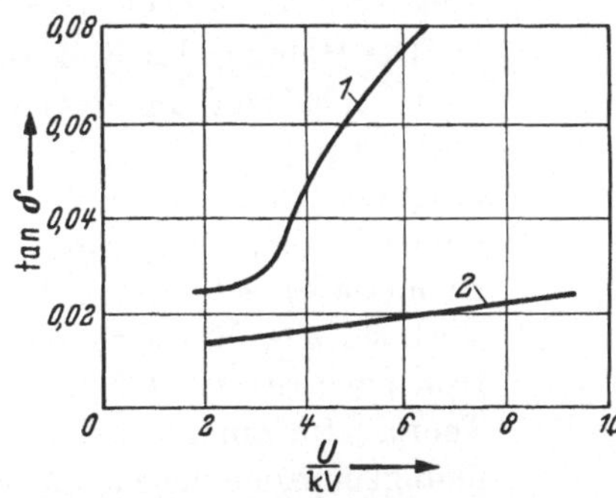

Abb. 9.22. Verlustfaktor der Wicklung eines 35 MVA-Generators für 10,5 kV, abhängig von der Spannung. *1* alte Wicklung, Anstieg 0,0220/1 kV; *2* neue betriebsfertige Wicklung, Anstieg 0,0020/1 kV

Faßt man den Temperaturgang und die Spannungsabhängigkeit der Verlustziffer für die organischen Isoliermittel im praktisch bedeutenden Arbeitsgebiet formelmäßig, so kann angenähert gelten:

$$\varepsilon \cdot \tan\delta \cdot f = p_\delta = p_{\delta 0} \frac{e^{\beta \vartheta}}{(1 - E/E_d)^2}, \tag{9.6}$$

wobei E_d die Durchbruchfeldstärke, $p_{\delta 0}$ der Wert für $\varepsilon \to 0$ und Normtemperatur sind; die Verluste sind damit: $P_\delta = p_\delta \cdot E \cdot V$ (mit dem Volumen V). Für ölgetränktes Kraftpapier, Kabel-Zellulosepapier und Preßspan gilt z. B. etwa: $\beta = 0{,}021$.

9.4 Innerer elektrischer Durchbruch fester Dielektriken

Wird einem oder mehreren vom Atomgefüge freien oder abgelösten Elektronen durch das äußere Feld auf dem zur Verfügung stehenden Weg genügende Energie übermittelt, so daß es weiterfolgend ionisieren kann, dann kommt der etwa 10^{-2} cm dicke Kanal zustande, in dem vielfach erhöhte Leitfähigkeit und mit kleinem Spannungsaufwand eine hohe Stromdichte entsteht. Da zum Unterschied vom Gas hierbei aber viel mehr Einflüsse und Effekte gleichzeitig wirksam sind, wird die theoretische Verfolgung bei festen und flüssigen Medien und auch die experimentelle Aufklärung wesentlich schwieriger. Wenn das elektrische Feld die Elektronen aus dem Atom-, Molekül- oder Gitterverband losreißen und dann Stoßlawinen erzeugen sollte, wären Feldstärken über 10^8 V/cm notwendig. Vielmehr müssen einerseits die Unregelmäßigkeiten der Struktur und der Zusammensetzung die locker gebundenen Elektronen liefern und andererseits das Spaltengefüge im Kristall und im Molekülgitter die viele Atom- und Gitterabstände betragende Weglänge bieten, um die bei guten technischen Isolierstoffen bei nur 10^5 V/cm liegenden Durchbrüche zu ermöglichen.

Die Hebung des Elektrons in die Leitfähigkeitszone des Atoms und seine Auslösung aus dem Verband, für die Energien von $\Delta W' \approx$ einige meV (vgl. § 9.1) erforderlich sind, bezieht die Erregung durch Strahlungsabsorption, durch Partikelstoß und durch thermische Gitterschwingungen. Auch exotherme chemische Prozesse an der Oberfläche oder die chemisch-physikalischen Vorgänge der Reibung und der Zerreißung des Verbandes (z. B. durch Schmirgeln von Metallflächen) lösen einen Elektronenaustritt aus (elektrostatische Reibungselektrizität). Mit erhöhter Temperatur nimmt die Zahl der im Zwischen-Energieniveau der Unregelmäßigkeitszone liegenden Elektronen zu, so daß erleichterte Durchbruchsbedingungen entstehen. Das Kriterium für den Durchbruch ist, daß der Energiegewinn des Elektrons im äußeren Feld den Energieverlust überwiegt, den es durch die Schwingungsinterferenzen mit den seinem

Weg benachbarten Atomen erfährt. Da die dem äußeren Feld entstammende Energie mit der Feldstärke wächst, besteht ein Gleichgewichtszustand, dem die minimale Durchbruchspannung entspricht. A. R. VON HIPPEL, H. FRÖHLICH und S. WHITEHEAD haben seit etwa 1936 hierfür die Theorie formuliert und sind zu quantitativ brauchbaren Aussagen gelangt.

Bei hoher Temperatur oder bei amorphem Stoff fällt die Durchbruchfeldstärke mit dem Anstieg der Temperatur, hauptsächlich weil die Zahl der Elektronen in der Leitfähigkeitszone und in der Unreglmäßigkeitszone (Haftelektronen) größer ist, damit auch die von den Elektronen aus dem Feld übernommene Energie. Bei reinen Kristallen und bei niedriger Temperatur dagegen ist die Zahl der die Unregelmäßigkeitszone besetzenden Elektronen zu gering, um in Betracht zu kommen. Nur die Interferenzen der freien und der Leitfähigkeits-Elektronen können hier Ionisierung bewirken. Die Zeit zwischen zwei Zusammenstößen der Wärmebewegung wird hier mit erhöhter Temperatur kleiner, also auch die aus dem Feld übernommene Energie. Andererseits wächst die Energiezerstreuung am Atomgitter mit der Temperaturerhöhung. Darum muß die Durchschlagfeldstärke beim Kristall und bei niedriger Temperatur mit zunehmender Erwärmung, wenn auch wenig, ansteigen.

Unterhalb der kritischen Temperatur gilt nach den theoretischen Ansätzen für den Anstieg:

$$E_D = E_0 \left[1 + \frac{2}{e^{h \cdot \nu / k \cdot \vartheta_a} - 1}\right]^{1/2} \tag{9.8}$$

ν = Frequenz der Grundschwingungen des Struktur-Gitters
ϑ_a = absolute Temperatur.

Darüber ist der Abfall angenähert durch:

$$E_D = C + \left(\frac{\Delta W}{2\, k \vartheta_a}\right) \tag{9.9}$$

wenn ΔW die zur Überführung eines Haftelektrons in die Leitfähigkeitszone erforderliche mittlere Energiedifferenz ist. Unregelmäßigkeiten im kristallenen Aufbau erniedrigen die kritische Temperatur. Abb. 9.23 zeigt diese Unterschiede der Temperaturabhängigkeit bei verschiedenartigen Stoffen.

Ist das Dielektrikum extrem dünn, so wird eine höhere Feldstärke erforderlich, damit die Elektronen die zur Ionisierung erforderliche Energie erhalten, ehe sie an die Elektroden verloren gehen. Bei Glimmer extrem feiner Spaltung erhielten AUSTEN und WHITEHEAD die in Abb. 9.24 dargestellte Bestätigung. (Freie Weglänge $\approx 2 \cdot 10^{-5}$ cm.

Bei ausreichender Dicke kann eine genügende Anzahl schneller Elektronen im Dielektrikum dagegen lange genug verweilen; hier trägt also der Feldweg nichts mehr zum Zeitverzug bei und die Durchbruchfeldstärke wird dickenunabhängig.

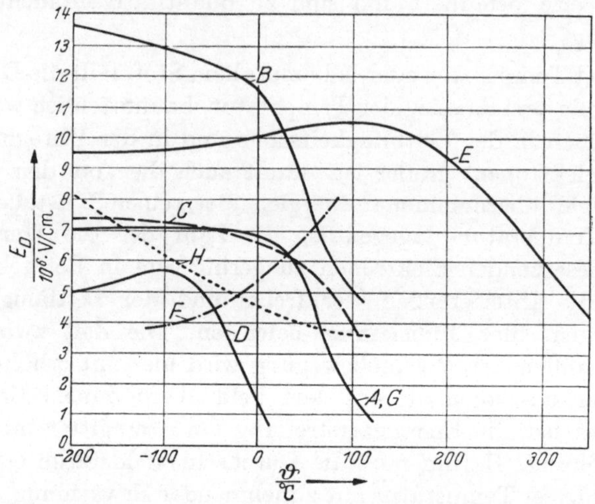

Abb. 9.23. Abhängigkeit der Durchbruchfeldstärke verschiedener Stoffe von der Temperatur (nach AUSTEN, PELZER, OAKES, BIRD, HACKETT, THOMAS, HIPPEL, MAURER). A = Polyäthylen, B = Polymethyl Metacrylat, C = Polystyrol, D = Polyisobuten, E = Glimmer, F = Kristall-Quarz, G = erschmolzenes Silikat, H = Bakelit-Harz

Der Zeitverzug des inneren elektrischen Durchbruchs scheint bei steiler Spannungssteigerung nur in der Größe von 10^{-7} sek zu sein. Die gegenüber dem Gas niedrigere Ionisations- und Bindungsenergie begünstigt das vorübergehende Auftreten freier Elektronen; deshalb spielt hier die Streuzeit für den Stoßdurchbruch keine Rolle.

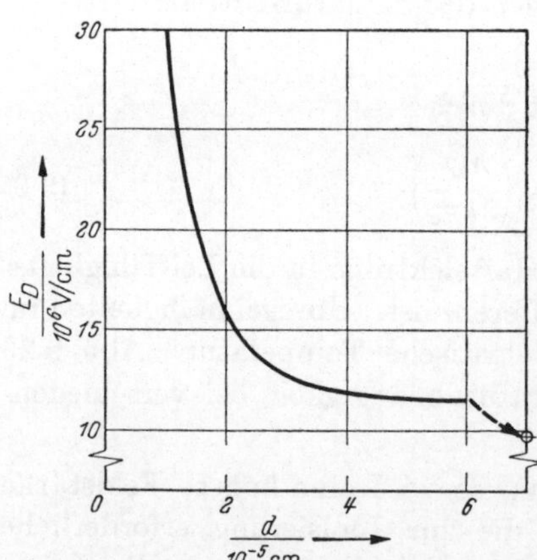

Abb. 9.24. Durchbruchfeldstärke von Glimmer bei extrem kleiner Dicke (⊗ bei $d = 6 \cdot 10^{-5}$ cm)

Im μs-Bereich ist die Festigkeit nur um etwa 10% höher als die des inneren Stoffdurchbruches. Bei homogenem Feld entsteht ein Zeiteinfluß, da der den Durchbruch vorantreibende Teilkanal das Feld inhomogen macht und damit erst die für den inneren Durchbruch nötige hohe Feldstärke erzeugt, also wird bei ausreichender Zeit die Festigkeit kleiner.

9.5 Durchbruch eingeleitet durch Ionisation:

(a) an den Elektrodenoberflächen, b) in Gaseinschlüssen.)

a) Ionisation an den Elektrodenoberflächen

Man beobachtet nun aber Durchbruchvorgänge, die schon bei erheblich tieferer Spannung einsetzen, als sich für den inneren elektrischen Durchbruch ergeben dürfte, und ohne daß ihnen etwa örtlich überstarke

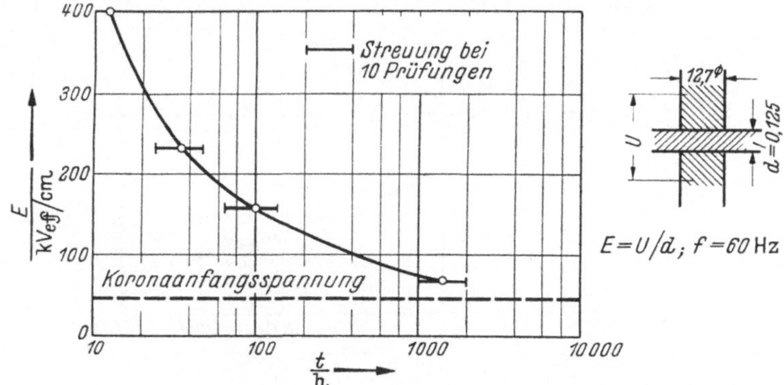

Abb. 9.25. Elektrische Dauerstandsfestigkeit Nylon 0,125 mm dick

Erwärmung vorausgeht. Man stellt fest, daß der vollständige Durchbruch durch vorhergehende dauernde Teilentladungen vorbereitet wird, daß durch diese das Material fortschreitend zerstört wird, bis die eintretende Feldstärkeerhöhung den Restdurchbruch verursacht oder eine

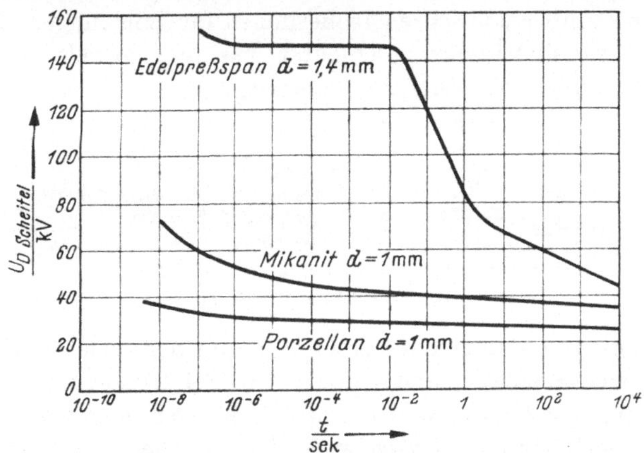

Abb. 9.26. Beanspruchungsdauer und Durchschlagspannung

chemische Veränderung die Isolierfähigkeit ganz beseitigt. Die Lebensdauer der Isolation wird dadurch stark spannungsabhängig und zwar einerseits innerhalb kurzer Zeiten, wo eine Wärmeentwicklung noch nicht, aber auch über sehr lange Zeiträume, wo sie nicht mehr für die Materialänderung verantwortlich sein kann (vgl. Abb. 9.25 $\cdots$ 9.27).

Diese zu beobachtenden Vor- und Teilentladungen treten im Innern des Isoliermaterials, in Schichtungsspalten, in Rissen oder in Hohlräumen und an der Oberfläche quer zum inneren Feld als Gleitfunkenkorona (ähnlich den LICHTENBERG-Figuren) auf, insbesondere auch in Zwischenschichten von Luft oder anderen Fremdmedien (Öl, Imprägniermittel mit stark abweichenden dielektrischen Eigenschaften) am Kontakt zwi-

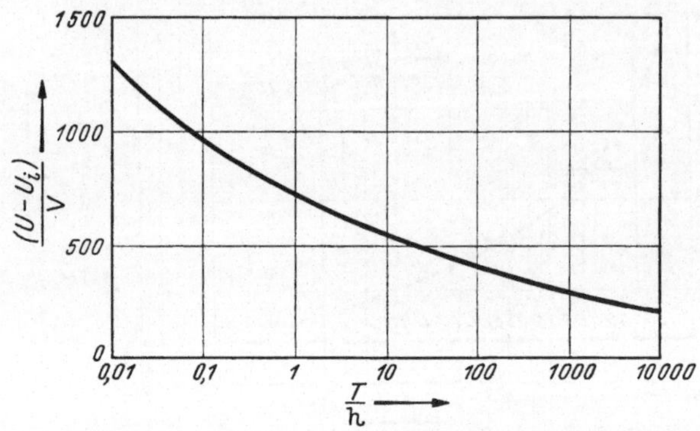

Abb. 9.27. Wechselspannungs-Lebensdauer von imprägnierten Radio-Papierkondensatoren [AUSTEN u. HACKETT, JIEE 88 (1941) II, 88]. U Dauernd angelegte Spannung; U_i Ionisationsspannung; T = Lebensdauer bis zum Durchbruch

schen der Elektrode und der Isolierstoffprobe. Diese auslösende Vorentladung setzt eine Ionisation im Fremdmedium voraus, weshalb man zusammenfassend von einem elektrischen Ionisationsdurchbruch spricht. Gerade die hochbeanspruchten Isolierungen für Wicklungen, Kabel und Kondensatoren sind immer geschichtet zusammengestellt, und so beansprucht für diese hochwertigen Konstruktionen der Ionisationsdurchbruch besondere Aufmerksamkeit. Die gefährdenden Spalträume können

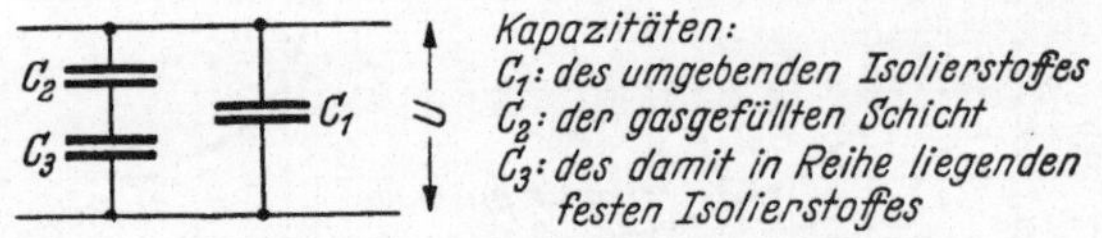

Abb. 9.28. Ersatzbild für die Schichtisolation.

von vornherein bestehen oder erst im Laufe der dielektrischen Beanspruchung sich ausbilden und vergrößern. Bei Isolierflüssigkeiten können die Durchbrüche von vorhandenen Gasblasen oder von einer durch Teilentladungen erregten Gasentwicklung ausgehen.

b) Ionisation in Einschlüssen

Die innere Ionisation bedeutet die teilweise oder vollständige Entladung der Kapazität eines Hohlraumes in einer Zeit, die sehr kurz ist im Vergleich zu der zur Aufladung der Schichtwände, also zur Nachlieferung genügender Ladungen, erforderlichen (vgl. Ersatzschaltbild 9.28.)

Ist z. B. eine Wechselspannung u_1 gesamt angelegt, so ist die Teilspannung an der Gasschicht: $u_2 = u_1 \cdot \frac{C_3}{C_2 + C_3} \approx u_1 \cdot \frac{C_3}{C_2}$, (wenn $C_3 \ll C_2 \ll C_1$). Erreicht der Augenblickswert die positive Durchbruchspannung U_a^+, dann sinkt die Spannung an C_2 um ΔU_2 auf die Restspannung der Gasdurchbruchstrecke. Wenn die Gesamtspannung neuerdings um $\left[\Delta U_2 \frac{C_2}{C_3}\right]$ angestiegen ist, wiederholt sich der Durchbruch. Kehrt die Wechselspannung um, dann muß u_2 um $(U_a^+ + U_a^- - \Delta U_2)$ sinken, damit die negative Entladung einsetzt. In Abb. 9.29 ist (für $\Delta U_2 = U_a^+ = U_a^-$) für verschieden hohe Spannungen diese Entwicklung dargestellt. Der Gasschichtdurchbruch wird intermittierend, mit um so größerer Häufigkeit, je höher die Gesamtspannung wird.

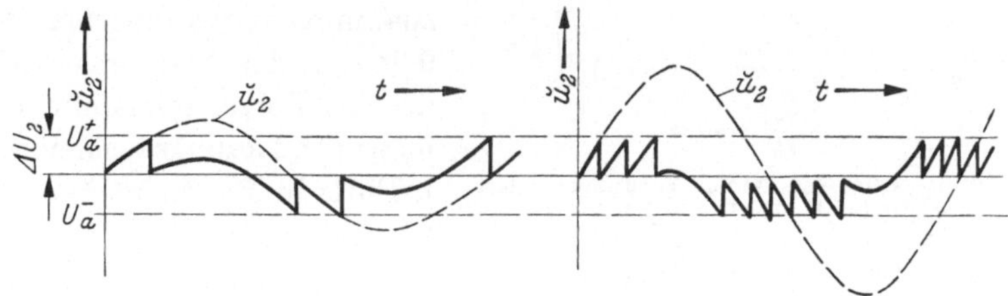

Abb. 9.29. Spannung über der Gasschicht bei verschieden hoher Gesamtspannung

Die Gasschichtionisation fordert eine Energiezufuhr für den Verbrauch in der Gasschicht und für die Aufrechterhaltung der Spannung, für n positive und ebensoviele negative Entladungen

$$\left.\begin{aligned} P &= n \cdot f \cdot C_2 \cdot U_{2i}^2 = 2f \cdot C_2 \cdot U_{2i} \cdot \hat{U}_2 \\ &= 2f \cdot \frac{C_3^2}{C_2} U_{1i} \cdot \hat{U}_1 . \end{aligned}\right\} \tag{9.10}$$

Dabei ist $n \to 2 \frac{\hat{U}_2}{U_{2i}}$ wenn $\Delta U_2 = U_a^+ = U_a^- = U_a$ gesetzt, also vollständige Entladung der Gasschicht und kein Polaritätsunterschied vorausgesetzt; $\hat{U}$ sind die Scheitelwerte der angelegten Spannung und U_{1i} die Gesamtspannung, bei der die Ionisation einsetzt. Da die kapazitive Blindleistung: $Q \approx \pi f \cdot C_1 \cdot \hat{U}_1^2$ ist, wird als Verlustfaktor gemessen:

$$\tan\delta = \frac{P}{Q} = \frac{2}{\pi} \frac{C_3^2}{C_1 C_2} \frac{U_{1i}}{\hat{U}} . \tag{9.11}$$

Der von beiden Beziehungen (9.10) und (9.11) gegebene Verlauf, daß nach Überschreiten der Ionisationsanfangspannung die Verluste etwa proportional der angelegten Spannung steigen, der Verlustfaktor aber abnimmt, ist für solche Erscheinungen charakteristisch (Abb. 9.30).

Der Einsatz des Verlustanstiegs ist aber meist stark verwischt, weil eine Mehrzahl von Gasschichten oder dgl. bei verschiedener Spannung einsetzt und weil diese überdies nur auf Teilflächen beschränkten Verluste durch die anderen Verluste des Isolierstoffes stark überdeckt sind. Wenn, durch irgend einen Anlaß begünstigt, die Ionisation der Gasschicht einem bei $\hat{U}_2 < U_a > \hat{U}_2/2$ eingesetzt hat, kann sie bei Wechselspannung weiter bestehen (vgl. Abb. 9.29). Auch deshalb wird die Einsatzspannung etwas unsicher. Abb. 9.31 zeigt den Spannungsverlauf des an Polyäthylenkabeln gemessenen Ladungsausgleich, der je Entladung auftritt. Diese Daten können oszillographisch in einer Brückenschaltung, die den Ladestrom kompensiert, oder über die auftretende Hochfrequenz-Impulsspannung gemessen werden.[1]

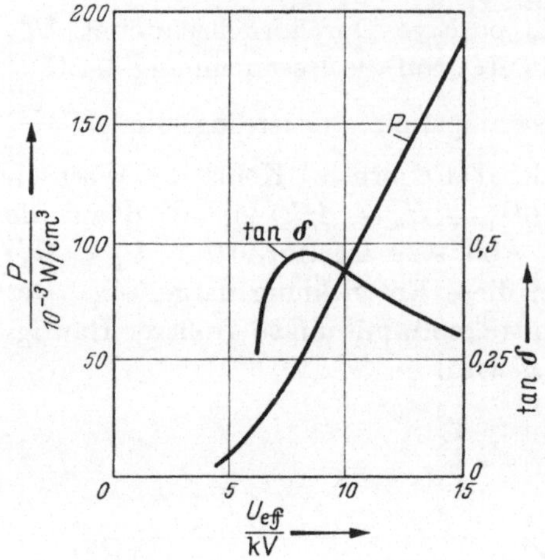

Abb. 9.30. Ionisationsverluste und Verlustfaktor einer Glasplatte (nach AUSTEN und HACKETT)

Führt der Teilentladungskanal genügend Ladung zu, so wird gegenüber dem Mittelwert der Feldstärke $\left(E_m = \frac{d}{U}\right)$ die Feldstärke am Kanalkopf merklich erhöht: $(E' = \alpha \cdot E_m = E_d)$, so daß die scheinbare Festigkeit erniedrigt wird: $E_m = E_d/\alpha$ (z. B. bei kugeligen Einschlüssen $\alpha \approx 5 \cdots 10$). Es scheinen Spalte oder Risse von 10^{-4} cm Ausmaß nötig zu sein, um hierfür ausreichende Feldänderungen zu bewirken. Die Erfahrung lehrt, daß Einzelentladungen von etwa 10^{-12} Cb Größe und 10^{-8} sek Dauer noch ungefährlich sind. Treten die Teilentladungen am Isolierstoff außen oder längs Querschichten auf, so wird der Oberflächengradient für die Lebensdauer wichtiger als die innere Feldstärke senkrecht zur Schichtung.

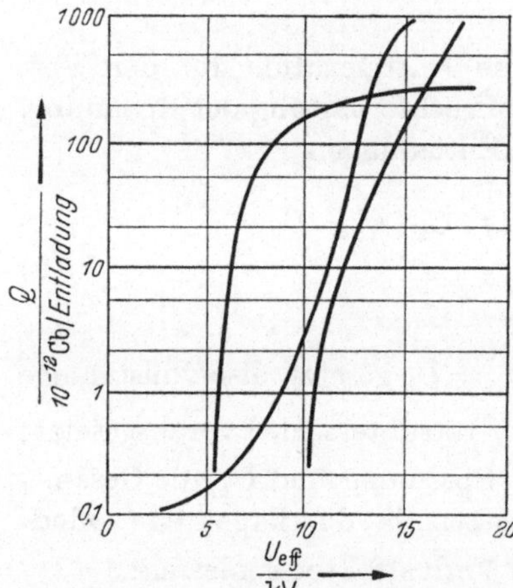

Abb. 9.31. Änderung des Ladungsausgleichs je Entladung bei Polyäthylen-Kabeln verschiedener Hersteller (nach DAVIS, AUSTEN und W. JACKSON)

[1] E. BAUMANN, ETZ A (1959); GELEZ, ETZ A (1959).

Die Spannung, bei der die Ionisation beginnt, kann als die Grenze der beliebig lange Zeit getragenen Beanspruchung gelten, denn infolge der Teilentladungen im Fremdeinschluß wird im Laufe der Zeit der Isolierstoff erodiert und mechanisch oder elektrisch geschädigt (vgl. Abb. 9.25···9.27). Oder die Entladungsprodukte (Ozon, Stickoxyde, Wasserstoff) verändern den Isolierstoff langsam chemisch. Ist er chemisch instabil, dann wird er dadurch leitend. Nimmt er die Entladungsprodukte selber auf, wie es etwa bei ungesättigten Kohlenwasserstoffen möglich ist, dann tritt eine Stabilisation auf; der Isolierstoff erweist sich also als „korona-resistent".

Die Ionisationsfestigkeit von Hochpolymeren wird verbessert, wenn sie keine Sauerstoffatome enthalten; wenn Wasserstoff durch Hallogene oder der Kohlenstoff durch Silizium ersetzt ist. (Melamin und Aminoplaste gegen Phenol-Formaldehyd; Neopren gegen Kautschuk; Silikone.)

Die in den üblichen Erprobungsregeln angewandten Minutenproben bestimmen also in Wirklichkeit die Ionisationsfestigkeit. Erst bei sehr kurzer Beanspruchungszeit und bei hoher Feldstärke wird die Durchbruchfeldstärke wirklich durch den festen Isolierstoff bestimmt.

Wird der Isolierstoff neben der elektrischen gleichzeitig einer mechanischen Beanspruchung unterworfen, so nimmt die elektrische Festigkeit bei Druck zu, bei Zug ab. Wird die mechanische Elastizitätsgrenze überschritten, treten im Gitteraufbau also einschneidende Veränderungen auf, dann fällt die elektrische Festigkeit stark ab. Abnormal niedrige Werte können bewirkt werden durch innere mechanische Spannungen, die kristallinische Verzerrungen verursachen.

9.6 Wärmedurchbruch

Sind die beim Anlegen der Spannung im Isolierstoff auftretenden Verluste hoch genug, um die Temperatur kritisch hochzutreiben, so kann der Durchbruch bei niedriger Spannung geschehen, weil schließlich die temperaturabhängige innere elektrische Festigkeit tief genug gesunken ist oder weil das Dielektrikum chemisch zersetzt oder elektrolytisch leitend dissoziiert wird. Man kann aus der Grenzbedingung des Gleichgewichts zwischen der dielektrisch erzeugten Wärme ($U_{Dw}^2 \cdot \varkappa$) und der bei der kritischen Temperatur fest gegebenen aus dem Dielektrikum abfließenden Wärme zunächst schon einige grundsätzliche Aussagen ableiten.

a) Wenn die Verlustziffer von der Feldstärke selbst nicht wesentlich abhängt, muß die Spannung des Wärmedurchbruchs U_{Dw} sich mit der Umgebungstemperatur ebenso ändern wie $1/\sqrt{\varkappa}$. Abb. 9.32 zeigt dies für zwei Glassorten.

b) Wenn infolge einer örtlichen Erwärmung die Leitfähigkeit zunimmt, wird im Gleichfeld diese Stelle elektrisch entlastet. Im Wechselfeld bleibt, sofern der Leitfähigkeitseinfluß nicht übergroß wird, die Feldstärke von der Elektrisierungsziffer ε abhängig und diese ändert sich mit der Temperatur nicht stark.

c) Es gibt eine endliche Maximalspannung, die thermische Kippspannung U'_{Dw}, (nicht Feldstärke!) für den Durchbruch, die von der Umgebungstemperatur (ϑ_u), der Wärmeleitfähigkeit (k) und der Verlustziffer und deren Temperaturabhängigkeit ($\varkappa = \varkappa_0 \cdot e^{\beta\vartheta}$) gegeben, aber von der Materialdicke unabhängig ist. Für den Wärmefluß parallel zum dielektrischen Verschiebungsfluß, also zu den Elektoden hin, gilt für den Plattenkondensator:

$$U'_{Dw} = \sqrt{C \cdot \frac{k \cdot \vartheta_u}{\varkappa_0}} \tag{9.12}$$

($C = 2 \cdot \sqrt{2}$ für Gleichspannung, $C = 1{,}88$ für Wechselspannung-Effektivwert.) Wenn die Wärmeströmung nur einseitig nach einer Elektrode hin abfließt, wird die Kippspannung halb so groß.

Dieser Grenzwert, der also auch durch Verstärkung der Isolierdicke nicht erhöht werden kann, liegt bei 20° C Umgebungstemperatur und für 50 Hz in 10^6 V:

für	Quarz	bei	20···2 (je nach Reinheit)
	Glimmer		18···7 (je nach Reinheit)
	Hartporzellan		2,8···0,4 (je nach Dichte)
	Steatit		9,8···1,5 (je nach Dichte)
	Natriumglas		1,9
	Kondensatorpapier		3,5···4
	Sulphatpapier		0,6
	Lackpapier		1,3···0,15
	Lack		0,25···0,05
	Bakelit		1,4···0,2
	PVC		0,2···0,1
	Polyäthylen		5···3
	Polystyrol		5

Bei hohen Umgebungstemperaturen für einseitig beheizte Isolationen, z. B. für Transformatordurchführungen, für Kabel und isolierte Leiter etwa ab 100 kV aufwärts, kann die Kippspannung wichtig werden, auch bei Hochfrequenz > 1 MHz, da sie bei etwa konstanten ε und $\tan\delta$ und bei $\varkappa \sim \varepsilon \tan\delta \cdot \omega$ mit $1/\sqrt{f}$ sinkt. Bei 50 Hz bedeuten die Werte der Kippspannung, daß Isolationsdicken von 1 ··· 10 cm die Grenze des Nützlichen sind. Die kapazitive Dauerbelastbarkeit von Kondensatoren je cm² ist durch die Kippspannung bzw. durch deren Einflußgrößen bedingt.

d) Unter der Voraussetzung, daß eine örtlich begrenzte dünne, kanalförmige Erwärmung bestehe (Abb. 9.33) und die Wärme nur seitwärts ins Dielektrikum abströmen kann, hat K. W. WAGNER die Wärmedurchbruchfeldstärke berechnet.

Die in diesem Kanal des Halbmessers r entwickelte Wärme ist:

$$P_\delta = U^2 \cdot \frac{\pi r^2 \varkappa}{d} = U^2 \cdot \frac{\pi r^2}{d} \varkappa_0 \cdot e^{\beta\vartheta}. \tag{9.13}$$

Durch die Kanalwandung fließt ab:

$$P_k = -2\pi r \cdot d \cdot k \cdot \vartheta,$$

wenn k die Wärmeleitfähigkeit des Dielektrikums und ϑ die Übertemperatur des Kanals gegenüber der Umgebung sind. Der Tem-

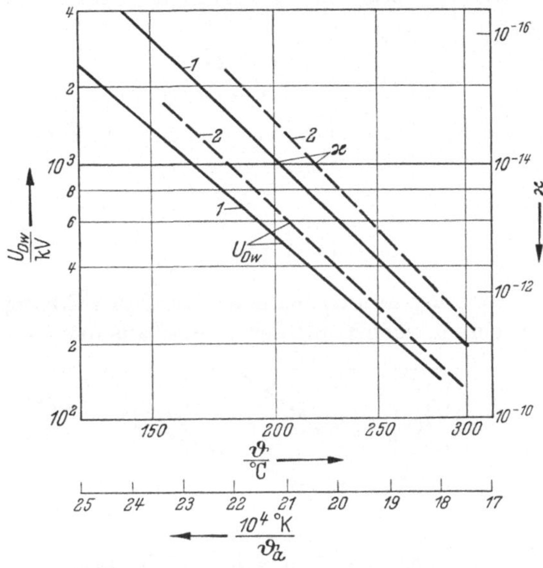

Abb. 9.32. Wärmedurchbruchspannung und Verlustziffer abhängig von der Umgebungstemperatur für 2 Glasarten (nach INGE und WALTHER)

peraturgang der beiden Beträge ist sehr verschieden (Abb. 9.34); bei gegebener Spannung (U_1) und Abkühlung (k_1) stellt sich eine stabile Erwärmung ϑ_1 ein. Wird die Spannung erhöht (U_2) oder die Abkühlung verschlechtert (k_2), so steigt diese Temperatur. Sie kann nun für den Isolierstoff zerstörend hoch oder überhaupt unbegrenzt werden (U_3 und k_1), so daß der Durchbruch

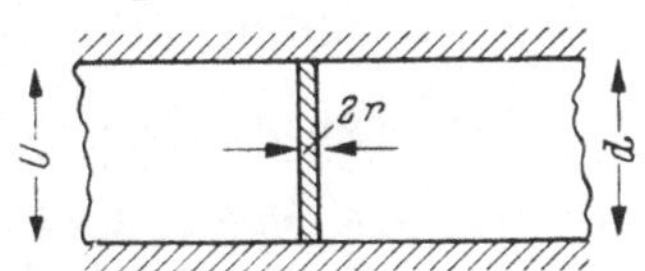

Abb. 9.33. Erwärmter Durchbruchkanal

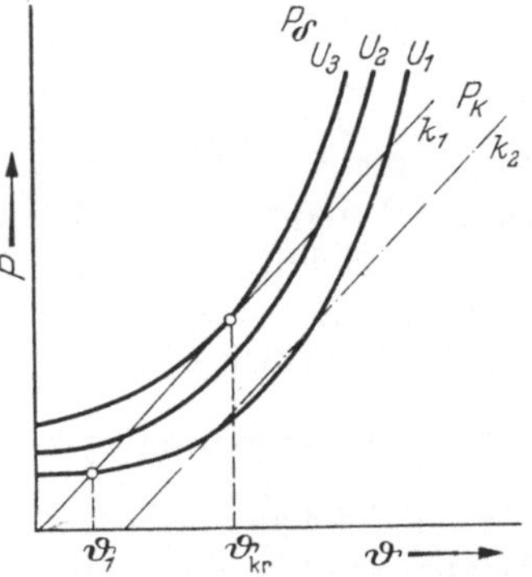

Abb. 9.34. Zum thermischen Durchbruch. P_δ = dielektrische Verluste; P_K = abgeleitete Wärmeleistung; ϑ = Temperatur

eintritt. Die kritische Erwärmung der Instabilität (ϑ_{Kr}) wird erreicht, wenn:

$$P_\delta = P_k \quad \text{und} \quad \frac{dP_\delta}{d\vartheta} = \frac{dP_k}{d\vartheta}.$$

Daraus:

$$\vartheta_{Kr} = \frac{1}{\beta}. \tag{9.14}$$

Die Temperaturabhängigkeit der dielektrischen Verluste ist somit bedeutungsvoll. Für die thermische Durchbruchspannung erhält man aus (9.13) und (9.14):

$$U_{Dw} = d\sqrt{\frac{2k}{r \cdot e \cdot \varkappa_0 \cdot \beta}}. \tag{9.15}$$

Trifft man für den Kanalradius die verträgliche Annahme:

$$r = \gamma \cdot d\,,$$

so gilt:

$$U_{Dw} = \sqrt{d} \cdot \sqrt{\frac{2k}{\gamma \cdot e \cdot \varkappa_0 \cdot \beta}}. \tag{9.15a}$$

Die Wärmedurchbruchspannung bei einer für die Erhitzung ausreichend langen Beanspruchung wächst mit der Wurzel aus der Isolierdicke. Bei

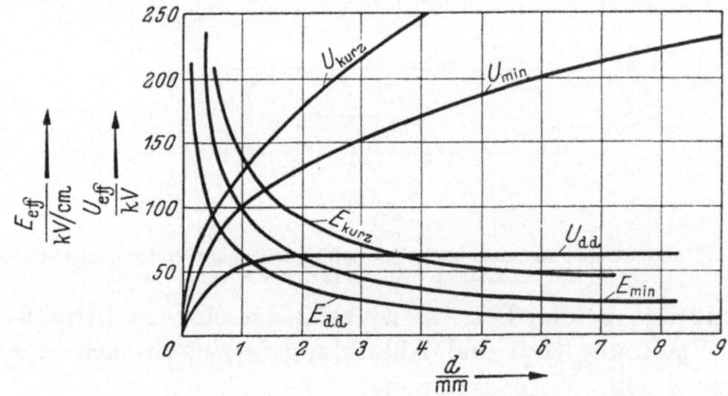

Abb. 9.35. Dielektrische Festigkeit und Dicke fester Isolierstoffe.
90° C, *dd*: Dauerbeanspruchung; min: Minutenbeanspruchung; kurz: kurzzeitige Beanspruchung

nicht zu hohen Feldstärken und bei genügend dicker Materialprobe (vgl. obige Annahmen!) wird dies praktisch gut bestätigt (Abb. 9.35).

Für Materialdicken unter $d = 0{,}02$ cm etwa muß man aus der dabei beobachteten Konstanz von $E_D = U_D/d$ schließen, daß nur der Mechanismus des elektrischen Durchbruchs wirksam ist; darüber aber gilt die aus dem Wärmedurchschlag verständliche Abhängigkeit: $E_D \sim \frac{1}{\sqrt{d}}$.

Aus der Erwärmungsbedingung kann die Zeitabhängigkeit des Durchbruchs abgeleitet werden. Mit der Wärmekapazität des Isolierstoffes ist:

$$U^2 \cdot \varkappa_0 \cdot e^{\beta\vartheta} \frac{\pi r^2}{d} = 2\pi r \cdot d \cdot k \cdot \vartheta + c_i \frac{d\vartheta}{dt}$$

und mit (Gl. 9.15a)

$$t = c_i \frac{\beta}{2\pi r \cdot d \cdot k} \int \frac{d\vartheta}{(U/U_{Dw})^2\, e^{(\beta\vartheta - 1)} - \beta\vartheta}. \tag{9.16}$$

Wenn $U > U_{Dw}$ und das zweite Nennerglied vernachlässigt werden kann, wird:

$$t \approx \frac{c_i \cdot e}{2\pi r \cdot k \cdot d \cdot \beta} \left(\frac{U_{Dw}}{U}\right)^2. \tag{9.16a}$$

Für Zeiten < 10 sek etwa gilt, daß die Spannung U, bei der der Durchschlag eintritt, reziprok mit der Wurzel aus der Beanspruchungsdauer wächst. (Vgl. die Kurve für Preßspan in Abb. 9.26!)

Schließlich ist noch darauf zu verweisen, daß mit dem Wärmedurchschlag der Effektivwert der Wechselspannung, nicht mehr ihr Scheitelwert, maßgebend wird.

Die Begrenzung der Erwärmung von Wicklungen und isolierten Leitern und auch die Schaffung guter Kühlung hat für das Isoliermaterial

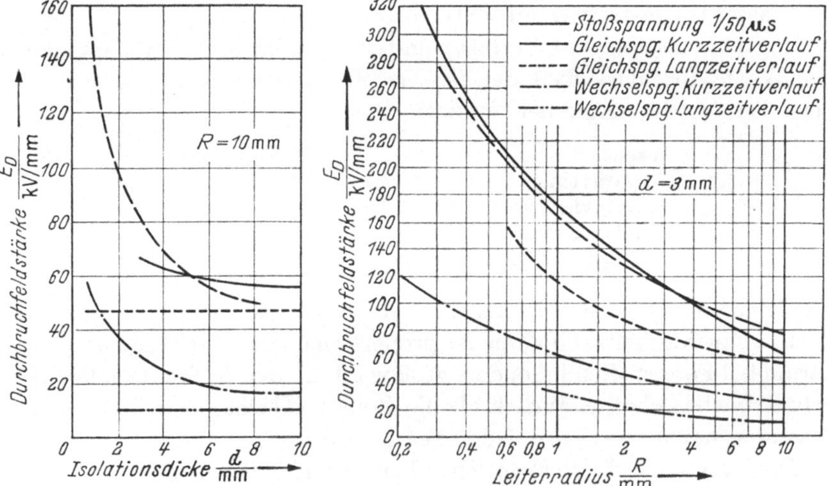

Abb. 9.36. Durchbruchsfestigkeit von Polyäthylen-Kabeln bei verschiedenen Versuchen (nach GASSER und HELD, CIGRE 1956, Nr. 205)

die doppelte Bedeutung, daß es nicht beschleunigt altert und verschlechtert und daß seine elektrische Beanspruchbarkeit befriedigend hoch gehalten bleibt.

Einen Einblick in die je nach der Beanspruchungsdauer auftretende Verschiedenartigkeit der Vorgänge und Ergebnisse bringt Abb. 9.36. Während bei langzeitlicher Beanspruchung (Feldstärkesteigerung mit 0,2 kV/cm, h) die Durchbruchfeldstärke bei einer Runddrahtisolation kaum von der Isolierdicke abhängt, mindert sie sich bei kurzzeitiger Spannungssteigerung (mit 1,5 kV/s) recht stark mit zunehmender Isolierdicke. Bei Wechselspannung liegt der Effektivwert nur bei 20···25% der bei positiver oder bei negativer Gleichspannung gleich hoch gemessenen Festigkeit. Die Abhängigkeit vom Krümmungsradius ist bei allen Beanspruchungsarten etwa dieselbe.

9.7 Elektrochemische Zerstörung

Für die dem elektrischen und dem thermischen Durchbruch vorangehenden Vorgänge spielt die chemische Stabilität eine große Rolle. Insbesondere können sich die Veränderungen sehr beschleunigen, wenn chemische Strukturänderungen, Depolymerisation, Dissoziation, Abscheidung oder Einlagerung von Feuchtigkeit, die Bildung von Alterungsprodukten, von organischen Säuren, Schlamm, Wachs und dgl. die Leitfähigkeit und das dielektrische Verhalten beeinflussen. Man versucht, durch chemische Stabilisatoren dem entgegenzuwirken. Bei Mischdielektriken und bei getränkten oder imprägnierten Stoffen mit stark verschiedener Elektrisierungsziffer der Komponenten werden die störenden Effekte verstärkt.

Wasser ist im Isolierstoff meist dissoziiert und bringt erhöhte Orientierungspolarisation und Verluste und starke Temperaturabhängigkeit. Die Wasserdurchlässigkeit der Isolierstoffe ist recht verschieden, z. B. bei 1 Torr/cm Druckgradient und 20° C:

Wachs	10^{-9}	g/h, cm²
Polyäthylen	$5 \cdot 10^{-9}$	,,
Polyvinylchlorid	$1{,}5 \cdot 10^{-8}$	,,
Zelluloseacetat	$3 \cdot 10^{-7}$	,,
Zellulosetriacetat Zellophan	$1 \cdots 10^{-6}$	,,

Plexiglas und Igelit sind bemerkenswert wasserfest.

Die Feuchtigkeitsaufnahme ist proportional der Oberfläche und kann darum bei Faserstoffen besonders groß werden. Bei Preßmaterialien sind Schnittflächen eher gefährlich als die Preßoberfläche (etwa 10 : 1). Die Wasseraufnahme wächst mit der Temperatur.

Die Trocknung hygroskopischer Isolierstoffe und ihr Oberflächenabschluß durch Wasser abweisende Überzüge soll die Schädigung durch Feuchtigkeit verhindern oder wenigstens hemmen.

Wird die spezifische Leitfähigkeit durch die Wassereinlagerung größer als etwa $10^{-8} \cdot 1/\Omega$ cm, dann muß mit der Gefahr des Wärmedurchschlags gerechnet werden.

9.8 Isolierflüssigkeiten. Gas- und Wassereinfluß

Für den elektrischen Durchbruch von Isolierflüssigkeiten gelten im wesentlichen die gleichen Voraussetzungen und Zusammenhänge wie bei festen Stoffen. Da die Beweglichkeit der Moleküle schon im üblichen Anwendungsbereich stärker von der Temperatur abhängt, wird der Temperaturgang der dielektrischen Größen wichtig. Der reine Dauerwärmedurchbruch ist bei der Flüssigkeit wenig interessant. Dagegen spielt die Verunreinigung durch Gase und durch leitende oder dissoziierende Fremdflüssigkeiten, insbesondere auch deren Einwirkung auf die chemische Struktur, bei gleichzeitig vorhandenem elektrischem Feld und etwa bei erhöhter Temperatur, eine wichtige Rolle. Da Isolierflüssigkeiten wohl stets zusammen mit faserigen festen Isolierungen angewandt werden, kann deren Einfluß groß werden.

Die chemische Veränderung, Verkleinerung oder Vergrößerung des Moleküls, die Abscheidung oder Aufnahme von Gasen, die Bildung von freien Säuren und von löslichen Schlammen, Seifen oder X-Wachs, tritt mehr oder minder auch bei mäßigen Feldstärken und Temperaturen bei den kompliziert gemischten Kohlenwasserstoffen der Isolieröle im Laufe der Zeit ein. Darum ist die chemische Struktur und Zusammensetzung für die dauernde Betriebsbrauchbarkeit ausschlaggebend. (Messung der Säurezahl, Schlammprobe u. dgl.)

Der Durchbruch setzt das Vorhandensein oder die Bildung genügend vieler freibeweglicher oder schwachgebundener Ladungsträger voraus. Sie können durch Dissoziation infolge elektrolytischer Verunreinigung, durch Strahlungsionisierung oder durch Befreiung im Feld an Trennflächen oder an den Elektroden geschaffen werden. Wenn auch nach Einsatz der stromstarken Teilentladung oder des Durchbruchs der Kanal wegen der Verdampfung und Zersetzung gasförmig ist, erscheinen die Hypothesen, die einen „verschleierten Gasdurchbruch", ausgehend von Gaskeimen, annehmen (GÜNTHER SCHULZE, GEMAND) nicht haltbar. Sie lassen sich auch nicht mit den Messungen bei sehr kurzzeitigen Spannungsstößen (10^{-7} sek) vereinbaren. (W. O. SCHUMANN, ROGOWSKI.)

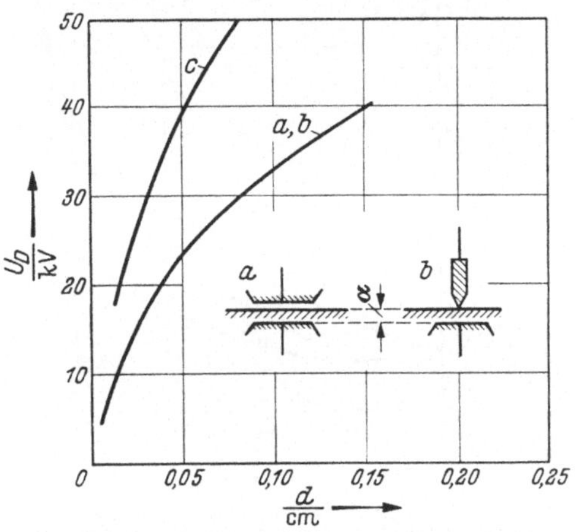

Abb. 9.37. Durchschlagspannung von Öl-Luftschichtung zwischen Platten und von Öl an einer Spitze (c: Öl allein)

Interessant ist zwar die Beobachtung von NIKURADSE (vgl. Abb. 9.37), daß bei der Reihenschaltung einer dünnen Luftschicht mit Öl zwischen Plattenelektroden (*a*) die Durchbruchspannung im wesentlichen nur von der Öldistanz (*d*), nicht von der Luftschichtdicke abhängig, etwa die selben Werte hat, wie bei einseitiger Spitzenelektrode (*b*). Ist zwischen den Plattenelektroden nur Öl, so springt die Durchbruchspannung bei gleicher Öldistanz auf einen merklich höheren Wert (*c*). Derselbe Effekt, der durch spitzenartig verstärktes Feld infolge von Luft-Teilentladungen erklärt werden muß, entsteht, wenn man im Öl Gasbläschen einbläst oder aufwirbelt. Das setzt offensichtlich aber größere Volumenpartikel voraus als sie bei gewöhnlicher Gasaufnahme im Öl bestehen können, falls kein örtlicher Unterdruck entsteht.

So kann es noch nicht als erwiesen gelten, daß der Gasgehalt des Öles seine Durchbruchfestigkeit beeinflußt. Wohl ist es für die Alterungsneigung ganz wesentlich, ob im Feld Oxydationskerne (Sauerstoff, Ozon) abgespalten werden oder ob das Ölmolekül solche Produkte chemisch zu binden vermag, d. h. ob es im Feld Gas abgibt oder aufnimmt. Es scheint deshalb vorteilhaft zu sein, wenn es einen gewissen Volumteil ungesättigter Kohlenwasserstoffe enthält. (Etwa 20% alliphatische neben dem Hauptteil an aromatischen Ölen.) Die Oxydationsprodukte, deren Entstehen z. B. durch Anwesenheit von blankem Kupfer katalytisch verstärkt wird, erhöhen die dielektrischen Verluste sehr stark. Die Leitfähigkeit ist, sobald Dissoziation vorliegt, z. B. in feuchtem Öl, zwischen 30 und 60° C etwa der Feldstärke direkt proportional, während sie sich bei trockenem Öl kaum ändert. Beim trockenen Öl steigt die Leitfähigkeit mit der Temperatur stark an (es ist etwa $\varkappa \cdot \eta \approx$ konst; $\eta =$ Viskosität); bei feuchtem Öl fällt sie bei Erwärmung zunächst ab, wohl infolge eines Trocknungseffektes.

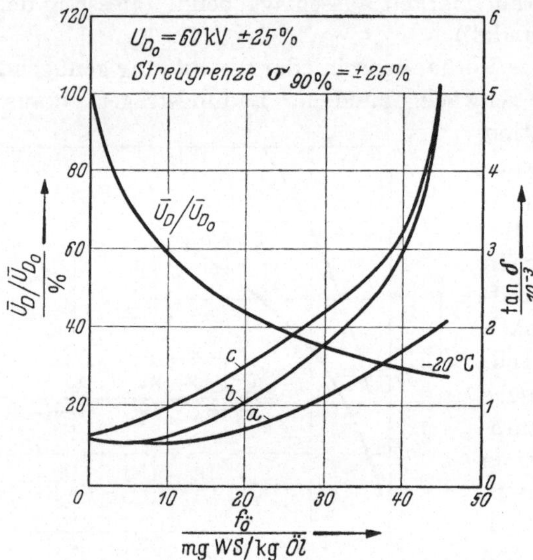

Abb. 9.38. Einfluß der Wasseraufnahme ($f_{\ddot{o}}$) auf die Durchschlagspannung (U_D) und den Verlustfaktor von Transformatoröl. *a* bei 14,4 kV/cm; *b* bei 21,6 kV/cm; *c* bei 28,8 kV/cm; *d* = 0,25 cm, (VDE Kalotten 20° C)

Ein recht empfindlicher Feuchtigkeitseinfluß zeigt sich für die Durchbruchfestigkeit. Unter Ausnützung des bekannten Feuchtigkeitsaustausches zwischen Öl und Luft konnte der Wassergehalt bzw. die Wasseraufnahme und -wiederabgabe auf $\pm$ 1 mg Wasser/kg Öl genau bestimmt werden, indem das untersuchte, sehr sorgfältig getrocknete Öl mit Luft bekannter Feuchte in Berührung gebracht wurde. Es war dabei nur der in der Luft entstehende Partial-Unter- oder -Überdruck des Wassers bzw. deren Feuchteänderung mit einer Empfindlichkeit entsprechend 0,2 mg H_2O pro kg Öl zu bestimmen (Abb. 9.38). Während die Festigkeit bereits bei Spuren von Wasser bei 20° C auf 70% absinkt, wenn nur 5 Gewichtsteile Wasser pro einem Milliongewichtsteil Öl (mg/kg) als Verunreinigung enthalten sind, zeigt der Verlustfaktor erst bei etwa 40···45 mg/kg einen übermäßigen Anstieg. Die Festigkeit scheint dabei einen Mindestwert erreicht zu haben, der nicht mehr wesentlich abnimmt. In derselben Größenordnung liegt nun die Wassermenge, die bei 20°C das Öl überhaupt aufnehmen kann, ohne daß das Wasser tropfenförmig ausfällt, d. h. nicht mehr gelöst wird. Die Erscheinung kann so gedeutet werden, daß Wasser zunächst chemisch gebunden wird, z. B. an Wasserstoffbrücken des Moleküls: $-\overset{|}{\underset{|}{\mathrm{C}}}-\mathrm{O}-\mathrm{H}\cdots\mathrm{O}\langle^{\mathrm{H}}_{\mathrm{H}}$. Wenn alle gegebenen Brückenstellen besetzt sind, was temperatur- und partialdruckabhängig ist, tritt eine Sättigung ein, so daß die Wassermoleküle als freie Dipole stark verlusterhöhend auftreten können. Die Festigkeit dagegen wird schon durch die im starken Feld wenig stabilen Brückenbindungen herabgesetzt.

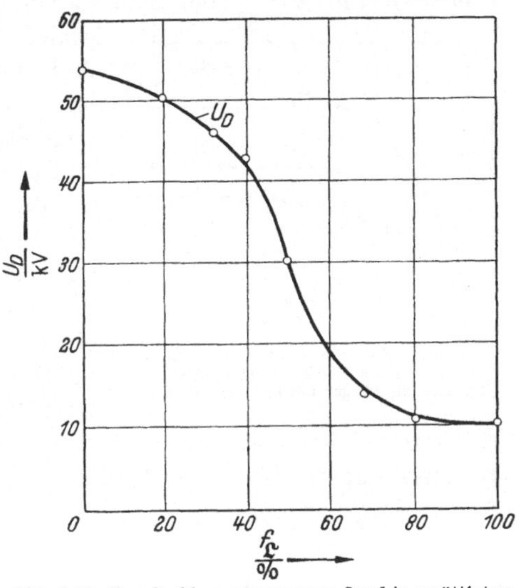

Abb. 9.39. Durchschlagspannung von feuchte-gesättigtem Transformatorenöl abhängig von der relativen Feuchtigkeit der berührenden Luft bei 20° C

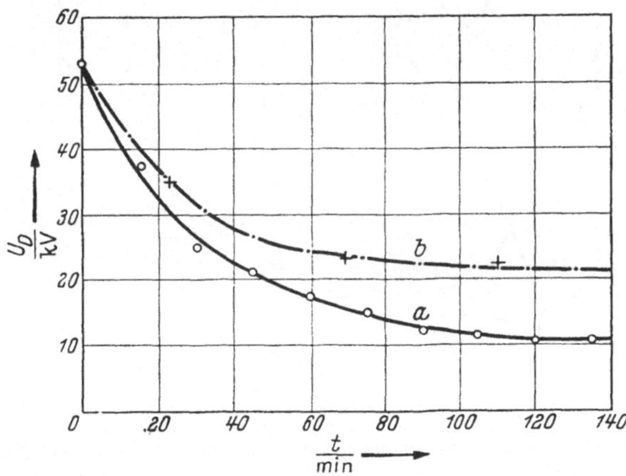

Abb. 9.40. Zeitliches Absinken der Festigkeit von Transformatorenöl, das a) mit Luft von 97% relativer Feuchte bei 20° C durchwirbelt wird; b) mit Luft von 85% relativer Feuchte bei 20° C in Berührung steht (Oberfl. 188,4 cm², Volumen 2 l)

Je nach dem Feuchtegehalt der mit dem Öl in Berührung stehenden Luft wird der Wassergehalt des Öles und seine Festigkeit verschieden (Abb. 9.39). Es bedarf einer bestimmten Zeit, bis das Öl den Ausgleich mit der berührenden Luft erreicht, was sich durch den Abfall seiner Festigkeit anzeigt (Abb. 9.40 und 9.41).

Der Temperaturgang der Festigkeit, des Verlustfaktors und der Elektrisierungsziffer (bei 28,8 kV/cm) und der Viskosität ist für verschieden feuchte Transformatoren-Öle in Abb. 9.42 aufgezeichnet. Bemerkenswert ist, daß bei höherer Temperatur die Festigkeit nicht stark vom Wassergehalt beeinflußt wird. (Der Sättigungsgehalt steigt mit der Temperatur (Abb. 9.43 a u. b). Er ist vom Raffinationsgrad des Öles abhängig.) Der Verlustfaktor zeigt um 20° C den oben erwähnten starken Feuchteeinfluß. Bemerkt sei, daß das Verhalten des Öles sich kaum änderte, wenn es durch Glasfilter gepreßt wurde, um etwaige Faserspuren zu beseitigen[1]. Daß die elektrolytische Ladungstrennung Raumladungen bildet und für die Veränderungen weitgehend maß-

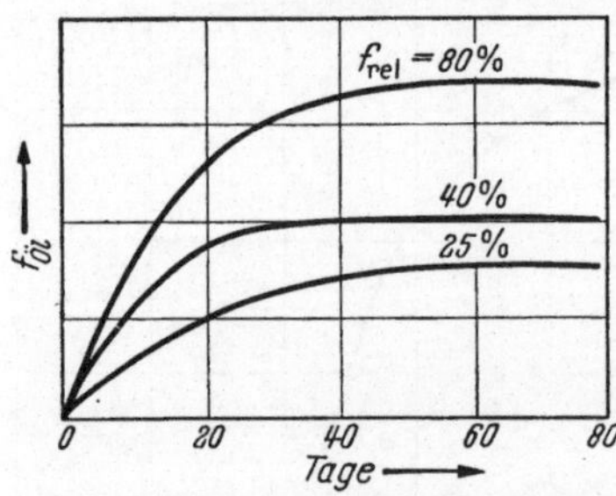

Abb. 9.41. Zeitliche Wasseraufnahme aus feuchter Luft durch Transformatorenöl (25° C) bei ruhiger Oberflächenberührung

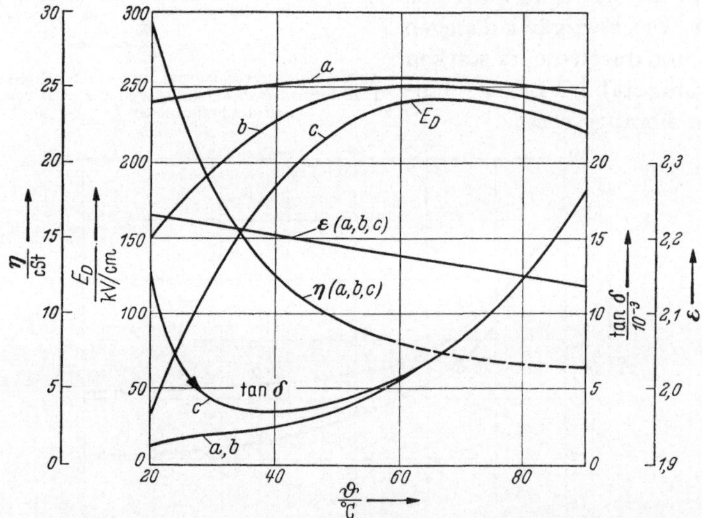

Abb. 9.42. Temperaturabhängigkeit von Durchschlagfestigkeit (VDE Kalotten), Verlustfaktor, Elektrisierungsziffer und Zähigkeit verschieden feuchter Transformatorenöle

gebend ist, zeigen die Versuchsergebnisse von GUIZONNIER[2], die bei konstant gehaltener Gleichspannung eine merkliche Zeitabnahme der

[1] Diese Daten entstammen dem Hochsp.-Inst. der TH Karlsruhe, insbes. aus Arbeiten von DANULAT, ORTLIEB, RÖHRIG, HADLAND, KADEL, SPATHELF u. HEYNE (1954···1958).

[2] Revue Général d'El. 62 (1953) 247, 63 (1954) 489, 65 (1956) 367.

Leitfähigkeit nachweisen. Bei feuchten Ölen und Kohlenwasserstoffen dauert die Abnahme von einem viel höheren Anfangswert auf den Endwert viel länger als bei trockenen Flüssigkeiten. Im Endzustand

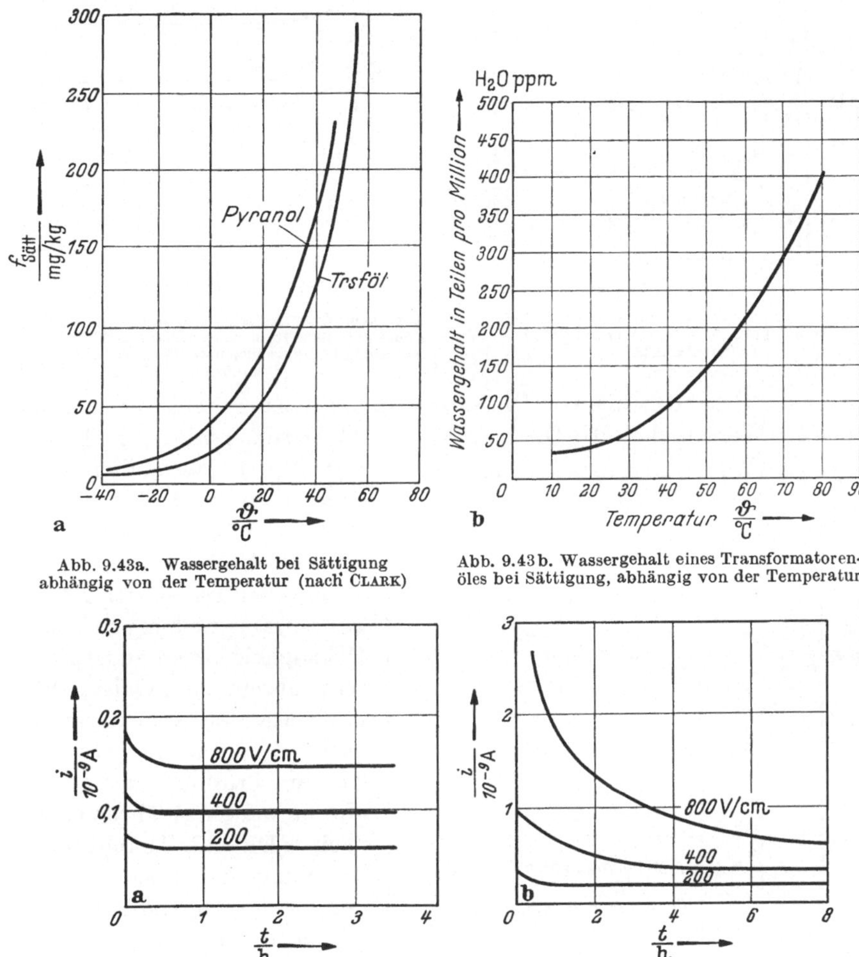

Abb. 9.43a. Wassergehalt bei Sättigung abhängig von der Temperatur (nach CLARK)

Abb. 9.43b. Wassergehalt eines Transformatorenöles bei Sättigung, abhängig von der Temperatur

Abb. 9.44. Zeitverlauf des Stromes in Kohlenstofftetrachlorür bei Anlegen konstanten Gleichspannungsfeldes (a) trockene, b) feuchte Flüssigkeit)

besteht eine stabile Raumladungsverteilung der Beweglichkeit mit vermindertem Feld (Abb. 9.44).[1]

[1] Bemerkenswert ist die Feststellung, daß der Anfangsstrom mit der Temperatur gemäß $i = A \cdot e^{-\frac{w}{k\vartheta_a}}$ abnimmt, wobei $w = 0{,}41$ eV für ganz verschiedenartige Stoffe gleich ist und zwar gleich der Verdampfungswärme je Mol Wasser bei Normaldruck.

Das Öl tauscht auch mit Faserstoffen Feuchtigkeit aus. Je nach der Wasseraufnahmefähigkeit, z. B. von Transformatorpapier, und je

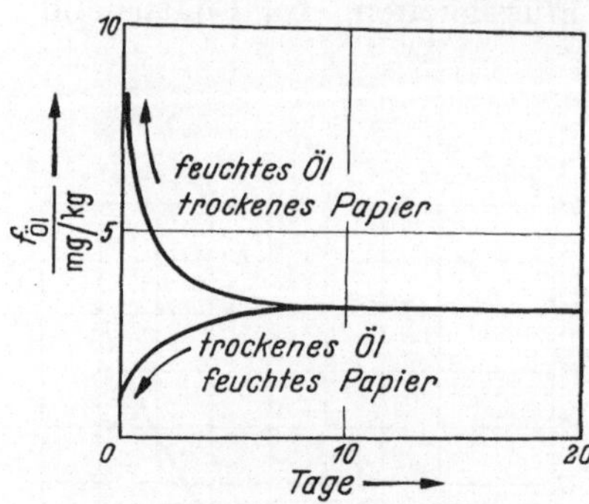

Abb. 9.45. Feuchtigkeitsaustausch zwischen Öl und Transformatorpapier bei 25° C (nach CLARK)

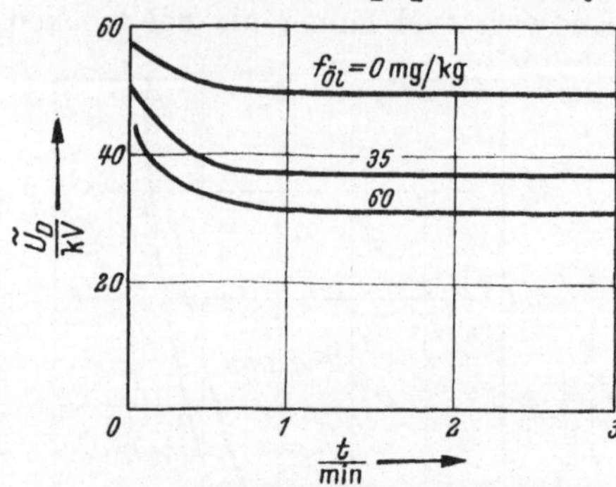

Abb. 9.46. Abhängigkeit der Ölfestigkeit von der Dauer der Spannungsbeanspruchung bei Wechselspannung und verschiedenem Wassergehalt ($f_{Öl}$) (d = 0,5 cm)

nach der Gesamtmenge von Öl, Faserstoff und Wasser stellt sich schließlich der Wassergehalt des Öles ein (Abb. 9.45). Darum müssen z. B. Transformatoren, Meßwandler, Kondensatoren und Kabel vor der Füllung mit Öl sorgfältigst ausgetrocknet werden.

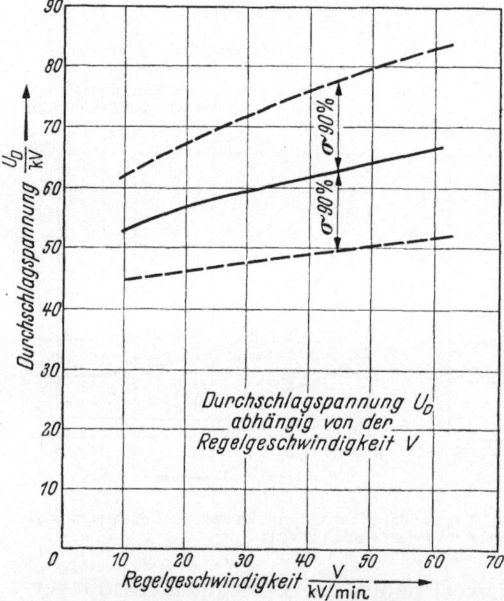

Abb. 9.47. Durchschlagspannung U_D in Öl und Streugrenzen für 99% (90%) in Abhängigkeit von der Regelgeschwindigkeit

Mit der Dauer der Spannungsbeanspruchung sinkt die Ölfestigkeit, umso ausgeprägter je unreiner das Öl ist. Dies ist zu beachten, wenn die international verschieden gehandhabten Prüfmethoden vergliechn werden. Während z. B. nach VDE die Durchbruchspannung bei schneller Spannungssteigerung (mit 1 ··· 2 kV/sek), also bei kurzzeitiger Beanspruchung festgestellt wird, verlangen die englischen Regeln 1 min Zeitdauer der angelegten, aus zuhaltenden Spannung. Abb. 9.46 gibt einen solchen Zeitverlauf.

Abb. 9.47 gibt die Abhängigkeit der Durchschlagsspannung U_D und ihrer Streugrenzen von der Regelgeschwindigkeit wieder. [1]

[1] Untersuch. am Hochspannungsinstitut der TH Karlsruhe (A. BOUE) 1957.

Die besprochenen Abhängigkeiten prägen sich je nach der Form der Elektroden verschieden stark aus. In den verschiedenen Prüfregeln werden Kugeln (1,3 cm ∅, $d = 0{,}4$ cm, England; 2,5 cm ∅, $d = 0{,}25$ cm

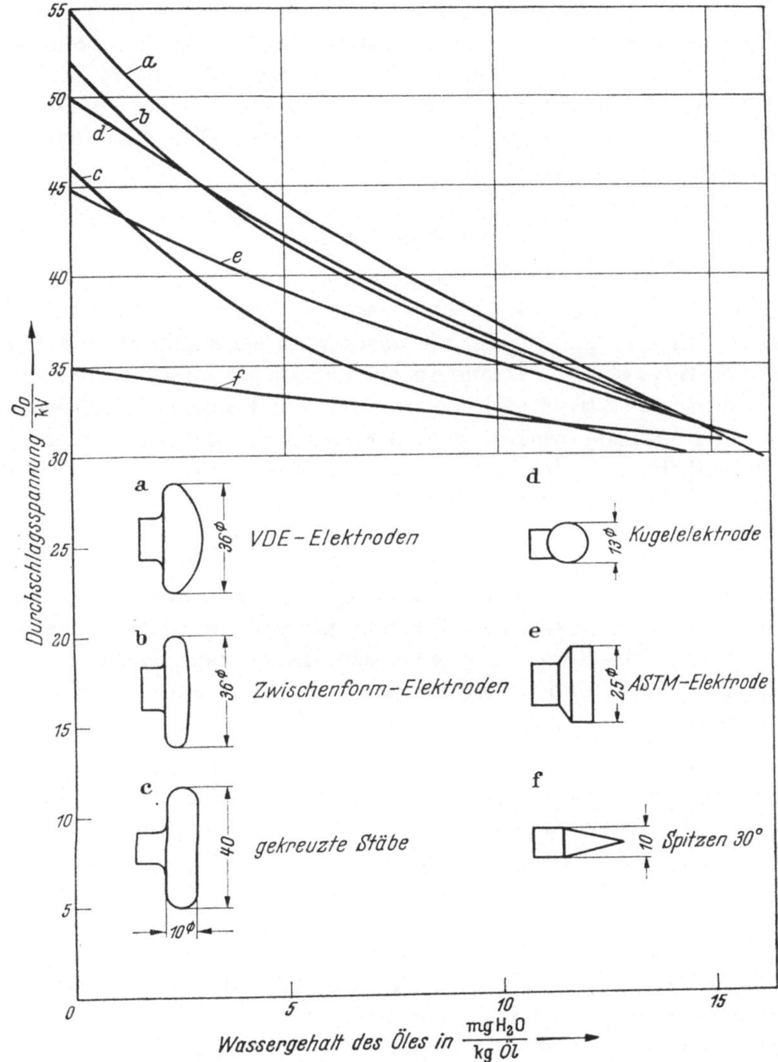

Abb. 9.48. Abhängigkeit der Durchschlagspannung verschiedener Elektrodenformen vom Feuchtigkeitsgehalt des Öls

Kalotten, Deutschland; 1,25 cm ∅, $d = 0{,}5$ cm Frankreich und Schweiz; 1,0 cm ∅, $d = 0{,}5$ cm Italien) bzw. in Nachahmung der Beanspruchung bei den praktischen Konstruktionen z. B. Kreisscheiben (1″ ∅, $d = 0{,}1''$,

USA) vorgeschrieben. Abb. 9.48 zeigt einige Elektrodenformen, mit denen bei gleichem Abstand $d = 0{,}25$ cm vergleichsweise, abhängig vom Feuchtigkeitsgehalt des Öles, die Durchschlagswechselspannungen ermittelt werden [1].

In derselben Ölprobe können mehrere Durchschläge hintereinander vorgenommen werden; wenn die Funkenstromstärke dabei in Größe und Dauer begrenzt wird, ändern sich die Werte trotz allmählicher Ruß-Trübung der Ölprobe kaum. Bei feuchten Ölen tritt eine Verbesserung durch Trocknen ein.

9.9 Lebensdauer

Die chemische Änderung des festen und des flüssigen Isolierstoffes wird durch das elektrische Feld begünstigt. Insbesondere verläuft sie aber bei erhöhter Temperatur viel rascher als bei mäßiger. Alle physikalischen Eigenschaften verändern sich mit solcher Alterung des Stoffes. Nicht nur die elektrischen Eigenschaften, wie Festigkeit, Isolierwiderstand und Verluste, werden gemindert, sondern auch wichtige mechanische, z. B. die mechanische Festigkeit, die Elastizität u. a. Darum ist die bis zum Absinken eines solchen wichtigen Kennwertes auf einen unteren zulässigen Grenzwert im Betrieb verstreichende Zeit — die Lebensdauer — eine für die Beurteilung des Stoffes und für die Wahl der Nennbeanspruchung wichtige Größe der Isoliertechnik, damit aber auch für die Herstellung und den Betrieb von Elektromaschinen, Transformatoren, Kabeln und Kondensatoren. Die gewünschte Lebensdauer legt die als zulässig anzusehende und zu begrenzende Temperatur am und im Isolierstoff (Wicklungen u. dgl.) fest.

Die zeitliche Minderung z. B. der elektrischen Festigkeit kann unter Beachtung des Temperatureinflusses auf die verschlechternd wirkende chemische Reaktion angesetzt werden:

$$E_D = E_{D0} \cdot \exp\left[-t \cdot A \cdot \exp\left(-\frac{C}{k\,\vartheta_a}\right)\right]. \tag{9.17}$$

Dabei ist E_{D0} die Durchschlagfestigkeit bei ϑ_0 und am Anfang der Beanspruchung ($t = 0$), E_D die nach der Zeit t, wenn die Temperatur ϑ_a angewandt wurde. A ist ein Frequenzfaktor der molekularen Struktur; C hat die Bedeutung der Aktionsenergie für die chemische Reaktion; k ist die BOLTZMANN-Konstante. Daraus wird:

$$\ln t = \ln\left(\ln \frac{1}{E_D/E_{D0}}\right) - \ln A + \frac{C}{k\,\vartheta}. \tag{9.18}$$

[1] Untersuch. am Hochspannungsinstitut der TH Karlsruhe (HAUKE, Dipl. Arb. Nr. 311) 1956.

Also ist der Zusammenhang zwischen Lebensdauer (t') und Temperatur für einen bestimmten Grenzwert E_D:

$$\ln t' = K_1 + \frac{K_2}{\vartheta_a}\ {}^{1}. \quad (9.19)$$

Tatsächlich machen sich im weiteren Temperaturgebiet z. B. zwischen 100 und 200 °C Abweichungen geltend, wie Abb. 9.49 zeigt. Der praktisch fast ausschließlich interessierende Bereich von $t' > 3000 \cdots 6000$ Tagen wird durch den logarithmischen Zusammenhang aber gut beschrieben. (Vgl. die in Abb. 9.49 für

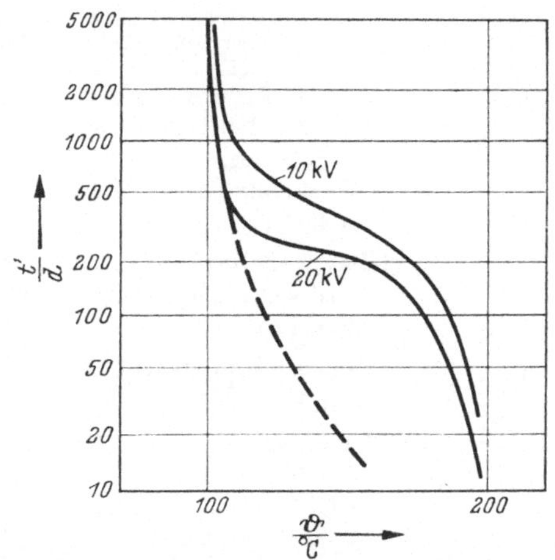

Abb. 9.49. Lebensdauer eines Lack-Baumwollgewebes bei verschiedener Spannungsbeanspruchung (nach SMITH und SCOTT, Trans. AJEE [1939] 435)

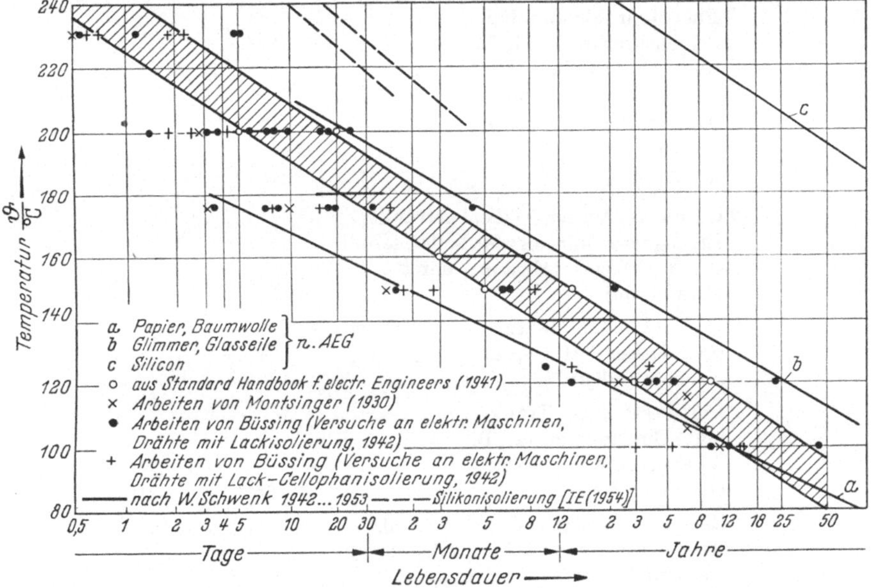

Abb. 9.50. Lebensdauer von organischen Isolierstoffen mit Lacktränkung. *a* Papier, Baumwolle AEG, *b* Glimmer, Glasseide AEG, *c* Silikon AEG //// Standard Handbook for El. Engineers 1941. — — — — — Silikonisolierung (IEC 1954)

20 kV gestrichelt eingezeichnete gerechnete Kurve. In Abb. 9.50 sind die Meßergebnisse verschiedener Forscher zusammengetragen. Sie können

[1] MONTSINGER, Trans. AJEE 49 (1930) 397, 776 und 54 (1935) 1300; WHITMAN u. DAIGAN, El. Eng (1954) 541; KALITROJANSKI, Elektritschestwo (1955) 57. Arch. f. Energiewirtsch. (1955) 506.

Isol. Klasse	Isolierstoffe	Behandlung	zul. Dauer Grenztemperatur	zul. Dauer [1] Übertemperatur
Y	Baum-, Zellwolle, Kunst-, Naturseide, Papier, Preßspan, Fiber; Öllack, ölmodifizierte Lacke	ungetränkt	90° C	45° C
A	1 Baum-, Zellwolle, Kunst-, Naturseide, Papier, Preßspan, Fiber	getränkt in Füllmasse od.flüss.Diel.	105° C	60° C
	2 Öllacke, Asphalt-Kompounde	—		
E	1 Lackdraht auch mit Zellulosefolien; Zellulose-Triacetatfolie, -Acetobutyrat	getränkt in Füllmasse	120° C	75° C
	2 Phenol- u. Melaminharz-Preßmassen mit organ. Füllstoff; Schellackpapier	ausgehärtet		
	3 Phenol- u. Melaminharz-Schichtpreßstoffe mit Papier, Baumwolle, Zellwolle; Asphalt-Kompounde mit Erweichung > 120° C	—		
B	1 Schellack	—	130° C	80° C
	2 Glimmer-, Asbest-, Glas-Erzeugnisse mit organischem Träger (Micanit, Micafolium)	getränkt oder gefüllt mit B 1		
	3 Phenol-, Melaminharz-preßmassen mit anorganischem Füllstoff	ausgehärtet		
F	1 155°-beständige Tränk- und Bindemittel, z. B. Silikon, mit Kunststofflacke modifiziert	—	155° C	(100° C)
	2 Glimmer-, Asbest-, Glaserzeugnisse mit anorganischem Träger	getränkt oder gefüllt mit F 1		
H	1 Reinsilikon-Lacke oder -Gummi	—	180° C	(125° C)
	2 wie F 2	getränkt oder gefüllt m. H 1		
C	Glimmer, Porzellan, Glas, Quarz u. a. feuerf. Stoffe	ohne Bindemittel	< 180° C	

[1] Übertemperatur gegenüber der Kühlmitteltemperatur, die mit einem Höchstwert von 40° C angesetzt ist. Es ist eine Sicherheitsspanne von 5···15° C eingeschoben.

in dieser Darstellung gut durch Geraden angenähert werden. MONTSINGER gibt z. B. für Wicklungsisolation aus Papier oder Baumwolle folgenden Zusammenhang: $\frac{t'}{d} = 7{,}15 \cdot 10^7 \cdot e^{-0{,}088\,\vartheta/^\circ\mathrm{C}}$.

(Die Linie *a* von Abb. 9.50 hat diese Neigung aber als Faktor nur etwa $2{,}5 \cdot 10^7$). Eine Temperaturerhöhung um 8···12° C verursacht eine Halbierung der Lebensdauer. Für die verschiedenen Isolierstoffe sind die Grenztemperaturen natürlich unterschiedlich hoch (s. Tab. S. 274).

§ 10. Die festen und flüssigen Isolierstoffe der Technik

10.1 Überblick und Einleitung

Die Isolierstoffe der Elektrotechnik werden bei ihrer Anwendung den verschiedenartigsten Beanspruchungen unterworfen. Neben den dielektrischen Daten, also insbesondere Durchbruchfestigkeit, Verlustziffer oder Leitfähigkeit, Elektrisierungsziffer und die schwerer zu definierenden, wie Oberflächenwiderstand, Kriechstrom- und Lichtbogenfestigkeit, haben die übrigen physikalischen, die chemischen und die technologischen Eigenschaften ebensolche Wichtigkeit: Die Dichte und Wichte, die mechanische Festigkeit bei Zug-, Druck-, Biege- und Verdrehungsbeanspruchung, die Elastizität, Härte, Abriebfestigkeit; die spezifische Wärme, Wärmeleitfähigkeit, Wärmedehnung, die Temperaturbeständigkeit des Stoffes überhaupt, seiner Form und aller Eigenschaften, das Verhalten in Kälte und Hitze; die chemische Widerstandsfähigkeit gegen die einwirkende Umgebung, gegen Wasser und Luftfeuchtigkeit, gegen Fette und Öle, gegen Säuren und Laugen, gegen Lösemittel, seine eigene chemische Rückwirkung gegen anliegende andere Werkstoffe, schließlich die Formbarkeit, spanlos und spanabhebend, Spaltbarkeit, das Schwindmaß beim Gießen u. dgl. mehr.

Es ist klar, daß diese einzelnen Eigenschaften je nach dem Anwendungsfall quantitativ mehr oder minder interessant sind und daß es für den Konstrukteur oder den Anwender falsch wäre, bei mehreren oder vielen der Merkmale unüberlegt hohe Werte gleichzeitig zu fordern oder zu erwarten. Es wird zwar immer im Sinne einer Vereinfachung liegen, im Fertigungsbetrieb nur wenige Isoliermittel nebeneinander zu verwenden. Der Allgemein-Isolierstoff besteht aber nicht und so erschwert die Vielzahl der zur Verfügung gestellten oft die Auswahl. Nicht zuletzt ist der Preis für die Beschaffung und für die Verarbeitung hierfür ausschlaggebend.

Besonders wichtig ist, daß die verschiedenen Stoffe bei ihrer Anwendung die ihnen gemäße richtige Behandlung erfahren, da sonst ihre Qualitäten nicht zum Ausbau und zur Wirkung kommen können.

Um eine Norm für die Beurteilungsmerkmale zu schaffen und um vor allem gleichbleibende Qualitäten desselben Isoliermittels zu sichern, sind von den Fachverbänden der verschiedenen Staaten Bewertungsregeln aufgestellt worden. (Z. B. VDE-Regeln, ASTM-Standarts, SEV-Vorschriften usw.) Sie legen auch die Erprobungsverfahren fest, denn die meisten der kritischen Eigenschaften sind keine wohldefinierten physikalischen oder chemischen Größen. Man muß vielmehr Festlegungen nach Übereinkunft treffen. Häufig sucht man dabei die kennzeichnende Beanspruchung, wie sie dem Stoff üblicherweise auferlegt wird, nachzuahmen.

Hinsichtlich des spezifischen elektrischen Durchgangswiderstandes heben sich die Isolierstoffe von der Skala der übrigen Werkstoffe deutlich ab; die Grenze ist bei 10^{10} Ω cm anzusetzen (Abb. 10.1).

Die Elektrisierungsziffer der festen und flüssigen Isolierstoffe liegt hauptsächlich zwischen 2 und 6, doch stehen Stoffe mit wesentlich höheren Werten zur besonderen Verfügung. (Reines Wasser ≈ 80.)

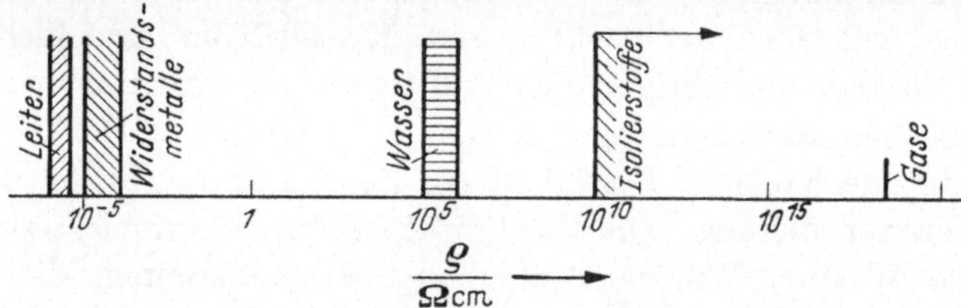

Abb. 10.1. Spezifischer Widerstand der elektrotechnischen Werkstoffe

Die elektrische Durchbruchfestigkeit der wichtigeren Stoffe liegt (bei genügender Reinheit und bei Normalverhältnissen) wenigstens bei $200 \cdots 500$ kV/cm. In Tab. 10.1 sind zur Übersicht einige Stoffe und einige Kernwerte zusammengestellt. Sie können aber nur als grober Anhalt dienen wegen der vielfältigen Einflußabhängigkeit, der sie unterliegen.

Über die übrigen Eigenschaften wird bei einzelnen Materialien besonderes zu sagen sein.

Wenn hier nur ein knapper Überblick über das verwirrend vielseitige Gebiet der elektrotechnischen Isolierstoffe gegeben werden kann, so soll vor allem eine ordnende Einteilung nach Herkunft und chemischer Struktur versucht werden: In Tab. 10.2 sind die Gruppen, ihre wichtigsten Vertreter und deren hervorstechende Kennzeichen und charakterisierenden Formen und Anwendungen zusammengestellt. Naturgegebene Stoffe können nur wenig Anwendung finden. Ihre Zubereitung dient einerseits dem Ausschluß von störenden Verunreinigungen (z. B. Glimmer), der Herstellung und Sicherung guter Eigenschaften durch Mischung und Bindung (z. B. Imprägnierung von Baumwolle und anderen Faserstoffen), der passenden Formgebung (z. B. zerkleinerte Füllstoffe in Harzbindungen) oder andererseits der Schaffung neuer

Zusammensetzung und Struktur. Bei den anorganischen handelt es sich hierbei um thermische-physikalische Sturkturumbildungen durch Sinterung oder Schmelzung (Keramik, Glas), bei den organischen um chemisch-physikalischen Aufschluß, so daß geeignete Abwandlungen der hochmolekularen Naturstoffe entstehen (Papier, Zellulose). Die voll-

Tabelle 10.1

Stoff	Ed_{eff} kV/cm	ε		tan δ / 10^3		Grenztemp. °C		Angewandte Dicken mm	Isolat. Klasse VDE 0530
		40° C	90° C	40° C	90° C	zst.	zul.		
Luft	21	1							
Öl	60··· 200	2	2,3	20		110	95		
Glimmer	500···1000	5	8	0,2	1,5	600		0,01···0,1	C
Mikanit	350	3,5		20	100	180	130	0,3 ···1,5	B
Mikapapier (fol.)	200··· 250	3	6	20	80	150	130	0,2 ···0,5	B
Mikanitleinen	200··· 250	3	6	20	80	150	130	0,4 ···2,0	B
Mikaseide	200··· 250	3	6	20	80	150	130	0,3 ···0,5	B
Asbest	(50)					300	130	0,08	C
Glasseide	200··· 300	3	6	0,8	1,0	400	130	0,02···02,5	C
Hartporzellan	340··· 380	5	6,5	20	80	einige 100°C			C
Steatit	200··· 300	5,5···6,5		5	50	einige 100°C			C
Holz	30··· 50								
Papier in Öl	200··· 400	4,0···5,0		15		110	95		A
lackiert	200··· 400	6		100		110	95	0,03···0,1	A
Preßspan in Öl	150··· 250	4		10	50	110	95	0,2 ···3	A
lackiert	200··· 400	6		100		110	95	0,2	A
Hartpap. Platt.	100··· 200	5···7		50	100	140	95	> 0,2	A
Rohre	150··· 200	4···4,5		15	60	140	95		A
Kunstfolie	250··· 500	4···8		100		115	105	0,04···0,5	H
Silikon	250··· 500	7,5		60		260		0,04···0,5	H
Lack Emaille	1000···2000								
Öl Impr. Lack	600···1200	3···5		50	200	130	115	0,03···0,1	E
Spez. Lack	600···1200	3···5				180		0,03···0,1	E
Kompound	120	2,7				erreicht bei 110···140° C			
Lacktuch Lackseide	50···90	3···4		0,0 ··· 45		115	95	0,03···0,3	A

synthetischen, hochmolekularen Kunststoffe sind dagegen aus einfachen, monomeren Ausgangsmaterialien fabriziert.

Es ist hieraus schon zu erkennen, daß die einteilende Trennung z. B. in organische und anorganische Stoffe vielfach bei den Isolierstoffen, wie sie etwa der Elektromaschinenbau anwendet, verwischt ist (z. B. Glimmerpapier mit Harzbindung). Für die Verarbeitung sind die tech-

Tabelle 10.2

A. Anorganische Isolierstoffe

1. Naturstoffe:

a) Glimmer: hohe Wärmebeständigkeit der dielektrischen Eigenschaften, chemisch beständig; leichte Spaltbarkeit (0,006 mm) (Elektrowärme).

b) Asbest: hohe Wärmebeständigkeit, hygroskopisch; fasrige Struktur — Elektrowärme. VDE 0331.

c) Gesteine: Marmor, Schiefer, Leitende Einschlüsse, feuchtigkeitsempfindlich — Schalttafeln für niedrige Spannungen. VDE 0330.

d) Oxyde: Al-, Mg-oxyd, Sinterkorund. Hohe Wärmefestigkeit — (Einbettmassen der Elektrowärme, Drahtisolation).

2. Aus anorganischen Naturstoffen aufgebaut:

a) Gläser: Empfindlich gegen Athmosphärilien, wärmebeständig, (Alkalifreiheit!) — Isolatoren; Glasfaser als Glasseide, -watte, -gespinst für Drahtisolation, Bänder, Tuch.
Hartglas: Niedrige thermische Ausdehnung (3 bis 5×10^{-6}) — Isolatoren.
Normalglas: (8 bis 10×10^{-6}) — Minosglas für Kondensatoren.
Quarzglas: Reine Kieselsäureschmelze — hochwertige Isolierteile; Gleichrichter; Senderöhren, Hochfrequenzgeräteteile.

b) Keramische Stoffe: Bei hoher Temperatur gebrannte Sinterprodukte: Feldspat + Quarz + Ton; mit harter Glasur. Mit Feldspatgehalt wächst elektrische Festigkeit, mit Tongehalt die Hitzebeständigkeit.
Hartporzellan: (Kaolin, Al-silikat, 1380···1435° C) Schwindung! — Hochspannungsisolatoren für Freileitungen, Geräte, Durchführungen.

B. Organische Isolierstoffe

1. Naturstoffe:

a) Mineralöle: nach Raffination — (Transformatoren, Schalter; Kabel, Kondensatoren) VDE 0370.

b) Pflanzenöle: Lein-, Holzöl. — Grundstoff für Isolier-Lacke.

c) Naturharze: Kolophonium, Schellack, Kopale — (Grundstoffe für Isolierlacke, Bindemittel für Schichtisolierstoffe).

d) Bitumen und Wachse: Asphalte und Derivate der Kokerei und Teerdestillation. — (Füll- und Bindestoffe, Ausgießmassen, Lackgrundstoffe, Vaseline, Weichmacher). VDE 0350 und VDE 0351.

e) Faserstoffe: Holz; Baumwolle, Leinen, Jute, Seide. (Draht-, Kabel-, Spulenisolation; Transformator-, Gerätebau; Isoliergewebe).

2. Von hochmolekularen Naturstoffen abgewandelt:

a) Kautschuk: Geringe Wasseraufnahme. Weichgummi — (Umkleiden von Leitungsdrähten. VDE 0250; Imprägnieren von Isolierbändern); Hartgummi, Ebonit (Konstruktionsteile). VDE 0322.

b) Eiweißabkömmlinge: Kasein (Kunsthorn) große Wasseraufnahme.

c) Holzstoff: Zellulose und Holzschliff. Schichtstoffe.
Papier — (Leiter-, Spulenisolation, Nutauskleidung, Kabel, Transformatoren, meist getränkt oder imprägniert).
Pappe — (untergeordnet, Stanzteile) VDE 0313.
Preßspan; Edelpreßspan, holzschlifffrei — (Spulen-, Nutenisolation, Spulenkästen, Transformatorenbau). VDE 0315, DIN 40600 und 40602.
Fiber, Vulkanfiber, Leatheroid — (Distanzierungen, Isoliereinlagen).
Triazetatfolien, Zelluloid, Zellwolle, Viskoseseide.

Steatit, Calit, Frequenta: (Speckstein oder Talk, Mg-silikat, 1200···1400° C) Maßhaltigkeit, Bruchfestigkeit, bis 1000°. Hitzebeständig, Lichtbogenfestigkeit, geringe dielektr. Verluste. — Hochspannungsisolatoren, Massen-Isolierteile, Hochfrequenzisolat.

Rutilhaltige Sondermassen. (Ti-Verbindungen) hohe DK, geringe dielektr. Verluste. — Hochfrequenzkondensatoren.

Steinzeug (größerer Tongehalt) — große Isolatoren.

Ton- oder Specksteinmassen mit sehr kleiner Wärmedehnung, dicht bis porös. — (Massen-Isolierteiler für Heizleiterträger der Elektrowärme.

c) Mikanit: Spaltglimmer geschichtet,[1] allein oder [2] mit Faserstoffträgern, durch Isolierlack gebunden. VDE 0332.

3. *Aus niedrigmolekularen Naturstoffen aufgebaute:*

Kunststoffe — (Tränk-, Imprägniermittel, Lackgrundstoffe; Füll-, Preßstoffe; Folien, Fasern) VDE 0320, 0318, DIN 7701, 7703, 40605, 40606, 40607. Viele Handelsnamen.

a) Polykondensate: härtbare Kunstharze (entstehen aus zwei verschiedenartigen niedrig-molekularen Ausgangsstoffen, die sich bei Druck- und Wärmeanwendung unter Austritt eines Reaktionsprodukts (Wasser) zu hochmolekularem Stoff vereinigen).

Penoplaste, Bakelit (Phenol, Kresol und Formaldehyd) Aminoplaste (Harnstoff; Polyamid).

Kunstharzpreßstoffe: Wärmedehnung wie bei Metallen, geringe Schwindung, (ohne oder) mit Füllstoffen: Holzmehl, Zellstoff, Textilien, Asbest, Glimmer u. a. — (Installationsmaterial, Isolierteile für Hoch- und Niederspannung, für Fernmelde- une Hochfrequenztechnik).

Kunstharzschichtstoffe; als Träger: Papier, Gewebe, Holz u. a. — (Hartpapier, Hartgewebe, Kunstharz-Preßholz).

Nichthärtbare Kunstharze, Glyptal aus Phtalsäure und Glycerin — (Lacke, Anilinharz u. a.).

b) Polymerisate: Thermoplaste. Erweichungspunkt ca. 100° C. (Entstehen durch Anlagerung gleicher oder ungleicher (Mischpolymerisate) Ausgangsstoffe zu Hochmolekularen).

Polyvinylchlorid (Igelit), Polyvinylbenzol (Polystyrol), Polyvinylkarbazol, Polyakrylsäureester, Plexigum).

Buna, teilweise sehr gute Isolationen, auch wasserabweisend. — (Füllstoffe für Lacke und Preßstoffe, Imprägnier- und Bindemittel, Folien und Fasern).

c) Flüssige: Clophen (Chlordiphenyl), flüssig bis wachsartig, unbrennbar — Transformatoren, Kondensatoren.

d) Silicone, in denen C durch Si ersetzt ist. Weiter Temperaturbereich.

Melanylharze mit C = N zyklischen Gruppen, für höhere Temperaturen (200°).

---

[1] Weiß-, Kommutatormikanit, Heizmikanit mit $< 3\%$ Bindemittelgehalt. Kollektorlamellenisolation, Träger und Abdeckung von Heizdrähten.

Stanz-, Hartmikanit. $< 15\%$ — gestanzte Isolierteile.

Braun-, Form-, Biege-, Flexibelmikanit bis zu 25% Bindemittelgehalt. — (Kollektorringe, Preßteile, Nutauskleidung, Isolierumhüllungen.)

[2] Micafolium, -Papier, -Gewebe, -Seide, -Leinen. — (Hochwertige Leiter- und Spulenisolation.)

Mikanitasbest, Micalex (Bleiborat mit Glimmer). (Kriechstromfest. — Isolierpreßkörper.)

nologischen Möglichkeiten der Formgebung unterscheidend von Bedeutung: Stoffe, die sich in ihrer gegebenen Struktur verarbeiten lassen (Holz); solche, die durch Wärmebehandlung ihre Form gewinnen (Gießharze); solche, die aus pulveriger oder ähnlicher Zusammensetzung unter Druck und Wärme in Form gebracht werden (Keramik, Harzpreßstoffe); dünnschichtige Folienbilder (Papier, PVC); verspinn- und webbare Faserstoffe.

10.2 Keramik, Glas, Metalloxyde

Die keramischen Isolierstoffe haben zwei bevorzugte Anwendungsgebiete, die sie weitgehend beherrschen, das der Hochspannungsisolatoren und das der thermisch hochbeanspruchten Schaltstück- und Heizträgerisolation. Einerseits die Wetterbeständigkeit, andererseits die Wärmefestigkeit, die mechanische Festigkeit, auch die Möglichkeit große Isolierkörper herzustellen, andererseits in Massenfertigung Kleinteile zu schaffen, sind dafür Grundlage.

Durchschnittliche Eigenschaften sind[1]: Gegen Alkalien und Säuren (nicht Flußsäure) beständig, je nach der Dichte des Brandes und Glasur, Rohwichte 2,3 ··· 3,6 kg/dm³, Zugfestigkeit (300 ··· 500)/(600 ··· 1000) kg/cm², Druckfestigkeit (4500 ··· 5500)/(8500 bis 10000) kg/cm² (!), Biegefestigkeit (600 ··· 1000)/(1200 ··· 1600) kg/cm², Schlagzähigkeit (1,8 ··· 2,2)/(3 ··· 5) $\frac{\text{cm kg}}{\text{cm}^2}$, Wärmedehnung (3,5 ··· 4,5)/(7 ··· 10) · 10^{-6} $\frac{\text{m}}{\text{m °C}}$, spez. Wärme 0,19 ··· 0,22 $\frac{\text{kcal}}{\text{kg °C}}$, Wärmeleitfähigkeit (1,0 ··· 1,6)/(1,7 ··· 2,4) $\frac{\text{kcal}}{\text{m} \cdot \text{h} \cdot \text{°C}}$, Feuerfestigkeit 1670/1500 °C; $\varepsilon \approx 6$, $\tan \delta =$ (170 ··· 250)/(10 ··· 30) $\times 10^{-4}$ bei 50 Hz, 20° C, $E_D = 200 \cdots 450$ kV/cm, kriechstromfest, lichtbogenempfindlich (außer Sondertypen).

Diese Eigenschaften hängen von der Zusammensetzung der keramischen Masse ab.

Keramik wird aus der Mischung erdiger, feinst gemahlener und vermischter Rohstoffe durch Brennen oder Sintern bei 1380 ··· 1450° C (40 ··· 50 Std.) dauernd gehärtet, nachdem im bildsamen Rohzustand die Form gepreßt, gedreht oder gegossen wurde. Dabei tritt ein starkes Schwinden ein (Hartporzellane 14 ··· 20%, Steatite 4 ··· 5%). Die Glasur wird zur Schaffung einer glatten und dichten Oberfläche mitgebrannt. Nach dem Brand können Endflächen zur Maßberichtigung nur mehr nachgeschliffen werden. Darum müssen ausreichende Maßtoleranzen gegeben werden.

Die Ausgangsstoffe sind Quarz (SiO_2), Feldspat (Alkali-Aluminium-Silikat) und Oxyde unedler Metalle, für Porzellan und Steinzeug haupt-

---

[1] Wo zwei Wertebereiche angegeben, gelten sie für: (Hartporzellan)/(Steatit). Vgl. Gußeisen: Zugfestigkeit 1200, Druckfestigkeit 6000 kg/cm².

sächlich Kaolin als Aluminiumsilikat, für Steatit Speckstein als Magnesiumsilikat. Das gesinterte Produkt enthält im wesentlichen zwei kristalline Phasen, $Al_6Si_2O_{13}$ und ungelöste Quarzkristalle, eingebettet in die vom Feldspat herrührende geschmolzene Glasphase. Die Zusammenstellung der drei Komponenten beeinflußt die Eigenschaften (Abb. 10.2 und 10.3), die außerdem von der Mahlfeinheit, der Formmethode und der Brenntemperatur abhängen. Steatite haben die größere mechanische Festigkeit und können wegen des geringeren Schwundmaßes mit größerer Maßgenauigkeit hergestellt werden. Die geringeren Verluste machen sie für die Hochfrequenz besonders geeignet.

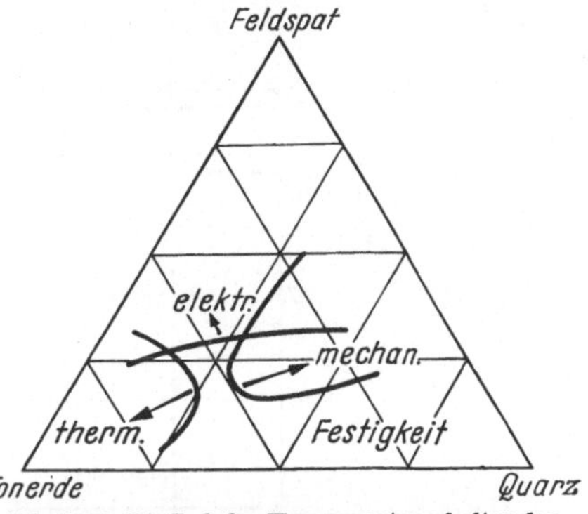

Abb. 10.2. Einfluß des Komponentengehaltes der Rohmasse auf die elektrische, mechanische und thermische Widerstandsfähigkeit für Porzellan

Für Elektrowärmegeräte, Heizleiterträger, Schutzkammern für Funken und hitze- und wechsel-beständige Teile für Temperaturen bis 1000···1200° C hergestellt mit besonderen Zusätzen und mit meist porösem Scherben, aber nedirigerer elektrischer Festigkeit. Für die Hochspannungskeramiken ist der im Betrieb vorkommende plötzliche Temperaturwechsel (Regenschauer nach Sonnenbestrahlung; Überschlaglichtbogen) gefährlich.

Dichte Keramiken mit Titanoxydverbindungen (Rutil) erreichen Elektrisierungsziffern bis $\varepsilon \approx 100$ bei kleinen Verlustfaktoren: $(3\cdots20)\cdot10^{-4}$ bei 10^6 bis 10^3 Hz (bei 100 Hz ist der $\tan\delta$: $110\cdot10^{-4}$) und geringem oder negativem Temperaturkoeffizienten, was sie als Material für Hochfrequenzkondensatoren geeignet macht.[1]

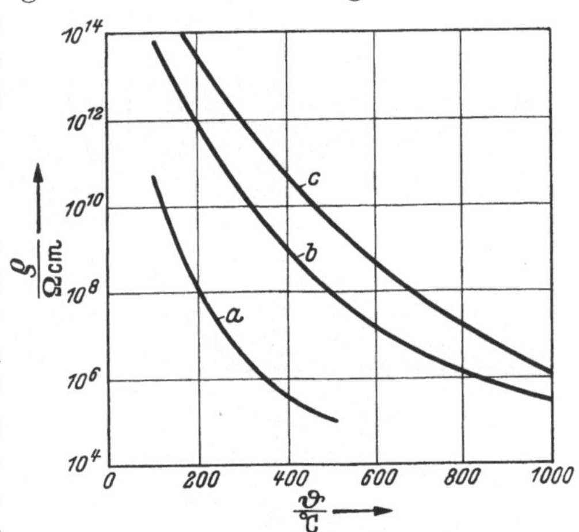

Abb. 10.3. Spezifischer Isolationswiderstand abhängig von der Temperatur von *a* Hochspannungsporzellan, *c* Normal-Steatit, *b* Sondersteatit

Für Zündkerzenisolatoren, die hohe thermische und elektrische Beanspruchung ertragen müssen, hat sich Sinterkorund (Al_2O_3, 1800° Brandtemperatur) am besten bewährt.

[1] Firmennamen sind: Calit, Frequenta, Condensa (Kerafar, Tempa) u. a.

Die Oxydierung von Reinaluminiumleitern (Eloxal) liefert eine dichte, genügend feste und zähe, nicht leitende Oberflächenschicht, die

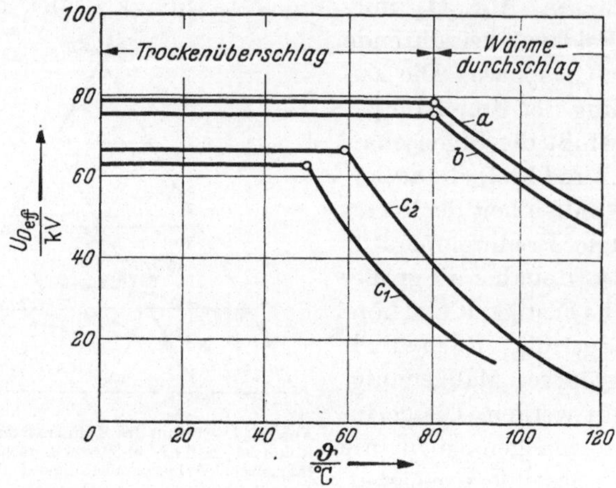

Abb. 10.4. 50 Hz-Überschlag- und Durchschlagspannung von Kappenisolatoren (K. B.) aus Glas und aus Porzellan, abhängig von der Temperatur. *a* Hartporzellan, *b* Pyrex (Borsilikatglas), c_1, c_2 vergütete Gläser

bei geringstem Isolationsauftrag ausreichende Isoliereigenschaften hat und gut temperaturfest ist. Für die Aluminiumwicklung von Lasthebemagneten wird dies mit Nutzen angewandt.

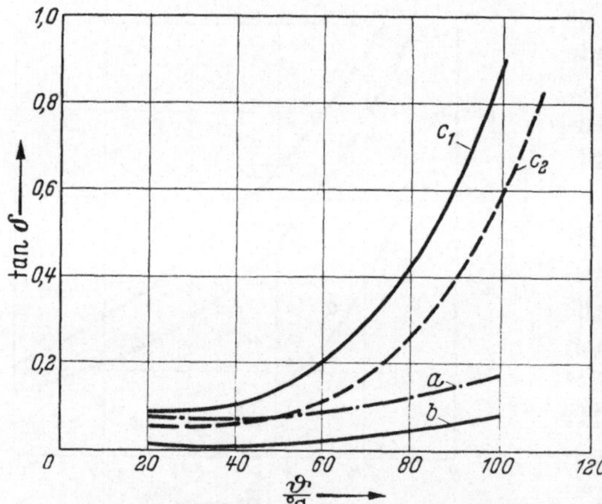

Abb. 10.5. Temperaturabhängigkeit der Verlustziffer von Glas- und Porzellanisolatoren (Typ K 3) bei 10 kV, 50 Hz. *a* Hartporzellan, *b* Pyrexglas; c_1, c_2 vergütete Gläser

Der Nachteil von Alkaligläsern, die geringe Oberflächenbeständigkeit und die hohe Leitfähigkeit, gilt nicht für alkalifreies Glas, bei dem die für die Stromleitung verantwortlichen Alkali-Ionen fehlen. So haben sich Borsilikatgläser für Leitungsisolatoren in USA, England, Frankreich sehr verbreitet eingeführt. Zusammensetzung in %:

SiO_2	82 (75),	Na_2O	(13),	K_2O	4 (2),
CaO und ähnl.		1 (10),	B_2O_3	13 (0);	

Klammerwerte für gewöhnliches Glas. Um das Material mechanisch und wärmefester zu machen, wird das Glas getempert, d. h. nach Erwärmen auf etwa 700° C im Luftstrom abgekühlt und gehärtet, so daß innere Zug- und äußere Druckspannungen bleiben. Die Lichtbogenfestigkeit ist höher als bei Porzellan.

Für die Starkstromwicklungen ist die Glasfaser ($3 \cdots 5\,\mu$ stark) als Gespinst oder Gewebe, verarbeitet zu Glasseidefaden, -schnur, -band, schlauch, -tuch, recht interessant geworden. Die Wärmebeständigkeit hält bis zu Temperaturen von $300 \cdots 400°$ C. Die Wärmeleitfähigkeit ist bei dichtem Gewebe (2000 kg/m^3) etwa viermal so groß wie bei Baumwolle. Die Scheuer- und die Scherfestigkeit muß durch Lackierung verbessert werden.

Einige Kennwerte für Glas:

$$E_D = 200 \cdots 300\ \text{kV/cm},\ \varepsilon = 3 \cdots 4,\ \tan\delta = (50 \cdots 100) \cdot 10^{-4}$$

(vgl. Abb. 10.4 und 10.5).

10.3 Glimmer- und Glimmer-Erzeugnisse

Je nach Kristallwassergehalt, erst über $600 \cdots 650°$ C durch Kalzinieren ausfallend, mit: $E_D = 500 \cdots 1500$ kV/cm, $\varepsilon = 4{,}5 \cdots 5{,}5$ mit der Temperatur steigend auf 8 bei 90° C, $\tan\delta = (2 \cdots 15) \cdot 10^{-4}$ bei $20 \cdots 100°$ C, behauptet Glimmer für besonders hochwertige Isolationen seinen Platz. Der Oberflächenwiderstand ist mit etwa $10^{12}\ \frac{\Omega\ \text{cm}}{\text{cm}}$ nicht besonders hoch. Das spezifische Gewicht ist $2{,}7 \cdots 3{,}0$, die Wärmedehnung mit $\alpha = 3 \cdot 10^{-6}\ \frac{\text{m}}{\text{m}\ °\text{C}}$ niedrig, die Wärmeleitfähigkeit $\left(k = 0{,}0036\ \frac{\text{W cm}}{\text{cm}^2\ °\text{C}}\right)$ nur etwa $^1/_{1000}$ der von Kupfer. Das monoklini-kristallisch geschichtete Mineral ist ein Kalium-Aluminiumdoppelsilikat. Die durchsichtigen mit $0{,}05 \cdots 1$ mm gewonnenen Platten lassen sich bis zu $6\,\mu$ Dicke leicht spalten. Das Material wird nach Reinheit und Stückgröße ($10 \cdots 315$ cm^2) sehr unterschiedlich bewertet ($10 \cdots 150$ DM/kg).

In der Anwendung ist Naturglimmer ersetzt durch künstlich zusammengeschichtetes Micanit und durch Glimmer-belegte Papiere und Gewebe (Micafolium). Die Glimmerblättchen und -schuppen sind mit erhärtendem oder dauernd plastisch bleibendem Harz-Schellack, Asphalt, Kunstharz-gebunden; unter Druck und Wärme wird die Schichtung gehärtet, so daß sie homogen gefüllt ist. Je nach dem Anteilsgehalt an Bindeharz unterscheidet man: Weiß- oder Preßmicanit mit nur $2 \cdots 3\%$, in harten, sehr gut maßtoleranten Platten von $0{,}3 \cdots 1{,}5$ mm Dicke für Kollektorlamellen und für Heizkörper, Braunmicanit mit 15% für Stanzstücke und für Ringe und Kappen, die bei 100° C in Form gedrückt werden, Form- oder Biegemicanit mit $>20\%$ für Rohre, Hülsen, Ringe u. dgl. auch kalt flexibel formbar.

Mit zunehmendem Harzgehalt sinkt die Hitzebeständigkeit, $E_D \rightarrow 300$ kV/cm, $\varepsilon \rightarrow 3{,}0$; der Verlustfaktor wird merklich temperaturabhängig; Wärmedehnung $8{,}5 \cdot 10^{-6} \frac{\mathrm{m}}{\mathrm{m}\,^\circ\mathrm{C}}$ (vgl.: Eisen: $10 \cdot 10^{-6}$, Kupfer: $17 \cdot 10^{-6}$).

Micapapier, Micabatist, -Leinen und besonders -Seide sind als Bänder oder Tücher für Hochspannungswicklungen großer Statoren unentbehrlich. Je hochwertiger der Glimmerträger und je größer die Glimmblättchen, desto haltbarer, dünner und dichter die Isolation: $\varepsilon = 2{,}5 \cdots 4{,}5$, $\tan\delta = (200 \cdots 800) \cdot 10^{-4}$, $E_D = 200 \cdots 300$ kV/cm.

Glimmer ist etwas hygroskopisch. Von den Produkten, die bei Glimmentladungen in Luft entstehen, wird es nicht angegriffen. (DIN 40614, VDE 0332.)

10.4 Faserstoffe

Faserstoffe werden als Faden für Gespinste, Garne, Gewebe, Tuche, Bänder, als Folien für Papier, Preßspan, Hartpapiere und Schichtpreßstoffe vielseitig in der Isoliertechnik verwendet.

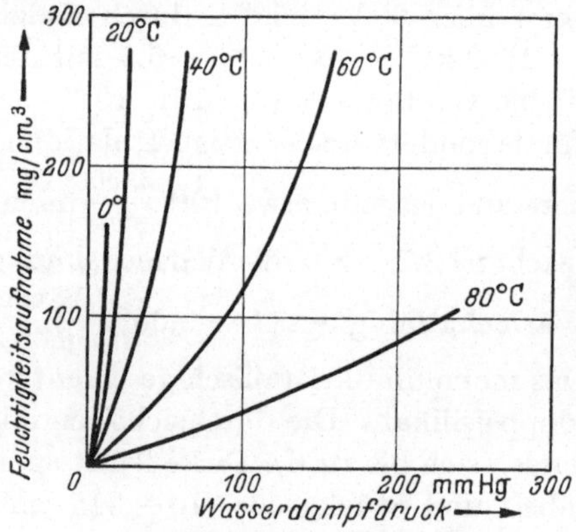

Abb. 10.6. Feuchtigkeitsaufnahme von Papier in Abhängigkeit vom Wasserdampfdruck und bei verschiedener Temperatur

Die Naturform des Holzes findet, getrocknet und getränkt im Transformatorenbau, lackiert als Nutverschlußkeile vielfach Benutzung. Die unterschiedliche Eigenschaft längs und quer zur Schichtung ist zu beachten.

Für die Festigkeit und Dichte von Fäden und von Papier ist die Länge der Faser maßgeblich. Die Temperaturbeständigkeit der Fasern pflanzlichen Ursprungs ist bei etwa 100° C begrenzt. Die tierische Seidenfaser ist widerstandsfähiger und hält eine gewisse Zeit lang 150° C noch ohne Zerstörung aus; wegen ihrer Feinheit und höheren Reißfestigkeit ergibt sie dünneren Isolationsauftrag und wird dort angewandt, wo es darauf ankommt.

Schon im „trockenen“ Zustand enthält die Pflanzenfaser (bei 20° C und 65% Luftfeuchte) etwa 10···20% Wasser, das sie aus der Luft aufnimmt (Abb. 10.6). Auch dem feuchten Öl entzieht Papier dank seiner höheren Hygroskopizität Wasser. Wenn trockene Faserstoffe gute elektrische Eigenschaften haben (z. B. Papier $E_D \approx 200$ kV/cm, $\varepsilon = 2{,}5 \cdots 3{,}5$ je nach Dichte, $\tan\delta = 0{,}03$), so bedürfen sie deshalb zur Erhaltung dieser Qualität einer Imprägnierung mit Lack oder mit Öl, die die Luft- und Wassereinschlüsse durch flüssigen oder erhärtenden Isolierstoff ersetzt; eine solche Lackumhüllung verhindert das kapillare

Einsaugen von Wasser, vermag aber die chemische Hydratation nicht aufzuheben. Die Gleichspannungs-Leitfähigkeit wird durch den Wassergehalt (an den Micell-Grenzflächen adsorbiert) viel stärker beeinflußt als der Wechselspannungsverlustfaktor, für den die Beweglichkeit der

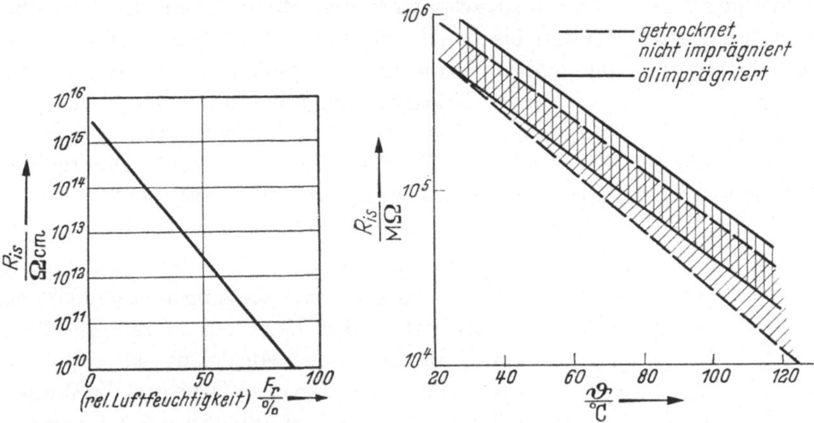

Abb. 10.7. Gleichstrom-Isolationswiderstand von Kabelpapier bei verschiedener relativer Feuchtigkeit

Abb. 10.8. Gleichstrom-Isolationswiderstand von Papier, abhängig von der Temperatur

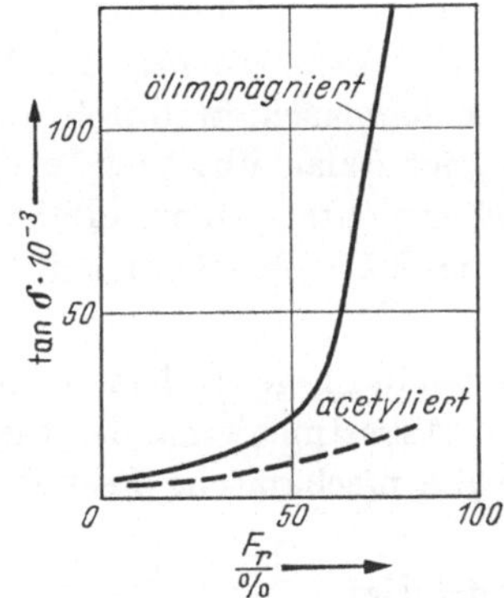

Abb. 10.9. Verlustfaktor von Kabelpapier bei verschiedener Feuchtigkeit (50 Hz). ——— ölimprägniert, - - - - - acetyliert

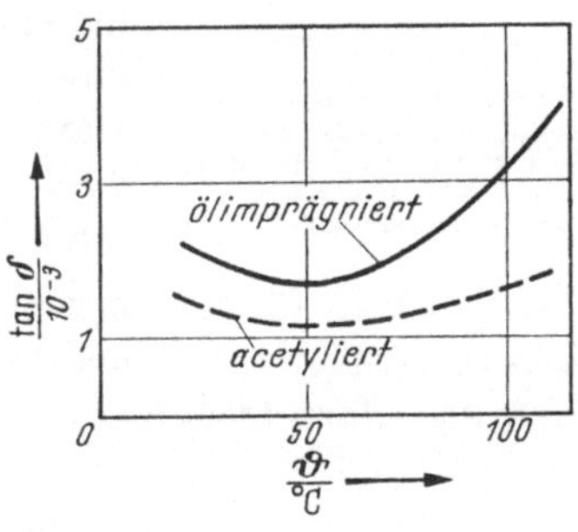

Abb. 10.10. Temperaturabhängigkeit des Verlustfaktors $\tan\delta$ für Papier. ——— ölimprägniert, - - - - - acetyliert

immer vorhandenen Dipole maßgebend ist. Das gleiche gilt für die Temperaturabhängigkeit (Abb. 10.7 bis 10.11).

„Kabelpapiere" werden

für Wickeldrähte in dichtester Feinqualität	mit 15⋯ 30 μ Stärke,	0,73	kg/dm^3
für Fernmeldekabel	„ 45⋯245 μ „ ,	0,73	„
für Starkstromkabel	„ 105⋯165 μ „ ,	0,67⋯0,97	„
für Bewehrungen	„ 145⋯310 μ „ ,	0,67	„

aus reiner Natronzellulose hergestellt. Die letztgenannte Qualität ist gut saugfähig (DIN 47110). Preßspan ist bis zu 3···5 mm Dicke ohne besonderes Bindemittel gepreßt, darüber in Schichten geleimt.

Durch Füllung und Verklebung mit Isolierharzen (Schellack, Bakalit, Kunstharze) entstehen die Hartpapiere und Hartgewebe, die als Rohre und Platten von 0,5 mm bis beliebiger Wandstärke hergestellt werden. Das Harz wird unter Erhitzung und hohem Druck in die Fasern gepreßt und gehärtet. Die 1-Minuten-Festigkeit liegt bei 200···350 kV/cm; bei Rohren: $\varepsilon = 4 \cdots 4{,}5$, $\tan\delta = (200 \cdots 500) \cdot 10^{-4}$, bei Platten: $\varepsilon = 5 \cdots 7$, $\tan\delta = (500 \cdots 1500) \cdot 10^{-4}$ (die Werte nehmen, je nach Harzgehalt, insbesondere bei Platten mit Erwärmung auf 90°, ε auf das 2···4fache, $\tan\delta$ auf das 3···8fache zu, E_D um 20···25% ab).

Die mechanische Festigkeit ist mit: 500···1000 kg/cm² Zug, 1000···3000 kg/cm² Druck, 800···1500 kg/cm² Biegung recht hoch; der Elastizitätsmodul liegt bei 8000···10000 kg/cm²; die Wärmebeständigkeit ist mit etwa 110° C begrenzt. Die chemische und die Wetterbeständigkeit hängt ab vom angewandten Füllharz. Das spezifische Gewicht ist etwa 1,2···1,4 kg/dm³.

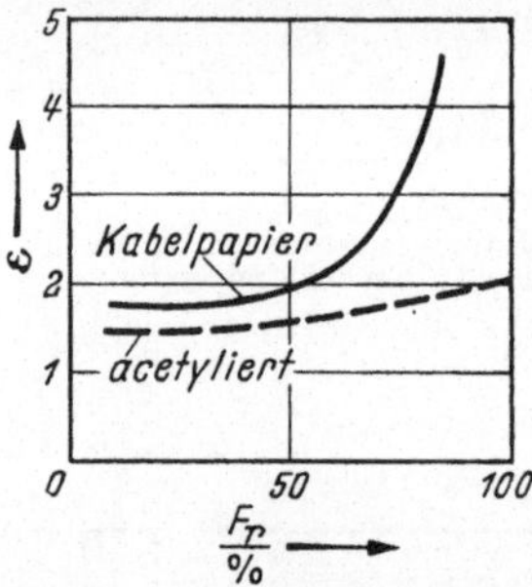

Abb. 10.11. Dielektrizitätskonstante von Papier, abhängig von der relativen Feuchtigkeit (b. 50 Hz) ——— ölimprägniert, - - - - - - acetyliert

Bei Fasergespinsten, Drahtumspinnung, umklöppelung, Bändern, Tuchen für Wicklungen wird der Klimaschutz durch Imprägnierung und Schutzlacküberzeug erreicht. Dank dem dabei erreichten Sauerstoffabschluß wird dadurch die Wärmebeständigkeit etwas erhöht.

Als Füllstoffe für Isolierpreßstoff kommen in Frage: Holzmehl, Baumwollfasern, Papier- und Gewebeschnitzel (Asbestmehl, Sand). Sie verbilligen das Harzerzeugnis und erhöhen die mechanische Festigkeit.

10.5 Isolier-Kunststoffe

Die Zahl der von der Chemie entwickelten Kunststoffe geht in einige tausend; für die Elektrotechnik haben einige dreißig Bedeutung. Sie sind aus Makromolekülen polymer aufgebaut. Viele (bis zu einigen 10^6) Atome sind durch die Hauptvalenzkräfte zusammengebunden; (also nicht in Molekulgruppierungen wie bei Kristallen oder Micellen, die durch sekundäre Valenzen, die meist auf Dipolwirkungen beruhen, locker miteinander verbunden sind). Dieser Aufbau setzt die Aneinanderlagerung von Atomgruppen als Grundbausteine voraus, die freie reaktionsfähige Stellen haben, wie: Hydroxyl (HO—), Carboxyl (CO—), Amino (NH_2—), oder Gruppen, die durch Aktivierung reaktionsfähig werden, wie bei Styrol $\left(\underset{C_6H_5}{\underset{|}{CH}}=CH_2 \longrightarrow -\underset{C_6H_5}{\underset{|}{CH}}-CH_2-\right)$ indem Doppelbindungen aufgelöst werden.

Es sind drei Wege des chemischen Makrostrukturaufbaues möglich:

Die *Polykondensation*, bei der verschiedene reaktionsfähige Gruppen, begünstigt und beschleunigt durch Wärme und durch Katalysatoren, vereinigt werden, wobei niedermolekulare Reaktionsprodukte, zumeist Wasser, abgespalten werden und austreten, ähnlich wie bei der Salz- oder bei der Esterbildung.

Die *Polyaddition*, als gleichartiger Aufbau-Vorgang, ohne daß Abspaltungsprodukte frei werden.

Die *Polymerisation*, bei der gleichartige ungesättigte oder ringförmige Momare sich verketten, ohne die Zusammensetzung zu ändern und ohne Abspaltung niedermolekularer Produkte. Es können auch verwandte Ausgangsstoffe zu Mischpolymerisaten verkettet und dadurch die Eigenschaften variiert werden.

Als weitere Methode der Herstellung nichtsynthetischer wertvoller Stoffe ist die chemische Abwandlung von makromolekularen Naturstoffen, wie die Derivate, der Zellulose, des Kautschuks, des Kaseins anzuführen.

Die Makromoleküle können fadenförmige lineare Kohlenstoffbindungen sein oder flächigen oder räumlich vernetzten Aufbau haben. Dies beeinflußt, ebenso wie die Länge und Steifheit der Molekülfaden oder die Maschenweite der Vernetzung die physikalischen Eigenschaften. Die Härte, Zähigkeit, Festigkeit und auch das dielektrische Verhalten variieren demgemäß stark. Insbesondere unterscheidet sich das thermoplastische Verhalten:

Thermoplaste, hauptsächlich mit linearen Ketten, sind in der Kälte fest, werden bei Erwärmung plastisch, breiig, schließlich zum Teil flüssig. Wenn die Temperatur dabei nicht zu hoch wird, was zur Zersetzung führt, ist die Änderung des Aggregatzustandes umkehrbar. Das ermöglicht eine bequeme Verarbeitung. Das Material kann im Spritz- und Preßguß verformt und geschweißt werden. Von der Formel des Moleküls ist die Erweichungstemperatur und der Temperaturbereich z. B. der gummiartigen Elastizität oder der leichten oder zähen Flüssigkeit abhängig.

Duroplaste werden beim Erhitzen zunächst plastisch und breiig, erhärten dann aber durch nicht reversible Strukturvernetzung mit engem Raumgitter (Härten, Backen).

Symmetrisch aufgebaute Fadenmoleküle können kristallinische Nebenvernetzungen eingehen; in dem Temperaturbereich zwischen dem amorphen Zustand und dem Schmelzen der kristallinen Bindung (z. B.

bei Polyäthylen zwischen —70° und +113° C) besteht dann relativ große Härte und sehr starke Vergütungsfähigkeit durch Recken des Materials.

Zur Einstellung der Plastizität werden der Kunststoffgrundsubstanz Weichmacher oder Härter beigemischt.

Die gewöhnlich pulverig oder spröd-körnig angelieferten Kunststoffe ermöglichen meist verschiedene Verarbeitung:

Als *Lackgrundstoff*, in gelöster Form, für Isolier- und für Klebelacke, zur Imprägnierung von Faserstoffen, für Schutzüberzüge, für Emailleauftrag auf Leitermetall. Es ist wichtig, die für die Weiterverarbeitung dem Lack, seinem Löser, dem Anwendungsverfahren und dem Endzweck geeignet angepaßte Zeit, Temperatur und Atmosphäre für die Imprägnierung, die Trocknung und die Härtung einzuhalten. Von einer Imprägnierung, die meist im Tauchverfahren eingebracht wird, verlangt man vollständige, gleichmäßige Erfüllung aller Hohlräume; insbesondere dürfen im Innern keine weichen Nester oder Stellen bleiben, aus denen das Lösemittel nicht mehr ausdampfen kann. Die Oberflächen sollen chemisch und wetterfest, wasserabweisend, genügend hart und doch elastisch sein. Beachtenswert ist die Löslichkeit; so darf das Lösemittel des Tauchlackes einer Wicklung die Emailleisolierung der Lack-Dynamodrähte nicht auflösen; es muß wohl aber eine innig verklebende Verbindung entstehen.

Gießmassen müssen bei Kabelendverschlüssen u. dgl. noch geringfügig formbar bleiben, bei Gießstücken aber stabil fest werden. Volle, dichte Homogenität, gänzliche Freiheit von Lunkern oder Rissen, geringe Schrumpfung beim Erstarren, klebendes Haften an Metallteilen, passender Wärmeausdehnungskoeffizient werden neben den dielektrischen sonstigen Eigenschaften verlangt.

Reine Harze oder Mischungen mit organischen oder anorganischen Füllstoffen können als *Preßmassen* in Form gepreßt, im Verfahren des Stanz- oder Spritzpressens oder des Spritzgießens, dank der Erweichung bei Erwärmung, meist unter gleichzeitiger Anwendung sehr hoher Drücke vielfältiger Gestaltung von Isolierteilen dienen.

Schichtpreßstoffe sind mit Natur- und Kunstharzen gefüllt, verklebt und gedeckt. Neben Schellack werden die auf Phenol-, Harnstoff- oder Kresolbasis beruhenden Kunstharze verwendet.

Wichtig ist die *Folien*verarbeitung durch Walzen von Tafeln, die aus der Lösung geschaffen oder aus der Schmelze gepreßt sind, ferner die Fertigung von elastischen Isolierrohren und -schläuchenund die *Umpressung* oder Umspritzung für Kabel und isolierte Leitungen.

Bezüglich der verschiedenen in der Isoliertechnik verwendeten Stoffe muß auf die Sonderliteratur verwiesen werden. Hier können nur die wichtigsten samt ihren hauptsächlichen Eigenarten und Anwendungen aufgezählt werden.

Polykondensate: *Phenolen, Kresolen, Melamin* oder Harnstoff-(*Amino*)-verbindungen werden mit Aldehyden (Formaldehyd, Fulfurol) in der Wärme und mit einem alkalischen oder einem sauren Katalysator kondensiert und erhärten, meist bleibend. („Bakelit" als älteste Firmenbezeichnung.) Als Preßmassen, für Schichtpreßstoffe und als Lackgrundstoffe haben sie große Bedeutung. Da das Harz allein zu spröde — und zu teuer! —, wird die Preßmasse mit pulverigen, faserigen, flockigen, geschnitzelten oder gewebten Stoffen gefüllt (Verarbeitungsschwund: 0,25···1%). Die elektrischen Eigenschaften sind vorteilhaft ($E_D = 50 \cdots 200$ kV/cm, $\varepsilon = 5 \cdots 9$, $\tan\delta = (50 \cdots 100) \cdot 10^{-3}$, $R_{obfl} = 10^7 \cdots 10^{10}\,\Omega$; die Kriechstromfestigkeit ist bei den Melamin- und Aminoplasten besser als bei den Phenoplasten. Die zulässige Dauertemperatur liegt bei den Phenoplasten bei 160···180° C, bei den Aminoplasten bei 60···80° C, bei den Melamin-Preßmassen bei 130···160° C.

Polyester entstehen aus einer linear aufbauenden Polykondensation von Alkoholen und Säuren, insbesondere Glycerin mit Phthalsäure (Phthalat- und Alkyd-Harze); für Lacke, Klebe- und Gießharze, für mechanisch besonders feste Glas-Hartgewebeteile. (90···100° C, 120···180 kV/cm, $\tan\delta = 30 \cdot 10^{-3}$, $\varepsilon = 3 \cdots 6$, gut kriechstromfest.)

Anilinharz ist ein Thermoplast (Anilin-Formaldehyd), ist gut kriechstromfest, aber gering wärmebeständig (ca. 70···80° C).

Die *Polyamide* sind dem Eiweiß ähnlich aufgebaute Thermoplaste (z. B. Nylon, Perlon) mit sehr guten mechanischen Eigenschaften. Die hohe Scheuer- und Abriebfestigkeit und Geschmeidigkeit ist günstig für Drahtlacke, für Drahtumspinnung und Kabelummantelung; doch ist die Feuchtigkeitsempfindlichkeit zu beachten. (70° C, in feuchter Luft bis 110° C.)

Schließlich ist hierher zu zählen die Gruppe der *Silikone.* Hier sind die Kohlenstoffatome in der Kettenbindung durch Silicium ersetzt. In der Konsistenzvielfalt vom Öl, Fett, Gummi, bis zum erhärtenden Harz zeichnet sie hohe Wärmebeständigkeit (180···250° C) und Wasserabweisung aus. Das Haftvermögen ist niedrig.

Polyaddukte: Die *Epoxyharze* erhärten, ohne Anwendung hohen Druckes, meist mit einem Härter vermischt heiß oder kalt, ohne dabei Spaltprodukte abzusetzen und ohne merkliche Volumveränderung, sie gewinnen als Lack-, Gieß- und Klebeharze Bedeutung. Ihre Klebefähigkeit ist sehr groß, die Lackschicht dabei sehr fest und elastisch; wasserabweisend, kriechstromfest. Als Gießharz auch für größere Formen geeignet, mit Quarzmehl als Füllmittel; nachträgliche spanende Bearbeitung möglich. Zum Imprägnieren und Vergießen großer Spulen.

Die Emaillelacke aus Polyurethen (DD-Lack) müssen beim Verlöten von Wicklungsenden nicht beseitigt werden, sondern verdampfen unter der Hitze des Lötkolbens ohne behindernden Rest. (Dauertemperatur 120···140° C.)

Polymerisate durch die Filmbildung ausgezeichnet

Das *Polyäthylen*, aus Äthylen bei 400° C und 1500 at mit Sauerstoff als Katalysator polymerisiert, ist eines der meistverwendeten Kunststoffprodukte. Zwischen —50° bis etwa +100° C gegen Salzlösungen, Säuren und Basen beständig, in Ölen, Fetten aber quellend; Wasseraufnahme sehr gering (< 0,01%); $\varepsilon = 2{,}3$, $\tan\delta < 0{,}5 \cdot 10^{-3}$, weil dipolfrei!; Grenztemperatur 70···100° C; mechanisch sehr fest.

Polyfluoräthylene (Teflon, Kal F), ähnlich dem Polyäthylen, aber mit Ersatz der —CH_2-Gruppen durch —CF_2— (Teflon = Polytetrafluoräthylen) bzw. durch —CF_2—CFCl—(Hostaflon = Polytrifluormomechloräthylen) eröffnet den Einsatz der Fluorchemie. Da Fluor fast doppelt so fest am Kohlenstoff gebunden ist wie Wasserstoff, sind diese Produkte durch hohe Beständigkeit gegen Wärme und gegen Chemikalien ausgezeichnet. 200° (150°)[1] werden dauernd ausgehalten; $E_D = 200(250)$ kV/cm, $\varepsilon = 2$ (2,4), $\tan\delta = 0{,}3$ (20) $\cdot 10^{-3}$, $R_{obfl} = 10^{12\cdots15}\,\Omega$; feuchtigkeits- und kriechstromfest. Lacke, Folien, Nutauskleidung; für Formkörper (bei 200···350 At und 350 (250°) C mit 10 % Schrumpfung) die nachträglich spanabhebend geformt werden können.

Polystyrol (dielektrisch vorzüglich) je nach dem Polymerisationsgrad verschieden. Gegen Alkalien, Säuren und Alkohole beständig, wenig gegen Mineralöle, nicht gegen organische Löser; wasserabweisend (< 0,07%), kriechstromfest. 60···90° C; $E_D = 200\cdots1000$ kV/cm je nach Dicke, $\varepsilon = 2{,}5\cdots3$, $\tan\delta = (0{,}02\cdots2)\cdot 10^{-3}$ bis 10^{10} Hz und wenig temperaturabhängig, als Lackgrundstoff, auch zur Modifizierung von Öllacken; Folien, Faden, Platten, Rohre, Formstücke reichhaltig angewandt für Kabel, Leitungen und Kondensatoren, wenig für Maschinen und Geräte (Temperatur!). Schaumpolystyrol mit Dichte: 0,05 g/cm³.

Polyacrylharze sind in Anwendung und Eigenschaften dem Polystyrol vergleichbar, dielektrisch etwas nachstehend. Plexiglas ist vorzüglich wasser- und kriechstromfest. 60···80° C, $E_D = 400\cdots450$ kV/cm, $\varepsilon = 3\cdots3{,}6$, $\tan\delta = (20\cdots70)\cdot10^{-3}$, $R_{obfl} = 10^{15}\,\Omega$, Wasseraufnahme 1,4 g/m³ bei $\varphi_{rel} = 65\%$ in Öl.

Die *Polyvinylchloride* (PVC) haben schon eine 100jährige Entwicklung hinter sich. Mittelwerte der uns besonders interessierenden Eigenschaften: 60···80° C, $E_D = 150\cdots500$ kV/cm, $\varepsilon = 3{,}1\cdots3{,}4$, $\tan\delta = (8\cdots20)\cdot10^{-3}$; mäßig kriechstromfest; wasserabweisend. Im gewöhn-

[1] Werte für Teflon bzw. Hostaflon.

lichen Temperaturbereich spröde, bedarf PVC eines Weichmachers, das sind esterartige wenig flüchtige, mit PVC verträgliche Flüssigkeiten. Sie lösen die zwischenmolekularen Bindungen der PVC-Makromoleküle (Salvatation), so daß deren Beweglichkeit erhöht wird. Der Weichheitsgrad kann so eingestellt werden. Ungünstig kann die Neigung zur molekularen Wanderung und zur Flüchtigkeit bei erhöhter Temperatur und im Laufe langer Betriebszeit werden. Der Weichmacher beeinflußt die Eigenschaften. Mischpolymerisate des Vinyls mit anderen geeigneten Gruppen geben manche Varianten der Zusammensetzung und des Verhaltens.

Folien, Schläuche und Umspritzung werden für isolierte Leitungen und für Kabel angewandt. Gegenüber Naturgummi ist vorteilhaft die Beständigkeit gegen Chemikalien, Öl, Ozon, Witterung und Alterung, die Möglichkeit, die Isolierung mit geringerer Dicke und mit größerer Arbeitsgeschwindigkeit auftragen zu können.

Polyvinylcarbazol ist bei 130···150° C noch beständig, dank $\tan \delta = (0{,}2 \cdots 0{,}6) \cdot 10^{-3}$ bis 10^6 Hz, zur Tränkung von Spulen, Kondensatoren, Meßgeräteteilen geeignet ($\varepsilon = 3$).

Polyvinylacetale geben bis 150° C verwendbare Drahtlacke, die sehr feste, dichte und elastische, elektrisch, mechanisch und thermisch vorzügliche Schichten liefern und auch für dickeren Auftrag geeignet sind.

Der *Kunstkautschuk*, als Polymerisat des Butadiäns gestattet Anwendungen anstelle von Naturkautschuk, bei denen dessen beschränkenden Eigenschaften unbefriedigend sind und Beständigkeit gegenüber Hitze und Kälte, Licht und Wetter, Öl, Sauerstoff usw. gefordert werden. Buna S (mit Styrol polymerisiert) Perbunan, Neopren.

Die weitere Entwicklung der Kunststoffe ist gekennzeichnet durch das Bestreben, die Eigenschaften zu verbessern durch Einfügen oder Austausch von bestimmten Atomen oder Atomgruppen. Versuche zeigen, daß durch energiereiche Bestrahlung, z. B. mit γ und β-Strahlen die Strukturbeständigkeit erhöht wird. (Durch Abspaltung von Wasserstoff und Bildung direkter C—C-Bindungen, z. B. bei Polyäthylen wird die Wärmefestigkeit von 115° auf 250° C erhöht.)

Schließlich seien die Isolierstoffe noch genannt, die aus Naturstoffen abgewandelt sind.

Zelluloseabkömmlinge sind: Die Viskose, als Faser und Folie (Cellophan); Hydratzellulose (Vulkanfiber); Acetylzellulose (Triacetat und Cellon); Zelluloseäther (Trolix). Durch Einfügung des Essigsäureradikals wird Zellulose beständiger gegen Wasser und Chemikalien; z. B. gilt für Triazetat-Zellulosefolien: 120° C, 1000 kV/cm, $\varepsilon = 3{,}5 \cdots 4$, $\tan \delta = 15 \cdot 10^{-4}$, $R_{obfl} = 10^8\ \Omega$, Wasseraufnahme 4···7% in 24 Stunden.

Naturharze sind Kollophonium, Kapole, Schellack, das sind die Baumharze, Erdwachse, Asphalt und Bitumen als mineralische, hauptsächlich als Nebenprodukt der Erdölraffination und der Steinkohledestillation gewonnene Stoffe. Insbesondere Schellack hat als Lackgrundstoff und als Füll- und Klebestoff für Schichtisolationen noch große Bedeutung. Dieses Harz erweicht bei etwa 90° C unter Wasserabgabe, ist in Alkoholen löslich. Bei länger dauernder Erwärmung über etwa 110° C versprödet das Harz und verliert den homogenen Zusammenhalt.

Die Mineralprodukte sind als Grundstoffe für Kompound-Isoliermassen wichtig und für Schichtisolierungen, die bei 90···110° C zähplastisch sein sollen, ohne daß eine örtlich verarmende Wanderung bei wechselnder Erwärmung und Abkühlung auftritt.

Naturkautschuk in Gummimischungen wird in der Vulkanisierung so eingestellt, daß je nach dem Zweck mehr die elektrische oder die mechanische Güte hervortritt (z. B. Adernisolation — Außenmantel von Fernmeldekabeln). 60° C, $E_D = 150 \cdots 300$ kV/cm, $\varepsilon = 2{,}5$, $\tan\delta = 2{,}5 \cdot 10^{-3}$.

Paraffine und Wachsmassen dienen zur Tränkung von gespinstisolierten Drähten. Paraffin: $80 \cdots 200$ kV/cm, $\varepsilon = 2 \cdots 3$, $\tan\delta = 0.08 \cdot 10^{-3}$; Erdwachs: (50···60° C), $\varepsilon = 2{,}2$, $\tan\delta = 0{,}03 \cdot 10^{-3}$.

10.6 Isolieröle

Das Verhalten von Isolierölen bei elektrischer Beanspruchung wurde bereits in § 9.8 (S. 264) besprochen.

10.61 Aufbau der Isolieröle. Die Zusammensetzung der Isolieröle wird durch den Prozentsatz an Paraffinen und Naphthenen gekennzeichnet. Die sogenannten Methanöle enthalten mehr als $^2/_3$ ihres Volumens, kettenförmige Kohlenwasserstoffe (Abb. 10.12) ohne Doppelbindung. Dabei unterscheidet man unverzweigte Kohlenwasserstoffketten ohne Doppelbindung, d. h. „normale Paraffine" (Abb. 10.12a), und verzweigte Kohlenwasserstoffketten ohne Doppelbindung, die „Iso-Paraffine" (Abb. 10.12b).

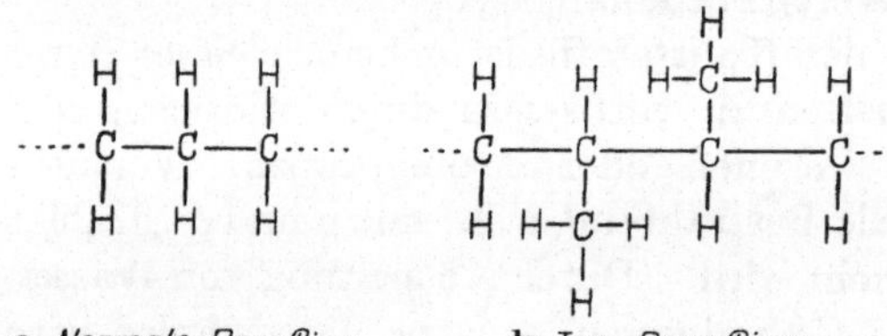

a *Normale Paraffine* b *Iso-Paraffine*

Abb. 10.12. Hauptbestandteile eines Methanöles

Ringförmig zusammengeschlossene Kohlenwasserstoffketten — ohne Doppelbindungen „Naphthene" oder „Zyklo-Paraffine" (Abb. 10.13) — ergeben Naphthenöle, wenn sie über 60% des Ölgewichtes ausmachen. Gesättigte Kohlenwasserstoffe (Abb. 10.12 u. 10.13) enthalten vom Raffinationsprozeß her noch etwa 1% Aromate (Abb. 10.14). Aromate sind ungesättigte Kohlenwasserstoffe (mit Doppelbindungen), welche leichter strukturellen Veränderungen unterworfen sind. Es sind dem

Aufbau nach Kohlenwasserstoff-Sechserringe mit abwechselnd einfachen und doppelten Bindungen zwischen den Kohlenstoffatomen (Abb. 10.14).

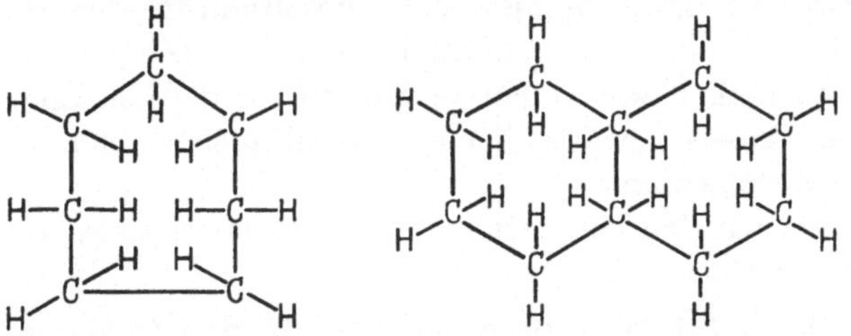

Abb. 10.13. Beispiele ringförmiger Kohlenwasserstoffe ohne Doppelbindungen (Naphtene)

Verbindungen vom allgemeinen Typus der Paraffine oder Naphthene mit einzelnen oder mehreren Doppelbindungen werden Olefine genannt (Abb. 10.15). Praktisch treten in den Isolierölen Moleküle auf, die sich aus mehreren dieser Strukturen zusammensetzen. So setzen sich die Naphthenmethanöle etwa zu $^2/_3$ aus Naphthenöl und $^1/_3$ aus Methanöl zusammen. Eine genaue Strukturanalyse eines Öles auf diese Grundbestandteile hin ist nicht ohne weiteres möglich. Daher werden die Öltypen nach dem mittleren Molekulargewicht und der mittleren Anzahl der C-Atome pro Molokül unterschieden (siehe nebenstehende Aufstellung).

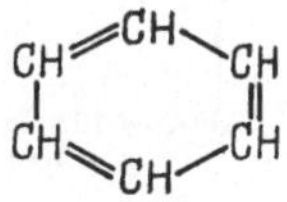

Abb. 10.14. Aromate mit Doppelbindungen

Ölart	Mittleres Molekulargewicht	Mittlere Anzahl der C-Atome pro Molekül
Kabelöl I	277	19···20
Trafoöl I	272	19···20
Trafoöl II	291	20···21
Trafoöl III	311	22···33
Paraffinöl	390	26···27
Schmieröl	535	38···39

Mit steigender Kettenlänge steigt die Konsistenz der Öle. Charakteristische Daten sind: temperaturbeständig nur bis etwa 100° C, spezifische Wärme 0,5 cal/° Cg, Zähigkeit bei 20° C $<$ 8° Engler, Wichte $\gamma \sim 0{,}86$; $U_D \approx 60$ kV über 2,5 mm für getrocknetes Neuöl, $\varepsilon = 2{,}2$ $\tan \delta_{20^\circ \mathrm{C}} = 2 \cdots 8 \cdot 10^{-4}$ für getrocknetes Neuöl (vgl. auch die in § 9.8 angegebenen Werte).

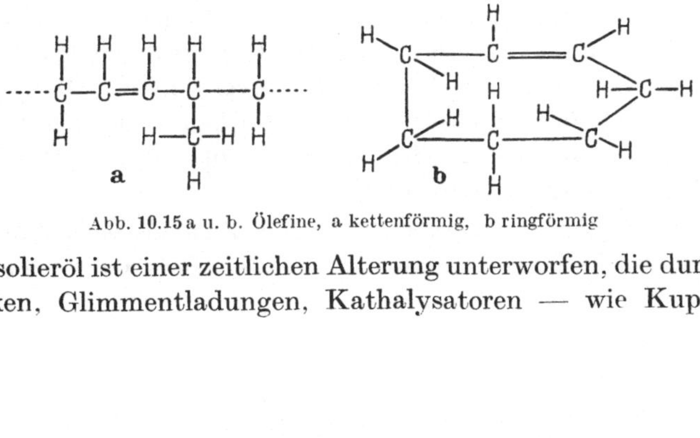

Abb. 10.15 a u. b. Olefine, a kettenförmig, b ringförmig

Das Isolieröl ist einer zeitlichen Alterung unterworfen, die durch hohe Feldstärken, Glimmentladungen, Kathalysatoren — wie Kupfer und

Stahl — wesentlich gefördert wird. Durch Sauerstoffaufnahme wird die Alterung beschleunigt.

10.62 Alterung des Isolieröles durch Oxydation. Bei der Oxydation der Isolieröle durch den Luftsauerstoff bei höheren Temperaturen werden Zersetzungsprodukte wie flüchtige Säuren, niedermolekulare Kohlenwasserstoffe, Wasser sowie löslicher und unlöslicher Schlamm (der zum Verharzen führt) gebildet.

Betrachten wir den Oxydationsprozeß etwas genauer, so unterscheiden wir zwei Arten:

a) Der Sauerstoff wird in Form einer O—H-Gruppe mit starkem Dipolmoment in die Ölmoleküle eingebaut (Abb. 10.16). Damit erhält das voher dipolfreie Kohlenwasserstoffmolekül eine kräftige Dipolgruppe angelagert. Der Verlustfaktor des Öles steigt wegen der erhöhten Reibungsverluste des an das Molekül gebundenen O—H-Dipols. Messungen von Maurer (Abb. 10.17) zeigen an 20 Jahre alten Transformatoren Verlustfaktoren über eins ($\tan\delta > 1$).

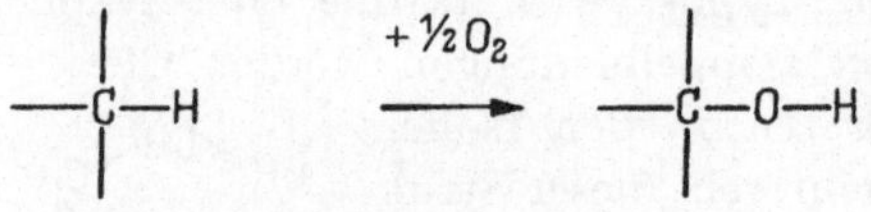

$$-\overset{|}{\underset{|}{C}}-H \xrightarrow{+\frac{1}{2}O_2} -\overset{|}{\underset{|}{C}}-O-H$$

Abb. 10.16. Oxydation 1. Art am Ende einer Kohlenwasserstoffkette

b) Aber noch eine zweite Art der Oxydation des Isolieröles durch den Luftsauerstoff tritt im Laufe der Zeit ein: Der Sauerstoff wird zwischen

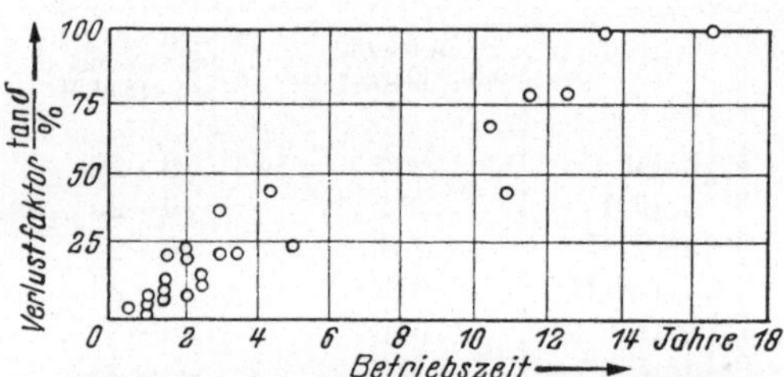

Abb. 10.17. Verlustfaktor bei 70° C der Betriebsöle, abhängig von der Betriebszeit der Transformatoren (nach Maurer und Wörner)

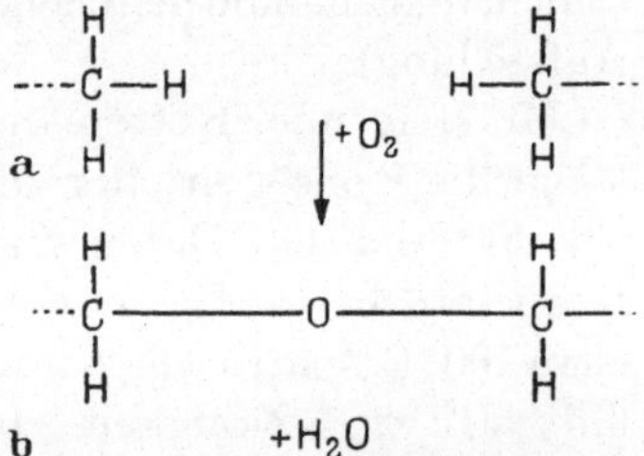

Abb. 10.18. Oxydation 2. Art: Polymerisation und Bildung von Wasser a 2 Ketten vor und b nach der Polymerisation

zwei Ölmoleküle entsprechend Abb. 10.18 eingebaut. Dies führt zu einer Verdoppelung der Kettenlänge und damit zur Verharzung des Öles. Bei dieser Polymerisation des Öles wird pro Oxydationsstelle ein Wassermolekül frei. Bemerkenswert an dieser Oxydationsart ist, daß bei der Alterung auch Wasser entsteht, welches die Durchschlagsfestigkeit des Öles zu vermindern vermag. Bei Papier-Öl-Isolation beschleunigt dieses Wasser die Alterung des Papiers.

Wird das Isolieröl in seinem gealterten Zustand getrocknet, so erreichen die Durchschlagspannungen wieder fast die alten Werte, während der Verlustfaktor schlecht bleibt.

Im Gegensatz zur Alterung des Papiers haben wir beim Öl eine Vergrößerung der Kettenlänge; es treten Dipolmomente auf wie auch Versprödung (Verharzung) bzw. erhöhter Verlustfaktor.

10.63 Die Gasfestigkeit der Isolieröle. Wird ein Isolieröl der Einwirkung elektrischer Entladungen ausgesetzt, so tritt eine erhöhte Alterung und eine Verringerung der Lebensdauer von Kabel- oder Wandler-Isolationen auf. Es werden daher die Kabelöle vor allem auf ihre „Gasfestigkeit" geprüft. Auf dem Europäischen Kontinent wird zu diesem Zweck die sogenannte „PIRELLI"-Apparatur benutzt. Eine Glimmentladung brennt hier zwischen zwei zylindrischen Elektroden, deren Zwischenraum nur zum Teil von Öl, zum anderen Teil von Öldampf und Gas (Sauerstoff)

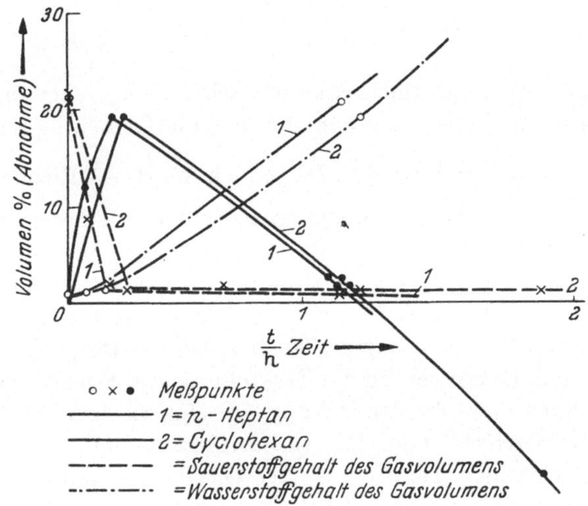

Abb. 10.19. Gasverhalten von n-Heptan und Cyclohexan, Sauerstoffaufnahme und Wasserstoffabgabe

ausgefüllt ist. In der Gasphase wird nun zunächst der vorhandene Sauerstoff zur Oxydation des Öles verbraucht. Nach längerer Betriebsdauer tritt wieder eine Gasabscheidung auf, welche im wesentlichen aus Wasserstoff besteht (Abb. 10.19).

Ist in dem beanspruchten Öl Sauerstoff gelöst oder treten Entladungen im sauerstoffhaltigen Gasraum über dem Öl auf, so wird durch Anregung dreiwertiger Sauerstoff gebildet unter Abspaltung von $1/2\ O_2$. Dieser Sauerstoff im Entstehungszustand ist besonders geeignet, die Oxydation der Ölmoleküle herbeizuführen. Die erste Stufe — Sauerstoffaufnahme oder Entstehung eines Unterdruckes — stellt sich formelmäßig wie folgt dar:

$$\text{Oxydation: } \overset{|}{\underset{|}{\mathrm{C}}}\text{—H} + \frac{1}{2}\,\mathrm{O_2} \rightarrow \overset{|}{\underset{|}{\mathrm{C}}}\text{—O—H}\,.$$

Der nächste Schritt ist die Anregung dieser Oxydationsstellen im elektrischen Feld, wobei eine Dissoziation eintritt.

$$\text{Anregung: } \overset{|}{\underset{|}{C}} - O - H \rightarrow \overset{|}{\underset{|}{C}} - O^- \, H^+.$$

Diese freigesetzten Wasserstoffionen können durch Elektroneneinfang zum Wasserstoffatom ergänzt werden. Aus der Neigung des Öles, im Versuchsgerät unter Einwirkung starker elektrischer Felder Polymerisationsprodukte zu bilden, muß gefolgert werden, daß die Ölmoleküle an den Stellen, an denen H^+-Ionen abgespalten werden, besonders reaktionsfähig sind. So kommt es zur Polymerisation mehrerer Ölmoleküle unter Freisetzung von Wasserstoff:

$$-\overset{|}{\underset{|}{C}}-\overset{|}{\underset{|}{C}}-O^- + H-\overset{|}{\underset{|}{C}}- \rightarrow -\overset{|}{\underset{|}{C}}-O-\overset{|}{\underset{|}{C}} + H.$$

Dieser letzte Vorgang ist durch die angeschriebene Gleichung nur schematisch erläutert. Es ist keine chemisch reale Gleichung und gibt den Vorgang nur summarisch wieder. Ist jedoch die $H-\overset{|}{\underset{|}{C}}$-Bindung der letzten Gleichung irgendwie angeregt, so kann eine derartige Zusammenlagerung mehrerer Ölmoleküle erfolgen. Auf diese Weise hat L. Hofacker eine Erklärung gegeben, warum nicht unbedingt Wasser auftreten muß, wenn nach Sauerstoffaufnahme eine Polymerisation eintritt. Bei einer chemischen Reaktion hätte allerdings bei der Polymerisation unter Sauerstoffaufnahme notwendig die Entstehung von Wasser erwartet werden müssen, auch ohne die Einwirkung des elektrischen Feldes.

Durch die beschriebenen, für die Ölalterung und letztlich für den Durchschlag wichtigen Teilprozesse der Oxydation und der daraus folgenden Polymerisation ist das Auftreten von Wasserstoff als notwendig erklärt (vgl. Abb. 10.19). Aus den vorbeschriebenen Mechanismen kann gefolgert werden, daß zwar die Aufnahmefähigkeit von Sauerstoff eine Anzeige für die Alterungsneigung sein kann, daß aber die Abgabe von Wasserstoff ein Maß für den Grad der X-Wachsbildung, verbunden mit Wasserstoffabspaltung, ist.

Die praktische Folgerung aus dem Gasverhalten der Isolieröle ist die, daß die zusätzliche Alterung des Öles durch Oxydation verhindert werden muß. Dies kann bei Transformatoren und Wandlern, z. B. auch in Japan bei Kabeln, durch extreme Trocknung und Entziehung des gelösten Sauerstoffes bei einem Vakuum bis 10^{-4} Torr geschehen. Der Druckausgleich mit der Umgebung wird über Metallmembranen hergestellt, das evakuierte Öl mit Stickstoff gesättigt und ein Stickstoffpolster unter leichtem Überdruck über dem Öl gehalten. Auf diese Art und Weise gelingt es, die Alterung des Öles durch Oxydation und Wasserstoffabspaltung für die Lebensdauer der Konstruktion in erträglichen Grenzen zu halten.

10.7 Chlorierte Kohlenwasserstoffe

werden als Isolierflüssigkeiten unter den Handelsnamen Clophen (Clordiphenyl), Arochlor, Askarel, Pyranol, Inerteen, Clorextol usw. verwendet. Diese dipolhaltigen Flüssigkeiten zeigen eine erhöhte Dielektrizitätskonstante $\varepsilon_{20^\circ} \sim 4{,}5 \cdots 5{,}5$. Der Verlustfaktor ($\tan\delta$) zeigt in der Nähe des Stockpunktes ein Maximum zwischen —45 und —18° C je nach der Viskosität. Die Durchschlagsfestigkeiten werden mit 200···250 kV/cm angegeben. Als besonderer Vorteil wird hervorgehoben, daß z. B. Clophen nur erschwert brennbar ist. Chlorierte Kohlenwasserstoffe werden in Clophen-Kondensatoren und -Transformatoren als Tränkmittel des Isolierpapieres verwendet. Durch den Chlorierungsgrad sind die Eigenschaften in weiten Grenzen einstellbar, so daß ein weites Anwendungsgebiet als Kühl- und Isolierflüssigkeiten offensteht.

§ 11. Konstruktionen

11.1 Isolatoren für Freileitungen, Schaltanlagen und Geräte

11.11 Luftisolatoren. Zur Isolation von Freileitungen werden Isolatoren aus Porzellan oder Glas verwendet. Zunächst waren nur Druckbean-

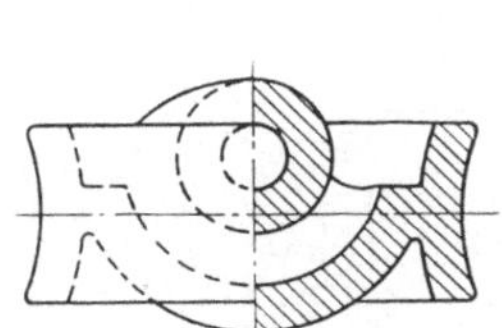

Abb. 11.1. HEWLETT-Isolator

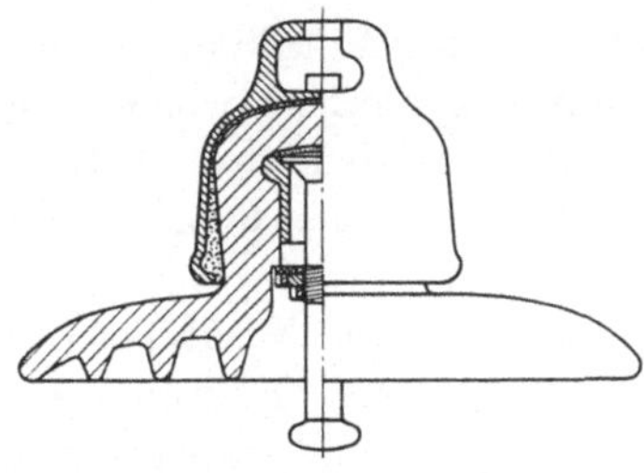

Abb. 11.2. Kappenisolator

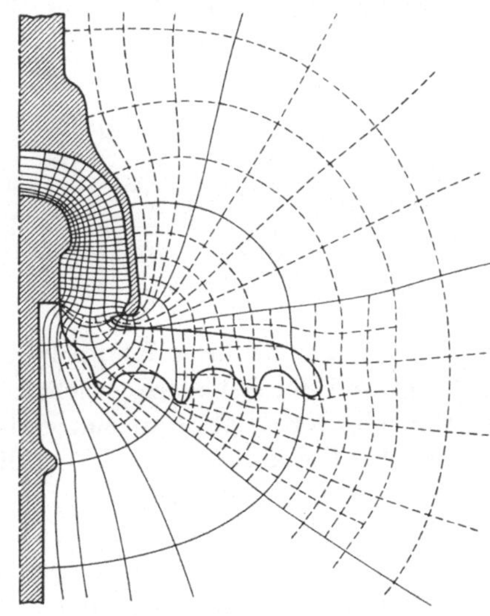

Abb. 11.3. Feldbild eines Kappenisolators

spruchungen des Materials erwünscht, und so entstand der sogenannte HEWLETT-Isolator (Abb. 11.1). Kettengliedartig greifen hier die Seilschlaufen ineinander, getrennt durch das Porzellan. Genügend große Isolierschirme sorgen für ausreichende Luftüberschlagspannung.

Der Kappenisolator (Abb. 11.2) hat seine Form seit etwa 1908 im wesentlichen beibehalten. Auch hier wird das Porzellan auf Druck und Biegung beansprucht. Das elektrische Feldbild (Abb. 11.3) zeigt, wie das Porzellan durch das Feld auf Durchschlag beansprucht wird. Die Oberfläche des Schirmes weicht nicht all zu sehr von den Äquipotentialflächen ab, so daß die tangentiale Oberflächenfeldstärke möglichst gering bleibt. Die Innenrillen an der Kappenunterseite sollen bei Benetzung einen genügenden Isolationsweg an der Porzellanoberfläche schaffen. Da der Luftdurchbruch vom Klöppel ausgehend entlang der Isolatorenoberfläche vorwächst, wirken diese Rillen als Barrieren. Die relativ hohe Feldstärke am Porzellan oder am Glas in der Nähe des Klöppels bewirkt frühzeitig störende Entladungen in dem dortigen Luftraum. Der Kappenisolator kann elektrisch durchgeschlagen werden. Die einzelnen Iso-

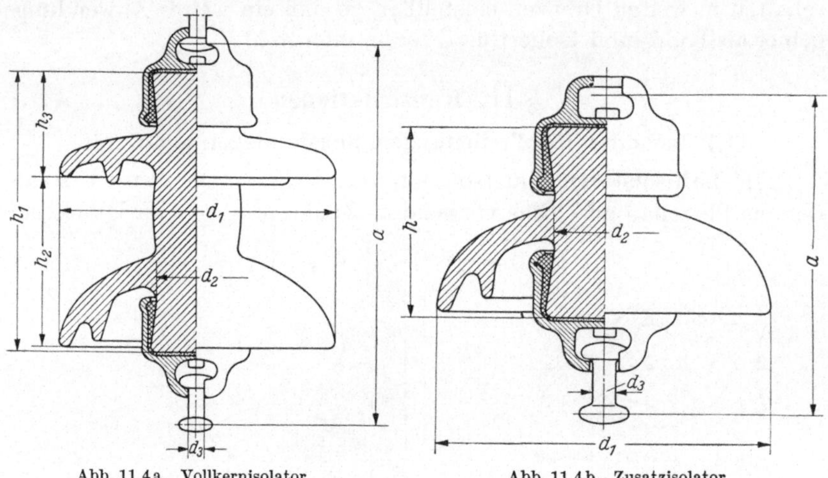

Abb. 11.4a. Vollkernisolator

Abb. 11.4b. Zusatzisolator

latoren werden mit ihren Klöppeln in die Pfannen der Metallkappen eingehängt und durch Federn gesichert. Die Jahres-Dauerlast, welche von Ketten aus NK 7-Kappenisolatoren ausgehalten werden muß, beträgt 6 Tonnen. Die übliche Anzahl der Kappen (K 3) ist 4 bei 60 kV, 7 bei 110 kV und 14 bei 220 kV.

Beim Vollkernisolator (Abb. 11.4a) wie auch beim Zusatzisolator (Abb. 11.4b) wird das Porzellan auf Zug beansprucht. Für eine Betriebsspannung von 60 kV werden 2 Vollkerne (VK 75) und entsprechend für 110 kV 4, für 220 kV 7 Vollkerne (VK 75) benötigt.

Die Weiterentwicklung der auf Zug beanspruchten Porzellanisolatoren stellen die Langstäbe dar (Abb. 11.5). Eine Doppelhängekette aus 2×3 Langstäben L 75/14 für eine 380 kV-Leitung zeigt Abb. 11.6. Jeder Langstab (L 75/14) hat bei einem Strunkdurchmesser von 75 mm 14 Schirme und eine Regenüberschlagspannung von 315 kV bei einer Baulänge von 1270 mm. Die Armaturen (Abb. 11.6) der Isolatorenketten haben die Aufgabe, den Fußpunkt der Lichtbögen bei einem eventuellen Überschlag zu übernehmen und den Lichtbogen von der Porzellanoberfläche fernzuhalten.

11.12 Stützerisolatoren. Stützerisolatoren werden an Freileitungen, bei Niederspannung und bei Telegraphenleitungen aus Glas oder Porzellan verwendet (Abb. 11.7a, b, c).

Für Hochspannungsfreileitungen werden Delta-Isolatoren verwendet, bei denen die elektrische Beanspruchung möglichst senkrecht zum festen Isolierstoff (Glas oder Porzellan) gerichtet ist. Die Ausbildung der Schirme folgt weitgehend den Äquipotentialflächen des elektrischen Feldes. Eine Glasausführung an zusammengesetzten Teilen zeigt Abb. 11.8a im Schnitt und 11.8b in der Ansicht. Das Schnittbild des entsprechenden Porzellanstützers zeigt Abb. 11.8c.

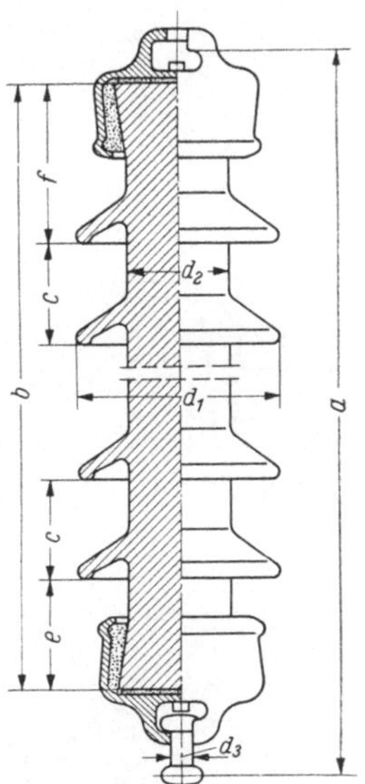

Abb. 11.5. Langstabisolator

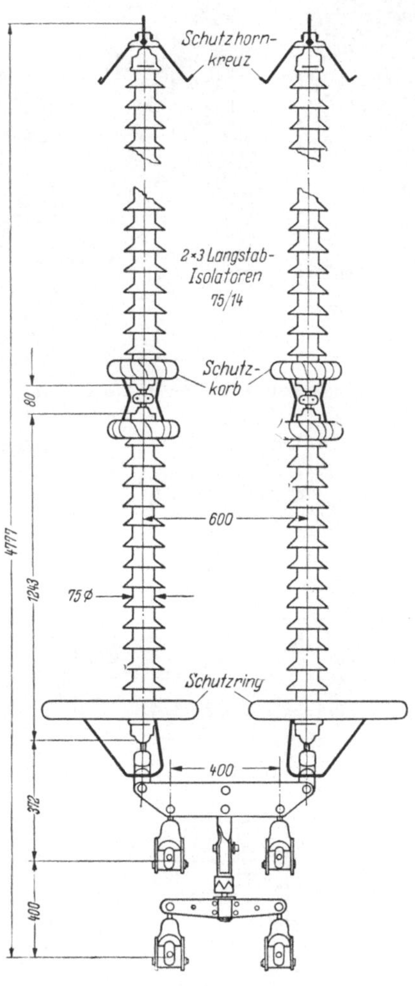

Abb. 11.6. Doppelhängekette für 380 kV mit 2 × 3 L 75/14

In elektrischen Anlagen sind Porzellanstützer gebräuchlich, deren verschiedene Ausführungsformen die Abb. 11.9 und 11.10 zeigen. Für

a Glas-Stützenisolatoren (Electro-Verre)

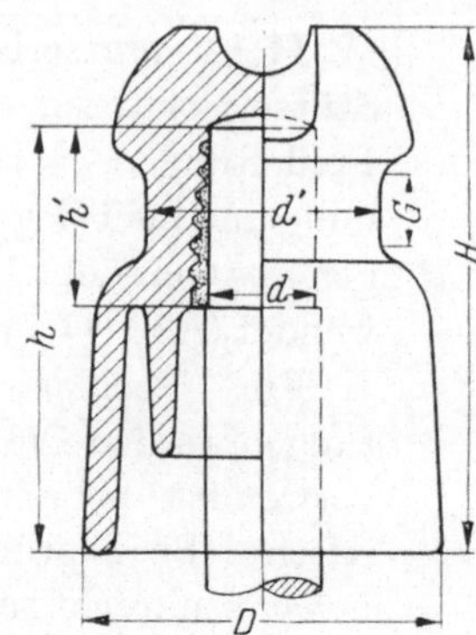

b Glas-Type HC (Electro-Verre)

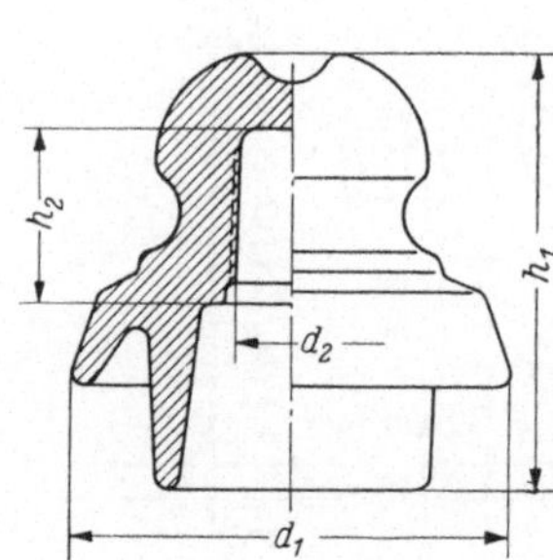

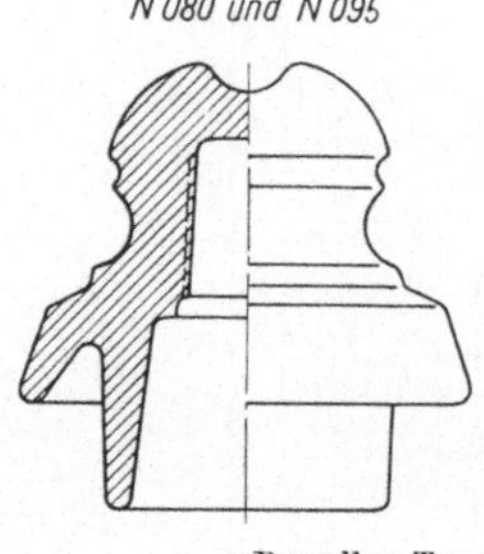

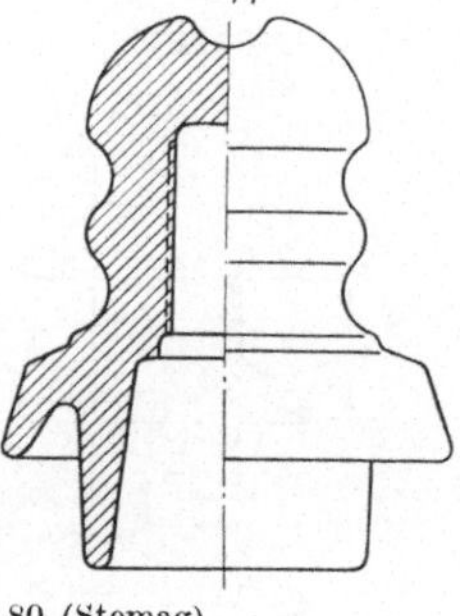

c Porzellan-Type N 80 (Stemag)

Abb. 11.7 a—c. Stützenisolatoren für Freileitungen unter 1 kV

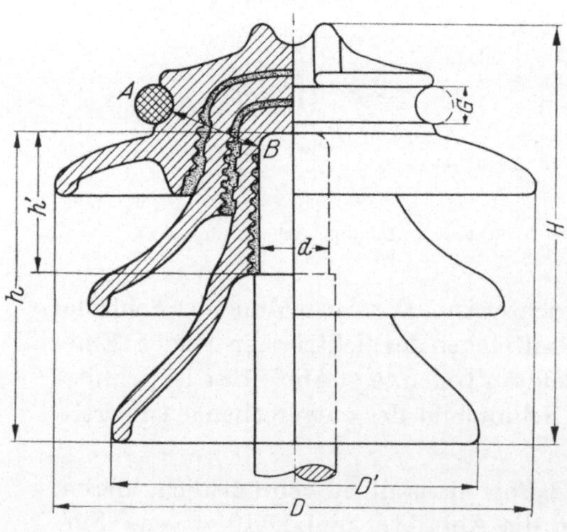

a Schnittbild

b Ansicht einer Glasausführung (Electro-Verre)

Abb. 11.8 a—c. Delta-Isolatoren

Innenraumstützer werden Porzellane nach Abb. 11.9a—d der Gruppen B bis 750 kg Umbruchkraft für Spannungen bis 45 kV verwendet. Für 60 kV und 110 kV zeigt Abb. 11.10a u. b die entsprechenden Innenraumstützerporzellane. Für Innenraumausführungen kommen auch Hartpapierstützer und Kunstharzstützer in Frage.

Für Freiluftstützer erhalten die Porzellane ausladendere Schirme. Die Porzellane der Reihe 10, 20 und 30 nach DIN 43632 haben einen zylindrischen Strunk (Abb. 11.11a), während beim Stützer FS 60 und FS 110 für 60 kV und 110 kV das Porzellan leicht konisch nach oben zuläuft (Abb. 11.11b).

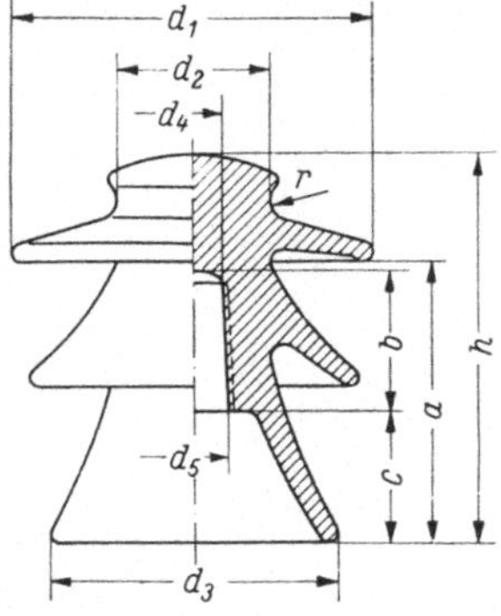

Abb. 11.8 c. Schnitt einer Porzellantype 30[illegible] kV (J. HuS)

Bei großen Porzellanstützern (über 60 kV) wird der Innenraum durch zwei Böden abgeschlossen. Die Entwicklung geht dahin, hier keramische Abschlüsse zu verwenden und den Innenraum möglichst mit einem trockenen Gas (N_2) unter Normaldruck zu füllen. Dieser Raum kann dann abgeschlossen oder abgeschmolzen werden (Abb. 11.12a u. b). Die Anwendung solcher Stützer mit abgeschmolzenem Boden an einem 110 kV-Druckausgleichschalter zeigt Abb. 11.13. Viel verwendet wird auch die mehrfache Unterteilung der Stützer in frei belüfteten Kammern

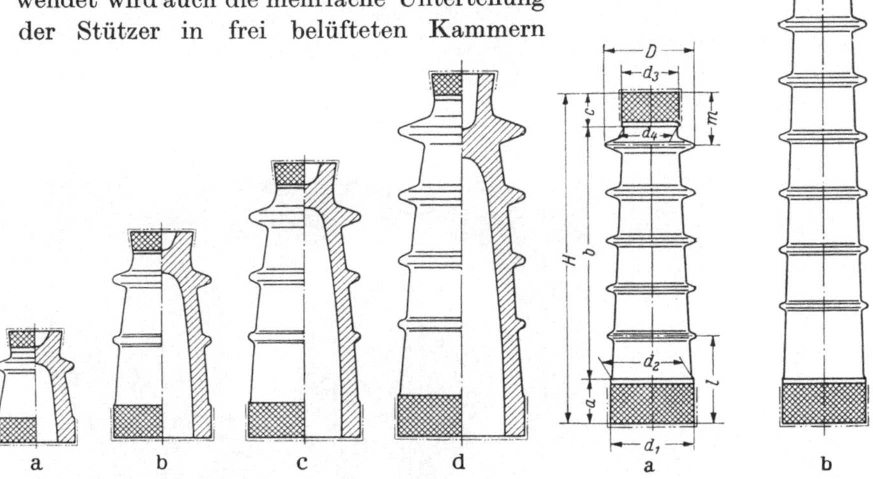

Abb. 11.9. Stützerporzellane für Innenraum bis 45 kV a für Reihe 1, 3, 6 und 10, b für Reihe 20, c für Reihe 30, d für Reihe 45

Abb. 11.10. Stützerporzellane für a 60 kV, b 110 kV Innenraumstützer

(Abb. 11.14). Eine der interessantesten Stützerkonstruktionen sind die Stützer-Strom- und Spannungswandler. Hier hat es der Konstrukteur in

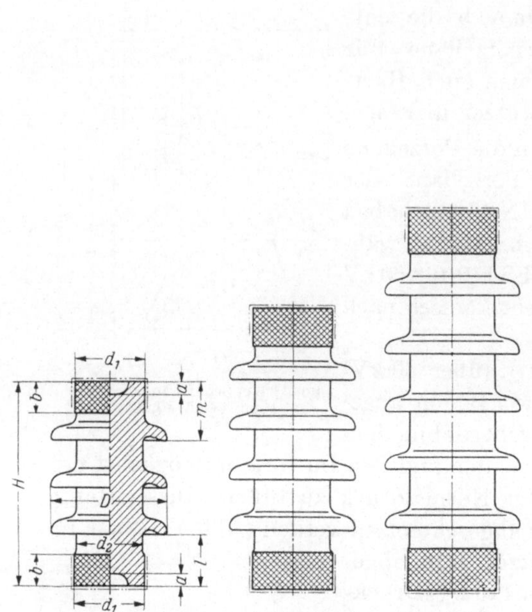

Abb. 11.11 a. Freiluft-Stützerzporzellane der Reihe 10 bis 30

Abb. 11.11 b. Freiluftstützer für 60 kV und 110 kV

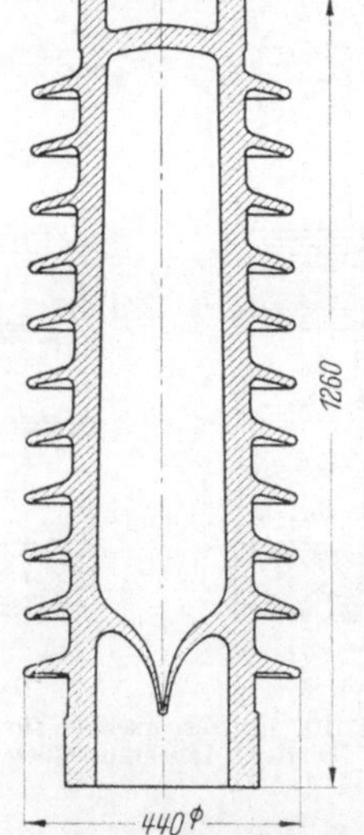

a Schnitt durch einen 220 kV-Trennschalterstützer

b Ansicht des Bodenkörpers mit Schmelzstutzen eines 110 kV-Leistungsschalterisolators

Abb. 11.12 a u. b. Stützerporzellan mit abgeschmolzenem Boden (nach K. Schaudinn)

der Hand, die Spannungsverteilung über die Stützeroberfläche durch den Innenaufbau in günstige Richtung zu steuern. Bei den gewöhnlichen Stützern wird diese Spannungsverteilung durch die Armaturen und die leitende Fremdschicht auf der Oberfläche bestimmt. Das Ziel der Entwicklung guter Stützer ist, nicht nur die vorgeschriebenen Trocken- und Regenüberschlagswerte einzuhalten, sondern auch mit steigender Verschmutzung der Oberfläche eine möglichst geringe Absenkung der Überschlagspannung mit steigender Leitfähigkeit der Fremdschicht zu erreichen (vgl. hierzu Abb. 8.52 S.233). Erhöhung der Schirmzahl und größerer Schirmdurchmesser wird z. B. beim Freiluft-Nebelstützer FNS 110 (Abb. 11.11b) angewandt, um erhöhte Sicherheit gegenüber Überschlag bei schlechtem Wetter zu erhalten.

Abb. 11.13. Anwendung von Stützern mit abgeschmolzenem Boden an einem 110 kV Druckausgleichschalter (nach SCHAUDINN)

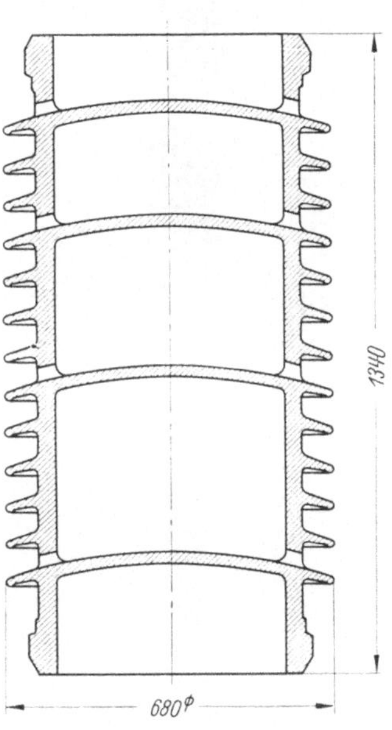

Abb. 11.14. Stützer 110 kV mit belüfteten Zwischenräumen (nach SCHAUDINN)

11.13 Durchführungen. Die Durchführung eines Stromleiters unter hoher Spannung durch eine metallische Wand, einen Transformatorenkessel usw., stellt eines der wichtigsten isolationstechnischen Probleme dar.

In Teil A wurde die Feldbeanspruchung von einfachen Durchführungen und Kondensatordurchführungen eingehend behandelt. Zur Anwendung gelangen trockene Hartpapier-Durchführungen, Porzellan-Durchführungen und neuerdings auch Repelit-Durchführungen bis

110 kV. Abb. 11.15 zeigt einen Freiluft-Innenraumtyp für 45 kV Nennspannung.

Durchführungen von Freiluft in Transformatoren:

Durch Verwendung von Kondensatorendurchführungen kann der in das Transformatorengehäuse ragende Teil sehr kurz gehalten werden

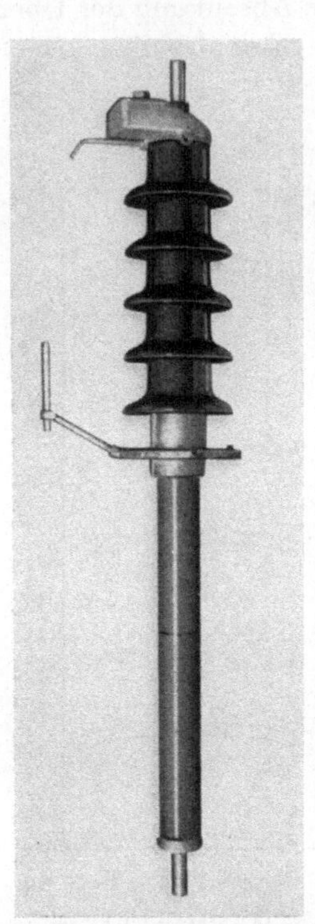

Abb. 11.15. Wanddurchführung, Freiluft-Innenraum. 45 kV-Nennspannung, 400 A (Micafil)

Abb. 11.16a. Kondensatordurchführung, Transformator-Innenraum 60 kV 300 A (Micafil)

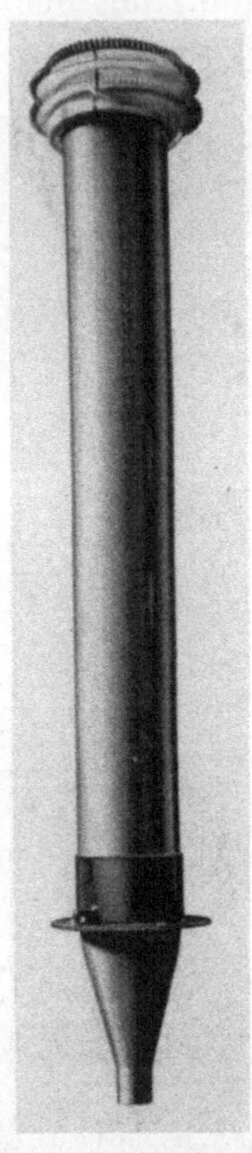

Abb. 11.16b. Kondensatordurchführung, Transformator-Innenraum mit verkürztem Unterteil, Nennspannung 60 kV (Micafil)

(Abb. 11.16a), für Sonderkonstruktionen wird das Unterteil stark verkürzt (Abb. 11.16b, vgl. § 4.1 Abb. 4.34, 35 u. 36).

Man unterscheidet weiter trockene und ölgefüllte Durchführungen. Bei den ölgefüllten Durchführungen (Abb. 11.17), die nur als Freiluft-Typen und für Spannungen über 80 kV hergestellt werden, wechseln Hartpapierschichten mit Kondensatorbelägen ab mit Ölschichten. Die Beanspruchungen werden unter Berücksichtigung der unterschiedlichen Dielektrizitätskonstante des Hartpapiers und des Isolieröles aufgeteilt. Man erreicht auf diese Weise sehr kleine Durchmesser der Durchführungen. Das Isolieröl der Durchführungen kann entweder mit dem des

Transformators in Verbindung stehen oder aber für sich abgeschlossen sein mit eigenem Ausdehnungsgefäß in der Kappe der Durchführung.

Bei den trockenen Durchführungen (Abb. 11.18) ist nur das Hartpapier als Isolierstoff beansprucht. Der Zwischenraum zwischen Porzellanüberwurf und Hartpapierzylinder ist mit Isolierflüssigkeit ausgefüllt. Porzellan und Isolierflüssigkeit dienen nur als Wetterschutz. Für ein Ausdehnungsgefäß muß gesorgt werden.

Abb. 11.17. Ölgefüllte Durchführung für Transformator mit Ölausdehnungsgefäß, Nennspannung 220 kV, Nennstrom 500 A

Abb. 11.18. Trockene Transformatordurchführung für 380 kV Nennspannung (Micafil)

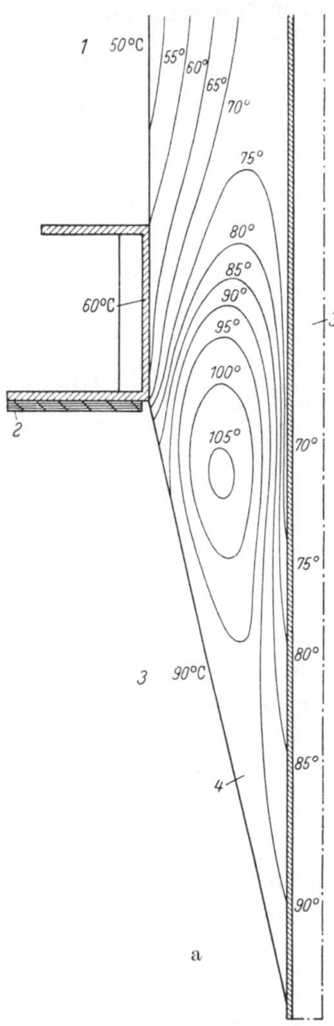

Abb. 11.19 a. Temperaturverteilung in einer 380 kV-Durchführung.
a) Temperaturfeld bei 500 kV Betriebsspannung, abhängig von der Betriebsspannung. *1* Luft 50° C, *2* Isolation, *3* Oel 90° C *4* Hartpapier

Im Betrieb treten erhebliche Erwärmungen in den elektrisch hoch beanspruchten Stellen der Durchführungen auf. Für die in Abb. 11.18

gezeigte Kondensatordurchführung für 380 kV wurde die Temperaturverteilung aufgenommen (Abb. 11.19a u. b). Da der Verlustfaktor von der Temperatur stark abhängt, ist es zur Vermeidung eines Wärmedurch-

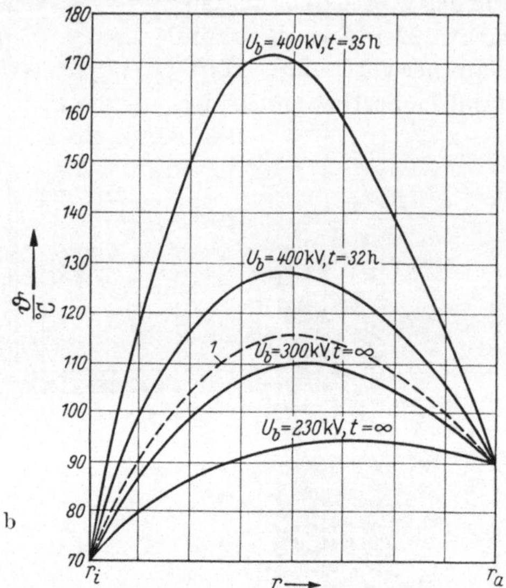

Abb. 11.19b. Temperaturverteilung in einer 380 kV Durchführung, b) radiale Verbindung

schlages notwendig, über die auftretenden örtlichen Temperaturen ein Bild zu bekommen.

11.2 Transformatoren, Wandler und Maschinen

11.21 Transformatoren. Bei konzentrischem Aufbau der Unterspannungswicklung und der Oberspannungswicklung um den geerdeten Kern ergeben sich zwei Isolationsprobleme a) das Zylinderfeld und b) das Randfeld der Wicklungen, welche besonderer Beachtung bedürfen.

a) *Zylinderfeld.* — Da die Isolationsabstände klein gegen den Durchmesser der Isolierzylinder sind, hat man praktisch ein homogenes Feld, wenn man von den Kanten am Eisen absieht. Mit Rücksicht auf die Ausnutzung des zur Verfügung stehenden Raumes wird aber der Eisenkern schon möglichst abgerundet. Nach Abstützungen, die auch Ölkanäle zur Abfuhr der Wärme freigeben, folgt ein Isolierzylinder, der die Unterspannungswicklung trägt. Damit ist für die am stärksten beanspruchte Isolation zwischen der Hochspannungswicklung und der Unterspannungswicklung ein quasihomogener Feldraum entstanden (Abb. 11.20a u. b). Auf die Unterspannungswicklung (*5*) folgt nach einem Ölzwischenraum der zweite Isolierzylinder (*7*). Nach einer durch Distanzleisten gesicherten Ölschicht folgen die einzelnen Lagen der Oberspannungwicklung (*8*). In Abb. 11.20b liegen darüber die Grob- und Feinstufenwicklungen der Oberspannungswicklung. Im fertigen Aufbau

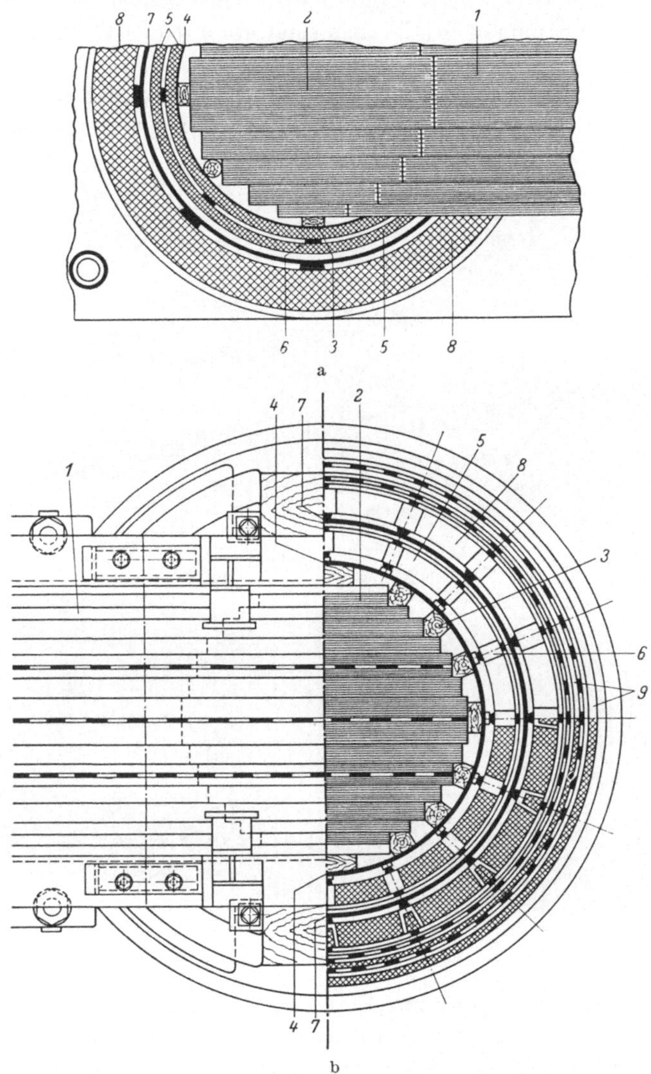

Abb. 11.20 a u. b. Kern und Wicklungsquerschnitt in schematischer Darstellung
1 oberes Joch, *2* Schenkel, *3* Hartholzabstützung, *4* Isolierzylinder, *5* Unterspannungswicklung, *6* Preßspanabstützung, *7* Isolierzylinder, *8* Oberspannungswicklung, *9* Grob- und Feinstufenwicklung der Oberspannungswicklung

(Abb. 11.21) ist die Oberspannungswicklung durch Isolierplatten und das Öl gegenüber dem Außenschenkel und der jeweiligen Oberspannungswicklung der nächsten Phase geschützt. Bei Regeltransformatoren müssen die zahlreichen Anzapfungen isoliert zum Umschalter geführt werden (Abb. 11.22). Dadurch ergeben sich besondere isoliertechnische Probleme.

Die radialen Isolationsabstände haben einen großen Einfluß auf die gesamten Abmessungen des Transformators, auf das Gewicht und auf den Preis.

Die Unterteilung der Ölkühlkanäle durch einen oder mehrere feste Isolierzylinder hat besondere Bedeutung bei der Unterdrückung der

Abb. 11.21. Ansicht der Oberspannungswicklung eines Dreiphasentransformators (BBC)

Brückenbildung im Öl und zur Erzielung der günstigsten Barrierenwirkung. Es ist zu beachten, daß $\varepsilon_{Öl} < \varepsilon_{Hartpapier}$ ist, so daß die über einen Ölkanal abfallende Spannung größer ist als die über eine gleich dicke Hartpapierschicht. Gleichzeitig ist aber die Durchschlagsfestigkeit des Öles kleiner als die des festen Isolierstoffes. Daher kommt es bei hochbeanspruchten Konstruktionen besonders auf die Ölbeanspruchung an. Hier wird auf die höhere relative Dielektrizitätskonstante $\varepsilon \approx 4{,}5$ von chlorierten Kohlenwasserstoffen wie Pyranol usw., die der des Hartpapieres etwa gleich kommt ($\varepsilon_{Hartpapier} \approx 4 \cdots 4{,}5$), hingewiesen. Die Wärmekippspannung der festen Teile wird bei heutigen Konstruktionen nicht erreicht. Harte Zylinder hatten die früher verwendeten weich gewickelten Zylinder abgelöst, weil der kurzschlußfeste Zusammenbau solider wurde, die Spulenzylinder sich leichter montieren lassen und auch die Demontage in Schadensfällen möglich wurde. Hartpapier mit $\varepsilon = 4 \cdots 4{,}5$ hat aber doch dem Streben nach Verminderung der Distanzen Einhalt geboten. Der Übergang auf ölgetränktes Weichpapier ergab — nach Beherrschung der erforderlichen Fabrikationsmethode — große Fortschritte,

Abb. 11.22. Drehstrom-Regeltransformator 10,0/11,3⋯2,1 kV 3600 kVA. Leitungsführung der Anzapfungen

so daß es möglich wurde, 150 MVA-Transformatoren für 380 kV Betriebsspannung betriebssicher und transportfähig herzustellen.

b) *Randfeld.* — Die Konzentration der Feldlinien an den Wicklungsenden bewirkt hier eine mehrfach höhere Beanspruchung. Aus dem Verlauf der Spuren der Äquipotentialflächen ist zu erkennen, daß an den Enden der Oberspannungswicklung die höchsten Feldstärken auftreten (Abb. 11.23a). In dem hier gezeigten Fall würde die Oberspannungswicklung auf dem nächsten Schenkel das gleiche Potential wie die benachbarte Oberspannungswicklung haben. Dies ist nicht immer der Fall, vielmehr liegt zwischen den beiden Oberspannungswicklungen die verkettete Spannung. Abb. 11.23 b zeigt ein Fenster des Trafos mit den Wicklungsenden und dem schematisch angedeuteten Feldlinienverlauf. Es treten hier an den kritischen Stellen 3- bis 4fach höhere Feldstärken

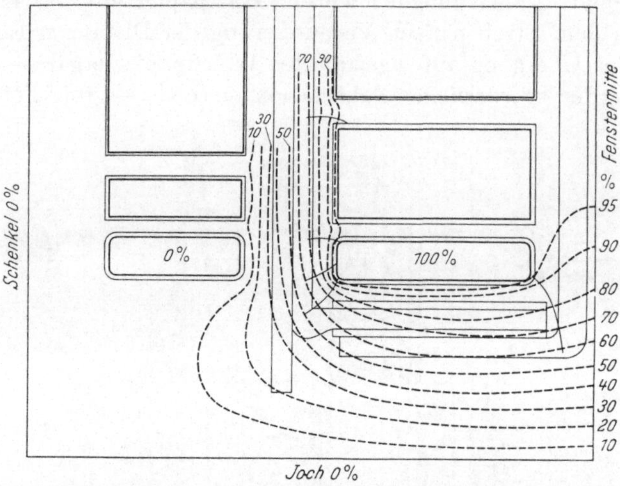

Abb. 11.23a. Verlauf der Spuren der Äquipotentialflächen am Wicklungsende (nach H. SCHMIDT)

als im Zylinderfeld zwischen den Wicklungen auf. Damit wird die ganze Beanspruchbarkeit herabgesetzt. Große Enddistanzen kosten Platz und Material und beseitigen doch nicht die an den kritischen Stellen herrschenden Feldkonzentrationen. Es werden deshalb geschlitzte Endschutzringe von halbrundem Profil verwendet (vgl. § 3.7 S. 55, Abb. 3.38 c). Diese Ringe dienen gleichzeitig der Druckübertragung auf die erste Spule und erhöhen die Kapazität der ersten Windungen gegenüber den Eingangsklemmen. Durch die Endringe wird die Überhöhung des Zylinderfeldes $\mathfrak{E}_0$ auf ca. 1,7 $\mathfrak{E}_0$ an der maximal beanspruchten Stelle begrenzt. Um hohe Feldstärken aufnehmen zu können, verkleidet man die Elektrode.

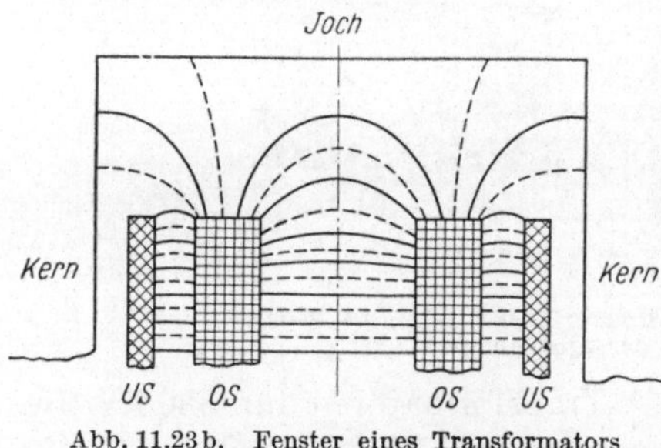

Abb. 11.23 b. Fenster eines Transformators und Verlauf der Feldlinien

Die Verwendung von Winkelkappenringen erlaubt die Anwendung etwa der 1,7- bis 2fachen Spannung gegenüber Anordnungen ohne Kappen (Abb. 11.24).

Die Spreizflanschisolation (nach BBC) umhüllt das Wicklungsende der Oberspannungsseite (Abb. 11.25). Der aus vielen Lagen weich gewickelte Isolierzylinder (*6*) ist auf einem hart gewickelten Zylinder (*5*) aus mechanischen Gründen aufgebracht. Zur Herstellung des Spreizflansches werden die Papierbahnen des weichen Zylinders (S) eingerissen und nach außen umgeschlagen. Zur mechanischen Abstützung und Vervollständigung der Endisolation sind feste Isolierstücke (7) eingelegt.

Die Polsterringisolation (nach RABUS) umhüllt den Endring und vermeidet durch mehrfaches Aufpolstern und Auffüllen der entstehenden Zwickel mit Isoliermaterial das beim einfachen Endring schwierig zu

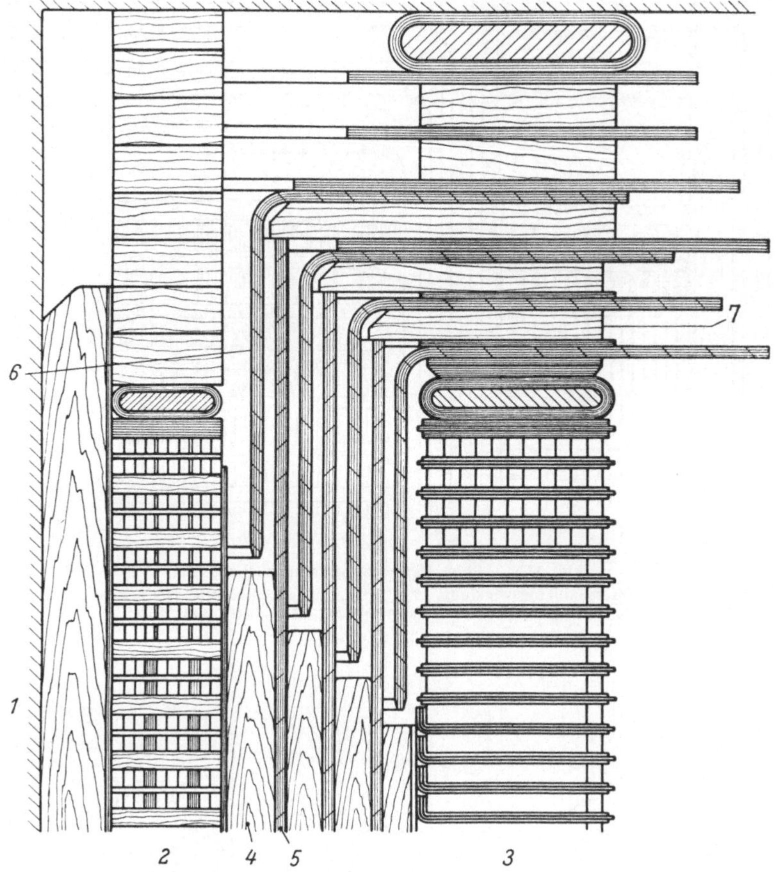

Abb. 11.24. Endisolation mit Winkelkappenringen

1 Eisenkern, *2* Unterspannungswicklung, *3* Oberspannungswicklung, *4* Distanzierung, *5* Hartpapierzylinder, *6* Winkelkappen, *7* Holzdistanzierungen

lösende Problem der Entladungen im Zwickel zwischen Hartpapierzylinder und Endring (Abb. 11.26).

Die Isolation der Leiter der Hochspannungswicklung ist fast ausschließlich Papierbandumwicklung; zum Schutz dient oft noch eine Baumwollumspannung. Je nach der Höhe der Spannung bis zu 6fachen Papierlagen. Bei extremen Spannungen kommen für die Wicklungsableitungen und Außenverbindungen bis 20···30 Papierlagen in Frage.

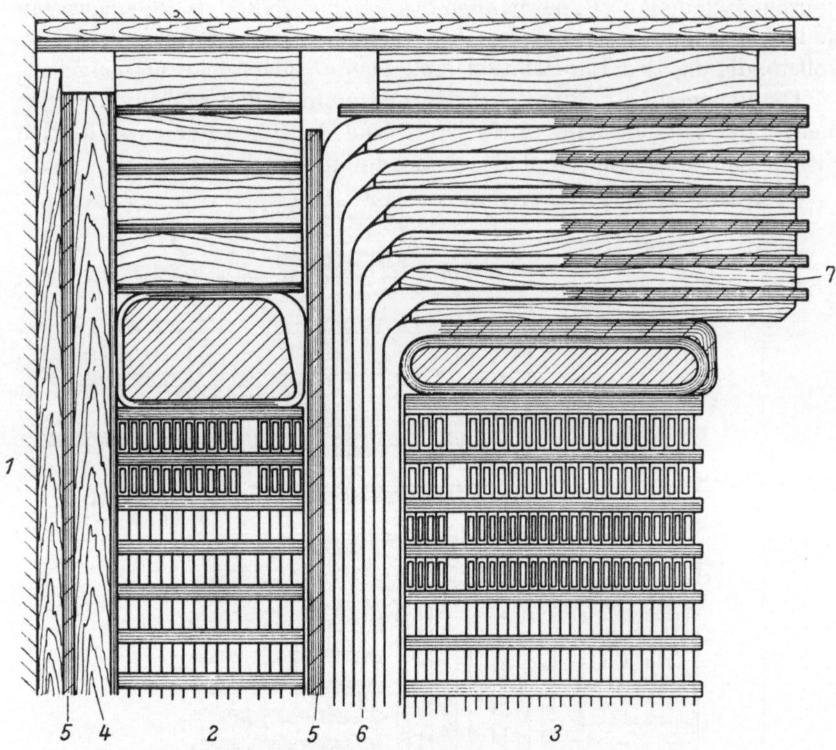

Abb. 11.25. Spreizflanschisolation nach (BBC)

1 Eisenkern, *2* Unterspannungswicklung, *3* Oberspannungswicklung, *4* Distanzierung, *5* Hartpapierzylinder, *6* Spreizflanschisolation, *7* Holzdistanzierungen

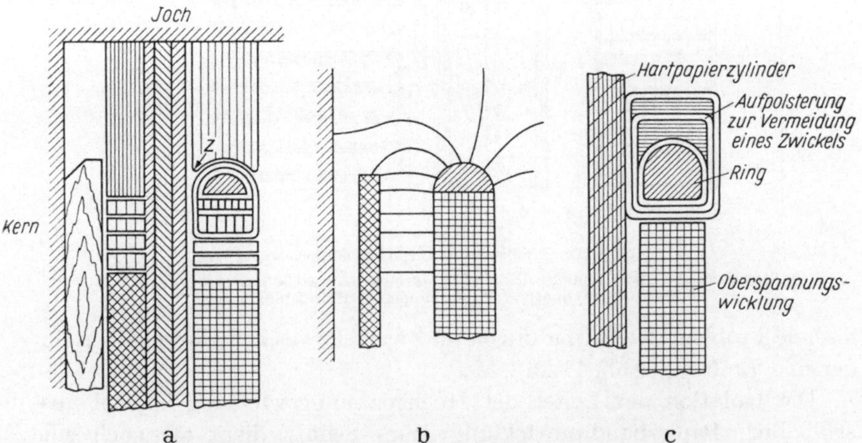

Abb. 11.26a—c. Endschutzringe an der Oberspannungswicklung

a Ausführung schematisch, b Feldverlauf schematisch, c Aufpolsterung des Endschutzringes nach RABUS zur Vermeidung des Zwickels zwischen Ring und Hartpapierzylinder

Die Unterspannungswicklung wird bei großen Formdrahtquerschnitten noch zusätzlich umklöppelt.

Bei höheren als 3 A/mm² Strombelastungen wird eine Distanzierung in Form von Abstandsklötzchen der einzelnen, scheibenförmigen Spulen vorgenommen, um den Zutritt des Kühlmittels zu fördern. Diese Abstandsklötzchen aus Preßspan (seltener aus Holz) müssen die Pressung der Wicklung aufnehmen und nehmen etwa 25% der Fläche in Anspruch. Auch die radiale Distanzierung der Wicklungen am Hartpapierzylinder durch Abstandsleisten müssen mechanische Kräfte aufnehmen können. Bei all diesen Abstützungen gegen die Papierisolation ist es wichtig, daß beim Kurzschluß die mechanischen Kräfte pro Flächeneinheit klein genug bleiben, um ein mechanisches Zerreißen der Papierfaser (eine rapide örtliche Alterung des Papiers) zu vermeiden. Eine gute Trocknung der Transformator-Isolation ist auch im Hinblick auf die durch einen gewissen Feuchtigkeitsgehalt erhöhte Alterungsneigung des Papiers unerläßlich.

Einen zum Einsetzen in den Kessel fertigen Transformator zeigt Abb. 11.27a, b und einen versandfertigen Dreiphasen-Wandertransformator zeigt Abb. 11.28.

11.22 Wandler. Spannungs- und Stromwandler führen zu immer höheren Beanspruchungen der Isolation und auch des Isolieröles. Die Konstruktionsprinzipien der Wandler entstammen weitgehend der Kabeltechnik und dem Hochspannungskondensatorenbau (vgl. Abb. 4.21 ··· 4.24 und 4.28). Dies wird deutlich, wenn man die isolierte Wicklung eines Ringwandlers oder Kreuzringwandlers (Abb. 11.29) oder eines Spannungswandlers der Reihe 220 (Abb. 11.30) betrachtet. Besondere Sorgfalt wird bei diesen Wandlern auf die Trocknung gelegt, die bei Drücken von 10^{-4} Torr erfolgt (Abb. 11.31). Diese Wandler, deren Öl hoch beansprucht ist, müssen dicht abgeschlossen werden. Eine Metallmembrane verhindert den Zutritt von Feuchtigkeit und Luftsauerstoff.

Durch Verwendung von Gießharzen können sehr kleine, kompakte Konstruktionen erreicht werden (Abb. 11.32, 11.33 u. 11.34a, b).

11.23 Maschinen. Die Isolation von Hochspannungsmaschinen stellt einige Anforderungen an die Isolierstoffe sowohl in thermischer, mechanischer und elektrischer Hinsicht. Während in der Nut die Isolation in senkrechter Richtung elektrisch beansprucht wird — so lange keine Risse oder Spalten sowie Teildurchbrüche vorhanden sind — stellen die höchsten Temperaturen am Leiter zusammen mit der Maximalfeldstärke die entscheidenden Faktoren für eine Alterung der Isolation dar. Mechanische Erschütterungen und Wärmedehnungen können bewirken, daß an diesen kritischen Stellen zusätzliche Hohlräume und Glimmentladungen auftreten. Bei Anwesenheit von Feuchtigkeit hat dies zur Folge, daß das Leitungskupfer zersetzt wird. Die entstehenden grünlichen Zersetzungsprodukte können eine elektrochemische Zerstörung der Isolation bewirken.

a

b

Abb. 11.27 a u. b. Innenansicht eines Zellenwandertransformators 30 MVA, 110 kV (AEG)

Abb. 11.28. Ansicht eines versandfertigen Drehstrom-Wandertransformators 125 MVA, 220/110,10,5 kV (AEG)

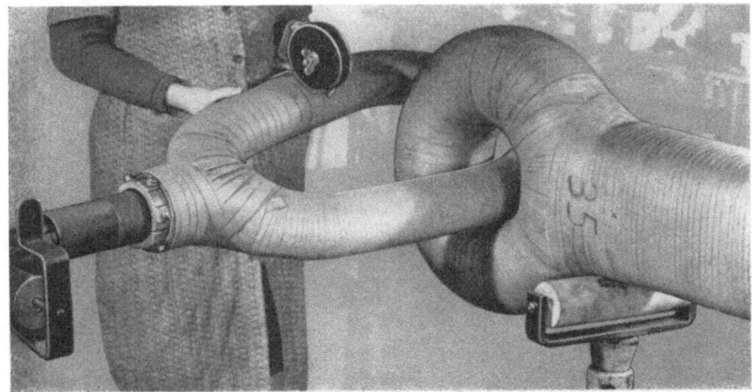

Abb. 11.29. Stromwandlerkonstruktion, Kreuzringwandler

Abb. 11.30. Oberspannungswicklung eines Stützerspannungswandlers der Reihe 220(Siemens)

Abb. 11.31. Einsetzen von Freiluft-Stützer-Spannungswandlern der Reihe 220 in den Vakuumraum (Siemens)

Abb. 11.32. Trockenspannungswandler, doppelpolig isoliert Reihe 10, links: gießharz-isoliert (1954), rechts: porzellan-isoliert (1950) — (AEG)

Die kritischste Stelle in bezug auf mechanische und gleichzeitig elektrische Beanspruchung ist der Nutaustritt. Gerade hier treten häufig Schäden auf. Durch die Glimmentladungen an mechanisch beschädigten und elektrisch hoch beanspruchten Stellen kann auch die Glimmerisolation angegriffen werden. Es bildet sich im Laufe der Zeit ein weißliches Pulver aus dem zerfallenen Glimmer.

Abb. 11.33. Trocken isolierte Einphasen-Erdungsspannungswandler Reihe 30 (links isoliert nach Art eines Hochspannungskabels (1950), rechts mit Gießharzisolation (1954))

Die Oberflächenentladungen und die Entladungen längs der Isolationsschichtung am Nutaustritt können durch einen langsamen, gesteuerten Abbau der Tangentialfeldstärke vermieden werden. Zu diesem Zweck werden Hülsen aus halbleitendem Lack am Nutaustritt angebracht. Das Ersatzbild, nach dem die Spannungsverteilung berechnet werden kann, zeigt Abb. 11.35a. Die Ergebnisse der Berechnung, abhängig von dem Widerstand pro Längen-

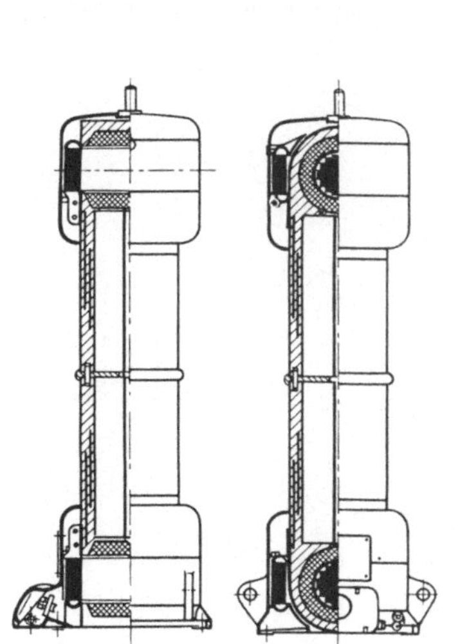

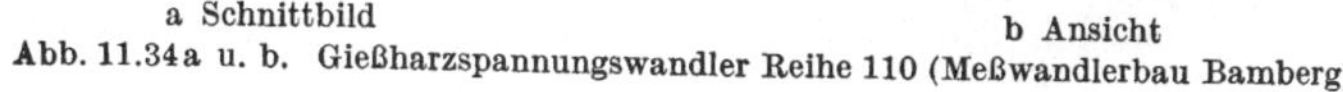

a Schnittbild

b Ansicht

Abb. 11.34a u. b. Gießharzspannungswandler Reihe 110 (Meßwandlerbau Bamberg)

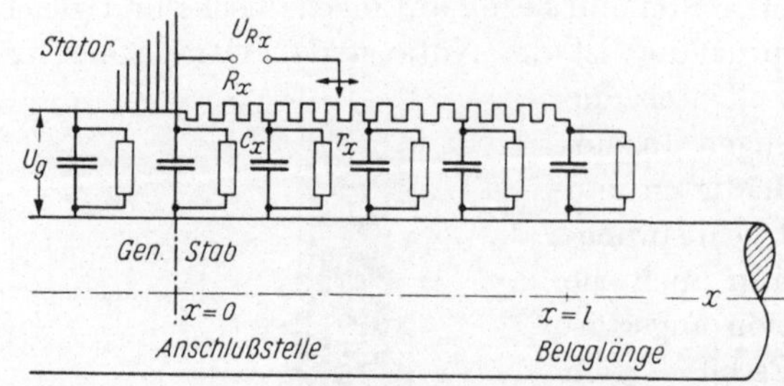

Abb. 11.35a. Ersatzbild eines Generatorstabes am Nutaustritt mit halbleitendem Belag

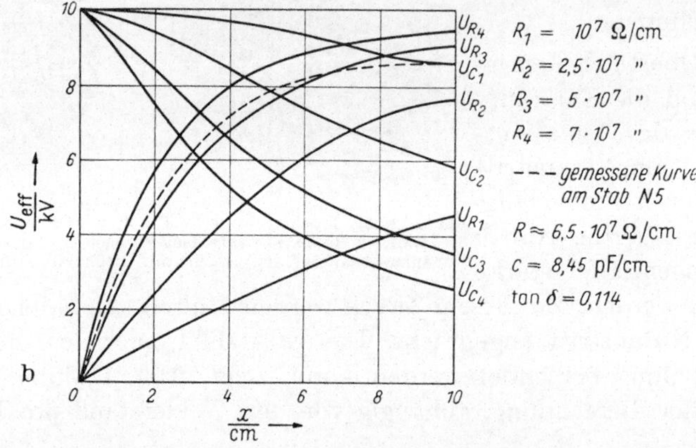

Abb. 11.35b. Spannung zwischen halbleitendem Belag und Stab (U_C) und Spannung über die Leitlackschicht (U_R), abhängig von der Länge auf Schicht (x) und von dem Widerstand (R) pro Längeneinheit ------ gemessene Werte, für $R \approx 6{,}5 \cdot 10^7$ Ohm/cm; $c = 8{,}45$ pF/cm, $\tan\delta = 0{,}114$

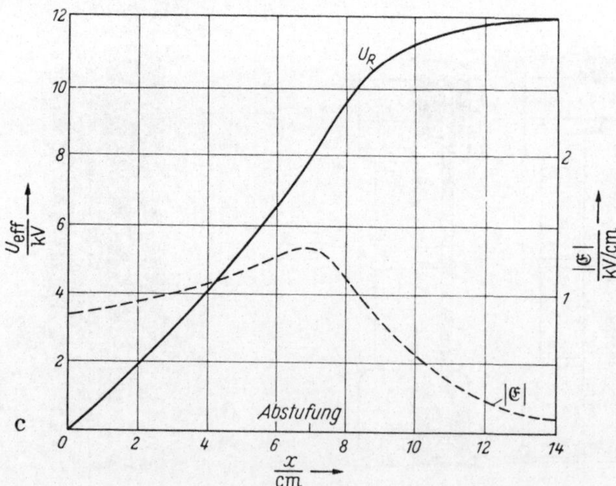

Abb. 11.35c. Durch Abstufung des Längswiderstandes nach 7 cm im Verhältnis 1:2 erzielter Spannungsabbau und tangentialer Feldstärkeverlauf

einheit zeigt Abb. 11.35 b. Die gemessene Kurve (gestrichelt eingetragen) gehört zu einem 10 cm langen Belag mit einem Widerstandswert von $\sim 6{,}5 \cdot 10^7\ \Omega/\mathrm{cm}$. Durch Abstufung des Widerstandswertes 1 : 2 nach 7 cm läßt sich der in Abb. 11.35 c gezeigte Spannungs- und Feldstärkeabbau erreichen.

Neuerdings wird eine Kühlung der Leiter von außen und im Innern vorgesehen. Eine Ölkühlung und damit eine intensive Berührung der Isolation mit Öl scheint wegen der Verträglichkeit von Kühlmittel und Isolierstoff in Erwägung gezogen zu werden.

11.3 Kabel und isolierte Leitungen

Der *Einzelleiter* aus Elektrolytkupfer oder Reinaluminium ist ein zylindrischer Einzeldraht oder als hochflexible Litze, bei größeren Querschnitten als Seil zusammengesetzt. Bei mehrdrähtigen Leitungen können die Leiter zur Raumersparnis sektorförmig sein. Wenn, etwa für sehr hohe Spannung, die Oberflächenfeldstärke begrenzt werden soll, werden auch Hohlleiter verwendet, die aus Profilleitern verseilt und zusammengefügt sind.

Die *Leiterisolation* ist bei Starkstromkabeln ein stramm aufgesponnener Papierwickel, der mit Isolieröl getränkt ist, für mittlere und niedrige Spannungen eine getränkte Umspinnung mit Textilfasern oder eine fugenlose Umpressung mit Gummi oder Thermoplasten, bei letzteren auch als Lackfilmauftrag; bei Schwachstromkabeln gleichartig, auch ohne Tränkung; bei isolierten Leitungen (für Installationen und dgl.) eine dichte Gummi- oder Kunststoffumpressung; bei Hochfrequenzkabeln und -Leitungen eine thermoplastische Hülle mit kleiner Elektrisierungsziffer und niedrigem Verlustfaktor, fest umpreßt oder mit Lufthohlräumen oder Schaumstoff-Einlagen.

Gegen mechanische Beschädigung, gegen Feuchtigkeit und gegen Korrosion schützt die isolierte Ader eine *Umhüllung*. Sie besteht bei den isolierten Leitungen bis 1 kV aus einem Gummi- oder Thermoplastmantel (PVC, Buna S) oder einer Rohrumpressung. Die Kabelader wird mit einem Blei- oder einem Aluminium-Mantel nahtlos dicht umpreßt. Neuerdings finden auch Kunststoffmäntel Anwendung. Dieser Feuchteschutz trägt je nach Erfordernis eine Korrosionsschutzhülle, z. B. aus Papier oder aus Jute, die mit Bitumen getränkt ist. Die mechanische Bewehrung wird durch eine Umwicklung oder Umflechtung mit Rund- oder Flachdraht oder mit Band aus Stahl oder Bronze hergestellt.

Der Aufbau muß sich den Erfordernissen an Festigkeit gegen Zug und Druck und an Biegsamkeit anpassen. Bei Leitungen für die Energieübertragung spielen eine Rolle: geringe Verluste im Leiter, im Dielektrikum und im Metallmantel, begrenzte Kapazität, hohe und dauerhafte Isolierfestigkeit, gute Wärmeleitung, Ermöglichung großer Querschnitte.

Bei Leitungen für die Nachrichtenübertragung sind wichtig: Kapazitätsarmut, niedrige Dämpfung, schwacher Frequenzgang der dielektrischen Verluste, Ermöglichung einer großen Adernzahl.

Für die verschiedenen Verwendungszwecke und Aufbauarten sind Normen und Regeln niedergelegt in VDE 0250, 0255, 0265, 0890. Die wirtschaftlich bedeutsame Strombelastbarkeit hängt wesentlich vom Isolierstoff, vom Aufbau und von der Verlegungsart, im Erdboden, in Wasser, in Luft, in Kanälen oder Rohren, einzeln oder in Gruppen angehäuft, ab. Die Regeln (VDE 0100, 0101) rechnen mit zulässigen Leiterübertemperaturen von 45° C bei 1 ··· 6 kV, von 35° C bei 10 ··· 20 kV,

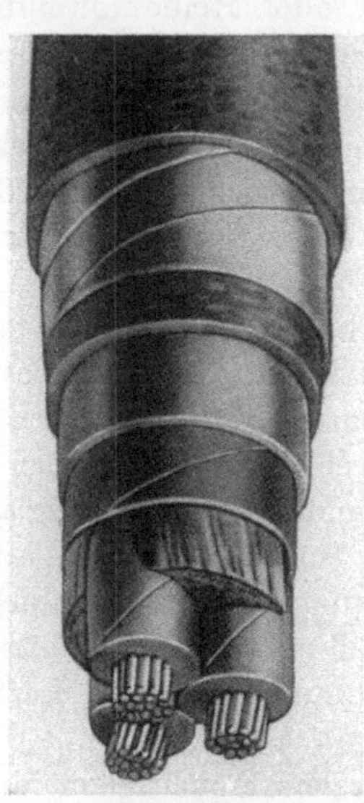

Abb. 11.36 a. Höchstädter Dreileiterkabel 20 kV (nach EHLERS/LAU)

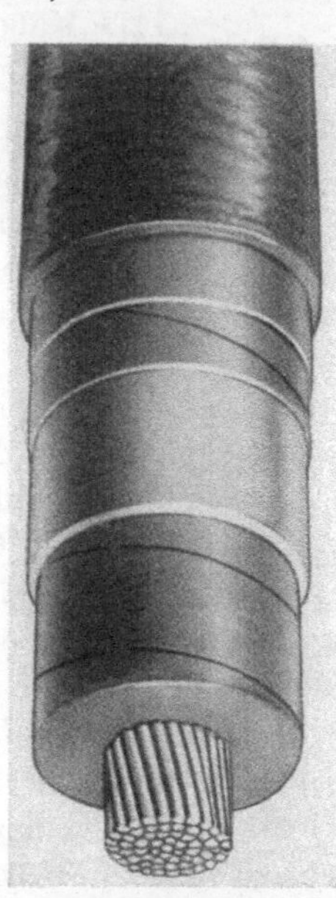

Abb. 11.36 b. Einleiterkabel (nach EHLERS/LAU)

von 25° C bei 30 ··· 60 kV. Die Erdbodentemperatur ist in 70 cm Bettungstiefe mit 20° C im Mittel angesetzt, der Wärmewiderstand der Kabelisolierung und -umhüllung mit 550 $\frac{{}^\circ\text{C cm}}{\text{W}}$ der des Erdbodens mit 70 $\frac{{}^\circ\text{C cm}}{\text{W}}$. In Luft z. B. ist die Belastbarkeit auf etwa 80% von der im Boden verringert, ähnlich bei gegenseitig heizender Nebeneinanderverlegung.

Hochspannungstechnisch interessiert natürlich besonders das Hochspannungs-Starkstromkabel. Überwiegend wird imprägniertes, sehr feines und dichtes Papierband in vielen Lagen auf den Leiter aufgesponnen. Beim Dreileiter-Kabel sind die Adern zusammengeseilt. Beim Gürtelkabel müssen die entstehenden Zwickel isolierend gut aufgefüllt sein, z. B. durch getränkten Jutebeilauf. Dies ist beim Höchstädterkabel und bei Einleiterkabeln nicht nötig.

Für Spannungen bis etwa 60 kV wird die Papierisolierung nach Vakuum-Trocknung mit etwa 30···50 Volumprozenten Kabelöl getränkt. (*Massekabel*, Abb. 11.36a u. b.) Dies ist eine Mischung von Mineralöl und viskositätserhöhenden Natur- oder Kunstharzen (z. B. 20···40% Zusatz von Kollophonium, das aus Koniferenharz destilliert wird). Die Tränkung muß ein Gleiten der Papierschichten ermöglichen, soll keinen fest bestimmbaren Schmelzpunkt und keine große Wärmedehnung haben. Durch die Tränkung steigen ε und $\tan \delta$; sie ist aber notwendig, wenn Feuchtigkeit ferngehalten und Gas- oder Hohlraumbildung ver-

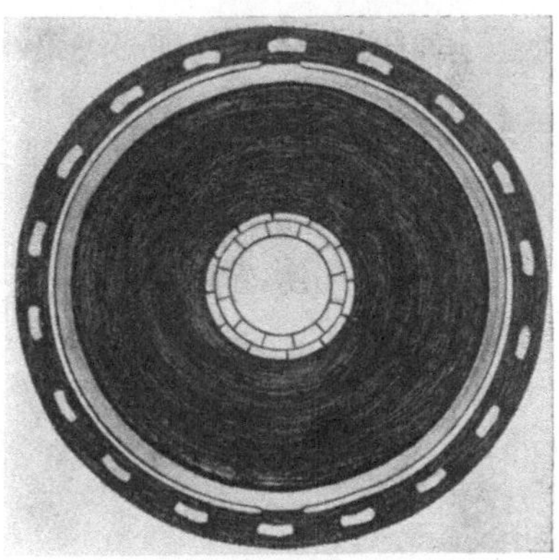

Abb. 11.37a. Querschnitt eines 220 kV-Ölkabels (Baujahr 1951)

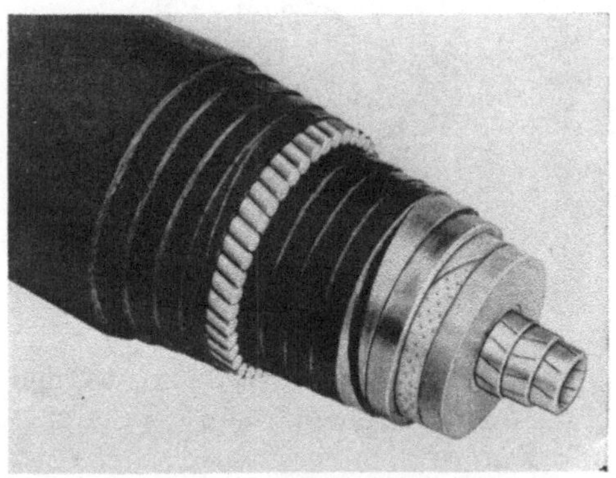

Abb. 11.37b. Ansicht eines abgesetzten 150 kV-Einleiter-Ölkabels für Flußverlegung (Baujahr 1944) [nach C. HELD Siemens-Zeitschrift 27. Jg. (1953) H. 5]

hindert werden sollen. Beim Erwärmungsspiel infolge wechselnder Belastung weitet sich der Bleimantel plastisch aus; z. B. ist bei einer gleichmäßigen Erwärmung von 10 auf 60° C die Volumenzunahme der Isoliermasse etwa +4%; die lineare Dehnung des Mantels beträgt +0,13%, was einer Zunahme des Zylindervolumens von nur +0,26% entspricht. Beim Wiedererkalten besteht also die Gefahr der Hohlraumbildung. Deshalb ist die Anwendungsspannung der Massekabel begrenzt; die Betriebsfeldstärke kann nicht über 50 kV/cm gewählt werden.

Für höhere Spannungen muß man die Hohlraumbildung unterdrücken entweder durch Anwendung eines anderen Imprägniermittels oder eines äußeren, den Mantel in die Ursprungsform zurückführenden Druckes.

Beim *Ölkabel* (L. EMANUELLI, PIRELLI, Mailand) wird dünnflüssiges Transformatorenöl unter 1 at Überdruck verwendet, dessen Volumenvergrößerung durch streckenweise angesetzte besondere Ausdehnungsgefäße ermöglicht wird. Der Kabelmantel muß etwas stärker sein. Da-

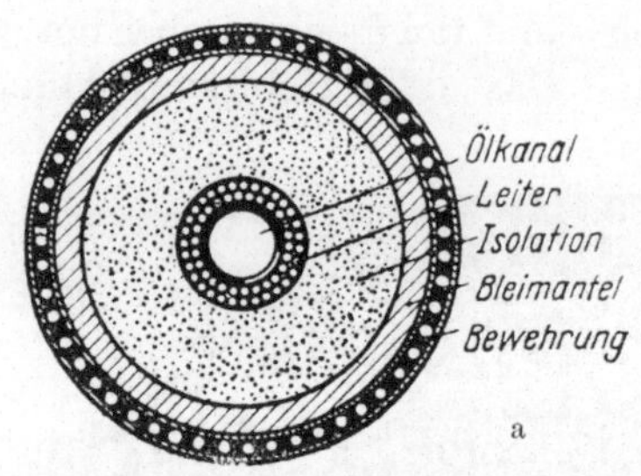

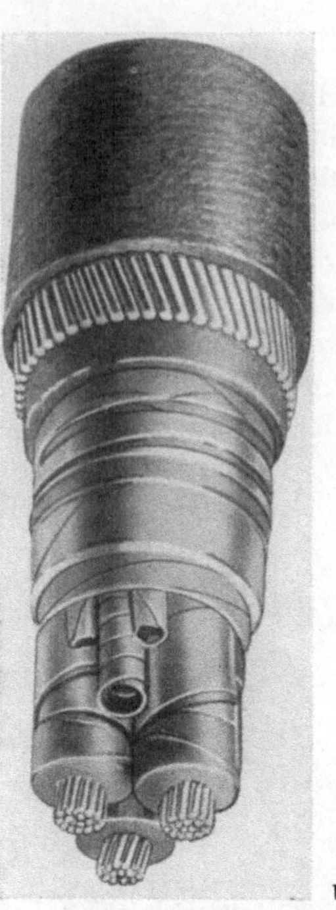

Abb. 11.38a u. b. Dreileiterölkabel für Drehstrom, Ölkanäle in Metallrohren in den Zwickeln
a Querschnitt (FuG) b Ansicht eines abgesetzten 40 kV-Kabels (Pirelli-M) (nach EHLERS/LAU)

mit das Öl längsfließen kann, werden Hohlleiter oder Bandrohreinlagen verwendet (Abb. 11.37a u. b u. 11.38a und b). Die Betriebsbeanspruchung

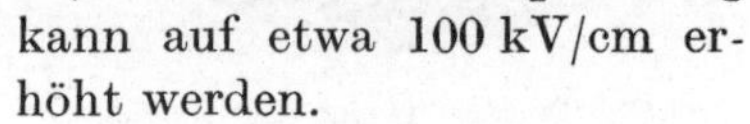
kann auf etwa 100 kV/cm erhöht werden.

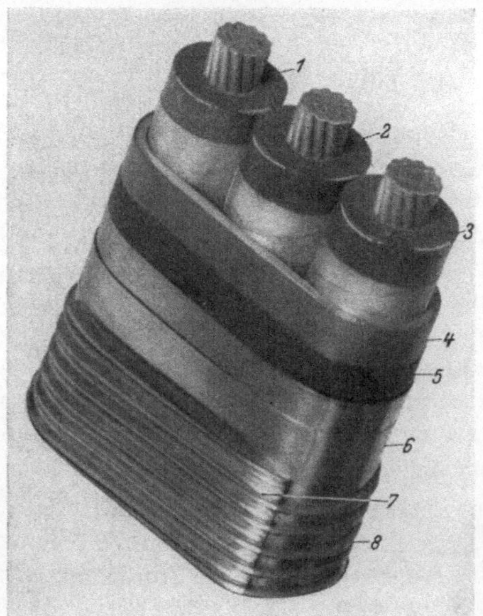

Beim *Membran-Kabel* ist der Mantel flach oder oval geformt, so daß er elastisch nachgibt und vom gewöhnlichen Außendruck beim Abkühlen wieder zurückgedrückt wird. Bronze-Federbänder unterstützen dies (Abb. 11.39). Diese Ausführung kann sowohl Masse- als auch Ölfüllung haben. Das *Druckkabel* ist ein Massekabel mit Bleimantel,

Abb. 11.39. Membrankabel mit Ölfüllung; Flachkabel für 66 kV (nach EHLERS/LAU)

1—3 Adern mit Höchstätterpapier; *4* Flacher Bleimantel; *5* Polster; *6* Zwei dünne überlappte Bronzebänder; *7* Wellenförmige, federnde Bronzebandverstärkung; *8* Bronzedraht-Verschnürung

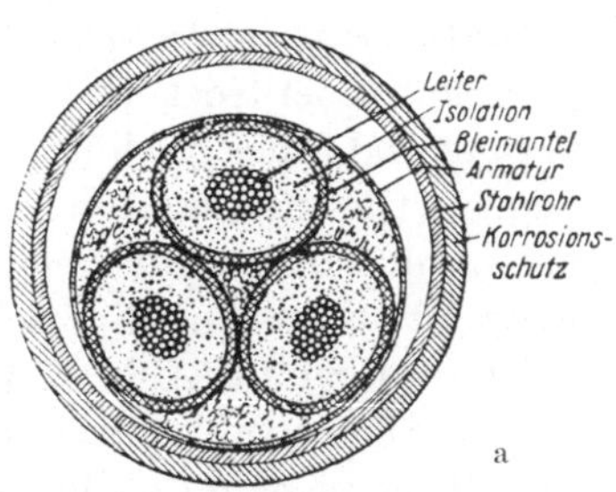

Abb. 11.40a u. b. Druckkabel (nach EHLERS/LAU)
a Querschnitt (FuG), b Dreileitermasse-Druckkabel für 150 kV (FuG)

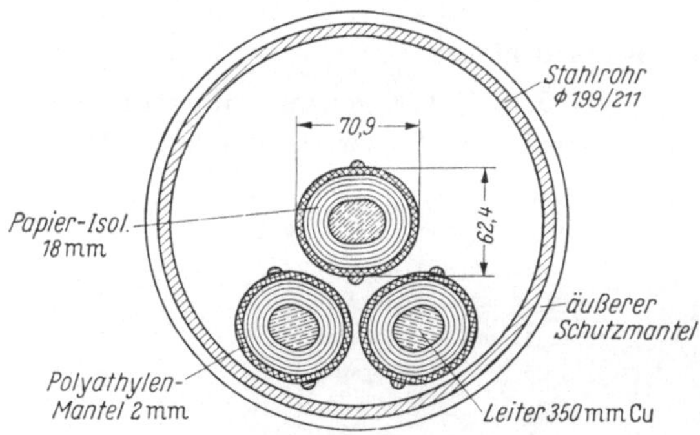

Abb. 11.41. 225 kV-Druckkabel mit Polyätylenmantel um die Papier-Isolation der Adern in Stahlrohr unter Gasdruck

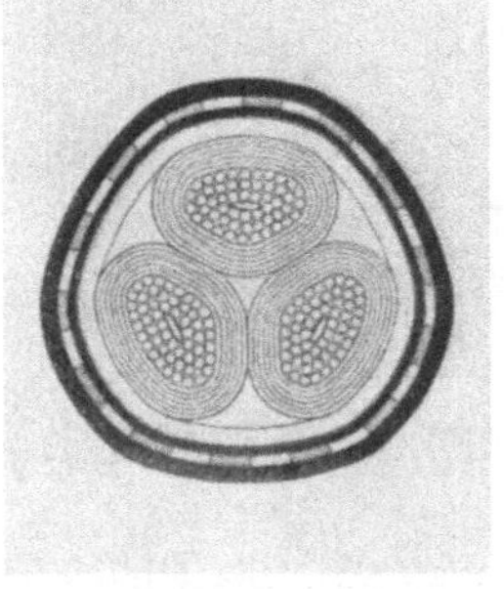

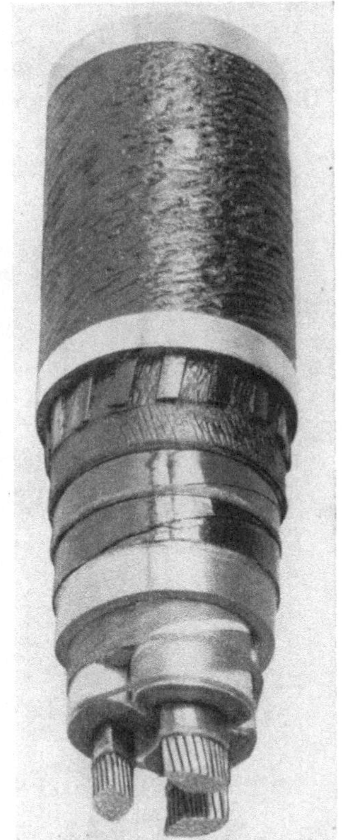

Abb. 11.42a u. b. Innendruckkabel (nach EHLERS/LAU). a schematische Querschnittszeichnung (KWO); b abgesetztes Ende eines Dreileiter Gas-Innendruckkabels für 35 kV (KWO)

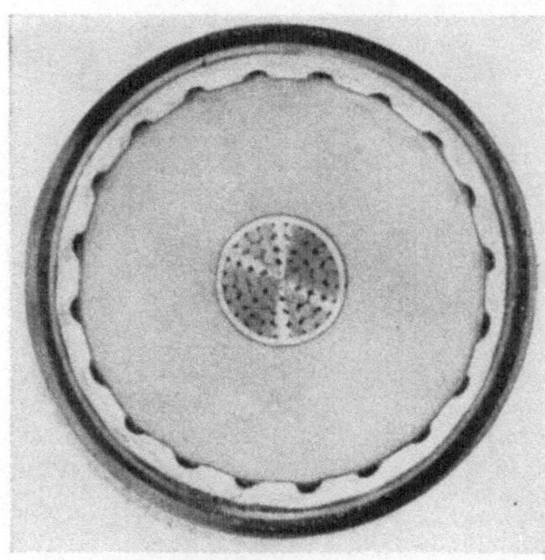

Abb. 11.43. Querschnitt eines reinen Gas-Innendruckkabels (nach L. G. BRAZIER u. EHLERS/LAU)

das in einem geschlossenen Stahlrohr unter äußerem Überdruck gehalten wird (Abb. 11.40a, u. b und 11.41).

Das *Innendruckkabel* hat voll imprägnierte oder trockene Papierisolierung und druckgeschützten Bleimantel. Die ausgesparten Hohlräume im Innern sind mit einem unter etwa 15 at stehenden Stickstoffpolster ausgefüllt (Abb. 11.42a, b).

Diese Konstruktionen erlaubten die betriebssichere Ausführung von Kabeln für 220 und 380 kV (Abb. 11.43).

11.4 Kondensatoren

Der *Preßgaskondensator* (vgl. Abb. 5.43, S. 124) gewinnt immer größere Bedeutung als Normalkondensator für Verlustfaktormessungen, als Meßkondensator für Scheitelspannungsmessungen, als Spannungsteiler für Spitzenspannungsmessungen bei Stoßspannung und bei oszillographi-

Abb. 11.44. Ansicht der Preßgaskondensatoren für 800, 500, 250 und 120 kV; Meßkapazität 50 pF bzw. 100 pF (nach H. u. B.)

schen Aufnahmen von Wechsel- und Stoßspannungen. Er wird hauptsächlich im Hochspannungslaboratorium, im Prüffeld und in Versuchsanlagen verwendet. Der Vorteil des vollkommen geschirmten Meßbelages bei hoher Sprühfreiheit macht ihn für empfindlichste Verlustmessungen und Störspannungsmessungen besonders geeignet (Abb. 11.44).

Papierkondensatoren aus Papierwickeln können als Meßkondensatoren hergestellt werden (Abb. 11.45a). Auf einen Hartpapierzylinder wird ein Spezialpapier als Rolle (*a*) aufgewickelt in der Aluminiumfolien eingelegt sind. Die Einlagen bilden als konzentrisch sich überdeckende Zylin-

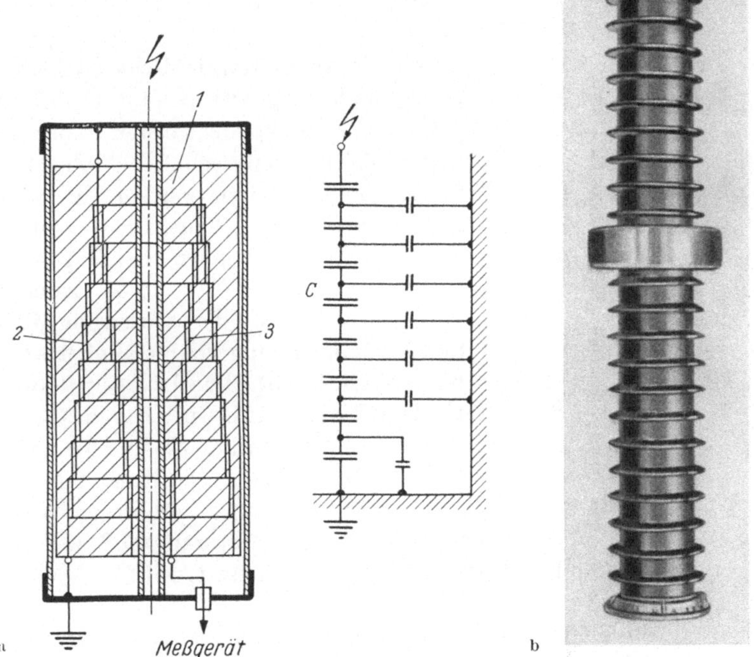

Abb. 11.45a u. b. Ölpapier-Meßkondensator
a Aufbau: *1* Kondensatorwickel, *2* Meßkondensatorwickel, *3* Schirmkondensatorwickel; b Ansicht

der die Meßkapazitäten (*c*). Die Einlagen (*b*) bilden konzentrisch um die Meßkapazitäten die Abschirmkapazitäten (*a*). Der ganze Wickel wird von einem Hartpapierrohr umgeben, mit Öl gefüllt und bei Freiluftaufstellung durch einen Porzellanüberwurf gegen Witterungseinflüsse geschützt (Abb. 11.45b).

Obwohl die geschirmte Ausführung für kapazitive Spannungsteiler geeigneter wäre, nimmt man wegen den höheren verfügbaren Kapazitäten meist ungeschirmte *Koppelkondensatoren* (Abb. 11.46 und 11.47a u. b).

Die Koppelkondensatoren dienen der Ankopplung der trägerfrequenten Nachrichtenübertragung an die Hochspannungsfreileitungen. Drosselspulen verhindern das Eindringen der Hochfrequenz in die Station (Abb. 11.48). Die aus Koppelkondensatoren aufgebauten Spannungswandler gestatten gleichzeitig die Ankoppelung der Hochfrequenz. Die Koppelkondensatoren werden aus in Reihe geschalteten, aufeinandergestapelten Papierflachwickeln oder aus Rundwickeln aufgebaut (Abb. 11.49a u. b). Einen Porzellankoppelkondensator zeigt Abb. 11.50 (Hescho).

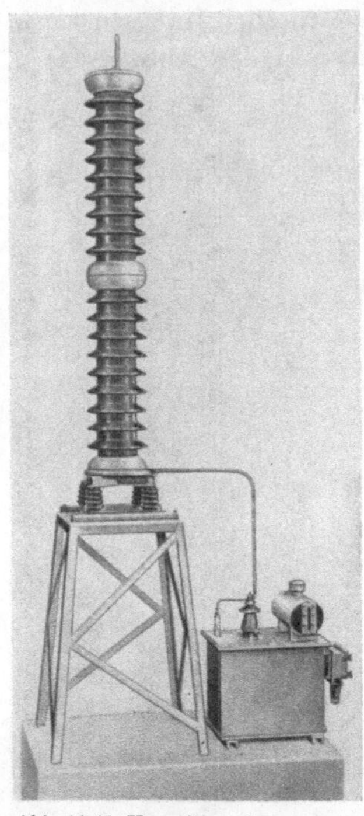

Abb. 11.46. Kapazitiver Spannungswandler 220 kV (HAEFELY)

Zur Kompensation der Reaktanzleistung einer Freileitung werden aus Stabilitätsgründen Reihenkondensatoren in den Zug der Freileitung eingeschaltet (Abb. 11.51). Diese Kondensatoren werden für relativ geringe Spannung gebaut. Die Wickelsäule eines solchen mit Clophen oder Öl gefüllten Kondensators zeigt Abb. 11.52. Auch die Phasenschieber-Kondensatoren für Mittel- und Niederspannung werden ähnlich aufgebaut (Abb. 11.53). Das Isolationsproblem im Kondensatorfeld wird durch $4 \cdots 10\,\mu$ starke Kondensatorpapiere und genügende Wärmeabfuhr gelöst. Die Randfelder sind beim Kondensator das eigentliche Problem; ihre sorgfältige Ausbildung bei Hoch- und Niederspannungskondensatoren muß zur Vermeidung von störenden Entladungen gewährleistet sein.

11.5 Übliche elektrische Beanspruchungen und Isolierabmessungen

Aus allen bisherigen Darlegungen ergibt sich, daß die für eine bestimmte Nennspannung einer Konstruktion anwendbare Isolierung von manchen Einflüssen und Gesichtspunkten abhängt. Wenn im nachfolgenden trotzdem bestimmte Werte oder Grenzen genannt werden, so kann es sich nur um grob orientierende Zahlen handeln. Die Feldform, die Beanspruchungsdauer und der Isolierstoff können niedrigere Werte erfordern oder höhere ermöglichen. Es ist auch zu beachten, welche Differenzen zwischen Nennspannung oder Prüfspannung und tatsächlicher Betriebsbeanspruchung bestehen. Vor allem aber gilt, daß eine einfache Vergrößerung der Isolierabstände, -dicken oder -abmessungen kaum eine proportionale Erhöhung der Spannungssicherheit ergibt.

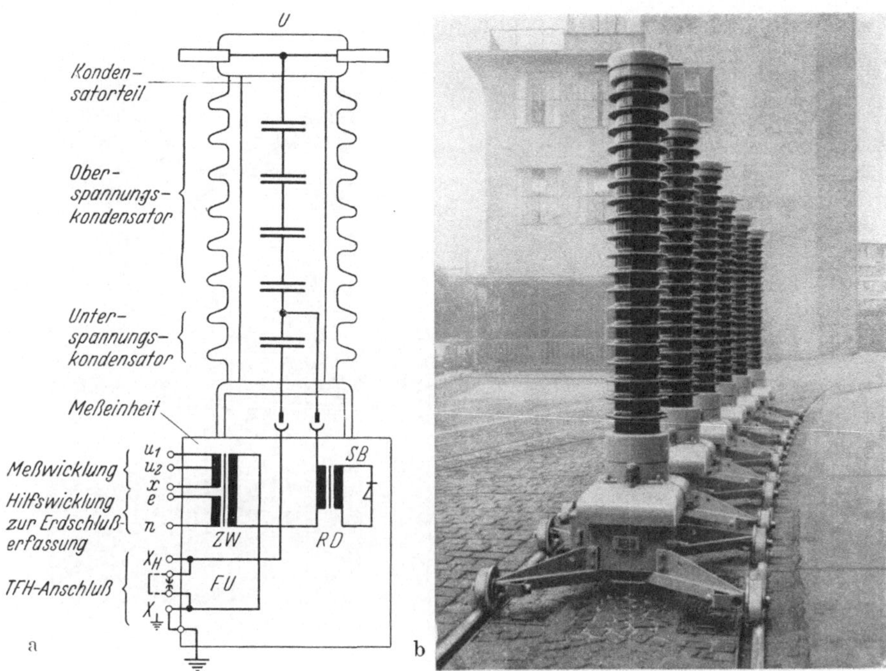

Abb. 11.47 a, b. Kapazitive Spannungswandler ($C = 4{,}4$ nF) Reihe 220
a Schaltbild, b Ansicht (AEG)

Abb. 11.48. Koppelungskondensator (10,5 nF) für 110 kV mit aufgebauter HF-Drossel (0,17 mHy)

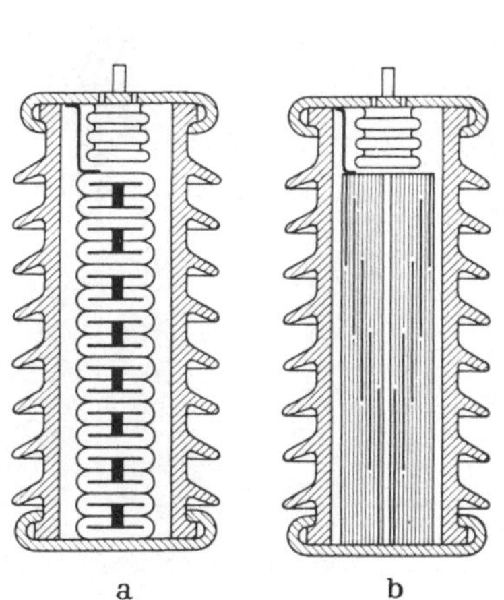

Abb. 11.49 a u. b. Darstellung des Kondensatorenaufbaues (nach SCHUMANN)
a Flachwickel gestapelt, b Rundwickel

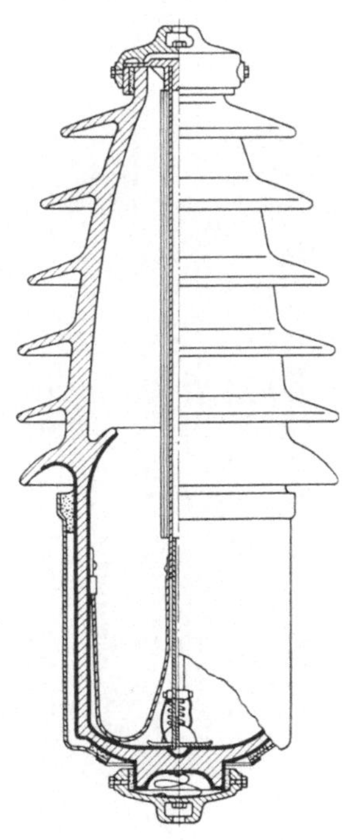

Abb. 11.50. Porzellan-Koppelungskondensator (2,2 nF, 65 kV) Beläge stark ausgezogen (nach SCHUMANN)

Abb. 11.51. Freiluftkondensatorenanlage 8 • 3000 kVA, 105 kV (Siemens)

Abb. 11.52. Wickelsäule für Niederspannungskondensator (AEG)

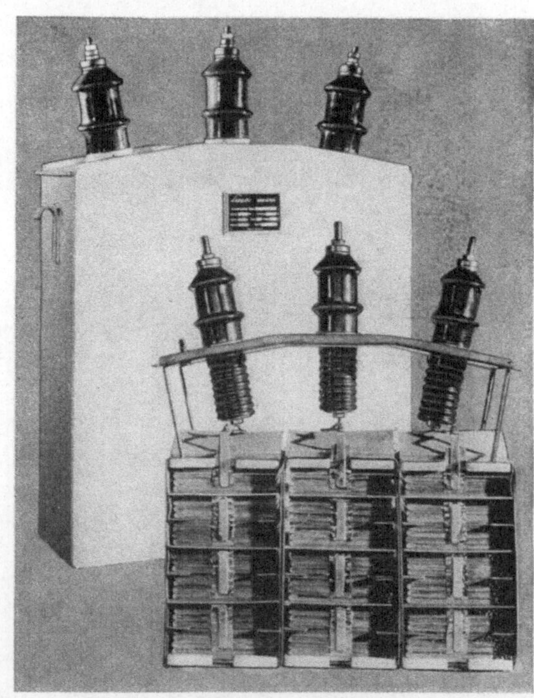

Abb. 11.53. Innenaufbau eines dreiphasigen Mittelspannungskondensators mit Clophenfüllung (LEPPER)

Es bedeuten:

$\tilde{U}_{ü}$, $\tilde{U}_D$ = Effektivwert der Überschlag- bzw. Durchbruchspannung bei 50 Hz

$\hat{U}_{ü}$, $\hat{U}_D$ = Scheitelwert der Stoß-Überschlag- bzw. Durchbruchspannung (1/50 μs)

E = die entsprechenden Feldstärken

$\tilde{U}_K$, $\tilde{U}_{gl}$ = Effektivwert der Korona- bzw. Gleitbüschelspannung bei 50 Hz

E_B, E_P = die bei Nennspannung im Dauerbetrieb bzw. bei Prüfspannung angewandte Feldstärke (gemäß Phasenspannung).

Luftabstände können etwa nach der Spitzenformel bestimmt werden (bei 760 Torr und 20° C, $\tilde{U}_D < 400$ kV):

$$\frac{d}{\text{cm}} \approx \frac{\tilde{U}_D/\text{kV}}{3} \quad \text{für } d > 8 \text{ cm} \qquad \hat{U}_D \approx \sqrt{2} \cdot 1{,}77 \cdot \tilde{U}_D$$

$$\frac{d}{\text{cm}} \approx \frac{\tilde{U}_D/\text{kV} - 1}{6} \quad \text{für } d = 0{,}5 \cdots 3 \text{ cm} \qquad \approx 2{,}5\, \tilde{U}.$$

Bei ebenen oder gut gerundeten Elektroden gilt etwa:

$$\frac{d}{\text{cm}} \approx \frac{\tilde{U}_D/\text{kV}}{10} \quad \text{für kleine Abstände}$$

$$\approx \frac{\tilde{U}_D/\text{kV}}{15} \quad \text{für große Abstände}.$$

Für *Stützisolatoren* muß die Baulänge etwa sein:

$$\frac{d}{\text{cm}} \approx \frac{\tilde{U}_{ü}/\text{kV} - 40}{3{,}15} \quad \text{für glatte Hartpapierstützer mit } d = 20 \cdots 200 \text{ cm}$$

$$\frac{d}{\text{cm}} \approx \frac{\tilde{U}_{ü}/\text{kV} - 25}{3{,}05} \quad \text{für Porzellanstützer}.$$

$$\text{Stoßfaktor: } \hat{U}_{ü}/(\tilde{U}_{ü} \cdot \sqrt{2}) = 1{,}6 \cdots 1{,}9 \text{ für negativen Stoß}$$
$$= 1{,}15 \cdots 1{,}25 \text{ für positiven Stoß}.$$

Hängeisolatoren im Regen (d = Fadenlänge).

$$\text{Überschlag } \frac{d}{\text{cm}} \approx \frac{\tilde{U}_{ü}/\text{kV}}{2 \cdots 2{,}9} \quad \text{für Kappenisolatoren,}$$

$$\text{Überschlag } \frac{d}{\text{cm}} \approx \frac{\tilde{U}_{ü}/\text{kV}}{1{,}7 \cdots 2{,}6} \quad \text{für Vollkernisolatoren,}$$

Materialbeanspruchung $\tilde{E}_B \approx 4 \cdots 7$ kV/cm.

Durchführungen im Regen (mit Kondensatoreinlagen):

$$\text{Überschlag } \frac{d}{\text{cm}} \approx \frac{\tilde{U}_{ü}/\text{kV} - 15}{2{,}5 \cdots 3{,}5}.$$

Radialbeanspruchung $\tilde{E}_B \approx 10 \cdots 17$ kV/cm bei Porzellan

$\tilde{E}_B \approx 14 \cdots 20$ kV/cm bei Hartpapier.

Gleitanordnungen (ε = Elektrisierungsziffer des festen Isolators):

$$\frac{\tilde{U}_K}{\text{kV}} \approx 8{,}1 \cdot \sqrt{\frac{d/\text{cm}}{\varepsilon}} \quad \text{in Luft}$$

$$\frac{\tilde{U}_K}{\text{kV}} \approx 24 \cdot \sqrt{\frac{d/\text{cm}}{\varepsilon}} \quad \text{in Öl}$$

$$\frac{\tilde{U}_{gl}}{\text{kV}} \approx 75 \cdot \sqrt{\frac{d/\text{cm}}{\varepsilon}} \quad \text{in Luft.}$$

Massekabel	$\tilde{E}_B \approx 40$ kV/cm	bei Gleichspannung 1,5 ⋯ 1,8mal so hoch
Massedruckkabel	$\tilde{E}_B \approx 70$ kV/cm	
Ölkabel	$\tilde{E}_B \approx 100$ kV/cm	

Kondensatoren, Papier, vakuumgetrocknet und getränkt:

$$\tilde{E}_B \approx 110 \cdots 160 \text{ kV/cm.}$$

Öltransformatoren:

radial $\tilde{E}_P \approx 30 \cdots 45$ kV/cm

achsial $\tilde{E}_P \approx 20 \cdots 25$ kV/cm.

Maschinenwicklungen:

Niederspannungsmotoren Nutisolation
d = (0,5 cm Preßspan + 0,1 cm Öltuch oder Folie + 0,5 cm Preßspan) imprägniert
Hochspannungsmaschinen Nutisolation

$\tilde{E}_B \approx 16 \cdots 20$ kV/cm für $\tilde{U}_{Nv} = 6 \cdots 12$ kV.

Dynamodraht-Isolation		$\Delta\varnothing$/mm [1]	$\tilde{U}_D$/kV
1 × Seide	S	0,035	0,5
2 × Seide	SS	0,065	0,6⋯0,8
1 × Kunstseide	K	0,04	0,6
2 × Baumwolle	BB	0,3	0,75
2 × Zellwolle	ZZ	0,33	1,1
2 × Glasfaser	GG	0,1	0,5
1 × Lackemaille	L	0,03⋯0,06	2,5⋯4
1 × Lack + 1 × Baumwolle	LB	0,1	2⋯4

[1] $\Delta\varnothing$ Durchmesserauftrag der Isolation. $\tilde{U}_D$ Durchbruchspannung der doppelten Isolierung zwischen zwei zusammengelegten Drähten.

Preßspanisolierungen: Durchbruchspannung (kV) bei 50 Hz.

d/cm =	0,02	0,05	0,1	0,2	0,5
Edelpreßspan in Luft	2,5	7	13	24,5	51
Tafelpreßspan in Luft	2	5	10		
Tafelpreßspan in Öl	10	22,5	27	55	

Wärmeleitfähigkeit von

ölgetränktem Preßspan:	0,04···0,05	$\frac{\text{W cm}}{\text{cm}^3\,{}^\circ\text{C}}$
trockenem Preßspan:	0,007	
Glimmer:	0,0036	
Öl:	0,00145	

C. Netzvorgänge und Spannungsbeanspruchung

§ 12. Übersicht über die im Betrieb bestehenden Spannungsbeanspruchungen. Überspannung und Ausbreitung

Die elektrischen Betriebsanlagen stehen dauernd — solange sie eingeschaltet sind — unter ihrer Betriebsspannung. Diese verkettete Spannung U entspricht einer der Reihenspannungen von $U_N = 30$, 60, 110, 220, 380 kV. Mit dieser Nennspannung (U_N) werden die Isolierteile beansprucht. Im wesentlichen handelt es sich um Isolationen einer Phase gegen Erde, welche also im Drehstromnetz (50 oder 60 Hz) dauernd unter Phasenspannung $U_{ph} = U_v/\sqrt{3}$ stehen. In Einphasenanlagen entsprechend unter der Phasenspannung $U_{ph} = U_v/2$. Die Konstruktionsteile, die zwischen Phase und Phase isolieren, liegen dauernd an der verketteten Spannung (U_v). Da für die belastungsabhängigen Spannungsabfälle längs der Hochspannungsleitungen ein Ausgleich notwendig ist, können die beanspruchenden Betriebsspannungen die Reihenspannung bis zu 15% überschreiten $U_{v\,max} = 1{,}15 \cdot U_N$.

Für die Isolationsbeanspruchung sind vielfach die Scheitelspannungswerte dieser Spannungen maßgebend, $U_s = \sqrt{2} \cdot U_{eff}$ bei sinusförmiger Spannung. Wesentlich höhere Spannungen treten vorübergehend in den Netzen auf. Diesen Überspannungen sind die folgenden Paragraphen gewidmet. Da die Einwirkungsdauer der Spannungsbeanspruchung bei allen unseren Isoliermitteln bedeutungsvoll ist, muß außer der Höhe der abnormalen Spannung, der „Überspannung", auch deren Dauer, die Frequenz und die Steilheit ihres Anstieges erfaßt werden. Für den zeitlichen Ablauf solcher Überspannungsvorgänge sind nach der Entstehungsursache vor allem ihre Ausbreitung in ausgedehnten Leitungsnetzen maßgebend. Die Ursachen der Überspannungen können außerhalb des Systems liegen; sie können aber auch durch Schaltvorgänge im System selbst entstehen.

12.1 Schwingungsmöglichkeiten als Eigenwerte der Anlagen. Verhalten von Anlageteilen bei Auftreten von Ausgleichsvorgängen

Die Anlagenteile, Generatoren, Transformatoren, Wandler, Sammelschienen und Leitungsabschnitte stellen zusammen mit dem Verbraucher schwingungsfähige Gebilde dar. Ihre Einschwingfrequenzen bei der Zusammenschaltung zu einem Netzverband bestimmter Konfiguration sind nur schwierig zu ermitteln. Es hat in letzter Zeit nicht an Versuchen gefehlt, die Einschwingspannung praktischer Energieversorgungsnetze zu bestimmen. Im wirklichen Netz lassen sich zwei Methoden bei Messung im Betrieb unterscheiden. Einmal die Erzeugung eines Kurzschlusses im Netz; die dabei registrierten Strom- und Spannungswerte geben die sicherste Auskunft über die Einschwingspannungen und die dabei auftretenden Frequenzen für den jeweiligen Belastungs- und Schaltzustand des Netzes.

Dieses, den Betrieb wesentlich störende Verfahren wird in neuerer Zeit durch das von Fourmarier angegebene Laststoßverfahren ersetzt. Dabei werden kleine Laständerungen im Verhältnis zur Gesamtbelastung dazu herangezogen, durch besondere Kompensationsschaltungen die Höhe des Spannungssprunges und den Phasensprung bei Laständerung auszumessen. Daraus lassen sich für die Schalterbeanspruchungen beim Abschalten eines Kurzschlusses wichtige Größen ermitteln.

Man kann dieses Verfahren dazu ausbauen, um aus den statistisch verteilten natürlichen Laständerungen im Netz die Verteilung der zu erwartenden Überschwingspannungen und der Steilheiten der wiederkehrenden Spannungen zu berechnen.

Die gleichen Werte für die Einschwingspannung lassen sich auch auf rechnerischem Wege ermitteln. Man verwendet zur Lösung Analogie-Rechengeräte oder Netzmodelle, welche in ihrer Frequenzabhängigkeit getreu dem Energieversorgungsnetz nachgebildet sein müssen. Aber auch die Lösung der Gleichungssysteme mit digitalen Rechenmaschinen setzt sich immer mehr durch. Die letzteren Verfahren gestatten es, einen Einblick in beliebig variierte Netzzustände zu gewinnen und die jeweiligen Einschwingspannungen zu erhalten.

12.2 Thomsonsche Schwingung (freie Schwingungen)

Die Induktivitäten und Kapazitäten der Leitungen und Schaltanlagen können durch Energiezufuhr zu Schwingungen angeregt werden. Um die Verhältnisse der Berechnung zugänglich zu machen, werden nur konzentrierte Schaltelemente betrachtet. Die verteilten Induktivitäten und Kapazitäten werden durch konzentrierte Elemente ersetzt. In dem so gebildeten Schwingkreis (vgl. Abb. 12.1) können stationäre Schwingungen erregt werden, wenn in jedem Augenblick gerade soviel

Energie zugeführt wird, wie in seinen Wirkwiderständen — in Form von Wärme oder abgestrahlter Energie — verbraucht wird. Führt man mehr oder weniger Energie zu als in jedem Augenblick verbraucht wird, so erhält man unstationäre Schwingungen; in diesen Fällen nimmt die Amplitude mit wachsender Zeit zu oder ab. Bei den freien Schwingungen nimmt die Amplitude mit der Zeit ab.

In jedem Augenblick gilt für die in Abb. 12.1 dargestellte Reihenschaltung von Induktivität (L), Widerstand (R) und Kapazität (C), daß die Summe der Spannungsabfälle an diesen Schaltelementen gleich der Klemmenspannung (u) sein muß:

$$u_L + u_R + u_c = u\,. \tag{12.1}$$

Nun ist aber der durch den Strom i im Widerstand R hervorgerufene Spannungsabfall $u_R = i \cdot R$. Der an der Induktivität L infolge der

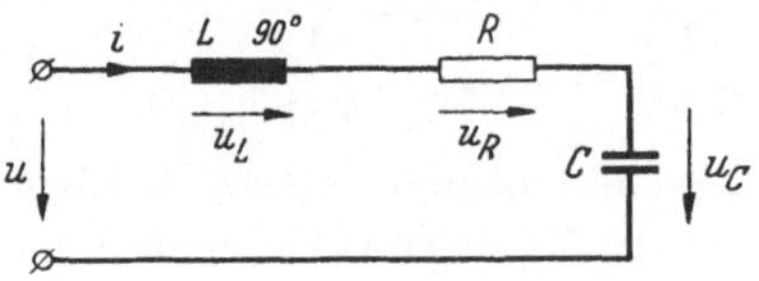

Abb. 12.1. Reihenschwingkreis

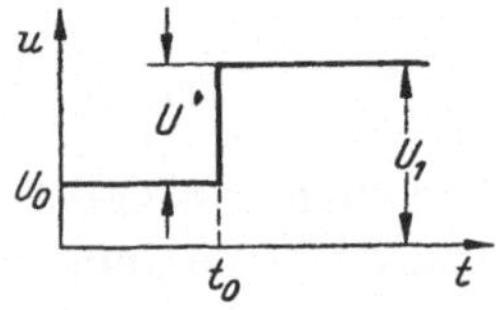

Abb. 12.2. Spannungssprung

zeitlichen Änderung des Stromes i auftretende Spannungsabfall ist $u_L = L \cdot \frac{di}{dt}$. Die Ladung $q = \int i\,dt$ auf der Kapazität C bestimmt die Kondensatorspannung $u_c = \frac{q}{C} = \frac{1}{C} \cdot \int i\,dt$. Setzt man diese Werte in Gl. (12.1) ein, so kann daraus der zeitliche Ablauf des Stromes bei beliebiger vorgegebener Klemmenspannung u berechnet werden. Für unsere Isolationsbeanspruchung interessiert allerdings nur der Augenblickswert der Spannung u_c am Kondensator C.

Betrachten wir einen Sprung der Klemmenspannung u zur Zeit $t = t_0$ von U_0 auf U_1 (vgl. Abb. 12.2) und fragen nach den Augenblickswerten der die Isolation beanspruchenden Kondensatorspannung u_c. Vor dem Spannungssprung ($t < t_0$) ist der Kondensator C auf die Klemmenspannung $U_0 = U_{c0}$ ($t < t_0$) aufgeladen. Seine Ladungsmenge ist $q_0 = C \cdot U_0$ ($t < t_0$). Zwischen der Spannung U_1 nach dem Sprung, der Spannungserhöhung U' und der ursprünglichen Spannung U_0 gilt die Beziehung: $U_1 = U_0 + U'$ für ($t > t_0$). Sehr lange Zeit nach dem Spannungssprung wird die Kondensatorspannung gleich der neuen Klemmenspannung $U_1 = U_{c1}$, ($t \to \infty$) und der Kondensator trägt nun die Ladung $q_1 = C \cdot U_1$.

Beim Spannungssprung erfolgt ein Ausgleichsvorgang. Der Augenblickswert der Spannung am Kondensator ist:

$$u_c = U_{c1} + u_c' = U_0 + U' + u_c' \tag{12.2}$$

wenn mit u_c' der Übergangswert der Kondensatorspannung bezeichnet wird. Sein zeitlicher Verlauf wird gegeben durch:

$$u_c' = -L \cdot \frac{di}{dt} - i \cdot R \tag{12.3}$$

mit $i = C \cdot \frac{du}{dt}$ wird die Lösung erhalten:

$$u_c' = -U' \cdot \frac{e^{-t/2T}}{\cos\delta} \cos(\omega_e \cdot t - \delta) \cdot \tag{12.4a}$$

$$i = \frac{U'}{\Gamma} \cdot \frac{e^{-t/2T}}{\cos\delta} \cdot \sin(\omega_e \cdot t) \tag{12.4b}$$

wobei

$$T = \frac{L}{R} \tag{12.5}$$

T = Zeitkonstante gebildet aus Induktivität und Widerstand ist.

$$\omega_e = \sqrt{\frac{1}{L \cdot C} - \left(\frac{R}{2L}\right)^2} = \sqrt{\omega_{e0}^2 - \frac{1}{4T^2}} \tag{12.6}$$

ω_e = Schwingungs-Kreisfrequenz des elektrischen Kreises = Eigenkreisfrequenz, da keine äußeren periodischen Zwangskräfte vorhanden sind. Mit $\omega_{e0} = \sqrt{\frac{1}{LC}}$ wird die Eigenkreisfrequenz des widerstandslosen Kreises bezeichnet ($R = 0$). Die Eigenresonanzfrequenz ist $f_e = \frac{\omega_e}{2\pi}$. Weiter sind die in Gl. (12.4) verwendeten Abkürzungen:

$$\tan\delta = \frac{R}{2L\sqrt{\frac{1}{L \cdot C} - \left(\frac{R}{2L}\right)^2}} = \frac{R}{2L \cdot \omega_e} = \frac{1}{2T \cdot \omega_e}.$$

$$\cos\delta = \sqrt{\frac{1}{1 + \frac{1}{4T^2 \cdot \omega_e^2}}} = \frac{\omega_e}{\omega_{e0}} = \omega_e \cdot \sqrt{L \cdot C}.$$

$$\Gamma = \sqrt{\frac{L}{C}} = \text{„Schwingungswiderstand"}$$

$$\frac{1}{2T} = \text{Dämpfung}.$$

Die Schwingungen klingen also nur halb so schnell ab wie die Spannung an einem Widerstand, wenn nur ein Kreis, bestehend aus R und L, eingeschaltet würde.

Der Ausgleichsvorgang erfolgt als exponentiell gedämpfte Schwingung, deren Konstanten aus den Eigenschaften des Stromkreises folgen.

Für reelle Eigenkreisfrequenz ω_e muß in Gl. (12.6) $\frac{R^2}{4L^2} < \frac{1}{LC}$ sein oder $R^2 < 4\frac{L}{C}$, das heißt

$$R < 2\Gamma.$$

Praktisch ist bei den schwingungsfähigen Teilen unserer Starkstromnetze dieser Fall gegeben, denn R liegt zwischen $2\,\Gamma$ und $\frac{1}{14}\,\Gamma$. Ist der Dämpfungswiderstand R viel kleiner als der Schwingungswiderstand Γ, so wird der zeitliche Verlauf der Kondensatorspannung und des Stromes: mit $\cos\delta \approx 1$ und $\omega_{e0} = \omega_e$)

$$u_c' = -\,U' \cdot e^{-t/2T} \cdot \cos(\omega_{e0} \cdot t); \tag{12.4c}$$

$$i_c = \frac{U'}{\Gamma} \cdot e^{-t/2T} \cdot \sin(\omega_{e0} \cdot t)\,. \tag{12.4d}$$

Die maximale Isolationsbeanspruchung durch die Spannung u_c an der Kapazität wird:

$$u_{c\,max} = U_{c1} + U' \tag{12.5}$$

während der Maximalwert des Stromes im Kreis

$$i_{max} = \frac{U'}{\Gamma} \tag{12.6}$$

wird.

Eigenfrequenz bei Netzabschaltung

Die Eigenresonanzfrequenz einer Leitung oder eines Netzes ist:

$$f_e = \frac{1}{2\pi}\sqrt{\frac{1}{L \cdot C_b \cdot k}}\,. \tag{12.7a}$$

Die Ladeleistung ist $N_c = U_v^2 \cdot \omega C$, die Kurzschlußleistung: $N_k = \frac{U_v^2}{\omega L}$, damit wird:

$$\left.\begin{aligned} f_e &= \frac{1}{2\pi}\sqrt{\frac{U^2 \cdot \omega \cdot N_k \cdot \omega}{N_c \cdot U^2 \cdot k}} \\ &= \frac{1}{2\pi}\sqrt{\frac{N_k}{N_c} \cdot \frac{\omega^2}{k}} \\ f_e &= f\sqrt{\frac{N_k}{N_c \cdot k}}, \quad k \approx 0{,}406 \end{aligned}\right\} \tag{12.7b}$$

Beispiel 1: Einschaltvorgang beim Reihenschwingkreis ($R \ll \Gamma$) (Freileitung). Die in Abb. 12.3 gezeigte Serienschaltung von R, L und C über den Schalter S, zur Zeit $t = t_0$ an die konstante Gleichspannung $U_{=} = U'$ gelegt. Hier wird vorausgesetzt, daß der Kondensator vorher (bei $t < t_0$) spannungslos war: $U_{c0} = 0$. Wird eine Leitung z. B. plötzlich an die Spannung $U_{=}$ gelegt, so schwingt die an der Isolation der Kapazität liegende Spannung über. Nach einer Zeit $t = \frac{\pi}{2\,\omega_e}$ erreicht sie den maximalen Wert, angenähert

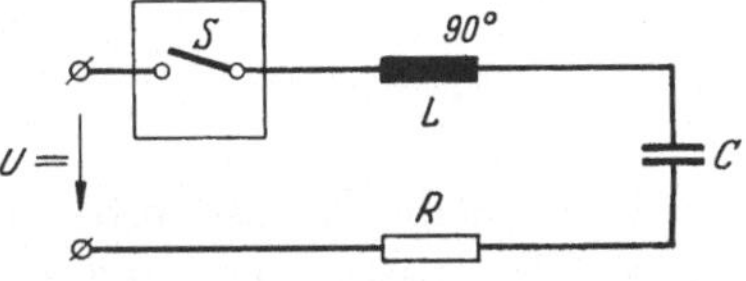

Abb. 12.3. Leitung als Reihenschwingkreis

$$u_{c\,max} \approx 2\,U'\,.$$

Um eine Viertelperiode früher erreicht der Strom i_c sein Maximum:

$$i_{c\,max} = \frac{U'}{\Gamma} \approx U \cdot \sqrt{\frac{C}{L}}\,;$$

Abb. 12.4 zeigt den zeitlichen Verlauf des Stromes und der Spannung beim Einschalten eines Reihenschwingkreises.

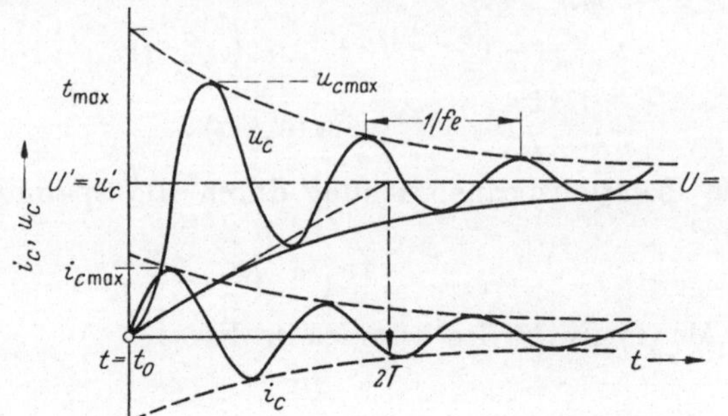

Abb. 12.4. Einschaltvorgang an einem Reihenresonanzkreis. U_c = Spannung am Kondensator; i_c = Ladestrom

Beispiel 2: Kurzschließen eines aufgeladenen Kondensators C über eine Induktivität L und einen Widerstand R. ($R \ll \Gamma$).

Tritt in einem unter Spannung U_0 stehenden Netzteil ein Kurzschluß auf, so entladet sich die Ladung $Q_0 = C \cdot U_0$ über die Induktivitäten und Widerstände der Leitungen. Die freiwerdende Energie $E = \frac{C \cdot U_0^2}{2}$ regt den Reihenschwingkreis Abb. 12.5 zu Schwingungen

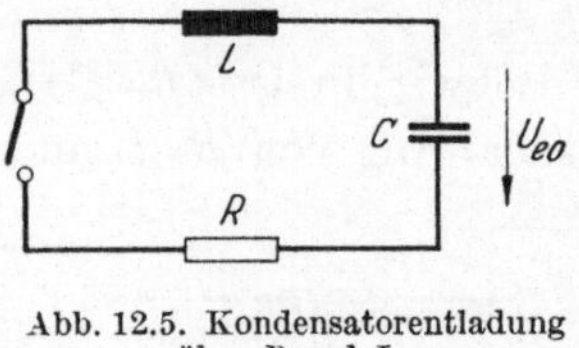

Abb. 12.5. Kondensatorentladung über R und L

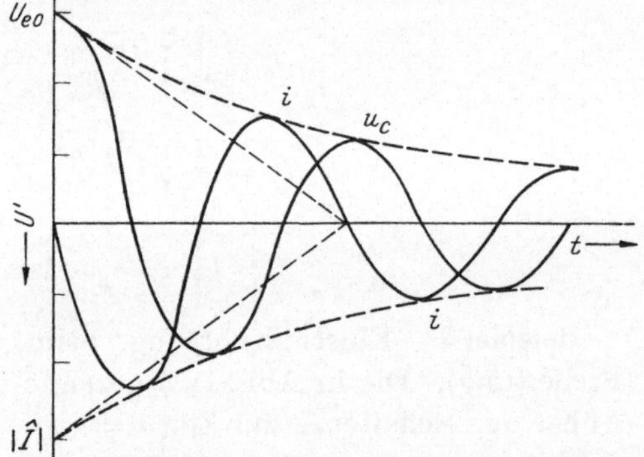

Abb. 12.6. Zeitlicher Verlauf der Spannung u am Kondensator und des Stromes i beim Entladen des Kondensators

an. Diese beim Kurzschluß im Netz auftretenden Schwingungen ergeben Überspannungen und unzulässig hohe Stromspitzen.

Mit der Anfangsspannung zur Zeit $t = 0$: $U_0 = U_{c0}$; der Spannung für $t = \infty$: $U_1 = 0$ ($\delta = 0$) und dem Spannungssprung: $U' = - U_{c0}$ erhalten wir aus den oben abgeleiteten Formeln Gl. (12.4) den zeitlichen Verlauf (s. Abb. 12.6) der Spannung u_c an der Isolation der Kapazität:

$$u_c = u'_c = U_{e0} \cdot e^{-t/2T} \cdot \cos \omega_e t\,.$$

Es bleibt $u_c \leqq U_{c0}$. Die Stromspitze $i_{c\,max}$ wird hier:

$$i_{c\,max} = \frac{-U_0}{\sqrt{\Gamma^2 - R^2/4}} \qquad i_{c\,max} = \frac{U'}{\Gamma} = -U_0 \cdot \sqrt{\frac{C}{L}} = \frac{U}{L \cdot \omega_e}.$$

Der Vergleich dieser beiden Beispiele zeigt, daß beim Kurzschluß eines Netzes maximal die vorangehende Ladespannung U_{c0} erreicht wird, während beim Einschalten einer leerlaufenden Leitung (Beispiel 1) der Maximalwert der Spannungsbeanspruchung auftritt und $\approx 2 \cdot U'$ beträgt.

Zahlenbeispiel zu 1.

Einschaltung einer leerlaufenden $U_{v\,eff} = 100$ kV Leitung mit Sammelschiene über die Induktivität eines Stromwandlers, einer Drosselspule oder einer Auslösespule (Abb. 12.7). Die Einspeisung erfolge aus einem starren Netz der Spannung U. Zahlenwerte: Vorschaltinduktivität: $L = 0{,}1$ mHy, Sammelschienen-Kapazität: $C = 0{,}0004\ \mu$F, Schwingungswiderstand:

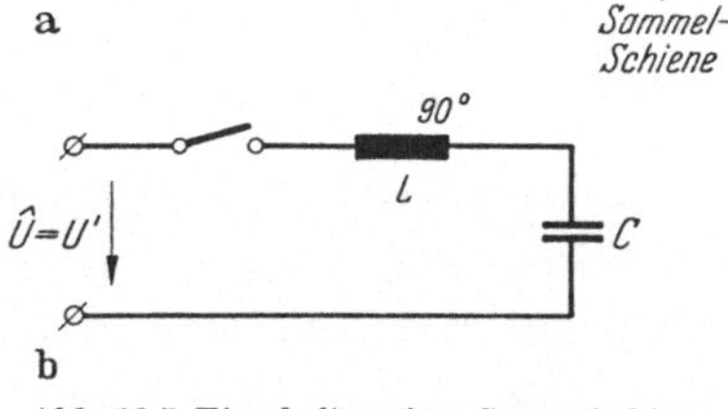

Abb. 12.7 Einschalten einer Sammelschiene

$$\Gamma = \sqrt{\frac{L}{C}} = 10^3 \sqrt{\frac{1}{4}} = 500\,\Omega.$$

$$\text{Resonanzfrequenz: } \omega_{e0} = \frac{1}{\sqrt{L \cdot C}} = \frac{10^7}{\sqrt{0{,}4}} = 5 \cdot 10^6 \quad \left[\frac{1}{s}\right]$$

$$f_{e0} = \frac{\omega_{e0}}{2\pi} = \underline{800000 \text{ Hz}}$$

$$\text{Stromspitze: } i_{c\,max} = \frac{U'}{\Gamma} = \frac{100000 \cdot \sqrt{2}}{\sqrt{3}} \cdot \frac{1}{500} = 150 \text{ A}$$

$$\text{Überspannung: } u_{c\,max} = 2 \cdot U' = 2 \cdot \hat{U}_{ph} = \frac{2}{\sqrt{3}} \cdot 100000 \cdot \sqrt{2} \ [\text{V}]$$

$$= 115000 \cdot \sqrt{2}\,[\text{V}] = 1{,}15 \cdot \hat{U}_V.$$

Stellt also keine besondere Gefährdung dar. (Anders liegt der Fall, wenn gerade ein Erdschluß besteht, dann wird $U' = U_v$ und folglich $u_{c\,max} = 2 \cdot \hat{U}_v = 200000 \cdot \sqrt{2}\,[\text{V}]$!

Beanspruchung des Stromwandlers L.

Im Normalbetrieb (bei 50 Hz) fließt bei einer Nennleistung von $N_N = 25$ MVA ein Nennstrom $J_N = 145$ A.

Der Spannungsabfall längs der Stromwandlerwicklung bei Nennbetrieb ist

$$\hat{U}_{LN} = \omega\, L \cdot \hat{J} = 314 \cdot 0{,}1 \cdot 10^{-3} \cdot 145 \cdot \sqrt{2} \ [\text{V}].$$

$$\hat{U}_{LN} = 6{,}5\ V_{S\,(Scheitel)}.$$

Beim Zuschalten der Sammelschiene treten keine wesentlich höheren Ströme auf, aber die höchste Spannung zwischen den Klemmen des Stromwandlers (oder Drossel) wird:

$$\hat{u}_{L\,max} = \frac{U}{\sqrt{3}} \cdot \sqrt{2} \approx 80000\,\mathrm{V}!!$$

Das Verhältnis der die Windungsisolation beanspruchenden Spannung $\hat{u}_{L\,max}$ beim Einschalten zum Nennspannungsabfall $\hat{U}_{LN}$ ist:

$$\frac{u_{L\,max}}{\hat{U}_{LN}} \cong \frac{\omega_{e\,0}}{\omega} \cdot \frac{i_{max}}{\hat{J}_N}$$

also im Verhältnis der Eigenresonanzfrequenz zur Netzfrequenz höher als das entsprechende Stromverhältnis.

Abschalten eines Kurzschlusses.

Die Spannung u_c an den Klemmen der Leitung (vgl. Abb. 12.8) war infolge des Kurzschlusses zusammengebrochen und kehrt nun beim Öffnen des Schalters wieder. Beim Abschalten des Kurzschlusses wird die Spannung $U' = U_{n\,eff} \cdot \sqrt{2}$ auf der Generatorseite wieder eingeschaltet ($U_0 \approx 0$). Mit der netzeigenen Frequenz f_e schwingt die Spannung auf den quasi-stationären Wert, der mit 50 Hz vom Generator her gegeben wird (vgl. Abb. 12.9). An den Isolatoren der Kapazität (s. Abb. 12.8), vor allem aber am Schalter S' selbst zwischen den sich öffnenden Polen tritt mit der hohen Eigenfrequenz

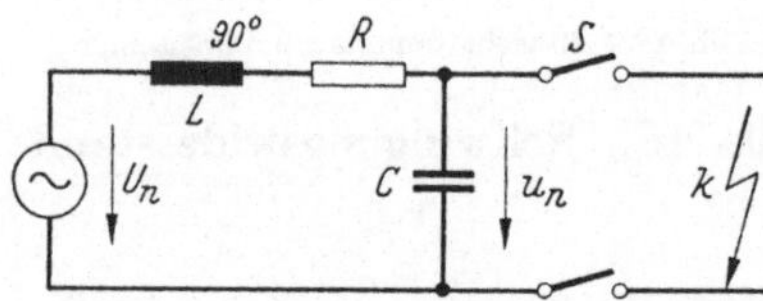

Abb. 12.8. Abschalten eines Kurzschlusses, Schaltbild

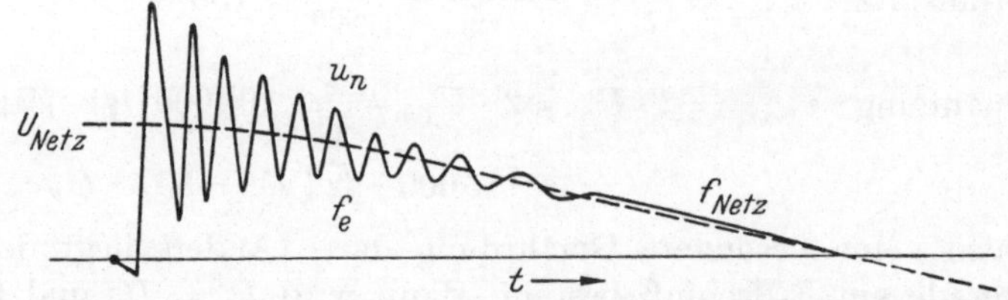

Abb. 12.9. Zeitlicher Verlauf der wiederkehrenden Spannung beim Abschalten eines Kurzschlusses

des Netzes die *wiederkehrende Spannung* auf. Sobald der Schaltlichtbogen abgebrochen bzw. gelöscht ist, hört der Stromfluß (im abgeschalteten Netzteil) auf. Die Phasenspannung am Kondensator kann beim Abschalten des Kurzschlusses theoretisch bis fast zum doppelten Wert des Scheitelwertes der betriebsfrequenten Phasenspannung überschwingen. Sowohl die absoute Höhle der Überspannung $u_{c\,max}$, wie auch die Steilheit des Anstieges $\left(\frac{du}{dt}\right)_{max}$ spielen für die Schwere der Abschaltung eine große Rolle. Sie bestimmen die notwendige Abschaltleistung des Schalters; je größer $u_{c\,max}$, um so schwieriger die Abschaltung.

Um die Frage nach der Steilheit des Spannungsanstieges beantworten zu können, muß die Eigenresonanzfrequenz f_e bekannt sein (vgl. Gl. 12.7b). In den Hochspannungsnetzen schwanken diese Werte zwischen

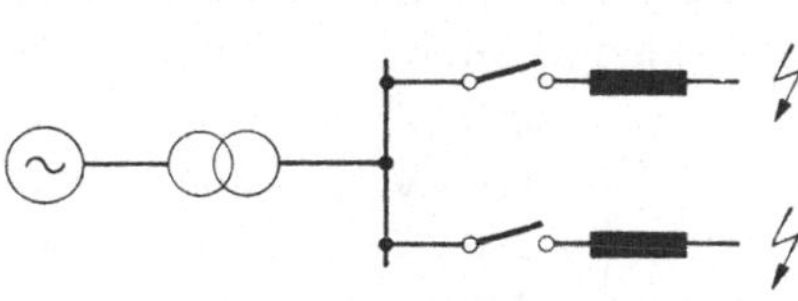

Abb. 12.10. Kurzschluß direkt hinter Transformatoren

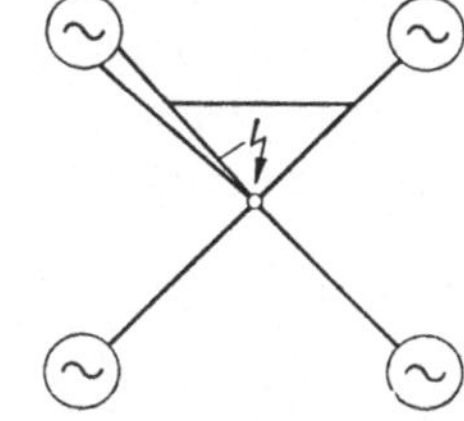

Abb. 12.11. Speisung einer Kurzschlußstelle von mehreren Seiten her

$f_e = \frac{1}{2\pi}\sqrt{\frac{1}{L\cdot C}} = 10^3$ bis 10^5 Hz, abhängig von der Netzkonstellation und von der Belastung, d. h. von C und L.

Kurzschlüsse direkt hinter Transformator (Abb. 12.10) und Induktivitäten L lassen die höchsten Eigenresonanzfrequenzwerte entstehen, da C minimal wird. Der Dauerkurzschlußstrom J_K wird durch die Induktivität L des Transformators (u_K) begrenzt.

In *vermaschten Netzen* wird der Dauerkurzschlußstrom J_K sehr groß (Abb. 12.11), vor allem, wenn über mehrere Leitungen zu der Kurzschluß-Stelle hin eingespeist werden kann. Infolge der großen Netzkapazität ist aber jetzt die Eigenfrequenz niedriger.

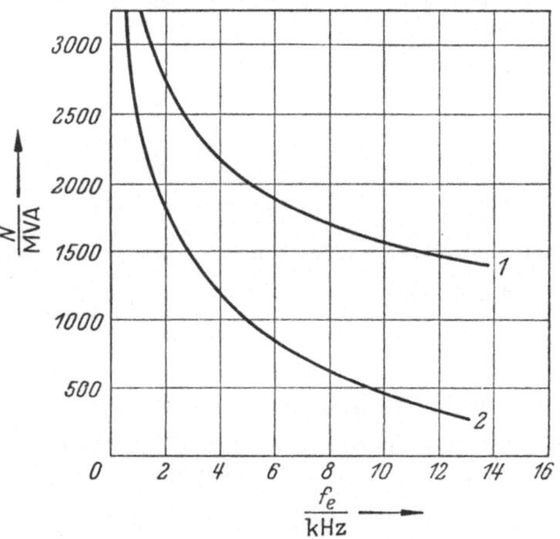

Abb. 12.12. Ausschaltleistung und Einschwingfrequenz (nach AEG). Kurve *1*: Ausschaltleistung eines 110 kV-Druckluftschalters, abhängig von der Einschwingfrequenz. Kurve *2*: Zusammenhang zwischen Kurzschlußleistung und Einschwingfrequenz in einem 110 kV-Netz

Allgemein gilt: Bei großer Kurzschlußleistung N_K kleine Eigenfrequenz ω_e und bei kleiner N_K große ω_e. Diese Tatsache ist äußerst wichtig für die Kurzschlußabschaltung und für die Leistungsschalter im Netz.

Bei der Betrachtung der aus Gl. (12.7b) hergeleiteten Beziehung zwischen der Einschwingfrequenz f_e eines Netzes und seinem Verhältnis von Kurzschlußleistung zu kapazitiver Ladeleistung muß berücksichtigt werden, daß bei großen Kurzschlußspannungen u_K die Kurzschlußleistung klein wird. Abb. 12.12 zeigt die Ausschaltleistung (MVA), abhängig von der Einschwingfrequenz (Kurve *1*); in Kurve *2* ist dieser Zusammenhang zwischen Kurzschlußleistung und Einschwingfrequenz eines 110 kV-Netzes angegeben (Abb. 12.12). Das Produkt aus Kurzschlußleistung N_K und Einschwingfrequenz f_e ist nahezu eine Konstante.

Die Abhängigkeit der Einschwingfrequenz eines Netzes von der Reihenspannung zeigt Abb. 12.13. Der Abfall der Einschwingfrequenz f_e erfolgt exponentiell mit der Reihenspannung. Bei halber Nennausschaltleistung liegen die Einschwingfrequenzen höher. Gemessene Werte[1] sind:

110 kV: $f = 600 \cdots 1000$ Hz
220 kV: $f = 300 \cdots 500$ Hz
(380 kV: $f = \quad \cdots 300$ Hz).

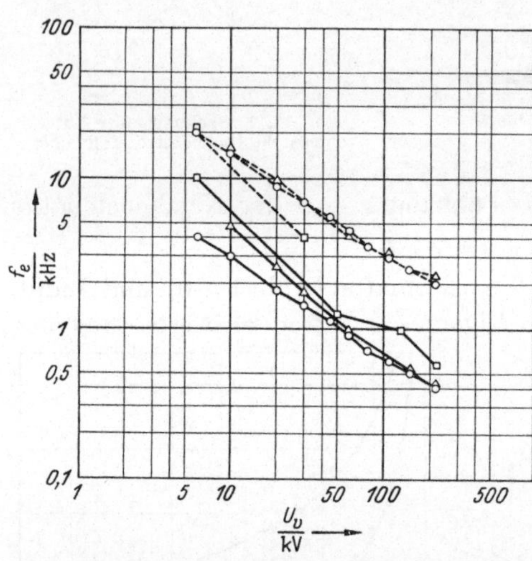

Abb. 12.13. Einschwingfrequenz von Netzen verschiedener Nennspannung (nach AEG). Schweiz o, Frankreich △, Schweden □; empfohlene Nennausschaltleistung für Prüfung von Schaltern: (———) bei voller Nennausschaltleistung, (- - - -) bei halber Nennausschaltleistung

Für diese hohen Einschwingfrequenzen gelten die im vorstehenden angegebenen Berechnungen der Vorgänge, ebenso für Wechselspannung im 50 Hz-Netz als auch für Gleichspannung. Da die wichtigsten Schaltvorgänge, wie wir sehen werden, sich im Spannungsmaximum der 50 Hz-Welle abspielen, kann in diesen Fällen $U' = U_{betr.} \cdot \sqrt{2}$ gesetzt werden.

Die Dämpfung der Netze ist, da $R > \frac{1}{14} \Gamma$ beträgt, so groß, daß mit einer Zeitkonstanten $2\,T = 10 \cdots 0{,}01$ ms nach rd. 20 Schwingungen die Amplitude auf 5% des maximalen Wertes abgeklungen ist, also innerhalb einer Viertel-Netz-Periode.

Beispiele zur Wahl der Ersatzbilder bei Schaltvorgängen und Störungen.

Aufgabe 1. Kurzschlußbegrenzungs- oder Reaktanz-Drosselspule mit $u_R = 5\%$ rel. Spannungsabfall bei 5000 kVA vor einem 6000 V-Kabel, dessen Ladestrom J_c/km $= 0{,}24$ A/km ist.

Gesucht:

1. Reaktanz der Drossel

$$X_{Dr} = \frac{0{,}05 \cdot 6000^2\, 3}{3 \cdot 5000 \cdot 10^3} = \frac{0{,}36}{\Omega}\, \Delta \cdot u_{Dr} \cdot {}_N = \frac{J_N \cdot X_{Dr}}{U_{N\,ph}} = \frac{N_N \cdot X_{Dr}}{U_{Nv}^2}\,;\; X_{Dr} = \frac{u_K \cdot U_{Nv}^2}{N_N}.$$

[1] Nach Böcker, ETZ A 792/1955.

2. Induktivität der Drossel

$$L_{Dr} = \frac{X_{Dr}}{2\pi f} = \frac{0{,}36}{2\pi \cdot 50} = 1{,}15 \text{ mHy}.$$

3. Kapazitätsbelag des Kabels pro km

$$J_c = \frac{U_{Nv}}{\sqrt{3}} \cdot \omega \cdot C_b \rightarrow \frac{C}{\text{km}} = \frac{J_c \cdot \sqrt{3}}{\omega \cdot U_N} = \frac{0{,}2 \cdot \sqrt{3}}{2\pi\, 506\,000} = 0{,}2\,\mu\text{F/km}. \quad C = 2\mu\,\text{F}.$$

4. Einschwingkreisfrequenz

$$\omega_e = \frac{1}{\sqrt{L \cdot C}} = \frac{1}{\sqrt{1{,}15 \cdot 10^{-3} \cdot 2 \cdot 10^{-6}}} = \frac{10^5}{\sqrt{2}\sqrt{1{,}15}} = \frac{10^5}{1{,}52} = 62\,000 \quad \left[\frac{1}{\text{s}}\right]$$

$$f_e = 10\,500 \text{ Hz}.$$

Kabelnetze haben schon bei geringer Reihenspannung infolge der großen Kapazitäten sehr geringe Eigenfrequenzen.

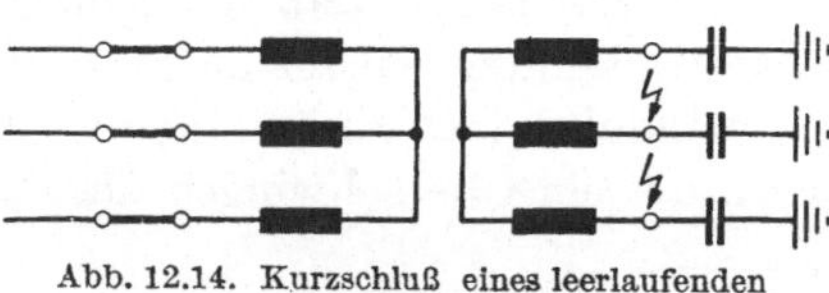

Abb. 12.14. Kurzschluß eines leerlaufenden Transformators

Aufgabe 2. Kurzschluß eines leerlaufenden Transformators (Abb. 12.14).

a) Leerlauf.

Daten: Phasenspannung $U_{N\,ph} = J_0 \cdot X_0$,

Leerlaufstrom $J_0 = 0{,}05 \cdot J_N$,

Leistung 20 000 kVA; $J_0 = 0{,}05 \cdot \dfrac{N_N}{U_{Nv} \cdot \sqrt{3}}$

Nennspannung 200 000 V

dann wird

$$\text{Leerlaufreaktanz} \quad X_0 = \frac{200000^2}{0{,}05 \cdot 20000 \cdot 10^3} = 40\,000\ \Omega$$

also sehr hoch. $L_0 = 73$ Hy

Kapazität des Transformators plus Schaltanlage

$$C \simeq 10^{-9} \text{ F}.$$

$$\text{Eigenresonanzfrequenz:} \quad \omega_{e0} = \frac{1}{\sqrt{73 \cdot 10^{-9}}} = 3700 \quad \left[\frac{1}{\text{s}}\right].$$

$$f_{e0} = 600 \text{ Hz}.$$

Sind an einen solchen Transformator oder Wandler Meßleitungen hoher Kapazität angeschlossen, so wird die Eigenfrequenz noch kleiner!

b) Kurzschluß dieses Transformators.

Gegeben: relative Kurzschlußspannung $u_K = 10\%$,

$$\text{Kurzschlußreaktanz:} \quad X_K = \frac{0{,}1 \cdot 200000^2}{20000 \cdot 10^3} = 200\ \Omega$$

$$X_K = \frac{U_{N\,Ph} \cdot u_K}{J_N} \underset{=}{\rightarrow} \frac{U_N^2 \cdot u_K}{N_N}$$

$$L_K = 0{,}64 \text{ Hy} \ll L_0.$$

Kurzschlußeinschwingfrequenz:

$$\omega_{eK} = \frac{1}{\sqrt{0{,}64 \cdot 10^{-9}}} = \frac{10^5}{\sqrt{6{,}4}} = \frac{10}{2{,}52} \cdot 10^4 = 40\,000 \quad \left[\frac{1}{s}\right]$$

$$\underline{f_{eK} = 6400 \text{ Hz}} \quad \text{also} \quad \boxed{f_{eK} \gg f_{e0}}.$$

Aufgabe 3. (Beispiel aus dem Prüffeld — nach Roth). Spannungs-Wicklungsprüfung eines Transformators (Abb. 12.15).

Tritt ein Überschlag zwischen den Klemmen des Transformators, deren Zuleitungen und den geerdeten Kessel oder im Öl infolge von Gasblasen beim Einfüllen auf, so hat dieser an sich harmlose Funke geringer Energie zur Folge, daß bei seinem Erlöschen augenblicklich die volle Phasenspannung wieder auf das System geschaltet wird: Die Transformatorinduktivität zusammen mit den Kapazitäten des Transformators bewirken ein Überschwingen der Spannung. Diese Überspannung kann den Prüfling gefährden oder zerstören (Innenüberschlag, Durchschlag).

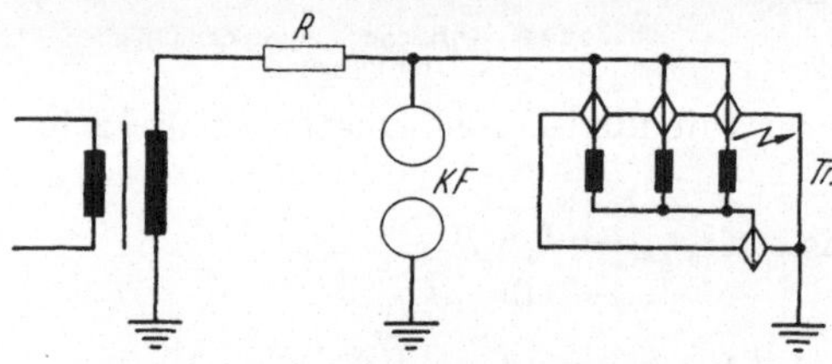

Abb. 12.15. Überschlag bei der Spannungsprüfung eines Transformators

Es wurde z. B. beobachtet, daß bei einem 100 kV-Trafo bei einer Prüfspannung von 240 kV_{eff} die Kontrollfunkenstrecke mit 350 $kV_{eff} = 1{,}5 \cdot U_p$ noch ansprach. Gerade Öldurchschläge werden rasch gelöscht und können solche Erscheinungen hervorrufen. Es sind Vorsichtsmaßnahmen angebracht:

1. Dämpfungswiderstand R einschalten, um $\hat{U}$ klein zu halten.
2. Meßfunkenstrecke KF zur Spannungsbegrenzung parallel zum Prüfling als Sicherheitsfunkenstrecke, um die Überspannungen zu begrenzen.

Literatur § 12.1 und § 12.2. *Einschwingspannung*

Bochne: El. Eng. (1935) S. 530.
Böcker, H.: ETZ A Bd. 76 (1955) S. 792—795.
Browne: El. Eng. Trans. (1946) S. 65 u. S. 169.
Dauner u. Palson: J. J. E. E (1941) S. 11 und S. 41.
Fourmarier: El. Eng. Trans. BBC-Mittlg. (1937) S. 217.
Fourmarier: CIGRE-Bericht (1950) Nr. 117.
Gärtner, R.: VDE-Fachbericht, Bd. 18 (1954) S. II/6—10.
Brno, G. R.: Bull. SEV 48 (1957) Nr. 5 S. 195.
Gosland, L.: J. J. E. E (1939) S. 269.
Gosland, L. und J. Tunne: J. E. E (1940) S. 163.
Gosland, L. und J. S. Vosper: CIGRE-Bericht (1952) Nr. 120.
Hammarlund: Handlingar Nr. 189 Stockholm (1946).
Hochrainer, A.: VDE-Fachber. Bd. 17 (1953) S. II/27.
Hochrainer, A.: Studienges. f. Höchstspannungsanlagen Techn. Bericht Nr. 176 (1955).

HOCHRAINER, A. und K. KRIECHBAUM: ETZ-A (1956) S. 721.
HORST: CIGRE-Bericht (1948) Nr. 123 T. II S. 76—80.
JOHANSEN, O. S.: CIGRE-Bericht (1952) Nr. 104; IEC-Publications, 2. Ausg. Genf (1954) Nr. 56—1.
JUILLARD: CIGRE-Bericht (1937) Nr. 139, (1939) Nr. 136.
KRIECHBAUM, K.: Dissertation TH Darmstadt (1955).
KROHNE: CIGRE-Bericht (1935) Nr. 116.
PRINCE, HENLEY PANKINS: El. Eng. (1940) S. 510.
SCHULZE, H.: Energietechnik Bd. 3 (1953) S. 148.
THOMMEN: BBC-Mittlg. Juni (1941).
WANGER, W. und BROWN: BBC-Mittlg. (1937) S. 293—302.
WILHEIN PETERSEN, Hochsp. Technik (1930) S. 280.

12.3 Verteilte Leitungskonstanten. Wanderwellen. Entstehung. Charakteristische Daten der Rechteckstirnwelle

12.31 Schalten von Leitungen und Eigenschwingen. Einschalten einer langen Leitung. Wird eine Leitung mit stetig verteilten Kapazitäten und Induktivitäten an einer Stelle ($x = 0$) plötzlich an Spannung ($U' = U$) gelegt (Abb. 12.16), so überträgt sich der neue Spannungszustand auf die Leitung mit annähernd Lichtgeschwindigkeit ($v \leq \mathfrak{C}$). Es zieht jetzt eine Wanderwelle auf die Leitung ein, deren Rechteckstirn sich mit der Geschwindigkeit

$$v = \frac{1}{\sqrt{L' \cdot C'}} = \frac{300000 \text{ km/s}}{\sqrt{\varepsilon}}$$

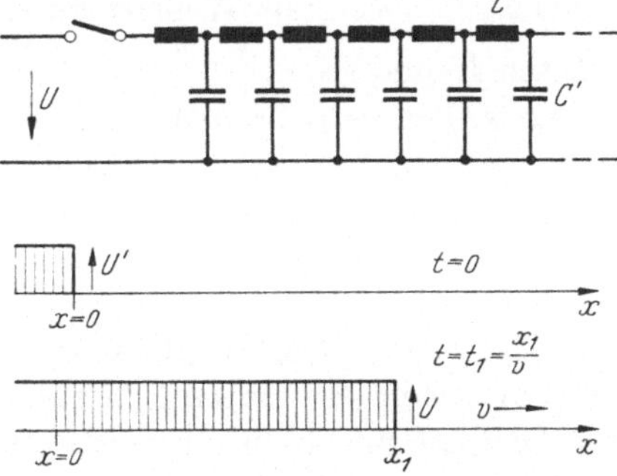

Abb. 12.16. Einschalten einer sehr langen Leitung mit verteilten Leitungskonstanten

fortpflanzt. L' ist der Induktivitätsbelag pro Längeneinheit, C' ist der Kapazitätsbelag pro Längeneinheit.

Bei Kabeln wird die Fortschreitgeschwindigkeit allein schon durch die höhere relative Dielektrizitätskonstante ($\varepsilon = 5 \cdots 8$) verringert:

$$v_{Kabel} = 130\,000 \text{ km/s} \cdots 100\,000 \text{ km/s}.$$

Die Verringerung der Fortpflanzungsgeschwindigkeit infolge Dämpfungen durch Verluste im Leitermaterial und im Erdreich sowie Verluste infolge Ionisation und Bewegung von Raumladung im Dielektrikum wird hier noch außer Betracht gelassen (vgl. § 12.42).

Beim Fortschreiten der Spannungswelle auf der Leitung wird durch die zeitliche Änderung der Spannung jeder Elementarkapazität C' ein Stromfluß I hervorgerufen, eine Stromwelle, welche sich genau so längs der Leitung ausbreiten muß. Der Strom ändert sich längs der Leitung gemäß: $\left(-\frac{\partial i}{\partial x} = C' \cdot \frac{\partial u}{\partial t}\right)$. Diese zeitliche Änderung des Stromes für ein

Induktivitätselement L' an der Stelle x betrachtet, ruft einen Längsspannungsabfall hervor, welcher gegeben ist durch: $\frac{\partial u}{\partial x} = L' \frac{\partial i}{\partial t}$. Die Spannungswelle u und deren zeitlicher Differentialquotient, die Stromwelle i, stehen in einem festen Verhältnis $\Gamma = \frac{u}{i}$ zueinander. Dies ist leicht einzusehen, wenn man berücksichtigt, daß die Energie des magnetischen Feldes jedes Längenelementes $\frac{i^2 L'}{2}$ gleichzeitig mit der des elektrischen Feldes $\frac{u^2 C'}{2}$ aufgebaut wird. Beide Energien müssen gleich sein, wenn keine Schwingungen oder Verformungen der Welle auftreten sollen.

$$\frac{i^2 \cdot L'}{2} = \frac{u^2 \cdot C'}{2}\,; \quad i = \frac{u}{\sqrt{\frac{L'}{C'}}} = \frac{u}{\Gamma}.$$

Jetzt ist $\Gamma = \sqrt{\frac{L'}{C'}}$ der Wellenwiderstand der Leitung mit verteilten Konstanten L' und C'.

Es ist hier ganz besonders zu beachten, daß diese Herleitung nur für eine Vierpolleitung, z. B. Leitung über Erde, Einleiterkabel, Lechersystem ohne Erde gilt. Im Drehstromnetz sind häufig drei, sechs oder allgemeine n-Leiter auf einem Mast aufgehängt. Bei solchen n-poligen Leitungen (z. B. Drehstrom-Doppelleitung $n = 6$) muß beachtet werden, daß man sowohl Wellenwiderstände zwischen den Phasen und Erde, wie auch zwischen den einzelnen Phasen definieren kann, wenn man weiß, welche Spannungen die einzelnen Phasen bei diesem Stoßvorgang wenigstens am Entstehungsort der Überspannung annehmen.

Für besonders einfache Fälle sind Richtwerte für Freileitungen gegeben:

Freileitung: 1 Leiter gegen Erde: $\Gamma = 60 \ln \frac{2h}{r} = 450 \cdots 500\ \Omega$

Freileitung: 1 Leiter gegen Leiter: $\Gamma = 120 \ln \frac{d}{p} = 650 \cdots 700\ \Omega$

Kabel: 1 Leiter gegen Mantel: $\Gamma = \frac{60}{\sqrt{\varepsilon}} \cdot \ln \frac{R}{r} = 30 \cdots 80\ \Omega$.

Sammelschiene: $\Gamma \approx 350 \cdots 450\ \Omega$

Genauere Werte für Mehrphasenleitungen können nicht angegeben werden, da sie vom Schaltzustand (Abschluß) und von der geometrischen Anordnung zu sehr abhängen.

12.32 Entladung einer unter Spannung stehenden Leitung. Betrachten wir eine Leitung (s. Abb. 12.17), welche auf die Spannung U aufgeladen ist. Zur Zeit $t = 0$ soll bei $x = 0$ ein Kurzschluß oder Überschlag eintreten. Dieser Zeitpunkt wird im Spannungsmaximum der 50 Hz-Spannung sein oder aber durch Blitzschlag usw. festgelegt. Von diesem Zeitpunkt an ist für die Ladungen $q' = C' \cdot U'$ (pro Längeneinheit) die Möglichkeit gegeben, über die Schadensstelle abzufließen. Es tritt eine ***Entladewelle*** auf, die Spannung bricht zusammen, soweit links und rechts von der Schadensstelle die statische Ladung q' pro Längeneinheit sich ausgeglichen hat.

Die Schaltspannung im Augenblick des Spannungszusammenbruches, die wir idealisierend als plötzlich auftretend annehmen, ist nunmehr also $U' = -U$.

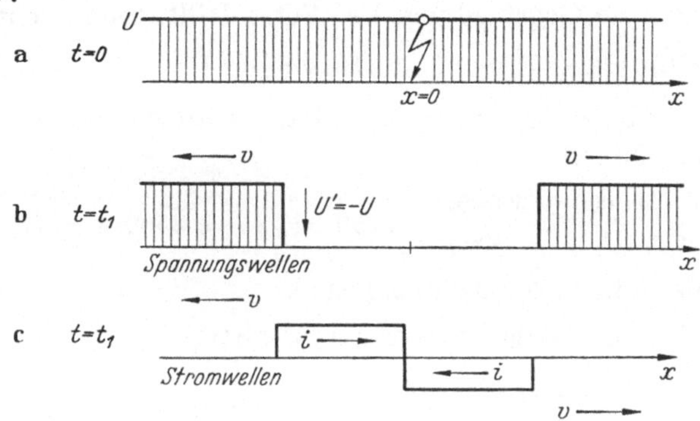

Abb. 12.17. Entladewelle einer Leitung.
a) zur Zeit $t = 0$; *b*) Spannungswellen zur Zeit $t = t_1$; *c*) Stromwellen zur Zeit $t = t_1$

Nach beiden Seiten schreitet von $x = 0$ eine Spannungswelle $U' = -U$ mit der Geschwindigkeit v fort. Sie ist begleitet von je einer Stromwelle, deren Höhe

$$\begin{aligned} i &= C' \cdot U \cdot \frac{dx}{dt} \\ &= C' \cdot U' \cdot v \\ &= U' \cdot \frac{C}{\sqrt{L \cdot C}} = \frac{U'}{\sqrt{L/C}} = \frac{U'}{\Gamma} \end{aligned}$$

ist.

$$i = -\frac{U}{\Gamma} = \text{Entladungsstrom}\,.$$

Für positive x wird der Entladestrom $i = -\frac{U}{\Gamma}$ $(x > 0)$ mit negativem Vorzeichen behaftet, die Ausbreitungsgeschwindigkeit zählt in positiver x-Richtung.

Für negative x, also links von der Schadensstelle, wird die Ausbreitungsgeschwindigkeit in negativer x-Richtung erfolgen und der Strom $i = \frac{U}{\Gamma}$ $(x < 0)$ also positiv werden.

An der Schadensstelle selbst addieren sich beide Ströme zum zweifachen Wert.

Treffen in $x = 0$ mehrere (n) Leitungen zusammen (Schaltstation), so wird der Gesamtstrom in der Schadensstelle:

$$J = U \cdot \sum_{\nu=1}^{\nu=n} \frac{1}{\Gamma_{\nu i}}$$

allein infolge der auf den Leitungskapazitäten sitzenden Ladungen.

Zahlenbeispiel:

Eine durch atmosphärische Wolkenladung influenzierte Ladung Q_0 auf einer Länge von 10 km werde durch einen Blitzschlag frei. Die Leitung, der nun die Gegenladung der Wolke fehlt, nimmt entsprechend ihrer Kapazität gegen Erde C' eine Spannung $U = \frac{Q_0}{C} = 500\,\text{kV}$ an. Bei $U = 500\,\text{kV}$ erfolge ein Überschlag. Dann wird die Entladewelle über die Schadenstelle mit

$$i = \frac{500000}{\Gamma} = \frac{500000}{400} = \underline{1250\ \text{A}};\quad 2\,i = 2500\ \text{A} = i_F\,.$$

Die im Fehler umgesetzte Leistung ist:

$$n_F = 25\,000 \cdot 50\,000 = 1250\ [\text{MW}]$$

$$\text{Energie} = \left(\frac{1}{2}\,C\,U^2\right) = N_f \cdot t = 10\ [\text{kcal}] = 41{,}6\ [\text{kW}_S];$$

diese Energie setzt sich in der Zeit von

$$t = \frac{L}{V} = \frac{10}{3 \cdot 10^5} = \frac{1}{3} \cdot 10^{-4}\ [\text{s}]$$

in der Schadenstelle um.

12.4 Verformung von Wanderwellen bei Ausbreitung längs der Leitung

12.41 Entstehung der endlichen Stirnsteilheit. Die bisher als senkrecht angenommene Wellenstirn, d. h. die plötzliche Änderung des Potentials ist praktisch wegen der endlichen Länge der Überschlagsstrecken, der endlichen Ionengeschwindigkeiten ($v_J < c$) und wegen des Anwachsens des Stromes mit fortschreitender Entladungs-Lawine nicht zutreffend. Bei 380 kV-Freileitungen kann sich der Überschlag wegen der großen Schlagweite nicht rascher als in etwa $1 \cdot 10^{-8}$ sek aufbauen.

Praktische Messungen von Toepler und Binder ergeben Stirnzeiten von ca. 0,1 μs bei 10···300 kV, das entspricht einer räumlichen Stirnlänge von 10···30 m. Die räumliche Frontsteilheit ist also $\sim$ 10 kV/m und die zeitliche Stirnsteilheit $\sim$ 3000 kV/μs. Zündet oder löscht der Lichtbogen in Öl, so liegen die Stirnzeiten um etwa 25···40% darunter.

Betriebsspannung	10	30	100	300	kV
Stirnlänge	13	16	24	36	m
Dauer des Schaltfunkens	0,04	0,05	0,08	0,12	μs

Diese durch den Zündvorgang bestimmten Wellenfronten breiten sich auf verlustfreien Leitungen unverändert aus. Den endlichen Anstieg nähert man für Berechnungen durch eine Aufeinanderfolge zeitlich verschobener kleiner Rechteckstöße an.

12.42 Verformung von Wanderwellen durch Dämpfung. Für die Veränderung der Stirnform einer Stoßwelle beim Fortschreiten längs einer Hochspannungsleitung kommen drei Ursachen in Betracht: 1. Die Dämpfung und Verformung durch Korona bei Überspannungen, die die Koronaeinsatzspannung überschreiten. Dieser sehr bedeutende Einfluß wird in Teil B § 7.8 „Dämpfung von Wanderwellen durch Korona" (S. 195ff) ausführlich behandelt. 2. Die Dämpfung durch den Widerstand des Erdbodens und der Leiterseile sowie der durch Stromverdrängung verursachten Erhöhung dieser Widerstandswerte. In Abb. 7.62 (S. 197) ist auch die Dämpfung ohne Korona (nach WAGNER, GROSS, LLOYD) angegeben. 3. Eine Veränderung der Form der Stoßwelle auf mehrphasigen Leitungen kann bei vernachlässigbaren Korona- und Ohmschen-Verlusten in den Leiterseilen auch dadurch zustande kommen, daß sich das elektromagnetische Feld zwischen den Leiterseilen mit (etwa dem zehnten Teil) geringerer Dämpfung rascher ausbreitet als das Feld der Stoßwelle zwischen den Leiterseilen und Erde. Am Beobachtungsort tritt dann je nach Art der Messung eine aus zwei zeitlich verschobenen Anteilen zusammengesetzte Beanspruchung auf.

Die genaue Durchrechnung dieser Verhältnisse wurde unternommen, jedoch ist die theoretische Behandlung bis jetzt immer noch auf die Angabe der experimentell ermittelten Werte der Leitfähigkeiten der Erde und der Luft bei Stoß angewiesen. Aus diesem Grunde dienen uns die experimentellen Ergebnisse von WAGNER, GROSS und LLOYD vorläufig als Grundlagen für die Berechnungen im praktischen Betrieb (vgl. Abb. 7.62).

12.5 Reflexion von Wanderwellen

Bei der bisherigen Betrachtung waren die Leitungskonstanten L und C und damit der Wellenwiderstand Γ unabhängig von der Leitungslänge konstant. Am Übergang zweier (hier wieder verlustlos angenommener) Leitungen mit verschiedenen Wellenwiderständen ($\Gamma_{\text{I}} \neq \Gamma_{\text{II}}$) kann die Welle nicht unverändert weiterlaufen. Ein Teil der einlaufenden Energie wird reflektiert und der Rest in die zweite Leitung einziehen. Das Verhältnis der Augenblickswerte von Spannung zu Strom jeder Leitung ist bei reiner Ausbreitung durch ihren Wellenwiderstand gegeben (Abb. 12.18)

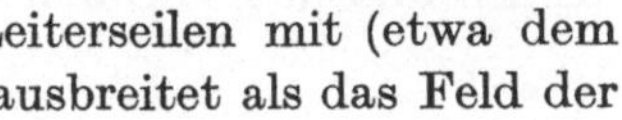

Abb. 12.18. Übergang von einer Leitung (Kabel) mit Wellenwiderstand Γ auf eine Leitung mit Wellenwiderstand

$$\frac{U_{\text{I}}}{J_{\text{I}}} = \Gamma_{\text{I}} \quad \text{und} \quad \frac{U_{\text{II}}}{J_{\text{II}}} = \Gamma_{\text{II}} .$$

Wenn nun die Wellenwiderstände differieren $\Gamma_{\mathrm{I}} \neq \Gamma_{\mathrm{II}}$, so müssen auch die Ströme und Spannungen voneinander verschieden sein:

$$U_{\mathrm{I}} \neq U_{\mathrm{II}}; \quad J_{\mathrm{I}} \neq J_{\mathrm{II}}.$$

Aus der Kontinuität der Spannung und des Stromes der hinlaufenden Welle an der Stoß- oder Unstetigkeitsstelle folgt, daß auf Leitung I eine gegenläufige, reflektierte Welle auftreten muß, derart, daß nach dem Passieren der Unstetigkeitsstelle dort gilt:

1. Strom $J_{\mathrm{I}2}$ auf der Leitung I nach der Reflexion (Index 2) gleich dem Strom J_{II} auf der Leitung II.

$$J_{\mathrm{I}2} = J_{\mathrm{II}}.$$

2. Spannung $U_{\mathrm{I}2}$ der Leitung I nach der Reflexion gleich der Spannung U_{II} der Leitung II.

$$U_{\mathrm{I}2} = U_{\mathrm{II}},$$

wobei der Strom $J_{\mathrm{I}2}$ sich zusammensetzt aus dem Strom J_{I} der hinlaufenden und dem Strom J_{I}' der reflektierten Welle:

$$J_{\mathrm{I}2} = J_{\mathrm{I}} + J_{\mathrm{I}}'.$$

Gleiches gilt für die Spannung $U_{\mathrm{I}2}$; auch sie wird gebildet durch die Summe der hin- und rücklaufenden Spannungswellen:

$$U_{\mathrm{I}2} = U_{\mathrm{I}} + U_{\mathrm{I}}'.$$

J_{I}' und U_{I}' nehmen ihren Ausgang von der Unstetigkeitsstelle und überlagern sich als rücklaufende Wellen — als Reflexion — den einlaufenden Größen.

Die Spannung U_{I}' und der Strom J_{I}' der rücklaufenden (reflektierten) Welle werden

$$U_{\mathrm{I}}' = U_{\mathrm{II}} - U_{\mathrm{I}} = J_{\mathrm{II}} \cdot \Gamma_{\mathrm{II}} - J_{\mathrm{I}} \cdot \Gamma_{\mathrm{I}}. \tag{12.8}$$

$$J_{\mathrm{I}}' = J_{\mathrm{II}} - J_{\mathrm{I}} = \frac{U_{\mathrm{II}}}{\Gamma_{\mathrm{II}}} - \frac{U_{\mathrm{I}}}{\Gamma_{\mathrm{I}}}. \tag{12.9}$$

Außerdem muß wegen der entgegengesetzt definierten Stromrichtung J_{I}' gegenüber der Ausbreitungsrichtung für die reflektierte Welle gelten:

$$J_{\mathrm{I}}' = -\frac{U_{\mathrm{I}}'}{\Gamma_{\mathrm{I}}}. \tag{12.10}$$

Aus Gl. (12.9) und (12.10) folgt:

$$U_{\mathrm{I}}' + \frac{\Gamma_{\mathrm{I}}}{\Gamma_{\mathrm{II}}} \cdot U_{\mathrm{II}} - U_{\mathrm{I}} = 0 \tag{12.11}$$

und mit Gl. (12.8) folgt aus Gl. (12.11)

$$U_{\mathrm{II}}\left(1 + \frac{\Gamma_{\mathrm{I}}}{\Gamma_{\mathrm{II}}}\right) = 2 \cdot U_{\mathrm{I}}$$

oder

$$\boxed{U_{II} = U_I \cdot \frac{2 \cdot \Gamma_{II}}{\Gamma_I + \Gamma_{II}}} . \tag{12.12}$$

U_{II} in Gl. (12.12) gibt die Größe der weiterlaufenden Spannungswelle. Der Strom J_{II} wird damit

$$J_{II} = U_I \cdot \frac{2}{\Gamma_I + \Gamma_{II}} = J_I \cdot \frac{2\,\Gamma_I}{\Gamma_I + \Gamma_{II}} . \tag{12.13}$$

Abb. 12.19 gibt den Übergang einer Rechteckstoßwelle von einem Kabel *I* auf eine Freileitung *II* wieder, für $\Gamma_I < \Gamma_{II}$ (z. B.: $\Gamma_I = 30\ \Omega$, $\Gamma_{II} = 600\ \Omega$ für ein Niederspannungs-Netz).

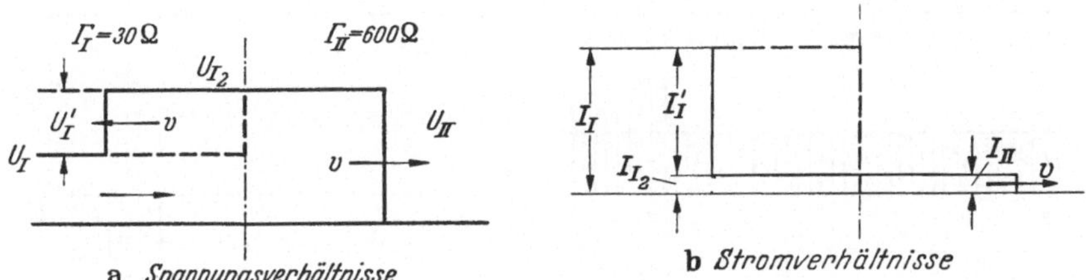

Abb. 12.19 a u. b. Spannungs- und Stromverhältnisse beim Übergang von einem Kabel (*I*) auf eine Freileitung (*II*)

Ist das Leitungsende offen $\Gamma_{II} \to \infty$, so wird:

$$U_{II} = U_{I\,2} = 2 \cdot U_I \text{ also die reflektierte Spannung } U'_I = U_I$$

und mit

$$J_{II} = 0 = J_{I\,2}$$

nach Gl. (12.10)

$$J'_I = -J_I = -\frac{U_I}{\Gamma_I} = \text{reflektierter Strom}.$$

Bei der Ladewelle einer am Ende offenen Leitung tritt eine Verdoppelung der Spannung bei der Reflexion am Ende auf (s. Abb. 12.20a).

Bei der Entladewelle einer auf Spannung $U = U_0$ gebrachten Leitung wird $U_I = -U$, also auch $U'_I = -U$ und $U_{I2} = U_0 + U_I + U'_I = -U_0$. Es erfolgt also bei der Entladung eine Spannungsumkehr am Ende (vgl. Abb. 12.20b).

Die Stromwellen müssen in beiden Fällen am Ende Null werden.

Der Fall des kurzgeschlossenen Leitungsendes wird in Abb. 12.21 veranschaulicht. Für diesen Fall ($\Gamma_{II} \to 0$) ist:

$$U_{II} = 0 = U_{I2} \quad \text{also} \quad U'_I = -U_I$$

$$J_{II} = 2\,J_I \quad \text{also} \quad J'_I = J_I .$$

Der Strom wird hier an der Reflexionsstelle verdoppelt.

Übergang von Freileitung auf Kabel und Reflexion am kurzgeschlossenen Leitungsende ($\Gamma_I \gg \Gamma_{II}$, vgl. Tab. 2).

Zahlenbeispiel:

a) 380 kV-Netz $\Gamma_{\mathrm{I}} = 400\ \Omega$; $\Gamma_{\mathrm{II}} = 80\ \Omega$

b) 10 kV-Netz $\Gamma_{\mathrm{I}} = 600\ \Omega$; $\Gamma_{\mathrm{II}} = 30\ \Omega$

c) Kurzgeschl. Leitung Γ $\Gamma_{\mathrm{II}} \to 0\ \Omega$.

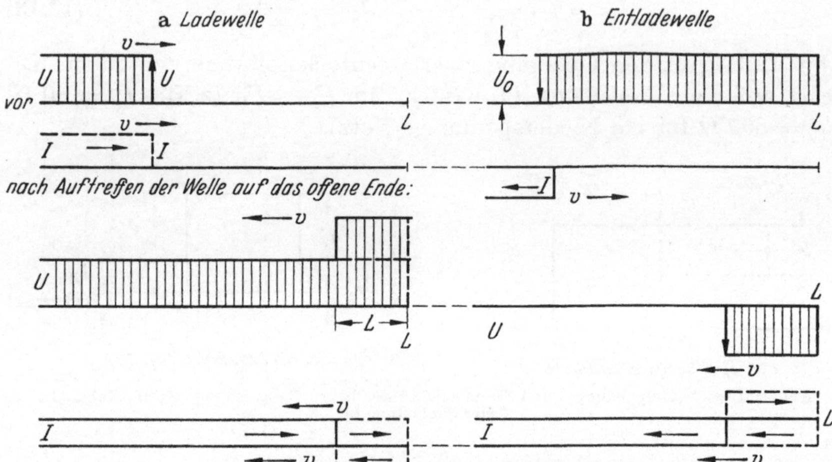

Abb. 12.20 a u. b. Reflexion am offenen Leitungsende. a) Ladewelle; b) Entladewelle

Das Verhältnis der Spannungen vor (I) und nach (II) der Reflexionsstelle wird nach Gl. (12.12): $U_{\mathrm{II}}/U_{\mathrm{I}} = 2\ \Gamma_{\mathrm{II}}/\Gamma_{\mathrm{I}} + \Gamma_{\mathrm{II}}$. In Tabelle 2 sind für obige Übergänge von Freileitungen (a, b) auf Kabel die Spannungsuntersetzungen und Stromübersetzungen eingetragen.

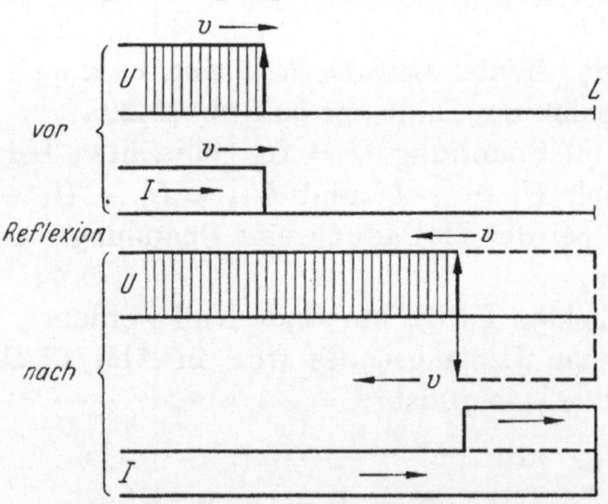

Abb. 12.21 Reflexion am kurzgeschlossenen Leitungsende.

Der Abschluß einer Freileitung mit einem Kabel setzt die Höhe einer Stoßüberspannung um den Betrag $\frac{U_{\mathrm{II}}}{U_{\mathrm{I}}}$ herab, jedoch ist zu beachten, daß erhebliche Überströme, maximal das Doppelte des Stromes auf der Leitung, erzeugt werden.

In Tabelle 1 sind die Übergänge von einem Kabel auf eine Freileitung und in Tabelle 2 diejenigen von einer Freileitung auf ein Kabel zusammengestellt (Ladewellen).

Tabelle 1. *Übergang eines Spannungsstoßes von einem Kabel auf eine Freileitung*

a) 380 kV-Netz: $\hat{U}_{Nph} = 220 \cdot \sqrt{2}$ kV; $\Gamma_{I} = 80\,\Omega$; $\Gamma_{II} = 400\,\Omega$

b) 10 kV-Netz: $\hat{U}_{Nph} = 5{,}8 \cdot \sqrt{2}$ kV; $\Gamma_{I} = 30\,\Omega$; $\Gamma_{II} = 600\,\Omega$

c) Offenes Leitungsende

	a	b	c
Spannungsüberhöhung $\frac{U_{II}}{U_{I}} = \frac{2 \cdot \Gamma_{II}}{\Gamma_{I} + \Gamma_{II}}$	1,67	1,9	**2,0**
Stromuntersetzung $\frac{J_{II}}{J_{I}} = \frac{2 \cdot \Gamma_{I}}{\Gamma_{I} + \Gamma_{II}}$	0,33	0,05	0
Für einen Spannungsstoß von $U_{I} = \hat{U} = 2 \cdot \hat{U}_{Nph}$ wird:			
Spannung im Kabel vorher U_{I}: gegeben	**622 kV**	**16,3 kV**	U_{I}
Strom im Kabel vorher $J_{I} = U_{I}/\Gamma_{I}$	7,8 kA	0,48 kA	
nachher $J_{I2} = J_{I} - J_{II}$	5,2 kA	0,4775 kA	$-J_{I}$
Spannung auf der Freileitung vorher $U_{II1} = 0$	0	0	0
nachher $U_{II} = U_{I} \frac{2 \cdot \Gamma_{II}}{\Gamma_{I} + \Gamma_{II}}$	**1040 kV**	**31 kV**	$2 \cdot U_{I}$
Strom auf der Freileitung vorher $J_{II1} = 0$	0	0	0
nachher $J_{II} = -J'_{I}$	+ 2,6 kA	0,0025 kA	0

Tabelle 2. *Übergang eines Spannungsstoßes von einer Freileitung auf ein Kabel*

a) 380 kV-Netz $\Gamma_{I} = 400\,\Omega$; $\Gamma_{II} = 80\,\Omega$

b) $\Gamma_{I} = 600\,\Omega$; $\Gamma_{II} = 30\,\Omega$

c) Kurzgeschlossenes Leitungsende

	a	b	c
Spannungsübersetzung: $\frac{U_{II}}{U_{I}}$	0,333	0,05	0
Strom-Übersetzung: $\frac{J_{II}}{J_{I}}$	1,67	1,9	—
Spannung auf der Freileitung vorher U_{I} z. B.	**622 kV**	**16,3 kV**	U_{I}
Strom auf der Freileitung vorher J_{I}	1,56 kA	0,027 kA	J_{I}
Spannung im Kabel nachher U_{II}	207 kV	0,815 kV	0
Strom im Kabel nachher J_{II}	**2,58 kA**	0,055 kA	0

Leitungsschwingungen: Wird eine am Ende offene Leitung der Länge L an eine konstante Spannungsquelle U mit dem Innenwiderstand Null gelegt, so zieht eine Ladewelle in die Leitung ein. Am offenen Leitungsende wird sie $\left(\text{nach } \tau = \frac{L}{v}\right)$ unter Spannungsverdoppelung reflektiert. Erreicht die rücklaufende Welle den Generator ($t = 2\,\tau$), so wird sie mit negativem Vorzeichen zurückgeworfen. Sie vermindert nun die Spannung $2\,U$ auf den Wert $U_{(t\,=\,3\,\tau)}$. Beim Auftreffen auf das offene Ende wird der Spannungssprung verdoppelt, so daß nun $-2\,U$ die bestehende Spannung $2\,U$ gerade aufhebt. Ist dieser Spannungszustand bis zum

Anfang der Leitung fortgeschritten (nach $t = 4\,\tau$), so kann das Spiel von neuem beginnen (vgl. Abb. 12.22). Die Periodendauer dieser Schwingungen in Rechteckwellen haben eine Periodendauer vom Vierfachen der einfachen Laufzeit:

$$\tau = T = 4 \cdot \frac{l}{v} = \frac{l/\text{km}}{75000} \cdot \sqrt{\varepsilon}\ \text{sec}\,.$$

Die Frequenz dieser Schwingung wird

$$f_0 = \frac{1}{T} = \frac{75000}{\sqrt{\varepsilon} \cdot l/\text{km}}$$

bei Freileitungen. Wegen der Dämpfung, der schlechten Anpassung und der Verschleifung der Steilheit geht die Schwingung bald in eine der sinusförmigen, stärker angenäherten über, bis sie überhaupt abgeklungen ist.

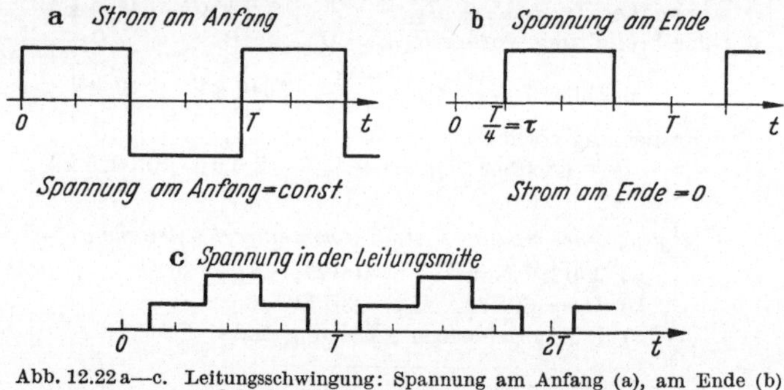

Abb. 12.22 a—c. Leitungsschwingung: Spannung am Anfang (a), am Ende (b) und in der Mitte (c) einer offenen Leitung

Die Frequenz dieser Eigenschwingung der Leitung hat nichts mit der Betriebsfrequenz der Betriebsspannung U zu tun.

12.6 Praktische Anwendungen der Reflexionen infolge Wellenwiderstandsänderungen

Die Tab. 1 und 2 des § 12.5 haben zahlenmäßig gezeigt, daß der Übergang von einer Freileitung auf ein Kabel ein wirksames Mittel ist, die Stoßspannungen auf 5% bis 30% herabzusetzen. Reflexionen zwischen Kabel-Ein- und -Ausgang können höhere Werte ergeben. Umgekehrt ergeben sich Erniedrigungen gleicher Größenordnung des Stoßstromes, wenn von einem Kabel auf eine Freileitung übergegangen wird. Allerdings zeigt sich, daß bei der Entstehung eines Stoßes im Kabel selbst — durch einen Fehler z. B. — erhebliche Spannungen an den Kabelendverschlüssen und den angeschlossenen Freileitungen auftreten können.

Um Überspannungswellen wirksam vermindern zu können, wird oft das bisher betrachtete zweite Leitungsstück als Kabel ausgeführt. Einem zu schützenden Leitungsstück II oder einer Station wird oft ein Widerstand R in Form eines Überspannungsableiters parallel geschaltet. Auch schon durch geeignete Wahl des Abschlußwiderstandes R_e der Leitung lassen sich unnötig hohe Beanspruchungen vermeiden.

12.61 Wirkung eines Überspannungsableiters. *Widerstand R als Abschluß am Leitungsende* (Abb. 12.23). Die Spannung wird nach der Reflexion

$$U_{\mathrm{II}} = U_{\mathrm{I}} \cdot \frac{2\,R}{\Gamma + R}\,. \quad \text{(vgl. § 12.5 Gl. (12.12))}$$

Ist $R \ll \Gamma$, so wird die Spannung am Ende abgebaut, aber ein Teil der Energie der ankommenden Stoßwelle reflektiert. Für $R = \Gamma$ ist $U_{\mathrm{II}} = U_{\mathrm{I}}$. Es erfolgt keine Reflexion mehr. Die gesamte Energie der Stoßwelle wird dann im Widerstand in Wärme umgesetzt.

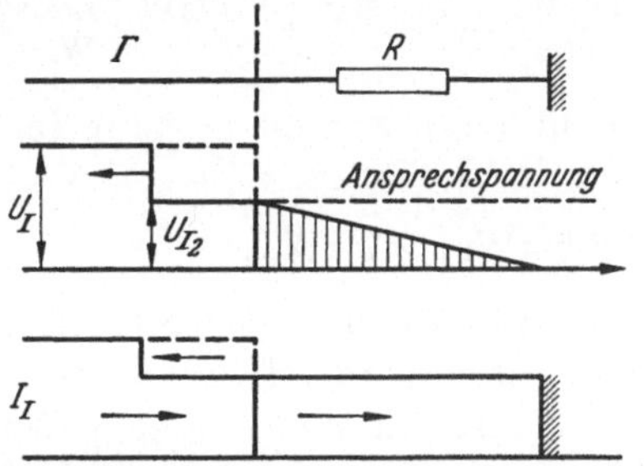

Abb. 12.23. Abschluß einer Leitung mit ohmschem Widerstand (R) eines Überspannungsableiters

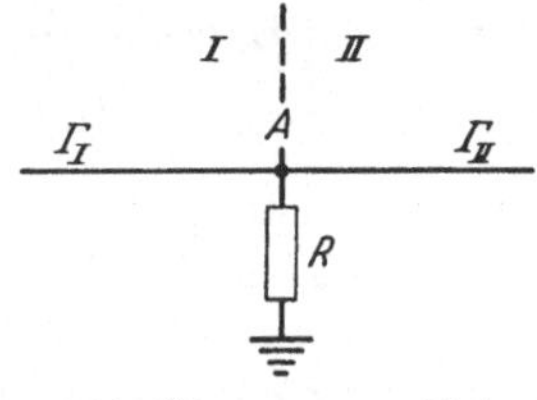

Abb. 12.24. Überspannungsableiter (R) an einem zu schützenden Leitungsstück II

Widerstand R (Überspannungsableiter) vor einem zu schützenden Leitungsstück II (Abb. 12.24). Wenn $R \ll \Gamma_{\mathrm{II}}$ so bietet diese Parallelschaltung von R zu Γ_{II} einen wirksamen Schutz. Die Spannung nach der Stelle A wird

$$U_{\mathrm{II}} = U_{\mathrm{I}} \cdot \frac{2\left(\dfrac{1}{\dfrac{1}{\Gamma_{\mathrm{II}}} + \dfrac{1}{R}}\right)}{\Gamma_{\mathrm{I}} + \dfrac{1}{\dfrac{1}{\Gamma_{\mathrm{II}}} + \dfrac{1}{R}}} = U_{\mathrm{I}}\, \frac{2\,\Gamma_{\mathrm{II}} \cdot R}{\Gamma_{\mathrm{I}} \cdot R + \Gamma_{\mathrm{II}} \cdot R + \Gamma_{\mathrm{I}} \cdot \Gamma_{\mathrm{II}}}$$

für $$R = \Gamma_{\mathrm{II}} = \Gamma_{\mathrm{I}} \quad \text{würde} \quad \frac{U_{\mathrm{II}}}{U_{\mathrm{I}}} = \frac{2}{3}\,.$$

Um also die Spannung wirksam herabsetzen zu können, muß $R \ll \Gamma$ sein.

Beispiel: Schutz eines Transformators durch einen Überspannungsableiter R.

Gegeben: Wellenwiderstand der Leitung: $\Gamma_{\mathrm{I}} = 400\ \Omega$,
Wellenwiderstand des Transformators: $\Gamma_{\mathrm{II}} = 4000\ \Omega$.

Gesucht: der notwendige Widerstandswert R, um die Spannung U_{II} auf $\frac{U_{II}}{U_I} = \frac{1}{2}, \frac{1}{3}, \frac{1}{4}$ herabzusetzen:

$$\frac{U_{II}}{U_I} = \frac{2 \cdot 4000 \cdot R}{(400 + 4000) \cdot R + 1600\,000} = \frac{20\,R}{11\,R + 4000}$$

und

$$R = \frac{4000 \cdot U_{II}/U_I}{2 - 1{,}1 \cdot U_{II}/U_I}.$$

Es wird für $U_I = 300\,000 \cdot \sqrt{2} \cdot V_S$; $J_I = 750$ A;

				1/2	1/3	1/4	
$U_{II}/U_I =$	$\frac{1}{2}$	$\frac{1}{3}$	$\frac{1}{4}$	$J_R = \frac{U_{II}}{R} = 1120 \cdot \sqrt{2}$ A	$1250 \cdot \sqrt{2}$ A	$1295 \cdot \sqrt{2}$ A	Strom im Widerst.
$R\,[\Omega] =$	138	80	58	$N_R = U_{II} \cdot J_R = 336$ MW	250 MW	194 MW	Leistg. im Widerst.

Für 50 μs lange dauernden Stoß (15 km lang) wird die gesamte im Widerstand umgesetzte Energie in diesen drei Fällen:

$$A_R = 16{,}8\,\text{kWs};\ 12{,}5\,\text{kWs};\ 9{,}7\,\text{kWs}.$$

Die primäre Leistung der Wanderwelle war 450 MW entsprechend einer Energie von 22,5 kWs. Ein Teil der Energie wird reflektiert, der oben berechnete Anteil wird im Widerstand in Wärme umgesetzt und erst der Rest gelangt sogleich in den Transformator.

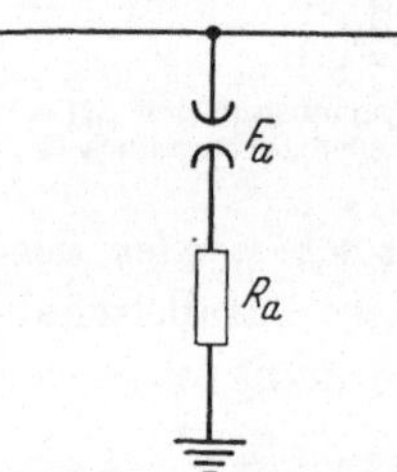

Abb. 12.25. Überspannungsableiter. F_a = Funkenstrecke; R_a = spannungsabhängiger Widerstand

12.62 Wirkungsweise und Aufbau von Überspannungsableitern. Die energieverbrauchende Wirkung eines Widerstandes, vor oder auch hinter einem zu schützenden Hochspannungsgerät in den Leitungszug gelegt, darf natürlich nur für Überspannungen, nicht für die Betriebsspannung vorhanden sein. Deshalb wird der Widerstand R_a erst durch eine Funkenstrecke F_a dann zugeschaltet, wenn die Ansprechspannung U_a überschritten wird (Abb. 12.25). Nach dem Ansprechen des Ableiters muß ein Widerstand R_a dafür sorgen, daß einmal die Restspannung U_p möglichst niedrig wird, jedoch so hoch, daß die Funkenstrecke wieder löscht, ehe der Scheitelwert der Betriebsspannung erreicht ist. Abb. 12.26 zeigt den Aufbau eines Überspannungsableiters und Abb. 12.27 schematisch den zeitlichen Verlauf einer abgeschnittenen Welle. Darin ist U_a = Ansprechspannung, U_p = Restspannung, U_I = hinlaufende Welle, U_I' = reflektierte Welle. t_a ist die Ansprechzeit.

Prinzipiell gibt es zwei Möglichkeiten, den Ableiterwiderstand R_a zu realisieren. Grundbedingung ist, daß der Widerstandswert R_a mit steigender Spannung gegen Null geht, aber bei geringer Spannung (u_r) sehr hohe Werte behält. Abb. 12.28 zeigt den Widerstand r, abhängig von der Spannung U für einen Resorbit-Widerstand[1]:

$$U = 1{,}360\,\text{kV} \qquad 5\,\text{kV} \qquad 9\,\text{kV}$$
$$r = \quad 453\,\Omega \qquad 20\,\Omega \qquad 1\,\Omega\,.$$

Mit Hilfe eines solchen spannungsabhängigen Festwiderstandes läßt sich ein Ventil-Ableiter bauen. Der Löschrohrableiter dagegen unterbricht den Stromfluß durch Erhöhung des Lichtbogenwiderstandes einer Stabfunkenstrecke. Nach einer Vorfunkenstrecke (A) ist eine Stiftelektrode (B) mit ringförmiger Gegenelektrode (C) (vgl. Abb. 12.29) in einem Löschrohr (D) untergebracht. Beim Ansprechen der Funkenstrecken wird durch den

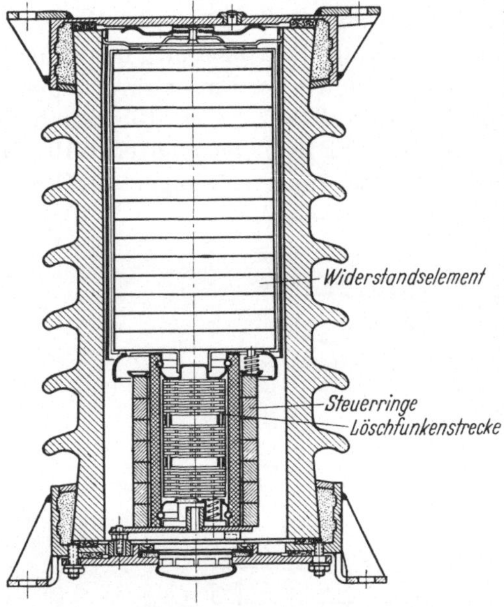

Abb. 12.26. Aufbau eines Überspannungsableiters (AEG)

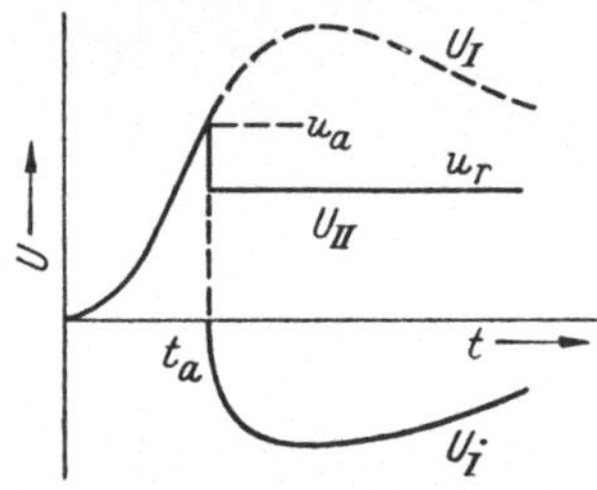

Abb. 12.27. Zeitlicher Verlauf der Spannung an einem Überspannungsableiter im Zuge der Leitung

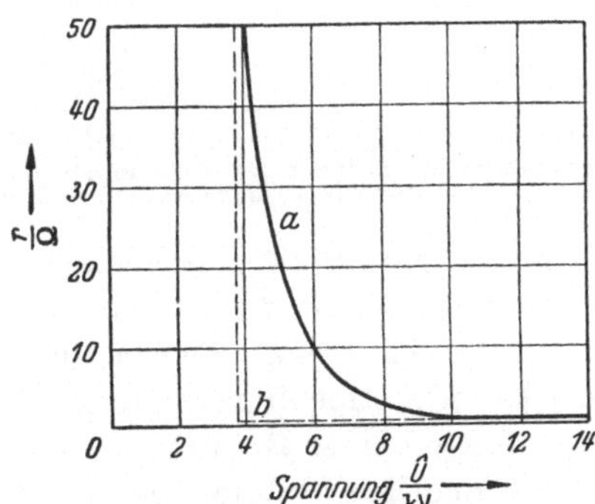

Abb. 12.28. Änderung des Widerstandes r abhängig von der Spannung u. a tatsächliche Kurve; b ideale Kurve [nach C. H. DEGOUMOIS (BBC-Mitt. 27, 1940, S. 244)]

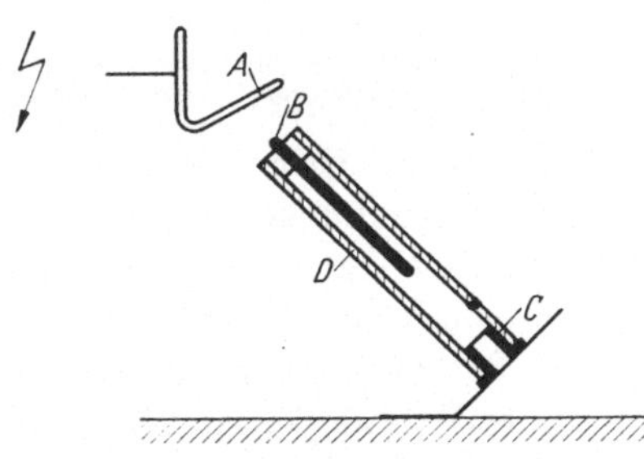

Abb. 12.29. Löschrohrableiter. A = vor Funkenstrecke, B = Stiftelektrode, C = Gegenelektrode, D = Löschrohr

[1] Nach DEGOUMOIS, BBC-Mitt. 1940, S. 243 Abb. 2.

im Rohr brennenden Lichtbogen aus dem Rohrmaterial (Fiber, Kunststoff, Hartpapier mit Leinölimprägnierung) Gas und Wasserdampf freigesetzt und kühlen den Lichtbogen. Der entstehende Überdruck treibt die Gase durch die Öffnung des Rohres. Dadurch wird der Lichtbogen schließlich gelöscht. Die entstehende Stichflamme bedingt, daß unter dem Löschrohr genügend freier Raum zur Verfügung steht.

Löschrohrableiter haben eine sehr geringe Restspannung, unabhängig von der Höhe des Stoßstromes. Ist die Steilheit der Einschwingspannung nach Unterbrechung des Kurzschlusses zu groß, so kann eine Rückzündung eintreten. Die Einschwingfrequenz soll nach FOITZIK nicht höher als 100 Hz sein; das bedingt den Einsatz des Rohrableiters in einem Netz gewisser Größe.

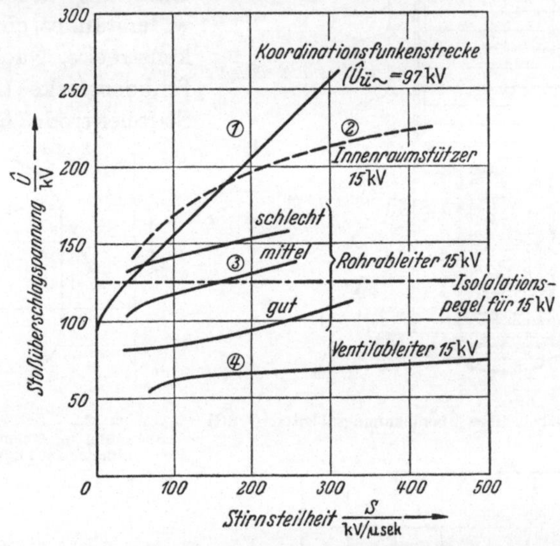

Abb. 12.30. Vergleich der Charakteristiken einer Koordinationsfunkenstrecke (*1*), eines Innenraumstützers (*2*), dreier Rohrableiter (*3*) und eines Ventilableiters (*4*) (nach BITTER, FOITZIK und GRÜNEWALD)

12.63 Ansprechspannung von Überspannungsableitern. Für Überspannungsableiter muß die Bedingung eingehalten werden, daß sie rascher ansprechen als etwa ein Innenraumstützer. Abb. 12.30 zeigt die Charakteristiken eines Innenraumstützers (*2*), einer Koordinationsfunkenstrecke (*1*) und im Vergleich dazu die Ansprechspannungen eines Rohrableiters (*3*) und eines Ventilableiters (*4*). Man erkennt deutlich, daß in diesem Beispiel der Ventilableiter auch für sehr hohe Stirnsteilheiten weit unter dem Isolationspegel, beim Schutzpegel für Ventilableiter anspricht.

(*1*) Koordinationsfunkenstrecke $\hat{U}_{ü\sim} = 97$ kV,
(*2*) Innenraumstützer,
(*3*) Rohrableiter a) schlecht, b) mittel, c) gut,
(*4*) Ventilableiter.

Das Diagramm lehrt, daß die Ansprechspannung keine konstante Größe ist, sondern mit steigender Stirnsteilheit zunimmt. Als Ursache für diesen Anstieg darf die immer kürzer werdende Ansprechzeit t_a, die zur Ausbildung des Zündvorganges zur Verfügung steht, angesehen werden.

Den Charakteristiken der Abb. 12.30 und 12.32 und 12.34 können für eine Reihe von Ventilableitern die Ansprechspannungen U_a entnommen werden.

12.64 Die Restspannung von Ventilableitern. Auch die Restspannung u_p ist nicht streng konstant, sondern hängt ab von der Höhe und von der Anstiegsgeschwindigkeit des Ableiterstromes. Die statistische Häufigkeit der Blitzstromstärken gibt Davis (vgl. Abb. 12.31, Kurve *a*) an. Im Vergleich dazu werden für die Ableitströme von Bitter die statistische Häufigkeit entsprechend

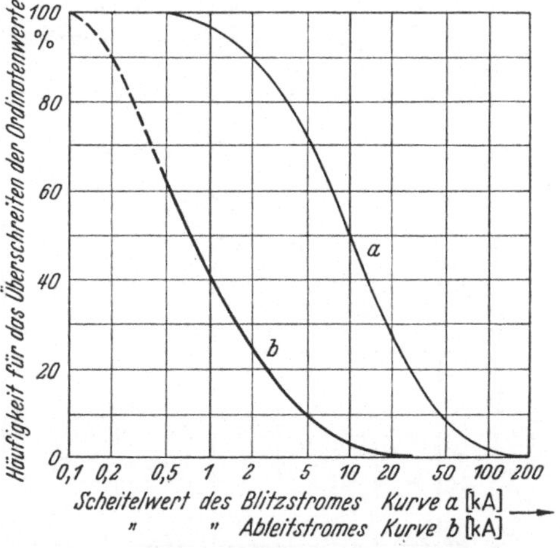

Abb. 12.31. Häufigkeitsgesetz für das Auftreten von Blitzströmen (*a*) und Ableitströmen (*b*) (nach Davis). (100% Blitzhäufigkeit entspricht 1/6 Blitzschlag je 2,59 km² und Jahr)

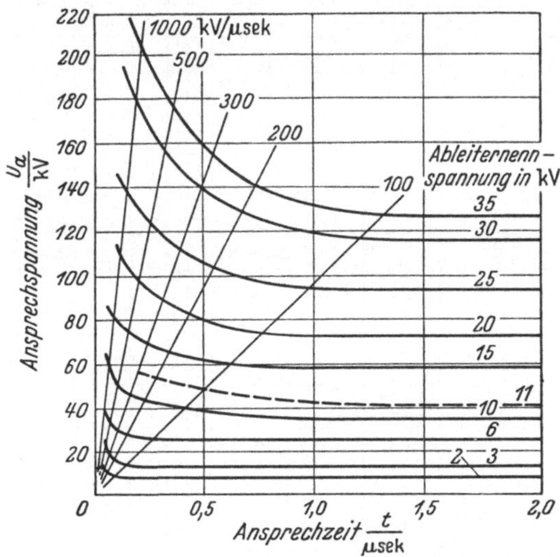

Abb. 12.32. Ansprechstoßkennlinie der Kathodenfallableiter für Mittelspannung (nach Bitter u. Baatz)

Kurve *b* (Abb. 12.31) gegeben. Nach Beck kommen im Betrieb Steilheiten der Ableitströme vor, von denen 10% noch 1 kA/µs und 2%

noch 5 kA/μs überschreiten. Aus den Abb. 12.33 und 12.34 sind die Restspannungen, abhängig von den Ableitstromspitzen gegeben. Ändert sich der zeitliche Verlauf des Ableitstromes mit 10 μs Stirnzeit und 20 μs Rückenhalbwertszeit auf 1 μs Stirnzeit bei gleicher Rückenhalbwertszeit, so wird die Restspannung um rund 10% höher liegen. Für die spätere Überschlagsrechnung des Schutzbereiches soll es genügen, für die Restspannung den 1,1fachen Wert des Höchstwertes bei Nennableitstrom zu nehmen. Diese Restspannungen können aber nur dann eingehalten werden, wenn die Höhe und die Dauer des Ableitstromes die Festigkeitsgrenze der Ableiterwiderstände nicht überschreitet (vgl. Abb. 12.35).

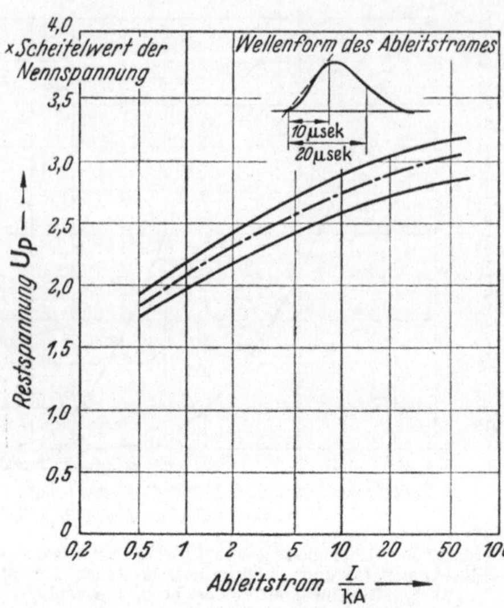

Abb. 12.33. Restspannung des Kathodenfallableiters für Mittelspannung, abhängig vom Ableitstrom (nach BITTER)

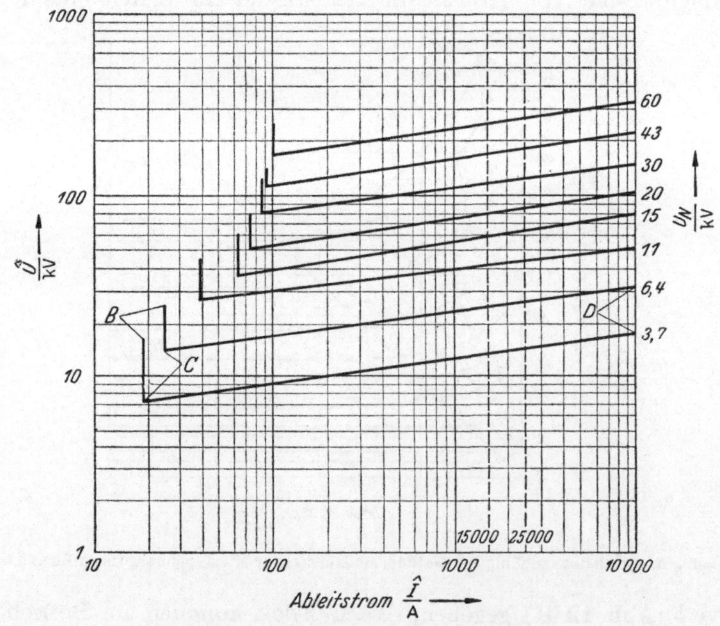

Abb. 12.34. Charakteristiken der Überspannungsableiter verschiedener Nennspannungen (nach DEGOUMOIS, BBC-Mitt. 27, 1940, S. 246)

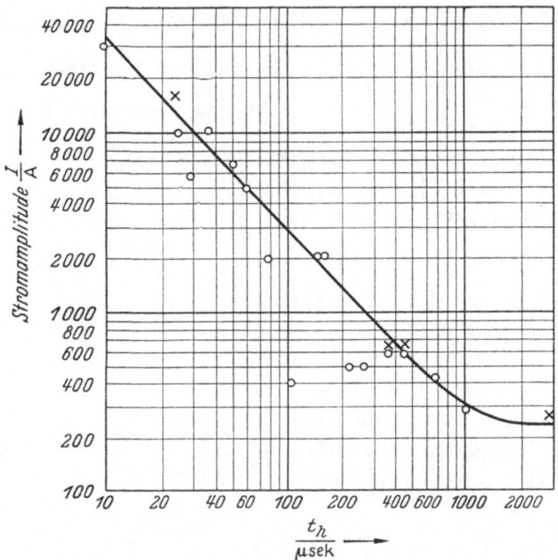

Abb. 12.35. Festigkeitsgrenze von Resorbitwiderständen für 50 Stöße der Stromamplitude J, abhängig von der Rückenhalbwertszeit (nach CH. DEGOUMOIS, BBC)

12.65 Der Schutzbereich eines Überspannungsableiters.

Den Verlauf der Spannung am Ableiter im Zuge einer Leitung gibt Abb. 12.27 schematisch wieder. Nach dem Ableiter zieht in die angeschlossene Leitung oder den Abschlußwiderstand der Größe Γ die Welle (Abb. 12.36a) ein. Vor dem Ableiter wird die aus der ankommenden Welle und der reflektierten Spannungswelle zusammengesetzte Spannung U_{12} auftreten (vgl. Abb. 12.36b). Abhängig vom Ort x vor dem Ableiter verändert sich die Höhe und die Dauer der Beanspruchung (Kurven b). Daraus läßt sich bei gegebener Stirnsteilheit (S [kV/m]), gegebener Ausbreitungsgeschwindigkeit (v [m/s]), nach § 12.62 bei bestimmter Ansprechspannung U_a [kV] der maximal erreichbare Schutzbereich L_{max} [m] vor dem Ableiter ausrechnen. Vorgeschrieben wird, daß bei

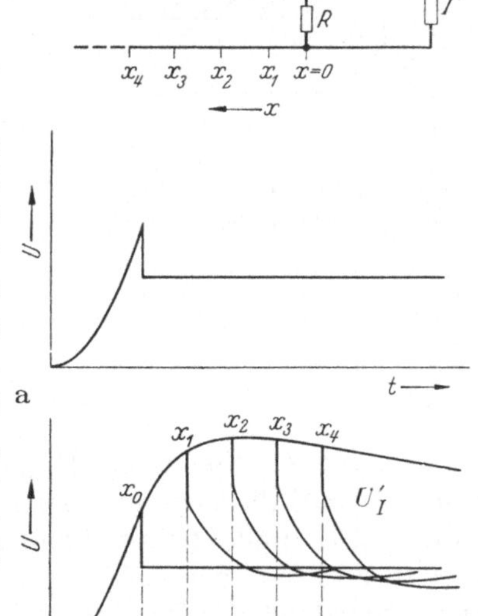

Abb. 12.36. Wellenform a) *nach* und b) *vor* einem Überspannungsableiter (F_a, R_a) in verschiedenen Abständen ($x_1, x_2 \ldots$) vom Einbauort $x_0 = 0$ (nach RUTZ)

L_{max} die von der Isolation ausgehaltene Spannung U_i nicht überschritten werden soll. Mit dem räumlichen Anstieg der Spannungswelle $\frac{S}{v}$ wird: $L_{max} = (U_i - U_a) \cdot \frac{v}{S}$ [m]. Wenn der Ableiter vor einer Kopfstation angebracht ist, deren Innenwiderstand viel größer als der Wellenwiderstand ist, so verdoppelt sich die Steilheit S infolge der Reflexion oder Wanderwelle am praktisch offenen Leitungsende. Der maximale Schutzbereich wird dann:

$$L_{max} = (U_i - U_a) \cdot \frac{v}{2\,S} \text{ [m]} \quad (12.14)$$

wenn S wieder die Steilheit der ankommenden Welle ist. Für diesen Fall eines Überspannungsableiters am offenen Leitungsende wird für verschiedene Orte x $(x_1 < x_2)$ vor

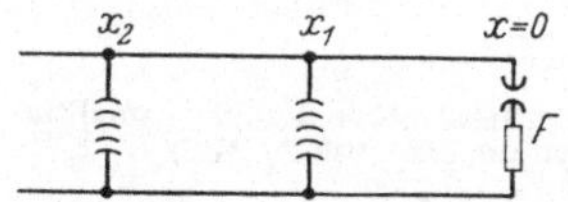

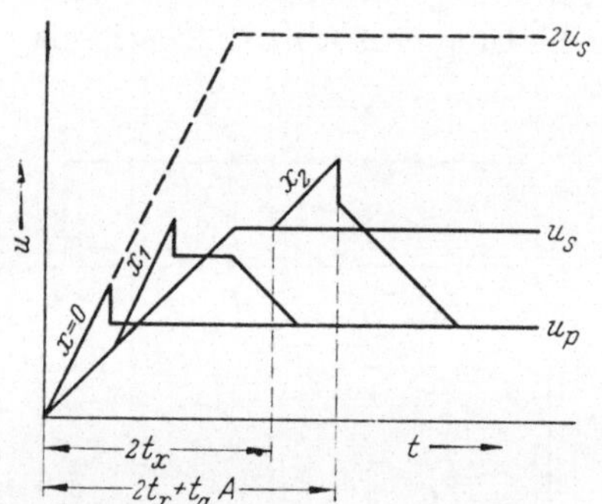

Abb. 12.37. Spannung an dem zu schützenden Objekt (F) bei offener Leitung und Überspannungsableiter am Ende der Leitung. u_s = zulaufende Welle; u_p = Restspannung des Ableiters (nach RUTZ)

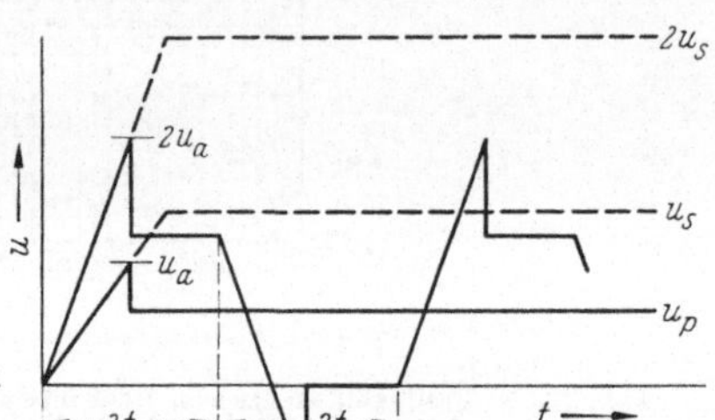

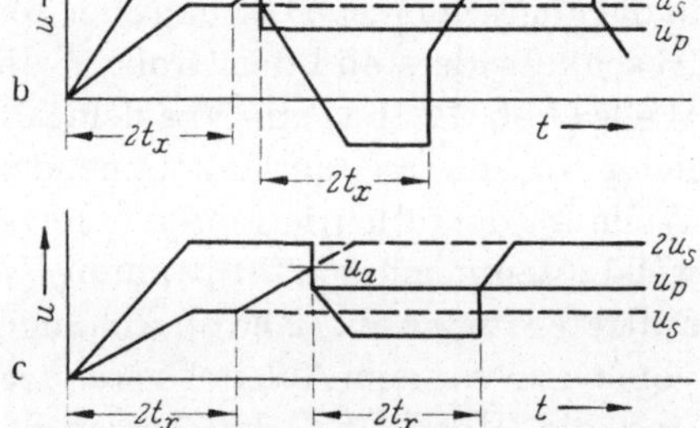

Abb. 12.38. Spannung an dem durch einen Überspannungsableiter zu schützenden Objekt F ($R_e \gg \Gamma$) a) Scheitelwert der ankommenden Stoßwelle größer gleich der Ansprechspannung des Überspannungsableiters und u_a größer als die Restspannung u_p ($u_s > u_a > u_p$); b) $u_a > u_s > u_p$; c) $u_a > u_p > u_s$ (nach RUTZ)

dem Ableiter die Spannung (U_{I2}) wieder gleich der Summe aus der ankommenden Welle U_{I} (vom Scheitelwert u_s) und der reflektierten Welle U'_{II} (Abb. 12.37) (Bull. SEV 47 [1956] No. 1; R. RUTZ). Abb. 12.38 gibt den Fall wieder, daß der Ableiter vor dem zu schützenden Objekt liegt. Der Widerstand des Objektes R_e sei $\gg \Gamma$.

Gl. 12.14 gibt für diesen Fall den maximal zulässigen Schutzbereich L_{max} an.

Literatur. § 12.6 *Überspannungsableiter*

BAATZ, H.: Überspannungen in Energieversorgungsnetzen E. Überspannungsschutzgeräte. (Lit. 10 Ventilableiter, 49 Lit. Stellen. Lit. 11 Rohrableiter 32 Lit.-Stellen.) Springer Verlag 1956.

BITTER, H.: Schutzwirkung und räumlicher Schutzbereich der Kathodenfallableiter für Mittelspannungen. Siemens-Zeitschrift 30 (1956) H. 8 S. 413—420. (14 Lit.-Stellen)

RUTZ, R.: Über den räumlichen Schutzbereich eines Überspannungsableiters. Bull. SEV 47 (1956) Nr. 1 S. 1—7.

DEGOUMOIS, CH.: Die Bedeutung der spannungsabhängigen Widerstände für den modernen Überspannungsschutz. BBC-Mittlg. 27 (1940) S. 243—247; Fortschritte auf dem Gebiet der Überspannungsableiter. BBC-Mittlg. 27 (1941), S. 153—155; Überspannungsableiter für langdauernde Blitzströme. BBC-Mittlg. Bd. 37 (1950) S. 171—173, 3 Lit.-Stellen (Abb. 2. Festigkeitsgrenze); Der Überspannungsschutz elektrischer Anlagen . BBC-Mittlg. Bd. 38 (1951) S. 105—114.

MEYER, Dr. H.: Die neueste Entwicklung des Überspannungsableiters. BBC-Mittlg. Bd. 30 (1943) S. 273.

KALB, J. W., A. G. YOST (Ohio-Brass): Testing of Valve-Type Lightning Arresters. El. Eng. 1955 S. 496; Digest of Paper 55—136 Transient Durability Testing of Valve Type Lightning Arrester. AIEE-Winter, Gen. Meeting 31. Febr. 1955.

DAVIS (Teddington): Überspannungsschutz von Stationen durch kurze Kabelstrecken. ETZ 76 (1955) S. 847—853.

FOITZIK, R.: Löschrohrableiter und ihre Anwendungsmöglichkeiten. ETZ Bd. 60 (1939) S. 268—271.

GRÜNEWALD, H.: Das Verhalten von Rohrableitern bei Stoß- und Wechselspannung. VDE-Fachber. (1950) S. 11.

FRÜHAUF: Die Grenzen der Belastbarkeit von Überspannungsableitern unter Berücksichtigung direkter Blitzeinschläge. ETZ 58 (1937) H. 17, S. 441.

BERGER, K.: Überspannungen und Überspannungsschutz. Bull. SEV 48. Jg. (1957) Nr. 10 S. 465.

STEWART, H. R.: Revised American Standard for Lightning Arresters. El. Eng. Vol. 76 No. 8 (1957) S. 683/684.

12.7 Transformatoren- und Maschinenwicklungen bei Stoß

12.71 Betrachtung der Wicklung mit festem Wellenwiderstand (stark konzentrierte Kapazitäten und Induktivitäten). Bei Wicklungen elektrischer Geräte, wie Transformatoren und Maschinen, sind im Gegensatz zur Freileitung die Induktivitäten L und Kapazitäten C räumlich stark konzentriert. Es liegt daher nahe, zunächst einen Wellenwiderstand Γ der Wicklung (an den Eingangklemmen gemessen) zu betrachten, da dieser Eingangsscheinwiderstand für die Reflexion von auftreffenden Wanderwellen maßgebend ist. Wie Tab. 1 zeigt, sind diese Wellenwiderstände von Wicklungen wesentlich größer als die der angeschlossenen Freileitung ($\sim$ 300 Ohm) oder Kabel ($\sim$ 60 Ohm). Daher wird sich an den Klemmen der Wicklung für die ankommende Stoßwelle der Wert der Überspannung nahezu verdoppeln (vgl. § 12.5).

In die Wicklung zieht eine ankommende Wanderwelle mit verdoppeltem Spannungswert ein. Entsprechend ihrer Höhe und ihrer Steilheit werden nun die Isolationen der Spulen gegen das geerdete Gehäuse und von Windung zu Windung bzw. Spule zu Spule beansprucht. Die verschiedenen, untereinander über die Felder gekoppelten Systeme von Induktivitäten und Kapazitäten werden zu Eigenschwingungen angeregt und tragen so zur Verformung der Stoßwelle bei Fortschreiten längs der Wicklung bei. Der Sternpunkt der Wicklungen bietet eine erneute Reflexionsmöglichkeit, so daß auch die Wicklungsisolation der erdnahen Spulen mit doppelter Spannung beansprucht werden kann, z. B. bei symmetrischem dreiphasigem Stoß.

Tabelle (nach Roth)

Öltrafo	Leistung N_N	Nennspannung U_N	Eing. Kapaz. $C_{eing.}$	Wellenwiderstand Γ
Öltrafo	50 kVA	20 kV	98 pF	925000 Ohm
Öltrafo	160 kVA	20 kV	162 pF	325000 Ohm
Öltrafo	3 000 kVA	30 kV	198 pF	83000 Ohm
Öltrafo	20 000 kVA	60 kV	365 pF	43000 Ohm

Maschinenwicklung	Wellenwiderstand pro Phase u. Wicklung
Spule 1	200 Ohm
Spule 3	360 Ohm
Spule 5	1000 Ohm
Spule 6	800 Ohm
Spule 14	1600 Ohm

Bei diesen Reflexionen und Schwingungen treten zwischen den Wicklungsteilen Überspannungen bis zum 100- bis 150fachen der normalen Betriebsspannungsbeanspruchung auf. Aus diesem Grunde muß auf eine besonders gute Windungs- und Spulenisolation geachtet werden. Es ist der Zweck der Stoßprüfung und der Sprungwellenprüfung, die dielektrische Festigkeit einer Konstruktion nachzuweisen. Für die Widerstandsfähigkeit gegenüber einlaufenden Stoßwellen und auch Sprungwellen, welche infolge von Überschlägen in der Nähe der Klemmen oder durch Einschaltvorgänge bewirkt werden, sind diese Prüfungen der Isolation äußerst wichtig.

12.72 Die Transformatoren- und Maschinenwicklung im Ersatzbild als Kettenleiter dargestellt. Betrachtet man den Aufbau einer Wicklung (Abb. 12.39), so kann aus der räumlichen Lage ein Ersatzbild gewonnen werden. Es berücksichtigt nur die Teilkapazitäten zwischen den einzelnen Lagen (K), die Teilkapazitäten (C) zwischen den Wicklungsteilen und dem Kern oder Erde und die Induktivitäten (L) der Einzelspulen (Abb. 12.40). Es besteht hier ein großer Unterschied zwischen dem Ersatzbild einer Transformatorenwicklung und der einer Maschinenwicklung hinsichtlich der kapazitiven Kopplung (K) zwischen den Spulen. Bei Transformatorenwicklungen ist je nach Bauart $K > C$; bei Maschinenwicklungen sind die Einzelspulen von Eisen umgeben, und es ist daher $K < C$ (Abb. 12.41). Man wird also erwarten dürfen, daß die Vorgänge an der Maschinenwicklung leichter rechnerisch behandelt werden können, da nahezu eine ideale Schirmung der Einzelspulen durch die Konstruktion erreicht wird.

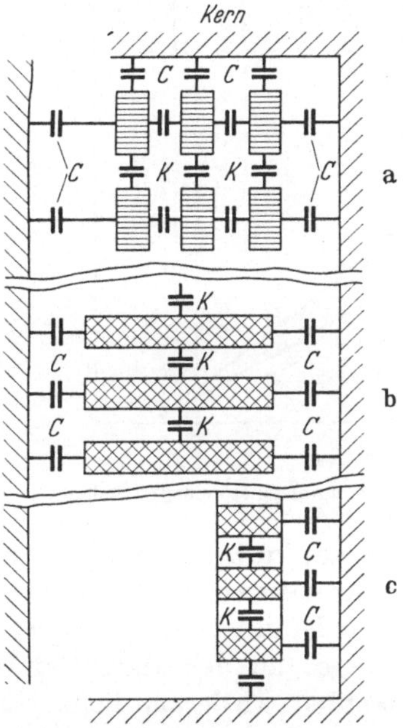

Abb. 12.39. Teilkapazitäten (C u. K) bei verschiedenen Wicklungsarten. a Einzelspulen; b Scheibenwicklung; c Röhrenwicklung

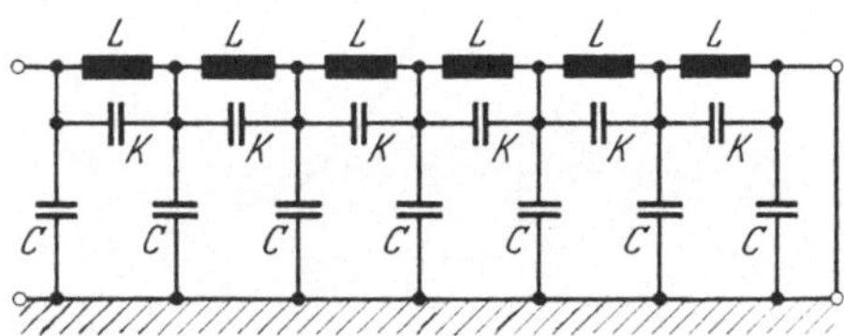

Abb. 12.40. Ersatzbild einer Transformatorwicklung ($K > C$)

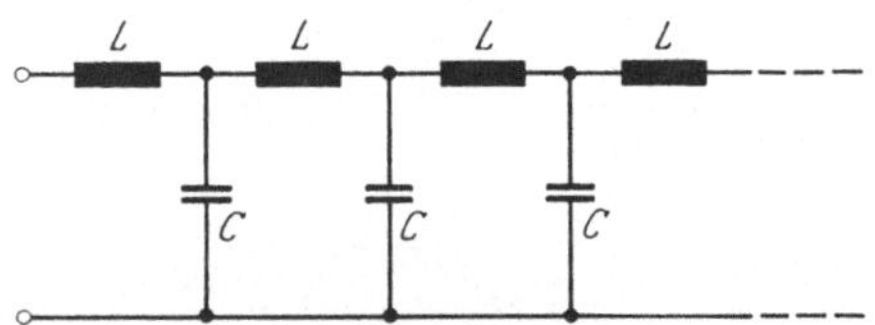

Abb. 12.41. Ersatzbild einer Generatorwicklung ($K < C$)

Wicklung unter Sprungwellen-Beanspruchung. Besondere Beanspruchungen treten auf, wenn an einem unter Spannung stehenden Transformator ein Klemmenkurzschluß eintritt. Es tritt eine sogenannte „Sprungwelle" auf (Abb. 12.42). Im Spannungsmaximum möge an Klemmen ein Überschlag gegen Erde erfolgen. Die dieser Stelle am nächsten liegende Kapazität C_1 wird sofort entladen und Punkt *1* auf Erdpotential gebracht. Punkt *2* des Ersatzbildes (12.42) hat aber noch seine volle Spannung gegen über Erde, solange die Ladung Q_2 noch auf C_2 sitzt. Im ersten Augenblick ist also die Isolation der Spule L_1 sehr hoch beansprucht, weit über die betriebsmäßig auftretenden Werte. Mit der zeitlich fortschreitenden Entladewelle verlieren die Kapazitäten C_2, C_3 usw. nacheinander ihre

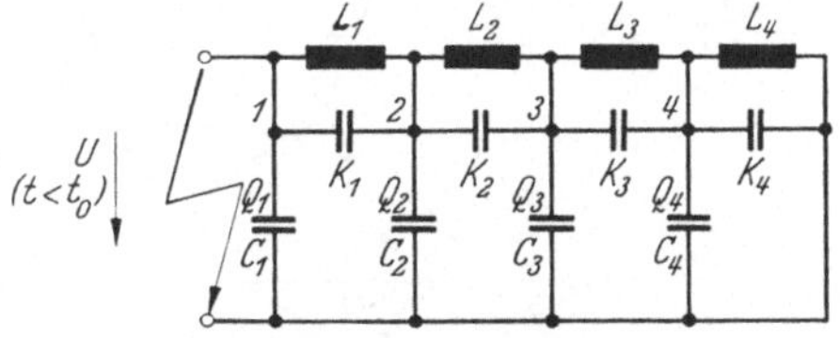

Abb. 12.42. Klemmenkurzschluß an einem Transformator und Einziehen einer Entlade-(Sprung)-Welle

Ladungen. Diese sich zeitlich ändernden Entladeströme erzeugen in den Spulen L_2, L_3 usw. entsprechend hohe Spannungen. So zieht die

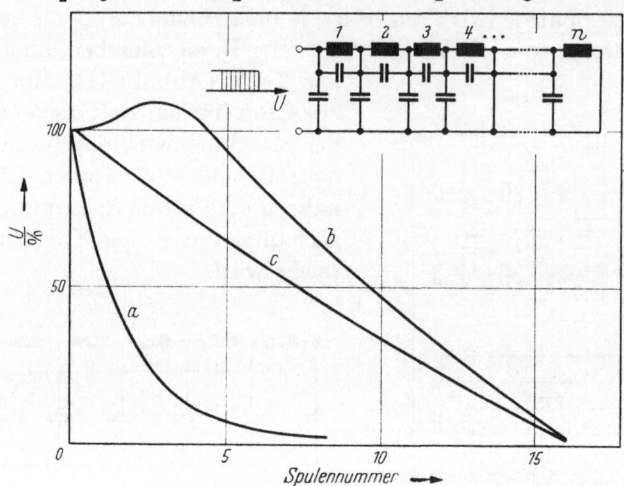

Abb. 12.43. Spannungsverteilung über eine Wicklung. *a* Anfangsspannungsverteilung; *b* Überschwingen; *c* Endspannungsverteilung

Entladewelle in die Wicklung ein und wird am kurzgeschlossenen Ende der Wicklung reflektiert. Eine hohe Strombelastung des Sternpunktes und der untersten Spulen ist die Folge; an den Induktivitäten werden wiederum hohe Überspannungen verursacht.

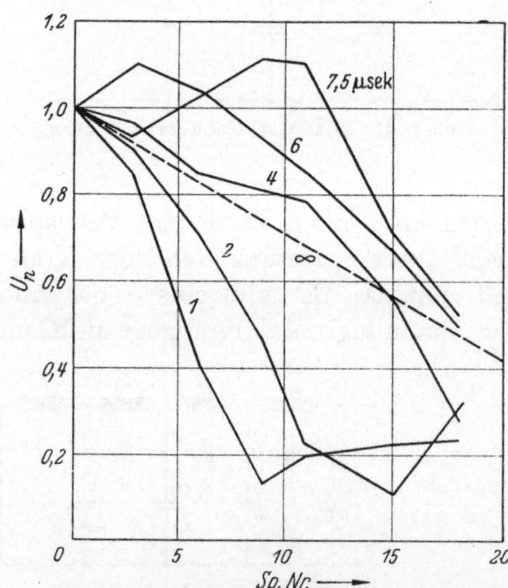

Abb. 12.44. Einziehen einer Stoßwelle in eine Wicklung und räumliche Spannungsverteilung zu verschiedenen Zeiten. (4200 kVA-Trafo, 24 kV nach BBC), Spannungsverteilung nach 1, 2, 4, 6 und 7,5 μs, – – – stationäre Spannungsverteilung

Verhalten der Wicklung beim Auftreffen einer Stoßwelle. Wird das Potential der Eingangsklemme (*1*) plötzlich gegen Erde (*0*) durch eine Stoßspannung angehoben, so wird im ersten Augenblick die Spannungsverteilung über die Wicklung (Abb. 12.43) nur durch die Kapazitäten bestimmt (Kurve *a* in Abb. 12.43). Wie aus dem Verlauf dieser Anfangsspannungsverteilung (Kurve *a*) ersichtlich ist, sind die Spannungsabfälle über die ersten Spulen besonders hoch.

Der Übergang von der Anfangsspannungsverteilung (Kurve *a*) zur stationären Endspannungsverteilung (Kurve *c*) erfolgt über Zwischenstufen, von denen Kurve *b* die obere Grenze des Überschwingens darstellt. Dieses Einschwingen der Spannungen und Ströme durch den Austausch der elektrischen mit den magnetischen Feldenergien ist in Abb. 12.44 für die Zeitpunkte 1 μs, 2 μs, 4 μs, 6 μs und 7,5 μs gezeigt. Nach etwa 50 μs kommen diese Schwingungen zur Ruhe und die Endspannungsverteilung ($t \to \infty$) stellt sich ein. Wie aus Abb. 12.44 ersichtlich ist, werden die ersten drei Spulen maximal beansprucht. Abb. 12.45 gibt den Verlauf der maximalen Beanspruchungen als Vielfache der ankommenden Stoßwelle U_W an. Die Halbwertsdauer der Spulenbeanspruchung zeigt Kurve *b* (Abb. 12.45). Man erkennt daraus, daß die sehr hohen Beanspruchungen auch entsprechend rasch wieder abklingen.

12.73 Der zeitliche Verlauf der Spannungen in einer Wicklung bei Stoßbeanspruchung. Da die einzelnen Spulen einer Wicklung nur bei einem Modell frei zugänglich sind, verwendet man dieses, um mit Hilfe eines Repetitions-Stoßgenerators bequem die Spannungsverteilung über die Wicklung in ihrem zeitlichen Ablauf zu erfassen. Die so erhaltenen Meßergebnisse geben Aufschluß über die tatsächlichen Isolationsbeanspruchungen. Der Vergleich mit der theoretischen Berechnung kontrolliert die Zulässigkeit und Grenzen des Ersatzbildes und des angewandten Berechnungsverfahrens.

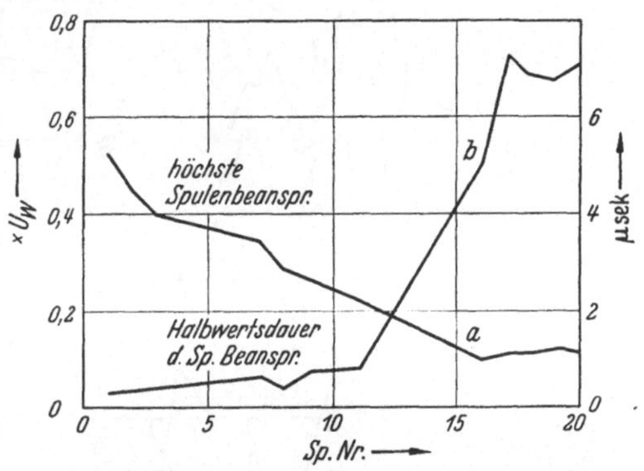

Abb. 12.45. Räumliche Verteilung der maximalen Spulenbeanspruchung (*a*) und deren Halbwertsdauer (*b*)

Da bei der Stoßprüfung nur durch Messung an den Klemmen des Prüflings eine Fehlerstelle entdeckt und geortet werden soll, ist eine genaue Analyse über die zeitliche Ausbreitung der Welle in der Wicklung erforderlich. Aus der Kurvenform z. B. des Stromes am Sternpunkt der Wicklung bei bekannter Stoßspannung und aus der Zeitdauer vom ersten Stromanstieg bis zu einer Unregelmäßigkeit der Kurvenform kann die Entfernung (Spulenzahl) der Schadensstelle ermittelt werden.

Bei dem Vergleich der gerechneten mit der gemessenen Spannungsverteilung und ihrem Zeitverlauf sind einige Vernachlässigungen unseres einfachen Ersatzbildes (12.40) zu beachten. Jede Spule wurde als für sich völlig geschirmt betrachtet. Dies ist streng nicht immer der Fall, vielmehr besteht eine feldmäßige Kopplung zwischen fast allen Teilen der Wicklung, sogar zwischen Ein- und Ausgang. Dadurch wird die Zulässigkeit unseres einfachen Ersatzbildes und der Anwendung der Theorie der Kettenleiter möglicherweise überschritten. Doch liefert uns, wie Abb. 12.46 zeigt, die einfache Berechnung in vielen Fällen erstaunlich gute Übereinstimmung mit den gemessenen Spannungsverteilungen über eine Transformatorenwicklung.

Wesentlich einfachere Verhältnisse und auch noch bessere Übereinstimmung mit der Rechnung ergibt der gemessene Spannungsverlauf an

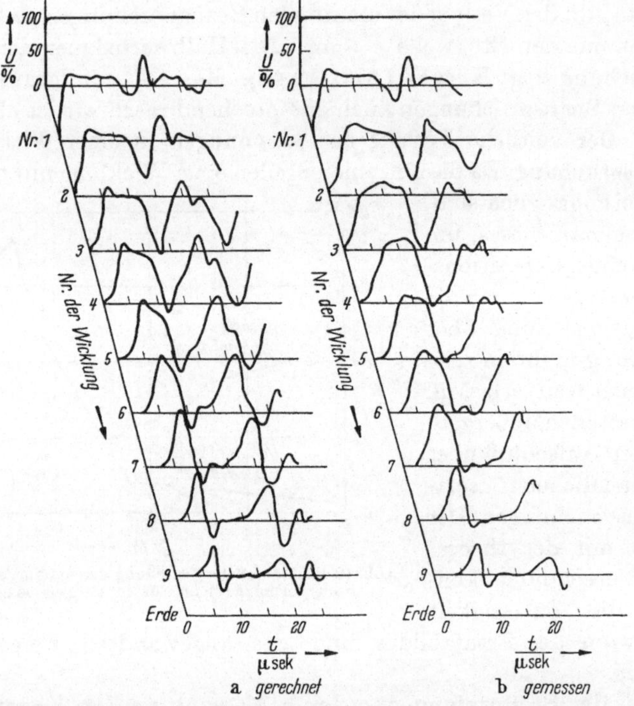

Abb. 12.46. Zeitlicher Verlauf der Stoßspannung an den einzelnen Wicklungen eines Transformators a gerechnet, b gemessen, bei Anlegen eines Spannungssprunges (CIGRE-Ber. Nr. 125—1956)

einer Statorwicklung eines Hochspannungsmotors (Abb. 12.47). Der Grund dafür liegt einmal in dem einfacheren Ersatzbild (12.41) einer Generatorwicklung. Man hat hier, ähnlich wie bei einer Leitung, einen nahezu konstanten Wellenwiderstand Γ.

In einer Transformatorenwicklung, entsprechend Ersatzbild 12.40, wird dagegen mit einem Längsscheinwiderstand $r = \dfrac{1}{\dfrac{1}{j\omega L} + j\omega K}$ und einem Querleitwert $g = j\,\omega\,C$ der Wellenwiderstand:

$$\Gamma = \sqrt{\frac{r}{g}} = \sqrt{\frac{L}{C}} \cdot \sqrt{\frac{1}{1 - \omega^2 L \cdot K}}$$

Es zeigt sich hier eine Abhängigkeit von der Änderungsgeschwindigkeit der Spannungen und Ströme. Diese Frequenzabhängigkeit des Wellenwiderstandes hat bei der Eigenresonanzfrequenz $\omega_{e0} = \sqrt{\frac{1}{L \cdot K}}$ eine Polstelle. Dadurch wird die einlaufende Stoßwelle nicht mehr einfach gedämpft wie auf einer Leitung, sondern es treten charakteristische Verformungen, Einsattelungen und Überhöhungen auf (Abb. 12.46).

Besonders ausgeprägt wird dieses „Schwingungsverhalten" der Wicklung, wenn eine abgeschnittene Welle auftritt. Abb. 12.48 zeigt für einen Rechteckimpuls von 3 μs Dauer die berechneten zeitlichen Verläufe der Spannungen an neun Punkten der Wicklung. Da die Messung dieser rasch veränderlichen Vorgänge bei abgeschnittenen Wellen hoher Spannungen noch erhebliche Schwierigkeiten in sich birgt, ist man zunächst auf die rechnerische Analyse — unter Berücksichtigung der bereits erwähnten Vereinfachungen — angewiesen.

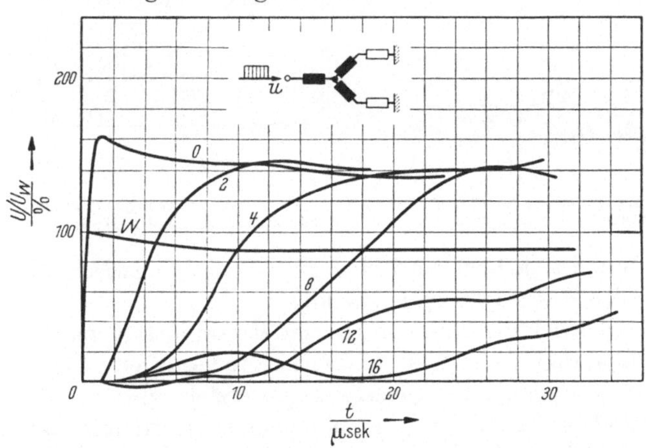

Abb. 12.47. Eindringen einer Wanderwelle (W) in die Statorwicklung eines Hochspannungsmotors. (Welle auf nur einer Phase.) W = einfallende Welle, *0* = Spannungen der Klemme, *2, 4, 8, 12, 16* = Spannungsverlauf nach der zweiten, vierten, achten, zwölften bzw. sechzehnten Spule (nach WAGNER, BBC)

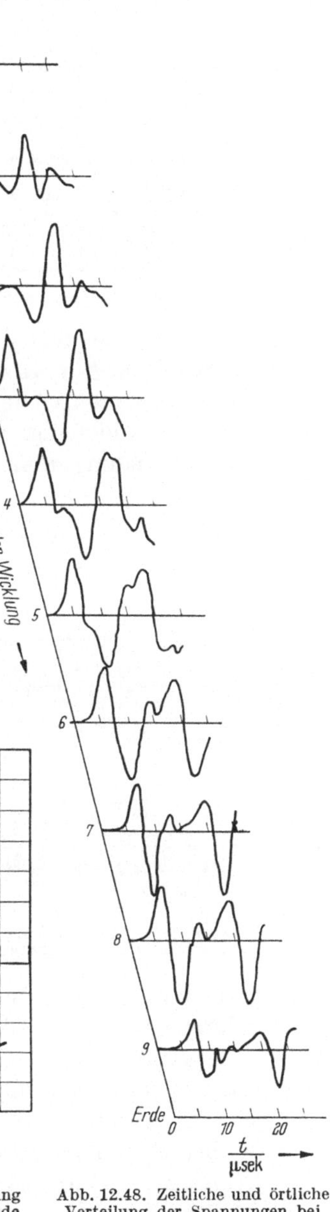

Abb. 12.48. Zeitliche und örtliche Verteilung der Spannungen bei Einlaufen eines Rechteckstoßes von 3 μs Dauer (nach P. WALDVOGEL und R. ROUXEL)

12.74 Die Steuerung der Anfangsspannungsverteilung. Man ist der Ansicht, daß durch Steuerung der Anfangsspannungsverteilung (derart, daß die Endspannungsverteilung möglichst gut angenähert wird), ein sogenannter schwingungsfreier Transformator (non resonating transformer) erreicht werden könnte. Auf alle Fälle wird durch solche Maßnahmen die im ersten Augenblick auftretende hohe Beanspruchung der ersten Spulen (Abb. 12.45) vermindert. In den USA wird hauptsächlich der sogenannte „geschildete Transformator" nach HAGENGUTH (Abb. 12.49) verwendet. Hier werden durch einen auf Hochspannungspotential liegenden Schirm den Wicklungen abgestuft kapazitive Verschiebungsströme zugeführt, daß eine lineare Anfangsspannungsverteilung entsteht. Das Isolationsproblem zwischen den einzelnen Spulen wird hier gemildert, jedoch wird eine gute Isolation zwischen Schirm und allen Teilen der Wicklung notwendig.

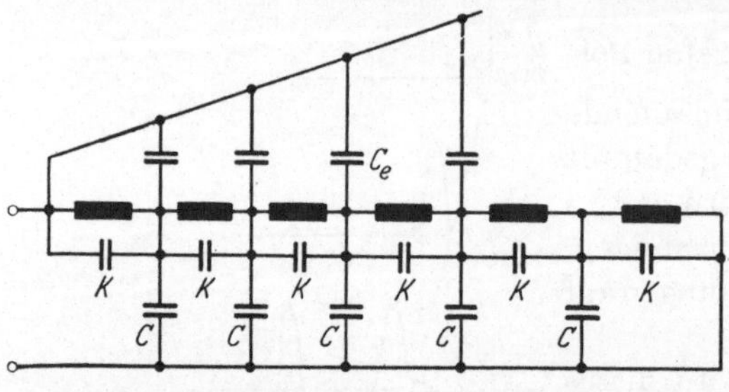

Abb. 12.49. Ersatzbild eines geschildeten Transformators

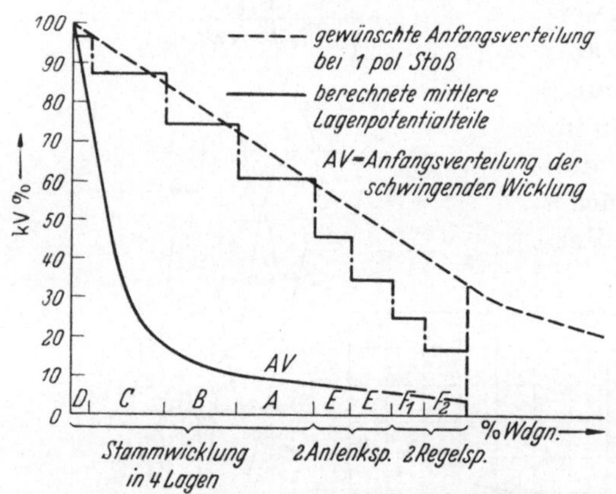

Abb. 12.50. Anfangsspannungsverteilung bei einem Transformator mit Lagenwicklung (nach LEPPER)

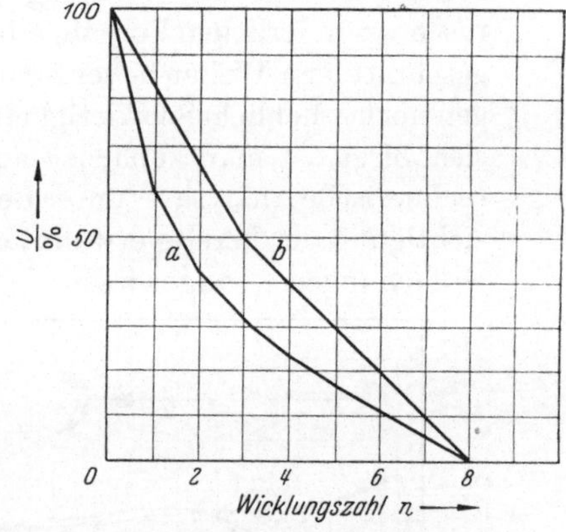

Abb. 12.51. Anfangsspannungsverteilung zweier Spannungswandler (BBC)

Aber auch eine Lagenwicklung kann so geschaltet und ihre Kapazitäten so gewählt werden, daß der in Abb. 12.50 gezeigte gestaffelte Verlauf *b* gegenüber der Anfangsspannungsverteilung *a* erzielt wird.

Bei Spannungswandlern kann die Anfangsspannungsverteilung *a* (Abb. 12.51, Kurve *a*) gleicher Spulen durch eine verbesserte Spulenschaltung und durch einfache Schirmringe linearisiert werden (Kurve *b*, Abb. 12.51).

Durch Schirme und geeignete Wahl der Wicklung können die anfänglich hohen Stoßbeanspruchungen der ersten Spulen herabgesetzt werden.

Literatur. 12.7 *Verhalten von Transformatoren bei Stoßbeanspruchung*

Bücher:

STRIGEL, R. u. Mitarbeiter G. HELMCHEN: Elektrische Stoßfestigkeit. Berlin: Springer-Verlag 1955.

WELLAUER, M.: Einführung in die Hochspannungstechnik. Basel/Stuttgart: Verlag Birkhäuser 1954.

ROTH, A.: Hochspannungstechnik. 3. Aufl. Wien: Springer-Verlag S. 305—317 u. 329—345 (1950) (Zahlr. Lit.-Stellen).

KÜCHLER, R., Die Transformatoren. Berlin/Göttingen/Heidelberg: Springer-Verlag (1956) S. 126—143.

Zeitschriften:

1957

STUCKVIST, K. E.: Stoßprüfungen mit abgeschnittenen Wellen. Archiv für Energiewirtschaft, Heft 7, April 1957 S. 280.

1956

WALDVOGEL, P., R. ROUXEL: Eine neue Methode zur Berechnung der Stoßspannungsverteilung in Spulenwicklungen. BBC-Mitt. Bd. 43 (1956) S. 206—213.

GÄNGER, B.: Prüfung von Höchstspannungstransformatoren mit Stoßspannungen von $1^3/_4$ Millionen Volt. BBC-Mitt. Bd. 43 (1956) S. 525—532.

LECH, W., J. GOLINSKI, J. RADZIVILL: Impulse ionisation in transformer windings. CIGRE-Bericht Nr. 116 (1956) (10 Lit.-Stell.).

FROIDEVAUX, J., C. L. ROSSIER: Impulse testing of large transformers: the maintenance of the wave shape and its importance- CIGRE-Bericht Nr. 118 (1956) (4 Lit.-Stell.).

CRISTOFFEL, M.: Autotransformers with an load regulation for the interconnection of high voltage networks. (III. problem of voltages impulses). CIGRE-Bericht Nr. 120 (1956) (6 Lit.-Stell.).

PRESTON, L. D.: Chopped wave impulse testing of transformers. CIGRE-Bericht Nr. 151 (1956) (5 Lit.-Stell.).

LANGLOIS-BERTHELOT, R., M. MONNET, J. DERRIPPE, R. FAVIÉ: Chopped wave tests of transformers w. a wave of reduad steepness. CIGRE-Bericht Nr. 138 (1956) (14 Lit.-Stell.).

GÄNGER, B.: Meßtechnische Aufgaben bei der Prüfung von Transformatoren mit Spannungsstößen. Scientia Electrica Bd. II (1956) Heft 3, Zürich: AG-Fachschriftenverlag u. Buchdruckerei.

HELMCHEN, G.: Fortschritte auf dem Gebiet der Stoßprüfung von Transformatoren. ETZ-A, 1. April 1956, Heft 7.

1955

WELLAUER, M.: Das Verhalten von Reguliertransformatoren gegenüber Stoßspannung. Bull. ASE, Vol. 46 1955, Nr. 6 S. 240—267.

AKED, A., F. M. BRUCE, D. J. TEDFERD: Brit. J. Appl. Phys. vol 6, July 1955, S. 233—236.

HARDY, D. R., F. E. BROADBEUT: Brit. electrical and allied manufactures association journal, Febr. 1955, S. 63—69.

Christoffel, M.: Autotransformatoren mit direkter Regelung für Höchstspannungen. Brown Boveri, Vol. 42 (1955) Nr. 6 S. 187—195.

Gänger, B.: Stoßprüfungen von Transformatoren. ETZ-A, März 1955, Heft 5.

Hagenguth, J. H.: Stoßprüfung von Transformatoren nach amerikanischer Praxis. ETZ-A, 1. 12. 1955, Heft 23.

1954 und früher

Elsner, R.: Detection of insulating soilers during impulse testing of transformers. CIGRE-Ber. Nr. 101 (1954).

Provoost, P. G.: Impulse testing of transformers. CIGRE-Ber. Nr. 115 (1954).

Hyilten-Chavallins, B. Solergren: Problem des surtensions dans les entoulements de transformateurs. CIGRE-Ber. Nr. 110 (1954).

Wellauer, M.: Le comportement des autotransformateurs de règlage soumis aux tension de choc. CIGRE-Ber. Nr. 123 (1954).

Rossier, Cl., J. Froidevaux: Liaisons entre reseaux à tres haute tension. Transformateurs ou autotransformateurs. CIGRE-Ber. Nr. 124 (1954).

Gänger, B.: Surge phenomena arising from impulse tests on transformers. Oscillographic recording of fault. CIGRE-Ber. Nr. 125 (1954).

Aeschimann, A.: Beanspruchung der Spulen einer Transformatorenwicklung durch abgeschnittene Spannungswellen. CIGRE-Ber. Nr. 126 (1954).

Rabus, W.: The impulse voltage difference method for the detection and location of faults during full wave impulse tests on transformers. CIGRE-Ber. Nr. 139 (1954).

Abetti, P. A., H. B. Belck: Long-time scale models of transformers for the determination of transient voltages. Electrical Engineering, Vol. 73 (1954), S. 543—547.

Rabus, W.: Eine neue Methode der Fehleranzeige bei der Stoßprüfung von Transformatoren und Wandlern. VDE-Fachber. Bd. 17 (1953) S. I/1—I/8.

Hochrainer, A.: Die Spannungsverteilung in einer Transformatorenwicklung bei beliebiger Form der Stoßspannung. ETZ-A (1953) Heft 5, S. 151 (Lit.-Stellen).

Hagenguth, J. H., J. R. Meador: Impulse testing of power transformers. Trans. Amer. Inst. electr. Engrs. Bd. 71 (1952) Teil II, S. 697—704.

Hochrainer, A.: Elektrotechnik und Maschinenbau. Bd. 68 (1951) S. 505.

Degoumois et Zoller: Les contraintes dues aux ondes de choc dans les transformateurs modernes. CIGRE-Ber. Nr. 124 Rapport (1950).

Hochrainer, A.: Verteilung der Stoßspannungswelle in Transformatorenwicklungen für beliebige Form der sich überlagernden Wellenzüge, besonders für den Fall endlicher Anfangsteilheit. CIGRE-Ber. Nr. 137 (1950).

Langlois-Berthelot, Neuve-Eglise, Kohn et Renaudin: Contribution expérimentale à l'étude de l'isolation des transformateurs. CIGRE. Rapport Nr. 144 1950).

Descans et dufour: Influence de la raideur du front de l'onde et de la coupure de l'onde sur la sollicitation des transformateurs aux ondes de choc. CIGRE-Ber. Nr. 120 (1950).

Langlois-Berthelot, Neuve-Eglise, Kohn et Renaudin: Une année d'essais au choc sur les transformateurs de distribution. Bulletin SFE, mars (1950) p. 141.

Rippon, E. C., G. H. Hichling: The detection by oscillographic methods of winding failures during impulse tests on transformers. Proc. Inst. Electr. Eng. Teil II Bd. 53 (1949) S. 769—778.

Aeschlimann, H.: Untersuchung über die Stoßbeanspruchung der Wicklung von Transformatoren. Bull. Sécheron Nr. 20 D (1948) S. 5—23.

Langlois-Berthelot, R.: Quelques vues d'actualité sur la question des ordes de choc. Bull. SFE, Sept. (1947) S. 482.

Beldi, F.: Stoßfestigkeit von Transformatoren. BBC-Mitteilungen (1947) S. 105.

Hagenguth: Progress in impulse testing of transformers. El. Eng. (1944) S. 999.

Wellauer: Transmission des surtensions dans les transformateurs. Bull. ASE (1944) S. 627.

Meyer: Transmission des ondes de choc par les transformateurs. Bull. ASE (1944) u. 1945.

Meyr: Neue Untersuchungen über die Stoßbeanspruchung von Transformatoren. BBC-Mitt. (1943) S. 275, 277, 278.

Ohkochi et Yui: Propagation of lightning waves in transformer windings. Electrotechnical Journal of Japan, Januar (1940) 11.

Allibone, McKenzie et Perry: The effect of impulse voltage on transformer windings. Journal of IEE (1937) S. 117.

Elsner: Recherches relatives à la question des contraintes au choc des transformateurs. Archiv. f. El. (1936) S. 368 (en allemand).

Putman: Surge-proof transformers. AIEE (1932), S. 579.

Palueff et Hagenguth: Effect of transient voltages. AIEE (1929) S. 681; AIEE (1930), S. 1179 u. 1947; AIEE (1931), S. 803; AIEE (1932), S. 60.

Blume et Boyajian: Abnormal voltages within transformers. AIEE (1919), S. 211.

§ 13 Erregung von erzwungenen Schwingungen und Ausgleichvorgängen

Die bisherigen Betrachtungen beschränkten sich auf freie Schwingungen, welche das Netz bzw. die Anlageteile auszuführen vermögen, und auf die Ausbreitung besonders schneller Vorgänge als Wanderwellen im Netz. Diese mit der Eigenfrequenz der Energieerzeugungsanlagen, insbesondere der Freileitungen und Wicklungen erfolgenden Schwingungen bedürfen der Anfachung. Es muß deshalb nachgeforscht werden, welche Erregung solcher Vorgänge im Netzbetrieb möglich ist.

Handelt es sich um einen einmaligen Anstoß, so wird die dadurch mitgeteilte Energie eben in den möglichen Eigenschwingungen sich dem Netz mitteilen und in der Dämpfung des Netzes aufgezehrt. Man spricht hier von gedämpften Schwingungen.

Wiederholt sich der Anstoß periodisch, so kann je nach der Frequenz der erregenden Zwangskraft die entstehende, erzwungene Schwingung im Resonanzfall gefährliche Werte annehmen. Die Höhe der Schwingungsamplituden ist von der Höhe der erregenden Schwingung und von der wirksamen Dämpfung durch die auftretenden Verluste bestimmt.

Ein zu Schwingungen gezwungener Schwingungskreis, bestehend aus Induktivität L und Kapazität C, hat resultierend induktiven oder kapazitiven Charakter, je nach der durch die Zwangsfrequenz gegebenen Größe ωL und $\frac{1}{\omega C}$.

A. Im Falle eines verlustlosen Schwingkreises ($R = 0$) wird das Zeigerdiagramm der Spannungen an den einzelnen Schaltelementen (L, C) des Kreises (Abb. 13.1) durch die Abb. 13.2a und 13.2b dargestellt.

a) Ist die Zwangsfrequenz ω größer als die Eigenresonanzfrequenz, so wird der induktive Widerstand ωL größer als der kapazitive Widerstand. Der Kreis verhält sich resultierend induktiv (Abb. 13.2a u. c).

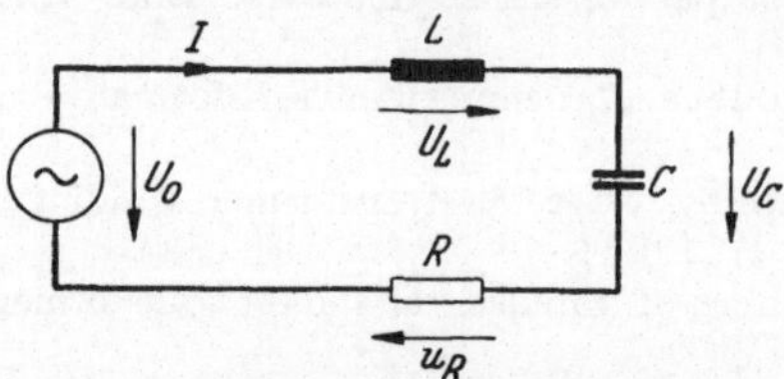

Abb. 13.1. Reihenschwingkreis unter der Wirkung einer Wechselspannung (U_0)

b) Wird die Zwangsfrequenz ω aber kleiner als die Eigenresonanzfrequenz, dann überwiegt der kapazitive Widerstand gegenüber der Reaktanz. Der Kreis ist dann resultierend kapazitiv (Abb. 13.2b u. d).

B. Ist der Dämpfungswiderstand des Kreises nicht gleich Null, so bewirkt der Spannungsabfall $U_R = J \cdot R$, daß die Phasenverschiebung zwischen dem Strom J und der Spannung U nicht mehr wie bei A 90° ist, sondern weniger (Abb. 13.2c u. d).

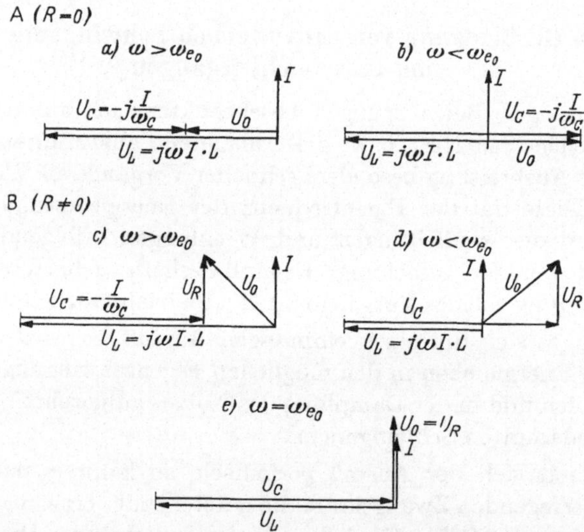

Abb. 13.2 Zeigerdiagramme für einen Reihenschwingkreis unter der Wirkung einer Spannung (U_0) mit der Zwangsfrequenz ω. A. Verlustloser Kreis ($R = 0$): *a*) resultierend induktiv; *b*) resultierend kapazitiv. B. Schwingkreis mit Verlusten: *c*) resultierend induktiv; *d*) resultierend kapazitiv; *e*) Resonanz

Im Resonanzfalle $\left(\omega = \omega_{e0} = \frac{1}{\sqrt{L \cdot C}}\right)$ wird der Spannungsabfall an Induktivität und Kapazität des Reihenschwingkreises maximal und gleich groß (Abb. 13.2e).

$$U_{c\,max} = U_{L\,max} = \frac{J_{max}}{\omega C} = \frac{U_0}{R\,\omega_{e0} \cdot C} = \frac{U_0}{R} \cdot \omega_{e0} \cdot L = \frac{U_0}{R} \cdot \sqrt{\frac{L}{C}} = \frac{U_0}{R} \cdot \Gamma.$$

Man erhält die Spannungsüberhöhung an L und C aus dem Schwingungswiderstand Γ und seinem Verhältnis zum Dämpfungswiderstand R.

$$\frac{U_{C\,max}}{U_0} = \frac{\Gamma}{R}. \tag{13.1}$$

Diese die Resonanzüberhöhung bewirkende Frequenz ω braucht nicht die Netzgrundfrequenz zu sein, sondern kann auch eine Harmonische davon sein. Da die Dämpfungen glücklicherweise oft groß genug sind, ist die Gefahr der Resonanzvorgänge viel kleiner als früher vermutet wurde.

Aber auch wenn die anregende Frequenz $\omega \gtrless \omega_{e0}$ ist, werden die Teilspannungen größer als die Klemmenspannung. Vor allem, wenn $\omega < \omega_{e0}$, wird die Isolation der Kapazitäten durch sehr großes U_c beansprucht. Es ist deshalb wichtig, die verschiedenen anregenden Frequenzen zu beachten, die das Netz bietet.

13.1 Potentialverlagerung der Grundwelle bei Betriebsspannungen

Normalerweise unterliegt die Phasenisolation gegen Erde der 50periodischen Phasenspannung. Diese Nennspannung wird im Betrieb erhöht, z. B. durch den sogenannten Ferrantis-Effekt, bei dem längs einer leerlaufenden Hochspannungsleitung eine höhere Spannung am Ende auftritt als am Anfang anliegt. Üblicherweise wird die 50periodische Spannung nur 10% größer als die Nennspannung zugelassen.

$U_0 \approx U_{phN} \cdot 1{,}10$. Im Netz wird gewöhnlich die Betriebsfrequenz $\omega < \omega_{e0}$ kleiner als die Eigenresonanzfrequenz. Aber nur selten sind die Netzkonstellationen so, daß die Netzeigenfrequenz tief genug liegt, daß $U_c \gg U_0$ würde.

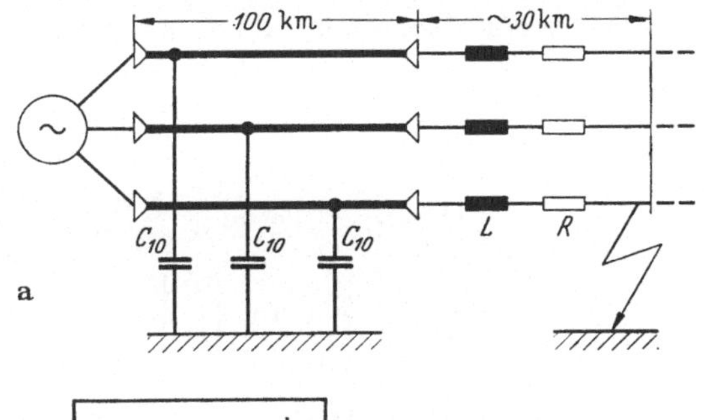

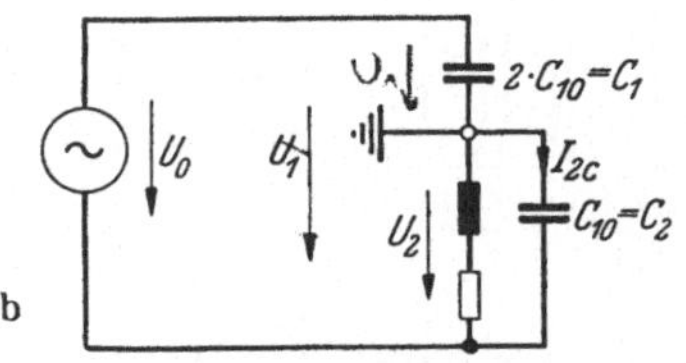

Abb. 13.3 a u. b. Spannungsüberhöhung der Grundwelle infolge Erdschlusses in einem Freileitungsnetz, welches an ein Kabelnetz angeschlossen ist. a Schaltbild; b Ersatzbild

Als Beispiel (13.11) für einen solchen Fall der Erregung einer Oberwellenresonanz durch Verlagerung der Grundwellenspannungen wird der Erdschluß in der Phase R einer Freileitung behandelt, welche an ein größeres Kabelnetz (C_{10}) angeschlossen ist (Abb. 13.3a).[1] Im Erdschlußfall kann das Ersatzbild 13.3b gewählt werden. Darin wird jetzt

[1] Vgl. auch PETERSEN u. KISSLER, Allg. Elektrotechnik 2, 5387, und ROTH, A., Hochspannungstechnik, 3. Aufl. (1940) 315.

$U_0 = 1{,}5 \cdot U_{ph}$, $C_1 = 2 \cdot C_{10}$, $C_2 = C_{10}$; L und R wie vor dem Erdschluß die Reaktanz und der Widerstand der kranken Phase. Wir berechnen nun die Spannung U_2 an der Kabelisolation der Phase R. Für die Spannungen gilt $\dot U_0 = \dot U_1 + \dot U_2$ und für die Ströme $J_1 = J_{2L} + J_{2C}$. Nun ist $J_1 = j\,\omega\,\dot U_1 \cdot C_1$ und

$$J_{2C} = j\,\omega\,\dot U_2 \cdot C_2, \quad J_{2L} = \dot U_2 \cdot \frac{1}{R + j\,\omega\,L}.$$

Es wird die Spannung

$$\dot U_1 = \frac{J_1}{j\omega C_1} = \dot U_2 \cdot \frac{\left(j\,\omega\,C_2 + \frac{1}{R + j\,\omega\,L}\right)}{j\omega C_1}$$

oder

$$\dot U_1 = \dot U_2 \left(\frac{C_2}{C_1} + \frac{1}{\omega\,C_1\,(j\,R - \omega\,L)}\right).$$

Damit wird

$$\dot U_0 = \dot U_1 + \dot U_2 = \dot U_2 \left(1 + \frac{C_2}{C_1} + \frac{1}{\omega\,C_1\,(j\,R - \omega\,L)}\right).$$

Die reziproke Spannungsüberhöhung wird

$$\left.\begin{aligned}
\frac{1}{\ddot u} &= \frac{\dot U_0}{\dot U_2} = 1 + \frac{C_2}{C_1} + \frac{j\,R + \omega\,L}{\omega\,C_1\,(R^2 + \omega^2\,L^2)} = \\
&= \left[1 + \frac{C_2}{C_1} - \frac{L}{C_1\,(R^2 + \omega^2\,C^2)}\right] - j\left\{\frac{R}{\omega\,C_1\,(R^2 + \omega^2\,L^2)}\right\}, \\
\frac{\dot U_0}{\dot U_2} &= \mathrm{Re}\left\{\frac{\dot U_0}{\dot U_2}\right\} - \mathrm{Jm}\left\{\frac{\dot U_0}{\dot U_2}\right\}, \\
\left|\frac{\dot U_0}{\dot U_2}\right| &= \sqrt{\mathrm{Re}^2\left\{\frac{\dot U_0}{\dot U_2}\right\} + \mathrm{Jm}^2\left\{\frac{\dot U_0}{\dot U_2}\right\}} = \\
&= \sqrt{\left[1 + \frac{C_2}{C_1} - \frac{L}{C_1\,(R^2 + \omega^2\,L^2)}\right]^2 + \left\{\frac{R}{\omega\,C_1\,(R^2 + \omega^2\,L^2)}\right\}^2}.
\end{aligned}\right\} \quad (13.2)$$

Dieser Ausdruck bestimmt die Höhe der Spannung U_2 an der Kabelisolation, abhängig von U_0, ω, L und C_1 sowie C_2.

Für kleine $R\,\omega\,L$ folgt aus Gl. (13.2), daß für $C_1 = 2\,C_{10}$, $C_2 = C_{10}$ bei einer bestimmten Länge l_1 die Spannung U_2 gerade gleich groß U_0 wird. Es ist dies nach Gl. (13.2)

$$\left|\frac{\dot U_0}{\dot U_2}\right| \cong 1 + 0{,}5 - \frac{1}{2\,C_{10} \cdot \omega^2\,L} \overset{!}{=} 1$$

dann der Fall, wenn $2\,C_{10} \cdot \omega^2\,L = 0{,}5$ ist. Es wird dann die Klemmspannung an der Phase R der Freileitung gerade gleich $1{,}5 \cdot U_{ph}$.

Erfolgt der Erdschluß in der Nähe der Stelle

$$l_2 = \frac{1{,}5}{2\,C_{10} \cdot \omega^2 \cdot L}, \tag{13.3}$$

so ist das System in Resonanz und die Spannung U_2 wird in diesem Falle nur noch durch das Verhältnis $\frac{R}{\omega L}$ der Leitung begrenzt.

$$\left|\frac{\dot{U}_0}{\dot{U}_2}\right|_{min} \cong \frac{R}{\omega \cdot 2\,C_{10} \cdot \omega^2 L^2} = \frac{R}{\omega L} \cdot \frac{1}{1{,}5}. \tag{13.4a}$$

Die maximale Spannung U_{2max} wird dann

$$|\dot{U}_{2max}| = |\dot{U}_0| \cdot 1{,}5 \cdot \frac{\omega L}{R}. \tag{13.4b}$$

Wir sehen also, daß bei ungünstiger Wahl von L, z. B. bei Erdschluß an bestimmten Stellen der Leitung, für die Betriebsfrequenz ω oder eine ihrer Oberharmonischen Resonanzüberhöhungen auftreten können. Übliche Werte von $\frac{\omega L}{R}$ für Freileitungen sind in Tab. 13.1 für die geringsten und größten St-Alu-Querschnitte für verschiedene Betriebsspannungen der Netze aufgetragen. Je nach Leiterquerschnitt können unter obigen Bedingungen erhebliche Resonanzüberhöhungen auftreten. Die Überhöhung der Oberwellen steigt proportional der Ordnungszahl.

Zahlenbeispiel zu 13.11. An ein 15 kV-Kabelnetz von 100 km Ausdehnung und einer Betriebskapazität von $C_b = 0{,}6\,\mu$F/km sei eine Freileitung von 240□ Cu ($R_b = 0{,}0735\ \Omega$/km) mit einer Betriebsinduktivität von $L_b = 1{,}02$ mHy/km und $X_b = 0{,}32\ \Omega$/km angeschlossen. Die Gesamtkapazität des Kabels wird pro Phase: $C_{10} = 100$ km $\cdot$ 0,6 μF/km $=$ $= 120\,\mu$F und $\omega \cdot C_{10} = 120 \cdot 314 \cdot 10^{-6} = 3{,}76 \cdot 10^{-2} \left[\frac{1}{\Omega}\right]$ mit $C_1 = 2\,C_{10}$ und $C_2 = C_{10}$ wird Gl. (13.2)

$$\left|\frac{U_0}{U_2}\right| \cong \sqrt{\left(1{,}5 - \frac{1}{2\,C_{10} \cdot \omega \cdot X}\right)^2 + \left\{\frac{R}{X} \cdot \frac{1}{2\,C_{10} \cdot \omega \cdot X}\right\}^2}.$$

Man sieht, daß mit $X = l_2 \cdot X_b$ bei einer Erdschlußentfernung $l_1 = \frac{1}{3\,C_{10} \cdot \omega \cdot X_b}$, U_2 ein Maximum wird, wenn $\frac{1}{2\,C_{10} \cdot \omega \cdot X} = 1{,}5$ ist. Es wird in diesem Beispiel bei einer Erdschlußentfernung $\underline{l_2 = 27{,}7\text{ km}}$, die maximale Spannung $|U_{2max}| = 9{,}7 \cdot |U_{ph}|$.

Erhebliche Spannungsüberhöhungen können dann eintreten, wenn die Kabelkapazität mit der Leitungsinduktivität bis zur Erdschlußstelle hin für die Grundwelle oder eine ihrer Oberwellen (ν) einen Reihenresonanzkreis bilden. Eine schwach gedämpfte Leitung mit großen Querschnitten erlaubt große Spannungsüberhöhungen.

Da sich der Erdwiderstand noch zu R schlägt, werden solche Überhöhungen wohl in der Regel nicht auftreten. Wird allerdings die Induktivität L durch Stromwandler oder Streureaktanzen eingeschalteter

Tabelle 13.1. *Ohmsche und induktive Widerstände bei Freileitungen*[1]

Spg. KV	Querschnitt[2] St-Aul	R [Ω/km]	$X = \omega L$ [Ω/km]	$\frac{\omega L}{R}$ für 50 Hz	Bemerkung
380	240/40	Stalu 0,0311 Ω/km Bündel	0,297 Ω/km Bündel	9,45	Viererbündel
380	210/50	Stalu 0,0351 Ω/km Bündel	0,297 Ω/km Bündel	11,8	Viererbündel
380	447/143	Stalu 0,0333 Ω/km Bündel	0,340 Ω/km Bündel	10	Zweierbündel
220	240 mm²	Aldrey 0,137 Ω/km	0,42 Ω/km	4,2	Einfachleitung
	600 mm²	0,0560 Ω/km	0,392 Ω/km	13,2	
110	95 mm²	0,358 Ω/km	0,42 Ω/km	1,2	,,
	450 mm²	0,0706 Ω/km	0,375 Ω/km	10	
60	50 mm²	0,670 Ω/km	0,417 Ω/km	0,6	,,
	300 mm²	0,112 Ω/km	0,36 Ω/km	6	
30	25 mm²	1,379 Ω/km	0,41 Ω/km	0,3	,,
	300 mm²	0,112 Ω/km	0,33 Ω/km	5,5	
15	10 mm²	3,333 Ω/km	0,425 Ω/km	0,13	,,
	240 mm²	0,137 Ω/km	0,32 Ω/km	4,3	
10	10 mm²	3,333 Ω/km	0,41 Ω/km	0,124	,,
	185 mm²	0,183 Ω/km	0,32 Ω/km	3,2	
6	10 mm²	3,333 Ω/km	0,405 Ω/km	0,12	,,
	120 mm²	0,285 Ω/km	0,325 Ω/km	2,12	
3	10 mm²	3,333 Ω/km	0,395 Ω/km	0,12	,,
	95 mm²	0,358 Ω/km	0,325 Ω/km	1,7	
0,500	16 mm²	2,100 Ω/km	o,3 Ω/km	0,14	,,
0,500	35 mm²	0,970 Ω/km	0,3 Ω/km	0,31	
0,380	120 mm²	0,285 Ω/km	0,3 Ω/km	1,05	,,
0,220	240 mm²	0,137 Ω/km	0,3 Ω/km	4,3	

[1] Quelle: Siemens Formel- u. Tabellenbuch, BBC-Handbuch für Schaltanlagen.
[2] Querschnitte: Geben die für die entsprechende Spannung gebräuchlichen Grenzwerte nach oben und nach unten an!

Transformatoren erhöht, so kann wieder ein sehr großes Verhältnis $\frac{\omega L}{R}$ auftreten.

Man muß es also vermeiden, $L = \frac{1}{3\, C_{10} \cdot \omega^2}$ für Grund- und Oberwellen werden zu lassen, da sonst nur noch X/R die Spannungsüberhöhung bestimmt:

$$|U_{2max}| = |U_0| \cdot \frac{X}{R} \cdot 1{,}5\,,$$

falls an einer ungünstigen Stelle ein Erdschluß vorkommt.

Ein weiteres Beispiel (13.12) dafür, daß durch besondere Schaltzustände im Netz Resonanzüberhöhungen auftreten können, ist das Verhalten eines Spannungswandlers bei Ausfall einer Phase (Abb. 13.4a).

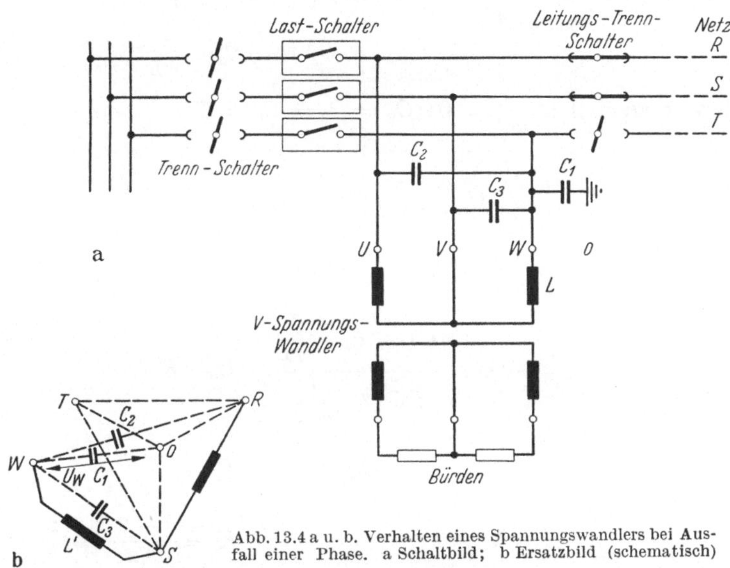

Abb. 13.4 a u. b. Verhalten eines Spannungswandlers bei Ausfall einer Phase. a Schaltbild; b Ersatzbild (schematisch)

Die Spannung steht von der Leitung her an. Vor dem Parallelschalten müssen die Leitungs-Trennschalter eingelegt werden. Dies soll für die drei einphasigen Trennmesser in der Weise geschehen, daß die Phasen R und S an den Klemmen U und V des Spannungswandlers liegen. Die Klemme W ist noch frei. Das Potential der Klemme W stellt sich entsprechend den Größen von C_1, C_2, C_3 und L ein. Die Spannung U_W der Klemme W gegen Erde soll berechnet werden (Abb. 13.4b).

Die Summe der Ströme im Anschlußpunkt W muß Null sein:

$$\frac{\dot U_{WV}}{\Gamma_3} + \frac{\dot U_{WU}}{\Gamma_2} + \frac{\dot U_{W0}}{\Gamma_1} = 0$$

$$\frac{\dot U_V - \dot U_W}{\Gamma_3} + \frac{\dot U_U - \dot U_W}{\Gamma_2} + \frac{\dot U_W}{\Gamma_1} = 0; \quad \dot U_W\left(\frac{1}{\Gamma_1} + \frac{1}{\Gamma_2} + \frac{1}{\Gamma_3}\right) = \frac{\dot U_V}{\Gamma_2} + \frac{\dot U_V}{\Gamma_3}$$

nun ist

$$\dot{U}_U = \dot{U}_V \cdot e^{j\frac{2\pi}{3}} = a \cdot \dot{U}_V$$

damit wird

$$\dot{U}_W = \dot{U}_V \cdot \left(\frac{a}{\Gamma_2} + \frac{1}{\Gamma_3}\right) \Big/ \left(\frac{1}{\Gamma_1} + \frac{1}{\Gamma_2} + \frac{1}{\Gamma_3}\right)$$

mit

$$\Gamma_1 = \frac{1}{\omega C_1}\,;\ \Gamma_2 = \frac{1}{\omega C_2}\,;\ \Gamma_3 = \frac{1}{\omega C_2 - \frac{1}{\omega L}}$$

wird in diesem Beispiel:

$$\dot{U}_W = \dot{U}_V \frac{a \cdot \omega \cdot C_2 + \left(\omega \cdot C_3 - \frac{1}{\omega L}\right)}{\omega \cdot C_1 + \omega \cdot C_2 + \omega \cdot C_3 - \frac{1}{\omega L}}\,.$$

Für den Sonderfall a) $\frac{1}{\omega L} = 0;\ C_2 = C_3 = C_1 = C$

würde

$$\dot{U}_W = U_V \frac{1}{3}\,(1 + a)$$

und für b) $\frac{1}{\omega L} \neq 0;\ C_2 = C_3 = C_1 = C$

$$\dot{U}_W = \dot{U}_V \frac{\omega C\,(1 + a) - \frac{1}{\omega L}}{3\,\omega C - \frac{1}{\omega L}} = \dot{U}_V \cdot K \qquad (13.5)$$

für $\frac{1}{\omega L} = \omega C$ wird $K = \frac{a - 1}{2} = \frac{a}{2} - \frac{1}{2}$,

$\frac{1}{\omega L} = \frac{2}{3}\,\omega C$ $K = \frac{a - 2/3}{3/2} = \frac{2}{3}\,a - 1$.

$\frac{1}{\omega L} = 2\,\omega C$ $K = \frac{a - 2}{1} = a - 1$,

$\frac{1}{\omega L} = 3\,\omega C$ $K = \infty$

$\frac{1}{\omega L} = 4\,\omega C$ $K = \frac{a - 4}{-1} = -a + 4$,

$\frac{1}{\omega L} = 5\,\omega C$ $K = \frac{a - 5}{2} = \frac{a}{2} + 2{,}5$,

$\frac{1}{\omega L} = 12\,\omega C$ $K = \frac{a - 12}{9} = -\frac{a}{9} + \frac{4}{3}$,

$\frac{1}{\omega L} = \infty \cdot \omega C$ $K \to 0 + 1$.

Abb. 13.5 zeigt die Ortskurve der Gl. (13.5) für die Spannung (U_W) der Klemme W des V-Spannungswandlers gegen Erde (0). Es sind die Orte für W bei verschiedenen Verhältnissen der Induktivität L des Wandlers zur Kapazität C des angeschlossenen Sammelschienenstückes angegeben.

Meist ist $\frac{1}{\omega \cdot L} \gg \omega C$, da nur Kapazitäten von kleinen Sammelschienenstücken mitspielen. Damit wird die Spannung an der Klemme W gegen Erde und ebenso die Spannungen an der sekundären Bürde erheblich größer als im Normalbetrieb. Tatsächlich wurden in einer 15 kV-Anlage solche Vorgänge beobachtet und dabei wurde $U_{W0} \approx 2{,}25 \cdot U_{V0}$. Man wird also zweckmäßig dreipolig schalten. Wir sehen hier schon die Problematik einer Schutzsicherung vor dem Spannungswandler. Da in den neueren Höchstspannungsnetzen starre Sternpunktserdung sich durchsetzen wird, aus den angeführten Gründen der Wandler aber dreipolig immer angeschlossen bleiben muß, kommt gerade hier nur ein Höchstmaß an Lebensdauer der Isolation in Frage.

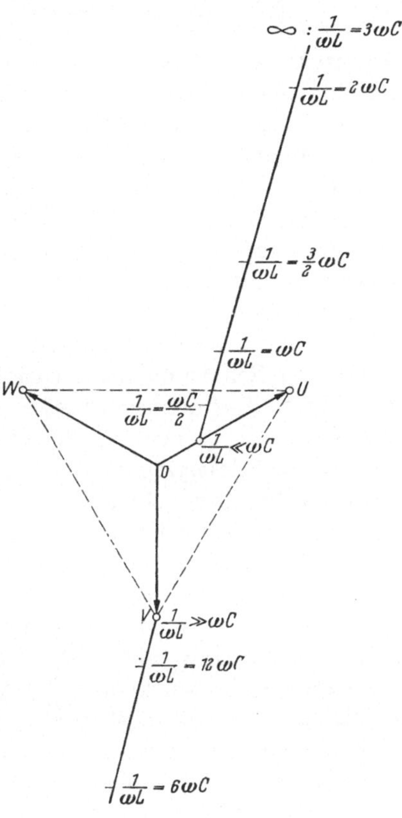

Abb. 13.5. Ortskurve für U_W

13.2 Oberwellen der Netzspannung als Erreger von Überspannungen

Entstehung von Oberwellen in der Spannung. Schon die Generatorspannung enthält einen allerdings ungefährlichen Anteil an Oberwellen. Arbeitet der Generator auf eine kapazitive Last, so wird der Ladestrom $J_c = U \cdot C \cdot \omega$ entsprechend der Ordnungszahl überhöht. Ist z. B. ein Kabel über eine Reaktanz angeschlossen, so wird der Spannungsabfall $U_\nu = \omega L \cdot J_\nu = \omega L \cdot \omega \cdot U_\nu$ quadratisch mit der Ordnungszahl der Oberwelle ansteigen. Ist der prozentuale Oberwellengehalt der speisenden Spannung $\alpha_\nu = U_\nu / U_1$, so wird der des Stromes $\alpha \cdot \nu \cdot J_{c\nu}/J_{c1}$ und der Spannungsabfall der Oberwelle, bezogen auf die Grundwelle, ist $\alpha_\nu \cdot \nu^2 = \Delta U_{L\nu}/\Delta U_{L1}$. Die dem Verbraucher angebotene Spannung enthält somit wesentlich mehr Oberwellen als die Generatorklemmspannung. Kommt nun eine dieser Oberwellen in die Nähe einer Netzresonanzstelle, so kann die Überhöhung wesentlich größer werden. Im Falle der Resonanz wird nach Gl. (13.1)

$$U_{c\nu}/U_1 = \alpha_\nu \cdot \Gamma_\nu / R .$$

Der prozentuale Oberwellengehalt der ν-ten Oberwelle, welche gerade mit dem angeschlossenen Netz in Resonanz ist, wird um das Verhältnis: Schwingkreiswiderstand Γ zu Dämpfungswiderstand R überhöht.

Der Magnetisierungsstrom von Transformatoren enthält unvermeidbare Oberwellen. Die angelegte sinusförmige Primärspannung erfordert einen sinusförmigen Fluß. Infolge der nicht linearen Magnetisierungskennlinie muß der diesen Fluß erregende Magnetisierungsstrom also in seiner Kurvenform verzerrt sein. Es hängt nun nur noch vom Aufbau des Transformators und seiner Schaltungsart ab, wie sich dieser Oberwellenerzeuger auf das Netz auswirkt.

Bei YY-Schaltung kann (bei Fehlen eines Nullsystems) im Strom keine dritte Harmonische fließen. Darum muß sich in der Spannung diese Oberwelle zeigen. Auch der Anteil der höheren Stromoberwellen muß sich mehr ausprägen.

Die Anbringung einer Tertiär-Dreieck-Wicklung($YY\Delta$) oder wenn möglich, eine Stern-Dreieck-Schaltung ($Y\Delta$) gibt die Möglichkeit, daß sich der Magnetisierungsstrom der dritten Oberwelle im Transformator selber schließt und daher die Auswirkungen nach außen unterdrückt werden. Aus diesem Grunde ist die $Y\Delta$-Schaltung so beliebt. Besonders in Störungsfällen, wo also z. B. durch Abschaltung von Netzteilen starke Entlastung auftreten kann, gleichzeitig irgendwelche abnormalen Konstellationen der Leitungskapazitäten und der Induktivitäten evtl. noch erhöhte Spannungen, also hohe Sättigungen der Transformatoren auftreten, können Oberwellenrückwirkungen gefährlich werden.

Zahlenbeispiel: Generator + Transformator + Netzkapazität: $N_{tr} = 20$ [MVA]; Magnetisierungsleistung $N_\mu = 2\% \cdot N_{tr}$; $U_N = 100$ [kV]; $J_\mu = 0{,}02 \cdot 20000/110 \cdot \sqrt{3} = 2$ [A]; $X_\mu = U_{ph}/J_\mu = 110000/\sqrt{3} \cdot 2 = X_\mu = 31500$ [Ω]; $L_\mu = 31500/314 \cong 100$ [Hy]; Leitungskapazität für 1 km Länge: $C = 0{,}005\ \mu$F; Eigenresonanzfrequenz: $f_0 = \frac{\omega_0}{2\pi}\, 1/2\pi\sqrt{L \cdot C}$; $f_0 = 10^3/2\pi\sqrt{100 \cdot 0{,}005} = 230$ [Hz] ≈ 250 Hz.

Die 5. Harmonische wird hier also erhöht:

mit $\Gamma = \sqrt{L/C} = \sqrt{100/5 \cdot 10^{-9}} = 0{,}14 \cdot 10^6$ [Ω]

$\Gamma = 140$ [kΩ] und $R = 100$ kΩ: um das

α_5 $\Gamma/R = 1{,}4 \cdot 5$fache. $= 7$fache des Anteils der fünften Oberwelle

Ein weiterer Grund für das Auftreten von Oberwellen sind z. B. im Falle des zweipoligen Kurzschlusses die im Generator auftretenden Flußverhältnisse. Auch durch Freileitungskorona können Oberwellen erzeugt werden.

Schon geringe Oberwellengehalte, wie sie von der natürlichen Generatorspannung gegeben sein mögen, können dann wesentlich überhöht werden, wenn über eine Reaktanz (X) eine Kapazität (C) gespeist wird. Zusätzlich werden in den Transformatoren und eisenhaltigen Induktivitäten Oberwellen erzeugt und in das Netz geliefert. Auch der Verbraucher — hier seien insbesondere Leuchtstoffröhren und Netzgleichrichtergeräte sowie Großgleichrichter genannt — liefert beträchtliche Oberwellenanteile in das Netz.

Besondere Schaltzustände können es mit sich bringen, daß diese Oberwellenspannungen oder Ströme Resonanzüberhöhungen und damit unzulässig hohe Spannungen an den Anlageisolationen ergeben.

13.3 Überspannungen durch nicht sinusförmige Vorgänge, Ferroresonanz, Kippschwingungen

Hohe Spannungen können unter dem Einfluß der Netzgrund- oder Oberwellen auftreten infolge der Inkonstanz eisenhaltiger Reaktanzen, wie sie natürlich in den Maschinen, Transformatoren, Wandlern, Relais u. dgl. im Netz vorhanden sind (Abb. 13.6).

Solange L und C konstant sind, kann ein Schwingkreis nur freie harmonische Schwingungen mit konstanter Eigenfrequenz ausführen. Die Amplitude der Schwingung ist nach erfolgtem Anstoß der Eigenschwingung abhängig von der Dämpfung des Kreises. Es muß hier festgehalten werden, daß die Frequenz dieser linearen Schwingung unabhängig von der Amplitude ist. Ist aber L variabel — mit zunehmendem Strom nimmt über dem Sättigungsknie der Magnetisierungskennlinie die Induktivität stark ab —, so durchläuft je nach der Höhe der Amplitude die Eigenfrequenz einen weiten Bereich (und strebt mit höher werdender Amplitude der des ungesättigten L zu). Die nachfolgende Abb. 13.7 gibt den Strom und Spannungsverlauf eines Schwingkreises mit Eisendrossel wieder.

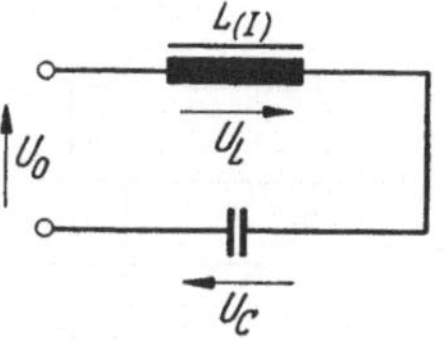

Abb. 13.6. Reihenschaltung einer variablen Induktivität $L_{(J)}$ mit einer Kapazität C

Bei großer Amplitude steigt der Strom zunächst entsprechend dem hohen $L = d\Phi/di$ langsam an, bis die Sättigung erreicht wird. Von diesem Punkt an wächst i sehr steil, da die Änderung des Flusses mit dem Strom kleiner wird. Entsprechend der zeitlichen Änderung des Stromes wird der Kondensator rasch umgeladen. Die maximale Amplitude der Spannung an der Isolation des Kondensators ist der Änderungsgeschwindigkeit des Stromes und der Änderung der Induktivität mit dem Strom proportional. Damit sind die Frequenzen der im Strom ausgeprägten Oberharmonischen bestimmt. Zum Unterschied von der harmonischen linearen Schwingung wird hier die Eigenfrequenz stark schwanken und kann sich leichter mit einer aufgedrückten Erregerfrequenz synchronisieren. Man spricht in einem solchen Falle von

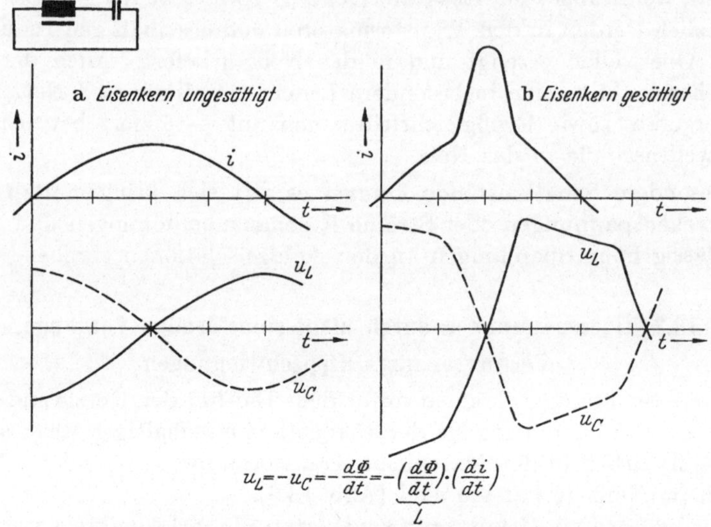

Abb. 13.7 a u. b. Strom- und Spannungsverlauf eines Reihenschwingkreises. a bei kleiner Amplitude; b bei großer Amplitude

Ferro-Resonanz, wie sie insbesondere an Spannungswandlern oder an Drosseln auftreten kann.

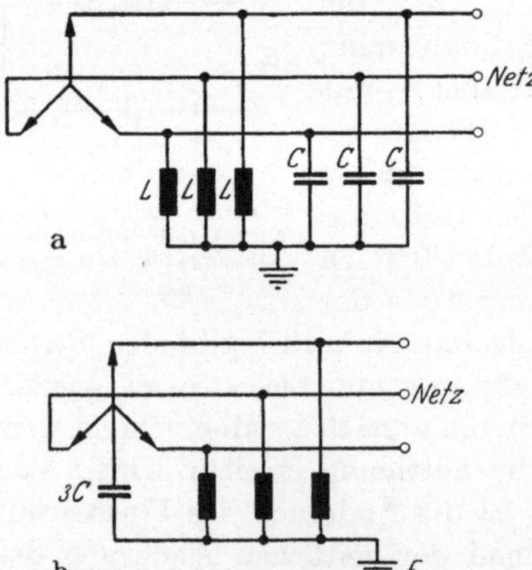

Abb. 13.8 a u. b. Drei Spannungswandler im kapazitiven Netz. a Schaltbild; b Ersatzbild zur Berechnung der Sternpunktverlagerung

13.31 Potentialverlagerung des Sternpunktes dreier Spannungswandler gegenüber dem Netzsternpunkt.[1] **(Netzfrequente Spannungsverlagerung.)** Drei Spannungswandler liegen gem. Abb. 13.8a an Spannung in einem Drehstromnetz. Parallel zu den Reaktanzen der Wandler liegen die Erdkapazitäten C.

Es kann gezeigt werden, daß man die symmetrischen Erdkapazitäten C durch eine zwischen den Sternpunkt und Erde zu legende Kapazität $3\,C$ (wenigstens für das Nullsystem) ersetzen kann (Abb. 13.8b.) Der Spannungsstern des Netzes sei starr vorgegeben.

Im Normalbetrieb befindet sich der Erdpunkt E in dem Sternpunkt O. Diese Lage ist aber nicht die einzig mögliche, vielmehr kann

[1] BBC-Mitt. 46/405, Meyer.

es bei geeigneter Größe von L und C noch zu anderen Lagen kommen. Entsteht (Abb. 13.9) auch nur eine geringfügige Verlagerung des Netzsternpunktes O nach T hin gegenüber E, durch ungleiche Erdkapazitäten infolge unvollkommener Verdrillung oder Erdschluß usw., so wird (Ersatzbild 13.8b) der Kreis LC erregt. i_c nimmt proportional mit der Spannung U_{E0} zu, i_L aber entsprechend der Magnetisierungskennlinie nur langsamer. Es muß $i_L = i_C$ sein, also wird sich die Sternpunktspannung U_{E0} bis E' vergrößern. Durch eine derartige Verlagerung des Erdpunktes E in eine Ecke des Spannungsdreieckes (E') wird ein Erdschluß des Systems für die Meßseite vorgetäuscht.

Durch diese Verhältnisse und, ganz ähnlich wie in § 13.1 (Beispiel 13.12), wenn ein Spannungswandler durch Ziehen eines Trenners oder Durchbrennen einer Hochspannungssicherung vom Netz abgetrennt wird, erhalten zwei Wandler zu hohe Spannungen. Da die Krümmung der Magnetisierungskennlinie meist kurz über der Nennspannung liegt, wird bei diesen auftretenden Überspannungen der nicht lineare Bereich der Kennlinie überstrichen. Für den Strom besteht somit die Möglichkeit, durch Ferro-Resonanz unzulässig überhöht zu werden, ja sogar Kippschwingungen anzuregen, wie im folgenden näher ausgeführt wird.

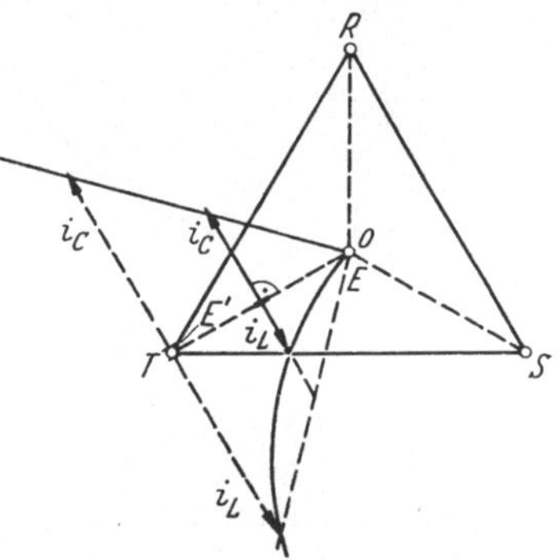

Abb. 13.9. Ortskurve zur Sternpunktverlagerung

13.32 Kippschwingungen. An der Reihenschaltung einer Kapazität C mit einer variablen Induktivität $L(i)$ (vgl. Abb. 13.6) wird bei Vergrößerung der Klemmenspannung U_0 ein Kippvorgang beobachtet, wenn im Sättigungsgebiet der Drossel gearbeitet wird und die Kapazität C gerade die richtige Größe hat.

In Abb. 13.10a ist der Zusammenhang zwischen dem Strom i und den Spannungen u_L und u_C angegeben. Die entgegengesetzt gerichteten Spannungen an der variablen Induktivität L und an der Kapazität C ergeben zusammen die Klemmenspannung $U_0 = U_l + U_c$. Wird die Magnetisierungskurve nur soweit ausgesteuert, daß $U_0 < U_0'$ ist, also die Punkte B und C noch nicht zusammenfallen, so sehen wir, daß mit steigender Spannung U_0 nur stabile Betriebspunkte B durchlaufen werden. Mit einer willkürlichen Vergrößerung des Stromes i im Punkte B muß auch die treibende Spannung anwachsen, daher ist dieser Punkt noch stabil. Würde dagegen der Punkt C' überschritten, was durch Vergrößerung der Amplitude U_0 geschehen mag, so wird mit wachsendem Strom die notwendige Spannung U_0 kleiner. Die Punkte C sind also instabil.

Trägt man den Verlauf von U_c und U_l abhängig von U_0 auf (Abb. 13.10b), (Abszissenmaßstab ist der Deutlichkeit halber vervierfacht), so wird bei sinusförmigem Wechsel von U_0 der gestrichelt bzw. punktierte Kurvenzweig durchlaufen, sobald die Kippspannung U_0' überschritten

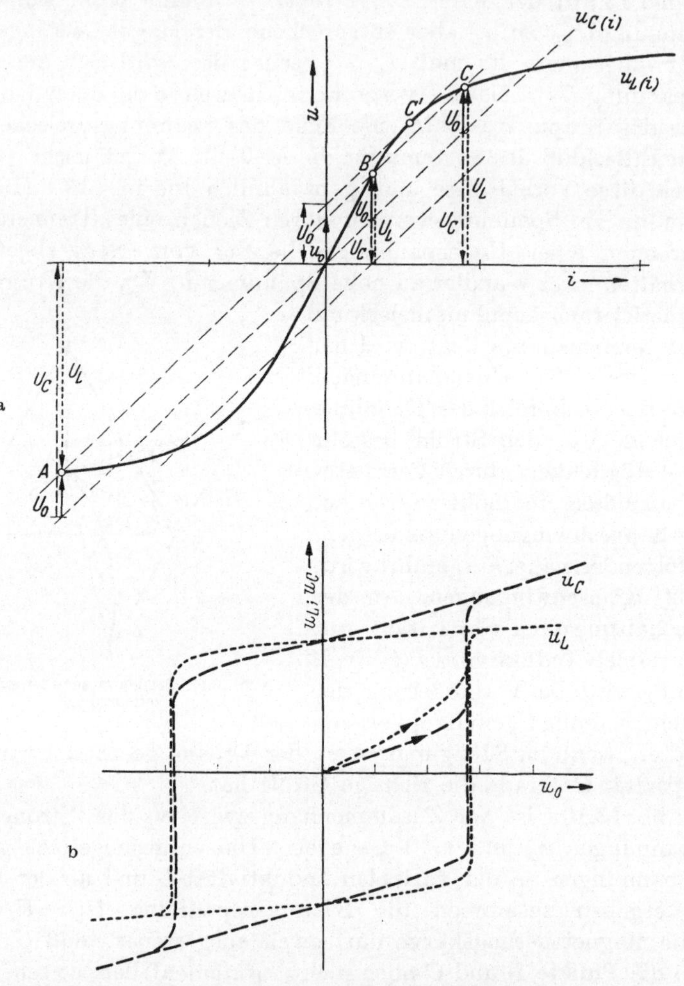

Abb. 13.10a u. b. Zusammenhänge zwischen a) den Teilspannungen U_0, U_L, U_c und dem Strom i im Kreis b) zwischen U_L, U_c und U_0

ist. Die Spannungen u_c und u_l nehmen also einen hystereseartigen Verlauf. Trägt man diese über der Zeit auf, so entsteht ein fast rechteckiger Verlauf mit stark überhöhter Spannung am Kondensator (Abb. 13.11). Bei Überschreiten der Kippspannung U_0' wird auch der Strom des Kreises bis zu seiner Begrenzung durch die Wirkwiderstände des Kreises anwachsen können. Diese zeitlich unstetigen Verläufe in den Spannungen und Strömen bezeichnen wir als Kippvorgänge. Infolge der Induktivitäten des Kreises verschleifen die Kurven etwas. Abb. 13.12 zeigt den

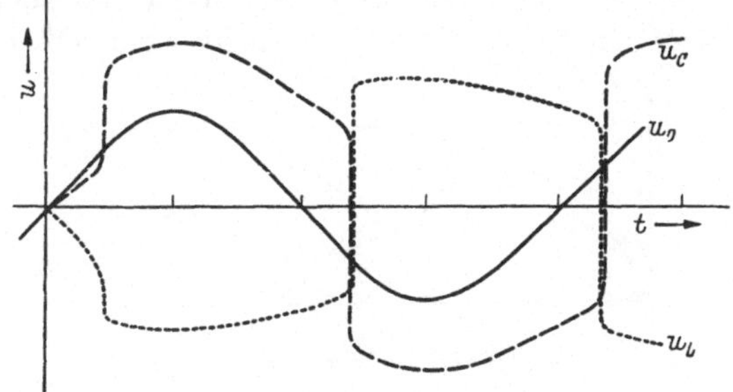

Abb. 13.11. Zeitlicher Verlauf der Teilspannungen U_0, U_L, U_c

zeitlichen Verlauf der Spannung an einem Spannungswandler im gekippten Zustand. Sowohl die Wicklungsbeanspruchung durch U_l, wie die Isolationsbeanspruchung durch U_c werden in diesen Fällen anormal groß.

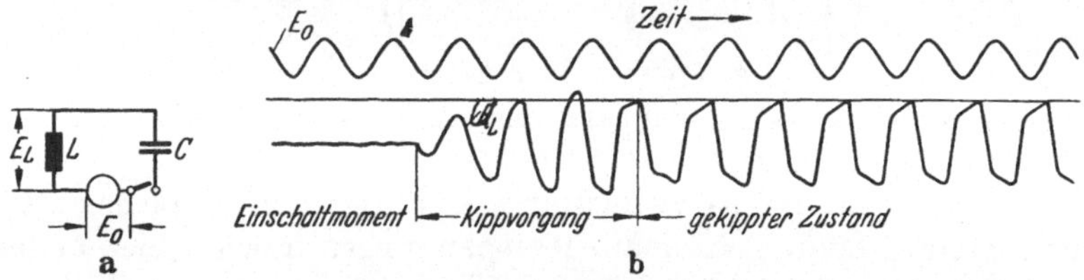

Abb. 13.12 a u. b. Übergang im gekippten Zustand beim plötzlichen Einschalten eines Spannungswandler (BBC)

13.33 Erzeugung von Kippschwingungen durch Zusammenwirken von *R*, *C* und einer Glimmentladung bzw. einer Glimmentladungsröhre. Die Parallelschaltung einer Gasentladungsstrecke der Zündspannung U_z und der Löschspannung U_l (z. B. Teilentladungs-Überschläge an verschmutzten Isolatoren) zu einer Kapazität *C* (Abb. 13.13a) kann zu Kippschwingungen führen.

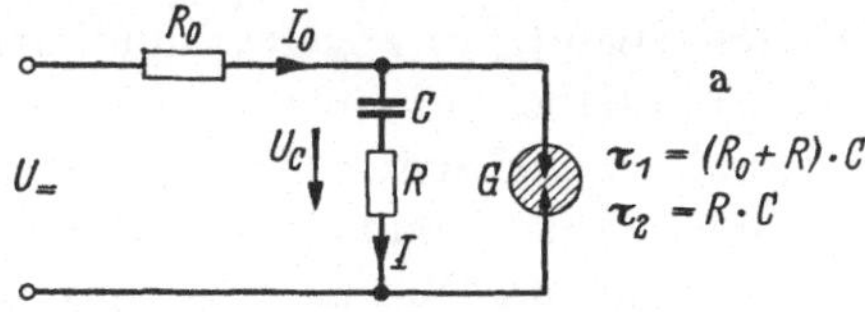

Abb. 13.13a. Ersatzbild eines Kippkreises

Abschaltüberspannungen an leerlaufenden Leitungen (*C*) können Rückzündungen im Schalter (*G*) bewirken (Abb. 13.13a), wir haben dann ähnliche Kippvorgänge wie in obigem Modell. Auch bei der Funkenlöschung an Schalterkontakten (*G*) durch parallelgeschaltete Kapazitäten läuft man Gefahr, solche Kippschwingungen zu erregen. Abb. 13.13b zeigt den zeitlichen Verlauf der Spannung am Kondensator *c* und des Stromes im Kondensator *C*.

Es erscheint einleuchtend, daß das Auftreten von Kippschwingungen im Netz möglichst vermieden werden muß, nicht nur wegen der hohen Windungsspannungen infolge der raschen Stromänderungen, sondern auch wegen der hohen Überspannungen an den Isolationen der Kapazitäten. Vor allem wegen der Erzeugung sehr vieler Oberwellen hoher

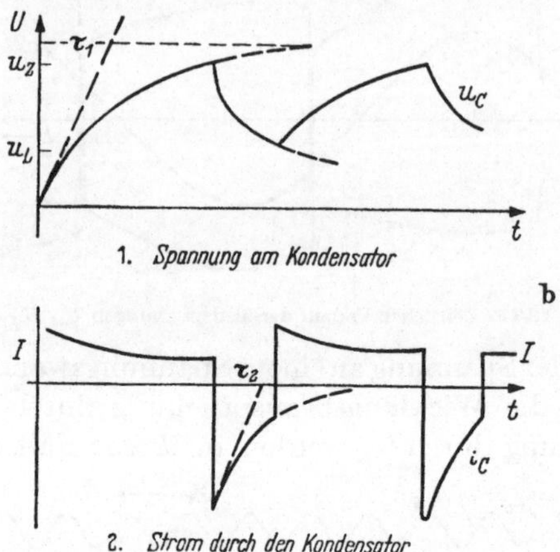

Abb. 13.13b. Zeitlicher Verlauf von U_C und i_C. Zeitkonstanten: $\tau_1 = (R_0 + R) \cdot C$; $\tau_2 = R \cdot C$

Ordnungszahl sind Kippschwingungen gefährlich. Ein solcher Obenwellengenerator könnte Resonanzüberspannungen irgend einer anderer Netzkonfiguration verursachen.

13.4 Überspannungen durch Schalten im Netz

Schon bei der Behandlung der Eigenschwing- und der Wanderwellenvorgänge wurde erwähnt, daß sie durch das Schalten im Kreis, d. h. durch rasche Veränderungen der an bestimmten Stellen aufgeprägten Spannung, angeregt und ausgelöst werden können. Der Impuls kann dabei aus einer Spannungserhöhung (Einschalten) oder einer Spannungserniedrigung (Ausschalten der Spannung) und in der Unterbrechung eines Stromkreises bestehen.

Die genauere Betrachtung des zeitlichen Verlaufes der Ein- und Ausschaltvorgänge klärt im folgenden nicht nur die Netzbeanspruchungen, sondern liefert auch die Grundlage für Schalter-Bedingungen.

13.41 Einschalten eines induktiven Kreises. Wenn die anliegende Wechselspannung u im Schließungsaugenblick ihren *Höchstwert* hat, zieht eine Spannungswanderwelle von der Höhe des Scheitelwertes in den angeschlossenen Kreis, in diesem Falle die Induktivität L ein. In § 12.2 wurde dieser Fall für eine angelegte Gleichspannung $u_=$ behandelt. Der quasistationäre Verlauf der Spannung wird dadurch nicht weiter verändert. Im induktiven Kreis (Abb. 13.14) steigt mit abnehmender Spannung u der Strom von Null anfangend sinusförmig an, 90° hinter der aufgedrückten Netzspannung nacheilend. Da der Kreis außer L auch C und R besitzt, wird sowohl der Strom wie die Spannung mit der Eigenresonanzfrequenz des Kreises um diese Mittelwerte pendeln (vgl. Abb. 12.4, S. 336).

Wird dagegen die Spannung nicht im Spannungsmaximum, sondern zu einem anderen Zeitpunkt auf eine reine Induktivität L zugeschaltet, dann bildet sich der stationäre Wechselstromzustand im Kreis erst über einen Ausgleichsvorgang mit Netzfrequenz aus.

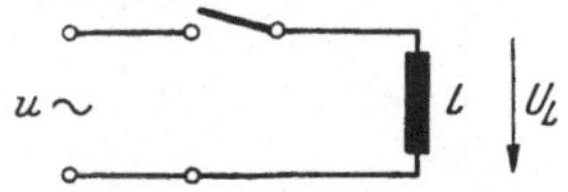

Abb. 13.14. Zuschalten eines induktiven Kreises an eine Wechselspannung

So tritt beim Schalten im Spannungsnulldurchgang, wenn also keine Spannungswelle auftritt, folgender Vorgang auf:

Die Spannung an der Induktivität wird

$$u_L = +W \cdot \frac{d\Phi}{dt} = u = \hat{U} \cdot \sin \omega t$$

(W = Windungszahl).

Der Fluß in der Induktivität war zum Zeitpunkt $t = 0$ natürlich $\Phi = 0$. Nach einer halben Periode ist:

$$\Phi_\pi = \frac{1}{W} \int_0^\pi u \, dt = \frac{2\,\hat{U}}{W}.$$

Der Fluß wächst also auf das doppelte des dem Scheitelwert $\hat{U}$ entsprechenden Wertes an, und in gleicher Weise übersteigt auch der Strom den der maximalen Induktion entsprechenden Wert. Ist die Induktivität L = konst., so wird der Strom direkt proportional zu Φ. Außer dem Wechselstrom

$$i_{\sim} = \frac{\hat{U}}{\omega \cdot L} \cdot \cos \omega t$$

besteht also noch ein Gleichstromglied: $i_{=} = \frac{\hat{U}}{\omega L}$ von gleicher Größe wie der Scheitelwert des ersteren (Abb. 13.15).

Die Erscheinung tritt immer beim Schalten von induktiven Kreisen auf, wenn der Schaltaugenblick nicht im Scheitelpunkt der Wechselspannung liegt. Der maximale Scheitelwert des Stromes, der vom Schaltaugenblick abhängt, kann werden:

$$(X = \omega \cdot L) \qquad \hat{J}_{max} = 2 \cdot \sqrt{2} \cdot \frac{U_{eff}}{X}. \tag{13.6}$$

Infolge der Verluste im Stromkreis klingt das Gleichstromglied exponentiell mit der Zeitkonstanten $T_g = \frac{R}{L}$ ab. Der erste Größtwert wird daher nur etwa 90% von $\hat{J}_{max}$.

Beim Schalten leerlaufender oder belasteter Leitungen und Netze sowie beim Schalten von Kurzschlüssen ist das Gleichstromglied eine sehr gewichtige Begleiterscheinung. Insbesondere im letzteren Falle (Kurzschluß) gilt die Annahme einer konstanten Induktivität L, denn es sind ja im wesentlichen außer der Leitungsreaktanz die Streureaktanzen der Transformatoren und Generatoren im Spiele, also magnetische Widerstände von Feldern in Luft.

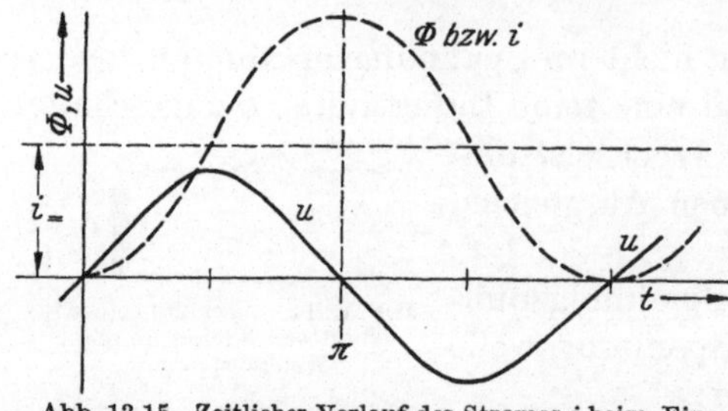

Abb. 13.15. Zeitlicher Verlauf des Stromes i beim Einschalten einer Induktivität L im Spannungs-Nulldurchgang

Ist die Reaktanz aber eisenhaltig, so wird bei der erzwungenen hohen Induktion ($B_{max} = 2\,\hat{B}$) der Strom wesentlich höhere Einschaltspitzen aufweisen.

Beispiel: Einschalten eines leerlaufenden Transformators.

Die Leerlaufreaktanz des Transformators ist $X_{0\,n} = U/J_{\mu n}$. Ohne Sättigung würde die maximale Einschaltstromspitze

$$J_e = \hat{J}_{max} = \sqrt{2} \cdot 2 \cdot J_{\mu n}.$$

Je höher nun die Betriebssättigung liegt, desto höher muß auch der auftretende Einschalt-Stromstoß J_e werden (Abb. 13.16). Z. B. sei etwa:

Tabelle 1

Induktion B_n (Γ)	8000	10 000	12 000	14 000	16 600 (Gauss)
$\times\, 100 \frac{J_\mu}{J_n}$ (%)	1,3	1,8	2,2	4,5	11,5 (%)
$J_e/J_\mu \cdot \sqrt{2}$	7,0	12,5	24	25	16 -fach
$\times\, 100\, J_e/J_n \cdot \sqrt{2}$ (%)	9	24,5	53	115	190 (%)

Bezogen auf den Nennstrom J_n wird also die maximal auftretende Stromspitze J_e in der Sättigung bis fast zu dessen doppelten Wert ansteigen. Der Einschalt-Ruck wird bei den üblichen Sättigungen größer als der Nennstrom. Dies kann etwa zu Auslösung eines Maximalstromrelais, insbesondere aber des Differentialrelais führen. Vor allem, wenn am Ort des Transformators eine höhere Betriebsspannung besteht als der Nennspannung entspricht, wird der Stromstoß sehr hoch. Besonders gefährdet sind in dieser Hinsicht Abspann-Transformatoren am leerlaufenden Netz oder Kraftwerks-

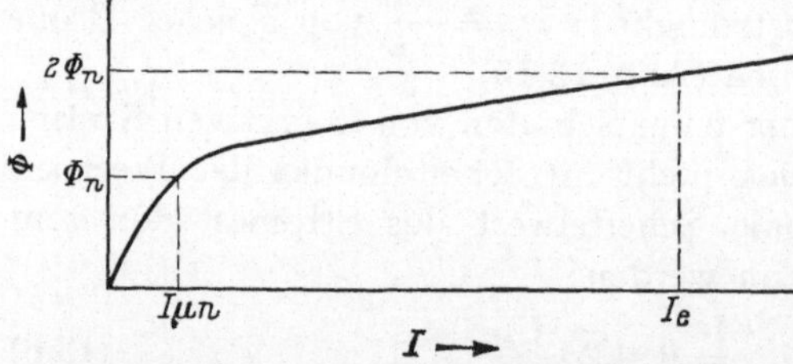

Abb. 13.16. Überhöhung der Einschaltstromspitze beim Einschalten einer Induktivität mit nicht linearer Kennlinie

transformatoren bei Vollast des Netzes. Die auftretenden mechanischen Beanspruchungen des Wicklungsaufbaues durch die elektromagnetische Stromkraft ist auch für die Alterung der Isolation nicht zu unterschätzen, wenngleich wegen der Luftstreufelder die Stromkräfte infolge der Sättigungsströme beim Einschalten niemals größer werden können als diejenigen bei plötzlichem sekundären Kurzschluß.

Bei Drehstrom wird der Ruck in den drei Phasen verschieden hoch, da die elektrischen Schaltaugenblicke für die drei Phasenspannungen verschieden liegen, wenn die Schalterkontakte gleichzeitig schließen.

Bei den bisherigen Betrachtungen wurde der noch ungünstigere Fall, daß durch Remanenz erhöhte Stromspitzen beim Zuschalten auftreten, noch nicht erwähnt, für die maximal möglichen Beanspruchungen muß dies aber berücksichtigt werden.

Um bei größeren Transformatoren solche unerwünscht hohen Stromstöße zu vermeiden, werden diese über einen Vorkontaktschalter mit einem kurzzeitig vorgeschalteten Widerstand eingeschaltet.

Bei Motoren treten ganz ähnliche Überströme beim Zuschalten auf. Infolge des Luftspaltes ist die Magnetisierungslinie nicht so flach nach rechts gezogen und der Ruck ist somit weniger ausgeprägt. Da aber der Magnetisierungsstrom J_0 hier schon ca. 30 bis 60% des Nennstromes J_n ist, überschreitet auch hier der Einschaltmagnetisierungsstrom den Wert des Nennstromes. Selbst wenn es sich um einen Schleifringläufer mit vorgeschalteten Ankerwiderständen handelt, ist dies der Fall. Beim Kurzschlußläufer mit z. B. fünffachem Anlaufstrom ($J_a = 5 \cdot J_n$) wird die Einschaltstromspitze $\hat{J}_e \approx \sqrt{2} \cdot 10 \cdot J_N$. Hier klingen die Ströme sehr schnell ab; bereits nach $1^1/_2 \cdots 2$ Perioden ist der quasistationäre Wert erreicht. Da hier der ohmsche Widerstand viel kleiner als bei Hochspannungswicklungen ist, begegnet man dem Einschaltstromstoß besonders bei größeren Wechselspannungsmotoren, da dieser manchmal für den Motorschutz unbequem wird.

13.42. Einschalten von Kapazitäten. *13.421. Zuschalten einer Kondensatorenbatterie an eine Wechselspannung* (Abb. 13.17 b). Legt man eine Kapazität C über einen Widerstand R an eine Wechselspannungsquelle, so wird für eine sinusförmige Netzspannung

$$u = \hat{U} \cdot \cos \omega t$$

der Strom durch den Kondensator sich wie folgt zusammensetzen:

Ein stationäres Glied i', welches der Netzfrequenz ω folgt und durch $i' = \hat{J} \cdot \cos (\omega t + \varphi)$ gegeben ist. Diesem überlagert sich ein Ausgleichsstrom

$$i'' = \hat{J} \cdot \frac{1}{\omega C R} \cdot \sin \varphi \cdot e^{-t/T}$$

welcher zeitlich mit $T = R \cdot C$ exponentiell abklingt (Abb. 13.17).

Der Gesamtstrom $i = i' + i''$ ist somit (Abb. 13.17 b)

$$i = \hat{J}\left[\cos(\omega t + \varphi) + \frac{\sin\varphi}{\omega C R}\cdot e^{-t/T}\right]. \tag{13.7}$$

Die Höhe des Ausgleichsstromes i'' hängt von der Schaltphase φ ab.

Die Spannung am Kondensator ist $u_c = \frac{1}{c}\int i\,dt$ (Abb. 13.17 c)

$$u_c = \hat{U}_0 \cdot \left[\sin(\omega t + \varphi) - \sin\varphi \cdot e^{-t/T}\right] = u' + u''. \tag{13.8}$$

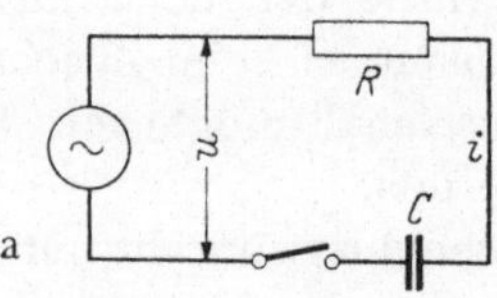

Es tritt der Höchstwert der Überspannungen und Überströme auf, wenn bei kleinen Widerständen und großen Kapazitäten im Scheitelwert der Wechselspannung U_0 geschaltet wird ($\varphi = \pm 90°$).

13.422. Zuschalten einer Kapazität über eine Drosselspule L. Beim Zuschalten von kapazitiver Last erfolgt die Aufladung aus den parallel geschalteten Kapazitäten und über die Induktivitäten der Zuleitungen usw. Daraus resultieren stets Ausgleichsvorgänge, welche sich aus mehreren Schwingungen zusammensetzen. Zunächst sei der einfachste Fall behandelt: das Zuschalten eines Kondensators über eine Drosselspule mit Widerstand (Abb. 13.18).

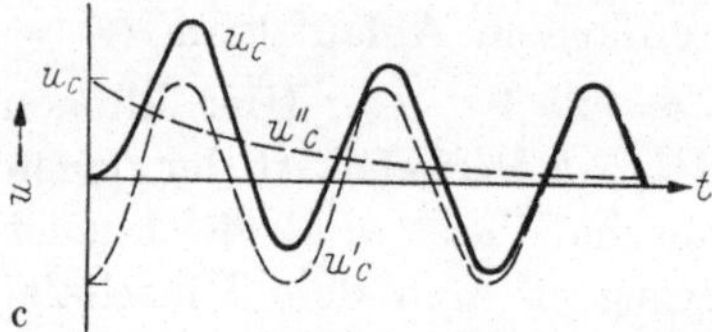

Abb. 13.17 a—c. Einschalten einer Kapazität bei Wechselspannung. a Ersatzbild; b zeitlicher Verlauf des Stromes i; c zeitlicher Verlauf der Spannung U_c

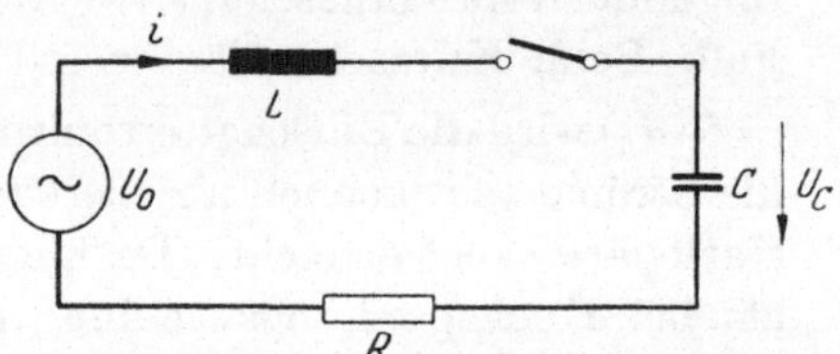

Abb. 13.18. Einschalten einer Kapazität C über eine Drosselspule L mit Widerstand R

Ist wieder die treibende Wechselspannung $u = \hat{U}\cdot\cos\omega t$ und der daraus resultierende Strom $i' = J'\cdot\cos(\omega t + \varphi)$, so wird nunmehr dessen Amplitude

$$\hat{J}' = \frac{\hat{U}}{\sqrt{R^2 + \left(\omega L - \frac{1}{\omega C}\right)^2}}. \tag{13.9}$$

Die stationäre Kondensatorspannung wird

$$u_c' = \frac{1}{c}\int i'\,dt = \frac{\hat{J}'}{\omega C}\cdot\sin(\omega t + \varphi)\,. \qquad (13.10)$$

Der Phasenwinkel des Stromes φ gegenüber der Spannung (φ) wird

$$\tan\varphi = -\frac{\omega L - \frac{1}{\omega C}}{R}\,.$$

Der Ausgleichsvorgang wird beschrieben durch

$$i'' = \hat{J}''\cdot e^{-t/2T_2}\cdot\cos(\omega_e\cdot t + \gamma) \qquad (13.11)$$

und die Kondensatorspannung:

$$\left.\begin{aligned} u_c'' &= \hat{J}''\cdot\frac{1}{\omega_e\cdot C}\cdot e^{-t/2T_2}\cdot\sin(\omega_e\cdot t + \gamma)\\ &= \hat{J}''\sqrt{\frac{L}{C}}\cdot e^{-t/2T_2}\cdot\sin(\omega_e\cdot t + \gamma)\,. \end{aligned}\right\} \qquad (13.12)$$

Unter Einführung der Anfangsbedingungen wird für $t = 0$:

$$i = i' + i'' = 0$$

d. h.

$$\hat{J}'\cdot\cos\varphi = -\hat{J}''\cdot\cos\gamma\,,$$

ferner müssen zur Zeit Null ($t = 0$) auch

$$u_c' + u_c'' = 0$$

sein, da

$$u_c = 0$$

d. h.

$$\frac{\hat{J}'}{\omega C}\cdot\sin\varphi = -\hat{J}''\sqrt{\frac{L}{C}}\cdot\sin\gamma\,.$$

Aus diesen beiden Bedingungen können die Konstanten $\hat{J}''$ und γ des Ausgleichsvorganges bestimmt werden: $\tan\gamma = \frac{\omega_e}{\omega}\cdot\tan\varphi$

$$\hat{J}'' = -\hat{J}'\cdot\frac{\cos\varphi}{\cos\gamma} = -\hat{J}'\cdot\frac{\omega_e}{\omega}\cdot\frac{\sin\varphi}{\sin\gamma}\,.$$

Wird im Spannungsmaximum geschaltet und ist die Eigenresonanz viel größer als die Eigenresonanzfrequenz $\left(\frac{\omega_e}{\omega}\gg 1\right)$, so wird $\varphi = \frac{\pi}{2}$ und $\gamma = \frac{\pi}{2}$; damit wird das Verhältnis der Stromamplituden:

$$\frac{|\hat{J}''|}{|\hat{J}'|} = \frac{\omega_e}{\omega} = \sqrt{\frac{1}{\omega L\cdot\omega C}} = \sqrt{\frac{X_c}{X_K}} = \sqrt{\frac{U^2/X_K}{U^2/X_c}} = \sqrt{\frac{N_K}{N_c}}\,. \qquad (13.13)$$

N_K = Kurzschlußleistung des Netzes,
N_c = Kapazitive Ladeleistung.

Allgemein muß in diesem Falle mit einer momentanen, maximalen Stromamplitude von $i_{max} = |\hat{J}'| \dot{+} |\hat{J}''|$ gerechnet werden:

$$i_{max} = \hat{J}'\left(1 + \frac{\omega_e}{\omega}\right)$$

oder mit

$$\hat{J}' = \frac{\hat{U}'}{\Gamma}: \quad i_{max} = \frac{\hat{U}'}{\Gamma}\left(1 + \frac{\omega_e}{\omega}\right) \tag{13.14}$$

wenn

$$\Gamma' = \sqrt{\frac{1}{R^2 + \left(\omega L - \frac{1}{\omega C}\right)^2}}$$

ist.

In einem dreiphasigen Beispiel wird mit $\hat{J}' = \sqrt{2} \cdot \sqrt{\frac{U_v}{\sqrt{3}}} \cdot \omega \cdot C$.

Die maximal mögliche Stromspitze:

$$i_{max} = \sqrt{2} \cdot \frac{U_v}{\sqrt{3}} \cdot \omega \cdot C\left(1 + \sqrt{\frac{N_K}{N_c}}\right). \tag{13.14a}$$

Für die Spannungen am Kondensator u_c gelten, wenn $\omega \lll \omega_e$ und $\varphi = 0$, d. h. die Spannung u_0 gerade durch Null geht, daß

$$\hat{U}_c'' = -\frac{\omega}{\omega_e} \cdot \hat{U}_c' .$$

Ist $\varphi = 90°$, d. h. wird im Spannungsmaximum geschaltet, so wird

$$U_c'' = -\hat{U}_c' .$$

Für die momentane, maximal auftretende Spannungsspitze ist zu erwarten:

$$u_{max} = |\hat{U}'| + |\hat{U}''| = \frac{\hat{J}'}{\omega C} + \hat{J}'' \sqrt{\frac{L}{C}},$$

mit $\frac{J''}{J'} = \frac{\omega_e}{\omega}$ wird für Schalten im Augenblick des Spannungsmaximums:

$$u_{max} = J'\left(\frac{1}{\omega C} + \sqrt{\frac{L}{C}} \cdot \frac{\omega_e}{\omega}\right);$$

mit $J' = \frac{\hat{U}}{\Gamma'}$ wird die maximale Spannungsspitze bei Schalten im Spannungsmaximum:

$$u_{max} = 2 \cdot \hat{U} \cdot \frac{1}{\Gamma'} \cdot \frac{1}{\omega C} \tag{13.15}$$

und für $R \lll \omega L$ und $R \lll \frac{1}{\omega C}$:

$$u_{max} = 2 \cdot \hat{U} \frac{1}{(\omega/\omega_e)^2 - 1} \quad \text{(Gültig für } \omega_e \ggg \omega\text{)} . \tag{13.15a}$$

Diese Polstelle der Spannungsüberhöhung, bei einer Zwangsfrequenz gleich der Eigenresonanzfrequenz $\omega_e = \omega$, tritt natürlich nur für den Fall des widerstandsfreien Kreises voll in Erscheinung.

13.423. Einschalten einer Kapazität mit Induktivität über einen Vorwiderstand R. In dem Ausdruck für den Schwingkreiswiderstand Γ' darf nun R nicht vernachlässigt werden. Der maximale Strom wird:

$$i_{max} = \frac{\hat{U}\,(1 + \omega_e/\omega)}{\sqrt{R^2 + \left(\omega L - \frac{1}{\omega C}\right)^2}}$$

und wie oben wird die maximale Spannung beim Einschalten im Spannungsmaximum:

$$u_{max} = 2 \cdot U \cdot \sqrt{\frac{1}{(R\omega C)^2 + \left(\frac{\omega^2}{\omega_e^2} - 1\right)^2}}$$

für $\omega_e \gg \omega$ wird

$$u_{max} = 2 \cdot \hat{U} \cdot \frac{1}{R\,\omega\,C}\,.$$

Man verwendet solche Vorwiderstände R, um die Schalt-Überspannungen und Ströme gering zu halten.

13.424 Beispiele zum Schalten kapazitiver Last in Drehstromnetzen. 1. Als Beispiel[1] zur Einschaltung einer Kondensatorbatterie C über die Induktivitäten L_n des Netzes sei das in Abb. 13.19 gezeigte Schaltbild angegeben. Um die höchstmöglichen Schaltstromspitzen abschätzen zu können, müssen wir nach Gl. (13.14) denjenigen Schaltzustand betrachten, der den geringsten Schwingkreiswiderstand und die höchste Eigenfrequenz zur Folge hat.

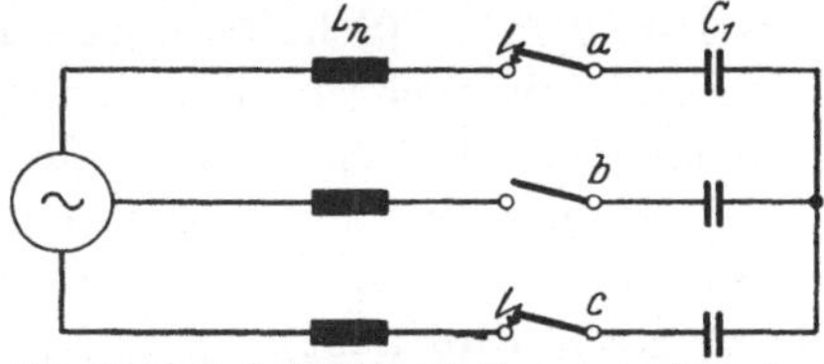

Abb. 13.19. Dreipolige Einschaltung kapazitiver Last

1a. Bei starr geerdetem Sternpunkt wäre dies der Fall, wenn z. B. gerade nur ein Kontakt (z. B. a) geschlossen hat:

$$\omega_e = \sqrt{\frac{1}{L \cdot C} - \left(\frac{R}{2L}\right)^2} \approx \sqrt{\frac{1}{L \cdot C}} = \sqrt{\frac{1}{L_n \cdot C_1}}\,,$$

$$\Gamma' = \sqrt{\frac{L_n}{C_1}}\,.$$

1b. Im Falle eines nicht starr geerdeten Sternpunktes werden nach Schließen des Kontaktes a (z. B.) auch die kondensatorseitigen Schaltpole von b und c auf das Potential von a gebracht. Über eine der restlichen Schaltstrecken entsteht eine Spannung, die ausreicht, z. B.

[1] Vgl. Techn. Ber. Hochsp. Studienges. 163 (1952); 174 (1955).

Schalter c über einen Lichtbogen zu schließen. Der so entstandene Schwingkreis wird aus $2\,L_n$ und $C_1/2$ gebildet. Die Eigenresonanzfrequenz wird $\omega_e = \sqrt{\frac{1}{2 \cdot L_n — C_1/2}}$
und der Schwingkreiswiderstand

$$\Gamma' = \sqrt{\frac{2\,L_n \cdot 2}{C_1}} = 2 \cdot \sqrt{\frac{L_n}{C_1}}$$

ist also doppelt so groß wie im Falle des starr geerdeten Netzes. Nach Gl. 13.14 wird damit die maximal mögliche Stromspitze i_{max} halb so groß wie bei 1a.

1c. Schließt nun auch noch der Schalterkontakt b, so wird der Schwingkreiswiderstand noch größer und damit werden nach Gl. (13.14) die Schaltüberströme kleiner.

2. *Beispiel*: Zuschalten einer zweiten Kondensatorenbatterie (Abb. 13.20). Betrachtet man auch hier den Fall mit den höchsten

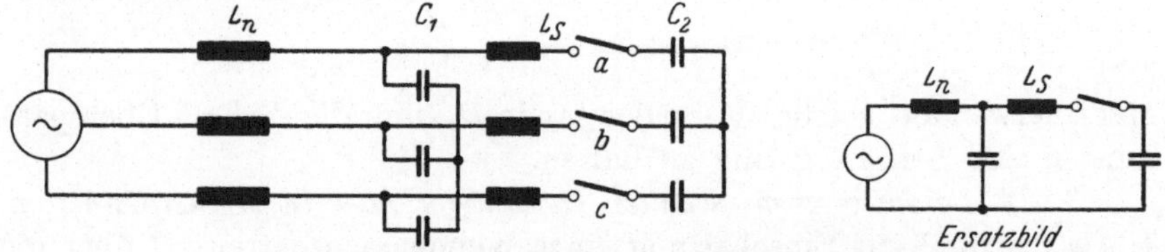

Abb. 13.20. Zuschalten einer zweiten Kondensatorenbatterie

Einschaltströmen, (Schaltkontakte a und b bereits geschlossen), so sieht man, daß nun mehrere Kreise an den Schwingungen des Ausgleichsvorganges beteiligt sind. Vor allen anderen Möglichkeiten werden die Schwingungen vor allem in dem Kreis der nunmehr parallelgeschalteten Kondensatorbatterie C_2 und ihren Zuleitungen L_s Bedeutung erlangen. Dieser Kreis wird aus

$$L = 2\,L_s; \quad \frac{C_1}{2}; \quad \frac{C_2}{2}$$

gebildet und man rechnet mit der resultierenden Kapazität

$$C^* = \frac{C_1 \cdot C_2}{C_1 + C_2}$$

der hintereinandergeschalteten Kapazitäten. Damit wird für $L_s \ll L_n$.

Die Eigenresonanzfrequenz und der Schwingkreiswiderstand sind:

$$\omega_e = \sqrt{\frac{1}{L_s \cdot \frac{C_1 \cdot C_2}{C_1 + C_2}}} \gg \omega_{e0}$$

$$\Gamma_0^* = 2 \cdot \sqrt{\frac{L_s\,(C_1 + C_2)}{C_1 \cdot C_2}} < \Gamma.$$

Mit diesem verkleinertem Γ und erhöhter ω_{e0} werden nach Gl. (13.14) auch die maximalen Einschaltstromspitzen wesentlich größer als beim reinen Zuschalten nur einer Kondensatorbatterie.

3. *Beispiel*: Zuschalten eines Kondensators über eine Drosselspule L_z.

Es sei $\omega_n \cdot L_z = z \cdot \frac{1}{\omega_n \cdot C}$, d. h. der induktive Widerstand das z-fache des kapazitiven Widerstandes bei Netzfrequenz ω_n. Es wird dann die Eigenresonanzfrequenz:

$$\omega_{e0} = \sqrt{\frac{1}{(L_n + L_z) - C}} = \omega_n \sqrt{\frac{N_{Kn}}{N_c + z \cdot N_{Kn}}}.$$

Ist die Kurzschlußleistung $N_K \gg N_c$, so wird

$$\frac{\omega_{e0}}{\omega_n} = \frac{1}{z}.$$

Abb. 13.21 zeigt für verschiedene Verhältnisse der Kurzschlußleistung des Netzes N_K zur Ladeleistung N_c der Kondensatoren-Batterie die zugehörigen Verhältnisse der Eigenresonanzfrequenz ω_{e0} zur Netz-

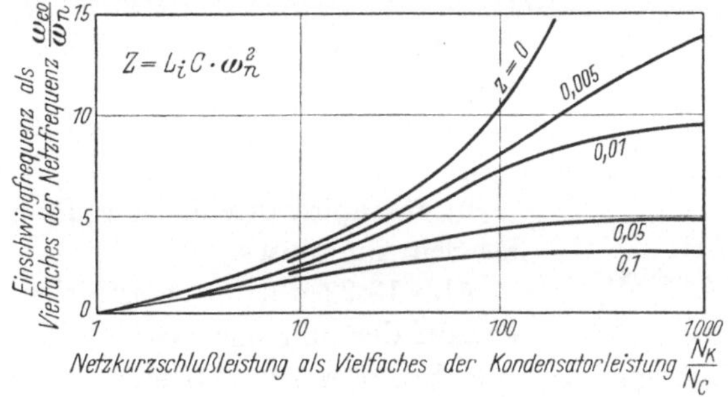

Abb. 13.21. Wirkung einer Vorschaltdrosselspule auf die Eigenresonanzfrequenz

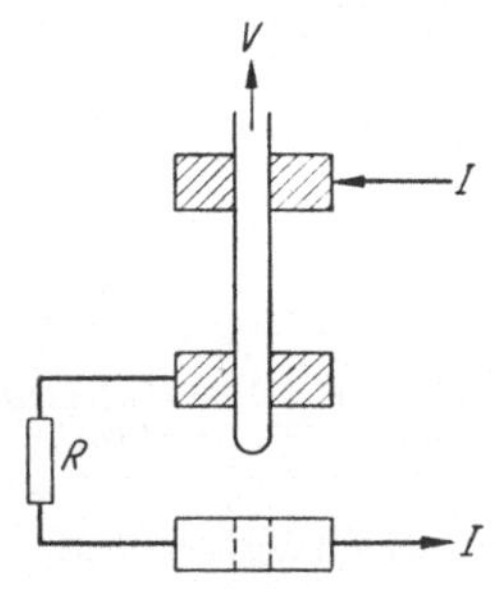

Abb. 13.22. Kondensator-Schalter mit Vorkontakt R = Vorschaltwiderstand (n. Hochsp. Stud. Ges.)

frequenz ω_n. Als Parameter dient das Verhältnis des induktiven zum kapazitiven Widerstand bei Netzfrequenz.

4. *Beispiel*: Einschalten über Vorwiderstand (Abb. 13.22)

$$\omega_e = \sqrt{\frac{1}{L_n \cdot C} - \left(\frac{R}{2 L_n}\right)^2}. \quad \text{Eigenresonanzfrequenz.}$$

Wählt man

$$R = r \cdot \frac{1}{\omega_n \cdot C}$$

den Vorwiderstand ein r-faches des Widerstandes der Kapazität bei Netzfrequenz, dann wird der Stromstoß: $i_{max} = \sqrt{2} \cdot U_v/2 \cdot R$

$$i_{max} = \frac{U_v \cdot \omega_n \cdot C}{\sqrt{2} \cdot r} = \hat{J}_c \frac{\sqrt{3}}{2} \cdot \frac{1}{r}.$$

Wird nun der Widerstand kurzgeschlossen, so entsteht wieder ein Stromstoß. Der optimale Widerstandswert ist erreicht, wenn die Stromamplituden bei beiden Stößen gleich groß sind.

Seine Größe wird aus folgender Gleichung berechnet:

$$\frac{r_{opt}}{\sqrt{1 + r_{opt}^2}} \left(1 + r_{opt} \frac{\omega_{e0}}{\omega_n}\right) = 1 .$$

Tabelle 2

$\frac{\omega_{e0}}{\omega_n}$	=	5	10	20	50	100
a) r_{opt}	=	0,38	0,28	0,2	0,12	0,045
b) $r_{aperiodisch}$	=	0,38	0,2	0,1	0,04	0,02

Für den Fall der aperiodischen Dämpfung wird

$$R = 2 \cdot \sqrt{\frac{L_n}{C}} \quad \text{oder} \quad r = 2 \cdot \sqrt{\frac{N_c}{N_K}} \cdot$$

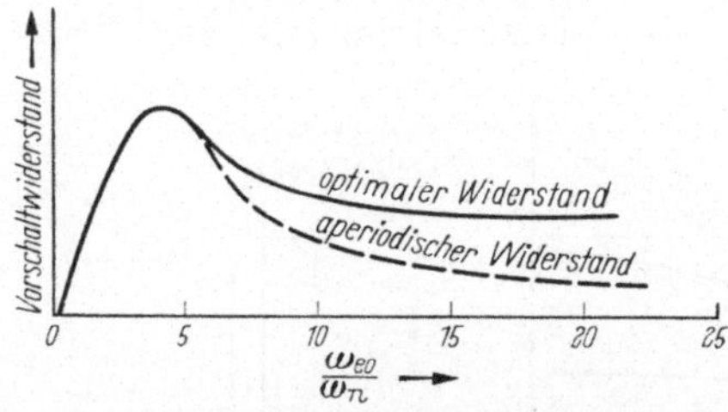

Abb. 13.23. Vorschaltwiderstand abhängig von ω_{e0}/ω_n

Tabelle 2 enthält für verschiedene ω_{e0}/ω die Widerstandswerte als Vielfache r des kapazitiven Widerstandes bei Netzfrequenz:

a) für gleich hohe Stromstöße (r_{opt}),

b) für aperiodische Dämpfung des Schwingkreises.

Abb. 13.23 gibt den prinzipiellen Verlauf der günstigen Größen der Vorschaltwiderstände, abhängig von der Eigenresonanzfrequenz (ω_{e0}) des Netzes, bezogen auf die Betriebsfrequenz (ω_n) des Netzes wieder.

13.5 Abschalten induktiver Kreise

Wird der Stromfluß i_L durch eine Induktivität L mit Hilfe eines Leistungsschalters unterbrochen (Abb. 13.24), so muß die mit dem Verschwinden des augenblicklichen Stromes frei werdende magnetische Energie als elektrische Energie erscheinen. Für den Zeitpunkt $t > 0$ gilt:

$$\frac{i^2 \cdot L}{2} + \frac{u^2 \cdot C}{2} = 0 \quad \text{somit} \quad u = -i \cdot \Gamma .$$

Dadurch ergeben sich außerordentlich hohe Überspannungen, wenn die Kapazität C der Anordnung klein ist; z. B.: bei $\Gamma = 300\ \Omega$ einer Freileitung und Abschalten eines Kurzschlußstromes von $5000 \cdot \sqrt{2}$ A würde die maximale Spannungsspitze $U = 2{,}1 \cdot 10^6$ V, wenn der Strom durch einen idealen Schalter plötzlich vom Scheitelwert weg verschwinden würde.

Tatsächlich geschieht die Abschaltung über einen erlöschenden Lichtbogen. In der Schaltstrecke existiert ein Widerstand, der mit wachsender Zeit mit abnehmenden Strom zunimmt. Dadurch wird die Änderung des Stromes verlangsamt. Von der Geschwindigkeit, mit der im Schalter der Lichtbogenstrom erlischt, hängt somit die Höhe der auftretenden Abschaltüberspannung an der Induktivität und an den mit ihr verbundenen Netzteilen ab. Die Größe der Induktivität, des Abschaltstromes und der Kapazität wie auch der Schaltaugenblick bei Wechselspannung in bezug auf die Stromwellenlinie bestimmen die Höhe der auftretenden Überspannungen.

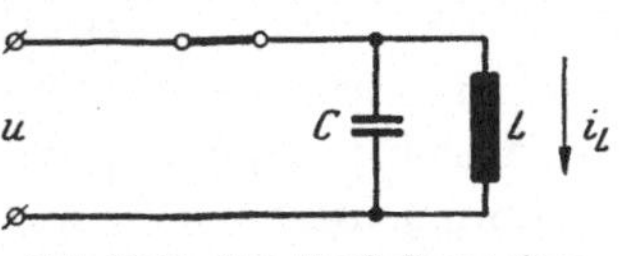

Abb. 13.24. Zur Abschaltung einer Induktivität

13.51. Aperiodisches Abschalten eines Kurzschlusses durch eine Sicherung oder einen Schalter. Der Kurzschlußstrom wird in einem zeitlichen Anstieg unterbrochen und erreicht nicht mehr den Endwert (J), der ohne den zusätzlichen Widerstand im Sicherungslichtbogen auftreten

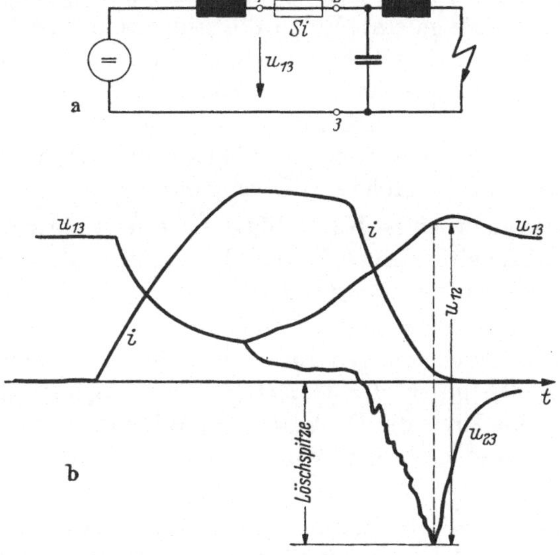

Abb. 1325 a u b. Gleichstromabschaltung eines Kurzschlusses durch eine Sicherung. a Schaltbild; b Verlauf des Stromes i der Spannung an der Sicherung U_S, der Spannung U_{23} der abgeschalteten Anlagenteile und der treibenden Spannung U_{13} (nach RÜDENBERG)

würde. Mit steigendem Kurzschlußstrom i fällt die Spannung u_{13} am abzuschaltenden Netzteil (Abb. 13.25). Je nach der Geschwindigkeit, mit der nun der Schaltlichtbogen in der Sicherung seinen Widerstand vergrößert und damit den Stromwert auf Null reduziert, geht die Spannung auf der Kurzschlußseite herunter und bekommt eine negative Löschspitze. Die generatorseitige Spannung wächst wieder an und die

Sicherungs-Schaltstrecke hat die Spannung $u_{12} = u_{13} - u_{23}$ auszuhalten. Diese Spannung ist im Augenblick der Löschspitze größer als die Generatorspannung U_0 und erschwert natürlich die Unterbrechung und das Funktionieren der Sicherung. Man sieht schon aus diesem Beispiel, daß es im wesentlichen die Vorgänge im Lichtbogen sind, welche die Löschspannungsspitze hervorrufen und zusammen mit der Netzspannung die höchste Ausschaltspannung u_{12} festlegen.

Beim Schalten starker Gleichstrommagnetfelder muß die darin aufgespeicherte elektromagnetische Energie im Schalter in Wärme umgesetzt werden. Man schaltet deshalb keinesfalls plötzlich ab, vielmehr wird stufenweise oder gar mit Parallelwiderständen zur Schaltstrecke geschaltet und so die Löschspitzen vermindert. (Z. B. Magnetfeldkurzschließer für Erregerkreise von Generatoren und Motoren.)

13.52. Abschalten eines Schwingkreises. Beim Abschalten einer Induktivität L, der z. B. Zuleitungskapazitäten C parallel liegen, treten im abgeschalteten Kreis Schwingungen auf. Auf der Generatorseite des Schalters (vgl. § 12.2) stellt sich die aufgedrückte Spannung ebenfalls über Ausgleichsvorgänge ein. Wenn die Eigenfrequenzen niedrig sind, dann drückt die Dämpfung schon die ersten Maxima herunter und läßt nur wenige Schwingungen auftreten. Zieht sich, was häufig der Fall ist, die Unterbrechung zeitlich hin, entsteht also ein kleines di/dt, so wird der Vorgang meist aperiodisch. Maßgebend ist dann der Lichtbogenwiderstand für die Höhe der Überspannungen.

13.53, Abschalten eines Kurzschlusses. Am wichtigsten erscheint zumeist das Abschalten eines Kurzschlusses, wo also große Stromstärken vor der Unterbrechung auftreten.

Bei Wechselspannung treten nun außer der Löschspitze (vgl. Abb. 13.25) neue Erscheinungen auf. Der Strom des Kurzschlußkreises liegt fast um 90° gegen die treibende Wechselspannung u_g phasenverschoben, da im Kreis die Reaktanz den Widerstand weit überwiegt. [Vgl. den gezeichneten Verlauf von Strom (i_n) und Spannung (u_g) in Abb. 13.26.]

Am Schalter ist die Spannung zunächst fast Null und gleich der Brennspannung des Kurzschlußlichtbogens. Öffnet nun der Schalter, dann wird der Widerstand des Schalterlichtbogens in den Kreis eingeschaltet und die Spannung am Schalter $u_{12} \approx u_{13}$ wird gleich der Lichtbogenspannung.

In der Nähe des Strom-Nulldurchganges, nachdem i_K klein genug geworden ist, reißt die Stromleitung im Lichtbogen des Schalters ab. Die Löschspitze, je nach der Größe der Stromänderung, tritt zwischen den Schaltpolen 1 und 2 und zwischen den Punkten *1* und *3* auf. Anschließend kehrt im gesunden Teil der Anlage die Generatorspannung

(u_g) wieder. Diese Anlagenteile können sich aber nur schwingend auf den Augenblickswert der Spannung u_g einspielen. Das dabei beobachtete Überschwingen kann maximal den doppelten Wert der momentanen Generatorspannung u_g erreichen

$$U_{max} = \gamma \cdot \hat{U}_g \leqq 2 \cdot \hat{U}_g .$$

Anschließend erfolgt ein gedämpftes Einschwingen auf den betriebsfrequenten Verlauf der Generatorspannung.

Die Frequenz dieses Ausgleichsvorganges ist die Eigenfrequenz des generatorseitigen Anlageteiles (ω_e).

Die Spannung beansprucht die Isolatoren des unter Spannung stehenden Netzteiles und die Schaltstrecke des unterbrechenden Leistungs-

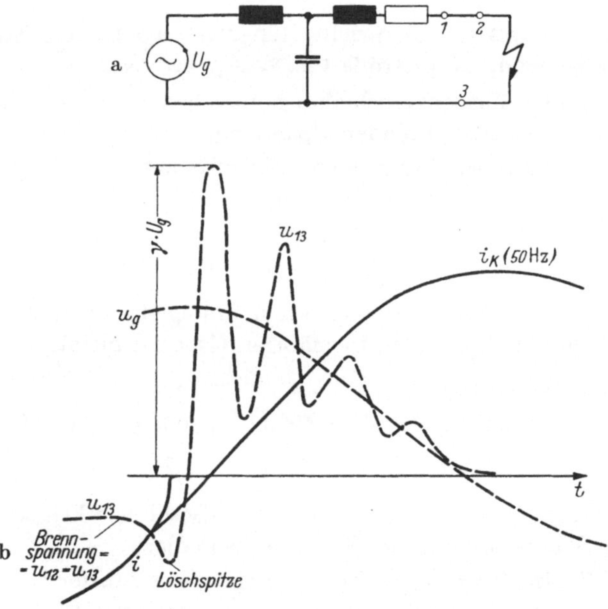

Abb. 13.26 a u. b. Wechselstrom-Abschaltung eines Kurzschlusses. a Schaltbild; b Strom- und Spannungsverlauf schematisch

schalters als „wiederkehrende Spannung". Für die Schalterbeanspruchung ist dies wesentlich, für die Netzisolation meist ungefährlich:

$$U_{max} \approx (1 \cdots 1{,}5) \cdot U_{vN} .$$

Bei hohen Kurzschlußströmen (> 1000 A) wirkt der Lichtbogenwiderstand dämpfend, der Augenblick der Unterbrechung rückt immer näher zum Nulldurchgang des Stromes ($i_K = 0$). Auf der abgeschalteten Seite kann wegen des bestehenden Kurzschlusses keine Spannungsschwingung entstehen.

13.54. Abschalten kleiner Ströme. Das Abschalten kleiner Ströme braucht für den Schalter keineswegs leichter zu sein als das von größeren. Man beobachtet bei manchen Konstruktionen die Schwierigkeit, daß hohe Kurzschlußströme gemeistert werden, aber daß es einen kritischen Minimalstrom von wenigen hundert Ampère gibt, bei dem der Lichtbogen bleibt und nicht erlöscht. Dies ist der Fall bei stark magnetisch geblasenen Luftschnellschaltern. Es spiegelt sich hier der Kampf zwischen Lichtbogendauer und wiederkehrender Spannung wieder.

13.55. Abschalten leerlaufender Transformatoren. Beim Abschalten des Magnetisierungsstromes eines Transformators ist die Leerlaufreaktanz

$$X_0 = \frac{U}{J_\mu},$$

die ja dem Hauptfluß entspricht, für die magnetische Energie des Kreises maßgebend. Ihre Größe ($X_0 \gg X_\mu$) bedingt:

1. eine große Phasenverschiebung zwischen dem abzuschaltenden Strom und der wiederkehrenden Spannung.

2. eine verhältnismäßig niedere Eigenfrequenz des abgeschalteten Teiles $\left(\text{ca. } 200 \cdots 100 \text{ Hz} = \frac{1}{2\pi \cdot \sqrt{L_0 \cdot C}}\right)$.

Die auftretende Abschaltüberspannung wird kleiner, wenn die Sättigung höher ist, da dann L_0 kleiner ist und infolgedessen auch $L \cdot \frac{di}{dt} \approx u_w$ die wiederkehrende Spannung in mäßigen Grenzen bleibt.

Gemessene Werte:

Trafo 6000 kVA:	$B =$	5000 G,	10000 G,	14000 G
50 kV, 50 Hz:	$U_{ü}/U_{vN}$:	1,85	1,2	0,93

Im Mittel rechnet man mit $U_ü = 1{,}4 \cdot U_v$. Besonders kritisch wird die auftretende Überspannung bei Spannungswandlern.

Bei $16^2/_3$ Hz Transformatoren (Bahnspeisetransformatoren und Lokomotivtransformatoren) wird wegen der höheren Windungszahlen auch L_0 größer, und damit werden die Abschaltüberspannungen höher als bei 50 Hz, z. B.

1700 kVA · $16^2/_3$ Hz, 15 kV:	$B = 10000$ G	$B = 14000$ G
	$U_ü/U_N = 7{,}7$	5,5

Diese Überspannungen treten sowohl auf der hoch- wie auch auf der niederspannungsseitigen Wicklung des Transformators auf.

Abb. 13.27 zeigt den Abschaltvorgang eines induktiven Kreises. Die Überspannung erreicht mit 630 kV = $U_ü$ den 2,85-fachen Wert des Effektivwertes der verketteten Spannung $U_{v\,eff}$.

Abb. 13.28 zeigt die Abschaltung eines dreiphasigen Transformators mit Expansionsschaltern und Schalterwiderständen.

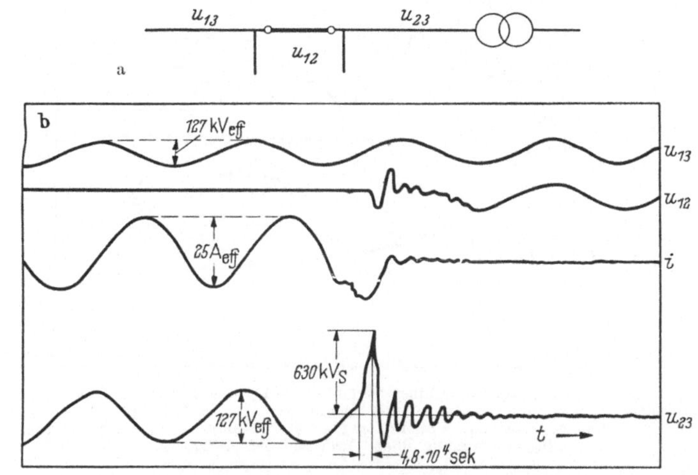

Abb. 13.27a u. b. Abschaltung eines induktiven Kreises bei Wechselspannung. U_{13} = Spannung Phase–Erde auf der speisenden Seite; U_{12} = Spannung über die Schalterpole; U_{23} = Spannung Phase–Erde auf der abgeschalteten Seite; i = Phasenstrom

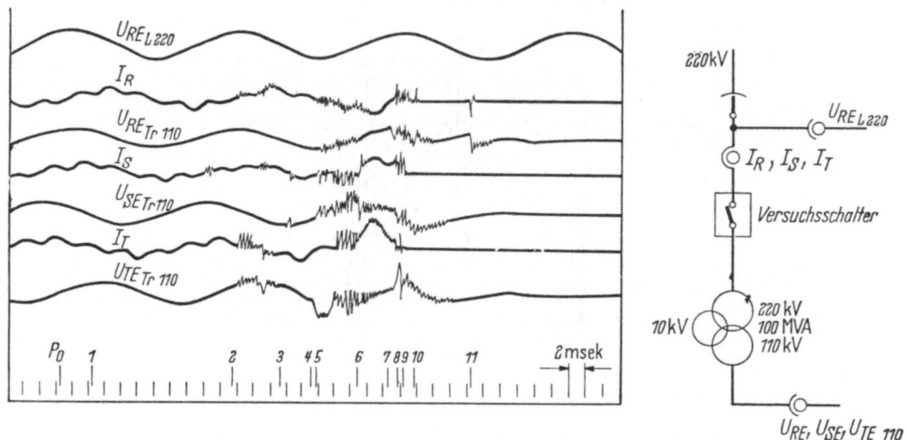

Abb. 13.28. Abschaltung eines leerlaufenden Transformators mit Expansionsschalter mit Schaltwiderständen (nach Hochsp. Studienges. Nr. 23—1, 1953)

13.6 Abschalten kapazitiver Last

Enthält der abzuschaltende Kreis große Kapazitäten, so fließen auch hier relativ kleine Ladeströme mit fast 90° Phasenverschiebung gegenüber der Generatorspannung. Beim Abschalten einer solchen leerlaufenden Leitung (Abb. 13.29) z. B. kann eine Erschwerung der Schalterbeanspruchung hinzukommen: das sog. Rückzünden.

Die Vorgänge im Lichtbogen sind ganz ähnlich wie bereits beim Abschalten induktiver Wechselstromkreise behandelt. In der Nähe des

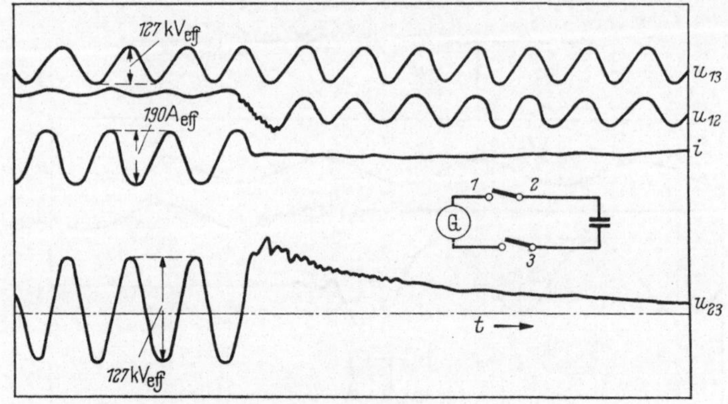

Abb. 13.29. Abschaltung einer leerlaufenden Leitung 480 km, 220 kV. a Schaltbild; b Verlauf von Strom und Spannungen. U_{13} = Spannung Phase–Erde auf der speisenden Seite; U_{12} = Spannung über die Schalterpole; i = Phasenstrom; U_{23} = Sqannung Phase–Erde auf der Leiterseite

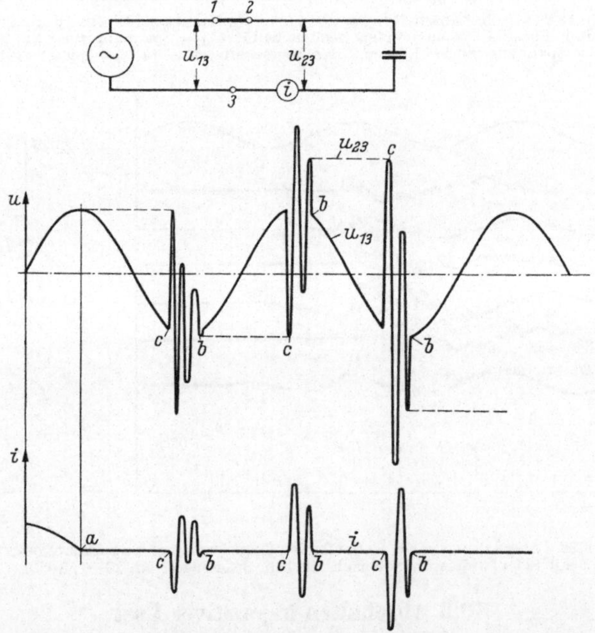

Abb. 13.30. Rückzündungen am Schalter bei Abschalten einer Kapazität. U_{13} = Netzspannung; U_{23} = Spannung auf der Leitung; i = Strom durch die Schaltstrecke. a Zeitpunkt der Abschaltung des netzfrequenten Stromes; b Zeitpunkt der Abschaltung des eigenfrequenten Rückzündungsstromes; c Zeitpunkt der Rückzündung

Stromnulldurchganges reißt der Lichtbogen ab. Da in diesem Zeitaugenblick der Scheitelwert der Netzspannung u_{13} an der Kapazität liegt, ist diese voll aufgeladen und hält ihre Spannung $\hat{U}_{13}$ aufrecht. Ändert sich nun im Laufe der Zeit die Wechselspannung u_{13}, so kann es vorkommen, daß die Spannungsdifferenz zwischen den Schaltpolen die Zündspannung der Schaltstrecke übersteigt. Liegt die Festigkeit der Schaltstrecke nach einer Halbperiode noch unter dem Wert $2 \cdot U_{13}$, so kommt es zur Rückzündung.

Abb. 13.30 zeigt den zeitlichen Verlauf der Abschaltung eines Kondensators mit Rückzündungen.

Nachdem die Schaltstrecke wieder gezündet hat, treten Schwingungen zwischen L und C auf. Bei sinkender Spannung u_g wird in der Nähe des Stromnulldurchganges der Lichtbogen wieder erlöschen, um den gleichen Vorgang, aber mit jeweils höherer Ausgangsspannung am Kondensator, wiederholt auftreten zu lassen. Die Amplituden der Rückzündungen wachsen an, bis grobe Schädigungen auftreten können.

13.7 Mehrphasiges Schalten

In einem dreiphasigen Netz können wir jetzt alle Kombinationen der Einschaltung einer, zweier, dreier Phasen und entsprechend die Kombinationen der Abschaltung bei Kurzschluß in einer, zwei oder drei Phasen und zwischen den Phasen und Erde behandeln. Da es viele solcher Möglichkeiten gibt, wollen wir uns die grundsätzlichen Vorgänge anhand des Abschaltens eines dreipoligen Kurzschlusses veranschaulichen (Abb. 13.31).

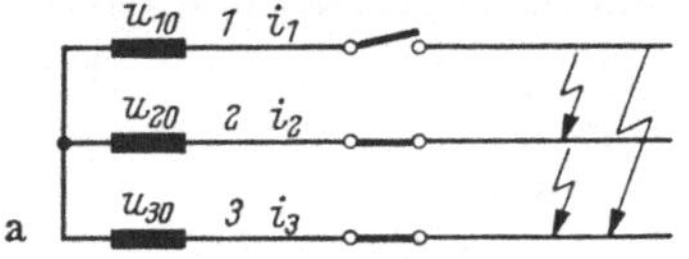

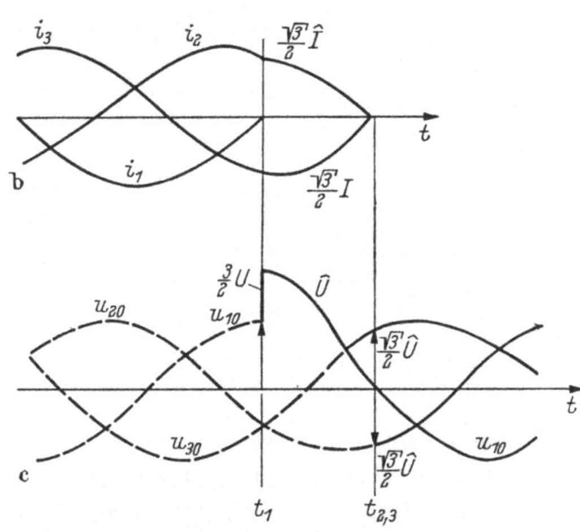

Abb. 13.31. Dreipoliger Kurzschluß (nach RÜDENBERG) a Schaltbild; b Stromverlauf; c Spannungsverlauf. t_1 = Unterbrechungszeitpunkt des Schalters der Phase *1* $t_{2,3}$ = Unterbrechungszeitpunkt der Schalter der Phasen *2* u. *3*

In einer Phase (*1*) wird der Strom zuerst durch Null gehen und den Schaltlichtbogen zum Verlöschen bringen. In diesem Augenblick wird $i_1 = 0 : i_2 = -i_3$. Es entsteht also ein Knick in einem der Ströme. Abb. 13.31 c zeigt den zeitlichen Verlauf der Spannungen über der Schaltstrecke. Am Schalter *1* springt die Spannung auf den Wert $^3/_2 \cdot \hat{U}$; nach einer Viertelperiode der Spannung löschen auch die beiden anderen Pole *2* und *3* gleichzeitig.

Wegen der sprunghaften Erhöhung der Spannung an der Schaltstrecke des zuerst löschenden Schalters wird die Abschaltung sehr erschwert.

13.8 Erdschluß als Überspannungserreger

70% aller Fehler in Hochspannungsnetzen mit isoliertem Sternpunkt sind Erdschlüsse, also leitende Verbindungen einer Phase mit Erde. Nur in einem Netz mit freiem oder über sehr hohe Impedanzen (Lösch-

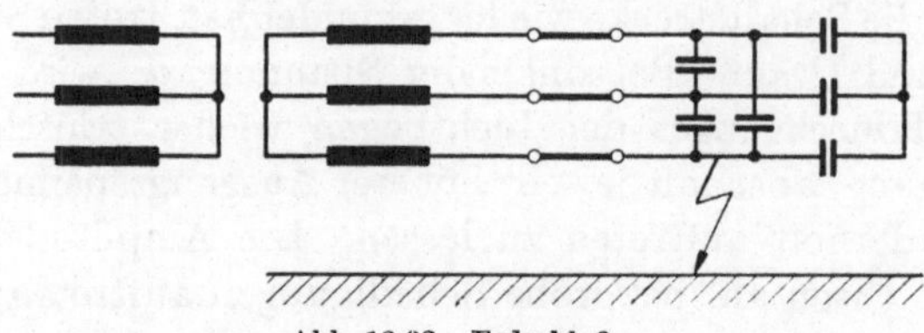

Abb. 13.32. Erdschluß

spulen) geerdetem Sternpunkt ist der eigentliche Erdschluß (vgl. § 4.6) möglich (Abb. 13.32). Bei sattem, festem Erdschluß eines Drehstromnetzes wird die Phasenspannung zwischen den gesunden Phasen und Erde: $\sqrt{3} \cdot U_{ph}$ zuzüglich 10% wegen der Spannungserhöhungen durch zusätzliche kapazitive Belastung, welche der Erdschlußstrom ja bedeutet. Zusätzliche Erhöhungen der einzelnen Phasenspannungen gegen

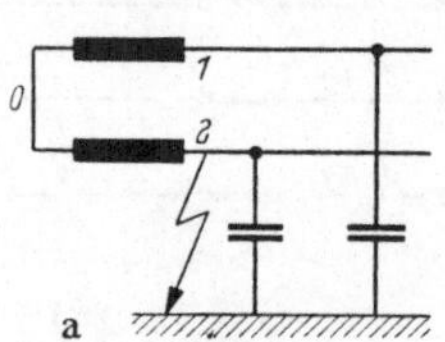

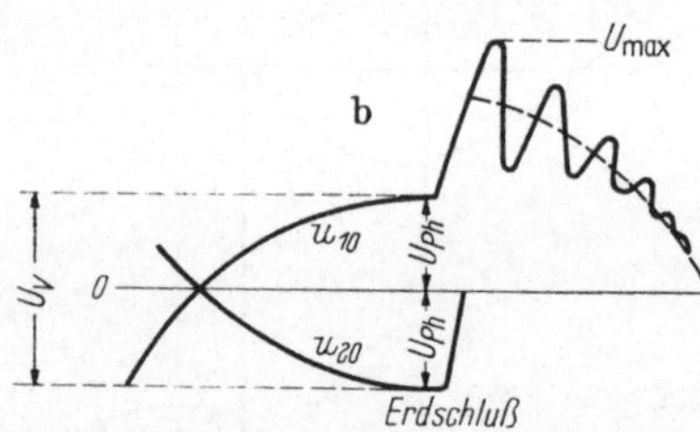

Abb. 13.33a u. b. Erdschluß im Zweiphasennetz. a Schaltbild; b zeitlicher Verlauf der Spannungen

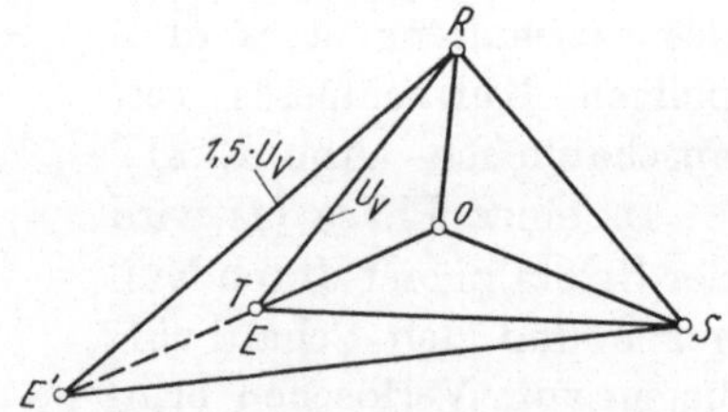

Abb. 13.34. Maximales Überschwingen bei einem Erdschluß im Dreiphasennetz

Erde infolge unsymmetrischer Belastung und daraus resultierender Verzerrungen des Spannungsdreiecks durch die Spannungsabfälle in den Transformatorenwicklungen können auftreten.

Das Einsetzen des Erdschlusses ist als Einschaltvorgang zu betrachten, der eine Schwingung auslöst mit zunächst theoretisch doppeltem Überschwingen.

Erdschluß im Einphasennetz (Abb. 13.33). Die Schaltspannung ist $U' = U_{ph}$. Die Ausgleichsüberspannung maximal $2 \cdot U' = U_{ausg}$. Damit wird die maximal auftretende Spannungsspitze im Erdschlußzeitpunkt:

$$U_{1max} = U_1 + U',$$

$$U_{1max} = 3 \cdot U_{ph} = 1{,}5 \cdot U_v .$$

Erdschluß im Drehstromnetz (vgl. § 4.6). Ist der Erdschluß z. B. in der Phase T, so wird die Schaltspannung $U' = U_{TO}$; die Ausgleichsspannung wird maximal (Abb. 13.34)

$$U_{0max} = 2 \cdot U' = 2 \cdot U_{TO}$$

Die maximale Spannung in den gesunden Phasen ist

$$U_{RE'} = U_{ph} \cdot 2{,}6 \approx 1{,}5 \cdot U_v .$$

Bis zu diesem Werte kann maximales Überschwingen der verketteten Spannungen erfolgen.

13.9 Der aussetzende Erdschluß

Die meisten Erdschlüsse entstehen nicht sofort als satte metallische Verbindungen einer Phase mit Erde, sondern viel häufiger über Lichtbogenüberschläge.

Über Kriechwege oder eingeleitet durch Oberflächenentladungen an Isolatoren entwickelt sich sofort ein stromstarker Lichtbogen. Die Ladeleistungen, die sich darüber entladen, sind proportional der Spannung und dem Ladestrom, z. B.

100 kV	Freileitung	100 · 0,26 = 26 kVA/km
6 kV	,,	6 · 0,013 = 0,08 kVA/km
6 kV	Kabel 25□	6 · 0,55 = 3 kVA/km.

Feuchtigkeits- und Taubelag bei Sonnenaufgang können die Entladung der Ladeleistungen als ,,Wischer" bewirken, die gleich wieder erlöschen oder sich wiederholen können als aussetzende Erdschlüsse.

a) Im erdschlußkompensierten Netz bedeutet dies wiederholte Einschaltvorgänge, bei denen die Phasenspannung dem Netzsternpunkt gegenüber Erde aufgedrückt wird. Wie beim festen, satten Erdschluß erfolgt ein Einschwingen mit ca. $1{,}5 \cdot U_v$.

Die induktive Sternpunkt-Löschung des Stromes beseitigt dann den Fehler zwar sofort, mit Wiederkehr der Phasenspannung kann aber bei Weiterbestehen der Ursache immer wieder der Erdschlußlichtbogen zünden. Bei solchen aussetzenden Erdschlüssen wurde im gelöschten Netz maximal das 1,9-fache der verketteten Spannung beobachtet.

b) Beim Erdschluß im *nicht*kompensierten Netz kann zusätzlich eine wesentlich höhere Überspannung entstehen, die den aussetzenden Erdschluß für solche Netze sehr gefährlich macht.

Der Lichtbogen zündet in jeder Spannungshalbwelle neu, da der Erdschlußstrom J_e über den Lichtbogenkanal fließt, die Funkenbahn also voll ionisiert bleibt. Durch Auftrieb infolge Wärmeentwicklung, Wind und elektrodynamische Kraftwirkung wird sich die Lichtbogenlänge vergrößern, so daß sie schließlich abreißt. Aber nun besteht die Gefahr der Wiederzündung infolge Verlagerung des Sternpunktes.

Beispiel: Phasenleitung (Abb. 13.35). Sobald der Lichtbogen erlischt (bei $t = t_1$ wenn $i_e = 0$), ist $U_1 = 2 \cdot U_{ph\,max}$. Der Nullpunkt bleibt auf seinem gerade herrschenden Potential $U_{ph\,max}$. K_{2e} hat die Ladung Null. In der kranken Phase (*2*) tritt also wegen des verschobenen Nullpunktes die Phasenspannung einseitig auf.

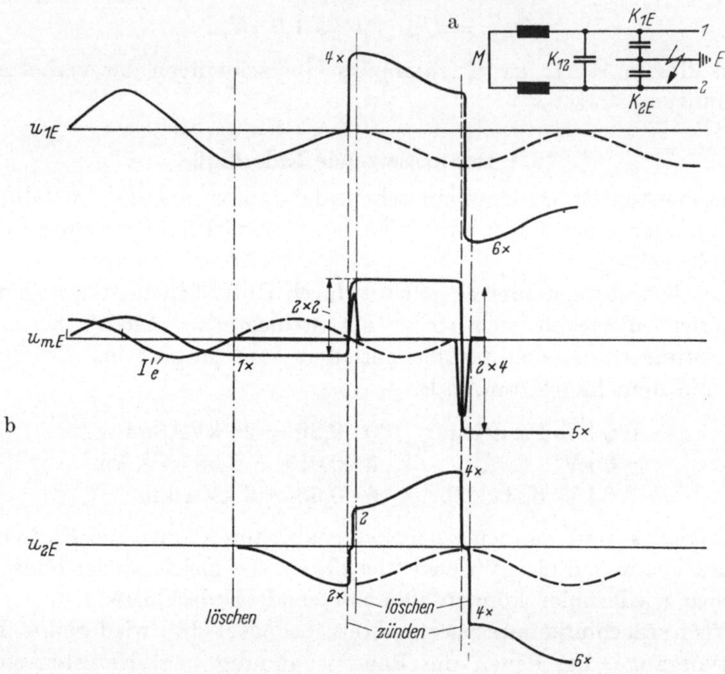

Abb. 13.35 a u. b. Aussetzender Erdschluß bei einer zweiphasigen Leitung. a Schaltbild; b zeitlicher Verlauf der Spannungen

Nach einer Viertelperiode erreicht U_{2E} zur Zeit $t = t_2$ den Wert $2 \cdot U_{ph\,max}$. Er würde dann abklingend ausschwingen auf $U_M = 0$. Im Augenblick des Scheitelwertes aber haben wir eine bevorzugte Neigung zur Wiederzündung. Beim neuerlichen Überschlag ($t = t_2$) wird nun wieder $U_{2E} = 0$. Die Änderung des Potentials um $2 \cdot U_{ph\,max}$ muß das ganze System mitmachen, sowohl der Mittelpunkt M wie auch die gesunde Phase. Beide schwingen nun fast auf den doppelten Wert über, also der Mittelpunkt auf $+ 3 \cdot U_{ph\,max}$ und die Phase 1 auf $4 \cdot U_{max}$. Da wir uns aber im Scheitelwert der Netzspannung ($t = t_2$) befinden, muß der sich ausbildende Erdschlußstrom gleich wieder verschwinden.

Der sich ausbildende Lichtbogen an der Freileitungsisolatorenkette führt nur die Ströme zur Umladung der Kondensatoren und kann sogleich wieder erlöschen, mit den gleichen Folgen wie beim ersten Erlöschen. Jetzt liegt aber der Mittelpunkt M auf dem Restpotential $+3 \cdot U_{ph\,ph\,max}$, also wird die Spannung zwischen den Phasen *1* und *2* um diesen neuen Mittelwert extrem schwingen. U_2 wird also auf $2 \cdot U_{ph\,max}$ springen und in einer Zeit entsprechend $\omega t = \pi/2$ auf $+4 \cdot U_{ph\,max}$ ansteigen. Diese hohe Spannung wird erst recht ein Wiederzünden bewirken, und derselbe Vorgang spielt sich wieder ab, aber jetzt mit Extremwerten vom 8fachen der Phasenspannung auf der Leitung 1 (Abb. 13.35).

Wenn sich dieses Ausschaukeln mehrmals wiederholt, so tritt eine Dämpfung des Vorganges ein a) infolge Korona, b) wegen der nun nicht mehr im Scheitel der Phasenspannung zündenden Lichtbogen. Dadurch werden die auftretenden Überspannungen begrenzt.

Die tatsächlich beobachteten Überspannungen hängen vom Verhältnis der Erdseilkapazitäten zu den Teilkapazitäten zwischen den Phasen ab. Nachstehende Aufstellung gibt gerechnete Werte für ein Drehstromnetz für die Überspannung einer Phase gegen Erde $U_{ü}$ bezogen auf die verkettete Spannung U_V des normalen Betriebes.

K_{pe}/K_{pp}	3/1		5/1	
Dämpfung $\left(\frac{U_n+1}{U_n}\right)$	0,9	0,8	0,9	0,8
gesunde Phase $U_{ü}/U_V$	2,3	2,0	2,6	2,3
kranke Phase $U_{ü}/U_V$	2,1	1,9	2,3	2,1

Maximal beobachtete Werte waren $3{,}1 \cdot U_V$, die als Spannungswellen in jeder Halbwelle wieder in dieser gefährlichen Höhe über die Leitung gingen.

Die Erdschlußlöschung hat vor allem diese Gefahr stark vermindert und damit die Abschaltungen in den Netzen verringert.

13.10 Starre Sternpunktserdung

In Netzen mit starr geerdetem Sternpunkt ($U_0 > 220\,\text{kV}$) ist die Isolationsgefährdung weitgehend dadurch unterdrückt, daß nur Werte bis etwa $1{,}3 \cdot U_v$ auftreten. Da aber nun jeder Erdschluß und auch jeder Wischer zum Kurzschluß führt, sind in solchen Fällen unangenehme Leitungsabschaltungen und Unterbrechungen des Stromtransportes die Folge.

Wenn trotzdem auch bei uns, wenigstens für 220 kV und 380 kV, dazu übergangen wird, den Sternpunkt starr zu erden, so hat dies folgende Gründe:

1. Infolge des hohen Ladestromes werden bei den hohen Spannungen und langen Leitungen auch die Wirkströme beachtlich und überschreiten

die Werte von 30 bis 50 A, bei denen Lichtbögen von selbst löschen, das heißt, die Löschung mit PETERSEN-Spulen wird fragwürdig.

2. Bei induktiver Erdung des Sternpunktes können infolge von Schaltvorgängen Sternpunktschwingungen auftreten, die zwar selten, aber doch störend sind.

3. Bei den hohen Spannungen sind tatsächlich die Fehler, die zu Abschaltungen führen, viel kleiner als bei mittleren und kleinen Spannungen, so daß die Bedeutung der Erdschlußlöschung geringer geworden ist.

4. Die im Netz mit starrer Sternpunkterdung auftretenden Erdkurzschlüsse können beherrscht und durch selektive Schnellabschaltung und Schnellwiedereinschaltung Abhilfe geschaffen werden.

Durch selektive Schnellabschaltung schnellschaltender Relais und Schalter (Relais 2/100″; Schalter 3···5/100″) wird der Lichtbogen abgeschaltet. Nachdem der Lichtbogenpfad entionisiert und elektrisch wieder fest ist, erfolgt automatisch eine Schnell-Wiedereinschaltung nach ca. 10···15/100″. In ca. 80% der Störungsfälle kann der Normalbetrieb nach Schnell-Wiedereinschaltung aufrecht erhalten werden.

5. Bei fest geerdetem Sternpunkt kann man das Netz etwas schwächer isolieren als mit isoliertem Sternpunkt. Zwar kann man das nicht voll ausnützen, denn man bleibt lieber sicherer gegenüber den an sich niedrigen Überspannungen $U_{\ddot{u}i}$, um die Wahrscheinlichkeit der Erdüberschläge zu vermindern.

§ 14 Zusammenstellung der tatsächlichen Beanspruchungen

14.1 Die Netzbeanspruchungen

Die inneren und atmosphärischen Überspannungen können nach der Entstehungsursache getrennt und die dabei auftretenden Frequenzen, Zeitdauern und maximal beobachteten Spannungshöhen angegeben werden. Tab. 14.1 ordnet die inneren Überspannungen, wie sie nach Entlastung langer Leitungen, Erdschluß, aussetzendem Erdschluß, Ein- und Abschalten von Leitungen und leerlaufenden Transformatoren und von Kurzschlüssen auftreten können. Die atmosphärischen Überspannungen als Ausgleich statischer Ladungen oder infolge eines Blitzschlages erzeugen Überspannungen, die zwar von den elektrischen Daten der Leitungen z. T. abhängen können, die aber nichts mit der Nennspannung zu tun haben. Die Scheitelwerte der inneren Überspannungen werden dagegen als Vielfache der Scheitelwerte der Phasenspannung $(\sqrt{2} \cdot U_{ph\,eff})$ angegeben. Die bei diesen Vorgängen auftretenden Wicklungsbeanspruchungen sind als Vielfache der verketteten Spannung angegeben.

Neben dem Hinweis, in welchem Paragraphen diese Netzvorgänge berechnet wurden, werden die unteren und oberen Grenzen für die Dauer der Beanspruchung und für die Frequenz der Überspannung angegeben.

Aus dieser Tabelle kann die Bedeutung eines jeden dieser Vorgänge für die Ursache eines eventuellen Schadens an einem Hochspannungsgerät herausgelesen und abgeschätzt werden.

Tabelle 14.1

Siehe §	Vorgang im Netz	Frequenz Hz	Dauer ca.	Scheitelwert der Spannung gegen Erde		Wicklungsbeanspruchung
				$\sqrt{2}\cdot U_{ph\,eff}$	$\sqrt{2}\cdot U_{v\,eff}$	U_v
	Normalbetrieb:	50	dauernd	1,15	0,65	
	Entlastung langerLeitungen:	50	1⋯2 sec	1,5	0,9	
4.6, 13.8	Erdschluß:	50	30 min	2,0	1,15	
13.9	Aussetzender Erdschluß: Sternpunkt:					
	a) verbundseitig geerdet	200⋯1000	ms	2,25	1,3	
	b) induktiv geerdet	200⋯1000	ms	3,3	1,9	
13.9	c) frei	200⋯1000	ms	4,3⋯5	2,5⋯2,9	2⋯2,5
13.42	Einschalten v. Leitungen:	200⋯1000	gedämpft	2,25	1,3	0,6
13.41	v. leerlaufenden Transformator.:	200⋯1000	gedämpft	2,25	1,3	0,6
13.55	Abschalten v. leerlaufenden Transformat.:	Stoß	50⋯10000 μs	2,4	1,4	1,4
13.6	v. leerlaufd. Leitungen:	Stoß	einige μs	4,3⋯5	2,5⋯2,9	1,5
13.53	v. Kurzschlüss.:	200⋯1000	50⋯10000 μs	1,7⋯2,5	1⋯1,5	1⋯1,5
	Atmosphär. stat. Ladung	Gleichspann.		Überspannung ~ 100 kV		
8.8	Blitzschlag	Stoß	20⋯50 μs	Überspannungen 800⋯1000 kV		

Der Erdschluß (vgl. §§ 4.6 und 13.8) bringt mit dem Zweifachen des Scheitelwertes der Phasenspannung eine sehr langdauernde Belastung der Isolation mit sich (bis 30 min). Die Geräte müssen die 1,15fache Phasenspannung gegen Erde über längere Zeit aushalten. Der aussetzende Erdschluß kann bei freiem Sternpunkt (vgl. § 13.9) für einige Milli-Sekunden Dauer Überspannungen bis zum 4,3⋯5fachen Scheitelwert der Phasenspannung mit einer Frequenz zwischen 200 und 1000 Hz erzeugen. Dabei treten Wicklungsbeanspruchungen bis zur 2···2,5fachen Phasenspannung auf.

Gedämpfte Schwingungen mit ca. 200···1000 Hz werden beim Einschalten von Leitungen (vgl. § 13,42) und leerlaufenden Transformatoren (vgl. § 13.41) erzeugt. Überspannungswerte vom 2,25fachen der Phasenspannung sind die möglichen Folgen. Stoßartige Beanspruchungen treten beim Abschalten leerlaufender Leitungen (vgl. § 13.6) mit Rückzündungen mit wenigen μs-Dauer sowie beim Abschalten leerlaufender Transformatoren (vgl. § 13.55) auf. Im Falle von Rückzündungen wurden Werte vom 4,3···5fachen beim Abschalten von leerlaufenden Transformatoren und Werte vom 2,4fachen des Scheitelwertes der Phasenspannung beobachtet.

Beim Abschalten von Kurzschlüssen (vgl. § 13.53) werden die Überspannungswerte etwa $1{,}7 \cdots 2{,}5 \cdot \sqrt{2} \cdot U_{ph\,eff}$. Infolge ihrer Frequenz von 200···1000 Hz erfolgt der Anstieg der Spannung an der Schaltstrecke relativ rasch. Abgesehen davon, daß der Schalter selbst trotz der hohen abgeschalteten Kurzschlußströme eine genügend rasche Verfestigung seiner Schaltstrecke gegenüber dieser wiederkehrenden Spannung besitzen muß, wird auch die Isolation der angeschlossenen Geräte sehr hohen Belastungsproben während 50···10000 μs unterworfen.

Die atmosphärischen Überspannungen treten bei Blitzschlag stoßartig mit absoluten Höhen bis 800···1000 kV auf. Ihre Bedeutung gegenüber den inneren Überspannungen wird ersichtlich, wenn man die Gesamtschäden eines Jahres betrachtet. Nach der VDEW-Schadenstatistik für 1954/55 ist das Verhältnis der Schäden durch innere Überspannungen zu den Schäden durch atmosphärische Überspannungen:

Spannungsbereich	I (5···23 kV)	II (24···52 kV)	III (53···120 kV)	IV (220···440kV)
Innere Überspann.-Schäden (1955)	1:40,4	1:13,1	1:18,9	1:1
Atmosph.Übersp.-Schäden (1954)	1:22,3	1:5,2	1:9,6	4:1
Atmosphärische und innere Überspannungs-Schäden (in %). (1955)	23,7%	21%	28,5%	39,5%
Gesamtzahl der Schäden (in %) (1954)	32 %	29%	18 %	14%

Die letzten zwei Zeilen geben den Anteil der durch atmosphärische und innere Überspannungen verursachten Schäden, für 1955 und 1954, bezogen auf die jeweiligen Gesamtschadenszahlen. Man sieht eindeutig, daß das Gewicht der inneren Überspannungen im Spannungsbereich IV sehr an Bedeutung gewinnt. Natürlich ist dieses Verhältnis von 1:1 (1955) nicht für alle Jahre gleich. Im Jahre 1954 betrug im Spannungsbereich IV z. B. das Verhältnis von Schäden durch innere gegenüber atmosphärischen Überspannungen etwa 4:1, im Spannungsbereich III 1:9,6.

Es zeigt sich hier also eine starke Abhängigkeit von den Witterungsbedingungen des entsprechenden Jahres. Es fällt auf, daß in allen übrigen Spannungsbereichen (von 5···120 kV) ein erheblicher Prozentsatz der Schäden auf atmosphärische Überspannungen zurückzuführen ist.

14.2 Störungs- und Schadensstatistik[1]

Aus den letzten Ausführungen wurde ersichtlich, daß eine Aufklärung der Störungsursachen und eine statistische Auswertung der Schadensorte und Schadensursachen über mehrere Jahre sich erstrecken muß. Die Vereinigten deutschen Elektrizitätswerke (VDEW) haben dieses Material von 1949 bis 1955 gesammelt und veröffentlicht. Eine gekürzte Zusammenfassung dieser sich über sieben Jahre erstreckenden Betrachtungen wird in Tab. 14.2 wiedergegeben.

Diese Störungs- und Schadensstatistik enthält die Mittelwerte der Jahre 1949 bis 1952, die Werte der Jahre 1953, 1954 und 1955, woraus die jährlichen Schwankungen erkannt werden mögen. Wichtiger sind die Mittelwerte über die sieben Jahre (1949 bis 1955).

Aus der in der Statistik (Tab. 14.2) aufgeführten „Zahl der ungestörten Objekte" Zeile 1 kann man die Entwicklung der Leitungs- und Kabellängen sowie die Entwicklung der Anzahl der Stationen von 1949 bis 1955 verfolgen. In den einzelnen Spannungsbereichen stellt man entsprechend unterschiedliche Verhältnisse in den Stationen zur Zahl der Freileitungskilometer fest. Diese sogenannte Stationsdichte betrug 1954 und 1955:

Spannungsbereich	I (5...23 kV)	II (24...52 kV)	III (53...120 kV)	IV (220...440 kV)
Stationsdichte 1955	1,56 km	6,9 km	34 km	147 km
Stationsdichte 1954	1,56 km	6 km	38,5 km	184 km

Die Kilomter-Längen der Leitungen und der Kabel sowie die Stationsdichten sind bei der Beurteilung der Gesamtzahlen der Schäden zu berücksichtigen. Es ist klar, daß die Zahl der Schäden auf die Gesamtzahl der von den im Netz eingebauten entsprechenden Apparaten bezogen werden müßte. Leider fehlen dazu jedoch die notwendigen Angaben der eingebauten Stückzahlen.

Die „Störungsarten" 2. werden aufgeteilt in Kurzschluß, Erdschluß und Doppelerdschluß sowie in sonstige Störungen. Die gesamten Stö-

[1] LEHMANN, Wiss. Zeitschr. Techn. Hochschule Dresden 5 (1955/56) Heft 3; VDEW-Statistik, ZIMMERMANN, Elektrizitätswirtschaft 56 (1957) H. 13, S. 471 bis 478; 54 (1955) H. 13, 502; 53 (1954) 559; 52 (1953) 311 u. 690; 51 (1952) 196; 50 (1951) 286.

Tabelle 14.2. *Störungs- und Schadensstatistik 1949 bis 1955*

Spannungsbereich / Jahr			I 5 kV bis 23 kV 1949/1952	1953	1954
1. Zahl der betrachteten Objekte					
Freileitungslänge: [km]			52492/74343	81708	84405
Kabellänge: [km]			10152/26356	29367	32163
Zahl der Stationen			33453/63185	68716	74498
2. Störungsart. ges. Zahl d. Störung. = 100%			57447	21128	19543
pro 100 km Netzlänge und Jahr					
davon:	Kurzschluß	%	39	42	45
	Erdschluß	%	27	22	19
	Doppelerdschluß	%	7	6	7
sonst. unbek. Störungen		%	27	31	29
3. Störungsursachen (in % der ges. Zahl 2.)					
Atmosph. u. innere Überspannungen		%	46	40	33
Witterungseinflüsse		%	10	11,5	17,5
Fehler: Material, Konstr., Montage		%	12	10	10,5
Sonst. u. unbek. Ursachen		%	31	38,5	39
4. Schadensort.	ges. Zahl der Schäden		38568	13340	12631
pro 100 km	Netzlänge u. Jahr				
davon an:	Freileitung	%	49	54	52
	Kabel	%	14	12	17
	Station	%	37	34	31
5. Beschädigte Geräte					
a) Freileitungsschäden (Zahl):			18352	6945	6503
pro 100 km Freileitungslänge u. Jahr:			7,2	8,5	7,7
davon (in %)					
Maste		%	18,5	15,3	21
Isolatoren	a) Stützisolatoren	%	22	28	22
	b) übrige Isolatoren	%	10,5	9	7,5
Leiterseile		%	36	33,4	37
Armaturen		%	8,5	7,9	7,5
Sonstiges		%	4,5	6,4	5
b) Kabelschäden (Zahl):			5042	1957	2111
pro 100 km Kabellänge u. Jahr:			69	6,65	6,56
davon: (in %)					
Kabel		%	56	59	61
Muffen		%	22	22	21
Endverschlüsse		%	22	19	18
c) Stationsschäden (Zahl)			14114	4438	3619
pro Zahl der Stationen und Jahr:			0,073	0,065	0,048
davon: (in %)					
Umspanner		%	38	25	24
Wandler		%	4	5,2	4,7
Hochspannungssicherungen		%		23	23
Isolatoren		%	25	17	18
Trennschalter		%	8	9	9
Leistungsschalter		%	8	7	7
Löschrohre		%	1	4,6	8
Sonstiges		%		9,2	6,3

für die deutsche Netze (nach ZIMMERMANN)

I 5 kV bis 23 kV		II 24 kV bis 52 kV				
1955	1949/1955	1949/1952	1953	1954	1955	1949/1955
84990		3400/5723	6904	7409	7598	
33526		1333/3582	3685	3808	3849	
75825		612/1344	1589	1689	1692	
20525	117643	3228	1709	1482	1474	7893
	18,1					13,9
49	42,7	35	37	45	43	38,9
19	23,6	31	20	23	24	25,8
7,5	7	11	11	6,5	8	9,2
24,5	26,6	23	32	25,5	25	26,1
45	42,9	38	30	27	42	35
10	11,6	12	11	13,5	7	11,3
11	11,3	17	14	16	14,5	15,7
34	34,2	33	45	43,5	36,5	38,1
13355	77894	2027	1153	916	1073	5169
	11,9					8,5
48	50,2	47,5	61	56	48	52,1
18	14,8	20	21	16	14	18,3
34	35	32,5	18	28	38	29,6
6405	38205	941	705	515	517	2678
7,6	7,8	4,8	10,2	6,95	6,7	7,1
19	18,4	9,5	4,4	12	6	7,9
22,5	23,2	18	14,5	18	20	17,3
10,5	9,7	27,5	36,4	20	27,5	28,5
36	35,7	35,5	28,5	41,5	34	34,6
6,5	8	7	12	6,5	8	8,4
5,5	5	2,5	4,2	2	4,5	
2417	11527	378	142	145	153	818
7,2	6,8	3,85	3,85	3,8	3,97	3,85
64	59	69	60,5	60	63	65
21	21,7	19	23,2	20,5	21	20
15	19,3	12	16,3	19,5	16	15
4286	26457	679	306	237	394	1616
0,057	0,06	0,17	$\sim$0,22	$\sim$0,14	$\sim$0,23	0,19
25	31,8	18	13,5	18	14	16,2
5	4,5	11,5	7	10	8	9,6
23	23	3	3,5	4	5,5	3,9
16,5	21,3	27	38	27,5	39,5	32
8	8,2	10	8	11,5	7,5	9,3
6,5	7,5	14	10	9,5	8,5	11,2
6,5	3,6	0,5	5	4,5	2,5	2,4
9,5	—	16	15	15	15	15,4

Tabelle 14.2.

Spannungsbereich			III 53 kV bis 120 kV		
Jahr			1949/1952	1953	1954
1. Zahl der betrachteten Objekte					
Freileitungslänge: [km]			12239/17717	19220	19305
Kabellänge: [km]			47/140	185	186
Zahl der Stationen			281/427	477	506
2. Störungsart. ges. Zahl d. Störung. = 100%			4194	1678	912
pro 100 km Netzlänge und Jahr					
davon:	Kurzschluß	%	38	31	24
	Erdschluß	%	27	34,5	32
	Doppelerdschluß	%	13	9	18
sonst. unbek. Störungen		%	22	25,5	26
3. Störungsursachen (in % der ges. Zahl 2.)					
Atmosph. u. innere Überspannungen		%	31	25	16,5
Witterungseinflüsse		%	15	15	17
Fehler: Material, Konstr., Montage		%	18	12	20,5
Sonst. u. unbek. Ursachen		%	36	39	46
4. Schadensort.	ges. Zahl der Schäden		2876	908	504
pro 100 km	Netzlänge u. Jahr				
davon an:	Freileitung	%	56	71	63,5
	Kabel	%	3,3	1	1
	Station	%	40,7	28	35,5
5. Beschädigte Geräte					
a) Freileitungsschäden (Zahl):			1659	650	320
pro 100 km Freileitungslänge u. Jahr:			2,87	3,38	1,66
davon (in %)					
Maste		%	2	7,5	4
Isolatoren	a) Stützisolatoren	%	—	3	
	b) übrige Isolatoren	%	41,5	40	61,5
Leiterseile		%	30,5	40	26,5
Armaturen		%	12	5	5
Sonstiges		%	14	4,5	3
b) Kabelschäden (Zahl):			27	9	6
pro 100 km Kabellänge u. Jahr:			2,85	4,9	3,5
davon:	(in %)				
Kabel		%	67	67	85
Muffen		%	15	11	—
Endverschlüsse		%	18	22	15
c) Stationsschäden (Zahl)			1150	249	178
pro Zahl der Stationen u. Jahr:			0,81	0,52	0,35
davon:	(in %)				
Umspanner		%	13	13	14
Wandler		%	11	17	10,5
Hochspannungssicherungen		%	1	—	—
Isolatoren		%	28	16,5	15
Trennschalter		%	13	13	17,5
Leistungsschalter		%	18	18,5	13
Löschrohre		%	—	—	7
Sonstiges		%	16	22	23

Forsetzung

53 kV bis 120 kV		IV 220 kV bis 440 kV					
1955	1949/1955	1949/1952	1953	1954	1955	1949/1955	
20192		3160/5136	5746	6073	6909		
253		—/2	1	—	—		
596		15/28	35	41	47		
1254	8038	1026	466	243	291	2026	
	[7,2]					[5,5]	
33	34,2	16	22	39	61		
30	30,1	61	54	31	15		
11	12,5	17	11	12	3,5		
26	23,1	6	13	18	21		
21	26,5	28	14	22	42	(26)	
11,5	14,7	27	21	20,5	23	[24,3] →	Witterungseinflüsse
16	16,8	15	11	14	30	(16,1)	
51,5	42	30	54	39,5	5	(33,6)	
698	4985	419	210	71	71	771	
	[4,3]					[2,1]	
58	59,9	61,5	65	52	58	61	
0,7	2,2		—	—	—	—	
41,3	37,9	38,5	35	48	42	39	
405	3034	255	138	37	41	471	
2,05	[2,5]	1,54	2,4	0,6	0,595	[1,28]	
3,5	3,6	3	8,5	2,5	12	7	
		—	—	—	—	—	
53	45	63	62	51,5	58,5	[61,4] →	Isolatoren (Verschmutzung Nebel . . .)
37,5	34,5	25,5	22	32,5	29,5	25,3	
4,5	8,9	4,5	3	11	—		
5		4	4,5	5	—		
5	47	—	—	—	—	—	
2	[3,3]	—	—	—	—	—	
80	70,3	—	—	—	—	—	
—	10,5	—	—	—	—	—	
20	19,2	—	—	—	—	—	
273	1850	164	72	34	30	300	
0,457	[0,53]	1,9	2,05	0,83	0,64	[1,35]	
14,5	13,3	8	7	20,5	3,5	8,7	
12	11,8	22	15	6	35	20	
—		—	—	—	—	—	
22	24,3	12	12,5	9	7	11,3	
17	13,8	4	4	6			
12,5	16,8	34	36	38	40	[35,6] →	Leistungsschalter
3,5		—	—	3			
18		20	25,5	17,5	14,5		

rungszahlen jedes Spannungsbereiches werden prozentual diesen vier Gruppen zugeordnet. Es ist daraus die hohe Zahl der vorkommenden Erdschlüsse zu ersehen. Im Spannungsbereich 220 kV bis 440 kV zeigt sich von 1952 bis 1955 eine Verschiebung der Zahl der Störungen von den Erd- zu den Kurzschlüssen. Es kann dies mit der starren Sternpunktserdung der Netze über 220 kV zusammenhängen.

Als „Störungsursachen“ 3. kommen in Frage: atmosphärische und innere Überspannungen, Witterungseinflüsse, Fehler im Material, in der Konstruktion und in der Montage, ferner sonstige unbekannte Ursachen.

Hier fällt vor allem der hohe Anteil der Störungen durch Überspannungen auf. Die atmosphärischen Überspannungen dominieren in den Spannungsbreichen I und II und haben in den Bereichen III und IV ebenfalls noch ein erhebliches Gewicht. Es fällt auf, daß die Störungen, verursacht durch Witterungseinflüsse, relativ zu höheren Spannungen an Bedeutung gewinnen. Untersucht man die VDEW-Statistik, so sieht man, daß das Ansteigen der Witterungsstörungen im Bereich IV durch den Einfluß von Nebel, Tau und Verschmutzung bedingt ist.

Die Schadensstatistik gliedert zunächst auf, ob ein Schaden auf der Freileitung, im Kabel oder in einer Station vorkommt. Als „Schadensort“ 4. tritt die Freileitung besonders hervor. Insbesondere im Spannungsbereich IV treten ca. 59,1% Freileitungsschäden auf. Man darf bei der Betrachtung des Schadensortes natürlich nicht vergessen, daß hier z. B. 5746 km Freileitung 59,1% der Schäden aufweisen und nur 47 Stationen die restlichen Schäden aufnehmen. Insgesamt geht die Zahl der Schäden mit steigender Spannung von 5 kV nach 440 kV über zwei Zehnerpotenzen zurück.

Die Aufgliederung der „beschädigten Geräte“ 5. soll zeigen, welche Konstruktionen der a) Freileitungen, b) Kabel und c) Stationen am gefährdetsten sind.

a) Es zeigt sich, daß bei den Freileitungen die Leiterseile einen erheblichen Prozentsatz ($> 30\%$) ausmachen. Ein leichter Rückgang mit steigender Netzspannung wird beobachtet. Auch hier zeigt sich, daß in den höheren Spannungsstufen III und IV die Isolatoren prozentual die meisten Schäden aufweisen ($> 50\%$).

b) Die Kabelschäden lassen erkennen, daß in allen Bereichen Kabel selbst mehr als 60% der Kabelschäden aufweisen, die Endverschlüsse etwa $15 \cdots 20\%$.

c) In den Stationen werden im Spannungsbereich I vor allem Umspanner und Hochspannungssicherungen beschädigt. Während die Umspannerschäden prozentual nach höheren Spannungsbereichen abnehmen, zeigt sich im Bereich II, daß die Isolatoren ($\sim 33{,}3\%$) mit etwa einem Drittel an den Schäden beteiligt sind.

Bei den Leistungsschaltern wird deutlich, daß sie in der höchsten Spannungsstufe IV zu dem überwiegenden Prozentsatz der beschädigten Geräte gehören.

Die Spannungswandler und die Stromwandler erreichen auch in den Bereichen II, III mit 9% und 11% schon bemerkenswerte Anteile an den Schäden. Insgesamt fallen die Zahlen der Stationsschäden vom Bereich I nach IV etwa auf den hundersten Teil ab, (vgl. Stationsdichte).

Im Spannungsbereich III zeigt sich eine relativ gleichmäßige Aufteilung der Störungen auf alle Geräte, so daß man hier von keinem extrem gefährdeten Apparat sprechen kann.

14.3 Folgerungen

Die atmosphärischen Überspannungen rufen weitaus die überwiegende Anzahl der Störungen hervor. Am häufigsten nehmen Freileitungen Schaden. Im Mittelspannungsnetz werden Stützisolatoren und Hewlett-Isolatoren besonders häufig beschädigt. Die Untersuchung der mechanischen und thermischen Festigkeit der Leiterseile sowie ihr Schutz gegen die Auswirkung atmosphärischer Überspannungen sind hier die Grundaufgaben der Verbesserung der Verhältnisse. Bei den Isolatoren der Spannungsgruppen III und IV wird das Verschmutzungsproblem (Nebel, Tau und Verschmutzung) einer genaueren Untersuchung unterzogen werden müssen. In den Gruppen I und II zeigen sich sehr viele Isolatorenschäden, auch infolge atmosphärischer Überspannungen.

Abhilfemaßnahmen, die vor allem den atmosphärischen Überspannungen entgegenwirken sollen, werden in steigender Anzahl in allen Spannungsstufen getroffen. Die Schadenshäufigkeit vor allem der Stationen hofft man durch Anbringen von Erdseilen, durch Verringerung des Erdwiderstandes der Stationen und durch andere Maßnahmen zu verringern. Zu diesen zählen: das Vorschalten von Kabelstrecken vor Schaltstationen zur Transformation der Überspannungen und zur Verflachung der Wellenstirn und auch die Erhöhung der Stationskapazität, welche ebenfalls eine Verflachung der Wellenstirn bedingt. Tab. 14.3 gibt für diese Abhilfemaßnahmen die theoretischen Werte für die Verminderung der Zahl von Überspannungen, deren Scheitelwert einen für die Station gefährlichen Spannungswert u_i überschreitet (nach Davis).

Nach Davis ergibt eine Erhöhung der Stationskapazität von 0,001 μF auf 0,2 μF etwa eine Verminderung der Zahl der u_i überschreitenden Überspannungen auf den zehnten Teil. Alle diese Maßnahmen würden eine Erhöhung der Lebensdauer der Überspannungsableiter und Geräte bedeuten. Beim Vorschalten von Kabelstücken ist jedoch darauf zu achten, daß keine unzulässig hohen Leitungsschwingungen auftreten. Eine starke Koronadämpfung der Stoßwelle auf der Freileitung vor der Station und eine starke Dämpfung durch Stromverdrängung im Kabel

Tabelle 14.3. *Zahl der gefährlichen Spannungen je Jahr in einer Kopfstation, zwischen Freileitung und Station*

<table>
<tr><td>1</td><td colspan="4">Spannung des Drehstromnetzes (Effektivwert)</td><td>kV</td></tr>
<tr><td>2</td><td colspan="4">Scheitelwert U_g der gefährlichen Spannung</td><td>kV</td></tr>
<tr><td>3</td><td colspan="4">Mindest Überschlagstoßspannung $U_ü$ der Leitung (Scheitelwert)</td><td>kV</td></tr>
<tr><td>4</td><td colspan="4">Korona-Anfangsspannung U_0</td><td>kV</td></tr>
<tr><td>5</td><td colspan="4">Gesamtkapazität der Station</td><td>μF</td></tr>
<tr><td>6</td><td colspan="4">Zeitkonstante t_4 der Station (bei $z = 500\ \Omega$)</td><td>μs</td></tr>
<tr><td>7</td><td colspan="4">Äquivalente Kabellänge</td><td>m</td></tr>
<tr><td>8</td><td colspan="3" rowspan="2">Einwirkungen auf Netze mit Erdseilschutz</td><td rowspan="2">Erdungs-wider-stand</td><td>$R = 5\ \Omega$</td></tr>
<tr><td>9</td><td>$R = 10\ \Omega$</td></tr>
<tr><td>10</td><td rowspan="6">Ein-wir-kungen auf Netze ohne Erd-seil-schutz</td><td rowspan="2">Einwirkungen durch Spannungsabfall am Erdungswiderstand</td><td>zusätzl. z. Zeile 8</td><td rowspan="2">Erdungs-wider-stand</td><td>$R = 5\ \Omega$</td></tr>
<tr><td>11</td><td>zusätzl. z. Zeile 9</td><td>$R = 10\ \Omega$</td></tr>
<tr><td>12</td><td colspan="4">Einwirkungen durch auf der Leitung abgeschnittene Wellen</td></tr>
<tr><td>13</td><td colspan="4">Einwirkungen durch Blitzströme, deren Scheitelwert nicht zum Leitungsüberschlag ausreicht</td></tr>
<tr><td>14</td><td colspan="2" rowspan="2">Gesamtzahl der Vorfälle</td><td rowspan="2">Erdungs-wider-stand</td><td>$R = 5\ \Omega$</td></tr>
<tr><td>15</td><td>$R = 10\ \Omega$</td></tr>
</table>

[1] Massekabel [2] Druckkabel

hervorgerufen durch Blitzentladungen auf der Freileitung für verschiedene Kabellängen (nach DAVIS, ETZ. Bd. 76 (1955) S. 851)

6,6			11			33			132		
80			110			200			650		
100			140			270			710		
160			160			175			250		
0,001	0,2	0,5	0,001	0,2	0,5	0,001	0,2	0,5	0,001	0,2	0,5
0,5	100	250	0,5	100	250	0,5	100	250	0,5	100	250
0	198[1]	493[1]	0	328[1]	820[1]	0	685[1] 234[2]	1705[1] 584[2]	0	765[2]	1915[2]
1,60	0,152	0,112	1,1	0,106	0,079	0,400	0,038	0,028	0,020	0,003	0,002
2,10	0,256	0,190	2,1	0,213	0,158	1,100	0,107	0,081	0,090	0,012	0,008
0,533	0,047	0,031	0,556	0,047	0,032	0,505	0,056	0,039	0,046	0,005	0,003
0,606	0,056	0,036	0,706	0,060	0,045	0,730	0,057	0,041	0,189	0,019	0,009
0,200	0,000	0,000	0,150	0,000	0,000	0,045	0,000	0,000	0,010	0,000	0,000
0,000	0,000	0,000	0,012	0,001	0,000	0,120	0,030	0,019	0,080	0,013	0,011
2,33	0,20	0,14	1,82	0,15	0,11	1,07	0,12	0,09	0,16	0,02	0,02
2,91	0,31	0,23	2,97	0,27	0,20	2,00	0,19	0,14	0,37	0,04	0,03

wären daher wünschenswert. Auf solche Weise gelingt es lediglich, die Häufigkeit der auftretenden unzulässigen Überspannungen zu reduzieren. Einen sicheren Schutz gegen das Überschreiten einer gewissen Spannung bietet nur der Überspannungsableiter.

Die vorstehenden Tabellen gaben einen Einblick in die Höhe der auftretenden Spannungen die Störungs- und Schadenshäufigkeiten sowie die Möglichkeiten zur Verringerung der Häufigkeit der Überbeanspruchungen. Kennt man nun die Zahlen und die spezifischen Kenngrößen der einzelnen Geräte, so kann man eine bewertete Statistik aufstellen, die zur wirtschaftlichen Isolationsbemessung dienen kann. Eine zweckmäßige Koordination der Isolation[1] verhindert, daß wertvolle Geräte zu häufig Schaden nehmen.

Die Beachtung der Störungs- und Schadensstatistik, die Kenntnis von der Häufigkeit der auftretenden Überspannungen und deren Höhen geben zusammen mit den Abhilfemaßnahmen und der genauen Kenntnis der elektrischen Festigkeit einer Konstruktion eine Gewähr für eine Verbesserung der Betriebssicherheit unserer sich rasch ausdehnenden Hochspannungsnetze.

---

[1] Vgl. VDE 0111/8.53 13, 14 und 17.

Anhang A

A. Hilfsfaktoren zur Berechnung der maximalen Feldstärke an der Leiteroberfläche und der Kapazität im Zylinderfeld (vgl. 3.4)

A 1. Koaxiale Zylinder:

$$E_{R1} = \frac{U}{d} \cdot f_3, \qquad \text{mit:} \quad f_3 = \frac{R_2/R_1 - 1}{\ln (R_2/R_1)}.$$

Für $R_2/R_1 > 10$ rechnet man bequemer mit:

$$E_{R1} = \frac{U}{R_1} \cdot f_3', \qquad \text{mit:} \, f_3' = \frac{1}{\ln (R_1/R_2)}.$$

Die Kapazität ist:

$$C = \varepsilon \cdot l \cdot f_3'', \quad \text{mit} \quad f_3'' = \frac{\varepsilon^* 2\pi}{\ln (R_2/R_1)} = \frac{0{,}0556}{\ln (R_2/R_1)} \left[\frac{\mu Fd}{\text{km}}\right].$$

Die Hilfsfaktoren f_3, f_3' und f_3'' sind in Abb. A 1 abzugreifen für die gegebenen Halbmesser. In guter Annäherung gelten sie auch für den Einzelleiter über dem ebenen Erdboden (mit $h = d$).

A 2. Parallele Zylinder:

$$E_R = \frac{U}{d} \cdot f_4, \qquad \text{mit} \quad f_4 = \frac{\sqrt{(d/2\,R)^2 - 1}}{(1 - 2\,R/d) \ln \left[d/2\,R + \sqrt{(d/2\,R)^2 - 1}\right]}.$$

Für $d/R > 20$ rechnet man bequemer mit:

$$E_R = \frac{U}{R} \cdot f_4', \quad \text{mit} \quad f_4' = \frac{1}{2} \frac{\sqrt{(d/2\,R)^2 - 1}}{(d/2\,R - 1) \ln \left[d/2\,R + \sqrt{(d/2\,R)^2 - 1}\right]}.$$

Die Kapazität ist:

$$C = \varepsilon \cdot l \cdot f_4'', \quad \text{mit} \quad f_4'' = \frac{\varepsilon^* \pi}{\ln (d/2\,R + \sqrt{(d/2\,R)^2 - 1})}.$$

Für $d/R > 40$ kann mit befriedigender Annäherung gerechnet werden mit den Formeln:

$$f_4 = \frac{d/R}{2 \cdot \ln (d/R)}; \quad f_4' = \frac{1}{2 \cdot \ln (d/R)}; \quad f_4'' = \frac{\varepsilon^* \pi}{\ln (d/R)}.$$

In Abb. A 2 sind die Hilfsfaktoren f_4, f_4' und f_4'' abhängig von d/R aufgezeichnet.

Für den Leiter (R) im Abstand h über Erde und mit der Spannung $U_{0|}$ gegen Erde sind dieselben Hilfsfaktoren gültig, wenn gerechnet wird mit:

$$d = 2\,h \text{ und } U = 2\,U_{0|}.$$

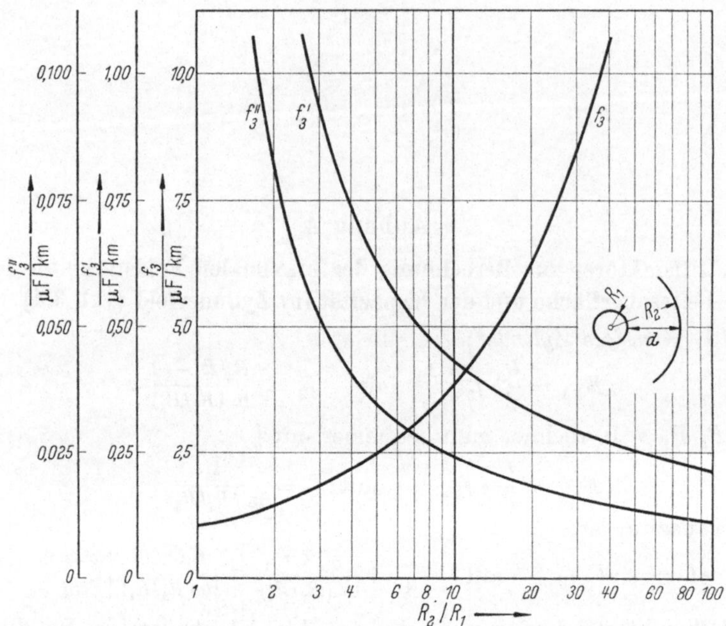

Abb. A1. Hilfsfaktoren f_3, f'_3, f''_3 zur Berechnung von maximaler Feldstärke und Kapazität bei konzentrischen Zylindern

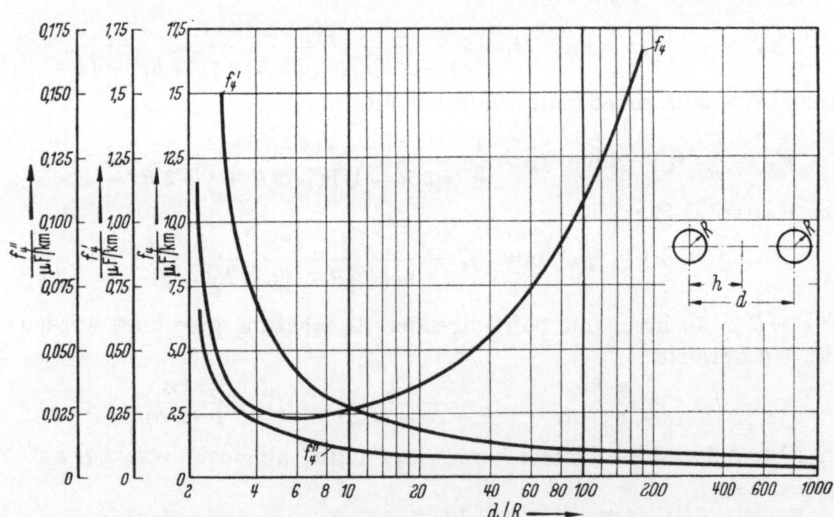

Abb. A2. Hilfsfaktoren f_4, f'_4 f''_4 zur Berechnung von maximaler Feldstärke und Kapazität bei parallelen Zylindern

Anhang B

B. Betriebsgrößen für Hochspannungsleitungen; Widerstand, Kapazitäten, Reaktanz

B1. Wirkwiderstand, Querschnitt, Durchmesser, Gewicht

Bei Freileitungen ist infolge des Durchhanges die Streckenlänge um nur etwa 0,2%, das Seilgewicht infolge des Verschnittes um etwa 2,5% zu erhöhen. Bei Stahl-Aluminiumseilen kann die Leitfähigkeit der Stahlseile vernachlässigt werden. Die Stromverdrängung macht sich bei 50 Hz und den gebräuchlichen Seilen noch nicht bemerkbar. Die Zuordnungen von leitendem Querschnitt und äußerem Seildurchmesser entspricht der genormten Machart des Seiles. Der tatsächliche Istquerschnitt weicht bei Cu-Seilen vom Nenn-Querschnitt bei einigen Seilnummern um maximal —5% und +1,5% ab, demgemäß auch der Widerstand. Die Aluminium-Querschnitte sind auf etwa widerstandsgleiche Nennquerschnitte bezogen (maximale Widerstandsdifferenz —15%, bei $q_N = 35\ \text{mm}^2$, $q_{Alu} = 66{,}5\ \text{mm}^2$).

Die Betriebsgrößen können für die Nachrechnung von Übertragungsaufgaben mit folgenden Kennzahlen errechnet werden (für 1 km Seillänge und bei 20° C).

Widerstand $\frac{R}{l} = \frac{A_1}{q_{ist}} = \frac{A_2}{q_N}$,

Seildurchmesser $D = B_1 \cdot \sqrt{q_{ist}} = B_2 \cdot \sqrt{q_N}$,

Seilgewicht $\frac{G}{l} = C_1 \cdot q_{ist} = C_2\, q_N$,

Ist-Querschnitt $q_{ist} = D \cdot q_N$.

Kennzahl	Kupfer	Aluminium	Stahl-Aluminium 1:6	
A_1	18,2	29,5	29,5 *	$\frac{\Omega\text{mm}^2}{\text{km}}$
B_1	1,28	1,38	1,42 *	
C_1	8,9	2,72	4,05 *	$\frac{\text{kg}}{\text{km, mm}^2}$
D	1,0	1,62	1,62 *	
A_2	18,2	18,2	18,2	$\frac{\Omega\text{mm}^2}{\text{km}}$
B_2	1,28	1,65	1,82	
C_2	8,9	4,4	6,5	$\frac{\text{kg}}{\text{km, mm}^2}$

* Aluminiumanteiliger Querschnitt

Genormte Nennquerschnitte sind:

10, 16, 25, 35, 50, 70, 90, 120, 150, 185, 240, 300 mm².

B 2. Betriebskapazität, Ladestrom, Reaktanz

Der Einfluß der Aufhängehöhe über Erde und der der Erdseile und der Maste ist gering; er beträgt in den praktisch vorkommenden Grenzen weniger als 1%. (Die Abnahme der gegenseitigen Teilkapazitäten wird durch die Zunahme der Erd-Teilkapazität praktisch aufgewogen.)

Bei Doppelleitungen sind die gegenseitigen Entfernungen der Leiter der beiden Systeme proportional den Phasenabständen, so daß ein Kor-

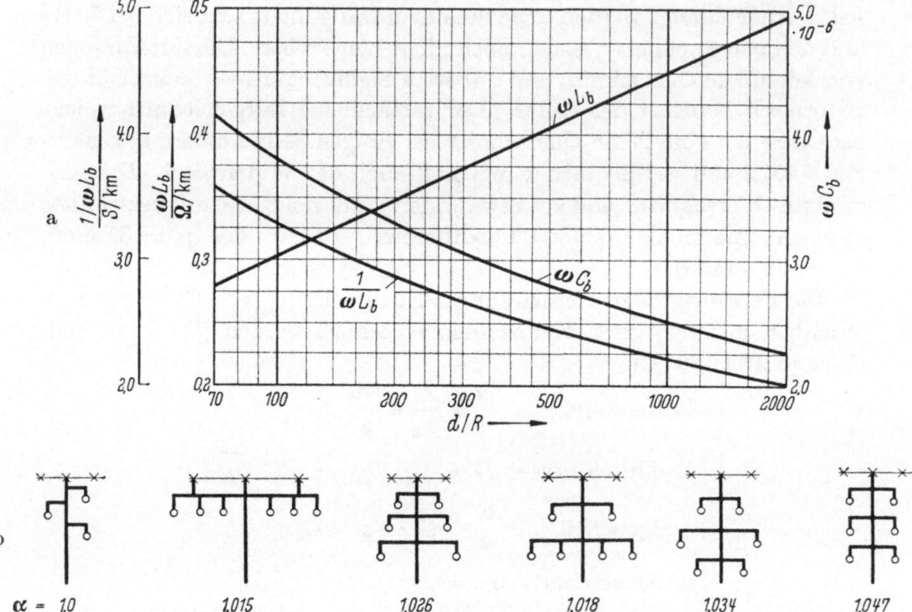

Abb. B1. a Betriebsreaktanz (ωL_b); kapazitiver (ωC_b) und induktiver ($1/\omega L_b$) Leitwert pro km (bei 50 Hz) von Freileitungen, abhängig vom Verhältnis: Mittl. Leiterabstand d/Leiterradius R.
b Korrekturfaktoren α für verschiedene Mastbilder $\omega C_{b\,Korr} = \frac{1}{\alpha} \cdot \omega C_b$; $\omega L_{Korr} = \alpha \cdot \omega L_b$

rekturfaktor, je nach Form der Mastbilder, angewandt werden kann. Ist nur ein Stromsystem in Betrieb, so gehen die Werte in die der Einsystemleitung ohne Korrektur über, gleichgültig ob das zweite System am Mast isoliert oder geerdet ist. (Nur der Erdschlußstrom wächst beträchtlich bei der Abschaltung des zweiten Systems, insbesondere, wenn dieses noch geerdet wird.)

Für den mittleren Phasenabstand ist $d = \sqrt[3]{d_{12} \cdot d_{23} \cdot d_{31}}$ einzusetzen. Die in Abb. B.1 wiedergegebenen Werte gelten für die Frequenz 50 Hz.

B 3. Praktische Kapazitätsberechnung für eine symmetrische Dreiphasenleitung (Zusammenfassung)

B 3.1 Die Potentialkoeffizienten $A_{ik} = l \cdot a_{ik}$

Mit

$d = \sqrt[3]{d_{12} \cdot d_{23} \cdot d_{13}}$ mittlerer Abstand der Leiter voneinander,

$h = h_M - 0{,}7 \cdot f$ mittlere Höhe,

worin bei gleichen Durchghängen f in den drei Phasen die mittlere Aufhängehöhe am Mast h_M aus den einzelnen Aufhängehöhen h_1, h_2, h_3 am Mast berechnet wird:

$$h_M = \sqrt[3]{h_1 \cdot h_2 \cdot h_3}$$

werden die Potentialkoeffizienten:

$$A_{11} = l \cdot a_{11} = 1{,}8 \cdot 10^7 \cdot \ln\left(\frac{2h}{R}\right); \qquad [\mathrm{km/F}].$$

(B 1) und

$$A_{12} = l \cdot a_{12} = 1{,}8 \cdot 10^7 \cdot \ln\left(\sqrt{\frac{4h^2}{d^2} + 1}\right); \qquad [\mathrm{km/F}].$$

Darin ist:

R = Leiterradius, der bei Bündelleitern durch

$R_0 = \sqrt[n]{n\, R \cdot \varrho^{n-1}}$ (vgl. Gl. 3.29 S. 46) dem Ersatzradius des Bündels zu ersetzen ist.

(n = Teilleiterzahl, R = Teilleiterradius,

ϱ = Radius des umschriebenen Kreises, auf dem die Teilleiter liegen)

B 3.2 Die Teilkapazitäten K_{ik} *pro Längeneinheit*

Nach Gl. (4.10 S. 81) wird für die symmetrische Drehstromleitung mit gleichen Teilkapazitäten:

$$K_{11} = K_{22} = K_{33} = K_{10}$$

$$K_{12} = K_{13} = K_{23} = K_{12}$$

(B 2)

$$K_{10} = \frac{1}{A_{11} + 2A_{12}}; \qquad [\mathrm{F/km}].$$

$$K_{12} = \frac{A_{12}}{A_{11}^2 + A_{11} \cdot A_{12} - A_{12}^2}; \qquad [\mathrm{F/km}].$$

B 3.3 Die Betriebskapazität C_b *pro Kilometer*

Nach S. 88 wird die Betriebskapazität einer symmetrischen Drehstromleitung

(B 3a) $$C_b = K_{10} + 3K_{12}$$

ausgedrückt durch die Teilkapazitäten pro Längeneinheit.

Mit Gl. (B 2) wird

(B 3b) $$C_b = \frac{1}{A_{11} - A_{12}}$$

ausgedrückt durch die Potentialkoeffizienten,

$$C_b = \frac{1}{1{,}8 \cdot 10^7 \cdot \ln\left(\frac{2\,h}{R} \cdot \sqrt{\frac{4\,h^2}{d^2} + 1}\right)}$$

durch die in B 3.1 erklärten geometrischen Abmessungen gegeben.

Anhang C

Luftdichte und Luftfeuchtigkeit

Für die Ermittlung der relativen Luftdichte aus Temperatur und Druck, bezogen auf $\vartheta_0 = 20°$ C und $P_0 = 760$ Torr, dient Abb. C 1.

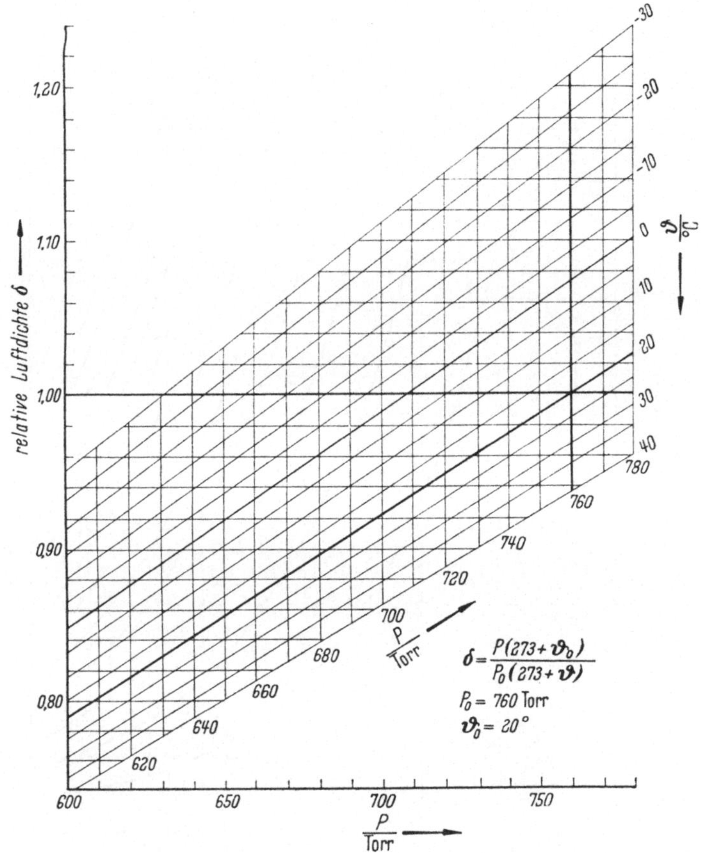

Abb. C 1. Relative Luftdichte δ abhängig vom Luftdruck p für verschiedene Lufttemperaturen ϑ

Die Umrechnung von relativer Luftfeuchtigkeit (φ_r) in die absolute (φ_{abs}) bei verschiedenen Lufttemperaturen ist aus Abb. C 2 zu entnehmen.

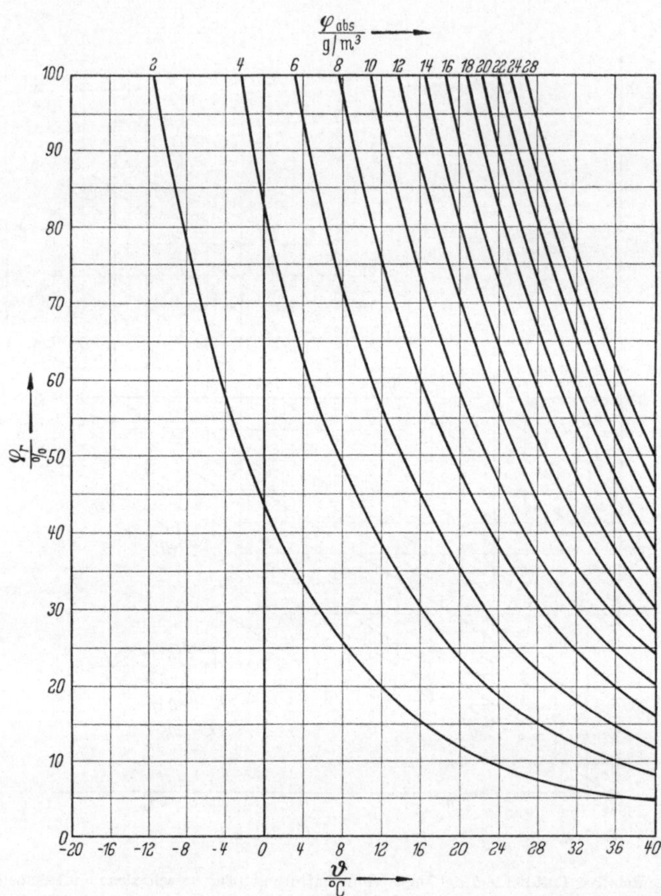

Abb. C2. **Relative Luftfeuchtigkeit und absolute Luftfeuchtigkeit bei verschiedenen Lufttemperaturen**

Anhang D

Spannungsmessung mit der Kugelfunkenstrecke

(vgl. VDE 0430/XII. 41)

Mit der Kugelfunkenstrecke werden, durch Vergleich der einem bestimmten Kugelabstand d, bei gegebenem Kugeldurchmesser D, zugehörigen Durchschlagspannung U_D mit der fraglichen Hochspannung U_1 Scheitelwerte der Spannungen gemessen. Die Zugehörigkeit von Durchschlagspannung U_D und Abstand d ist für verschiedene Kugeldurchmesser D, einmal für beiderseitig isolierte Kugeln, zum andern mit einer geerdeten Kugel für Luft im Normalzustand (20° C und 760 Torr) in den Abb. D 1 $\cdots$ 9 dargestellt. Diese Eichkurven sind auf Grund sorgfältiger Messungen in verschiedenen Hochspannungslaboratorien vereinbart worden. Sie gelten bei symmetrischer Anordnung für Wechselspannungen, für Stoßspannungen mit mindestens $^1/_5$ μs und für Gleichspannungen beider Polaritäten. Bei einpoliger Erdung können für negative Stoßspannungen und Gleichspannungen dieselben Werte wie für Wechselspannung genommen werden. Für positive Spannungen gelten etwas höhere Werte (vgl. Abb. D 7 $\cdots$ 9).

Die Genauigkeit dieser Spannungsmessung ist etwa $\pm 3\%$, unter der Voraussetzung, daß die Schlagweite kleiner als der Kugelhalbmesser bleibt: $d/D < 0{,}5$, daß die Kugeln sauber und staub- und faserfrei sind, daß ihr Durchmesser nicht mehr als $\pm 1\%$ vom Sollwert abweicht und der Krümmungsradius auf $\pm 1^0/_{00}$ genau ist. Ferner müssen bei einpoliger Erdung andere geerdete Teile, Wand und Boden, mit $K_1 \cdot D$ Abstand entfernt sein (vgl. Abb. D 10).

Die Schlagweitenmessung soll auf $\frac{0{,}5}{100} \times D$ genau durchgeführt werden.

Um hochfrequente Schwingungen zu unterbinden und um den Strom beim Durchschlag zu begrenzen, werden, außer bei Stoßspannungsmessungen, Vorwiderstände vorgeschaltet. Ihr Höchstwert soll aber: $R_v = K_2 \cdot U_{max}$ nicht überschreiten; K_2 ist so bestimmt, daß bei der mit den betreffenden Kugeln höchst gemessenen Spannung der Ladestrom nicht mehr als 1% Spannungsabfall verursacht (Abb. D 10).

Es ist nützlich, bei Spannungen unter $\hat{U} \leq 50$ kV nötig, die Schlagstrecke der Kugeln zur Beseitigung der Entladestreuzeit ultraviolett oder radioaktiv zu bestrahlen.

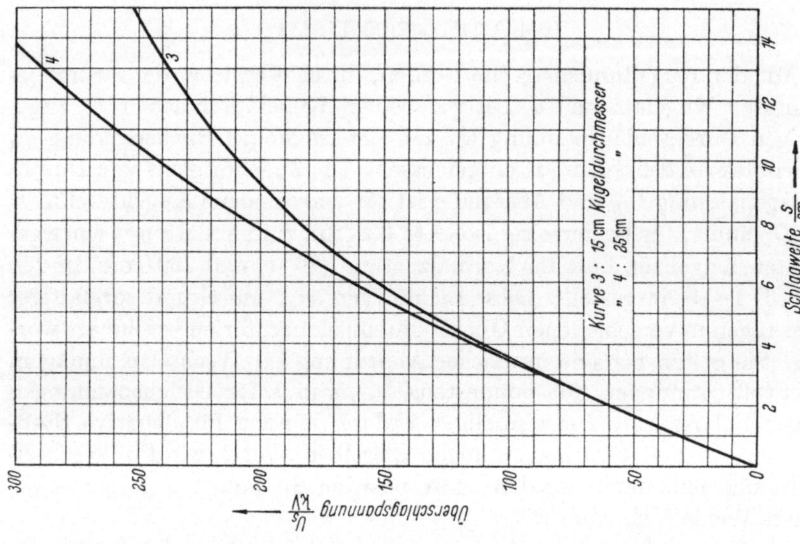

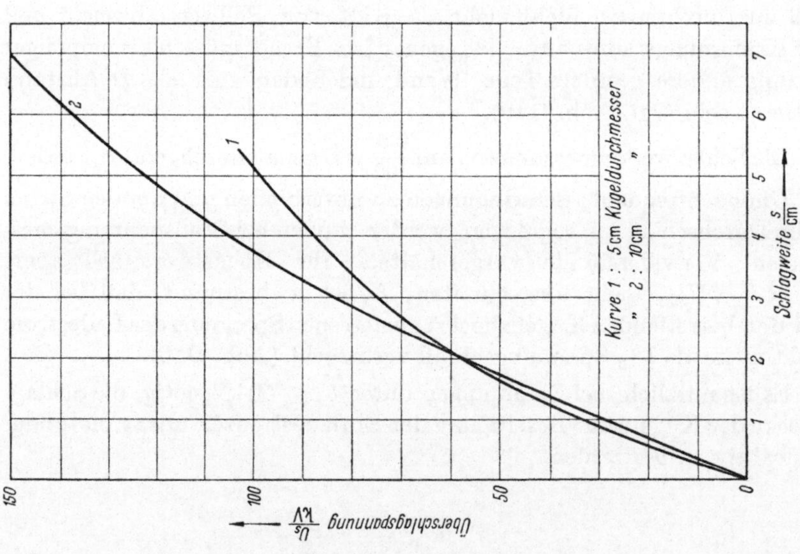

Abb. D1—D9. Eichwerte für Kugelfunkenstrecke (nach VDE 430)

Überschlagspannung $\frac{U_s}{kV}$
0
10
20
30
40
50
60
70
80
90
100
110
120
130
140
150
160
Schlagweite $\frac{s}{cm}$
1
2
3
4
5
6
7
Kurve 1 : 5 cm Kugeldurchmesser
" 2 : 10 cm "
1
2

Abb. D 4.

Überschlagspannung $\frac{U_s}{kV}$
0
50
100
150
200
250
300
350
400
450
500
550
600
650
700
750
800
850
900
Schlagweite $\frac{s}{cm}$
10
20
30
40
50
60
Kurve 5 : 50 cm Kugeldurchmesser
" 6 : 100 cm "
" 7 : 175 cm "
5
6
7

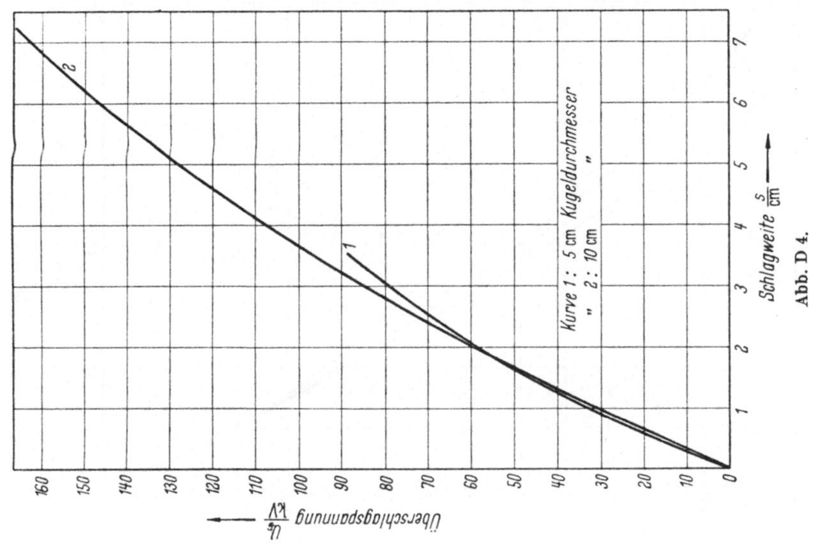

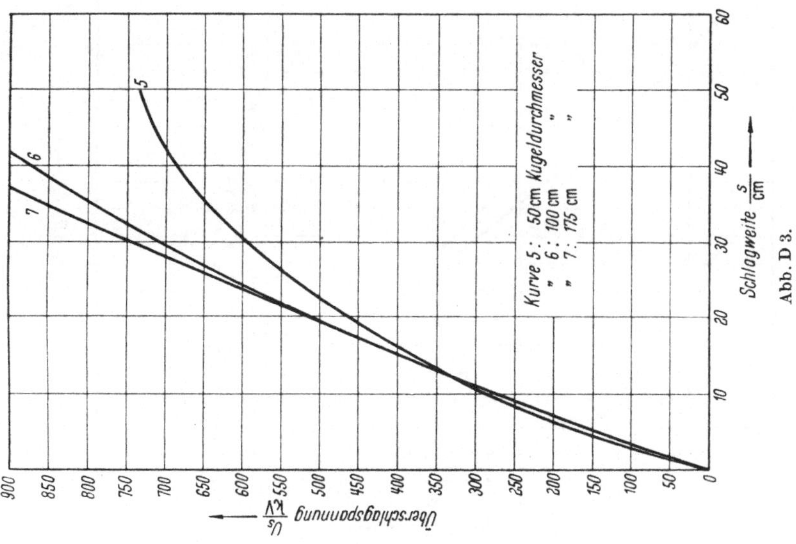

Abb. D 3.

Kurve 5: 50 cm Kugeldurchmesser
" 6: 100 cm "
" 7: 175 cm "
5
6
7
Überschlagspannung $\frac{U_s}{kV}$
0
100
200
300
400
500
600
700
800
900
1000
1100
1200
1300
1400
1500
Schlagweite $\frac{s}{cm}$
10
20
30
40
50
60
70
80

Abb. D 6.

Kurve 3: 15 cm Kugeldurchmesser
" 4: 25 cm "
3
4
Überschlagspannung $\frac{U_s}{kV}$
0
50
100
150
200
250
300
350
400
Schlagweite $\frac{s}{cm}$
2
4
6
8
10
12
14
16
18

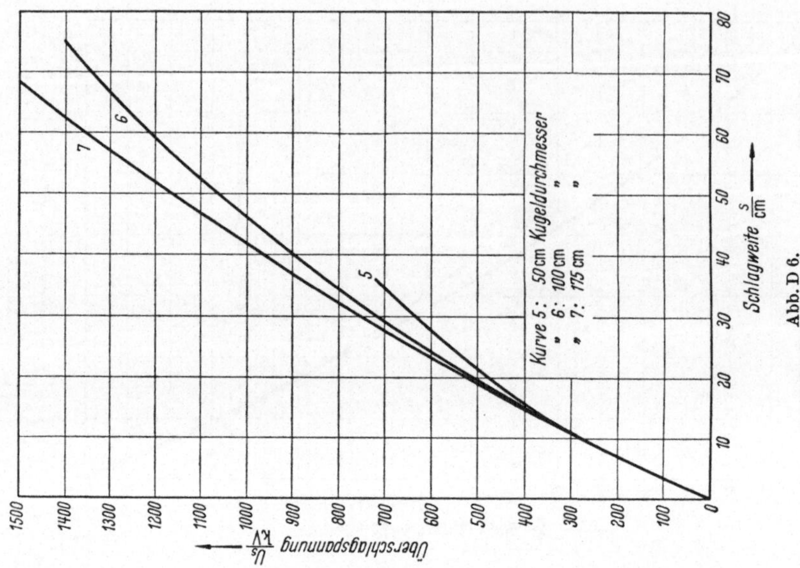

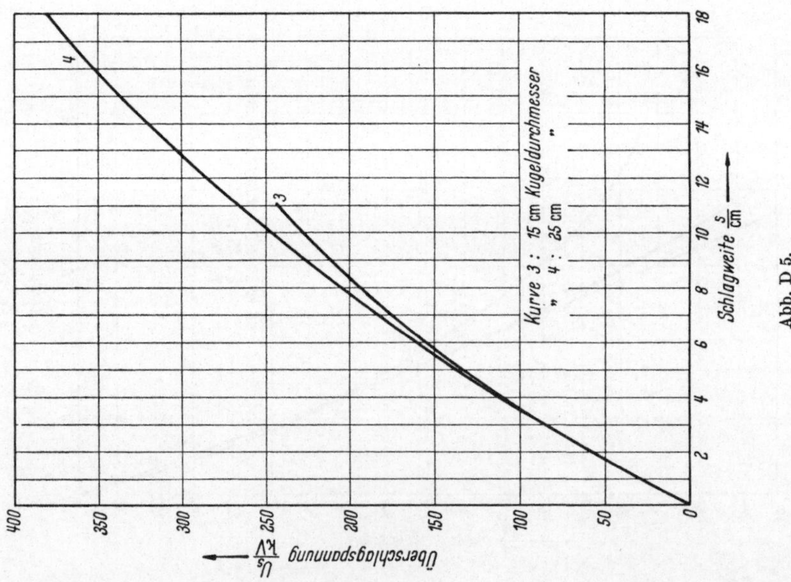

Abb. D 5.

Kurve 3 : 15 cm Kugeldurchmesser
„ 4 : 25 cm „
Schlagweite s/cm
Überschlagspannung U_s/kV
0
5
10
15
20
25
100
200
300
400
3
4

Abb. D 8.

Kurve 1 : 5 cm Kugeldurchmesser
„ 2 : 10 cm „
Schlagweite s/cm
Überschlagspannung U_s/kV
0
1
2
3
4
5
6
7
8
9
10
50
100
150
200
1
2

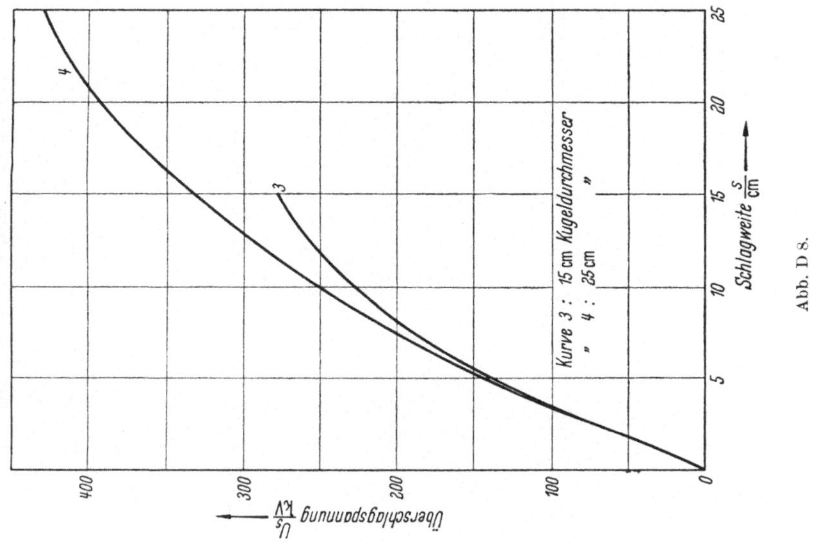

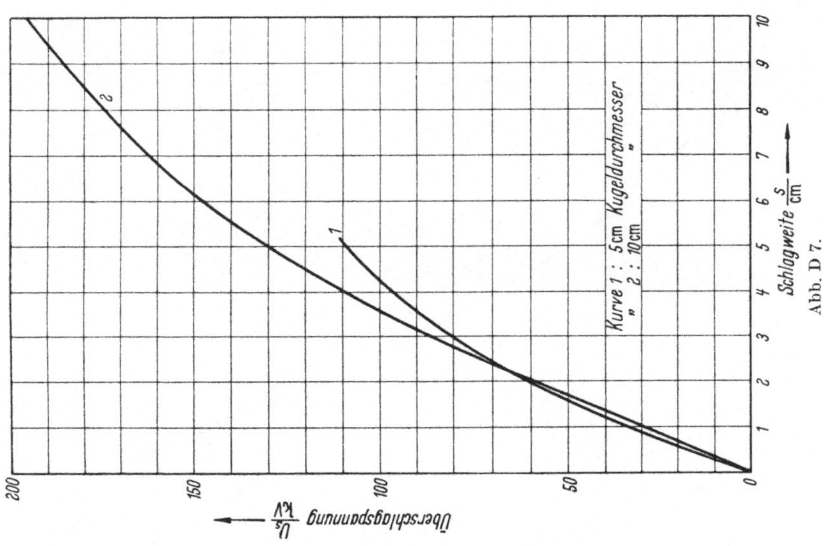

Abb. D 7.

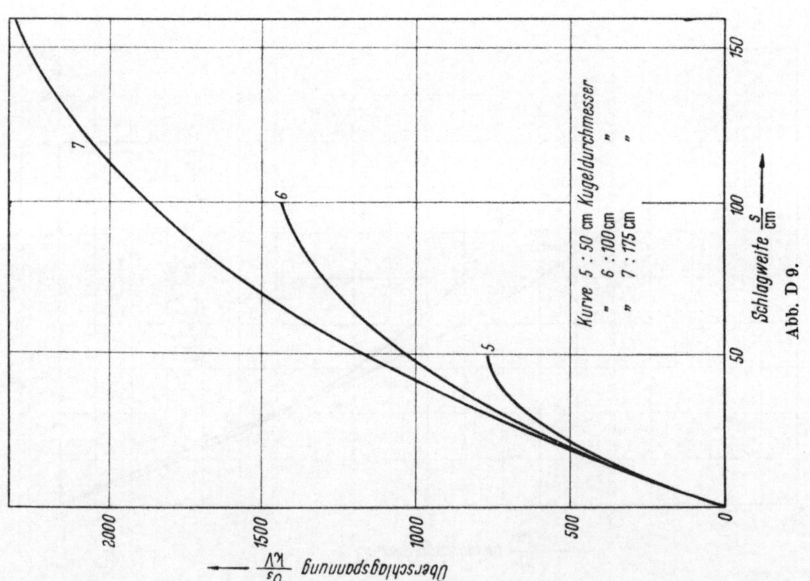

Abb. D 9.

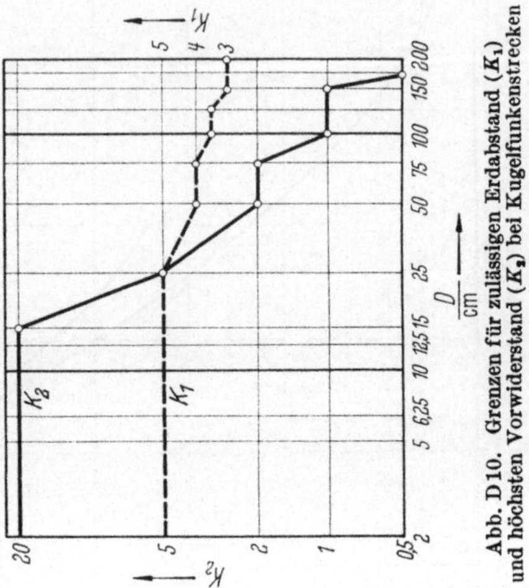

Abb. D 10. Grenzen für zulässigen Erdabstand (K_1) und höchsten Vorwiderstand (K_2) bei Kugelfunkenstrecken

Anhang E

Dielektrische Daten von Isolierstoffen: $\varepsilon/\tan\delta \cdot 10^4$

	ϑ° C	Frequenz (Hz)			Bemerkung
		10^2	10^5	10^9	
Anorganische Stoffe					
Eis	—12		4,15/1200	3,20/9	aus Leitfähigkeitswasser
Schnee	—20		1,20/250	1,20/2,9	frisch gefallen
Al-Oxyd ⊥[1]	+25	8,6/<10	8,6/<10		[1] Richtung zur optischen Achse
∥		10,55/<10	10,55/<10		
Ti-Oxyd ⊥[1] (Rutil)	+25	87,3/110	85,8/2		
∥			170/80		
Keramik					
AlSiMg	23	6,1/150	5,84/38	5,60/41	
Steatit	85	6,84/890	5,86/77	5,50/47	
Rutilporzellan	25	83,4/5,7	83,4/2,2	83,4/14,6[2]	[2] bei 10^{10} Hz
$BaTiO_3$ 70,9%	25	2990/47	2820/40		
Hartporzellan	25	6,47/280	5,87/90	5,51/155[2]	
Bor-Silikat-Glas	25	4,05/13,6	4,05/5,8	4,05/10,6	73,2% SiO_2, 24,8% B_2O_3
N-K-B-Silikat	24	8,10/12	8,08/5	7,92/38	
Na-Silikat-Glas	25	6,4/2500	5,3/130	5,05/130[2]	9% Na_2O, 91% SiO_2
	25	9,4/3000	5,9/165	5,27/180[2]	16 „ 84 „
	25	18/11000	8,5/400	7,2/240[2]	30 „ 70 „
Micalex	25	7,47/29	7,39/13	7,12/33[2]	Glimmer mit Glas
	80	7,64/150	7,50/16	7,32/57[2]	
Glimmer	26	5,4/25	5,4/3	5,4/3	Muskavit
Sandboden	25	3,42/1960	2,59/170	2,55/62	trocken
,,	25	3,23/6400	2,50/250	2,50/300	2,18% Feuchtigkeitsgeh.
,,	25		4,70/17500	4,40/460	3,9 ,,
,,			20/40000	20/1300	16,8 ,,
Organische Stoffe					
Phenol-Formaldehyd	27	5,50/740	4,45/350	3,70/400	46% Holzmehl (nicht vorgepreßt u. vorgeheizt)
(Bakelit) ,,	57	7,80/2950	4,90/430	4,15/530	
,,	88	18,2/7600	5,2/400	4,40/700	
Bakelit	24	8,2/1350	5,4/600	3,64/519	100% Harz
Anilin-Formaldehyd	25	3,58/29	3,41/79	3,40/29	100% Harz (Ciba)
Melamin-Formaldehyd	26	6,15/400	5,75/115		55% Füllstoff (Formica)
Polyamid-Harz	25	3,60/155	3,14/218	2,84/117	Hexametylen-Adipamid
(Nylon) ,,	84	13,5/2350	4,4/1720	2,94/356	
,,	25	4,5/650	3,2/380	2,85/125	90% Feuchtigkeit
Zellulose-Azetat	25	3,82/95	3,42/230	3,24/290	55,4% Azetyl
	85	3,98/34	3,58/270	3,30/290	
Äthyl-Zellulose	24	3,10/48	2,92/115	2,74/196	
	84	3,00/78	2,80/90	2,79/214	
Organische Stoffe					
Silikon-Glas ⊥	25	3,83/12,8	3,80/12,9		50% Glas-Stapelfaser
,,	90	3,74/21	3,63/39		
,,	200	350/339	340/31,4		
,, ∥	25	4,97/580	3,92/55		
,,	220	4,68/1620			

Fortsetzung von Anhang E

	ϑ° C	Frequenz (Hz)			Bemerkung
		10^2	10^5	10^8	
Polyäthylen	24	2,25/5	2,25/<4	2,25/3	100% Harz
	80	2,25/<5	2,25/<4	2,25/7,2	
Polyvinylchlorid	20	3,18/130	2,88/160	2,84/55	100% Harz
	47	3,60/100	3,14/228	2,81/77	
	96	6,60/1500	3,3/740	2,6/180	
Teflon	22	2,1/<5	2,1/<2	2,1/1,5	Polytetrafluoräthylen
	100	2,04/10	2,04/<2		
Plexiglas	27	3,40/605	2,76/140	2,60/59	Polymethylmethacrylat
	80	4,30/700	2,80/320	2,56/79	
Polystyrol	25	2,56/<0,5	2,56/0,7	2,55/3,3	
	80	2,54/9	2,54/<2	2,54/4,5	
Polyester	25	3,24/37,5	3,12/135	2,83/93	
Epoxy-Gießharz (Araldit)	25	3,67/17	3,62/190	3,09/270	
Natur-Gummi	—12	2,4/10	2,4/55		
	25	2,4/28	2,4/18	2,15/30	
	80	2,4/132	2,4/21		
Buna-Gummi	—12		2,5/80	2,8/180	75% Butadien, 25% Styrol
	26	2,5/6	2,5/80		
	80		2,5/38	2,45/44	
Neopren	26	7,5/6000	5,7/950	2,84/480	
Silikon-Gummi	25	5,87/43	5,39/270	5,0/440	35% Siloxan, 35% ZnO, 30% $CaCO_3$
Naturharze					
Bernstein	25	2,7/12,5	2,65/56	2,6/90	
	80	2,85/24	2,8/70	2,6/115	
Schellack	28	3,86/65	3,47/310	2,86/254	
	70	6,50/1050	4,33/400	3,45/732	
Bitumen	26	2,68/58	2,58/16		
Bienenwachs	23	2,65/140	2,43/84	2,35/50	
	55	2,52/82	2,39/35	2,31/216	
Paraffin	25	2,25/<2	2,25/<2	2,25/2	
	81	2,05/5	2,02/<2	2,00/5,2	
Flüssigkeiten					
Wasser	1,5		87,0/190	80,5/320	„Leitfähigkeits"-Wasser
	25		78,2/400	76,7/1590	
	65		64,8/865	64,0/765	
	95		55/1430	52/470	
Methyl-Alkohol	25		31/2000	23,9/6400	
Pyranol	25	4,42/36	4,40/25	2,84/1200	Glorieste bengale und Diphenile
Vaseline	25	2,15/3	2,16/<1	2,16/6,6	
	80	2,10/16	2,10/<1	2,10/9,2	
Transformatoren-Öl	26	2,22/4	2,22/<5	2,18/28	Aliphatische und aromat. Kohlenwasserstoffe
Kabel-Öl	25	2,25/3		2,22/18	„
	80	2,18/38		2,18/47	„
Silikon-Öl	—15	2,20/<5	2,20/<3	2,20/18,6	Methyl-Siloxan-Polymere
	22	2,20/1	2,20/<3	2,20/14,5	(0,65 cSt bei 25° C)

Sachverzeichnis

721/4/58 (V/12/6)

Berichtigung

S. 6 — letzter Absatz:
statt beigegebener ... **lies** bei gegebener ...

S. 8 — (2. Formel):
lies $C_2 = \frac{Q_2}{U} =$

S. 19 — im Beispiel, 2. Zeile:
Die Dimension $\frac{1}{\Omega \cdot \text{cm}}$ muß nach $\varkappa_1 = 1 \cdot 10^{-16}$ stehen.

S. 29 — 2. Zeile:
statt dunkten **lies** punkten

S. 32 — Ende des 2. Absatzes:
lies $d = 0{,}5 \cdots 50$ cm

S. 35 — 2. Absatz, 1. Zeile muß es lauten:
Um ein positives Verhältnis $\frac{R}{b} = \frac{d}{R}$ (vgl. Abb. 3.6) ...

S. 83 — Gl. 4.5a:
statt $a_{22} \cdot Q_1$ **lies** $a_{22} \cdot Q_2$

S. 84 — 2. Absatz, 2. Formel:
statt $C_b = \frac{J_{1c}}{U_1}$ **lies** $C_b = \frac{J_{1c}}{\omega \cdot U_1}$

S. 84 — letzter Absatz, 2. Zeile:
statt Erde zu 0 **lies** Erde 0

S. 88 — letzter Absatz, 2. Zeile:
statt a_{iR} **lies** a_{ik}

S. 89 — 5. u. 6. Z. v. o. muß es richtig heißen:
d = mittlerer Phasenabstand (m)
$d' = \sqrt{4h^2 + d^2}$ mittlerer Abstand ...

S. 92 — letzter Absatz, 5. Zeile
statt PETENSENspule **lies** PETERSENspule

S. 98 — 1. Zeile:
statt 52). **lies** 5.2).

S. 113 — 2. Absatz, 4. Zeile:
statt $U_{\sim}$. **lies** $\hat{U}_{\sim}$.
Letzter Absatz, 4. Zeile v. u.:
statt GREINACHER-VILLARD **lies** GREINACHER- und VILLARD-Schaltung

S. 131 — Vor Gl. (6.2):
lies Der „Verlustfaktor" wird zu:

S. 151 — 7. Zeile v. oben **lies**:
$$c = 1{,}1 \cdot 10^{-5} \sqrt{\frac{r}{a^3}} \cdot \frac{1}{\delta^2}$$

S. 176 — Gl. 7.16:
statt $\left[\frac{\text{kW}}{\text{km}}\right]$ **lies** $\left[\frac{\text{kW}}{\text{km}}\right]$

S. 188 — Abb. 7.53 a—c:
statt ... einer kV-Isolatorenkette **lies** ... einer Isolatorenkette für 110 kV Nennspannung.

S. 197 — letzte Zeile:
statt Entladungsformeln **lies** Entladungsformen

S. 203 — Gl. (8.6)
statt K_0 **lies** K_1

S. 222 — Letzter Absatz muß lauten:
Abb. 8.38 zeigt einen langen Horizontalblitz. Umgekehrt ...

S. 234 — Abb. 8.54:

statt $\frac{\varkappa}{\mu\text{sek/cm}}$ **lies** $\frac{\varkappa}{\mu\ \text{S/cm}}$

Zeile 14, 17 u. 18:
statt μ s/cm **lies** jeweils μ S/cm

S. 235 — 2. Absatz, 3. Zeile von unten **lies**:
...Schutzarmaturen vom Porzellan abzuziehen...

S. 236 — Tabelle:
statt d_d **lies** d_q

S. 243 — Gl. (9.3) und (9.4)
statt w **lies** ω
— in Gl. (9.4)
statt $(1 + w/\omega_e)^2$ **lies** $1 + (\omega/\omega_e)^2$

Gl. (9.5) **lies** $\tan\delta = \frac{\varepsilon''}{\varepsilon'} =$

S. 258 — Zeile 9 (1. Absatz)
statt einem **lies** einmal

S. 269 — vorletzte Zeile
streiche: der Beweglichkeit

S. 271 — 3. Zeile
statt 2,5 cm ∅ **lies** 2,5 cm Krümmungsradius

S. 274 — Tabelle
Isol. Klasse E 1 in Spalte zul. Dauer Grenztemperatur
schreibe 120° C

S. 279 — Tabelle B 3.b
statt Polyvinylkartazol **lies** Polyvinylkarbazol

S. 280 — vorletzter Absatz, vorletzte Zeile
statt nunmehr **lies** nur mehr

S. 290 — 5. Absatz, letzte Zeile:
statt φ_{rd} **lies** φ_{rel}

S. 301 — Abb. 11.8c:
statt 300 kV **lies** 30 kV

S. 325 — 2. Absatz
Zeile 4 statt (a) **lies** (1)
Zeile 5 statt (b) **lies** (2 u. 3)
Zeile 7 statt (c) **lies** (3)
Zeile 7 statt (b′) **lies** (2)
Zeile 8 statt (c) **lies** (3)

S. 343 — § 12.31, 9. Zeile:
statt C **lies** c

S. 351 — Letzter Absatz, 4. Zeile:
statt K **lies** L

S. 385 — Abb. 13.12a und b:
statt E_L **lies** U_L.

S. 407 — 18. Zeile v. o.
statt U **lies** $U_ü$

S. 410 — in der Tabelle muß es heißen:

$$\frac{\textit{Innere Überspannungs-Schäden}}{\text{Atmosph. Überspannungs-Schäden}}:$$

$$\frac{\textit{Atmosph. + innere Übersp.-Schäden}}{\text{Gesamtzahl der Schäden}}\ (\text{in } \%):$$

S. 426 — (Anhang B), letzte Formel **ergänze** $\left[\frac{\text{F}}{\text{km}}\right]$

S. 435 — (Anhang E)
In der Tabellenüberschrift sind vor dem Schrägstrich die ε-Werte und nach dem Schrägstrich die Verlustfaktorwerte ($\tan\delta\cdot 10^4$) genannt.